国家科学技术学术著作出版基金资助出版

现代化学基础丛书　42

生物无机化学导论

（第四版）

毛宗万　谭彩萍　巢　晖　计亮年等　编著

科学出版社

北　京

内 容 简 介

本书根据当今无机化学与生命科学的交叉研究热点和国内外报道的资料，结合作者的部分科研成果对第三版编著修订而成。全书分为绪论、重要的生物配体、金属配合物与核酸的相互作用、生物无机化学体系中的配位化学原理、氧载体、生物氧化还原反应中的金属蛋白和金属酶、固氮作用及其化学模拟、光合作用及其化学模拟、催化水解反应的金属酶、生物体中的碱金属和碱土金属及其跨膜运送、环境生物无机化学、现代分析方法与技术在生物无机化学中的应用、金属药物、金属基生物探针以及生物矿化与仿生合成共15章，是一部比较系统的、具有中国特色的生物无机化学教材和教学参考书。

本书可作为高等院校无机化学、化学生物学、生物化学、药物化学和环境化学等专业高年级本科生、研究生的教材，也可供相关领域科研、技术人员参考使用。

图书在版编目(CIP)数据

生物无机化学导论 / 毛宗万等编著. —4版. —北京：科学出版社，2021.3

(现代化学基础丛书 42/朱清时主编)

ISBN 978-7-03-067125-7

Ⅰ. ①生… Ⅱ. ①毛… Ⅲ. ①生物化学-无机化学 Ⅳ. ①Q5

中国版本图书馆CIP数据核字(2020)第243188号

责任编辑：杨 震 杨新改 / 责任校对：杜子昂
责任印制：赵 博 / 封面设计：东方人华

科学出版社出版
北京东黄城根北街16号
邮政编码: 100717
http://www.sciencep.com

天津市新科印刷有限公司印刷
科学出版社发行 各地新华书店经销
*
1992年9月第 一 版 开本：720×1000 1/16
2021年3月第 四 版 印张：32 1/4
2025年1月第二十次印刷 字数：620 000

定价：138.00元

(如有印装质量问题，我社负责调换)

《现代化学基础丛书》编委会

《现代化学基础丛书》序

如果把牛顿发表“自然哲学的数学原理”的 1687 年作为近代科学的诞生日，仅 300 多年中，知识以正反馈效应快速增长：知识产生更多的知识，力量导致更大的力量。特别是 20 世纪的科学技术对自然界的改造特别强劲，发展的速度空前迅速。

在科学技术的各个领域中，化学与人类的日常生活关系最为密切，对人类社会的发展产生的影响也特别巨大。从合成 DDT 开始的化学农药和从合成氨开始的化学肥料，把农业生产推到了前所未有的高度，以致人们把 20 世纪称为“化学农业时代”。不断发明出的种类繁多的化学材料极大地改善了人类的生活，使材料科学成为了 20 世纪的一个主流科技领域。化学家们对在分子层次上的物质结构和“态-态化学”、单分子化学等基元化学过程的认识也随着可利用的技术工具的迅速增多而快速深入。

也应看到，化学虽然创造了大量人类需要的新物质，但是在许多场合中却未有效地利用资源，而且产生大量排放物造成严重的环境污染。以至于目前有不少人把化学化工与环境污染联系在一起。

在 21 世纪开始之时，化学正在两个方向上迅速发展。一是在 20 世纪迅速发展的惯性驱动下继续沿各个有强大生命力的方向发展；二是全方位的“绿色化”，即使整个化学从“粗放型”向“集约型”转变，既满足人们的需求，又维持生态平衡和保护环境。

为了在一定程度上帮助读者熟悉现代化学一些重要领域的现状，科学出版社组织编辑出版了这套《现代化学基础丛书》。丛书以无机化学、分析化学、物理化学、有机化学和高分子化学五个二级学科为主，介绍这些学科领域目前发展的重点和热点，并兼顾学科覆盖的全面性。丛书计划为有关的科技人员、教育工作者和高等院校研究生、高年级学生提供一套较高水平的读物，希望能为化学在新世纪的发展起积极的推动作用。

朱清时

第 四 版 序

生物无机化学是由无机化学与生命科学构成的一门前沿交叉学科，在近五十年的研究历程中，形成了其独特的理论、研究对象和研究方法。早在 1992 年，中山大学计亮年等编著了《生物无机化学导论》（第一版），受到广大同行读者的关注，1995 年获得全国优秀教材奖二等奖，随后于 2001 年和 2010 年出版了第二版和第三版，部分高校将此书作为“生物无机化学”课程教学参考书。过去十年，生物无机化学的研究方向和研究内容都得到了极大的拓展，激发了更多研究人员从事该领域的研究。为了系统地介绍生物无机化学的基础知识以及最新进展，中山大学毛宗万等邀请了一批国内中青年学者共同修订编著了第四版，增加了无机物生物探针以及生物矿化的章节，使该书内容更加丰富。全书从化学和生物学的基本原理出发，综述了近年来生物无机化学研究领域的研究成果，并对作者近年的研究成果进行了概述。该书针对生物无机化学领域的研究特点进行了系统性的编写，是一本具有中国特色、内容丰富的生物无机化学专著。

我相信，该书的再版将有助于广大读者及时了解生物无机化学新知识、新进展和新方法。该书不仅可以作为高等院校高年级本科生和研究生的生物无机化学教学参考书，同时可为相关研究领域专业人员提供重要参考。

郭子建

2021 年 2 月

于南京大学

第一版序

近年来，生物过程中的无机化学问题成为一个吸引力极大的研究领域。许多人以各自不同的背景，从不同角度，抱着不同的目的从事这方面研究，积累了为数众多、丰富多彩的成果，使生物无机化学成为一个兼容并蓄、百家俱陈的多样化的学科。这种情况一方面赋予生物无机化学以极大的生命力，使人感到无论在什么领域，生物无机化学的观点、方法似乎都可以起着“所到之处，触木逢春”的作用。但另一方面却使生物无机化学缺少自身的系统性特点。这在开设课程方面，无论在教材和内容安排上都带来一个困难，即如何选择和组织教学内容。只要翻阅一下国外教材，就不难看出这一困难的表现。它们都缺乏系统性，缺乏自己的主导思想。我们一直希望能出版一本有中国特色的、比较系统的教材，计亮年教授等编写的这本书恰好弥补这一空白。我觉得他们重视生物活性物质的化学模拟这一主题。这是我国生物无机化学界，包括作者在内，近年来的主要研究领域之一，它还具有广泛的应用前景。不只在这一个方面，本书还始终注意了应用生物无机化学的发展。这些可算作我国生物无机化学研究的特色之一。在生物无机化学研究中，各种波谱学的综合运用是十分重要的。本书最后一章对几种方法作了适当的介绍，也是它的特点。

总之，这是一本值得推荐的教材。我想它会使学生(无论是化学学科的还是生物学科的)在了解生物无机化学的理论、知识和方法上发挥重要作用。

王　夔*

1991 年 7 月

---

* 王夔，中国科学院院士、北京大学医学部教授。

第四版前言

1992年9月由中山大学出版社出版了本书的第一版(计亮年、莫庭焕等编著),九年后的2001年9月中山大学出版社又出版了本书的第二版(计亮年、黄锦汪、莫庭焕等编著),2010年9月由科学出版社出版了本书的第三版(计亮年、毛宗万、黄锦汪等编著)。至今,第三版又面世了十年了。在此期间,不少单位和读者联系编者,要求提供本书的相关资料,也有不少单位将本书作为本科生和研究生的教材。近十年间,生物无机化学又取得了令人瞩目的新发展,呈现出蓬勃发展的新气象。尤其是,我国在该领域的科研工作者取得了一批研究成果。在基础理论研究方面,许多生物大分子,包括金属蛋白、核酸和金属酶的结构及生物功能不断被发现,在它们执行功能的过程中,金属离子及其配合物的作用机制得到了更深入的揭示;在应用研究方面,金属基药物分子、金属酶模型化合物和生物矿化理论在疾病治疗、生物成像以及石油化工中均显示出广阔的应用前景。在第四版中,我们期望能总体上反映生物无机化学最新研究成果、发展动向和研究前沿。为此,我们邀请了目前国内在相应研究领域的专家对第三版进行了全面的增删和修改。参加修订编写的情况如下:第1章(计亮年,中山大学)、第2、3章(巢晖,中山大学)、第4章(刘高峰、毛宗万,中山大学)、第5章(刘海洋,华南理工大学)、第6章(姚天明,同济大学)、第7章(乐学义,华南农业大学)、第8章(刘小明,嘉兴学院)、第9章(叶瑞绒,昆明理工大学;毛宗万,中山大学)、第10章(刘杰,暨南大学)、第11章(刘建忠,中山大学)、第12章(杨仕平,上海师范大学)、第13章(王宇传、孙红哲,香港大学)、第14章(谭彩萍,中山大学)和第15章(郭玉明、杨林,河南师范大学)。谭彩萍负责资料的整理、录入、排版、图片处理,以及校对等工作。第四版由毛宗万、谭彩萍统稿审定,修订的重点为:

(一)将第三版原来的十三章扩充到十五章,增加第14章着重介绍“金属基生物探针”和第15章介绍“生物矿化与仿生合成”;

(二)在第5章中,对于氧载体的作用机制以及人造载氧血液的研究进展进行了更新和补充;

(三)在第8章中,对于光合系统中关键酶的作用机制以及光合作用化学模拟的研究进展进行了更新;

(四)在第9章中,增加了“金属水解酶抑制剂”的内容;

(五)在第12章中,对于现代分析方法与技术在生物无机化学中的应用进行了整理和补充;

(六)在第13章中，着重介绍了金属药物的最新研究进展；

(七)在各章中，增加了国内外学者在相关领域取得的最新成果和进展，并补充了相应文献，供读者参考。

本书自1992年初版以来，受到了同行专家和广大读者的关心，得到了很多读者的建议以及反馈意见，在此我们深表感谢。本书引用了很多国内外学者的研究成果，在此对他们也致以谢意。感谢科学技术部、国家自然科学基金委员会、教育部以及广东省科技厅多年来对我们科研工作的资助。在第四版修订工作完成之际，我们特别感谢参与第四版修订工作的老师和同学。感谢翁丽萍老师在本书修订过程中提供了各种帮助。感谢科学出版社杨震编辑的热情约稿和杨新改编辑对本书提出的宝贵细致的修订建议。限于编著者的水平，本书难免有不妥、甚至错误之处，恳切希望广大读者给予批评指正。

本书出版得到了国家科学技术学术著作出版基金和中山大学化学学院的支持，在此一并致谢。

编著者

2021年2月

于中山大学康乐园

第三版前言

1992年9月由中山大学出版社出版了本书的第一版(计亮年、莫庭焕等编著)，2001年9月中山大学出版社又出版了本书的第二版(计亮年、黄锦汪、莫庭焕等编著)，至今第二版已面世快9年了。在此期间，不少单位和读者来信、来电要求购买本书，由于市场上早已脱销，有些单位将本书复印后作为大学生、研究生教材。过去9年生物无机化学又取得了令人瞩目的新发展，我国科学工作者又取得了一批创新性的成果。例如，在基础理论研究方面，许多生物大分子包括金属蛋白、核酸、金属酶的结构和生物功能不断被揭示，金属离子及其配合物在其中的作用机理逐步被阐明；在应用研究方面，某些金属酶模型化合物作为仿生催化剂已在我国石油化工工业中产生巨大的经济效益。在第三版修订中，我们期望能总体上反映生物无机化学的最新研究成果、发展动向和研究前沿。为此，我们邀请了国内相应研究领域的相关专家对第二版全面地进行增删和修改，除了中山大学生物无机化学研究组的6位教授外，还邀请了其他高校的6位教授参加修订。参加修订的教授有计亮年(第一章，中山大学)，巢晖(第二、三章，中山大学)，刘高峰、毛宗万(第四章，中山大学)，黄锦汪(第五章，中山大学)，姚天明(第六章，同济大学)，乐学义(第七章，华南农业大学)，刘小明(第八章，南昌大学)，刘杰(第九章，暨南大学)，毛宗万(第十章，中山大学)，刘建忠(第十一章，中山大学)，杨铭(第十二章，北京大学)，孙红哲(第十三章，香港大学)。翁丽萍负责资料的整理、录入、排版、图片处理以及校对等工作。第三版由计亮年、毛宗万、黄锦汪统稿审定，修订的重点为：

(1) 将第二版原来的十二章扩充为十三章，增加了当今生物无机化学的前沿热点“金属配合物与核酸的相互作用”(第三章)的内容介绍；

(2) 在第四章中增加了生物无机化学体系中的配位化学反应和溶液配位化学内容；

(3) 对于过去认识还不完全的某些酶，如氢化酶、羧肽酶A、羧肽酶B、嗜热菌蛋白酶、碱性磷酸酯酶、紫色酸性磷酸酯酶、核酸酶P1和碳酸酐酶等的结构和反应机理，均采用了近十年取得的，并为大家所普遍接受的新研究成果；

(4) 增加了国内外学者在相关领域取得的最新成果和进展，并列出相关文献，供读者参考。

本书自1992年初版以来的18年中，受到了同行专家和广大读者的关心，在教学和科研中参考引用，也收到一些读者的反馈意见，在此我们深表感谢。本书引用了一些国内外学者的著作、论文的观点及成果，在此对他们也致以谢意。还要感谢科学技术部、国家自然科学基金委员会、教育部，以及广东省科学技术委员会多年来对我们科研工作的资助和鼓励。在第三版修订工作完成之际，我们特别感谢科学出版社杨震编辑的热心约稿及提供的各种方便和帮助。限于编著者的水平，本书难免有不妥、甚至错误之处，恳切希望广大读者给予批评指正。

编著者

2010年5月

于中山大学康乐园

目　　录

第1章 绪　论

1.1　生物无机化学

——一门蓬勃发展的新兴学科

生物无机化学(bioinorganic chemistry)或无机生物化学(inorganic biochemistry)是介于生物化学与无机化学之间的内容十分广泛的新兴学科。广义地说，生物无机化学是在分子水平上研究生物体内与无机元素(包括生命金属与大部分生命非金属及其化合物)有关的各种相互作用的学科。长期以来，人们把绝大多数的碳的化合物称为有机化合物，它们主要由碳、氢、氧、氮、卤素、硫、磷等元素组成，而把其余的化合物都划入无机化合物的范畴。近年来，生物无机化学进一步同分子生物学、结构生物学、能源科学、理论化学、环境科学、材料科学和信息科学等最新发展融合交叉又取得重大进展。现在，人们已经认识到很多生命过程都与过去认为“没有生命”的元素有关。这些无机元素包括很多金属和非金属。它们不仅对于维持生物大分子的结构至关重要，而且广泛参与各种生命过程，在物质输送、信息传递、生物催化和能量转换中都起着十分关键的作用。这些无机元素在生物体内的状态和功能当然就成为生物化学家和无机化学家共同感兴趣的课题。

生物化学在20世纪后半叶发展到分子水平，可以用分子和电子观点解释生命过程中的一些现象。生物大分子的分离、纯化和分析，在60年代以后已经成为困难不大的常规工作。X射线衍射(X-ray diffraction)、核磁共振(nuclear magnetic resonance，NMR)、圆二色(circular dichroism，CD)光谱、电子自旋共振(electron spin resonance，ESR)、外延X射线吸收精细结构(extended X-ray absorption fine structure，EXAFS)光谱和各种超快时间分辨光谱等物理实验技术的广泛应用，也使生物大分子结构的研究在多层次上取得进展。快速发展的基因组学与基因编辑技术为精准阐明/干预某个生物分子的功能提供了有效的手段。高度发展的无机化学,特别是理论和方法日臻完善的配位化学已成为研究生物体内的金属元素状态与功能的有力武器。这些条件自然也吸引了很多无机化学家致力于生命科学有关的研究工作。

在生物无机化学的研究领域里，生物化学家和无机化学家的角度有些差异。生物化学依靠生物化学理论和新技术，结合物理和无机化学的理论和方法，研究生物体中的无机元素和化合物，更多地侧重从生物学的角度研究这些物质对生物体的生理和病理作用。由 G. L. Eichhorn 等 45 位著名生物化学家联合撰写的巨著《无机生物化学》(*Inorganic Biochemistry*)是这方面的代表性著作。无机化学家则用它们熟悉的化学理论和方法从分子水平研究生物体系。由于生物大分子结构极为复杂，要彻底阐明它的作用机制十分困难。目前，生物无机化学的研究方法之一是创造在不同程度再现生命现象的模拟体系，以加深对生命过程的认识。无机化学家认为模拟方法有一个前提，即支配酶促反应等生命现象的原则，不应超越物理学和化学的范围。因此，生命现象可以由某些模拟体系加以仿造。当然，模拟体系毕竟有别于生物体系，在解释模拟体系研究结果时，应采取十分谨慎的态度。我们可以认为，生物无机化学是应用无机化学(特别是配位化学)的理论和方法研究无机元素、无机化合物与生物体系及其模拟体系的相互作用的学科。

生物无机化学是一门很年轻的学科。早期的研究工作始于20世纪四五十年代。1970 年在美国弗吉尼亚州举行了国际生物无机化学学术讨论会，这次会议的 19 篇报告由 R. F. Gould 汇编成《生物无机化学》(*Bioinorganic Chemistry*)，这是系统介绍生物无机化学的第一部论著。1971 年，D. R. Williams 出版专著《生命金属》(*The Metal of Life*)。同年，美国著名化学家 G. N. Schrauzer 主编的杂志 *Bioinorganic Chemistry* 创刊，该杂志在 1979 年更名为 *Journal of Inorganic Biochemistry*。1973 年开始，H. Sigel 等主编丛书 *Metal Ions in Biological Systems*，系统地收集了金属离子在生物体系中的结构、性质和功能的数据，至 2005 年为止，共出版 44 卷，2006 年起改名为 *Metal Ions in Life Sciences*，新的丛书至今已出版 21 卷。1977 年 G. N. Schrauzer 发起成立了国际生物无机化学协会。1995 年 C. D. Garner 和 I. Bertini 再次发起成立国际生物无机化学学会(The Society of Biological Inorganic Chemistry)，并于 1996 起出版会刊 *Journal of Biological Inorganic Chemistry*，该刊物已跃居为国际上最有影响的刊物之一。该学会组织了一系列促进生物无机化学学科发展的学术活动，得到了全世界生物无机化学工作者的支持，这些都是生物无机化学发展和日益重要的标志。自 1983 年起，由 I. Bertini、H. B. Gray、B. G. Malmstrom 和 H. Sigel 组成生物无机化学国际会议组织委员会，决定每两年召开一次会议。从第一次会议在意大利 Florence(1983)召开以来，相继在葡萄牙 Algarve(1985)、荷兰 Leiden(1987)、美国 Cambridge MA(1989)、英国 Oxford(1991)、美国 La Jolla CA(1993)、德国 Lübeck(1995)、日本 Yokohama(1997)、美国 Minneapolis(1999)、意大利 Florence(2001)、澳大利亚 Cairns(2003)、美国 Michigan(2005)、奥地利 Vienna(2007)、日本 Nagoya(2009)、加拿大 Vancouver(2011)、法国 Grenoble(2013)、中国北京(2015)、巴西 Florianópolis(2017)和瑞士 Interlaken(2019)成功地召开了第二届至第十九届国际生物无机化学会议。第二十届国际生物无机化学会议将于 2021 年 7 月在土耳其 Istanbul 召开。这些学术活动大大促进了生物无机化学的发展。

我国的生物无机化学研究起步稍晚，但很快建立起一支队伍，研究水平也不断提高。中国化学会于 1987 年 11 月在北京举行了首届“生命科学中的化学问题”研讨会，会议论文由王夔主编成《生命科学中的化学问题》一书。中国化学会还组织了多次大型生物无机化学学术研讨会，包括多次全国生物无机化学学术讨论会。自 1984 年在华中理工大学召开第一届全国生物无机化学学术讨论会以来，第二至第十四届会议先后在中国科学院长春应用化学研究所、中山大学、北京医科大学、山西大学、华中科技大学、广西师范大学、河南师范大学、河北大学、北京航空航天大学和上海师范大学等地举行，2019 年在南京大学举行的已是第十四届会议。由于生物无机化学在工农业、环境、生物和医学上的广泛应用前景，促进了应用生物无机化学学科的发展。自 1990 年起，我国王夔和澳大利亚 John Webb 发起每两年召开一次国际应用生物无机化学学术讨论会。第一届学术讨论会于 1990 年 4 月在武汉华中理工大学举行；第二届学术讨论会于 1992 年 12 月在中山大学举行；第三届至第十五届学术讨论会分别在澳大利亚 Perth(1994)、南非 Cape Town(1997)、希腊 Corfu(1999)、英国 Wales(2001)、墨西哥 Guanajuato(2003)、中国香港(2004)、意大利 Napoli(2006)、匈牙利 Debrecen(2009)、西班牙 Barcelona(2011)、中国广州(2013)、爱尔兰 Galway(2015)、法国 Strasbourg(2017)和日本 Nara(2019)等地召开。第十六届国际应用生物无机化学学术讨论会将于 2021 年在希腊召开。

近几年，最引人注目的是化学生物学的蓬勃发展，化学生物学是运用化学的原理、方法和手段探索生物体内的分子事件及其相互作用网络，在分子水平上研究复杂生命现象。作为化学和生命科学交叉的新学科，化学生物学的目标是通过化学方法和技术拓展生物学的研究范围，通过加强化学在生命科学中的应用进一步促进化学的发展，生物无机化学的研究已成为化学生物学学科的重要组成部分，尤其是金属配合物作为抗肿瘤剂和生物探针得到了快速的发展。生命体内金属离子的摄取、转运和代谢以及新的金属蛋白功能研究，将是未来生物无机关注的重要方向。金属元素在重大疾病中的代谢失衡不容忽视，如癌症和阿尔茨海默病，而其中的金属元素的具体功能绝大部分是未知的。此外，微量金属元素在免疫学和表观遗传学等新兴科学的研究中也受到了关注。

王夔和韩万书主编的《中国生物无机化学十年进展》(1997 年出版)综述了当时我国生物无机化学研究成果。在国家自然科学基金的支持下，我国生物无机化学研究在当时已取得了一些有分量的研究成果，其中在某些研究领域的成果颇有特色，在稀土生物无机化学和金属蛋白、金属酶的反应及反应规律研究方面的某些成果处于国际同类研究的前列，应用生物无机化学研究已被国际同行所重视。洪茂椿、陈荣、梁文平主编的《21 世纪的无机化学》综述了近年我国无机化学研究成果，该书第七章郭子建编著的“生物无机化学进展”介绍了近年我国生物无机化学研究成果。最近十年，我国生物无机化学又取得新的进展，其中在细胞层次的无机化学、金属药物、金属酶模拟和生物启发的无机材料等方面，在国际上已形成了研究特色。早在 80 年代，国内外已系统报道了金属卟啉作为细胞色素 P450 单加氧酶的模型化合物在常温常压下研究环已烷氧化环己酮、苯氧化苯酚的实验室研究成果，湖南大学等单位经过十多年大量艰苦的工业规模研究工作，已将金属氧化酶模型化合物作为仿生催化剂，在我国石油化工行业中产生了巨大的经济效益，未来生物无机化学正从目前研究纯化学体系中无机物-生物大分子相互作用转向活细胞体系中无机物的作用及其机制，从化学学科方法转向多学科交叉研究方法，借助于数学、物理学科的方法和强大的实验手段及理论分析，并在此基础上开展无机药物和新颖无机材料。我们相信，在新的世纪里，我国生物无机化学工作者会本着创新与提高的精神，继续努力，取得更大的成绩。

1.2 生物无机化学在发展中的研究课题

生物无机化学目前正处于蓬勃发展阶段。在生物无机化学领域里，目前开展的研究课题很多。根据国家自然科学基金委员会编写的自然科学学科——化学生物学发展战略调研报告和 2018 年 12 月国家自然科学基金委员会化学科学部在广州召开的化学生物学学科研讨会的报告，关于生物无机化学学科值得研究的课题可归纳为以下几个方面。

1.2.1 金属酶和金属蛋白的结构与功能、催化机理以及模型化合物的构建

金属蛋白和金属酶在生物无机化学研究中占有很重的分量。金属蛋白是指以蛋白质作为配体的金属配合物。它的种类很多，结构不同，功能各异。生命中两个最基本的过程，即动物血液中氧的输送和植物光合作用过程中光的吸收，均依靠相应的色素(血红素和叶绿素)。有些金属蛋白的功能是储存和运送金属离子，例如储存铁的铁蛋白和输送铁的铁传递蛋白。有些金属蛋白则在生物氧化还原反应中作为电子传递体，例如在固氮作用和光合作用中传递电子的铁硫蛋白。还有一些金属蛋白具有输送氧气的功能，如人们熟知的血红蛋白。

金属酶是具有生物催化功能的金属蛋白。大约 1/3 的酶是金属酶，金属离子多数处于催化活性部位。目前研究较多的有铁酶、锌酶、铜酶和钼酶等。例如含钼和铁的固氮酶，能在常温常压下催化大气中的 N_2 还原为 NH_3，目前正积极研究它的结构特征、性质、底物(电子)转移和催化机理。基于酶作为生物催化剂的重要生理功能，金属酶在理论上和应用上都将是一个很有希望的研究领域。此外，在呼吸、光合、固氮、各种元素的新陈代谢、调控、细胞信号转导和基因表达等生化过程中，金属酶和金属蛋白起着至关重要的作用。例如，对生物叶绿体和线

粒体电子传递过程进行仿生是解决清洁和可再生能源问题的有效途径，在叶绿体和线粒体电子传递过程中，关键的电子传递体都是金属蛋白，这需要通过交叉学科研究去阐明电子传递蛋白的结构及功能的化学机理，实现对这一化学过程的人工模拟。

金属酶和金属蛋白的结构和功能研究中，主要研究金属离子的键合位置和活性中心周围环境的结构，以及蛋白链在保证金属离子正常工作所做的贡献和它们与底物键合方式等。无数的事实已经证明，学习自然是创新思想的源泉，是成功发现的摇篮。自然界中的动物和植物经过45亿年优胜劣汰，适者生存的进化，使它们能适应环境的变化，从而得到生存和发展，自然界金属酶的结构与功能已达到近乎完美的程度，实现了结构与功能的统一、局部与整体的协调和统一。研究金属酶模型化合物构建为创造新型催化剂提供了新的方法和途径，这是近年来迅速崛起和飞速发展的研究领域，为化学、新能源等工业提供新一代核心技术。

在过去的十年中，除了简单的金属酶模拟物，基于蛋白质改造的金属酶模拟取得了令人瞩目的进展。从构建简单的结构模拟物开始，在配位环境中引入更高层次的复杂性，可以对人工金属蛋白的活性进行微调和扩展。通过将多种功能植入肽/蛋白质支架中构建的人工催化剂，可以更好地优化和重新利用金属蛋白功能，在环境友好的条件下具有很高的转化率。

1.2.2 金属离子及其配合物与生物大分子的相互作用及功能的调控机制

金属离子及其配合物与核酸及核苷酸相互作用一直是生物无机化学家非常关注的课题。基于某些手性金属配合物能对 *B* 型和 *Z* 型 DNA 选择性分子识别，人们合成了许多金属配合物作为人工核酸酶的模型化合物，它们能作为DNA探针，与DNA定位结合和DNA定位切割，起着核酸酶的功能。用小分子过渡金属配合物与大分子DNA的相互作用研究去探索大分子DNA的结构、作用机制及其功能，将为DNA分子光开关、基因芯片、DNA生物传感器、DNA计算机、核酸分子马达等的开发研究提供重要理论基础。目前，研究者更关注的是这些配合物DNA探针分子在细胞水平的行为，包括对细胞内DNA的二级结构进行实时示踪，对细胞核DNA和线粒体DNA的损伤作用，以及对细胞死亡的诱导等。

蛋白质与金属离子的作用是一个经典的课题，金属结合可以引起蛋白质的构象变化，缔合及装配等引起的后续生物效应。利用高效选择性配体调控金属离子与生物大分子的作用，可以对生命过程进行调控。利用现代生物热力学及动力学等方法，从天然或化学合成配体的金属配合物或纳米超分子体系中寻找对生命过程具有调控作用的新物质。金属配合物可以作为激酶抑制剂发挥抗癌作用，且配合物的三维空间结构可以提高对酶的选择性。有趣的是，金属配合物同时具备蛋白质成像示踪和抑制功能，典型的例子如 Aβ 斑块，该多肽聚合物在阿尔茨海默病认知障碍中被认为发挥重要作用。铜的放射性同位素可用于正电子发射体层摄影(positron emission tomography，PET)显像，而锝-99m 被普遍用于单光子发射计算机体层摄影(single photon emission computed tomography，SPECT)显像，它们均可以通过无创性成像对脑中淀粉样蛋白的沉积进行研究。荧光寿命长的钌和铼金属配合物与 Aβ 纤维结合后，其电子光谱发生显著变化，可以作为探针分子进一步了解淀粉样蛋白的形成和聚集的分子机制。利用金属离子的金属配合物与 Aβ 组氨酸残基形成配位键是改变 Aβ 的毒性和聚集特性的一种创新方法。

1.2.3 生物矿化、生物纳米的程序化组装及智能仿生体系

生物矿化研究是无机仿生材料的基础，生物矿物材料(骨、牙、软骨、软体动物的外骨骼、蛋壳等)是由矿物与基质构成的复合材料，它们具有高度的装配有序性，有特殊的理化性质，有可控的动态性质，因而具有各自的生物功能。这主要来自这些材料特殊的微纳米结构和对形成这种结构的纳米材料的程序化组装，生物矿化的中心问题是探索从化学分子直至细胞对无机矿物过程中进行控制的分子过程，生物矿化已经成为目前仿生材料基本反应的研究内容之一。目前，生物矿化研究集中在矿化机理、仿生材料的制备及其在生物和生物医学领域的应用等方面。利用生物矿化，可以从有机-无机材料模板中产生层次结构复杂的有机体，制备出具有许多应用前景的生物矿物，包括硬组织修复、仿生材料、癌症治疗和疫苗改进材料等。另外，通过基因工程技术对生物自矿化过程进行优化也是一个具有重大前景和挑战性的新方向。

生物体在其演化过程中经过长期的自然选择，形成了一套和其功能相适应，能够对外界环境以及自身需求做出响应的智能体系，对这些体系的深入研究与理解将极大促进新一代功能材料的开发。模拟天然生物材料的多级结构和微纳复合的特点，通过揭示微纳结构材料与功能的关系，依据复合结构单元间界相互作用的调控原理，可制备出具有优越性能的仿生材料，包括仿生智能界面材料、仿生离子通道、仿生生物纳米马达、仿生光电功能材料、仿生微纳结构与器件等。

1.2.4 金属离子与细胞的相互作用

金属离子及配合物与细胞的相互作用是金属的摄入、转运、分布以及它们表现的生物效应的化学基础。研究金属离子与细胞的相互作用显然是解释这些生物效应的分子机理所必需的。现在人们已经上升到小分子与细胞的相互作用过程研究，包括人工模拟体系与活体相结合，即用现代科学原理、方法、手段在分子或分子以上层次研究生物活性体系中的化学过程，更关注分子(包括小分子和大分子)在生命活动中的调控作用，推动和加速新药的发现。用微束同步辐射光谱等高能物理分析方法揭示细胞内重要金属或金属药物的分布，化学物种和金属配位结构

域，阐明药物和环境因素刺激对细胞内多系统金属稳态的影响，探索多系统金属稳态变化与疾病的关系，针对一些重要金属离子，发现其细胞内金属蛋白质组的构成和金属结合方式，剖析金属结合蛋白的结构、功能及蛋白质相互作用，揭示细胞的金属代谢和递送过程，探索金属蛋白组结构变化对细胞金属稳态变化的作用。金属离子的代谢失衡和很多疾病相关，其中的关联是由一些相互作用的微妙平衡造成的，揭示这些相互关联将是未来生物无机化学的核心问题之一。例如，与细胞内铁平衡相关的铁死亡，细胞对铁死亡的敏感性与许多生物过程密切相关，包括氨基酸、铁和多不饱和脂肪酸代谢，以及谷胱甘肽、磷脂、NADPH和辅酶Q_{10}的生物合成。铁死亡与哺乳动物的退行性疾病(如阿尔茨海默病、亨廷顿病和帕金森病)、癌变、中风、脑出血、创伤性脑损伤、缺血再灌注损伤和肾脏变性相关的病理性细胞死亡都有密切关联。

1.2.5 几种元素的生物无机化学与环境生物无机化学

硒的生物无机化学是因发现硒是具有抗氧化功能的必需元素而得到发展的。硒蛋白/硒酶是细胞内一组重要金属蛋白，与癌症和氧化应激引起的一系列疾病(如心血管病、神经退行性病变、糖尿病、白内障等)有密切关系。硒蛋白组学研究的内容包括：用生物信息学方法预测和发现不同细胞中的硒蛋白物种；建立硒蛋白高效表达体系，研究硒蛋白的结构与功能以及体内硒蛋白和金属蛋白的相互作用；研究硒蛋白及蛋白质组学变化与细胞氧化应激以及与癌症、病毒性疾病、神经退行性疾病等重大疾病的关系，包括毒性作用的化学基础等。钒的生物无机化学在最近几年异军突起。钒有可能用于治疗糖尿病和肿瘤，引起科研工作者研究其生物效应的机理，我国已开展这方面的研究工作，但对机理研究不够深入透彻。

我国是稀土大国，稀土的储量及产量均占世界首位。随着稀土应用于农业，农作物增产十分明显，在畜牧业中作为饲料添加剂及治疗某些疾病的药物等应用也取得很有成效的结果；但人们担心其是否有毒，这就吸引人们去研究稀土为什么能使粮食作物增产，稀土究竟能否被植物根系吸收，用过稀土的粮食中稀土以什么形态存在，吃了这种粮食的动物会受到什么影响，揭示稀土在细胞和生物体内转运、递送、物种和分布状态，阐明稀土引起的生物/细胞应激、应激响应及其细胞信号网络的反应。确定不同物种的毒性-剂量依赖关系，为稀土材料的安全使用标准提供基础依据。研究稀土进入动植物体内的作用机理，以及对生物效应的影响，从而能科学地做出长期使用后其危险性的评价，将是稀土元素的生物无机化学一个迫切需要解决的基础研究课题。

随着电子工业革命的深入和未来新材料的不断应用，不断有新的无机污染物进入生态环境之中，并与环境中不断增加的包括二氧化碳和各种重金属等旧的污染物在一起对环境生态乃至生物进化产生影响。当前环境生物无机化学探索环境中重要无机物的化学过程以及与生命体系的相互作用是具有前瞻性意义的重要课题。

1.2.6 金属药物

在征服癌症的斗争中受到重视的金属配合物抗癌药研究，以及为防治职业病和环境污染而发展的重金属解毒剂的研究都相当活跃。目前主要是研究金属药物在病理过程和疾病诊断与治疗中的作用及其作用机制。在金属药物领域的研究重点是针对重大疾病(恶性肿瘤、心血管疾病、糖尿病和神经退行性病变等)；在分子和细胞层次上，研究金属药物在病理过程中的作用机理，新型金属诊断制剂以及疾病治疗和预防药物的设计和制备，其中新型的铂类和非铂类，包括钌(Ⅱ)的金属抗癌药物和钒配合物抗糖尿病药物是可能实现突破的研究方向。

将靶向基团引入到经典铂(Ⅱ)配合物的结构中，发展非经典构型的铂(Ⅱ)配合物以及还原活化的铂(Ⅳ)前药，是目前铂基药物的研究热点。通过选择铂(Ⅳ)前药的轴向配体，可以调节其理化性质，释放配体的功能也可以增强药物的生物学反应或促进肿瘤细胞对药物的摄取。同时，纳米药物载体的使用是一个特别新兴的研究领域，顺铂脂质体制剂 Lipoplatin 在临床试验中也取得了良好的进展，可能成为获得美国食品药品监督管理局(FDA)批准的铂基药物。在非铂基抗癌化合物中,钌和铱配合物在体外和体内模型中均显示出很高的抗癌活性。与经典的铂基药物相比，钌和铱倾向于形成八面体化合物。通常，配体的组合和配位几何形状主要决定了这类配合物的反应性、疏水性、靶分子结合、细胞摄取和细胞内分布等。钌配合物由于其激发态的相对较长的寿命以及吸收光谱在可见-红外区，被证明是有效的光动力治疗光敏剂。这些八面体构型的金属配合物通过纳米材料的包封和递送还可以改善与药物有关的某些药理学障碍，例如生物利用度、靶向能力、溶解度、降解和不利影响等。总之，对非铂基金属抗癌化合物的开发有望产生更安全、更有效的金属基抗癌药物。

1.2.7 金属酶和模拟酶的应用

将生物无机化学与生物工程相结合，在常温常压下生产化工产品，研究金属酶模拟和仿生催化剂设计将是化学工业的新方向。研究金属酶的结构与功能，合成它们的模拟物，以推动它们在生产中的应用虽然还要做许多努力，但无疑是极富生命力的领域。模拟酶作为研究酶结构与其功能的关系的方法已经经过长期实践，由氧化酶的模拟酶研究中所得到的某些规律，同样可以推广于天然过氧化氢酶中以提高其催化活性，而获得实际应用。

生物无机化学研究有许多特点，采用模拟方法是生物无机化学研究的一个显著特点。最常用的模拟方法有三种：①用大小相近、配位类型相似的金属离子取代生物体系中的金属离子，这些取代离子常被称为生物探针；研究金属酶活性中心的中间体结构的模拟分子，用化学新技术构建金属酶模型，特别是对结构特殊，但有高生物活性的金属酶模型物的设计合成。②用一些简单的金属配合物作为生物原型的模型化合物，它们可以在一定程度上反映生物原型的某些特征，例如对卟啉的铁配合物等人工氧载体的研究，大大加深了对血红蛋白载氧机制的认识。③用化学方法再现生物体系的某种功能，例如目前广泛研究的光合作用分解水制氢的各种模拟体系。必须反复强调，在运用模拟方法时，不能轻率地把模拟体系研究结果简单套用到生物原型上去。

当前生物无机化学研究仍然以配位化学的理论和方法为基础，它包括两个主要方向：①用配位化学理论和方法研究生物活性配合物的结构，以及结构-性质-功能的关系，推断作用机理，并与模型化合物或化学修饰物作为比较研究；研究复合结构分子模拟金属酶生物功能和底物识别。②测定生物活性配合物及其类似物的热力学和动力学参数，研究生物活性与热力学、动力学性质及结构的关系，并由此推测反应机理和最佳反应条件。

生命现象是比化学现象更高级的运动形式。研究生物无机化学问题，单纯用配位化学理论和方法显然是不够的。生物体系有自身的特殊性，正是这些特性使生物配合物具有生理活性，生物体系特有或特别突出的一些问题，已经或将要成为生物无机化学研究的基本理论问题。生物大分子配体是使生物配合物具有生物活性的基础，生物大分子配体的研究是生物无机化学的基本理论问题。生物大分子配体卷曲、折叠，使生物配合物具有柔性并处于某种程度的动态之中。而当生物大分子配体扭曲时，它又具有一定的张力。生物大分子配体这种特点，使它具有不同于小分子配体的多种性质。生物反应的高选择性和高效率，除了与生物大分子参与反应有关之外，有组织的反应介质也是一个重要因素，伴随与此，金属酶模型体系，生物启发的无机材料、智能材料、智能仿生体系，近几年取得了突出的成果。研究在组织介质中的无机化学反应是这门学科另一个有发展前途的领域。

生物无机化学的大多数研究工作偏重于基础理论。目前，应用研究已引起人们广泛重视，生物无机化学经过了一段时间发展，已经提出了一些理论，也建立了若干方法。只要抓住问题的关键，加强与材料科学、生命科学、医学和信息科学等学科的交叉，渗透和融合形成新的生长点，有重点地发展一些新的国际前沿研究领域，将可以在不太长的时间内在应用研究领域取得重大进展。

1.3　生物体中的无机元素及其生物功能

元素周期表中约有90种稳定元素，在天然条件下，地球表面或多或少都有它们的踪迹。尽管生物界种类繁多，千差万别，但它们都有一个共同点，就是都处于地球表面的岩石圈、水圈和大气圈所构成的环境中，与环境进行物质交换，以维持生命活动。但在漫长的进化历程中，生物体配备并逐步改善自身的一套控制系统，只选择了一部分元素来构成自身的机体和维持生存。

人们把维持生命所需要的元素称为生物体的必需元素(essential elements)，亦即生命元素，这是它最简单的定义。20 世纪 60 年代，有些科学家提出必需元素要具有以下特征：①存在于正常的组织中；②在各物种中有一定的浓度范围；③如果从机体排除这种元素，将会引起生理或结构变态——这种变态会伴随特殊的生物化学变化出现，重新引入这种元素之后，上述变态将可以消除。

对于必需元素的研究，20 世纪中有两段比较活跃的时期：1925～1956 年，先后发现了铜、锌、钴、锰和钼等元素在动物体内存在的必要性；1957～1980 年，人为地造成微量元素缺乏而引起感应的方法，证实了铬、镍、氟和硅等是生物体必不可少的元素。

按照上述定义，生物体的必需元素至少有 26 种，它们是 H、C、O、N、P、S、Na、K、Ca、Mg、Cl、Fe、Zn、Cu、Mn、Mo、Co、Cr、V、Ni、Sn、F、I、B、Si 和 Se。当然，由于目前对某些微量元素的生理功能了解肤浅，认识也不太一致，因此在不同文献与教科书中，列举必需元素数目不尽相同，例如，已有教科书把 Br、As、W 列为必需元素。已有材料表明，饮食中完全缺乏 As，会导致发育和生殖失调。另外，随着分析技术日臻精确完善，人们对微量元素生理功能认识深化，必需元素的数目将会增加。Hans G. Seiler、H. Sigel 和 A. Sigel 编著的 *Handbook on Toxicity of Inorganic Compounds* 一书中，对周期表中 103 种元素及其化合物的营养成分、毒性、允许剂量、解毒方法、生理作用、在自然界的分布及其分析方法都做了详细介绍。表 1-1 列举了人体的主要元素组成。

表 1-1 体重 70 kg 的人体内的元素平均含量

元素	含量/(g/人)	元素	含量/(g/人)	元素	含量/(g/人)
H	6580	Na	70	Mn	<1
C	12590	K	250	Mo	<1
N	1815	Mg	42	Co	<1
O	43550	Ca	1700	Cu	<1
P	680	Cl	115	Ni	<1
S	100	Fe	6	I	<1
		Zn	1～2		

在生物体内，H、C、O、N、P 和 S 占很大比例。它们组成生物体中的蛋白质、糖类、脂肪、核酸等有机物，是生命的基础物质。另外，Na、K、Ca、Mg

和 Cl 也占有一定比例，它们通常以离子形式在生物体内移动。这些元素被称为常量元素。

Fe、Zn 和 Cu 的含量较低；Mn、Mo、Co、Cr、V、Ni、Sn、F、I、B、Si 和 Se 的含量更低。它们被称为微量元素。

除了 H、C、O、N、P 和 S 之外，其余 20 种必需元素在生物体内的作用也十分重要，它们往往是生命过程中具有重要功能的酶、激素等物质的关键组分，尤其是某些过渡金属元素，在金属蛋白和金属酶诸如催化、电子转移和与外来分子的结合等生物功能中起重要作用。

当然，上述 26 种必需元素也不是任何生物都必不可少的。对于植物来说，Na 并非必需元素，人和动物要补充食盐，也是由于食用植物不能提供 Na 的缘故。B 对动物似乎并不那么重要，而对植物则是完全必需的。

除了必需元素之外，生物体内还有一些其他元素，如 Sr 等，目前尚不了解它们的生物功能，暂且称它们为中性元素。过去曾把 Al 列为中性元素。现在，人们已认识到，Al^{3+}会引起贫血、痴呆，甚至导致死亡。

还有一些元素对生物体，特别是对人是有毒的，如 Hg、Cd、Pb 等重金属，人们称之为有害元素。Hg、Cd、Pb 的毒性将在 11.5 节中介绍。如上所述，Al 也是一种有害元素。目前，As(也是必需元素，大量摄入后 As^{3+}与酶中巯基结合而对酶活性产生影响)、Be(Be^{2+}干扰 Mg^{2+}参与的许多功能，还会导致肺癌和其他肺部疾病)、Tl(Tl^{+}干扰 K^{+}参与的许多功能而显神经毒性)也被列为有害元素。

参 考 文 献

陈禹, 杜可杰, 巢晖, 计亮年, 2009. 钌配合物抗肿瘤研究新进展. 化学进展, 21(5): 834-844.

郭子建, 孙为银, 2006. 生物无机化学. 北京: 科学出版社.

洪茂椿, 陈荣, 梁文平, 2005. 21 世纪的无机化学. 北京: 科学出版社.

黄开勋, 徐辉碧, 2009. 硒的化学、生物化学及其在生命科学中的应用. 第二版. 武汉: 华中科技大学出版社: 6.

计亮年, 2004. 交叉学科研究推动了生物无机化学学科的发展. 世界科学研究与发展, (12): 1-6.

江雷, 冯琳, 2007. 仿生智能纳米界面材料. 北京: 化学工业出版社.

毛宗万, 安燕, 计亮年, 2004. 关于我国生物无机化学发展战略的一点思考. 化学进展, 16(4): 660-666.

闵恩泽, 2004. 石油化工绿色化学与化学工程. 长沙: 中国化学会第 24 届学术年会论文集要集, P00-10-13.

王夔, 1990. 生命科学中的化学问题. 北京: 北京大学出版社.

王夔, 韩万书, 1997. 中国生物无机化学十年进展. 北京: 高等教育出版社.

王夔, 杨晓改, 2009. 从细胞无机化学的角度看镧系元素化合物作为诊断药物的安全性问题. 化学进展, 21(5): 803-818.

杨铭, 2003. 结构生物学与药物研究. 北京: 科学出版社.

杨频, 高飞, 2002. 生物无机化学原理. 北京: 科学出版社.

杨晓改, 杨晓达, 王夔, 2007. 稀土药用研究的动向和问题. 化学进展, 19(2): 201-204.

Bertini H, Sigel A, Sigel H, 2001. Handbook on Metalloproteins. New York: Marcel Dekker Inc.

Bertini I, Gray H B, Stiefel E I, 2007. Biological Inorganic Chemistry, Structure and Reactivity. Sausalito California: University Science Books.

Johnstone T C, Suntharalingam K, Lippard S J, 2016. The next generation of platinum drugs: Targeted Pt(Ⅱ)agents, nanoparticle delivery, and Pt(Ⅳ) prodrugs. Chem. Rev., 116(5): 3436-3486.

Seiler H G, Sigel H, Sigel A, 1988. Handbook on Toxicity of Inorganic Compounds. New York: Marcel Dekker Inc.

Sigel A, Sigel H, Sigel R K O, 1973-2004. Metal Ions in Biological Systems. Vol 1-42. New York: Marcel Dekker Inc.

Sigel A, Sigel H, Sigel R K O, 2005. Biogeochemistry, Availability, and Transport of Metals in the Environment. Vol 43-44. Boca Raton: Taylor and Francis.

Sigel A, Sigel H, Sigel R K O, 2006-2008. Metal Inos in Life Science. Vol 1-4. Chichester: John Wiley and Sons.

Tiekink E R T, Gielen M, 2005. Metallotherapecctics Agents: The Use of Metals in Medicine. Chichester: John Wiley and Sons. Including Chao H, Ji L-N. Chapter 11, Cobalt Complexes as Potential Pharmaceutical Agents, and Yan S-C, Jin L, Sun H-Z; ^{51}Sb-Antimony in Medicine, PP441-461.

Yao S S, Jin B A, Liu Z M, et al, 2016. Biomineralization: From material tactics to biological strategy. Adv. Mat., 116(5): 1605903.

Zeng L L, Gupta P, Chen Y L, et al, 2017. The development of anticancer ruthenium(Ⅱ)complexes: From single molecule compounds to nanomaterials. Chem. Soc. Rev., 46(19): 5771-5804.

第 2 章　重要的生物配体

在大多数情况下，金属元素在生物体内不以自由离子形式存在，而是与配体形成生物金属配位化合物。这些在生物体内与金属配位并具有生物功能的配体称为生物配体(biological ligand)。按照分子量大小，生物配体大致分两类：大分子配体，包括蛋白质、多糖、核酸等，其分子量从几千到数百万；小分子配体，包括氨基酸、羧酸、卟啉、咕啉等。生物配体与金属结合一般遵循软硬酸碱规则。

2.1　氨　基　酸

氨基酸(amino acid)是蛋白质的基本结构单位。自然界中已发现有百多种氨基酸，但从蛋白质水解产物中分离出来的氨基酸通常只有 20 种(见表 2-1)。除脯氨酸外，这些氨基酸在结构上都有共同点，即与羧基相邻的 *α*-碳原子上都有一个氨基，因此称为 *α*-氨基酸。

表 2-1　常见天然 *α*-氨基酸的分类

普通名称(化学名称)	中英文简称	结构式	等电点
①非极性 R 基氨基酸			
丙氨酸 alanine (*α*-氨基丙酸)	丙 Ala	$CH_3-CH(NH_3^+)-COO^-$	6.00
缬氨酸 valine (*α*-氨基异戊酸)	缬 Val	$(H_3C)_2CH-CH(NH_3^+)-COO^-$	5.96
亮氨酸 leucine (*α*-氨基异己酸)	亮 Leu	$(H_3C)_2CH-CH_2-CH(NH_3^+)-COO^-$	5.98
异亮氨酸 isoleucine (*α*-氨基-*β*-甲基戊酸)	异亮 Ile	$CH_3-CH_2-CH(CH_3)-CH(NH_3^+)-COO^-$	6.02
脯氨酸 proline (四氢吡咯[2]羧酸)	脯 Pro	吡咯烷环($\overset{+}{N}H_2$)-COO^-	6.30
苯丙氨酸 phenylalanine (*α*-氨基-*β*-苯基丙酸)	苯 Phe	$C_6H_5-CH_2-CH(NH_3^+)-COO^-$	5.48

续表

普通名称(化学名称)	中英文简称	结构式	等电点
色氨酸 tryptophan (*α*-氨基-*β*-吲哚丙酸)	色 Try	吲哚-3-基—$CH_2—CH(NH_3^+)—COO^-$	5.89
蛋氨酸(甲硫氨酸) methionine (*α*-氨基-*γ*-甲硫基丁酸)	蛋 Met	$CH_3—S—CH_2—CH_2—CH(NH_3^+)—COO^-$	5.74
②不带电荷的极性R基氨基酸			
甘氨酸 glycine (氨基乙酸)	甘 Gly	$H_3N^+—CH_2—COO^-$	5.97
丝氨酸 serine (*α*-氨基-*β*-羟基丙酸)	丝 Ser	$HO—CH_2—CH(NH_3^+)—COO^-$	5.68
苏氨酸 threonine (*α*-氨基-*β*-羟基丁酸)	苏 Thr	$CH_3—CH(OH)—CH(NH_3^+)—COO^-$	6.16
半胱氨酸 cysteine (*α*-氨基-*β*-巯基丙酸)	半胱 Cys	$HS—CH_2—CH(NH_3^+)—COO^-$	5.07
酪氨酸 tyrosine (*α*-氨基-*β*-对羟苯基丙酸)	酪 Tyr	$HO—C_6H_4—CH_2—CH(NH_3^+)—COO^-$	5.66
天冬酰胺 asparagine (*α*-氨基-*β*-酰胺丙酸)	天胺 Asn	$H_2N—C(=O)—CH_2—CH(NH_3^+)—COO^-$	5.41
谷氨酰胺 glutamine (*α*-氨基-*γ*-酰胺丁酸)	谷胺 Gln	$H_2N—C(=O)—CH_2—CH_2—CH(NH_3^+)—COO^-$	5.65
③在pH 7带正电荷的R基氨基酸			
赖氨酸 lysine (*α*,*ε*-二氨基己酸)	赖 Lys	$H_2N—(CH_2)_4—CH(NH_3^+)—COO^-$	9.74
精氨酸 arginine (*α*-氨基-*δ*-胍基戊酸)	精 Arg	$H_2N—C(=^+NH_2)—NH—(CH_2)_3—CH(NH_3^+)—COO^-$	10.76
组氨酸 histidine (*α*-氨基-*β*-4-咪唑丙酸)	组 His	咪唑鎓基(HN^+, NH)—$CH_2—CH(NH_3^+)—COO^-$	7.59
④在pH 7带负电荷的R基氨基酸			
天冬氨酸 aspartic acid (*α*-氨基丁二酸)	天 Asp	$^-OOC—CH_2—CH(NH_3^+)—COO^-$	2.77
谷氨酸 glutamic acid (*α*-氨基戊二酸)	谷 Glu	$^-OOC—CH_2—CH_2—CH(NH_3^+)—COO^-$	3.22

α-氨基酸都是白色的晶体，各有特殊的结晶形状。熔点较高，通常在 200℃以上。大多数可溶于水中。

$$
\begin{array}{c}
\mathrm{H} \\
| \\
\mathrm{R}-\mathrm{C}-\mathrm{COOH} \\
| \\
\mathrm{NH_2}
\end{array}
$$

α-氨基酸

2.1.1　氨基酸的分类

氨基酸分类法有多种。这里介绍的方法是按照 α-氨基酸中侧链的 R 基极性，把 20 种常见氨基酸分为四类(见表 2-1)：①非极性 R 基氨基酸；②不带电荷的极性 R 基氨基酸，产生极性的基团是分子中的羟基、酰胺基、巯基(—SH，sulfhydryl group)等；③在 pH 7 带正电荷的 R 基氨基酸；④在 pH 7 带负电荷的 R 基氨基酸。这种分类法对于说明不同氨基酸在蛋白质中的功能是很有意义的。

此外，还可按在溶液中的酸碱性，分为酸性、碱性和中性氨基酸。前述①、②类均为中性；③类为碱性；④类为酸性。也可按 R 基结构分为脂肪族、芳香族和杂环氨基酸。

2.1.2　氨基酸的立体异构和旋光性

除甘氨酸外，α-氨基酸的 α-碳原子都是不对称碳原子(asymmetric carbon atom)，因此有立体异构体(stereoisomer)。蛋白质水解产物中的 α-氨基酸都属于 L 型，即与 L-甘油醛(glyceraldehyde)同型。生物体中，特别在细菌中也有 D 型氨基酸。D 型和 L 型氨基酸结构式如图 2-1 所示。

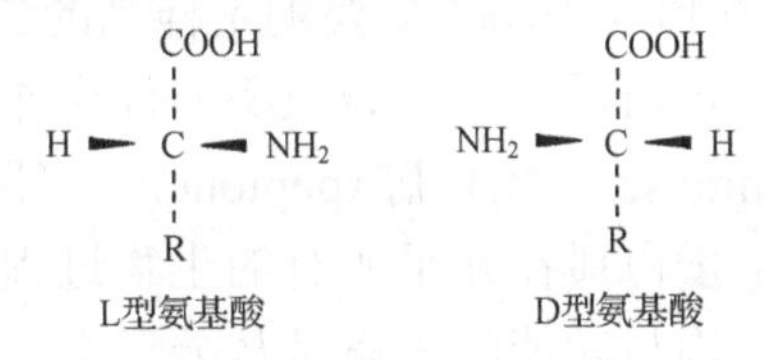

图 2-1　D 型和 L 型氨基酸

α-氨基酸(除甘氨酸)都具有光学活性。通常(+)表示右旋体(dextroisomer)，(–)表示左旋体(levoisomer)，L 和 D 只表示立体构型，不表示旋光性。例如人体蛋白质的 α-氨基酸均为 L 型，但有左右旋之别。天冬氨酸(Asp)、谷氨酸(Glu)、赖氨酸(Lys)、异亮氨酸(Ile)等为 L(+)；而亮氨酸(Leu)、丝氨酸(Ser)、苏氨酸(Thr)、半胱氨酸(Cys)、蛋氨酸(Met)、苯丙氨酸(Phe)、酪氨酸(Tyr)、色氨酸(Try)、组氨酸(His)、脯氨酸(Pro)等为 L(–)。

2.1.3　氨基酸的酸碱性质

根据许多实验事实(例如氨基酸晶体熔点高，溶解后使水的介电常数增加)，人们认为氨基酸分子主要以偶极离子(dipolar-ion)或称兼性离子(zwitter-ion) $^{+}H_3N—CHR—COO^{-}$的形式存在。

氨基酸的兼性离子在水溶液中有如下平衡：

$$\underset{\text{正离子}}{\mathrm{R-\underset{\underset{NH_3^+}{|}}{CH}-COOH}} \underset{H^+}{\overset{OH^-}{\rightleftharpoons}} \underset{\text{兼性离子}}{\mathrm{R-\underset{\underset{NH_3^+}{|}}{CH}-COO^-}} \underset{H^+}{\overset{OH^-}{\rightleftharpoons}} \underset{\text{负离子}}{\mathrm{R-\underset{\underset{NH_2}{|}}{CH}-COO^-}} \tag{2-1}$$

上述三种离子的浓度，随溶液 pH 而变。如果适当调节水溶液的 pH，使氨基酸的酸性电离与碱性电离恰好相抵消，氨基酸在溶液中只以兼性离子的形式存在，分子的净电荷为零，在电场中既不向阳极移动也不向阴极移动。这时的 pH 值称为氨基酸的等电点(isoelectric point，pI)。

在等电点的氨基酸分子净电荷为零，很容易聚集并沉淀析出，因此溶解度最小。利用各种氨基酸的等电点不同，可以使它们彼此分离。

2.2　蛋　白　质

蛋白质(protein)是动物、植物和微生物细胞中最重要的有机物质之一。除含有碳、氢、氧、氮外，还含有少量硫，有些蛋白质还含有磷、铁、锌、铜、锰和碘。不同来源的蛋白质含氮有一定的比例，这是一个重要的特点。一般蛋白质含氮在 15%～17.6%，其平均值为 16%，只要测定样品的含氮量，就可以通过计算求得样品的蛋白质含量。蛋白质可在酸碱或酶的催化作用下逐步水解为分子量越来越小的蛋白朊(albuminose)、蛋白胨(peptone)、多肽(polypeptide)，最后成为氨基酸的混合物。由于蛋白质在几乎所有的生物过程中都起着极其重要的作用，因此研究蛋白质的结构与功能的关系是从分子水平上认识生命现象的一个重要方面。

2.2.1　蛋白质的分类

简单化合物通常按结构分类。蛋白质结构极为复杂，已测定结构的几十种蛋白质，在成千上万种蛋白质中只占极少数，因此目前无法按结构分类，只能按分子形状、组成和溶解性来分类。

按照分子形状，可分为球状蛋白(globular protein)和纤维状蛋白(fibrous

protein)。前者一般可溶于水，后者不溶于水。

根据化学组成，可分为简单蛋白(simple protein)和结合蛋白(conjugated protein)。

简单蛋白只由 α-氨基酸组成，例如卵清蛋白(egg albumin)和胰岛素(insulin)。简单蛋白按溶解性、沉淀所需盐类浓度、分子大小及来源不同，又可分为七类：清蛋白(albumin)、球蛋白(globulin)、谷蛋白(glutelin)、醇溶谷蛋白(prolamine)、精蛋白(spermatine)、组蛋白(histone)和硬蛋白(albuminoid)。

结合蛋白由单纯蛋白质与非蛋白物质结合而成，如血红蛋白。非蛋白质部分称为辅基(prosthetic group)。按辅基不同，结合蛋白可分为五类：色蛋白(chromoprotein)、糖蛋白(glucoprotein)、磷蛋白(phosphoprotein)、核蛋白(nucleoprotein)、脂蛋白(lipoprotein)。

2.2.2 蛋白质的一级结构

蛋白质由氨基酸构成，氨基酸连接的基本方式是彼此以肽键(peptide bond)结合成肽链(peptide chain)。再由一条或多条肽链按各种特殊方式组合成蛋白质分子。蛋白质的结构可以分为四级。蛋白质的一级结构(primary structure)就是指肽链的数目、肽链中氨基酸的连接方式和排列顺序，以及二硫键(disulfide bond)的数目与位置。二级以上是指空间结构。

肽链中的肽键是由一个氨基酸的氨基与另一氨基酸的羧基缩合去一分子水而成。例如，甘氨酸的羧基与丙氨酸的氨基缩合形成肽键，生成甘氨酰丙氨酸。

$$\underset{\text{甘氨酸}}{H_2N-CH_2-\overset{\displaystyle O}{\overset{\|}{C}}-OH} + \underset{\text{丙氨酸}}{H-\underset{\displaystyle H}{\underset{|}{N}}-\underset{\displaystyle CH_3}{\underset{|}{CH}}-\overset{\displaystyle O}{\overset{\|}{C}}-OH} \xrightarrow[-H_2O]{} \underset{\text{甘氨酰丙氨酸}}{H_2N-CH_2-\underbrace{\overset{\displaystyle O}{\overset{\|}{C}}-\underset{\displaystyle H}{\underset{|}{N}}}_{\text{肽键}}-\underset{\displaystyle CH_3}{\underset{|}{CH}}-\overset{\displaystyle O}{\overset{\|}{C}}-OH} \quad (2\text{-}2)$$

多个氨基酸以这种方式首尾相接则成为肽链。肽链中的氨基酸已不是原来完整的分子，因此称为氨基酸残基(residue)。含有少于 10 个残基的肽称为寡肽(oligopeptide)，含有超过 10 个残基的肽称为多肽(polypeptide)。肽链带自由氨基的一端称为氨基末端(amino terminal)或 N 末端，带自由羧基的一端称为羧基末端(carboxyl terminal)或 C 末端。

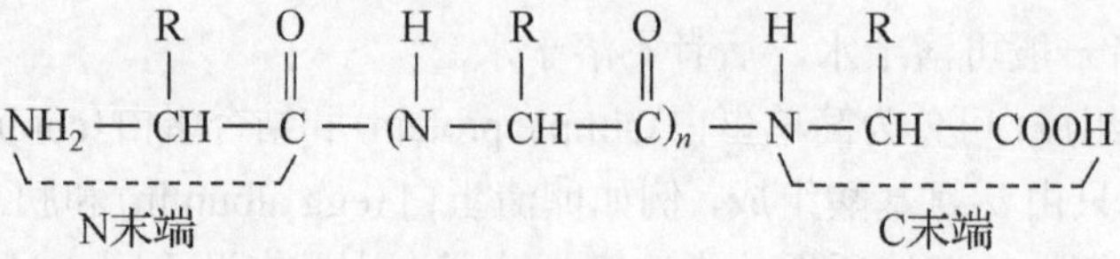

$$\underbrace{\mathrm{NH_2-\overset{R}{\overset{|}{C}H}-\overset{O}{\overset{\|}{C}}}}_{\text{N末端}}\mathrm{-(\overset{H}{\overset{|}{N}}-\overset{R}{\overset{|}{C}H}-\overset{O}{\overset{\|}{C}})_{\mathit{n}}-}\underbrace{\mathrm{\overset{H}{\overset{|}{N}}-\overset{R}{\overset{|}{C}H}-COOH}}_{\text{C末端}}$$

肽链的主干称为主链(backbone)。肽链上各残基的 R 基称为侧链(side chain)。肽链有开链与环状之分，开链肽有两个末端，环状肽无末端。

在蛋白质和多肽分子中，连接氨基酸残基的共价键除了肽键之外，较常见的还有二硫键(disulfide bond)。它由两个半胱氨酸残基的巯基(—SH)脱氢氧化连接而成。它可以使两条肽链共价交联(链间二硫键)，或使一条肽链的某一部分成环(链内二硫键)。

肽的命名通常以肽链的 N 末端氨基酸残基开始，按残基出现顺序逐一记载。习惯把 N 末端写在结构式的左侧。C 末端写在最后。

如果上述丙氨酸的羧基与甘氨酸的氨基形成肽键，则生成丙氨酰甘氨酸，结构式如下：

$$\mathrm{H_2N-\underset{\underset{\displaystyle CH_3}{|}}{C}H-\underset{\underset{\displaystyle O}{\|}}{C}-NH-CH_2-\underset{\underset{\displaystyle O}{\|}}{C}\;\;OH}$$

丙氨酰甘氨酸(alanyl-glycine)是前述甘氨酰丙氨酸(glycyl-alanine)的同分异构体，两者的物理和化学性质不同。含有 3 种不同残基的三肽有 6 种同分异构体，4 种不同残基的四肽有 24 种同分异构体，5 种不同氨基酸则可构成 120 种五肽，因此，20 种常见氨基酸可构成各种各样的蛋白质。

蛋白质的种类和生物活性都与肽链组成及氨基酸排列顺序有关，这一顺序是由遗传因素决定的。蛋白质的一级结构又是空间构象(conformation)的基础。因此测定蛋白质的氨基酸顺序有重要意义。目前可使用氨基酸自动分析仪和肽链氨基酸顺序自动测定仪来进行测定，工作简便迅速。

2.2.3 维持蛋白质空间构象的作用力

一条任意形状的多肽链不具有生物活性。蛋白质分子有特定的三维结构，在主链之间、侧链之间和主链与侧链之间存在着复杂的交互作用，使蛋白质分子在三维水平上形成一个有机整体。维持蛋白质空间构象的作用力可归纳为以下几种。

2.2.3.1 氢键

蛋白质分子内的氢键(hydrogen bond)有多种形式，而主要的是肽链上的羰基($\rangle C=O$)与亚氨基($HN\langle$)之间形成的氢键。氢键存在于肽链之间，也存在于同一条肽链之中，对维持蛋白质的构象十分重要。

2.2.3.2　二硫键

蛋白质分子中二硫键(disulfide bond)结合比较牢固，是稳定蛋白质空间结构的一种因素。二硫键的数目越多，蛋白质越稳定。

2.2.3.3　酯键

酯键(ester bond)一般由氨基酸残基的羟基与二羧酸的 β 或 γ-羧基脱水缩合而成。磷蛋白分子中的磷酸也可与羟基氨基酸残基形成磷酸酯键，酯键在蛋白质分子中不多。

2.2.3.4　疏水键

蛋白质分子中疏水性较强的氨基酸(Val、Leu、Ile、Phe 等)残基的侧链避开水相彼此黏附在一起，在分子内部形成孔穴，同时又使亲水性侧链留在分子表面。这是一种使体系能量趋于最低的有利过程，疏水键(hydrophobic bond)对维持蛋白质分子空间结构有一定作用。但其详细机理仍不太清楚。

2.2.3.5　盐键

在适当条件下，蛋白质分子中的自由氨基和自由羧基可分别以正负离子形式存在，它们相互结合形成盐键(salt linkage)。盐键的结合力比较牢固。但在蛋白质分子中盐键数量不多，且易受酸碱作用而破坏。

2.2.3.6　范德瓦耳斯力

蛋白质分子中还存在非极性基团的偶极与偶极间的相互作用，以及极性基团的偶极与偶极间的相互作用。

2.2.3.7　配位键

许多蛋白质还需要金属离子参与维持其三级、四级结构，这些金属离子通过配位键(coordinate bond)与肽链结合。当金属离子被除去时，蛋白质的结构会受到局部破坏，生理活性就减弱或丧失。

2.2.4　蛋白质的二级结构

蛋白质分子的多肽链并非呈直线形伸展，而是盘曲和折叠成特有的空间构象。蛋白质的二级结构(secondary structure)是指多肽链盘曲折叠的方式。目前公认二级结构主要是 α 螺旋结构，其次是 β 折叠结构。它们都是由 Pauling 学派首先提出来的。氢键对于维持二级结构有重要意义。

2.2.4.1　α 螺旋结构

Pauling 学派根据蛋白质晶体结构分析和化学键理论，提出形成稳定肽键空间结构的两点原则：①肽键内—CO—NH—的 4 个原子和相邻的两个 *α*-碳原子处于同一个平面上；它的键长和键角与酰胺及二肽一样。②肽键中的 C—N 键比一般 C—N 键短，具有部分双键性质，不能自由旋转，与 C—N 键相连的原子是反式的，如图 2-2 所示。

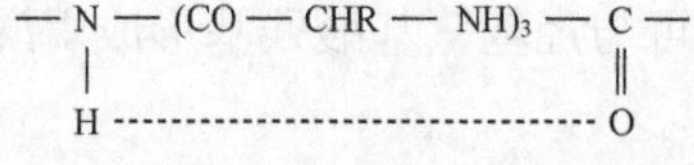

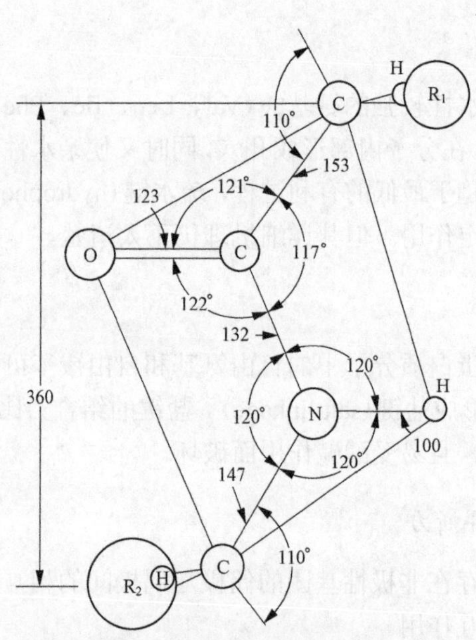

图 2-2　肽键的键长和键角(键长单位：pm)

根据上述原则，可以把多肽的主链看成由一系列平面组成，平面之间由 *α*-碳原子隔开，如图 2-3 所示。由于侧链 R 基等的空间障碍使 $C_α$—N 和 $C_α$—C 键的旋转范围小于 180°，这就进一步限制了多肽键的构象数目。

考虑到限制多肽链构象的因素，Pauling 等设计了 α 螺旋(α-helix)模型。在 α 螺旋结构中，氨基酸残基绕螺旋轴盘旋上升。相邻两个残基的旋转角为 100°，轴心矩 148 pm。每隔 3.6 个残基旋转一圈，螺旋每上升一圈相当于平移 533 pm。这个模型与天然 *α*-角蛋白(keratin)的 X 射线衍射分析一致。在 α 螺旋中，氨基酸残基的侧链伸向外侧。相邻的螺圈之间形成链内氢键。氢键的取向，几乎与螺旋轴平行，它是由肽键中电负性很强的氮原子上的氢和在它后面的第 4 个残基的羰基氧形成的。所有肽键都能参与形成链内氢键，α 螺旋的稳定性就靠这种氢键维持。

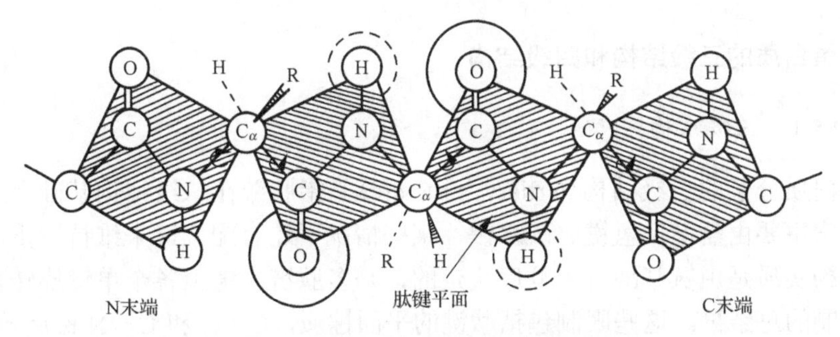

图 2-3　多肽链主链的单键旋转限制

α 螺旋有右旋和左旋两种，右螺旋比较稳定。迄今研究过的天然蛋白质的 α 螺旋都是右螺旋。

α 螺旋是蛋白质二级结构的主要形式，在纤维状蛋白和球状蛋白中广泛存在。

2.2.4.2　β 折叠结构

由于用 α 螺旋模型无法解释丝心蛋白(fibroin)结构，Pauling 等提出了 β 折叠片(β-pleated sheet)模型。在 β 折叠结构中，肽链采取较为伸展的形式，称为 β 构象。各条肽链的长轴平行，相邻肽链之间借助氢键连成如图 2-4 的片状结构。这种链间氢键由一条肽链的羰基和另一条肽链的亚氨基形成。在 β 折叠片中，所有肽键参与构成链间氢键。氢键与肽链长轴接近垂直。β 折叠片在长轴方向具有重复单位，因此也是一种二级结构。β 折叠片有平行式(parallel)和逆平行式(antiparallel)两种。前者各条肽链的 N 末端都在同一边，而后者各条肽链的 N 末端一顺一倒排列。在纤维状蛋白中，β 折叠片主要取逆平行式。在球状蛋白中，平行式与逆平行式存在大体均等。

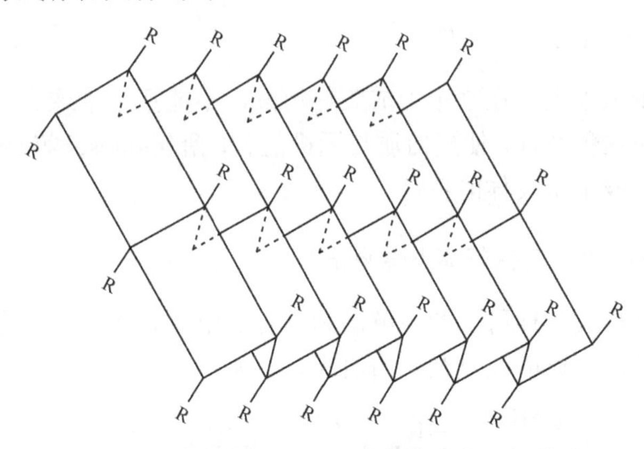

图 2-4　由 β 构象的肽链平行排列成的 β 折叠片

2.2.5　蛋白质的三级结构和四级结构

2.2.5.1　三级结构

蛋白质分子的三级结构(tertiary structure)是指肽链在二级结构基础上进一步折叠。它主要由盐键、氢键、疏水键，某些情况下还有配位键来维持。蛋白质的三级结构实质是由氨基酸排列顺序决定的，是多肽链主链上各个单键旋转自由度受到限制的总结果。这些限制包括肽键的平面性质，C—C 和 C—N 键旋转限度，亲水基(hydrophilic group)和疏水基(hydrophobic group)的数目和位置，带正、负电荷的 R 基的数目和位置，介质等因素。这些因素与维持三级结构的各种作用力密切相关。

2.2.5.2　四级结构

许多蛋白质由两条或多条肽链构成。每条肽链都有各自的一级、二级、三级结构，相互以非共价键连接。这些肽链称为蛋白质的亚单位(subunit)。由亚单位构成的蛋白质称为寡聚蛋白质。四级结构(quaternary structure)就是各个亚单位在寡聚蛋白质的天然构象中的排布方式。四级结构由氢键、盐键、疏水键、范德瓦耳斯力等维持。单独存在的亚单位一般没有生物活性。具有四级结构的蛋白质分子的亚单位可以是相同的或不同的，数目从两个到上千个不等。例如，血红蛋白有四个亚单位，其中两条 α 链，两条 β 链。

单链蛋白没有四级结构。

2.2.6　蛋白质的某些重要性质

2.2.6.1　蛋白质的胶体性质

蛋白质分子量很大，在水中形成胶体溶液，不能穿过半透膜。透析(dialysis)就是利用蛋白质这种特性，使蛋白质与无机盐、单糖(monose)等小分子物质分离。蛋白质还具有一般亲水胶体的特性。

2.2.6.2　蛋白质的两性解离与等电点

蛋白质与氨基酸一样可以两性解离和具有等电点。蛋白质所含氨基酸残基的种类和数量很多，解离情况复杂，用通式表示为

$$\mathrm{P}\begin{smallmatrix}\diagup \mathrm{NH_3^+} \\ \diagdown \mathrm{COOH}\end{smallmatrix} \underset{+\mathrm{H^+}}{\overset{-\mathrm{H^+}}{\rightleftharpoons}} \mathrm{P}\begin{smallmatrix}\diagup \mathrm{NH_3^+} \\ \diagdown \mathrm{COO^-}\end{smallmatrix} \underset{+\mathrm{H^+}}{\overset{-\mathrm{H^+}}{\rightleftharpoons}} \mathrm{P}\begin{smallmatrix}\diagup \mathrm{NH_2} \\ \diagdown \mathrm{COO^-}\end{smallmatrix} \tag{2-3}$$

正离子　　　两性离子　　　负离子

蛋白质作为两性电解质，可以与定量的酸或碱化合成盐，如蛋白质盐酸盐 $\left[\mathrm{P}\begin{matrix}\mathrm{NH_3}\\ \mathrm{COOH}\end{matrix}\right]\cdot\mathrm{Cl}$，蛋白质钠盐 $\left[\mathrm{P}\begin{matrix}\mathrm{NH_2}\\ \mathrm{COO}\end{matrix}\right]\mathrm{Na}$。蛋白质的两性离解性质使它成为生物体内重要的缓冲剂。

如果逐步改变蛋白质溶液的 pH 值，蛋白质所带电荷的数量和性质也逐步变化。在这个变化过程中，总可以控制到某一个 pH 值，使蛋白质分子上的正负电荷数量相等，净电荷为零。这时的 pH 值称为蛋白质的等电点(pI)。不同蛋白质有不同的等电点，据此可把蛋白质从混合液中分离出来。

2.2.6.3　蛋白质的变性作用

天然蛋白质受物理或化学因素影响，使氢键等非共价键受到破坏，肽链高度规则的排列方式变为杂乱松散的方式，部分或全部失去原有的理化性质和生理活性，这种作用称为蛋白质的变性作用(denaturation)。

使蛋白质变性的因素很多。加热、紫外线、X 射线、超声波、高压、剧烈振荡等物理因素，重金属、酸碱、有机溶剂、尿素等化学物质，都可以破坏蛋白质的空间结构而使它变性。不同的蛋白质对各种变性因素的敏感性不一致。

变性后的蛋白质失去原有的结晶能力，溶解度显著降低，黏度增加，等电点提高。蛋白质变性后化学性质变化表现为容易被蛋白酶水解，暴露的侧链基团增加。生理活性减弱或消失则是变性蛋白的主要特征。

极少数蛋白质的变性如不超过一定限度，经适当处理，可重新变为原有的天然蛋白质。

天然蛋白质变性后，分子互相凝聚或互相缠结在一起的现象称为蛋白质的凝固作用。

2.3　金属离子与氨基酸和蛋白质的相互作用

2.3.1　金属离子与氨基酸和蛋白质的结合模式

氨基酸是蛋白质的基本构成单位，它是许多金属离子的天然配体。就α-氨基酸而言，最常见是作为二齿配体，以α-碳上的氨基和羧基作为配位基团同金属离子配位，形成具有五元环结构的较稳定的螯合物，如图 2-5 所示。在一定条件下，氨基酸侧链的某些基团也可以参与配位。

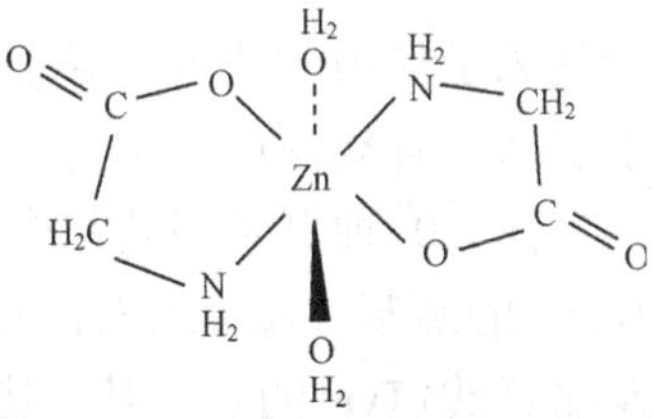

图 2-5　$\mathrm{Zn(Gly)_2\cdot 2H_2O}$

肽与金属离子配位时，除末端氨基、末端羧基和氨基酸残基侧链的某些基团外，肽键中的羧基和亚氨基也可能参与配位。金属离子与肽形成的配合物分子的结构比较复杂。图 2-6 是二肽 Gly-Gly 与锌配位生成的 $Zn_2(Gly\text{-}Gly)_4 \cdot 2H_2O$。

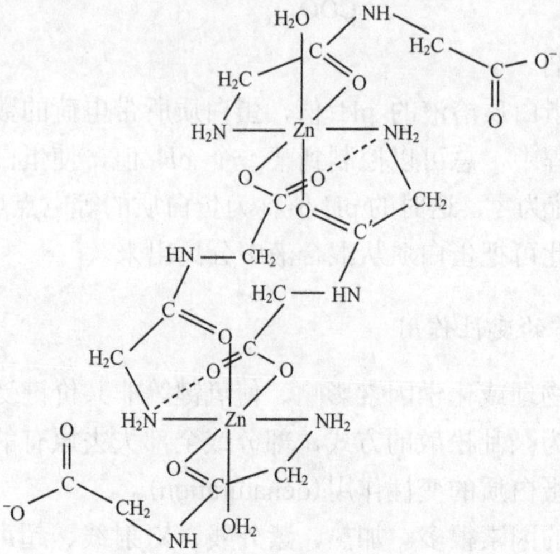

图 2-6　$Zn_2(Gly\text{-}Gly)_4 \cdot 2H_2O$ 结构

蛋白质与金属的结合模式，与氨基酸或寡肽显然不同。氨基酸缩合成蛋白质后，肽链还需要进行特定形式的折叠，形成特定的高级结构，蛋白质才能发挥其生物功能。很多天然蛋白质中含有金属，常见的有：钙、镁、锌、铁、铜等，此外，钼、镍和锰等也被发现。就金属离子与蛋白质的相互作用而言，一方面，金属离子对新生肽链的折叠或稳定蛋白质的高级结构具有决定作用；另一方面，肽链的折叠及形成的二级结构，也对金属离子与蛋白质的配位选择性和成键方式产生重要的影响。

多数情况下，金属离子直接与蛋白质内源配体(氨基酸侧链基团)配位结合到蛋白质分子中，形成金属活性部位。蛋白质中金属离子是分散的，即以单个金属离子与蛋白中的酸性氨基酸残基，或氨基酸支链上的给体基团(配位体)直接形成配位键；锌指蛋白是这种结合方式的典型代表。虽然构成蛋白质肽链的氨基酸残基有 20 多种，但人们发现实际上能与金属离子配位的氨基酸残基似乎并不多。只有那些在分子中处于有利的位置，并且具有较强的配位能力的氨基酸残基，在与金属离子作用时才占主导地位，这样使得蛋白质与金属离子的配位不至于显得过于复杂，有规律可循。

在 20 种氨基酸残基中，最有可能与金属离子产生配位的基团有：半胱氨酸(Cys)的巯基、组氨酸(His)的咪唑基、谷氨酸(Glu)和天冬氨酸(Asp)的羧基，以及酪氨酸(Tyr)的酚羟基；其次是：甲硫氨酸(Met)的硫醚基团、赖氨酸(Lys)的氨基、精氨酸(Arg)的胍基，以及天冬酰胺(Asn)和谷氨酰胺(Gln)的酰胺基；金属离子还有可能通过羰基、去质子化的氨基氮原子与肽键配位，或与肽链两端的羧基或氨基配位。金属离子在与这些基团配位时，其选择性规律，除了空间因素的影响外，主要决定于软硬酸碱的性质，即硬酸(金属离子)倾向于与硬碱(作为配体的基团)结合，反之亦然。氨基酸残基与金属离子的配位模式见图 2-7。

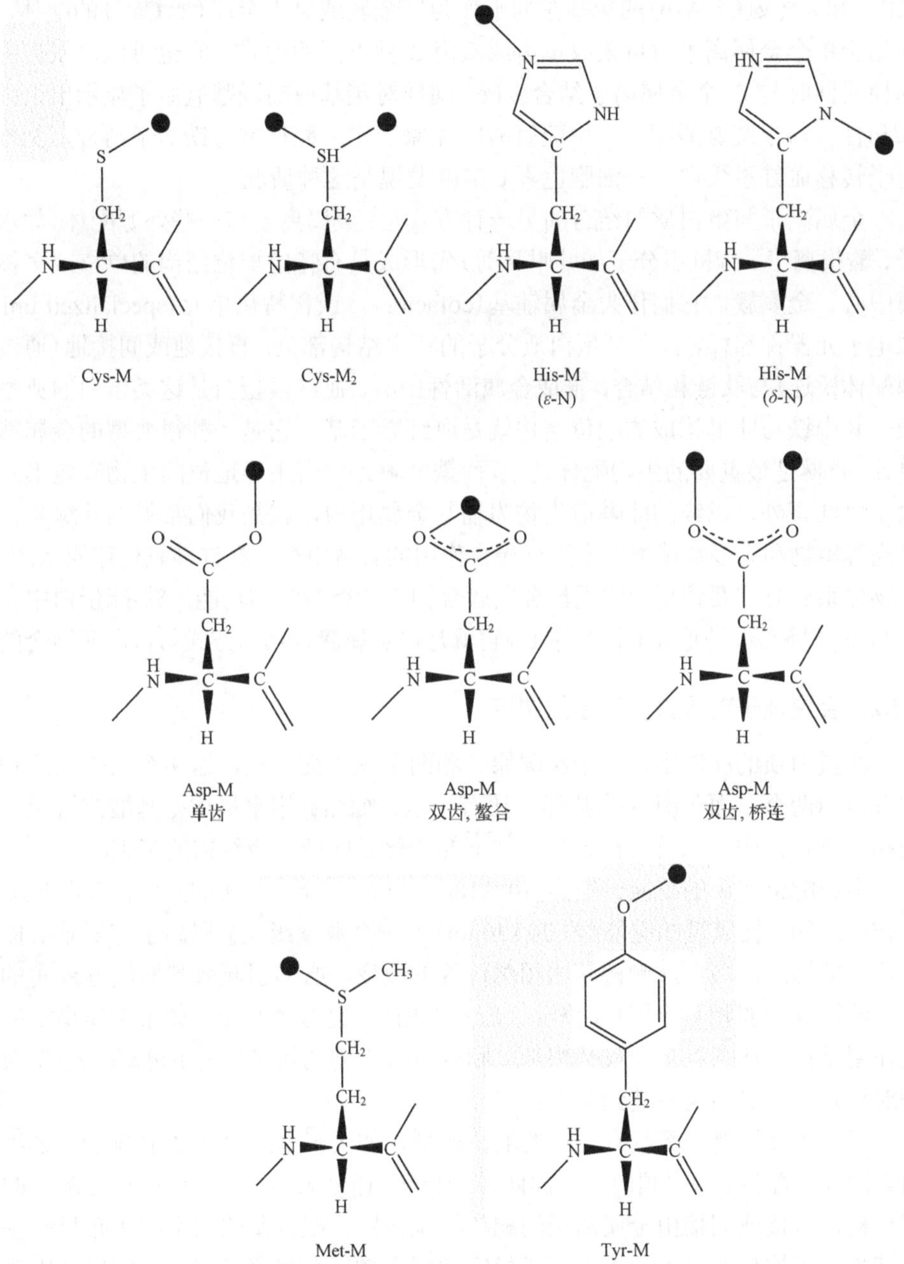

图 2-7　氨基酸残基与金属离子的配位模式

半胱氨酸可以与1个或2个金属离子结合，常作为铁（如Fe-S簇合物）或亚铜（如铜伴侣分子，其作用是转运铜离子到特定的铜结合蛋白）离子的配位体。组氨酸可以在2个不同的位置与金属离子配位，其结合倾向性最大的是Cu^{2+}。谷氨酸（Glu）和天冬氨酸（Asp）的羧基倾向于作为碱金属或碱土金属（如Ca^{2+}）的配体，它在结合单个金属离子时可采取单齿或双齿2种不同的模式，它也可以以双齿配体的模式同时与2个金属离子结合。Fe^{3+}同样对羰基或酚羟基氧原子显示出很强的亲和性。与半胱氨酸相似，甲硫氨酸的硫原子作为配体常与铁离子结合，例如在电子转移血红素蛋白——细胞色素c中就发现是这种情况。

金属离子与蛋白质的结合的另一种方式是：金属离子与一些外源配体（如水分子、酸根离子、有机小分子如卟啉环等）先形成具有特定配位结构的单核或多核金属中心、金属簇，它们作为金属辅基（cofactor），或称特化单元（specialized unit），像电子元器件那样，插入到蛋白质分子的特定结构部位，直接地或间接地（通过外源配体桥连）与肽链相结合，形成金属活性中心。血红素蛋白是这类蛋白的典型代表。其中铁与卟啉构成的配位结构就是血红素辅基，它是一种很典型的金属特化单元。卟啉是最重要的生物配体之一，而铁卟啉是铁占主导地位的生物有效形式。除了血红素外，以镁的卟啉衍生物为辅基金属蛋白，就是我们常见的叶绿素，它是高等植物和大多数藻类用来进行光合作用的必备组分。在许多氧化还原系统中，生物体系有时需要较复杂的无机金属簇合物来获得特定的功能，铁-硫蛋白中含有的Fe_nS_m铁硫簇，是重要的活性中心，它就是以金属簇合物的方式与蛋白质结合的。

2.3.2 金属离子对蛋白质构象的调控

在蛋白质的肽链上，一个α-碳原子和两个肽平面连接，这两个肽平面的相对位置可用两个二面角ϕ和ψ来描述。还有一些二面角χ_i用来描述氨基酸侧链原子间的相对位置。构象角及其在各种条件下的变化是肽链高级结构的基础。

金属配位作用的键能一般为40～180 kJ/mol，介于经典的共价键和其他弱相互作用之间，比氢键的键能（约20 kJ/mol）大一个数量级。金属离子与氨基酸侧链配位，能够造成蛋白质侧链基团相对位置的改变，必然引起氨基酸侧链χ_i角的变化，侧链间的弱相互作用（如位阻、疏水作用等）也随之改变。如果金属离子的配位作用足以破坏邻近多个残基羰基氧和亚氨基之间的氢键，则主链ϕ和ψ也将改变，相对稳定的二级结构将遭到破坏。

每一种金属离子都具有一定的配位构型，如Co^{2+}倾向于八面体配位、Zn^{2+}倾向于四面体配位、Ni^{2+}倾向于平面四方配位等（详见第4章）。金属结合部位的空间结构，直接或间接由金属离子的配位构型决定。配位基团的空间排布只有基本上满足这种构型的要求，才能形成稳定的配合物。金属离子和与之配位的内源、外源配体一起构成的规则的结构单元，是蛋白质正确折叠成天然结构的刚性模板。

金属离子或金属辅基通过配位作用或共价键与蛋白质主链相连，周围的肽链通过各种弱相互作用围绕这个刚性模板进一步折叠，形成特定的空间结构。

2.3.3　金属离子与蛋白质正确折叠、结构稳定化

在金属蛋白质分子中，两个配位原子间往往隔着数目很多的氨基酸残基。当金属离子与蛋白质形成配合物后，配位键将蛋白质肽链上的特定配位点位拉到一起，从而引起蛋白质肽链折叠方式明显改变。

大量结构数据表明，金属离子与肽链相互作用是相互协同和相互制约的过程：①提供配体的肽链预折叠成一定的空间结构，形成一个容纳某种金属离子的配位“口袋”。当金属离子的半径、配位构型及其他配位性质与这个“口袋”相匹配时，则形成稳定的金属结合部位。这种金属蛋白在脱去金属辅基后基本上仍维持原有的构象，如第 5 章所述的血蓝蛋白；②金属离子在肽链折叠的过程中结合到肽链上，迫使配位原子形成特定的空间排布，然后再由位阻、疏水作用及氢键等弱相互作用促使肽链进一步折叠形成成熟的构象。这种蛋白质肽链较为柔软，Gly、Ala 等残基的含量较高，在脱去金属辅基后便会失去原有的构象。大多数金属蛋白属于这一类，如血红蛋白、乳铁蛋白等。

肽链构象可能表现为相对刚性或相对柔性，这主要取决于组成肽链的氨基酸残基的种类与性质。如果肽链侧链上的芳香环或其他大基团较多，则它们之间的位阻较大，单键旋转需要越过的能垒较高，该肽链就体现出较显著的构象刚性。金属离子与蛋白质形成特定的配位结构，配位作用足以破坏邻近多个残基的羰基氧和亚氨基之间的氢键，将迫使蛋白质主链ϕ角和ψ角发生改变，从而在配位点位附近的区域引起肽链的翻转和折叠。同时由于金属离子的电荷、亲水作用等，这些影响综合在一起，极有可能引发蛋白质新的二级结构的形成或原有构象的改变。例如在一些金属酶中，金属离子与酶蛋白牢固结合，其稳定常数大于 10^8，就属此类情况。否则，金属离子不改变蛋白质分子的构象，只以静电作用结合于蛋白质分子中，并赋予蛋白质一定的生物功能，这种蛋白质一般称为金属活化蛋白质。例如 Mg^{2+}活化的限制性内切酶 *Eco*RV，特异地和 DNA 结合，在完成切割 DNA 反应后该复合物即自行分解。

蛋白质特定构象对生物功能和生物酶催化至关重要，金属离子常常起到增强蛋白质特定构象的稳定性的作用。事实上，大约三分之一蛋白质的结构和功能与金属离子联系在一起。

2.3.4　金属离子与蛋白质错误折叠——分子疾病

分子生物学的中心法则，揭示了遗传信息从 DNA→RNA→多肽链的传递过程。然而一个有活性的蛋白质不但有特定的氨基酸序列，还要有特定的三维结构。

在核糖体上合成出来的“新生肽”如何折叠成熟为功能蛋白质，目前认识还很少，这个问题是当前蛋白质研究的核心内容之一。Anfinsen 提出“一级结构决定二级结构”的著名论断，获得 1972 年诺贝尔化学奖。有人提出氨基酸序列与蛋白质三维结构间是否也存在像三联遗传密码那样的“第二遗传密码”，这是 21 世纪生物学中有待解决的重大问题之一。

蛋白质的“错误折叠”(misfolding)就是新生肽在折叠过程中发生故障，形成错误的三维结构，结果不但使这些蛋白质丧失了应有的生物功能，而且还引起蛋白质的异常聚集、沉积，导致诸如阿尔茨海默病、帕金森病、疯牛病等与蛋白质错误折叠有关的所谓“分子疾病”。

阿尔茨海默病是一种典型的由蛋白质错误折叠所引起的神经退行性疾病，其定义性病理特征主要表现在两个方面：神经纤维缠结(neurofibrillary tangle，NFT)和老年斑(senile plaque，SP)。前者是由一种称为“Tau 蛋白”(Tau protein)的蛋白质分子，在神经细胞内发生构象的异变，错误折叠并引起异常聚集，沉积在细胞内，引起的神经细胞结构变异。后者是由“β-淀粉样蛋白”(β-amyloid peptide，Aβ)，一种含 40～43 氨基酸残基的多肽，发生肽链错误折叠，形成以β折叠片为主的有序二级结构，产生分子自聚集，以“老年斑”的形态沉积在细胞外。

研究表明，Cu^{2+}、Fe^{2+}、Cd^{2+}等金属离子对 Tau 蛋白、β-淀粉样蛋白、普里昂蛋白的构象诱变、异常聚集有明显的促进作用。临床统计数据也证实，在特定情况下金属离子与分子疾病中的蛋白质错误折叠具有一定的相关性。金属离子必须处在生物体内严格的内稳态(homeostasis)的控制中。金属离子出现在不适当的时间和地方，会对机体中的其他生物分子产生极大的毒性，并可能导致蛋白质的错误折叠。金属离子的水平波动以及由此导致的蛋白质功能紊乱，是神经退行性疾病的重要特征，其作用机理还有待于进一步探索。

2.4 核　酸

2.4.1 核酸的化学组成与分类

核酸(nucleic acid)是重要的生物大分子。在生物体内核酸通常与蛋白质结合成核酸蛋白。核酸降解产生多个核苷酸(nucleotide)，因此核酸又称为多聚核苷酸(polynucleotide)。核苷酸再分解产生磷酸和核苷(nucleoside)。核苷进一步分解生成碱基(base)和戊糖(pentose)。

核酸 ⟶ 核苷酸 ⟶ { 磷酸；核苷 ⟶ { 戊糖；碱基 } }

核酸中的戊糖有两种：D-核糖(D-ribose)和 D-2-脱氧核糖(D-2-deoxyribose)。核酸中的碱基主要有五种：两种嘌呤(purine)碱，即腺嘌呤(adenine，Ade)和鸟嘌呤(guanine，Gua)；三种嘧啶(pyrimidine)碱，即胞嘧啶(cytosine，Cyt)、尿嘧啶(uracil，Ura)和胸腺嘧啶(thymine，Thy)。

根据所含戊糖种类把核酸分为两大类：核糖核酸(ribonucleic acid，RNA)和脱氧核糖核酸(deoxyribonucleic acid，DNA)。RNA 主要由含腺嘌呤、鸟嘌呤、胞嘧啶和尿嘧啶的核苷酸构成，而 DNA 主要由含腺嘌呤、鸟嘌呤、胞嘧啶和胸腺嘧啶的核苷酸构成，二者差别是 DNA 的胸腺嘧啶代替了 RNA 的尿嘧啶。两类核酸的基本化学组成列于表 2-2。

表 2-2　两类核酸的基本化学组成

	嘌呤碱	嘧啶碱	戊糖	酸
RNA	腺嘌呤 鸟嘌呤	胞嘧啶 尿嘧啶	D-核糖	磷酸
DNA	腺嘌呤 鸟嘌呤	胞嘧啶 胸腺嘧啶	D-2-脱氧核糖	

RNA 又分三类：信使 RNA(messenger RNA，mRNA)，其功能是传递 DNA 的遗传信息；转运 RNA(transfer RNA，tRNA)，在蛋白质生物合成过程中转运氨基酸；核糖体 RNA(ribosomal RNA，rRNA)。

2.4.2　核酸降解产物的化学结构

2.4.2.1　核糖和脱氧核糖

RNA 的 D-核糖和 DNA 的 D-2-脱氧核糖均为 β 型，如图 2-8 所示。为避免与碱基环的原子编号混淆，糖环碳原子编号通常加“′”。

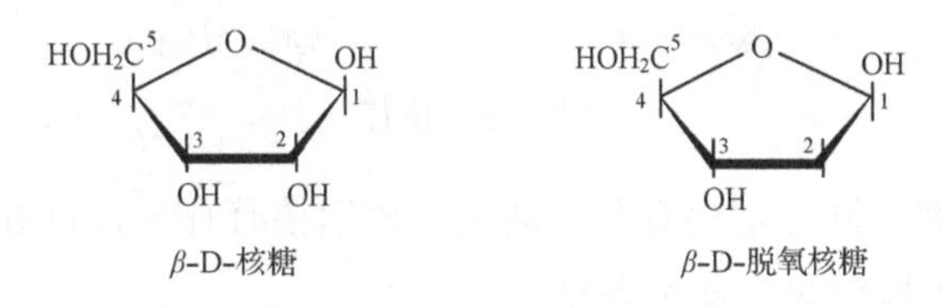

图 2-8　核糖和脱氧核糖

2.4.2.2　嘌呤碱和嘧啶碱

核酸中常见的腺嘌呤和鸟嘌呤都是嘌呤的衍生物，三种常见嘧啶碱则是嘧啶的衍生物。嘌呤碱和嘧啶碱分子中都有共轭双键(conjugated double bond)，各有特征的紫外吸收光谱。鸟嘌呤和上述嘧啶碱都有酮式-烯醇式互变异构现象

(tautomerism)。在生理 pH 下酮式占优势。本节采用的结构均为酮式，如图 2-9 所示。

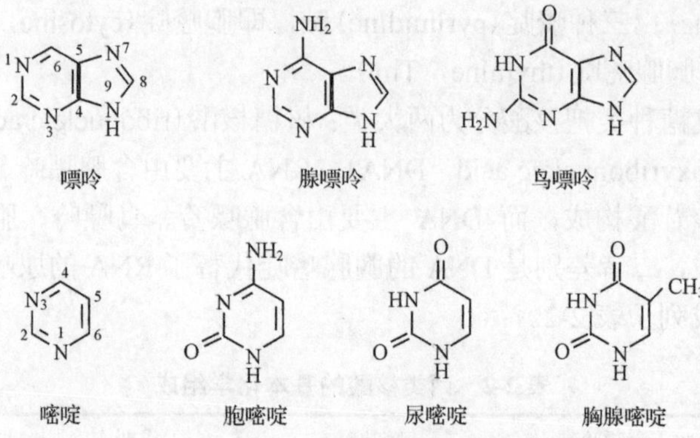

嘌呤　　腺嘌呤　　鸟嘌呤

嘧啶　　胞嘧啶　　尿嘧啶　　胸腺嘧啶

图 2-9　嘌呤碱和嘧啶碱

2.4.2.3　核苷

核苷由碱基和戊糖缩合而成。戊糖的第 1′位碳原子与嘌呤碱的第 9 位氮原子或嘧啶碱的第 1 位氮原子连接。连接碱基和戊糖的 N—C 键称为 *N*-糖苷键(glucosidic bond)。X 射线结构分析证实，核苷的碱基与糖环平面互相垂直，如腺嘌呤核苷和胞嘧啶脱氧核苷的结构(图 2-10)。

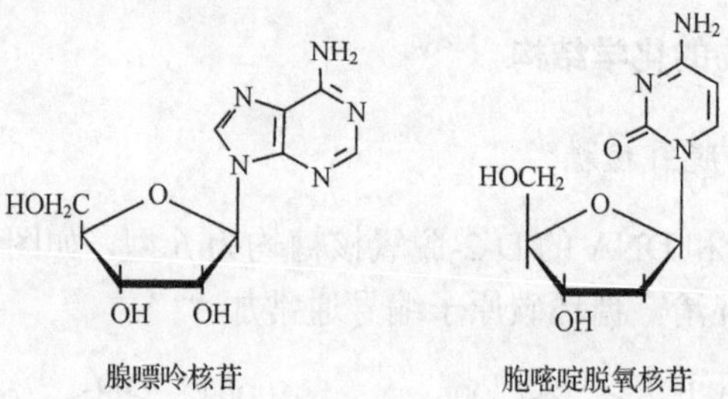

腺嘌呤核苷　　胞嘧啶脱氧核苷

图 2-10　核苷

根据所含戊糖不同，把核苷分为两类：核糖核苷(ribonucleoside)、脱氧核糖核苷(deoxyribonucleoside)(见表 2-3)。

表 2-3　各种常见核苷

核糖核苷	脱氧核糖核苷
腺嘌呤核苷(adenosine，A)	腺嘌呤脱氧核苷(deoxyadenosine，dA)
鸟嘌呤核苷(guanosine，G)	鸟嘌呤脱氧核苷(deoxyguanosine，dG)
胞嘧啶核苷(cytidine，C)	胞嘧啶脱氧核苷(deoxycytidine，dC)
尿嘧啶核苷(uridine，U)	胸腺嘧啶脱氧核苷(deoxythymidine，dT)

2.4.2.4　核苷酸

核苷中的戊糖羟基被磷酸酯化就形成核苷酸。根据戊糖不同，把核苷酸分为两大类：核糖核苷酸(ribonucleotide)和脱氧核糖核苷酸(deoxyribonucleotide)。核糖核苷的糖环有三个自由羟基，能形成 2′-、3′-、5′-三种不同的核苷酸；脱氧核糖苷则只能形成 3′-和 5′-两种核苷酸。表 2-4 列举了常见的核苷酸。5′-腺嘌呤核苷酸结构式如图 2-11 所示。

表 2-4　常见的核苷酸

核糖核苷酸	脱氧核糖核苷酸
腺嘌呤核苷酸(adenosine monophosphate，AMP)	腺嘌呤脱氧核苷酸(deoxyadenosine monophosphate，dAMP)
鸟嘌呤核苷酸(guanosine monophosphate，GMP)	鸟嘌呤脱氧核苷酸(deoxyguanosine monophosphate，dGMP)
胞嘧啶核苷酸(cytidine monophosphate，CMP)	胞嘧啶脱氧核苷酸(deoxycytidine monophosphate，dCMP)
尿嘧啶核苷酸(uridine monophosphate，UMP)	胸腺嘧啶脱氧核苷酸(deoxythymidine monophosphate，dTMP)

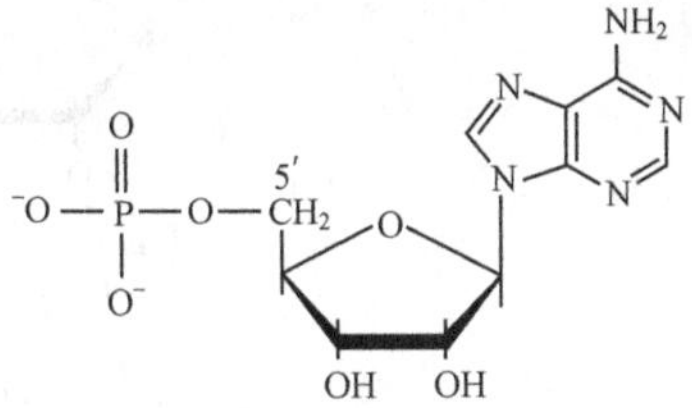

图 2-11　5′-腺嘌呤核苷酸

2.4.3　体内重要的游离核苷酸

生物体内的核苷酸除组成多核苷酸之外，还以游离形式存在。它们主要是 5′-核苷酸，在第 5′位会进一步磷酸化(phosphorylate)，形成多磷酸核苷酸(ribonucleoside polyphosphate)。细胞中的多磷酸核苷酸常与 Mg^{2+}形成复合物。最重要的多磷酸核苷酸是三磷酸腺苷(adenosine triphosphate，ATP)，如图 2-12 所示。

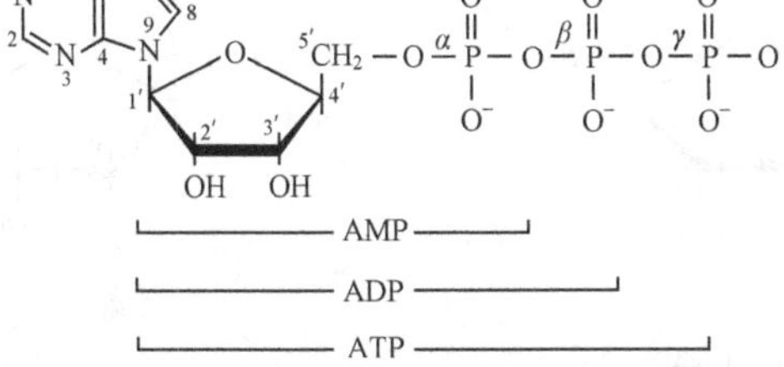

图 2-12　磷酸腺苷

ATP 分子中的磷酸残基用 α、β 和 γ 编号。它含两个高能磷酸键(energy-rich phosphate bond)。每个高能磷酸键在水解时放出能量为 30.51 kJ/mol，而普通磷酸酯键为 8.36 kJ/mol。ATP 在生物体的能量代谢中起着重要作用。

2.4.4 核酸的结构

2.4.4.1 核酸的一级结构

核酸的一级结构是指组成核酸的核苷酸之间连键的性质和排列的顺序。RNA 和 DNA 分子中的核苷酸皆以 3′, 5′-磷酸二酯键(phosphodiester bond)连接，即一个核苷酸的戊糖环第3位羟基，与另一个核苷酸的戊糖环第5′位的磷酸以酯键相连。RNA 和 DNA 的多核苷酸都没有支链。图 2-13 是两类多核苷酸链的片段结构。

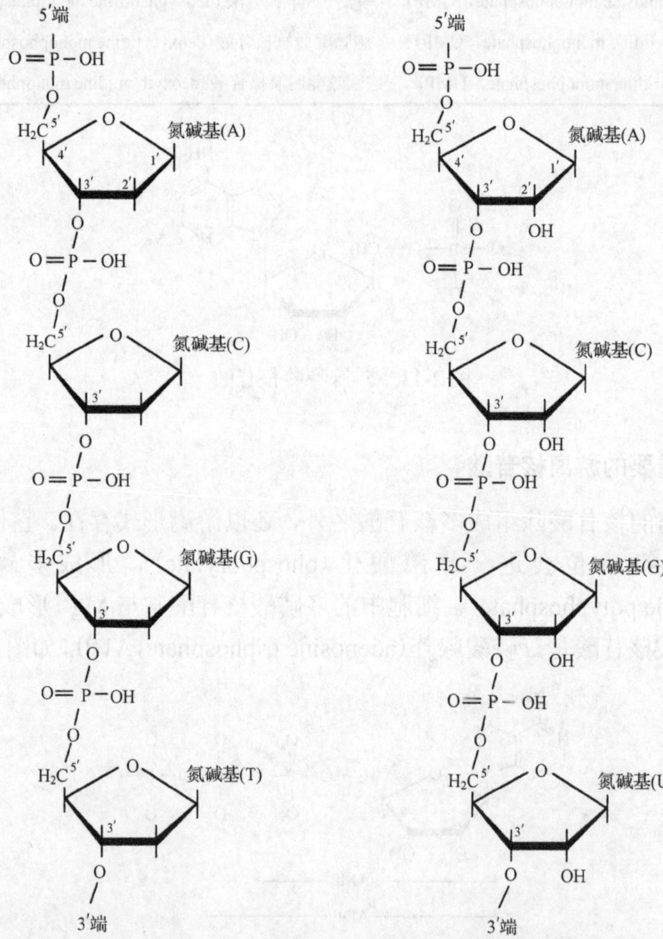

图 2-13　两类多核苷酸链的片段结构

核酸的多核苷酸链可以用缩写表示。图 2-13 的 DNA 小片段可以缩写为线条式和文字式，如图 2-14 所示。

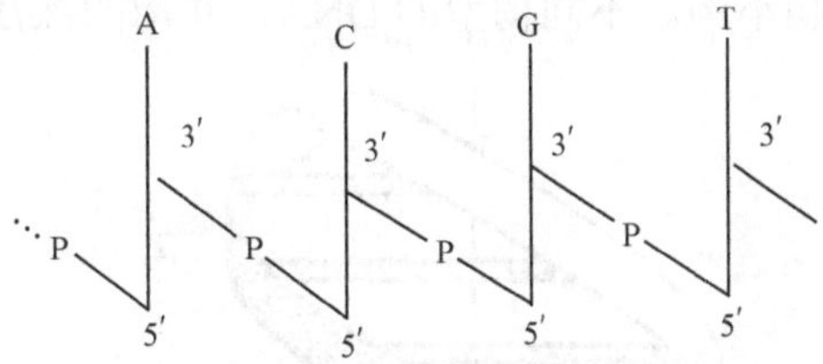

多核苷酸链的线条式

$\cdots\ P^{A}P^{C}P^{G}P^{T}\ \cdots$

$\cdots\ P^{A}$—C—G—T$\cdots$

多核苷酸链的文字式

图 2-14　DNA 片段的线条式和文字式

线条式的竖线表示戊糖碳链，A、C、G、T 表示碱基，P 表示磷酸残基。文字式中，P 在碱基左侧表示 P 在 $C_{5'}$上，而 P 在碱基右侧表示 P 与 $C_{3'}$相连。

2.4.4.2　DNA 的双螺旋结构和三级结构

1953 年 Watson 和 Crick 在前人工作的基础上，提出了著名的 DNA 双螺旋(double helix)结构模型。其要点是：

(1) DNA 分子由两条多脱氧核糖核苷酸链组成。每条链的骨干由磷酸二酯基通过 3′-, 5′-键与两个脱氧核苷基连接而成。两条多核苷酸链以相反方向(习惯上以磷酸二酯键的 $C_{3'}\rightarrow C_{5'}$为正向，见图 2-15)盘绕同一条轴，形成右旋的双螺旋结

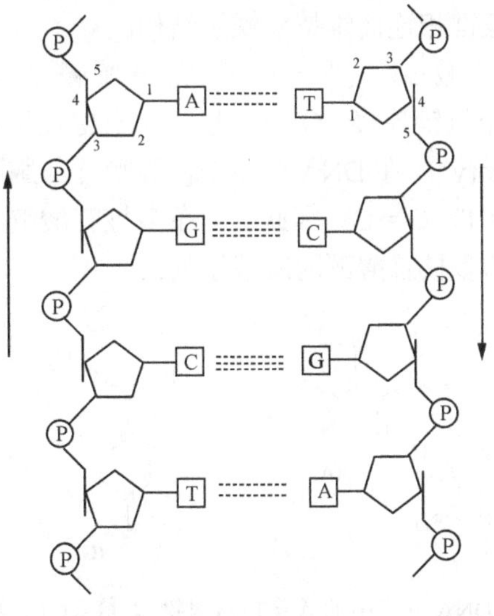

图 2-15　DNA 分子多核苷酸链的方向

构(见图 2-16)。螺旋直径为 2 nm，每转一圈的高度是 3.4 nm，含 10 个核苷酸单位，每个核苷酸单位高 0.34 nm。链间的两条螺旋形成凹槽，一条较深，而另一条较浅，分别称为大沟和小沟。不同构型的 DNA，其沟的深浅及宽窄有别。

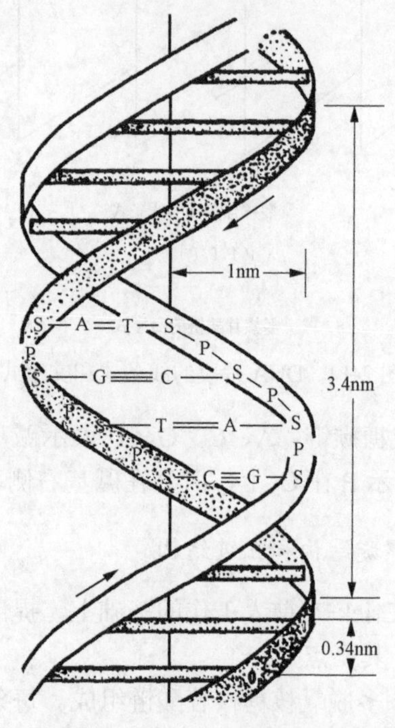

图 2-16　双螺旋结构模型示意图

⑵两条多核苷酸链骨架是脱氧核糖和磷酸，链的内侧是嘌呤碱和嘧啶碱。两条链通过碱基之间的氢键相连而维持双螺旋结构。

⑶一条链上的嘌呤碱必须与另一条链上的嘧啶碱相匹配，才能形成双螺旋结构，其中 A 与 T 以两个氢键连接，G 与 C 以三个氢键连接(图 2-17)，这称为碱基互补(base complementary)。在 DNA 分子中，腺嘌呤与胸腺嘧啶，鸟嘌呤与胞嘧啶的含量相等，即 A = T，G = C。因此当一条多核苷酸链的碱基序列确定以后，即可推知另一条互补的多核苷酸链的碱基序列。

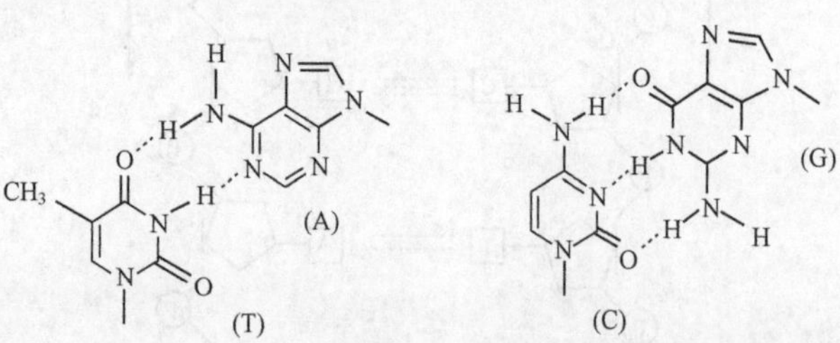

图 2-17　DNA 分子中的 A = T(双氢键)，G = C(三氢键)配对

1979 年美国科学家发现细胞中还存在左旋的双螺旋结构。

维持 DNA 双螺旋结构的主要作用力是碱基堆集力(base stacking force)。它是由芳香族碱基的 π 电子相互作用引起的。DNA 分子中碱基层层堆集，在分子内部形成了一个疏水环境，从而促使互补碱基之间形成氢键。第二种力是互补碱基对之间的氢键，虽然它在使碱基形成特异配对这一点上非常重要，但氢键的键能小。第三种力是磷酸残基上的负电荷与介质中的 K^+、Na^+、Mn^{2+}等阳离子之间形成的离子键。由于在生理 pH 条件下，DNA 带有大量负电荷，如果没有阳离子与它成键，由于自身不同部位的负电荷的斥力作用，将使 DNA 不稳定。

在双螺旋结构(二级结构)的基础上，DNA 还可以形成三级结构。除了链状结构之外，生物体普遍采取双链环型 DNA(double-stranded cyclic DNA)的形式。完整的双链环型 DNA 在某些情况下可以扭曲成麻花状的超螺旋(superhelix)或超卷曲(supercoil)结构。

DNA 究竟是一根分子导线还是绝缘体？这是国际上最近几年新的争论焦点。1997 年 Kelley 在《美国化学会志》报道，电子转移通过碱基对进行，又将这场争论转移为 DNA 到底是如何导电？电子在 DNA 中转移效率与碱基对堆积之间有何规律等，有兴趣的读者可读本章有关参考文献。

2.4.4.3　RNA 的二级、三级结构

除少数病毒(virus)的 RNA 以外，大多数 RNA 分子都是单链。RNA 分子有局部双螺旋结构，它是由核苷酸链自身回折形成的。链的回折使可以配对的碱基 A 与 U、G 与 C 相遇形成氢键；碱基不能配对的链段形成突环。因此 RNA 的碱基组成没有严格规律，除了 A、G、C、U 之外，还有几十种稀有碱基。20 世纪 70 年代测定了酵母苯丙氨酸 tRNA 具有倒“L”形的三级结构。

2.4.5　核酸与遗传信息传递

核酸是生物遗传的物质基础，与生物的生长、发育等正常生命活动以及癌变、突变等异常生命活动相关。DNA 分子储存的遗传信息(genetic information)，是根据其分子中的脱氧核苷酸(用 A、G、C、T 四种碱基代表)，以特定顺序排成三个一组的三联体表示的。这种三联体称为遗传密码子(codon)。四种碱基可组成 64(即 4^3)个密码子。

在细胞分裂时，DNA 按自身的结构精确地复制传给子代。根据半保留复制(semiconservative replication)学说，复制过程中，DNA 分子的两条多核苷酸链逐步拆开为两条单链，每条单链分别作为模板(template)各合成一条与自身有互补碱基的新链，并与新链配对形成两个新的双链螺旋的子代 DNA 分子(图 2-18)。

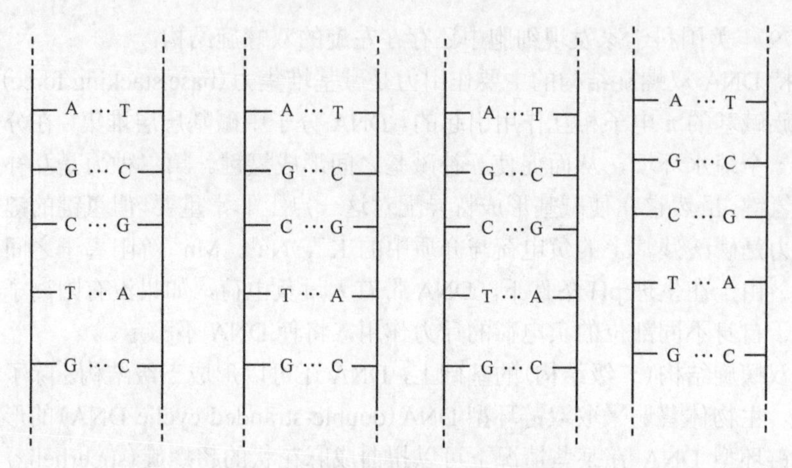

图 2-18　DNA 半保留复制示意图

蛋白质的生物合成不直接用 DNA 作模板。DNA 首先把以密码方式储存的遗传信息转录(transcribe)给 mRNA，因此普通遗传密码就由 A、G、C、U 四种碱基组成(表 2-5)。每个密码对应一种氨基酸，有一个密码作为肽链合成的起始符号，三个作为终止符号。tRNA 再把它识别的遗传密码翻译成相应的氨基酸带到核糖体，并使它们按密码顺序排列成多肽，因此 mRNA 实际是 DNA 的副本，并作为合成新蛋白质的模板。生物遗传特征是按 DNA → mRNA → 蛋白质的途径传递的(图 2-19)。以色列女科学家阿达·约纳特(Ada Yonath)、英国科学家文卡特拉曼·拉马克里希南(Venkatraman Ramakrishnan)和美国科学家托马斯·施泰茨

表 2-5　普通遗传密码(mRNA 上的密码)

密码	氨基酸	密码	氨基酸	密码	氨基酸	密码	氨基酸
UUU	苯丙氨酸	UCU	丝氨酸	UAU	酪氨酸	UGU	半胱氨酸
UUC		UCC		UAC		UGC	
UUA	亮氨酸	UCA		UAA*		UGA*	
UUG		UCG		UAG*		UGG	色氨酸
CUU	亮氨酸	CCU	脯氨酸	CAU	组氨酸	CGU	精氨酸
CUC		CCC		CAC		CGC	
CUA		CCA		CAA	谷氨酰胺	CGA	
CUG		CCG		CAG		CGG	
AUU	异亮氨酸	ACU	苏氨酸	AAU	天冬酰胺	AGU	丝氨酸
AUC		ACC		AAC		AGC	
AUA		ACA		AAA	赖氨酸	AGA	精氨酸
AUG	蛋氨酸**	ACG		AAG		AGG	
GUU	缬氨酸	GCU	丙氨酸	GAU	天冬氨酸	GGU	甘氨酸
GUC		GCC		GAC		GGC	
GUA		GCA		GAA	谷氨酸	GGA	
GUC		GCG		GAG		GGG	

** 翻译起始符号，* 终止符号

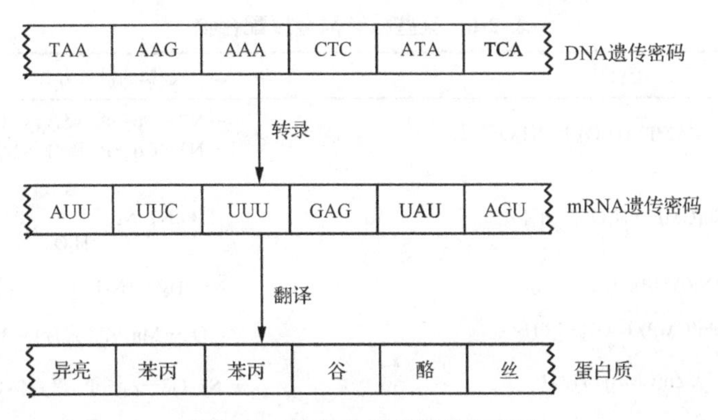

图 2-19　遗传密码的转录和翻译

(Thomas Steitz)，因为在核糖体的结构和功能研究中做出突出贡献，而获得 2009 年诺贝尔化学奖。约纳特在 20 多年来的科学生涯中一直致力研究核糖体蛋白质合成机制，以及相关抗生素作用模拟的课题，她通过对细胞核糖体及其相关有机体实施冷冻，并通过 X 射线对其造影成像，以研究其结构，发现了不同抗生素作用于细胞核糖体的 20 多种不同模式。三位科学家都成功绘制了不同抗生素作用于核糖体的三维模型，许多抗生素都是通过阻断细菌的核糖体的功能来杀死细菌的。厘清抗生素作用于细胞核糖体的机理，对于解决细菌抗药性的问题非常重要，为医药界开发能更好地作用于病原菌核糖体的新型抗生素等打下基础。

2.5　金属离子与核酸的相互作用

2.5.1　金属离子与核苷酸的相互作用

某些核苷酸的生物功能与金属离子有关，如 ATP 水解为 ADP 和磷酸就需要 Mg^{2+}。在核苷酸分子中的磷酸基、碱基和戊糖都可以作为金属离子的配位基团。其中以碱基配位能力最强，戊糖的羟基最弱，磷酸基居中。当碱基作为配位基团时，通常是嘧啶碱的 N3 和嘌呤碱的 N7 为配位原子。与核苷酸作用的金属离子主要有 Ca^{2}、Mg^{2+}、Cu^{2+}、Mn^{2+}、Ni^{2+}和 Zn^{2+}，其中以 Ca^{2+}和 Mg^{2+}尤为重要。在与 ATP 作用时，Ca^{2+}、Mg^{2+}只与磷酸基成键；而 Cu^{2+}、Mn^{2+}、Ni^{2+}、Zn^{2+}则既与磷酸成键，又与腺嘌呤的 N7 配位。二价金属离子与 ATP(ADP、AMP)形成配合物的稳定常数顺序为：Cu(Ⅱ)＞Zn(Ⅱ)＞Co(Ⅱ)＞Mn(Ⅱ)＞Mg(Ⅱ)＞Ca(Ⅱ)＞Sr(Ⅱ)＞Ba(Ⅱ)。表 2-6 汇集了几种 5′-磷酸核苷酸金属配合物的 X 射线结构分析结果。

表 2-6 某些核苷酸金属配合物

配合物	金属的键合方式
$[Cu_3(AMP)_3(H_2O)_6]\cdot 4H_2O$	—N7—Cu—P, 聚合体(3) —N3—Co—P, 聚合体(2)
$Co(CMP)\cdot H_2O$(四面体)	B : N7, Ni(—B—, —H_2O—)P
$[Ni(AMP)(H_2O)_5]\cdot H_2O$	Ni—H_2O—NH_2 聚合体(6)
$[Mn(CMP)(H_2O)]\cdot 1.5H_2O$	—O2—Mn—P, 聚合体(3)
$Zn(CMP)\cdot H_2O$	—N3, O2—Zn—P, 聚合体(3)
$[Pt(CMP)(en)_2]\cdot 2H_2O$	Pt(B—P, P—B)Pt

B 表示相应碱基，P 为磷酸基

中山大学生物无机化学研究组与瑞士巴塞尔大学 H. Sigel 等对金属离子与核酸的相互作用开展合作研究时发现[3]，虽然腺嘌呤 N1 位置邻近的氨基会产生位阻效应，但在一定的条件下，金属离子可与其 N1 配位。即金属离子除了可与腺嘌呤的 N7 配位外，还可与其 N1 配位。可与腺嘌呤 N1 配位的有 Mg^{2+}、Ca^{2+}、Mn^{2+}、Co^{2+}、Ni^{2+}、Cu^{2+}、Zn^{2+}和 Cd^{2+}等金属离子。Cu^{2+}、Ni^{2+}、Co^{2+}和 Cd^{2+}，主要配位在 N7；Mn^{2+}主要配位在 N1；Zn^{2+}配位于 N7 和 N1 的概率接近均等。例如，以分光光度法或 pH 法测得 Cu^{2+}、Ni^{2+}、Co^{2+}、Cd^{2+}、Mn^{2+}和 Zn^{2+}在腺嘌呤 N7 上配位的百分率分别为 74%、76%、70%、61%、16%和 48%，相应百分数的差额即为配位于 N1 上的百分率。

多数核苷酸通过磷酸基和碱基直接与金属离子成键，最近报道还可用水分子作为中介通过氢键结合。用质子 NMR 弛豫、^{15}N NMR、拉曼光谱、温度跳跃法、Ca(Ⅱ)选择电极等技术，已经证明 Mg^{2+}与 ATP 的磷酸基配位，组成 1∶1 配合物(图 2-20)。用 ^{1}H NMR 和 ^{31}P NMR 研究证明，Cu^{2+}与几种一磷酸核苷酸组成配合物时，既与磷酸基配位，也与嘌呤碱的 N7 或嘧啶碱的 N3 配位。1987 年，H. Sigel 首次报道金属 M^{2+}(Cu^{2+}、Ni^{2+}、Co^{2+}、Cd^{2+}等)与 ATP 的磷酸基和腺嘌呤 N7 配位有两种形式，它们分别称为大螯合环内配位层(macrochelated inner sphere)和大螯合环外配位层(macrochelated outer sphere)。前者腺嘌呤 N7 直接与金属 M^{2+}配位，而 α-磷酸基通过 H_2O 与金属 M^{2+}配位；后者腺嘌呤 N7 通过 H_2O 与金属 M^{2+}配位，而 α-、β-、γ-磷酸基直接与金属 M^{2+}配位(图 2-21)。

当硬度高些的过渡金属离子与磷酸根上氧原子的配位结合时，这些金属呈现离子性而非共价性的特征。Eichhorn 通过 DNA 熔点实验总结出了一系列金属离子与碱基或磷酸根结合的优先选择规律(图 2-22)，发现对磷酸根比对碱基优先选择

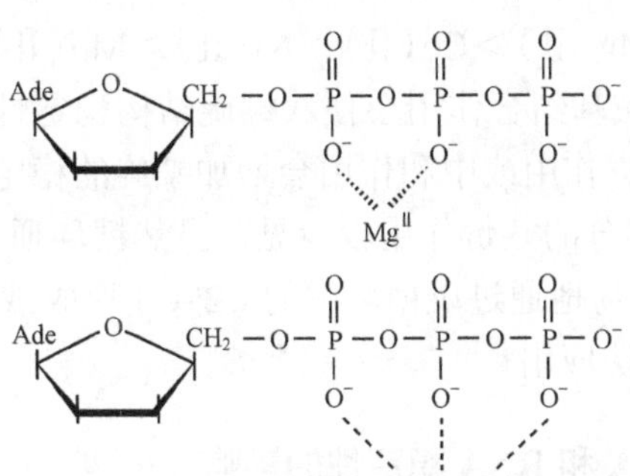

图 2-20　Mg(Ⅱ)-ATP

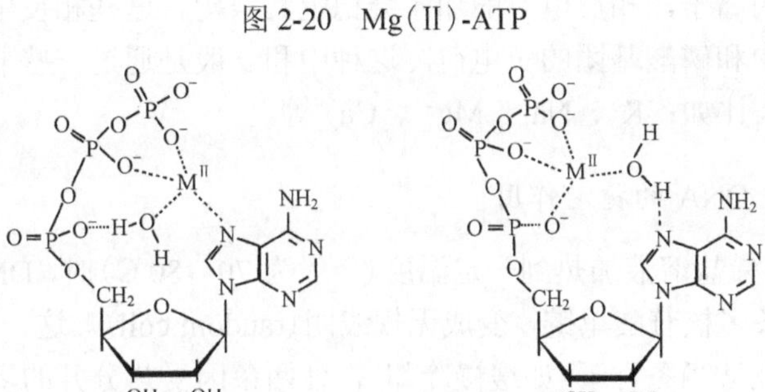

图 2-21　$Mg(ATP)^{2-}$的大螯合环内配位层(a)和大螯合环外配位层(b)的两种简化结构

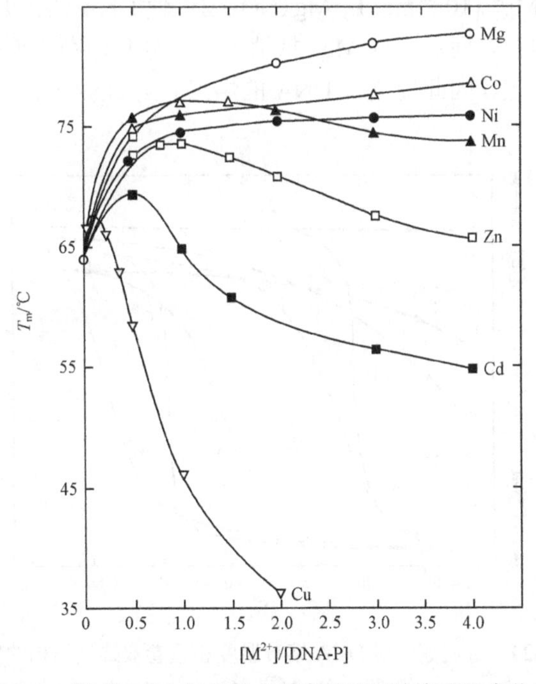

图 2-22　DNA T_m 随着 DNA 与各种金属离子不同浓度配比变化的对应曲线

的结合的顺序如下：Mg(Ⅱ)＞Co(Ⅱ)＞Ni(Ⅱ)＞Mn(Ⅱ)＞Zn(Ⅱ)＞Cd(Ⅱ)＞Cu(Ⅱ)。一般来讲，碱基结合作用会使双螺旋结构稳定性降低(链间交联作用除外)，而与磷酸根的配位作用或中和作用会增加螺旋的稳定性。

金属离子与糖环部分的共价作用较少见，虽然糖环通常不与金属离子发生配位，但是却可以比较容易地通过戊糖环中的 C2′-C3′形成锇酸酯。这一反应可以作为 RNA 的重金属染色法应用。

2.5.2 金属离子对 DNA 和 RNA 稳定性的影响

核酸是聚阴离子，相反电荷的加入会稳定其结构。这些相反电荷作用是被用来部分或全部中和磷酸基团的负电荷。这种中和一般是通过一些非特异性的金属离子来完成的，比如：K^+、Na^+、Mg^{2+}、Ca^{2+}等。

2.5.2.1 对 DNA 的稳定作用

把 DNA 的稀盐溶液加热到一定温度(一般为 70～80℃)时，DNA 的双螺旋结构会解离为两条多核苷酸单链，变成无规线团(random coil)。这一温度称为 DNA 的熔点(T_m)。在适当条件下(如缓慢冷却)，使两条因受热分开的多核苷酸链恢复为双螺旋结构的过程称为重卷(rewinding)或复性(renaturation)。研究结果表明，金属离子对 DNA 的熔点和重卷都有一定的影响。

图 2-23 显示 Mg^{2+}[10^{-4} mol/L, $Mg(NO_3)_2$]可使 DNA 熔点升高。DNA 分子中的磷酸基团带负电荷，而加入的 Mg^{2+}抵消了一部分负电荷，使静电斥力降低，有利于双螺旋结构稳定，因此提高了 DNA 的熔点。当 DNA 熔解后，Mg^{2+}不能使它重卷。

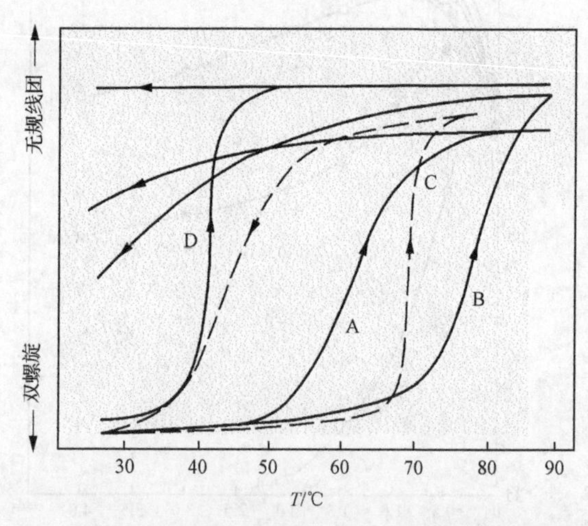

图 2-23 金属离子对 DNA 熔解温度和重卷双螺旋结构的影响

A：无阳离子；B：Mg^{2+}；C：Zn^{2+}；D：Cu^{2+}

添加 Zn^{2+}不仅使 DNA 熔点升高，熔解后再缓慢冷却还能重新形成双螺旋结构。这可能由于 Zn^{2+}与两条链的碱基连接，熔解时两条链并未真正解离，只发生某些变形；缓慢冷却时，变形的双螺旋结构就可以复原。

Cu^{2+}[10^{-4} mol/L, $Cu(NO_3)_2$]则会使 DNA 熔点降低并抑制重卷。DNA 与 Cu^{2+}配位有两种方式。Cu^{2+}可以同时与磷酸基和碱基形成配位键，由于链间氢键数目减少，DNA 双螺旋结构稳定性降低。另一种方式是 Cu^{2+}位于邻近的鸟嘌呤和胞嘧啶之间(图 2-24)，与它们配位就增加了碱基之间的堆集力，使双螺旋结构更稳定。

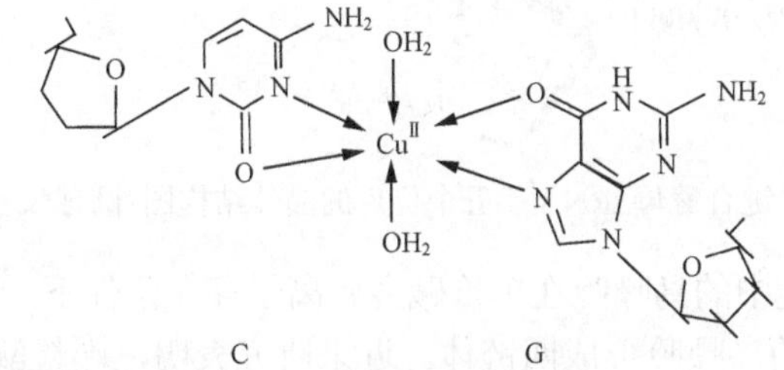

图 2-24　Cu^{2+}与双螺旋作用的一种方式

各种金属离子对 DNA 重卷所起的作用不同。例如 Mg^{2+}不能使 DNA 重卷，Co^{2+}和 Ni^{2+}只使少部分 DNA 重卷，Mn^{2+}使大部分 DNA 重卷，Zn^{2+}则可使全部 DNA 重卷。

2.5.2.2　对 RNA 的稳定作用

天然 RNA 含有多种金属离子，如 Mg^{2+}、Ca^{2+}、Sr^{2+}、Ba^{2+}、Al^{3+}、Cr^{3+}、Mn^{2+}和 Zn^{2+}等。金属离子与 tRNA 的结合作用已经被详细研究过，最主要的是金属离子对RNA的稳定化作用研究。研究发现，一般对稳定结构起作用的部位是与Mg^{2+}、Mn^{2+}占据的位点，尽管这两位置的结构有所不同。对其溶液中的结构稳定化测定表明，此位点在 D 环及 T 环附近(图 2-25)。此外，研究表明，一些一价金属离子(如 K^+、Na^+)对 RNA 的三级结构也起到稳定作用，其中 K^+效果最佳。

2.5.2.3　对端粒、G-四链 DNA 的影响

端粒 DNA 是由简单的 DNA 高度重复序列组成的，其重复单元为5′-(TTAGGG)-3′。端粒对于染色体的稳定及其基因组的完整非常重要，可以在一定程度上阻止染色体互相融合、重组及一些外切酶、连接酶的作用，防止 DNA 的损伤，影响细胞寿命。某些富含鸟嘌呤碱基重复序列的 DNA 在特定的离子强度和 pH 条件下，通过单链间或单链对应的 G 残基之间形成胡斯坦(Hoogsteen)碱基配对，从而使四条或四段富 G 的单链 DNA 旋聚成一段平行右旋的四链螺旋结构，被称为 G-四链螺旋，本书 3.1 节中将作进一步介绍。虽然端粒主要是由双链组成的螺旋结构，但是在其双链的 3′末端仍有一段约含 150～200 个富 G 碱基的

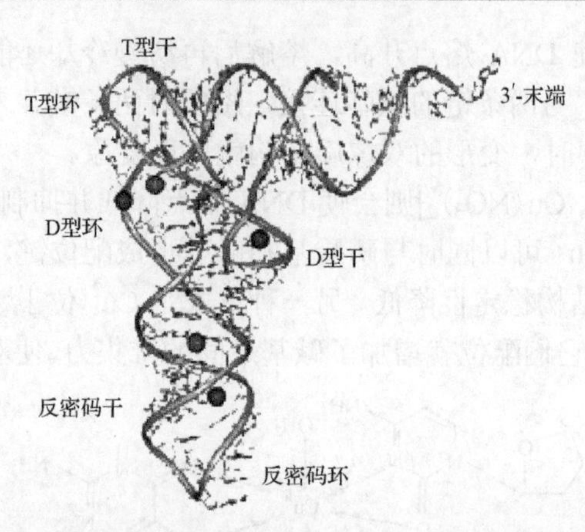

图 2-25　Mg^{2+}键合酵母 $tRNA^{Phe}$ 五个位点的晶体结构图(圆球表示键合位点)

悬突单链。这条单链中的鸟嘌呤在单价碱金属离子存在条件下，通过胡斯坦氢键与自身链或其他链上的鸟嘌呤形成四链体。近来研究表明，端粒酶能合成端粒序列，维持端粒的长度，在正常体细胞中，端粒酶的活性得到抑制；在正常细胞复制过程中，当达到一个临界长度时，细胞将发生衰亡和凋亡，而在肿瘤细胞中，端粒酶的活性被激活，使得它可发挥合成端粒的功能，从而维持肿瘤的继续分裂、增殖和生存；从而使肿瘤细胞获得一种永久性，如果能抑制肿瘤细胞的端粒酶活性，就能达到抑制肿瘤细胞无限增殖，甚至使其停止生长，自动消退的目的；G-四链螺旋结构可以有效抑制端粒酶的活性，从而影响端粒的功能，从此点出发，稳定 G-四链体螺旋的金属配合物作为端粒酶的抑制剂已经成为抗肿瘤药物的设计靶点[13]。

研究表明，G-四链螺旋结构在体内是存在的，但是钠、钾、铵离子的存在会促进该结构的稳定性。这些正离子与碱基中的负性氧原子相互配位结合从而稳定G-四链结构。人们近年来发现一些二价金属离子及配合物，如 Mg^{2+}、Ca^{2+}、Mn^{2+}、Co^{2+}和 Zn^{2+}，可以存在于这种四链结构中，并能加强其稳定性(图 2-26)，但是这些二价离子会引起 G-四链体结构构型的转变。

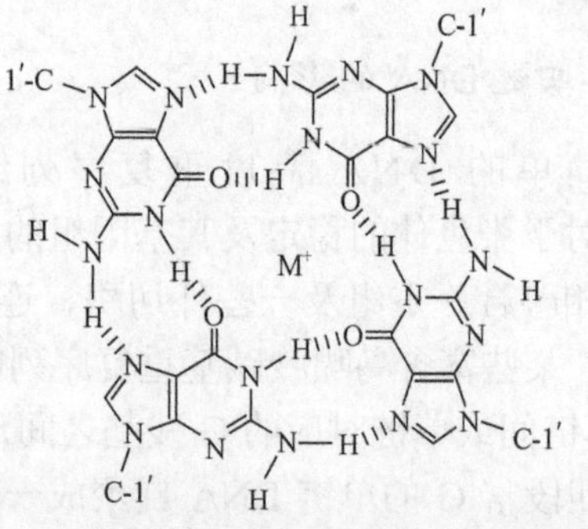

图 2-26　在金属离子的存在下，G-四链螺旋结构示意图，G-四链体中的四个鸟嘌呤之间是通过胡斯坦方式形成氢键，四链体与四链体之间通过π-π作用相互堆积而稳定

2.5.3　金属离子在DNA复制、遗传密码转录和翻译中的作用

DNA需要在Mg^{2+}、Mn^{2+}、Co^{2+}和DNA聚合酶(DNA polymerase)作用下进行复制。只有在Mg^{2+}、Mn^{2+}和Co^{2+}存在时，脱氧核苷酸转移酶(deoxynucleotide transferase)才能把dATP、dGTP、dCTP和dTTP转移到DNA聚合酶上，当转移来的三磷酸脱氧核苷酸(dATP)的碱基与DNA模板的碱基配对时，DNA聚合酶就起催化作用，DNA即得到复制。在DNA聚合酶中有Zn^{2+}存在。Zn^{2+}的作用是把模板DNA带到DNA聚合酶上，保证复制精确进行。有研究观察到Mn^{2+}参与上述复制过程。但不同的锰离子结合牢固程度不一致，它们的作用是否相同尚不清楚。

转录过程中，Mg^{2+}、Mn^{2+}和Co^{2+}对RNA聚合酶都有激活作用。这一点已是确定无疑的。Mg^{2+}还使RNA聚合酶具有识别核糖苷的能力，保证转录过程合成的RNA没有混入脱氧核糖核苷。

实验证明，Mg^{2+}的存在使tRNA具有识别密码的翻译能力，但当Mg^{2+}浓度大到一定程度后，会使tRNA的翻译能力消退，造成识别密码的错误。过多的Mg^{2+}使tRNA不能识别密码子的第三个字母，即不能区分UUG与UUA等，结果将其他氨基酸误引入蛋白质中。

2.6　酶

2.6.1　酶的化学本质

2.6.1.1　酶的蛋白质本质

酶(enzyme)是一类由活细胞产生，具有催化活性和高度专一性的特殊蛋白质。由于酶的化学本质是蛋白质，因此酶和其他蛋白质一样，主要由氨基酸构成，具有一级、二级、三级、四级结构，也具有蛋白质的各种理化性质。酶的分子量很大，其水溶液有亲水胶体性质。酶可以被蛋白酶(protease，proteinase)催化水解，受某些物理因素(加热、紫外线照射等)及化学因素(酸、碱、有机溶剂)作用而变性和失活(deactivation)。

2.6.1.2　酶的组成

与其他蛋白质一样，有些酶是简单蛋白，其水解产物全是氨基酸，催化活性只取决于蛋白质结构，如脲酶、淀粉酶、核糖核酸酶等。另一些酶则为结合蛋白，需要有非蛋白质组分才表现出酶的活性。结合蛋白中，不表现催化活性的蛋白质部分称为酶蛋白(apoenzyme)；非蛋白部分称为辅助因子(cofactor)，它包括金属离子及小分子有机物。这两部分的复合物称为全酶(holoenzyme)，即全酶=酶蛋白+

辅助因子。

全酶的酶蛋白决定着酶促反应的专一性与高效率。辅助因子在反应中直接传递电子、原子或某些基团。辅助因子又分为辅酶(coenzyme)和辅基(prosthetic group, agon)。辅基与蛋白结合牢固，不易用透析法分离；辅酶则容易用透析法分离。二者只是与酶蛋白结合牢固程度不同，并无严格界限。

2.6.2 酶的命名与分类

2.6.2.1 习惯命名法

1961 年以前使用的酶的名称都是按照习惯沿用的。习惯命名的原则是：①绝大多数酶依据其底物(substrate)即被酶作用的物质来命名，如催化蛋白质水解的蛋白酶；②某些酶按催化反应的类型命名，如水解酶催化底物水解；③有些酶结合上述两个原则命名，如琥珀酸脱氢酶；④在上述原则基础上有时加上酶的来源或其他特点，如胃蛋白酶、碱性磷酸酯酶。

2.6.2.2 国际系统命名法

1961 年国际酶学会提出系统命名和系统分类原则。过去沿用的名称被称作习惯名称(recommended name)。1964 年和 1972 年又相继作了修订。系统名称(systematic name)应标明底物和反应类型，有两个底物则用冒号隔开。例如葡萄糖氧化酶催化的反应是β-D-葡萄糖+$O_2 \longrightarrow \beta$-D-葡萄糖酸-$\delta$-内酯+$H_2O_2$，因此它的系统名称为：$\beta$-D-葡萄糖：$O_2$氧化还原酶。

2.6.2.3 国际系统分类法及编号

系统分类法根据酶促反应类型，把酶分为六大类：①氧化还原酶类(oxidoreductases)，催化氧化还原反应；②转移酶类(transferases)，催化功能基团转移反应；③水解酶类(hydrolases)，催化水解反应；④裂解酶类(lyases)，催化从底物移去一个基团而留下双键的反应或其逆反应；⑤异构酶(isomerases)，催化异构体互相转变；⑥合成酶(ligases)，催化双分子合成一种新物质并同时使 ATP 分解的反应。

根据底物中被作用基团或键的特点，每个大类又分为若干个亚类。表 2-7 列举了六大类酶的各个亚类。每个亚类再分为若干亚亚类。每个亚亚类包括若干个酶。

每一种酶的分类编号由 4 个数字组成，依次表示：类、亚类、亚亚类、个别的酶。数字前冠以缩写 EN(Enzyme)。例如 EN 1. 1. 3. 4 是葡萄糖氧化酶，编号中第一个数字 1 表示它所属的大类氧化还原酶的分类编号；第二个数字 1 表示亚类；第三个数字 3 表示小类；第四个数字 4 表示具体的酶的编号。

表 2-7　酶的分类(EN 编号)

1 类　氧化还原酶	3 类　水解酶
1.1　作用于—CH_2—OH	3.1　作用于酯键
1.2　作用于—C═O	3.2　作用于糖基化合物
1.3　作用于—CH═CH—	3.3　作用于醚键
1.4　作用于—CH_2—NH_2	3.4　作用于肽键
1.5　作用于—CH_2—NH—	3.5　作用于其他的 C—N 键
1.6　作用于 NADH 或 NADPH	3.6　作用于酸酐
1.7　作用于其他含氮化合物	4 类　裂解酶
1.8　作用于供体的含硫基团	4.1　C—C 键裂解
1.9　作用于供体的血红素基团	4.2　C—O 键裂解
1.10　作用于二酚类及有关的化合物	4.3　C—N 键裂解
1.11　作用于过氧化氢	4.4　C—S 键裂解
1.12　作用于氢	4.5　C—X 键裂解
1.13　作用于单一的供体并同分子氧结合	4.6　磷-氧键裂解
1.14　作用于成对的供体并同分子氧结合	4.99　其他裂解酶
1.15　作用于过氧基	5 类　异构酶
1.16　作用于—CH_2—基团	5.1　外消旋酶
2 类　转移酶	5.2　顺反异构酶
2.1　转移一碳基团	5.3　分子内氧化还原酶
2.2　转移醛基或酮基	5.4　分子内转移酶
2.3　转移酰基	5.5　分子内裂解酶
2.4　转移糖基	5.99　其他异构酶
2.5　转移甲基以外的烷基或芳基	6 类　合成酶
2.6　转移含氮基团	6.1　形成 C—O 键
2.7　转移含磷基团	6.2　形成 C—S 键
2.8　转移含硫基团	6.3　形成 C—N 键
	6.4　形成 C—C 键
	6.5　形成磷酸酯键

2.6.3　酶的催化功能

2.6.3.1　酶的活性中心

大量研究结果表明，酶的特殊催化能力只局限于整个大分子的某一部分。在酶催化过程中，酶(E)首先与底物(S)结合成中间产物(ES)，然后再分解为产物(P)和酶。

$$E+S \longrightarrow ES \longrightarrow E+P \tag{2-4}$$

酶的活性中心(active center)是指酶分子中直接与底物结合形成酶-底物复合物的区域。一般认为活性中心有两个功能部位。直接与底物结合的称为结合部位(binding site)；催化底物发生特定化学反应的称为催化部位(catalytic site)。

2.6.3.2 酶的结构与催化功能的关系

一般把与酶活性有关的基团称为必需基团或活性基团。这些活性中心的必需基团，在肽链的氨基酸顺序中可能相差甚远，也可能在不同的肽链上，但在酶的三维空间结构中，必须按一定的相对位置靠近在一起。这样就要求酶具有特殊的空间构象，而构象变化必然引起酶的催化功能发生改变。

酶的一级结构是空间构象的基础，肽键或二硫键断裂会影响酶的活性。当然，不同位置的肽键影响不一样。例如单链含 124 个残基的核糖核酸酶(ribonuclease)，当失去C末端4个残基时完全失活，而失去C末端3个残基则对活性几乎没影响。没有活性的胰蛋白酶原(trypsinogen)去掉一段六肽，成为胰蛋白酶(trypsinase)则具有催化活性。二硫键断裂一般会使酶变性而失活。

二级、三级结构改变会使酶的构象破坏而失活，这种观点以蛋白质变性理论为依据。由于底物与酶结合使酶的二级、三级构象改变，只有这样形成的正确构象才使酶发挥其催化功能，这种观点则是通过诱导契合理论(induced-fit theory)阐明的。

2.6.3.3 酶作为生物催化剂的特性

1)酶与一般催化剂的比较

与一般催化剂相比，酶作为生物催化剂，有下列特性：①催化效率高。以分子比表示，酶促反应速度比非催化反应高 10^8～10^{20} 倍，比其他催化反应高 10^7～10^{13} 倍。②具有高度专一性。一种酶通常只作用于一类或一种特定物质。③反应条件温和。酶促反应在常温、常压、接近中性的酸碱度下进行。④酶比一般催化剂脆弱，更易失去活性。⑤酶的活力可以受到多种形式的调节控制。

2)酶的专一性

酶的专一性(specificity)按其严格程度可分为三种：①绝对专一性(absolute specificity)，是指一种酶只能催化一种底物进行一种反应，如过氧化氢酶(catalase)只催化过氧化氢分解。②相对专一性(relative specificity)，是指一种酶能催化一类具有相同化学键或基团的底物进行某种类型的反应，如酯酶(esterase)能催化各种含酯键物质水解。③立体异构专一性(stereospecificity)，有两种。当底物有旋光异构体时，酶只能作用于其中一种，这称为旋光异构专一性。例如，L-氨基酸氧化酶(amino acid oxidase)只催化 L-氨基酸氧化，对 D-氨基酸没有作用；当底物有顺反异构体时，酶只能作用于其中一种，这称为几何异构专一性。例如，延胡索酸水化酶只能催化延胡索酸(即反丁烯二酸)水合成苹果酸或它的逆反应，而不能催化马来酸(顺丁烯二酸)水合作用或它的逆反应。

2.6.4 几种重要的辅酶或辅基

本节介绍几种辅酶或辅基，它们大都具有核苷酸结构。铁卟啉是一种重要的辅基，将在第 5 章介绍。

2.6.4.1 黄素核苷酸

黄素单核苷酸(flavin mononucleotide，FMN)和黄素腺嘌呤二核苷酸(flavin adenine dinucleotide，FAD)的结构分别如图 2-27 和图 2-28 所示。

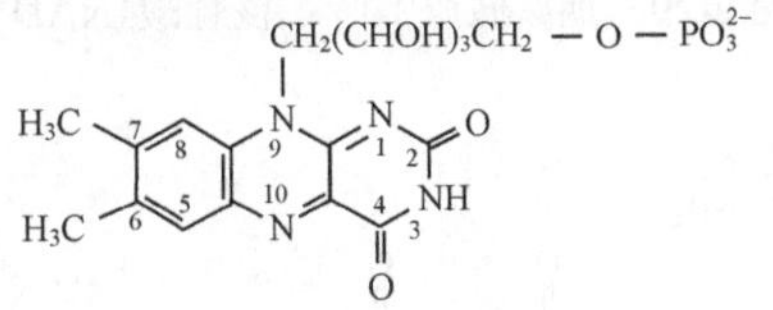

图 2-27　黄素单核苷酸(FMN)

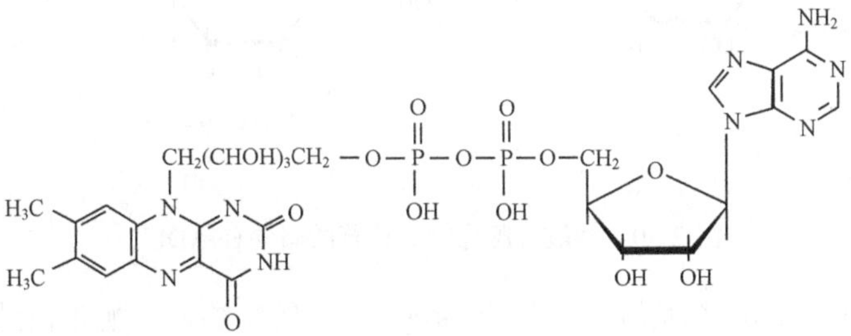

图 2-28　黄素腺嘌呤二核苷酸(FAD)

FMN 和 FAD 作为辅基与酶蛋白结合较牢，主要功能是传递氢原子和电子。它们氧化时接受的两个氢原子分别与异咯嗪(isoalloxazine)环的第 1 和第 10 位 N 原子结合，如式(2-5)所示，式中的 R 为 FMN 和 FAD 分子的其余部分。

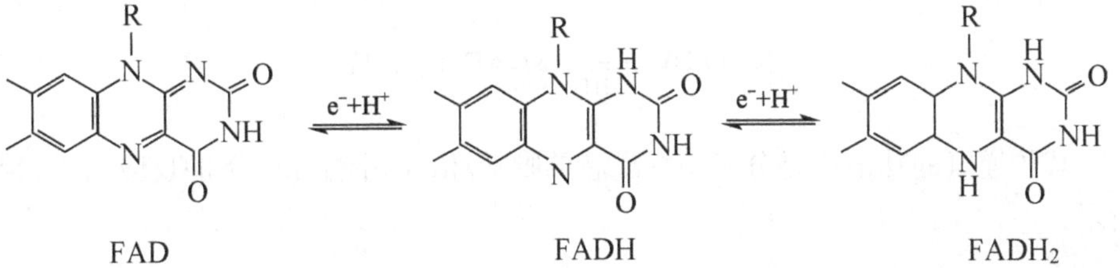

FAD $\underset{}{\overset{e^-+H^+}{\rightleftharpoons}}$ FADH $\underset{}{\overset{e^-+H^+}{\rightleftharpoons}}$ $FADH_2$　(2-5)

2.6.4.2 烟酰胺核苷酸

烟酰胺腺嘌呤二核苷酸(nicotinamide adenine dinucleotide，NAD^+)又称为辅酶Ⅰ(CoⅠ)，烟酰胺腺嘌呤二核苷酸磷酸(nicotinamide adenine dinucleotide phosphate，$NADP^+$)又称为辅酶Ⅱ(CoⅡ)。它们的结构分别如图 2-29 和图 2-30 所示。

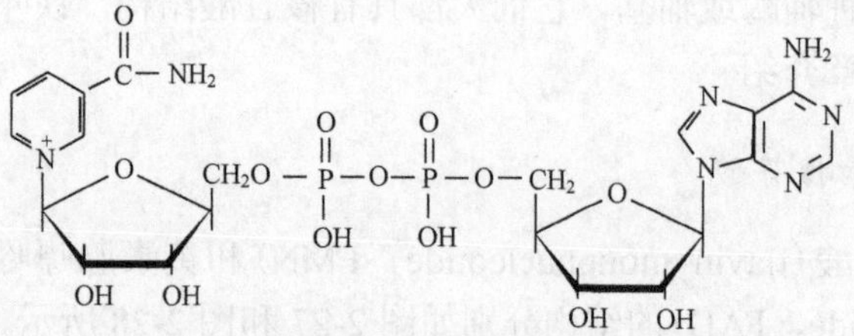

图 2-29 烟酰胺腺嘌呤二核苷酸(NAD^+)

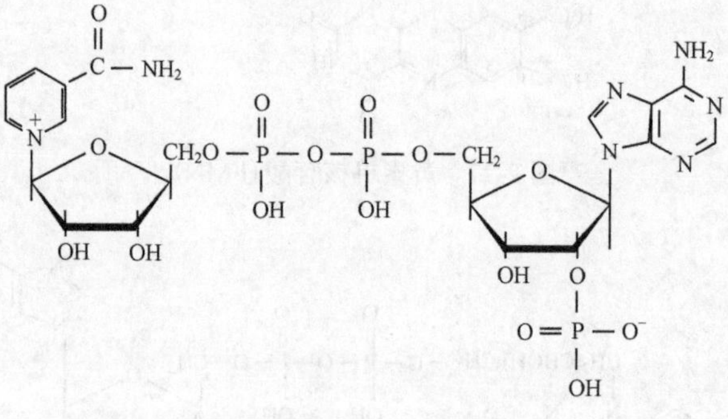

图 2-30 烟酰胺腺嘌呤二核苷酸磷酸($NADP^+$)

NAD 和 NADP 都是脱氢酶(dehydrogenase)的辅酶，与酶蛋白结合很松弛，主要功能也是传递氢和电子。它们的氧化还原反应可用下列两种形式表示：

$$NAD(P) \underset{-2H^+}{\overset{+2H^+}{\rightleftharpoons}} NAD(P)H_2 \tag{2-6}$$

或

$$NAD(P) \underset{-2H^+}{\overset{+2H^+}{\rightleftharpoons}} NAD(P)H+H^+ \tag{2-7}$$

其传递氢的功能团是分子中烟酰胺的吡啶环，在中性条件下的反应如式(2-8)所示。

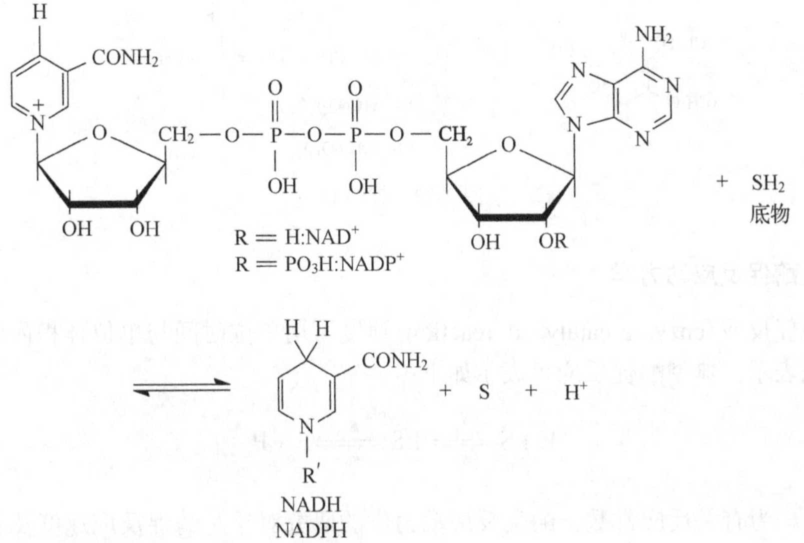

$$+ \ SH_2 \ (底物) \tag{2-8}$$

$R = H:NAD^+$

$R = PO_3H:NADP^+$

$\rightleftharpoons$ NADH / NADPH $+ \ S \ + \ H^+$

式中，R′为 NAD 或 NADP 的其他部分。

2.6.4.3　辅酶 A

辅酶 A(CoA)是丙酮酸酶系的辅酶，主要功能是转移酰基，它所含的巯基可与酰基形成硫酯，在代谢过程中起传递作用。辅酶 A 的结构如图 2-31 所示。

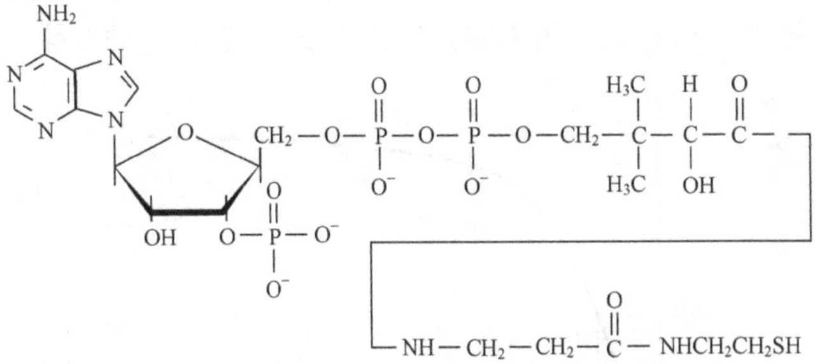

图 2-31　辅酶 A

2.6.4.4　辅酶 Q

辅酶 Q(CoQ)又称泛醌(ubiquinone)，如图 2-32 所示。它存在线粒体中，动物的辅酶 Q，n=10。它可被还原为氢醌，传递氢和电子，如式(2-9)所示。

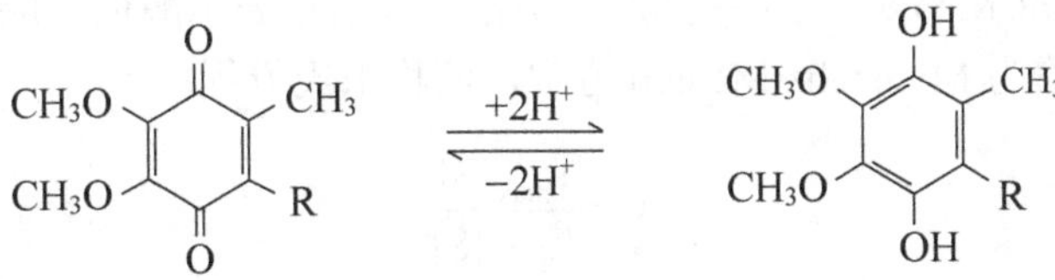

$$\underset{-2H^+}{\overset{+2H^+}{\rightleftharpoons}} \tag{2-9}$$

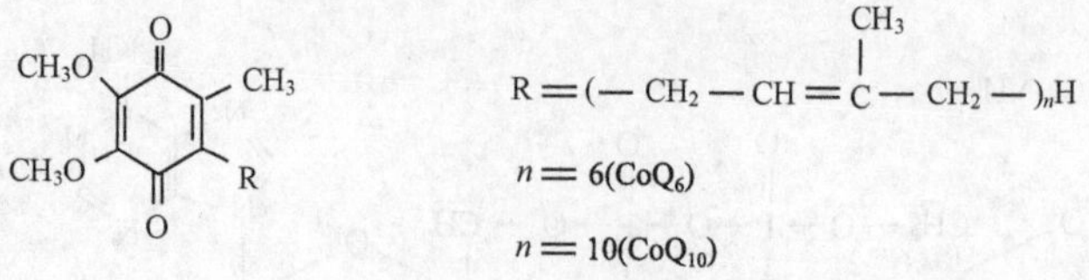

O
CH_3O
CH_3
CH_3O
R
O
CH_3
R ═ (— CH_2 — CH ═ C — CH_2 —)$_n$H
n ═ 6(CoQ_6)
n ═ 10(CoQ_{10})

图 2-32　辅酶 Q

2.6.5　酶促反应动力学

酶促反应(enzyme-catalyzed reaction)速度可用单位时间与单位体积内底物减少量来表示。典型酶促反应可表示如下：

$$E + S \underset{k_2}{\overset{k_1}{\rightleftharpoons}} ES \underset{k_4}{\overset{k_3}{\rightleftharpoons}} E + P \tag{2-10}$$

式中，k 为有关反应常数。酶促反应动力学的研究对象是酶促反应速度及它的各种影响因素。

2.6.5.1　底物浓度对反应速度的影响及米氏方程

当酶浓度、温度、pH 等恒定时，在底物低浓度范围内，反应速度与底物浓度成正比，表现为一级反应。随底物浓度进一步增加，反应速度与底物浓度不再呈线性关系，表现为混合级反应。当底物浓度大到一定限度，所有酶已被底物饱和，反应速度趋于极限，这时表现为零级反应。图 2-33 表示这种变化。

v
v_{max}
混合级
零级
$\frac{v_{max}}{2}$
一级
k_m
[S]

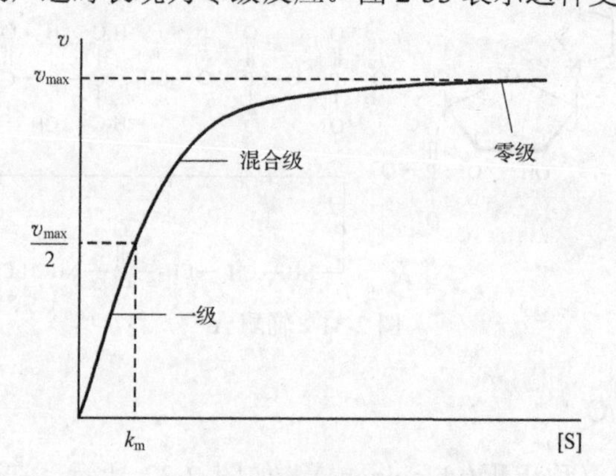

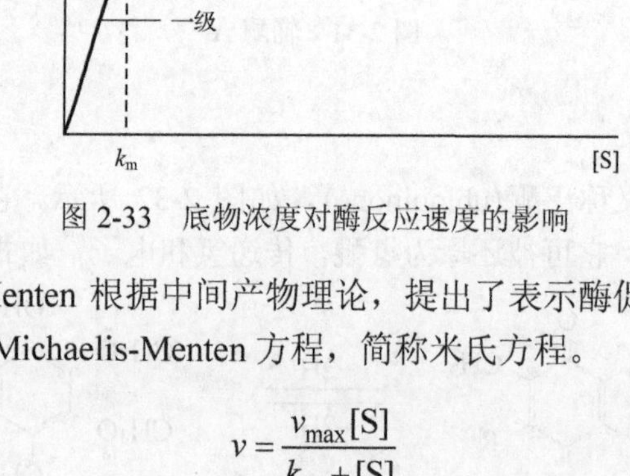

图 2-33　底物浓度对酶反应速度的影响

Michaelis 和 Menten 根据中间产物理论，提出了表示酶促反应速度与底物浓度的关系式，称为 Michaelis-Menten 方程，简称米氏方程。

$$v = \frac{v_{max}[S]}{k_m + [S]} \tag{2-11}$$

式中，v_{max} 为最大反应速度，[S]为底物浓度，k_m 为米氏常数。若已知 v_{max} 及 k_m，则可确定 v 和[S]的定量关系。

当 $v = v_{max}/2$ 时，$k_m = [S]$，即 k_m 值是反应速度达到最大速度一半时的底物浓度。k_m 的单位是 mol/L。k_m 值是酶的特征常数之一，它只与酶的性质有关，与酶浓度无关。各种酶的 k_m 值不同。同一种酶对不同底物的 k_m 值也不同。

米氏方程两边取倒数可得

$$\frac{1}{v} = \frac{k_m}{v_{max}} \cdot \frac{1}{[S]} + \frac{1}{v_{max}} \tag{2-12}$$

以 $1/v$ 为纵坐标，1/[S]为横坐标，按实验数据作图，并把直线外推，从横轴和纵轴截距可求出 $-1/k_m$ 和 $1/v_{max}$。这种方法称为双倒数图法。

2.6.5.2　酶浓度、温度、pH 对反应速度的影响

在底物足够而其他条件恒定时，反应速度与酶浓度成正比。

各种酶的反应有各自的最适温度(optimum temperature)，这时的反应速度最快。低于最适温度时，温度升高，反应速度加快。若高于最适温度，随温度升高，酶蛋白逐步变性，反应速度下降，直至完全失活。温血动物的酶的最适温度为 35～40℃，植物酶为 40～50℃。最适温度不是特征常数，当酶反应时间延长，它相应降低。

每种酶都有其特定的最适 pH。偏离这个数值，反应速度降低，甚至导致酶变性失活。动物酶的最适 pH 多在 6.5～8。pH 变化影响反应速度，是因为它会改变底物和酶分子的带电状态。最适 pH 也不是特征常数。它受酶来源和纯度、底物、缓冲剂等多种因素影响。

2.6.5.3　激活剂对反应速度的影响

可以提高酶活性的物质都称为激活剂(activator)。有些酶需要加入某种无机离子(金属离子、阴离子、H^+)或简单有机物，它的活性才能提高。有些酶在分泌时只是无活性的酶原(proenzyme)，需要在一定条件下打断个别特定肽键，使构象发生一定变化后才具有活性。这种过程称为酶原激活作用(activation)。例如，胰蛋白酶原要切去 N 末端一段六肽，变为胰蛋白酶才有活性，激活剂是肠肽酶(enterokinase)。

2.6.5.4　抑制剂对反应速度的影响

凡是使酶活力下降，但不引起酶蛋白变性的作用称为抑制作用(inhibition)。能引起抑制作用的物质称为抑制剂(inhibitor)。抑制作用分不可逆抑制(irreversible inhibition)和可逆抑制(reversible inhibition)两大类。

在不可逆抑制中，抑制剂通常以较牢固的共价键与酶的活性基团结合而使酶失活。不能用透析等物理方法除去抑制剂而使酶活性恢复。

在可逆抑制中，抑制剂与酶的活性基团结合是可逆的。可以用透析法除去抑制剂，恢复酶的活性。

竞争性抑制(competitive inhibition)是可逆抑制的一种类型。这类抑制剂的结构与底物相似，能同底物竞争酶的活性中心，从而阻碍底物与酶结合。通过增加底物浓度可以减弱或消除竞争性抑制。如果抑制剂及底物与酶结合的部位不同，这种可逆抑制称为非竞争性抑制(noncompetitive inhibition)。

2.7 金属离子与酶的配合物

由金属离子参加催化反应的酶称为金属酶(metalloenzyme)。金属酶又可再分为两类：第一类的金属离子作为酶的辅助因子与酶蛋白较牢固结合，其稳定常数$\geqslant 10^8$，仍然称金属酶；另一类的金属离子作为酶的激活剂与酶接合较松弛，可以从酶中解离出来，其稳定常数$< 10^8$，称为金属离子激活酶。

迄今已对 Zn、Fe、Cu、Mn、Mg、Mo、Co、Ca、K 和 Na 等 10 种金属离子与酶的作用进行了大量研究，随着生物无机化学的迅速发展，这个领域的研究工作将更加广泛和深入。

2.7.1 金属离子作为酶的辅助因子

金属离子作为酶的辅助因子，在酶促反应中传递电子、原子或功能基团；有些则维持酶蛋白活性必需的空间结构。具体例子从第 5 章起介绍。

2.7.2 金属离子作为酶的激活剂

K^+、Na^+、Ca^{2+}、Mg^{2+}、Zn^{2+}和Fe^{2+}等金属离子可作为酶的激活剂。这些金属的原子序数在 11～55 之间。其中 Mg 是很多种酶(如糖激酶)的激活剂。除了金属离子外，H^+、Cl^-、Br^-等无机离子也可作为激活剂。例如，动物唾液中的 α-淀粉酶(α-amylase)需 Cl^-激活。

激活剂对酶的作用有一定的选择性，即某一种激活剂只对某一种或若干种酶起激活作用。有时离子之间有抑制作用，如Mg^{2+}激活的酶常被Ca^{2+}抑制。有时同一种酶有不止一种激活剂金属离子可以互相替代。例如，Mn^{2+}可以代替Mg^{2+}作为激酶(kinase)的激活剂。由于激活剂浓度升高，一些酶可以从被激活转为被抑制，如 NADP 合成酶(NADP synthetase)，$[Mg^{2+}]$为$(5～10)\times 10^{-3}$ mol/L 时有激活作用，在3×10^{-2} mol/L 则酶活性下降。

2.7.3 与金属有关的酶的抑制作用

重金属 Hg^{2+}、Pb^{2+}、Ag^{2+}等盐，有机汞和有机砷化合物，可以抑制在活性部位含有巯基的酶，如对氯汞苯甲酸。

$$\text{酶}-\text{SH}+\text{ClHg}-\text{C}_6\text{H}_4-\text{COOH} \longrightarrow \text{酶}-\text{S}-\text{Hg}-\text{C}_6\text{H}_4-\text{COOH}+\text{HCl} \tag{2-13}$$

有机汞和有机砷化合物还可以与双巯基作用，形成环状硫醇化合物。如何解除这些抑制剂的作用将在第 11 章介绍。

还有一些不含金属的抑制剂，它们与底物竞争酶活性部位的金属离子，使酶活性受到抑制。例如，氰化物的 CN^-抑制含 Fe(Ⅱ)卟啉的酶，氟化物和草酸抑制需要 Ca^{2+}或 Mg^{2+}的酶。

2.7.4 金属离子、酶和底物的结合方式

金属离子、酶和底物三者结合采取图 2-34 的三种方式：配位体桥配合物(ligand bridge coordination compound)M-L-E，金属桥配合物(metal bridge coordination compound)E-M-L 和酶桥配合物(enzyme bridge coordination compound)M-E-L。

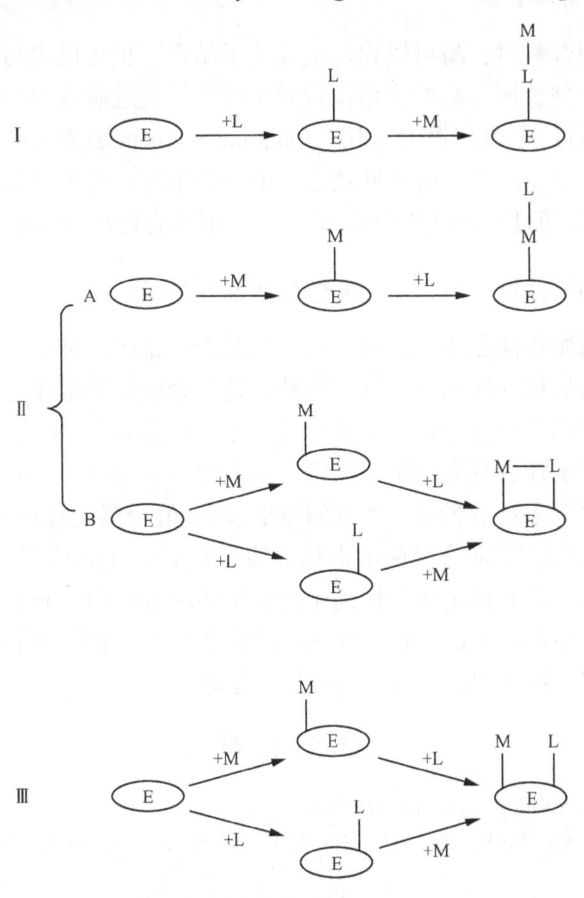

图 2-34　金属离子(M)、酶(E)和底物(L)三者结合的三种方式

2.7.4.1　配位体桥配合物

以配位体(底物)为桥的配合物，底物直接与酶的活性部位结合，而金属离子只与底物结合，没有与酶直接结合。肌酸激酶(creatine kinase)、精氨酸激酶(arginine kinase)就属于这种形式。

2.7.4.2　金属桥配合物

以金属为桥结合有两种方式：一是金属离子先与酶的活性部位结合，然后再与底物结合，酶与底物不直接结合；二是金属离子、底物与酶两两结合成环形复合物，其中首先与酶结合的既可以是金属离子，也可以是底物。丙酮酸激酶(pyruvate kinase)的 Mn^{2+}，羧肽酶(carboxypeptidase)和碳酸酐酶(carbonic anhydrase)的 Zn^{2+}，在催化过程中都形成金属桥配合物。

2.7.4.3　酶桥配合物

形成酶桥配合物时，酶可以先与金属离子结合，也可以先与底物结合。如果先引入底物，会使金属与酶的作用位置发生改变。最近有人提出，这种变化会进一步增强酶的活性。谷氨酰胺合成酶(glutamine synthetase)形成的就是酶桥配合物。

应该指出，金属离子与酶或底物之间的结合形式虽是多种多样的，但就其本质而言，它们都是通过配位键结合的，它们各种形式的复合物都属于配合物的范畴。

2.7.5　金属酶的配体性质与金属酶的催化活性的关系

与具有金属酶相同配位性质的一般金属配合物相比，金属酶具有一般金属配合物不可比拟的催化活性和专一性。显然，这与金属酶的配体特性有关。如上所述，金属酶的配体都是分子量大的蛋白质，是一种具有多种特性的生物大分子配体。生物大分子配体具有多个配位部位，以金属离子为配位中心的活性部位实际上是多种可配位基团对金属离子竞争的结果。与一般金属配合物的配位状况不同，这是一种“变形配位”，对金属酶的催化活性起着重要的作用。生物大分子具有高级结构，其弯曲、折叠在组成金属离子的配位环境方面和反应中心附近的微环境的形成与改变方面都起着决定性的作用，因此金属酶具有构象的可变性。这是金属酶具有高效催化特性和高度专一性的根本原因。

参考文献

大连轻工业学院, 1980. 生物化学. 北京: 轻工业出版社.

郭子建, 2005. 生物无机化学进展. 第七章//洪茂椿, 陈荣, 梁文平. 21 世纪的无机化学. 北京: 科学出版社: 125-135.

计亮年, 张黔玲, 巢晖, 2001. 多吡啶配合物在大分子 DNA 中的功能及其应用前景. 科学通报, 46(3): 451-460.

刘劲刚, 计亮年, 2000. 多吡啶钌配合物作为DNA结构探针研究. 无机化学学报, 16(2): 195-203.

沈同, 王镜岩, 赵邦悌, 1990. 生物化学. 第二版. 北京: 高等教育出版社.

王夔, 韩万书, 1997. 中国生物无机化学十年进展. 北京: 高等教育出版社.

郑集, 陈钧辉, 1998. 普通生物化学. 第三版. 北京: 高等教育出版社.

Ji L N, Zhang Q L, Liu J G, 2001. DNA structure, binding mechanism and biology functions of polypyridyl complexes in biomedicine. Science in China, 4(3): 193-206.

Ji L N, Zou X H, Liu J G, 2001. Shape and enantio-selective interaction of Ru(Ⅱ)/Co(Ⅲ) polypyridine complexes with DNA. Coord. Chem. Rev., 216-217: 509-532.

Koolman J, Roehm K H, 2005. Color Atlas of Biochemistry. New York: Thieme, Stuttgart.

Shi S, Liu J, Yao T M, et al, 2008. Promoting the formation an stabilization of G-quadruplex by dinuclear rull complex Ru_2(obip)L_4. Inorg. Chem., (47): 2910.

Sigel H, Corfu N A, Ji L N, Martin R B, 1992. On the dichotomy of metal ion binding in adenosine complexes. Comm. Inorg. Chem., 13(1): 35-59.

Xiong Y, Ji L N, 1999. Synthesis, DNA binding and DNA mediated luminescence quenching of Ru(Ⅱ) polypyridine complexes. Coord. Chem. Rev., 185-186: 711-733.

第3章 金属配合物与核酸的相互作用

核酸不仅是生物体内重要的生物大分子，而且是生命遗传信息的携带者和传递者。它不仅对于生命的延续、生物物种遗传特性的保持、生长发育和细胞分化等起着重要作用，而且与生物变异(如肿瘤、遗传病、代谢病等)密切相关。随着核酸研究技术的不断进步，人们现在已经可以像处理其他类型小分子一样，对核酸进行分离、表征，并且可以人工合成规定序列的与结构的核酸片段。对核酸的研究，让人们从分子水平了解生命现象，并从基因角度研究疾病的发病机理。随着人类基因组计划的完成，在以后的科学研究中，核酸研究将显现出广阔的前景。

1969年，顺铂首次被报道具有抗肿瘤活性并应用于临床，开创了金属配合物作为抗癌药研究的新领域，从而掀起了金属配合物与核酸相互作用的研究热潮。现在，过渡金属配合物与核酸相互作用的研究已经成为国际上生物无机化学的一个重要研究领域并取得了令人瞩目的研究成果。过渡金属配合物已经被广泛用作DNA结构探针、DNA分子光开关、抗癌药物、DNA断裂试剂、拓扑异构酶抑制剂、端粒酶抑制剂等许多与生命体密切相关的研究领域中。深入研究金属配合物和核酸的相互作用与关系，将成为化学与医学、生物学科的交叉研究热点。

3.1 核酸的结构特点

金属配合物与核酸的相互作用与两者本身的结构有关，尤其是与DNA的二级结构。例如，美国Barton在研究中发现，Ru^{2+}与Co^{3+}的八面体手性配合物均具有识别DNA二级结构的能力。而Ru(Ⅱ)金属配合物可以诱导DNA二级构象之间相互转变。为了对金属配合物与核酸的作用有深入、形象的认识，有必要先了解一些关于核酸的组成和结构、配合物与核酸的作用方式等基本知识。

众所周知，核酸是一种线性多聚核苷酸(polynucleotide)，包括脱氧核糖核酸(DNA)和核糖核酸(RNA)。DNA是遗传信息的真正携带者，兼具存储和传递遗传信息的双重功能。这些信息指导着细胞的生长、代谢和变异。因此，研究DNA的结构与功能，筛选具有调控DNA功能的金属配合物具有更现实的意义。

1953年，Watson与Crick提出的DNA双螺旋二级结构为现代分子生物学的发展奠定了基础。但是他们提出的DNA主链形成右手螺旋的假设即*B*-DNA一直没有得到有力的证明，为此曾在国际上存在过一系列争论。1979年，美国麻省理工学院A. Rick人工合成了dpCpGpCpGpCpG单晶，测定了它们的晶体结构，并进一步提出自然界的核酸也存在左手螺旋的假设。由于左手螺旋DNA中磷原子的联结呈锯齿形，故起名*Z*-DNA。后来人们从鼠、兔血中证实了确有*Z*-DNA存在，才使人们普遍接受生物体中绝大部分DNA为*B*-DNA，也有少部分以*Z*-DNA存在，*B*-DNA和*Z*-DNA之间存在平衡状态。由于这一发现能解释许多特征生命现象，立即引起世界各国科学家的高度重视。DNA结构中磷酸与碱基按照一定顺序排列，由于扭转角度和各种碱基排列方式不同而产生各种各样的构型。可分为两大类：一类是右手螺旋，如*B*-DNA、*C*-DNA、*D*-DNA、*E*-DNA、*A*-DNA；另一类是局部的左手螺旋，即*Z*-DNA(图3-1)。

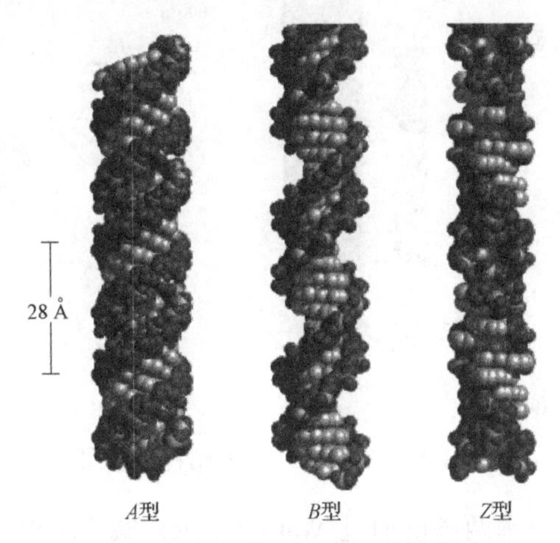

图3-1　DNA的不同二级结构模型

对于经典*B*-DNA，碱基位于螺旋的内侧，是疏水性的，而由磷酸二酯键形成的多核苷酸主链位于外侧，是亲水性的。

Z-DNA单链上出现嘌呤与嘧啶交替排列，这种碱基排列方式会造成核苷酸的糖苷键以顺式和反式构象交替存在。嘌呤-嘧啶序列的顺反构象的交替使得DNA骨架采取*Z*字走向。在这种螺旋中大沟基本上消失，小沟依然存在并保持其在*B*-DNA中窄的特点。在*B*与*Z*的连接处，至少有一个碱基被破坏，这个碱基被挤出双螺旋，裸露在双螺旋两边。由于每个螺旋比*B*-DNA多一个碱基对，*Z*-DNA比*B*-DNA排列更紧密，构象更细长，螺旋直径为18 Å，螺距为45 Å。此外，*Z*-DNA的碱基平面与中心轴呈9°倾斜角。

A-DNA的糖苷键也取反式，但结构上有明显差异。与*B*-DNA相比，*A*-DNA螺旋较短较紧密，其直径为26 Å，螺距为28 Å，含11个残基，*A*-DNA大沟狭而深，小沟宽而浅。疏水性溶剂或高离子强度的溶液会促使*A*型构象的转变。所以

一般只有脱水的DNA样本中才会出现*A*-DNA，可用来做晶体学实验。此外当DNA与RNA混合配对时，也可能出现*A*-DNA形式的螺旋。

H-DNA为三股螺旋构型，又称铰链DNA(图3-2)。1987年由Mirkin等在一种质粒的酸性溶液中首次发现。它是双螺旋DNA分子中一条链的某一节段，通过链的折叠与同一分子中DNA结合而形成。其中一条链只有嘌呤AG，另一条链只有嘧啶CT，*H*-DNA可在转录水平上阻止基因的转录。

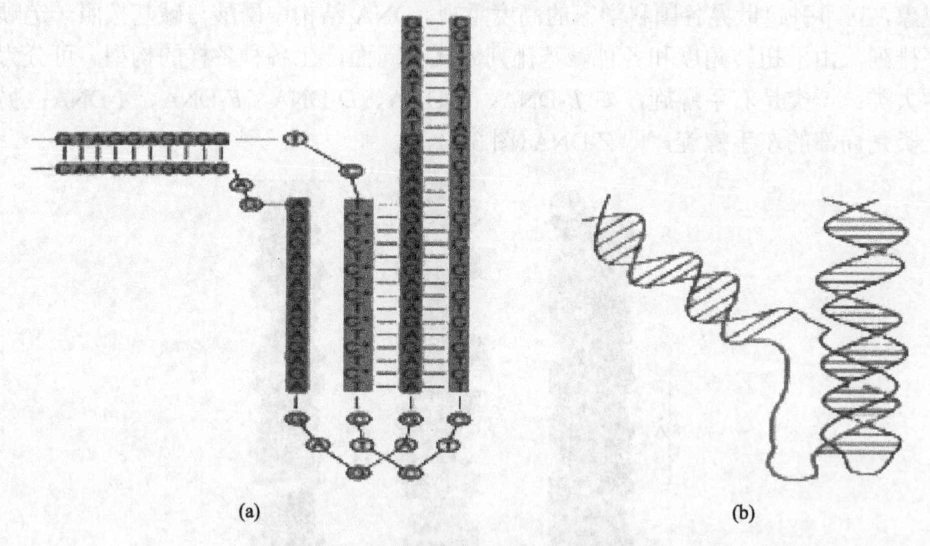

(a) (b)

图3-2 三螺旋DNA的结构示意图

最常见的DNA是由两条链通过Watson-Crick碱基配对原则形成的双螺旋结构。然而，某些富含鸟嘌呤碱基重复序列的DNA在特定的离子强度和pH条件下，通过单链间或单链对应的G残基之间形成胡斯坦碱基配对，从而使四条或四段富G的单链DNA螺旋聚成一段平行右旋的四链螺旋结构，被称为G-四链螺旋，简称G4-DNA[图3-3(a)]。含有多个G碱基重复单元DNA序列可以通过单链、双链、四链形成三种不同的四螺旋结构[图3-3(b)]。随着G4-DNA在体内的生物学功能不断被发现，该结构才引起人们的广泛关注。端粒、免疫球蛋白开关区、基因启动子区等许多具有重要生物学功能的基因组中都存在富含鸟嘌呤的序列，其中很多序列在体外实验中已被证实能够形成G4-DNA结构。在癌基因*c-myc*中由于富含G序列可以形成G4-DNA，从而阻断RNA聚合酶，起终止早期转录的作用。此外端粒基因组中富含G序列部分形成G4-DNA可以作为端粒酶的抑制剂，成为抗肿瘤药物开发的新靶点。由于G-四聚体的堆积，在中轴方向通过螯合作用有一极性的中央孔道，此孔道可以螯合适当体积的阳离子，而阳离子的结合明显加强了G4-DNA的稳定性，其中Na^+、K^+、NH_4^+、Mg^{2+}等阳离子已被国内外的许多研究人员进行了实验并得到了证实[图 3-3(a)]。此外，金属配合物也可以与 G4-DNA 作用，并且在电荷组成及结构上都具有明显的优越性。最近研究发现，二价镍金属配合物堆积在 G-四链体末端平面，且有很好的重叠性。另外，配合物所携带的正电荷有利于与 G-四链体的磷酸骨架相互作用，从而能够增强四螺旋 DNA 的稳定性，抑制端粒酶活性，此外双核 Ru 金属配合物也可以与 G4-DNA 很好地作用。G4-DNA 已经成为很好的一个药物设计靶点，金属配合物与 G4-DNA 相互作用也显示出美好的研究前景。美国科学家伊丽莎白·布莱克本、卡罗尔·格雷德和杰克·绍斯塔克等发现端粒和端粒酶是如何保护染色体的，他们提出端粒酶中的 G-四链体保护染色体不被降解，使得端粒的长度得以维持，细胞衰老就能延续，这是更好地研究癌症等疾病的新途径，因而他们获得 2009 年诺贝尔生理学或医学奖。

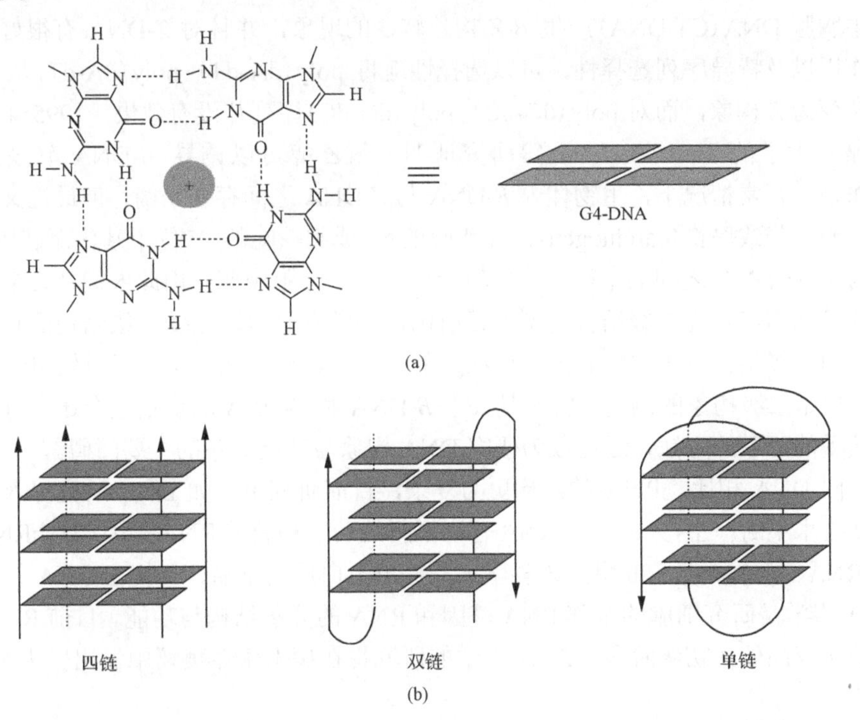

图 3-3　G4-DNA 平面示意图及单链、双链、四链 DNA 形成的不同四螺旋结构

Z-DNA 由于其独特的结构构型，引起了人们的广泛关注。研究表明 *Z*-DNA 可与某些蛋白特异性结合而发挥重要作用，比如腺苷脱氨酶、痘苗病毒 E3L 蛋白、DLM-1 蛋白(一种肿瘤相关基因蛋白)等。但是 *Z*-DNA 中碱基 G(鸟嘌呤)的 C8 和 N7 暴露在双螺旋的外侧，受保护程度小，容易受化学致癌剂的攻击而起化学反应。研究发现，*Z*-DNA 与血癌中的染色体移位断点有密切关系。此外，*Z*-DNA

在其他人类疾病中也起着重要作用，如：在阿尔茨海默病患者的大脑中发现*Z*-DNA 的数量增加，在正常大脑 DNA 中却没有发现。巨噬细胞蛋白 1 基因启动子中 *Z*-DNA 形成序列参与了基因的转录调控，而且这种 *Z*-DNA 双核苷酸的多态性对疾病敏感性起直接作用。因此，*Z*-DNA 可能与突变、基因表达以及调控有关。

现代研究表明，DNA 各种构象可以相互转变及调控，DNA 的结构是动态的。Nordheim 等报道产生于肝癌的黄曲霉素 B_1 有强烈的阻碍形成 *B*-DNA 的作用。2-乙酰基荧光素能与碱基 A(腺嘌呤)的 8 位上的碳结合，使 DNA 从 *B* 构型变为 *Z* 构型。抗癌药物(+)-道诺霉素(daunorubicin)可以选择性结合 *Z*-DNA 并可将 *Z*-DNA 转换为 *B*-DNA。研究表明，很多金属配合物都具有诱导 DNA 二级构象转变的功能。中山大学生物无机化学研究组目前报道了 Ru 多吡啶配合物具有诱导小牛胸腺 DNA(CT-DNA)产生 *B-Z* 构象转变的现象，并且对 *Z*-DNA 有很好的稳定作用以及特异序列选择性，可以选择性地将 poly(dA-dT)·poly(dA-dT)从 β 构象转变为 *Z* 构象，而对 poly(dG-dC)·poly(dG-dC)序列却没有效果。1995 年俄勒冈州立大学的 Beth Basham 等研究证明三氟乙醇可以诱导 *B*-DNA 转变成为 *A*-DNA。正常情况下，生物体内 *B*-DNA 与 *Z*-DNA 之间存在平衡，但最近又有报道证明一些致癌物(carcinogen)能在嘌呤的N7或胞嘧啶的C5位甲基化而破坏了*B*型与 *Z* 型 DNA 之间的平衡，导致转录异常发生细胞癌变。由此人们开始把某些癌症等病因归结为二级结构转型。目前国内外学者已普遍接受二级结构的转型主要是由一级结构分子中核苷酸顺序决定的。一级结构的测定至今已有较可靠的方法。但是二级构象的测定，特别是关于 *B*-DNA 和 *Z*-DNA 的识别迄今还未有普遍可接受的可靠的方法，这已成为研究 DNA 构象与功能关系的主要障碍。

同 DNA 相比，RNA 的结构更为复杂，目前研究也不如 DNA 研究深入。随着新技术不断产生，人们发现 RNA 有许多新的功能和新的 RNA 基因(如 snRNA、snoRNA、miRNA)，20 世纪末科学家在提出蛋白质组学后，又提出 RNA 组学。RNA 组学是研究细胞的全部 RNA 基因和 RNA 的分子结构与功能。目前 RNA 组学的研究尚处在初级阶段，RNA 组学的研究将在探索生命奥秘中做出巨大贡献。

3.2 金属配合物与核酸的作用机制和基本反应

3.2.1 金属配合物与核酸的作用机制

金属配合物(或者金属离子)与核酸以多种方式相互作用。随着对金属配合物作用重要性的不断认识，对其与核酸作用机制研究也越来越广泛。总体来讲，其作用机制可以按化学键分为两类：强的共价作用与及相对弱的非共价作用。后者按作用力可分为氢键、范德瓦耳斯力、π-π 堆积作用、疏水作用等弱相互作用。近期研究表明，小分子与DNA相互作用方式还有“半嵌插结合”，由于超分子化学的发展，分子与核酸还涉及长距离组装。

3.2.1.1 共价作用机制

共价结合主要是指金属离子与碱基中的氮原子以配位方式形成共价键，所以又称为配位作用。在共价作用中，既包括与亲核试剂作用，又包括亲电试剂作用，主要表现为DNA烷基化及与DNA的链间交联、链内交联等。作用点包括碱基上亲和位点、磷酸根上氧原子以及糖环上羟基氧原子(图3-4)。

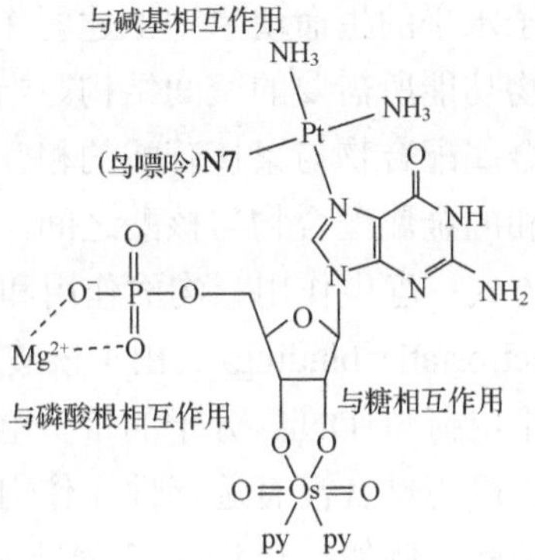

图3-4 典型的共价结合机制示意图[包括顺铂与鸟嘌呤作用，$Mg(H_2O)_6^{2+}$与磷酸根形成的静电缔合以及通过戊糖环上羟基氧形成锇酸酯]

研究表明，软金属离子及其配合物如Pt(Ⅱ)、Pd(Ⅱ)、Ru(Ⅱ)、Rh(Ⅲ)等均与碱基的亲和性位置之间可以产生配位结合，如嘌呤环中的N原子。对于金属配合物来说，必须有空缺配位点。比如$Ru(phen)_2Cl_2$与核酸结合时解离掉两个氯离子，由此金属中心Ru剩下的两个配位位置由碱基的氮占据。顺铂(*cis*-platin)类药物在人体内发生抗肿瘤作用时是以病毒的核酸为标靶的，经典抗癌药物*cis*-$Pt(NH_3)_2Cl_2$主要是与核酸碱基的G7相配位结合，顺铂中心会在同一股上相邻的鸟苷酸残基之间形成链内交联(intrastrand crosslinking)(见图3-4)。此外，腺嘌呤的N7，胞嘧啶的N3，胸腺嘧啶或尿嘧啶的N3都有可能与软金属离子配位结合。当然，可以与嘌呤N7位碱基配位结合的不仅局限于软金属离子，第一过渡系金属配合物Cu(Ⅱ)、Zn(Ⅱ)等也可以与其配位。这些金属中心与N配位可以很好地利用配位化学基本原理解释。

随着软度减小，过渡金属中心还能与磷酸根的氧原子配位结合。比如$Mg(H_2O)_6^{2+}$可以与磷酸根氧原子配位结合。在此作用中，配合物呈现离子性而非共价性的特征。一般来说，与碱基作用会降低DNA双螺旋的稳定性，而与磷酸根结合则会增加双螺旋的稳定性。

金属中心与糖环部分共价作用较少见，虽然戊糖环通常不与金属中心配位，但是能相当容易地通过戊糖环中的 C2′—C3′形成锇酸酯。这一特殊的反应可以作为 RNA 重金属染色法的基础。事实上，OsO_4 的应用不止局限于同糖环的作用。OsO_4' 与 DNA 上易接近嘧啶环的 C5—C6 富电子双键间相互作用，能生成顺式的锇酸酯。

3.2.1.2 非共价作用机制

非共价键最主要的是氢键、离子键、范德瓦耳斯力和疏水作用等。虽然这些均属于弱作用键，但在分子水平的生命现象中上述弱作用键的作用却是一种决定性的因素，形成了核酸生物功能所需要的空间结构。当然这种结合的程度和方式与具体的环境条件有关。金属配合物与聚核苷酸的相互作用并不止局限在金属中心与聚合物之间、已经饱和的金属配合物与核酸之间，还存在大量的较弱的非共价结合。其主要包括三种方式：静电作用、沟面作用和插入作用。

第一种是静电结合(electrostatic binding)。由于核酸是带负电荷的多聚阴离子，金属配合物利用其所带的正电荷与 DNA 分子的带负电荷的磷酸骨架之间通过静电作用而结合。一般认为，静电结合没有选择性，作用于磷酸骨架，在药物的应用上价值不大。但也并非如此，例如，TMPyP 金属卟啉带正电的侧链与 DNA 磷酸酯骨架间的静电作用对它能嵌入结合在 GC 碱基之间起了必不可少的稳定作用。经典钌配合物$[Ru(bpy)_3]^{2+}$与 DNA 作用，已被实验证实是静电作用。

第二种是沟面结合(groove binding)[图 3-5(a)]。在 DNA 的双螺旋结构中，存在着大沟(major groove)和小沟(minor groove)两个区域。其大小沟在电势能、氢键特征、立体效应、水合作用上都有很大的不同。蛋白质大分子与 DNA 的特异性结合在大沟区发生作用，而小分子化合物则一般在小沟区与 DNA 结合，一些小分子由于自身独特的立体构型，能够在这两个区域通过氢键或疏水作用与 DNA 结合。比如配合物$[Co(NH_3)_6]^{3+}$的配体 NH_3 上的氢原子与 DNA 磷酸上的氧原子和鸟嘌呤上的氮原子形成氢键。而配合物$[Cu(dmp)_2]^{2+}$(dmp=2,9-二甲基-1,10-邻菲啰啉)则是通过两个 dmp 配体依靠疏水作用嵌在 DNA 的小沟处。空间位阻较大的配合物一般以沟面结合模式为主。例如，$[Ru(tmp)_3]^{2+}$(tmp=3,4,7,8-四甲基-1,10-邻菲啰啉)，甲基的存在使插入作用受到阻碍。

第三种是插入结合(intercalation)[图 3-5(b)]。这是配合物与 DNA 作用最重要的一种方式。含有平面芳香稠环结构的饱和配位配合物以平面芳香杂环配体插入 DNA，并且与 DNA 中的碱基对重叠，主要是靠氢键、范德瓦耳斯力和大环的π-π堆积作用而稳定。这种结合模式最引人注意，因为科学家早期发现的有机小分子溴化乙锭具有平面芳环结构，能强烈插入 DNA，是一种强致癌物，由于有机小分子结构简单，它们插入 DNA 时基本上不具有序列选择性。当金属配合物与具有平面芳环结构的配体结合时，也可以通过配体插入的方式与 DNA 相结合。1974年，Rich 等得到了 $Pt[(tpy)SCH_2CH_2OH]^+$(tpy=2,2′∶6′2″-三联吡啶)与 DNA 结合的晶体结构。晶体结构信息分析表明，配合物是以平面芳环配体 tpy 插入碱基对之间与 DNA 相结合的。

配合物与 DNA 的插入作用是一种比较重要的结合方式，配合物插入 DNA 后，DNA 的稳定性增加，其物化性质表现特征是熔点升高、黏度增加、配合物的吸收光谱强度减弱、最大吸收峰红移、荧光强度增强等。这些是检验配合物分子是否插入 DNA 的重要手段。然而，由于迎合分子的插入，DNA 的双螺旋也会适当解旋。理论计算结果表明，每插入一个平面分子，DNA 会延长 0.34 nm，解旋 10°左右。事实上，旋转角度往往大于 10°。例如，柔红霉素(daunomycin)和阿霉素(adriamycin)的插入使 NDA 解旋 11°，而三吡啶铂、放射菌素 D(actinomycin)、溴化乙锭等的解旋度为 26°。由于插入作用能够强烈地改变 DNA 的性质，因此具有芳香平面的过渡金属配合物作为潜在的化学治疗试剂得到了深入研究。八面体多吡啶钌配合物，由于具有有机分子所不具备的庞大体积和特殊形状，与 DNA 的插入结合往往比有机分子有更好的 DNA 序列选择性，甚至还能对 DNA 进行手性识别。经典的插入配合物有$[Ru(bpy)_2dppz]^{2+}$和$[Ru(phen)_2dppz]^{2+}$(bpy=2,2′-二联吡啶, phen=1, 10-邻菲啰啉, dppz=二吡啶吩嗪)。

此外，Lerman 提出了一个新的嵌插(insertion)模式[图 3-5(c)]。它类似于插入结合模式——具有平面结构的金属配合物插入 DNA。不同点在于，插入结合是首先舒展 DNA，然后再将金属配合物插入碱基对之间，通过 π-π 堆积作用等而稳定。而嵌插模式是金属配合物通过插入碱基对的缺口或者 DNA 单链的碱基利用其平面结构易形成 π-π 堆积作用而稳定。目前，Barton 等在研究 DNA 错配过程中已发现了一系列具有嵌插模式的铑金属配合物。

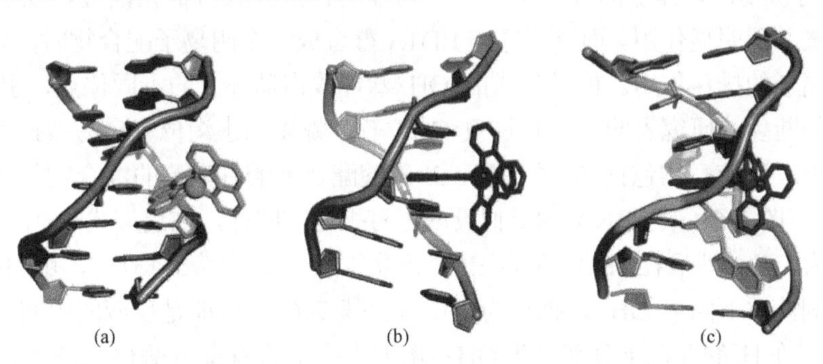

图 3-5 金属配合物与双螺旋 DNA 作用模式示意图

(a)沟面结合；(b)插入结合；(c)嵌插模式

3.2.2 金属配合物与核酸的基本反应

过渡金属配合物与核酸的反应可以分为两类：①涉及金属配合物引起核酸的氧化还原反应；②涉及金属中心与糖-磷酸骨架的配位引起的核酸的水解反应。在化学生物技术的不断发展下，两类反应的研究都取得了很大的进步。过渡金属配合物作为化学核酸酶通过以上两种方式与DNA作用，导致DNA链断裂。常见的有EDTA-Fe(Ⅱ)，$Cu(phen)_2^{2+}$，Ru(Ⅱ, Ⅲ)或Rh(Ⅲ)配合物，水溶性金属卟啉，铀酰盐，大环镍、铜配合物等。

3.2.2.1 氧化还原反应

过渡金属配合物以氧化作用攻击 DNA 的核糖环及碱基，产生各种氧化物，可以直接引起 DNA 的单链或双链发生断裂。该类反应典型的机理有：Fenton 反应和 Haber-Weiss。

在 Fenton 反应中，金属离子与 H_2O_2 反应，生成羟基自由基 OH· 及有关的氧化剂。例如：

$$(1)\ Fe^{2+} + H_2O_2 \longrightarrow Fe^{3+} + OH^- + OH\cdot$$

$$(2)\ CuL^{2+} + e \longrightarrow CuL^+ \quad (L = \text{配体})$$

$$CuL^+ + H_2O_2 \longrightarrow CuL^{2+} + OH^- + OH\cdot$$

$$(3)\ Fe^{2+} + H_2O_2 \longrightarrow FeO\cdot^{2+} + H_2O$$

$$FeO\cdot^{2+} + H^+ \longrightarrow FeOH^{3+} \longrightarrow Fe^{3+} + OH\cdot$$

在反应式(1)中，在过氧化氢的存在下，亚铁离子与之作用生成 OH·。在某些还原剂(如巯基乙醇)的存在下，产生的羟基自由基具有催化活性，亚铁离子本身与核酸并无明显作用。而且当它与 EDTA 螯合成一个阴离子配合物时，会受到核酸聚阴离子的排斥作用。但是生成的 OH· 却能攻击糖环上的不同位点，引起糖-磷酸骨架的断裂。研究表明，OH· 进攻 C4′位置，螺旋的小沟位置最易被扩散的自由基所接近。反应产物包括 5′-磷酸酯、3′-磷酸酯及磷酸甘油酯的混合物与碱基丙烯醛混合物(图 3-6)。与 RNA 的类似反应也有报道。同样，在反应式(2)中，Cu^{2+}先被还原为 Cu^+，然后在 H_2O_2 的存在下，产生 OH·。在反应式(3)中，由 H_2O_2 生成的氧化剂性质不同于 OH·，据认为：铁自由基 $FeO\cdot^{2+}$可能是反应的中间产物，然后 $FeO\cdot^{2+}$在 H^+的存在下分解产生 OH·。溶液中产生的 Fenton 氧化剂是扩散性的，断裂 DNA 时不显示特异性。Peter Dervan 首先利用 Fenton 反应使 DNA 发生定位或非定位断裂，为设计利用这类新的极具价值的 DNA 断裂试剂奠定了基础。

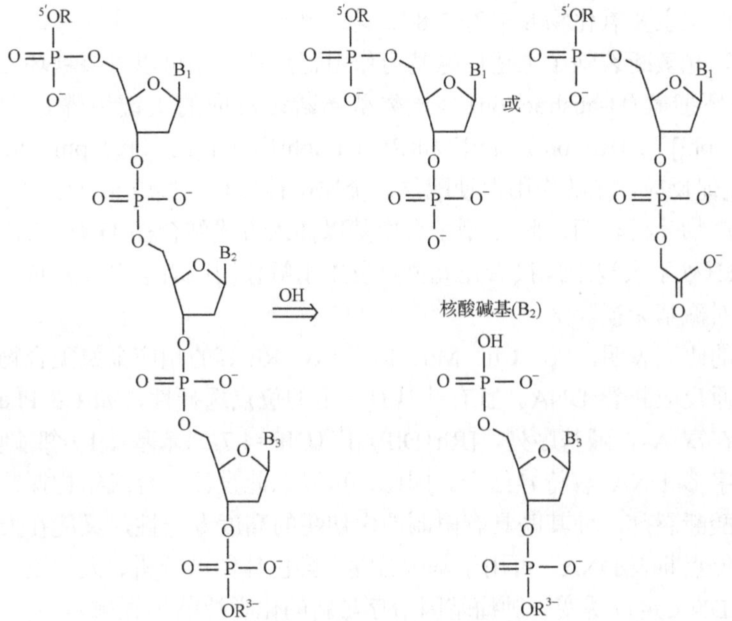

图 3-6　Fenton 反应产生的 OH· 攻击糖环引起糖-磷酸骨架的断裂示意图

Harber-Weiss 机理则涉及超氧阴离子与 H_2O_2 反应，生成 O_2、OH^-及 OH·。例如：

$$CuL^+ + O_2 \longrightarrow CuL^{2+} + O_2^-$$

$$O_2^- + H_2O_2 \longrightarrow O_2 + OH^- + OH\cdot$$

Detmer 等用 2-脱氧核糖降解实验证实了 5-氨基-2,8-二苯-3,7-二氮杂壬二酸合铜(Ⅱ)在断裂 DNA 时，先加入还原剂形成 Cu^+，再加入 H_2O_2 产生 OH·。Sigman 等认为，$Cu^{3+}{=}O_2^-$ 是导致 DNA 断裂的关键中间活性物种。但无法确定 $Cu^{3+}{=}O_2^-$ 及 OH· 断裂 DNA 的产物，而且 O_2^- 不能直接损伤 DNA，必须通过产生 OH· 间接地损伤 DNA。刘长林等在研究四氮大环铜配合物[Cu(HTCD)]$^{2+}$对 DNA 的断裂时，用 ESR 方法证实了 Cu^{2+}与 DNA 碱基上氮原子有配位作用，用自旋捕获技术检测到羟基自由基作为中间产物确实存在。正是 Cu(Ⅱ)配合物产生的羟基自由基导致了 DNA 的断裂。

过渡金属配合物在光照下，也可以使 DNA 发生断裂。因此过渡金属配合物成为光动力学疗法的一个研究方向。金属配合物可以作为光敏剂，在光照射下发生光敏反应将氧分子转换为活性氧(ROS)，如单线态氧、羟基自由基、超氧阴离子等。这些都可以导致 DNA 断裂。比如$[Ru(phen)_3]^{2+}$、$[Ru(bpy)_3]^{2+}$等均被证实可以通过单线态氧导致 DNA 断裂。单线态氧通常选择性地作用在 DNA 的鸟嘌呤碱基位点，产生主要氧化物 8-氧基-7,8-二氢鸟嘌呤。

此外，光敏断裂除了上述以碱基为作用靶点外，还可以以核糖环为靶点，从核糖呋喃环攫氢(H-abstraction)是该类型光断裂反应的关键步骤。比如配合物 $[Rh(phen)_2phi]^{3+}$、$[Rh(phi)_2bpy]^{3+}$和$[Rh(en)_2phi]^{3+}$(en=乙二胺，phi = 9,10-菲醌二亚胺)的光促反应，光解作用促使配体向金属电荷转移，形成π型子自由基，同位素标记及产物分析表明，此π型子自由基以插入方式结合在 DNA 大沟中，直接抽去 C3′-H(处于大沟中)，接着在此位点发生水解作用或者氧分子加成，引起 DNA 链断裂，对碱基无损。

大量的研究表明，Fe、Cu、Mn、Ru、Co、Rh 等的相应金属配合物都可以通过氧化还原反应断裂 DNA。且有些具有一定的位点选择性，如$[Cu(Phen)_2]^+$主要作用位点在富 A-T 碱基序列。$[Rh(DIP)_3]^{3+}$(DIP=4,7-二苯基-1,10-邻菲啰啉)与 *Z* 形以及十字形 DNA 有特异结合。因此，可以以此设计、合成结构探针及化学治疗剂的核酸断裂剂，使其既具有限制性内切酶的高度专一性，又能在人们预先设计的任何位点断裂 DNA，可用于基因分离、染色体图谱分析、大片段基因的序列分析以及 DNA 定位诱变、肿瘤基因治疗与新的化学疗法等领域。

3.2.2.2　水解反应

DNA 的氧化断裂由于自由基的高反应性和扩散性，其特异性一般较差，反应难于控制，产物种类较多。以水解机理断裂 DNA 的试剂则必须与 DNA 结合并相互作用，通常是金属离子直接或间接与磷酸骨架上的氧原子配位，进攻磷酸二酯键，引起水解或酯转移反应，从而导致 DNA 链断裂。其断裂机理与天然核酸酶类似，水解断裂由于不造成碱基和核糖环损伤，所以不会像糖环的氧化还原断裂一样，产生糖环碎片且释放出碱基，DNA 信息因此得以保存。

近年来发现了许多能水解断裂 DNA 的小分子化合物。研究发现，金属离子的存在能有效地促进磷酸二酯键的水解，因为它们可以作为路易斯(Lewis)酸极化磷-氧键以促进其断裂，还可以运送亲核试剂，形成五配位的磷酸基中间物。Sargeson 等提出了一个此体系模型，并且做了晶体学的表征[图 3-7(a)]。在此体系中，磷酸二酯键模型化合物的水解作用由于与 Co(III)配合物相结合明显加快，他们还设计了一系列含钴、锌的模型体系，来探讨对简单磷酸二酯化合物水解反应的促进作用。同时将 DNA 的结合能力也考虑在内。

Barton 研究小组首先合成并报道了可以水解断裂 DNA 的配合物$[Ru(DIP)_2Macro]^{2+}$[图 3-7(b)]。在金属离子[Cu(II)、Co(II)、Zn(II)、Cd(II)、Pb(II)等]的存在下，$[Ru(DIP)_2Macro]^{2+}$可以与 DNA 的每条链反应水解断裂 DNA。在该分子的中间部分由 Ru(II)连接在一起，负责与 DNA 结合，接在已经配位饱和的钌配合物上的是 2 个二亚乙基三胺官能团(接于 Macro 配体上)，它们与具有水

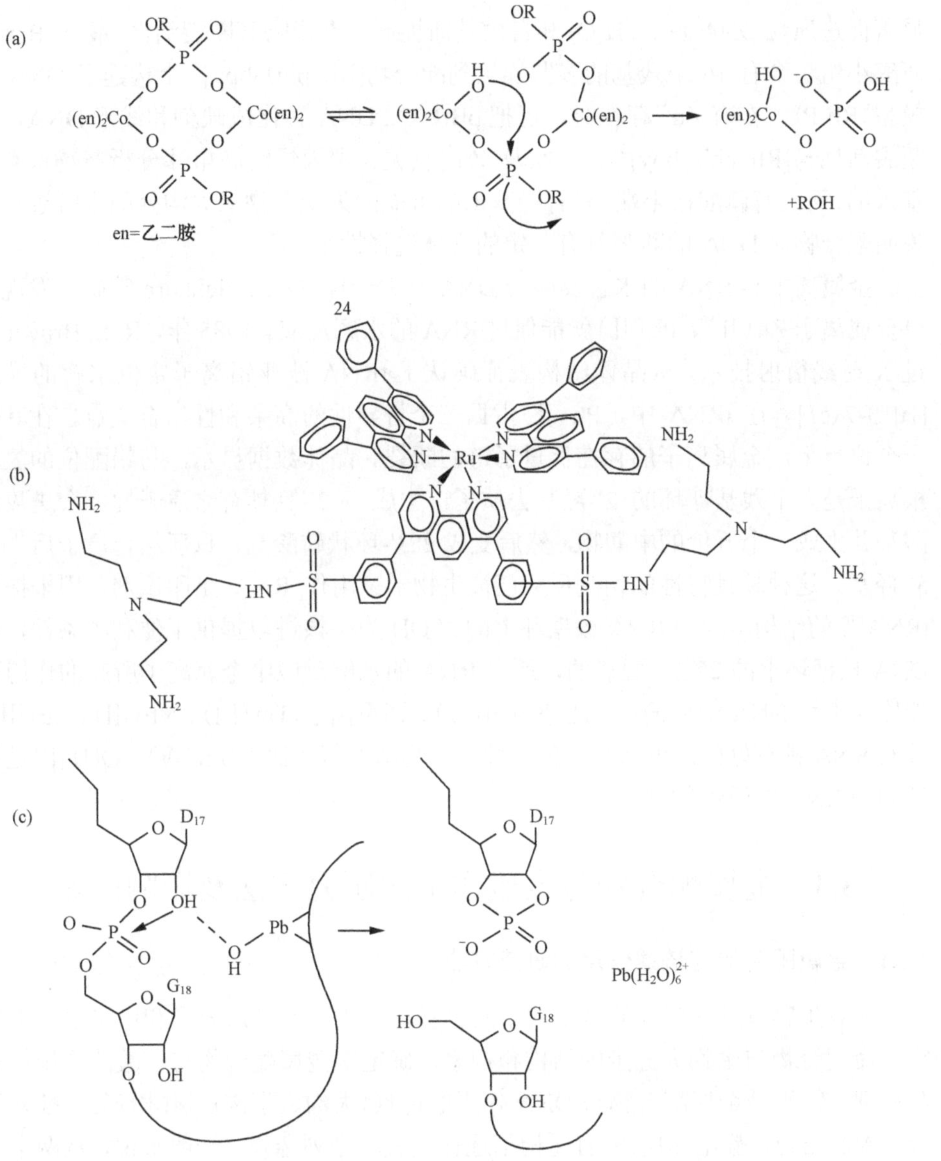

图 3-7　金属配合物与核酸的水解反应

(a) Sargeson 等提出的水解模型，磷酸酯被双核配合物模型水解，其中一个金属离子起 Lewis 酸作用，另一个起运送已配位的羟基的作用；(b) $[Ru(DIP)_2Macro]^{2+}$，包含一个 DNA 结合域$[Ru(DIP)_3]^{2+}$(其中一个 DIP 两侧连接用来螯合 Zn^{2+}的基团，可到达 DNA 糖环骨架并促进 DNA 链水解)；(c) $tRNA^{Phe}$ 被亚铅离子定位水解的模式

解活性的上述金属离子配位，体系一旦由 DNA 结合域运送至糖-磷酸骨架，即促进水解反应的发生。实验结果表明，上述金属离子对 DNA 的切割效率为 Cu(Ⅱ)＞Co(Ⅱ)＞Zn(Ⅱ)≈Cd(Ⅱ)≈Pb(Ⅱ)。此外，Co(Ⅲ)-多胺衍生配合物包括 1,4,7,10-四氮环十二烷及其衍生物、三(3-氨基丙基-)胺衍生物等与 Co(Ⅲ)的配合物等均可

显著促进质粒 DNA 裂解，H_2O_2 和自由基捕捉剂等不影响其断裂活性。最近，Barton 研究小组将含有 16 个残基的多肽连接到配合物$[Rh(phi)_2bpy]^{3+}$上构建了 DNA 酶模型(Rh-P)，在有 Zn^{2+}存在时，可把 pBR 322 DNA 转化成缺刻和线形 DNA，其断裂活性与$[Rh(phi)_2bpy]^{3+}$、多肽及 Zn^{2+}有关。聚丙烯酰胺电泳分析产物只有羟基末端，而没有磷酸根末端。只有羟基末端可能因为配合物从大沟处的水解进攻，说明配合物对 DNA 的断裂具有一定的立体选择性。

金属离子与 RNA 的水解反应与 DNA 不大一样。G. L. Eichhorn 等研究发现简单金属离子 Zn(Ⅱ)、Pb(Ⅱ)就能促进 RNA 的水解反应。1985 年，R. S. Brown 通过 X 射线衍射技术，从晶体结构表征确认了 tRNA 被亚铅离子定位水解的模式[图 3-7(c)]。在 tRNA 中，Pb(Ⅱ)占据三个特异性的高亲和性结合位点，在其中一个位点上，金属离子的存在促进了链的断裂。晶体数据显示，与铅配位的氢氧根离子是一个残基糖环的 2′-羟基去质子，生成的 2′-氧具有亲质子性，会进攻磷酸基并生成一个五价的中间物，然后变成 2′,3′-环状磷酸基，重新结合质子后生成 5′-羟基。这种颇具特性的切割反应已被生物学家用作 RNA 足印试剂，用来探测 $tRNA^{Phe}$ 的结构。因为 RNA 核糖环上的 2′-OH 为亲核进攻提供了便利的条件，而 DNA 核糖环上的 2′位是脱氧的，所以 RNA 的水解反应中金属离子所起的作用可能比在水解 DNA 中要简单。此外，Cu(Ⅱ)、镧系离子[Tm(Ⅲ)、Yb(Ⅲ)、Lu(Ⅲ)]等对 RNA 都有好的水解效果。但活性中间物却类似，比如$[Ln(IV)_2(OH)_4]^{4+}$是水解切割 RNA 的活性物种。

3.3 金属配合物与核酸作用的研究方法及影响因素

3.3.1 金属配合物与核酸作用的研究方法

随着生物以及化学检测技术的不断进步，科研工作者从分子和电子水平上研究生命配合物与生物大分子的结构和构象，确定多金属配合物与核酸的作用模式与机理，特别是金属配合物与 DNA 作用的位点(大沟、小沟)，作用形式(插入结合、沟面结合、静电作用)，有无构型选择或碱基序列选择。一般来说，从两个方面入手研究金属配合物与核酸的相互作用：①核酸(DNA/RNA)加入前后对金属配合物的光、电、磁、氧化还原等化学物理性质的影响；②金属配合物作用前后对生物大分子(DNA)的黏度、热变性、序列稳定性等物理、化学、生物等属性的扰动或改变。显然，物理、化学、生物实验技术，是从分子水平上研究生物配合物结构和构象的有力工具。常用的配合物与核酸研究技术包括：光谱学方法(包括电子吸收光谱、荧光光谱、圆二色谱、拉曼光谱、傅里叶转换红外光谱等)、NMR 方法、流体力学方法、凝胶电泳法、单晶 X 射线衍射法、等温量热滴定法(isothermal titration calorimetry，ITC）、荧光共振能量转移（FRET）、表面等离子共振（surface plasmon resonance，SPR）、原子力显微镜等。还有分子力学、量子化学等理论方法从不同角度对金属配合物与核酸之间的作用进行了深入的研究。

3.3.1.1　光谱检测法

通常配合物与 DNA 结合后会导致其配体所处环境发生变化，结合强弱可通过电子吸收光谱、发射光谱、激发态寿命等一系列变化反映出来。

1）电子吸收光谱

电子吸收光谱（electron absorption spectroscopy）具有比较灵敏、直观、方便特点，是研究配合物与 DNA 相互作用的最常用的一种方法。金属配合物与 DNA 结合后，其电子结构会受到 DNA 的微扰，导致其配体所处的环境发生改变，使吸收光谱波长和强度发生一系列的变化。

吸收光谱的基本原理：在一般情况下，分子处于基态，当光与物质发生相互作用时分子吸收光能，从低能级跃迁到高能级产生吸收光谱，电子能态之间的能量间隔则较大，需要可见或紫外光谱来研究电子跃迁，因此电子吸收光谱又称可见-紫外光谱。依据电子跃迁的机制，可将配合物的电子光谱分为三种类型：①以金属离子 M^{n+}为中心由 d-d 跃迁产生的配位场光谱；②配体至金属或金属离子（LMCT）或金属离子至配体（MLCT）的电荷迁移光谱，简称荷移光谱；③以配体 L 为中心配体间的电子转移（IL）光谱。其中，MLCT 金属离子向配体这种跃迁发生在金属离子具有充满的或接近充满的 d 轨道，而配体具有最低空 π 轨道的配合物中。

多吡啶过渡金属配合物具有丰富的与金属-配体荷移跃迁（MLCT）有关的电子发光性质。一般来说，当小分子以插入方式键合于双螺旋碱基对之间时，其吸收光谱表现出峰位的红移及减色效应。而且吸收光谱变化的大小与其结合力相关联，减色效应越大，说明配合物与 DNA 作用越强，插入方式的光谱变化要大于其他结合方式，通常减色效应越明显，吸收峰红移越大，表明插入程度越强。例如，导致 DNA 双螺旋结构的破坏，则产生增色效应。

为了定量地比较配合物与 DNA 结合的强弱，通过吸收光谱滴定实验，监控 DNA 加入前后配合物吸收光谱的变化，用下列方程求出它们与 DNA 的结合常数 K_b。

$$[DNA]/(\varepsilon_a-\varepsilon_b)=[DNA]/(\varepsilon_b-\varepsilon_f)+1/K_b^{-1}(\varepsilon_b-\varepsilon_f)$$

式中，[DNA]代表 DNA 的浓度，ε_a、ε_f和ε_b分别代表在各 DNA 浓度下的、游离的和与 DNA 键合饱和的配合物的摩尔吸光系数。K_b可由拟合直线与 y 轴相交的截距求得。如$[Ru(tpy)(pta)]^{2+}$（pta=3-（1,10-邻菲啰啉-2-基）-三嗪并[5,6-f]-苊）、

$[Ru(tpy)(ptp)]^{2+}$(ptp=3-(1, 10-邻菲啰啉-2-基)-三嗪并[5, 6-*f*]-菲)结合常数 K_b 分别为 5.9×10^4 L/mol 和 1.6×10^5 L/mol，减色率分别为 22.5%与 28%，所以含 ptp 配体的配合物比含 pta 配体的配合物与 DNA 作用强(图 3-8)。

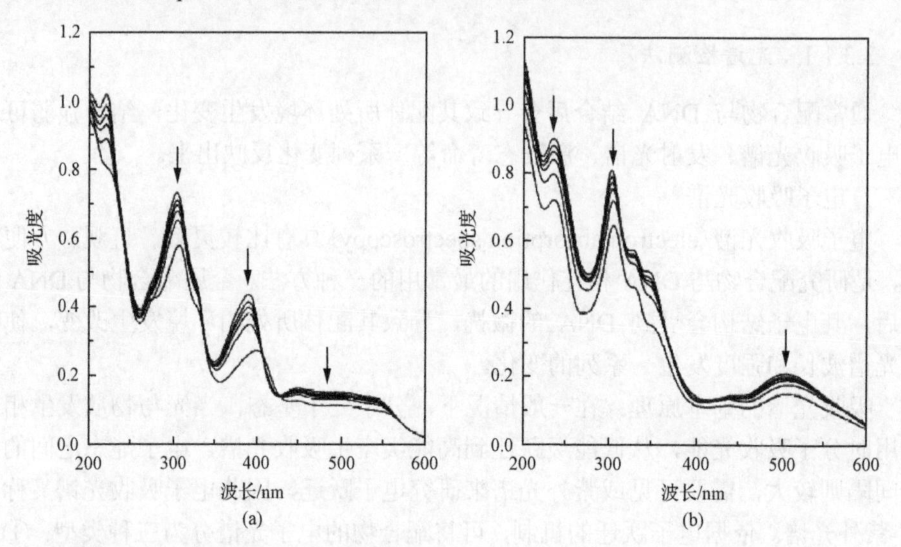

图 3-8 $[Ru(tpy)(pta)]^{2+}$(a)、$[Ru(tpy)(ptp)]^{2+}$(b)与 CT-DNA 作用的紫外光谱图

2)荧光光谱

荧光光谱法(luminescence spectroscopy)可以作为一种研究具有荧光特性靶向化合物的理想方法，配合物与 DNA 的键合方式也直接影响其稳态荧光光谱，可以根据相互作用前后荧光的变化，对二者相互作用的模式进行判断。

配合物与 DNA 作用的荧光光谱测定可以分为三种。

第一种是稳态荧光发射光谱。对于自身具有荧光的某些金属配合物来说，当与 DNA 发生嵌插作用时，常伴随着配合物荧光强度的增强及其荧光寿命的增加，同时，其受阴离子猝灭剂的影响也较小。另外，KI 和 $K_4Fe(CN)_6$ 为典型荧光猝灭剂，通过考察其对小分子荧光猝灭作用可以判断小分子与 DNA 之间的作用方式。

第二种荧光猝灭光谱。其是对于常温下没有荧光的配合物，可借助于荧光探针溴化乙锭(EB)、吖啶橙、二氨基吖啶等对药物与 DNA 的作用模式进行判断。其中 EB 是应用最早的荧光探针，被广泛应用于抗癌药物的筛选和小分子与 DNA 作用的研究，它本身的荧光很弱，但是能插入 DNA 分子中，荧光强度大大增强。当目标配合物加入之后，这种增强的荧光部分或全部被猝灭，荧光猝灭程度越明显，表明目标配合物与 DNA 作用越强。

第三种是时间分辨发射光谱。当配合物与 DNA 键合的模式不止一种时，可通过分解其时间分辨发射光谱，得到不同的激发态寿命，从而推断出配合物与 DNA 可能的键合模式。

3) 圆二色谱

圆二色谱(circular dichroism spectrum, CD spectrum)的基本原理：在圆形光中，光的电场矢量轨迹为一个螺旋线，螺旋线的轴平行于光束的传播方向，对观察者而言，电场矢量可以是顺时针或逆时针旋转，前者称为右旋光，后者称为左旋光。以分子结构或结晶结构中缺少对称性为特征的许多透明物质具有旋转偏振辐射面的性质，这些物质被认为是旋光性的。当一束偏振光通过具有旋光性介质时，左旋及右旋圆偏振光成分出现相位差。圆二色谱通常用来检测有无旋光物质的存在，或者比较左、右旋物质含量的不同。其为有机化合物的绝对构型、构象和反应机理的研究提供了很多有用的信息，是目前研究有机化合物和生物大分子的构型、构象和三维空间结构强有力的工具。

利用 CD 谱也可以现场检测构象已知的生物大分子构象变化过程，CD 谱是 DNA 螺旋构象的非常敏感的指示剂，可给出与 DNA 作用的小分子的某些基团跃迁谱带变化的信息，进而获取配合物与 DNA 作用的有关信息。测量消旋化合物对 DNA 透析平衡后的透析液的 CD 光谱，可以帮助确定 DNA 对配合物有无异构体选择性结合。图 3-9(a) 显示三个 Ru(Ⅱ)配合物通过 48 h 对 DNA 透析平衡后的 CD 光谱。如图所示，$[Ru(dmb)_2dppz]^{2+}$(dmb=4,4′-二甲基-2,2′-联吡啶) (1) 透析信号最强、$[Ru(bpy)_2dppz]^{2+}$ (2) 次之、$[Ru(dmp)_2dppz]^{2+}$ (dmp=2,9-二乙基-1, 10-邻菲啰啉) (3) 最弱。同为插入结合的$[Ru(dmp)_2dppz]^{2+}$与$[Ru(dmb)_2dppz]^{2+}$，由于辅助配体引入的空间位阻的位置的不同，导致其立体异构性出现明显的不同。

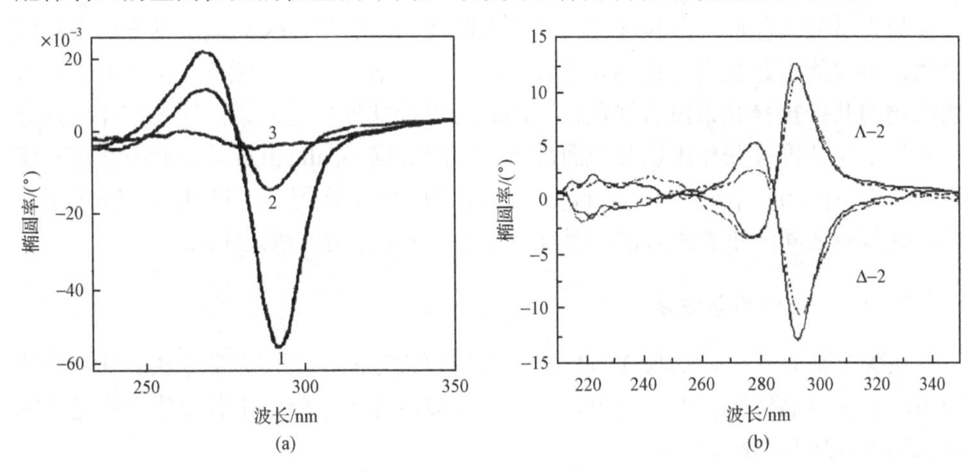

图 3-9　CD 光谱检测法

(a) $[Ru(dmb)_2dppz]^{2+}$ (1)、$[Ru(bpy)_2dppz]^{2+}$ (2)、$[Ru(dmp)_2dppz]^{2+}$ (3) 与 DNA 作用透析 48 h CD 光谱图；(b) Δ-$[Ru(bpy)_2$*o*-HPIP$]^{2+}$、Λ-$[Ru(bpy)_2$*o*-HPIP$]^{2+}$ (*o*-HPIP= 2-(2-羟基苯基) 咪唑并[4,5-*f*][1,10]-邻菲啰啉) 拆分后异构体键合 DNA 前后 CD 光谱的扰动

通过测量已拆分的异构体键合 DNA 前后其 CD 的变化，还可以获得配合物与

DNA 的键合方式方面的一些信息。如图 3-9(b)所示为 Δ-[Ru(bpy)$_2$*o*-HPIP]$^{2+}$、Λ-[Ru(bpy)$_2$*o*-HPIP]$^{2+}$拆分后异构体键合 DNA 前后 CD 光谱的扰动。

4)线二色谱和电二色谱

线二色谱(linear dichroism spectrum,LD spectrum)和电二色谱(electrostatic dichroism spectrum,ED spectrum)都是采用与固定光轴方向(在流动梯度体系中旋转和外加电场,使 DNA 螺旋轴取向固定)平行或垂直的平面偏振光,测量结合 DNA 后的配合物对垂直和平行于 DNA 的线偏振光的不同吸收。此方法不仅能快速区分经典的嵌入结合作用与沟面结合、静电结合等其他模式,而且还可以获得 DNA 靶向分子结合在 DNA 螺旋上时准确的方向信息及动力学数据。Norden 利用 LD 光谱提出[Ru(phen)$_3$]$^{2+}$与 DNA 有两种结合模式。这两种模式中配合物的二重轴 C_2 都平行于 DNA 的二重轴,但三个配体的空间配置完全不同,对 Λ-[Ru(phen)$_3$]$^{2+}$,其中一个 phen 指向大沟中间处(但并非插入),余下两个 phen 与 DNA 磷酸酯骨架的相互作用大致决定了配合物与 DNA 的稳定性和二者间的取向。对 Δ-[Ru(phen)$_3$]$^{2+}$,两个 phen 位于大沟处,配合物与 DNA 间的取向决定于与双螺旋结构吻合程度,另一个 phen 则位于 DNA 的外侧。

5)瞬态共振拉曼(Transient Resonance Raman)光谱

测量 DNA 键合前后的瞬态共振拉曼光谱并结合闪光光解技术,比较相应于不同配体的拉曼峰的强度相对变化,对于确定混合配体配合物中哪种配体采取插入结合可以提供一定的证据。金属配合物与 DNA 的插入作用可以引起其紫外共振拉曼光谱的缺色性,即拉曼光谱峰强度的变化。而与 DNA 沟面键合的金属配合物,不仅能引起拉曼光谱的缺色性,而且其光谱还会产生频移。由于共价键合的药物的共振拉曼光谱没有缺色性,因此可以把共振拉曼光谱的缺色性作为区分插入作用和共价键联作用以及沟面键合作用的依据。Callaghan 等用此方法进一步证实了[Ru(phen)$_2$dppz]$^{2+}$和[Ru(bpy)$_2$dppz]$^{2+}$与 DNA 作用是通过 dppz 的π电子系统与碱基对之间的重叠进行的,且探讨了与 DNA 作用的激发态的本质。

3.3.1.2 流体力学方法

在确定小分子化合物与 DNA 相互作用模式方面,流体力学方法有其独特的应用。在缺少晶体数据的情况下,该方法常被最终用来验证小分子化合物是否究竟以插入方式与 DNA 作用。

DNA 稳定的双螺旋结构使 DNA 分子具有一定的刚性,在水溶液中仍然保持双螺旋结构。但由于分子极细长,其直径与长度之比可达到 1∶10^7,所以天然 DNA 分子又具有一定的柔性。这种细丝状的双螺旋结构赋予 DNA 十分显著的物化特性,如极大的黏度、机械张力、沉降系数等性质。

Chaires 首次将黏度法用于研究钌(Ⅱ)配合物与 DNA 的相互作用,这种对

DNA 长度变化比较敏感的流体力学方法是检测经典插入结合方式的一项重要实验，其结果比光谱数据更具说服力。金属配合物以其插入配体通过经典插入方式与 DNA 作用时，DNA 相邻碱基对必须在垂直方向上分离到间隔约 0.7 nm 的距离以容纳插入配体，导致 DNA 双螺旋伸长，DNA 溶液的黏度增加。含平面芳香环系的小分子物质如溴化乙锭(EB)插入 DNA，导致 DNA 的双螺旋伸长，这已经通过电子和光学微谱直接观察到。当以静电或沟面结合等非插入方式与 DNA 作用时，DNA 溶液的黏度无明显变化，以“部分”或“非经典”的插入模式与 DNA 作用时，则可能导致 DNA 双螺旋发生扭结或弯曲，使 DNA 的黏度下降。

3.3.1.3　凝胶电泳法

凝胶电泳被广泛用于分子生物学、遗传学和生物化学领域。大的 DNA 或者 RNA 分子通常利用琼脂糖凝胶电泳分离，也可以使用聚丙烯酰胺凝胶电泳。对 DNA 而言，在光照或氧化还原剂存在或水解条件下，金属配合物与 DNA 的相互作用能够导致 DNA 链断裂，对 DNA 断裂产物进行检测和分析就是用以上两种方法。

1) 琼脂糖凝胶电泳

琼脂糖凝胶电泳以共价闭环超螺旋 DNA(质粒 DNA)为目标分子。质粒 DNA 一般有三种构型(图 3-10)：第一种是共价闭环超螺旋 DNA(Form Ⅰ)，它的结构比较紧密。第二种是开环缺刻 DNA(Form Ⅱ)构型，当超螺旋 DNA 的一条链上出现一个缺刻时，就成为这种构型。此时，超螺旋结构被松开，不能超螺旋，因此结构较松散。第三种是线形 DNA(Form Ⅲ)，当超螺旋 DNA 的两条链在同一部位被切断时，DNA 不能成环，完全开放成线状。三种构型的 DNA 分子量完全相同，但是由于立体构型的不同，使它们在琼脂糖凝胶中的迁移率不同。超螺旋的 Form Ⅰ 由于结构紧密，易通过凝胶向正极移动，迁移最快，其次是线形 Form Ⅲ，而缺刻型 Form Ⅱ 由于结构松散，向正极移动受到抑制，迁移最慢。

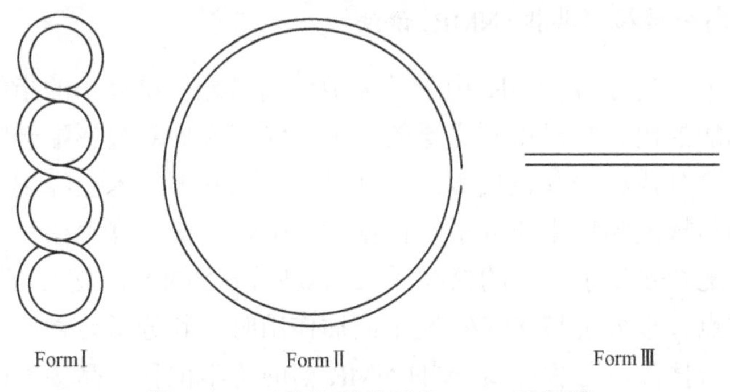

图 3-10　三种构型的质粒 DNA 示意图

Form Ⅰ：共价闭环超螺旋 DNA；Form Ⅱ：开环缺刻 DNA；Form Ⅲ：线形 DNA

2)聚丙烯酰胺序列凝胶电泳

聚丙烯酰胺序列凝胶电泳以一段末端标记的寡核苷为靶分子。在寡核苷一条链的末端以放射性或荧光或化学发光物标记，根据断裂产物在凝胶中的迁移速率不同，凝胶上相邻的一道道梯状物可以表征在哪个序列发生了断裂。例如，光断裂以 ^{32}P 标记末端 DNA，如果无序列选择产生，电泳后荧光显影显示出等距的梯状，如图 3-11(a)所示；如果有序列选择性，等距的梯状消失，取而代之将会如图 3-11(b)呈现的情形。

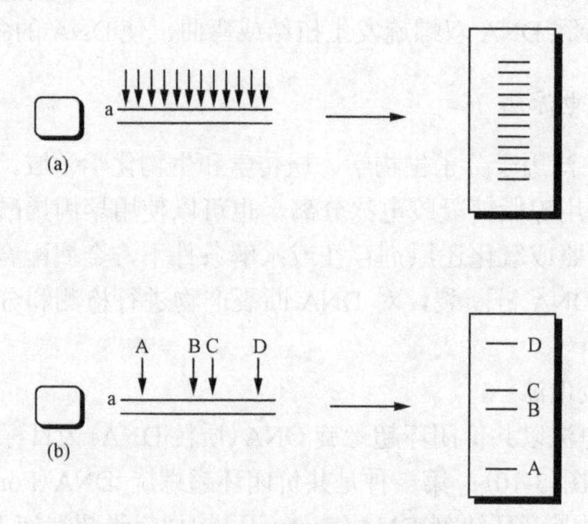

图 3-11 聚丙烯酰胺序列凝胶电泳

(a)无序列选择断裂；(b)有序列选择性断裂

以上两种方法各有优缺点。前者方法快捷简便，成本较低；后者成本较高，时间花费多，方法上也增加了操作的难度，但这种方法富集了许多有关序列选择方面的重要信息。核酸电泳技术操作简便、快速，可以分辨核酸片段，已作为一种常规手段被广泛用于研究配合物对 DNA 的断裂能力以及各种 DNA 酶的作用。

3.3.1.4 高分辨核磁共振(NMR)谱法

近二十年来，高分辨 NMR 由于其灵敏度高，能提供分子的指纹结构，在金属蛋白和金属酶的研究中已得到广泛的应用。随着人们对金属配合物与核酸作用的不断深入，高分辨核磁共振技术，特别是二核磁共振技术已经越来越多地应用到金属配合物与核酸的作用研究中。根据加入配合物前后寡聚核苷酸特征氢的化学位移及其与配合物质子产生的核欧沃豪斯效应谱(NOESY)交叉峰，可以确定配合物的作用位点。小分子与 DNA 发生嵌插作用时，其分子芳香环上的电性环境改变也造成了嵌插部位芳香环质子 ^{1}H NMR 谱的化学位移向高场方向移动，同时由于驰豫时间的改变，谱峰明显拓宽。

Burrows等利用^{1}H NMR谱研究了大环镍(Ⅱ)配合物与核苷酸5′-GMP的相互作用。寡核苷中加入顺磁性的八面体结构的大环镍配合物后，引起 H2′—H5′的NMR共振峰明显增强。质子H1′的共振峰只是略有加宽，但强度减弱。意外的是，嘌呤碱上的H8的共振信号对配合物极为敏感，随着大环镍(Ⅱ)配合物浓度的增加，H8的共振峰表现出显著的弛豫现象和位移移动，说明了鸟嘌呤N7与Ni(Ⅱ)的配位作用才使H8比较靠顺磁性Ni(Ⅱ)。因此，利用NMR谱证明了该配合物中Ni(Ⅱ)与鸟嘌呤的N7之间发生了配位作用。美国贝克曼研究所于1994年对$Rh(NH_3)_4phi^{3+}$(phi=9,10-菲醌二胺)键合d(TGGCCA)$_2$进行了研究，结果表明其键合作用仍是经典的插入方式，其插入位置是从大沟处的G3C4位进行的，并且观察到phi质子和G3C4上质子的NOESY交叉峰。同时他们以实验数据为依据，建立了分子模型，即C4糖环采取了C2′-吲哚构型，但是G3糖环的构型还不能确定。通过2D-NOESY、2D-COSY(化学位移相关谱)又建立了C2′-吲哚和C3′-吲哚糖环堆积在G3处的起始模型。这一系列的研究，为大沟处键合特定序列寡聚的设计提供了基础。

3.3.1.5　DNA热变技术

变性是DNA重要的物理化学性质之一。它是指DNA双螺旋结构区氢键断裂、空间结构破坏、双链解开、形成单链无规线团状态的过程，在这个过程中核苷酸链中的共价键并未发生变化。变性过程常伴随着一系列物理性质的变化，如浮密度上升、黏度降低、沉降速度增加、旋转偏振光能力的改变以及紫外吸收值升高等。因此，可以利用这些性质跟踪DNA的变性过程。其中利用DNA变性后260 nm的紫外吸收呈增色效应，是跟踪DNA变性过程最方便的手段。

引起DNA双螺旋变性的因素有多种，如加热、极端的pH、有机试剂甲醇、尿素等。加热使DNA变性，称之为热变性。配合物加入前后，DNA的热变性行为的改变、溶解温度T_m(紫外吸收的增加量达最大增量的一半时的温度)的变化为金属配合物与DNA相互作用的强度等提供了有用的信息。通常有机染色剂或金属插入剂与DNA作用后，插入配体与DNA的碱基对发生π电子堆积，稳定了DNA双螺旋结构，氢键较之作用前难于断裂，双链不易解开，因此溶解温度T_m升高。在插入点未被饱和前，T_m急剧升高，然后溶解曲线较为平缓升高，表明此时主要是静电结合起稳定作用。溶解温度T_m变化量在一定程度上反映了金属配合物与DNA结合力的大小。例如，据报道$[Ru(tpy)(bpy)(H_2O)]^{2+}$使DNA的溶解温度升高4.2℃，与DNA的结合常数为660 L/mol；而$[Ru(tpy)(dppz)H_2O]^{2+}$使DNA的T_m增加了14.1℃，因此它与DNA的结合常数的数量级高达10^5。

3.3.1.6　电化学法

电化学方法通常是利用因加入DNA/RNA前后配合物的电化学性质的变化，

分子的特征氧化还原电流会明显降低，峰电位也有移动。该方法可以获得其他方法得不到的信息。例如，反应体系的电位变化、电流变化、扩散系数的变化等电化学参数的差别。在研究小分子与核酸的相互作用中，虽然电化学方法在一定程度上受分子电活性的限制，但对于无法用紫外-可见、荧光等光谱手段来研究的分子，却可用直接或间接伏安法方便地进行研究，尤其是对于一些主要通过静电结合模式与 DNA 作用的分子，采用表面电化学方法可以获得许多其他方法无法获得的信息。比如，配合物$[Cu(dpsmp)_2]^{2+}$(dpsmp=2,9-二甲基-4,7-双(磺苯基)-1, 10-邻菲啰啉)在未加入 DNA 时，其还原反应主要由扩散过程控制，加入 DNA 后，配合物的半波电位、阴极和阳极的电势差以及阴极与阳极峰电流比值等参数都发生了较大幅度的减小。

3.3.1.7　单晶 X 射线衍射法

作为研究物质结构最直接的工具之一的单晶 X 射线衍射技术，可以提供最精确的配合物与 DNA 作用的结构信息。尽管溶液状态与结晶状态有时会不尽相同。1987 年，Adimiral 首先报道了 *cis*-$[Pt(NH_3)_2]$\{d(pGpG)\}的晶体结构。Barton 等在 2000 年首次报道了八面体多吡啶类配合物 Δ-*α*-$[Rh[(R,R)Me_2trien]phi]^{3+}$ [(*R,R*)Me_2trien=2*R*,9*R*-二氨基-4,7-二氮癸烷]与5′-TGCA-3′结合的晶体结构(图3-12)，研究表明，金属配合物除插入配体以插入方式与 DNA 结合外，还存在氢键、范德瓦耳斯力等作用。

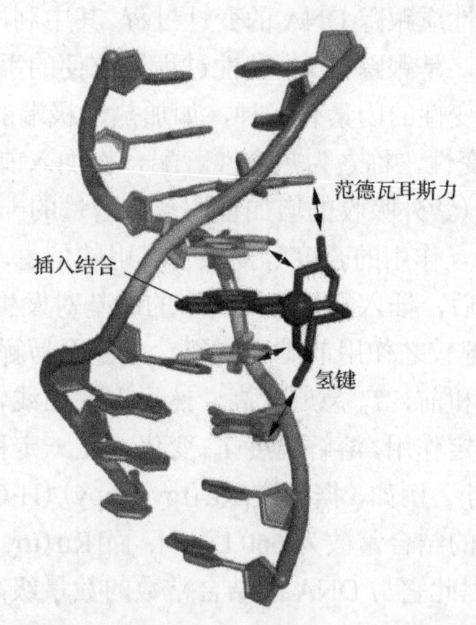

图 3-12　Δ-*α*-$[Rh[(R,R)Me_2trien]phi]^{3+}$与 5′-TGCA-3′结合的晶体结构示意图

3.3.1.8　原子力显微镜成像技术

1986 年，原子力显微术(atomic force microscopy，AFM)作为一种新的成像技术被研制成功。在之后短短的十余年里它由原有的纳米水平单分子成像，逐渐扩展到表面功能的研究、分子间力的测量、可控性分子操作等多个领域。由于 AFM 的极高分辨率，可以在近生理条件下探测分子间作用的动力学过程等，从而被用于研究生物结构、分子间作用、动力学等，因此 AFM 受到生物研究领域的广泛关注。现在其已被应用于生物以及化学研究的各个领域。目前 AFM 已经成为核酸研究的必要工具。DNA 的许多构象诸如弯曲、超螺旋、小环结构、三链螺旋结构、DNA 三通接点构象、DNA 复制和重组的中间体构象、分子开关结构和药物分子插入到 DNA 链中的相互作用都广泛地被 AFM 考察，获得了许多新的理解。利用 AFM 研究 RNA 分子的工作也已经广泛采用，目前结晶的转运 RNA 和单链病毒 RNA 以及寡聚 poly(A)的单链 RNA 分子的 AFM 图像先后被获得。与 AFM 可重复研究 DNA 分子相比，单链 RNA 分子的图像不易采集，主要原因在于不同的缓冲条件下单链 RNA 的结构变化多样。

基因治疗研究目前已经广泛应用于遗传病、肿瘤和病毒性疾病的治疗，并且取得了一定的成功，成为生命科学领域里的一个研究热点，DNA 缩合作为基因治疗的关键步骤同样受到了研究者的重视。之前，Gosule 和 Schellman 就发现多价阳离子可以引起 DNA 在溶液中缩合成环形物。近年来研究发现，金属配合物与 DNA 作用，可以导致 DNA 缩合，缩合产物可以通过 AFM 很好地观察到。中山大学巢晖等首先报道了钌多吡啶配合物$[Ru(bpy)_2(PIPSH)]^{2+}$(PIPSH=2-(4-苯并噻唑)-苯胺并[4,5-*f*][[1,10]-邻菲啰啉)与$[Ru(bpy)_2(PIPNH)]^{2+}$(PIPNH=2-(4-苯并咪唑)-苯基咪唑并[4,5-*f*][1,10]-邻菲啰啉)可以诱导 DNA 缩合的现象(图 3-13)。实验表明，DNA 缩合程度与配合物的浓度有关，浓度越大，缩合越明显，DNA 缩合粒径可以达到 224 nm。

3.3.1.9　密度泛函计算与分子模拟

量子力学的发展为今天的科学带来了巨大的成就，并逐步应用到各领域。而在生物与化学方面，理论计算是最近几年才得到广泛应用的方法。虽然理论和实验是化学研究和发展的两大支柱，但是在过去，由于化学理论的不完善和计算条件的限制，人们对化学实验的重视程度远远超过理论计算。然而，随着计算机软硬件技术突飞猛进的发展和量子化学理论的进一步完善，化学问题的理论研究日益成熟，并越来越被化学家们关注。1998 年，诺贝尔化学奖授予 Kohn 和 Pople，以表彰他们在量子化学理论和计算方法方面做出的杰出贡献。这预示着化学新时代的到来，在这个时代里，理论与计算化学将在各个领域得到应用，实验和理论更加密切地结合，从而能够从分子水平上探讨化学现象的本质。

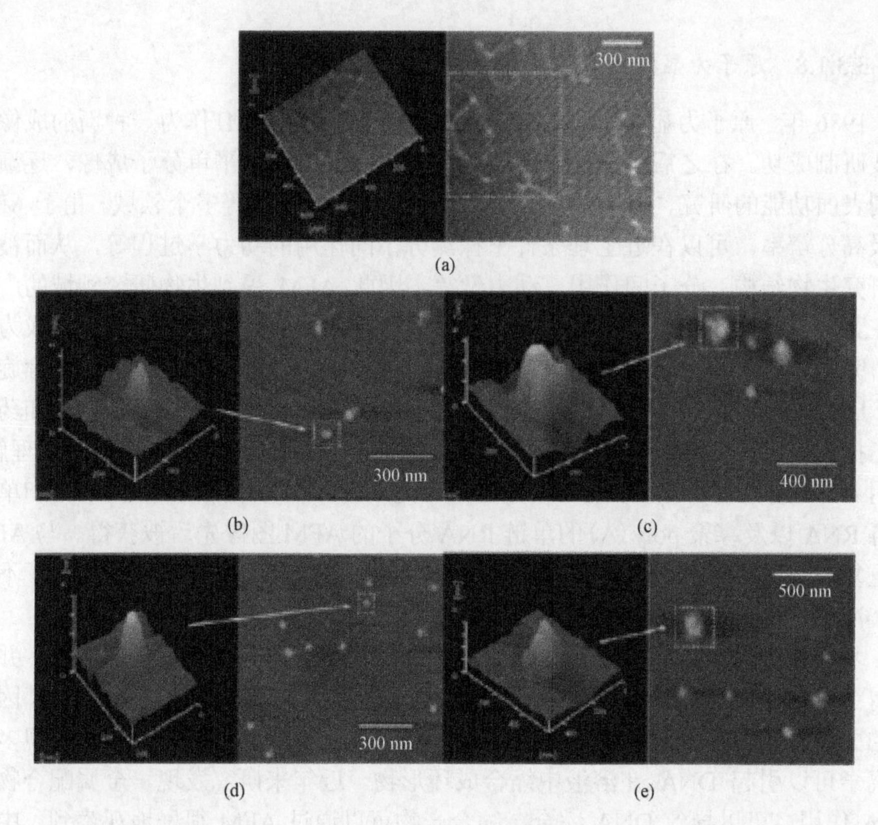

图 3-13　$[Ru(bpy)_2(PIPSH)]^{2+}$(**1**)与$[Ru(bpy)_2(PIPNH)]^{2+}$(**2**)诱导 DNA 缩合的原子力显微成像

(a) DNA；(b) DNA+40 μmol/L **1**；(c) DNA+80 μmol/L **1**；(d) DNA+40 μmol/L **2**；(e) DNA+80 μmol/L **2**

由于密度泛函理论(density functional theory，DFT)考虑了电子相关，且计算速度快，近年来已被广泛用于金属配合物的计算。随着金属配合物与 DNA 结合研究的深入，DFT 方法也被应用于这一领域。通过 DFT 计算能够解释配合物的光谱性质以及其与 DNA 相互作用的规律。

另外，在研究金属配合物与 DNA 的相互作用时，可以运用分子力学方法进行构象分析，探索配体、配合物与生物大分子的稳定结构和可能的构象，模拟分子反应动力学过程，通过动态模拟计算出配合物与寡聚核苷酸片段结合的最佳构象，这将对指导新型 DNA 断裂试剂的设计、合成，以及筛选高活性的抗癌药物具有重要的意义。Nair 等采用分子模拟研究了配合物$[Ru(bpy)_2(HBT)]^{2+}$(**1**)与$[Ru(phen)_2(HBT)]^{2+}$(**2**)(HBT=11*H*,13*H*-4,5,9,10,12,14-六氮杂苯并[*b*]苯并菲)与双螺旋 DNA 的键合情况(图 3-14)，发现配合物通过 HBT 配体半插入到 DNA 的小沟中。计算显示，对于配合物 **1**，在小沟处结合优于在大沟处结合，小沟结合能比大沟结合能多 6 kcal/mol，因为配合物 **1** 插入小沟处时芳环的π-电子云与 DNA

链骨架有很好的交互作用，且此时静电作用以及范德瓦耳斯力也比与大沟结合时明显。而对于配合物 **2** 来说，在大沟处于小沟处结合效果几乎一样，结合能分别为 46.4 kcal/mol 与 46.7 kcal/mol。

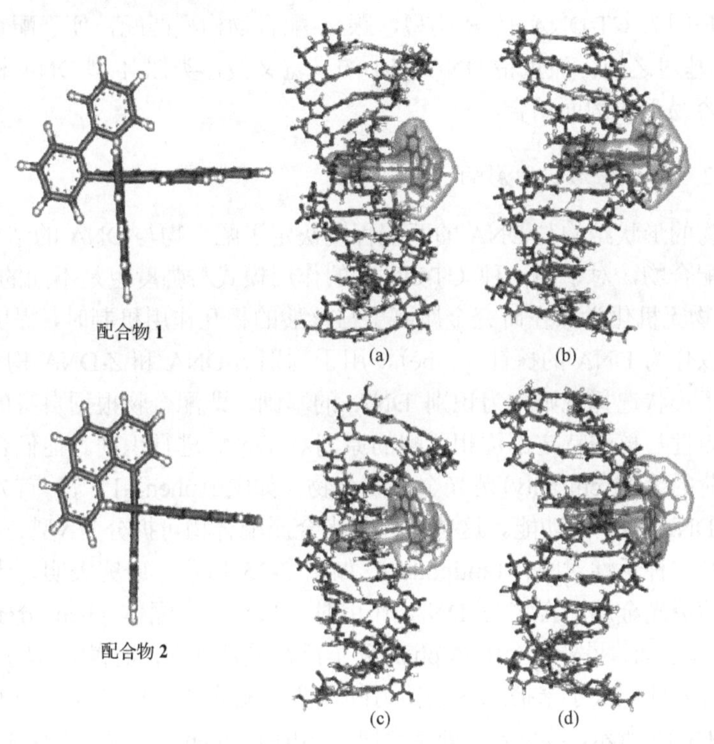

图 3-14　DFT 法模拟$[Ru(bpy)_2(HBT)]^{2+}$(**1**)与$[Ru(phen)_2(HBT)]^{2+}$(**2**)与双螺旋 DNA 的键合情况

(a)、(b)分别为配合物 **1** 在大沟、小沟处结合模型；(c)、(d)分别为配合物 **2** 在大沟、小沟处结合模型

3.3.2　金属配合物与核酸作用的影响因素

金属配合物与核酸作用大小及模式与配合物本身结构、大小有关，也与所作用核酸的结构有关。对于常见双螺旋 DNA 而言，影响配合物与 DNA 的作用机制的因素主要有以下几个方面。

3.3.2.1　核酸分子的结构

DNA 是由脱氧核苷酸通过 3′, 5′-磷酸二酯键组成的主链所固定的四种碱基 A、T、G、C 构成的。四种碱基 G 和 C、A 和 T 通过氢键互相配对。由于磷酸和碱基的排列中可以形成各种扭转角度和各种碱基排列方式，这就产生不同的构型。不同构型的 DNA 的外形，螺旋直径，螺旋方向，大沟和小沟的大小、深浅均不同，同一配合物与之键合的方式也是不同的。研究发现同一配合物$[Ru(phen)_3]^{2+}$与不同的 DNA 的作用方式是不同的。$[Ru(phen)_3]^{2+}$在 CT-DNA 中为插入结合，而在鱼精 DNA 中为非插入结合。CD 光谱证明了在 CT-DNA 渗析液中富集的是 Λ 异构体，这是因为 CT-DNA 是 *B*-构型，跟 Δ-配合物构型匹配，便于配合物插入到 DNA 的碱基对之间；而鱼精 DNA 的小沟又宽又浅，类似 *A*-型 DNA 构象，它和 Λ-配合物容易形成沟面结合。

3.3.2.2 配合物形状的影响

配合物的形状结构与 DNA 的匹配程度决定了配合物与 DNA 的结合模式。不同形状的配合物，对于同一种 CT-DNA 的作用模式与强度也是不同的。20 世纪 80 年代生物无机化学家在研究金属离子与核酸的相互作用机制时，提出某些金属配合物可以作为 DNA 的探针(probe)，用于判别 *B*-DNA 和 *Z*-DNA 构型。Barton 等则提出了形状选择规则作为识别 DNA 的基础，即配合物根据自身的形状、对称性及旋光性与核酸特定部位相匹配的原则对 DNA 进行识别。他们合成了一系列带正电荷的手性(chirality)荧光金属配合物，如$[Ru(phen)_3]^{2+}$等，首先发现它们具有识别 DNA 构型的功能。这些手性荧光金属配合物可拆分为Λ型(左手性)和Δ型(右手性)二种手性对映体(antipode)，如图 3-15 所示。研究表明，当这类八面体型的手性荧光金属配合物与 DNA 作用时，只有一个配体 phen 分子能插入到 DNA 的碱基之间，另外两个配体 phen 分子留在碱基外面，金属配合物与 DNA 相互作用的有效性取决于未插入碱基的另外这两个配体分子与 DNA 分子是否空间匹配。如图 3-16 所示，当在大沟处结合时，Δ型$[Ru(phen)_3]^{2+}$与右手螺旋的 *B*-DNA 作用时，未插入碱基的两个配体 phen 分子正好与 *B*-DNA 分子空间匹配；Λ型$[Ru(phen)_3]^{2+}$未插入碱基的两个配体 phen 分子都与 *B*-DNA 的磷酸酯骨架相互碰撞。显然，Δ型对映体可优先与 *B*-DNA 作用，插入 *B*-DNA 碱基间。但在小沟处结合时，金属配合物的结合是沿着小沟表面而不是插入结合，Λ型对映体有两个

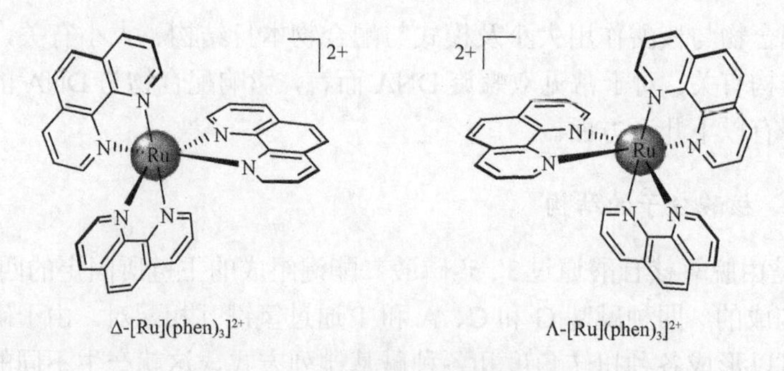

图 3-15 $[Ru(phen)_3]^{2+}$两种构型

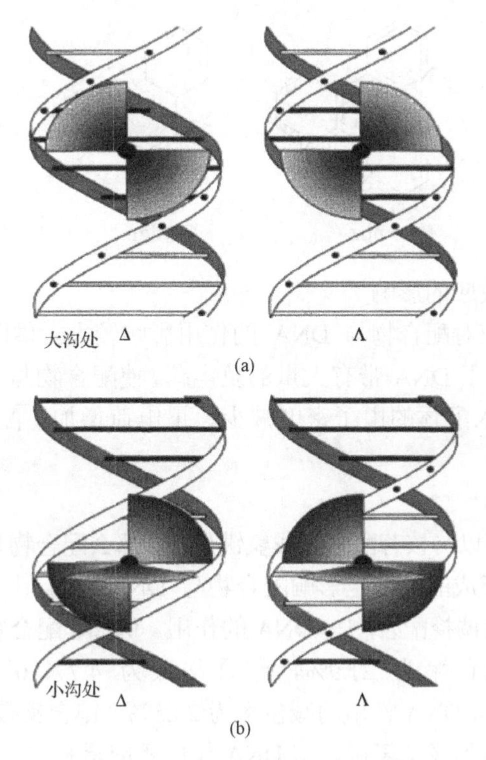

图 3-16　DNA 与手性配合物结合的对应识别作用

(a) 显示对于 DNA 大沟插入作用，右手螺旋有利于Δ构型；(b) 显示对于小沟结合而言，互补对称性使Λ构型有利

配体按互补对称性沿右手螺旋的沟排列，Λ型对映体在此处比Δ型有利。与左手螺旋的 *Z*-DNA 作用时，Λ型对映体能优先插入 *Z*-DNA 碱基间。可以说，手性荧光金属配合物对 *B*-DNA 和 *Z*-DNA 的识别作用是一种立体选择性分子识别。

3.3.3　配体的影响

在金属配合物与核酸作用时，配体对于其作用模式及作用效果的影响是非常明显的。改变配体的几何形状、带电荷性，作用效果将发生很大程度的改变，在配体中引入可以与核苷酸碱基作用的基团，也可以改变金属配合物与核酸的作用效果。下面从结构方面进行说明。

1) 插入配体的平面性

配合物的插入配体含有一个平面的芳香环，能够插入到 DNA 的碱基对中，并与之通过 π-π 堆积作用，稳定了配合物与 DNA 的相互作用。通常配合物的插入配体的平面性越好，配合物的插入强度越强。如$[Ru(bpy)_2ppz]^{2+}$和$[Ru(bpy)_2ddp]^{2+}$，两者的形状大小基本相同，只是 ppz 是平面性的，而 ddp 是非平面的，前者能以插入模式与 DNA 作用，后者与 DNA 作用能力则很弱。

ppz　　ddp

2)配体取代基效应的影响

取代基电子效应对配合物与 DNA 的作用影响较大。供电子基团使插入配体的电子密度增大，由于 DNA 带有大量的负电荷，使配合物与 DNA 的作用减弱；而吸电子基团使插入配体的电子密度减少，正电荷增加，配合物与 DNA 作用增强。

3)氢键的影响

如果配体本身可以与核苷酸链形成氢键作用，那么配合物与核酸的作用也相应增强。插入配体内形成的氢键也影响配合物与 DNA 的作用，因为氢键可以扩大配体的平面性，从而调控配合物与 DNA 的作用。例如，配合物$[Ru(bpy)_2(PIP)]^{2+}$与 DNA 作用的减色率为 21.9%，结合常数为 4.7×10^5 L/mol，而配合物$[Ru(bpy)_2(HPIP)]^{2+}$与 DNA 作用的减色率为24.5%，键合常数为6.5×10^5 L/mol。后者由于插入配体内形成了氢键，与 DNA 作用相应增强。

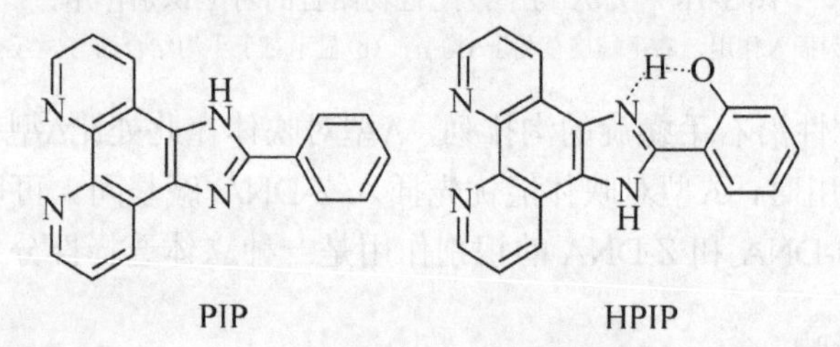

4)空间位阻的影响

当配体空间位阻太大时，也会影响其与 DNA 作用。例如，配合物$[Ru(bpy)_2phi]^{2+}$与配合物$[Ru(bpy)_2chrysi]^{2+}$相比，chrysi 比 phi 多了一个苯环导致大的空间位阻，而不能与 DNA 插入结合(图 3-17)。

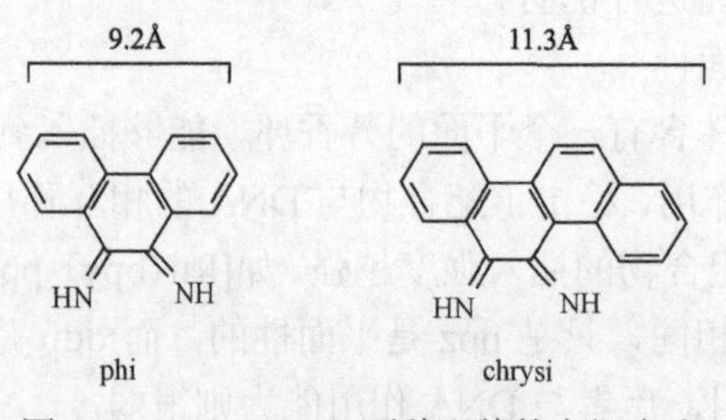

图 3-17　phi、chrysi 两种配体的空间大小

5）辅助配体的影响

与讨论较多的插入配体的影响相比，辅助配体的影响则相对较少。适量增大辅助配体及其脂溶性，将有助于增强配合物与 DNA 的结合能力或提高立体选择性。Barton 课题组曾报道与 DNA 作用很强的配合物$[Ru(phen)_2dppz]^{2+}$（7.5×10^6 L/mol）、$[Ru(bpy)_2dppz]^{2+}$（4.9×10^5 L/mol），这是由于作为辅助配体的 phen 的平面面积比 bpy 大，产生一个较好的芳香平面，使其疏水性增加，增强配合物与 DNA 作用。当辅助配体的空间位阻增大时，配合物与 DNA 的作用反而减弱。这是由于辅助配体太大，它的立体位阻阻止配合物进一步插入到 DNA 碱基对中。

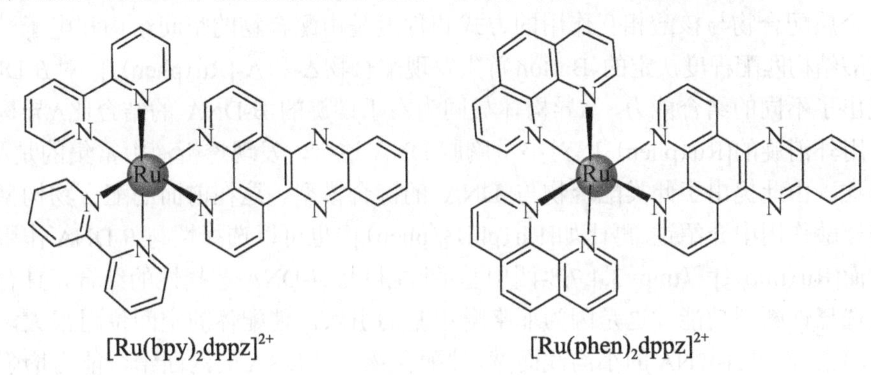

$[Ru(bpy)_2dppz]^{2+}$　　$[Ru(phen)_2dppz]^{2+}$

6）配位点的影响

当配合物含有未饱和配位点或者离去基团时，可以与核酸嘌呤碱基配位。比如经典的顺铂，即通过氯离子的离去，空余配位点与鸟嘌呤发生配位。通过此原理人们合成了一系列具有抗癌活性的金属配合物，如 $RuCl_2(DMSO)_4$、*cis*-$[Ru(azpy)_2Cl_2]$[azpy=2-(菲那唑)吡啶]等。

中山大学生物无机化学研究组在此方面做了长期不懈的研究，合成了 200 多种金属钌配合物，通过改变配体形状、大小、取代基以及所带电性等系统研究了金属配合物与 DNA 作用的影响，同时也为设计合成有实际应用价值的金属配合物指明了方向。

3.4　金属配合物与核酸作用的应用

过渡金属配合物与核酸的研究近年来取得了较大的成果，众多的金属配合物已被广泛应用于生物、医学、化学等众多领域。金属配合物因其丰富的光谱性质及化学反应特性，在结合生物技术、在与核酸的作用方面已取得了瞩目的成就。关于其在抗癌药物方面的应用，将在 13.7 节中介绍，本节仅分别介绍有关核酸结构探针、分子光开关、比色传感器和化学核酸酶等。

3.4.1 核酸结构探针

自20世纪80年代Barton等发现配合物$[Ru(phen)_3]^{2+}$具有识别DNA二级结构的能力之后，又发现Zn^{2+}、Co^{3+}、Rh^{3+}等配位饱和的八面体手性配合物同样对DNA的二级结构具有选择性。由此在生物无机化学方面开辟了用金属配合物作为DNA结构探针的新研究领域。

3.4.1.1 DNA二级结构识别

金属配合物与核酸相互作用的方式和程度是由配合物的空间结构和电子结构与核酸结构匹配程度决定的。Barton首先发现配合物Δ-和Λ-$[Ru(phen)_3]^{2+}$对*B*-DNA表现出了不同的结合能力，Δ异构体与同为右手螺旋的*B*-DNA的结合比Λ异构体强。用外消旋的$[Ru(phen)_3]^{2+}$对小牛胸腺DNA透析，发现透析液中富集的是Λ型对映体。由此提出了此类配合物与DNA的键合模型。这在前面的配合物构型对其与核酸作用中介绍过。再比如$[Rh(phi)_2(phen)]^{2+}$也可以选择性与*B*-DNA作用。

而$[Ru(tmp)_3]^{2+}$(tmp=3,4,7,8-四甲基菲啰啉)与*A*-DNA选择性的结合，具有明显的选择性断裂功能。这是因为菲咯啉甲基的引入，使配体的空间位阻很大，疏水性增大，而且*A*-DNA的小沟浅而宽，使配合物与*A*-DNA的沟面结合能力增强，与*B*-DNA的沟面宽度及深度不匹配而几乎没有作用。

Barton等发现Λ-$[Ru(dip)_3]^{2+}$(dip=4,7-二苯基邻菲啰啉)几乎不与*B*-DNA作用，但能与*Z*-DNA很好地以插入方式结合，表现出明显的立体选择性，这一特性说明Λ-$[Ru(dip)_3]^{2+}$可以作为*Z*-DNA的结构探针(图3-18)。此外，研究了金属Co与Rh，结果显示，由于Co(Ⅲ)、Rh(Ⅲ)本身是有效的光致氧化剂，$[Co(dip)_3]^{2+}$、$[Rh(dip)_3]^{2+}$均可以与质粒DNA的*Z*型片段作用发生选择性断裂，说明$[Co(dip)_3]^{2+}$、$[Rh(dip)_3]^{2+}$同样具有与*Z*-DNA的特异选择作用能力。

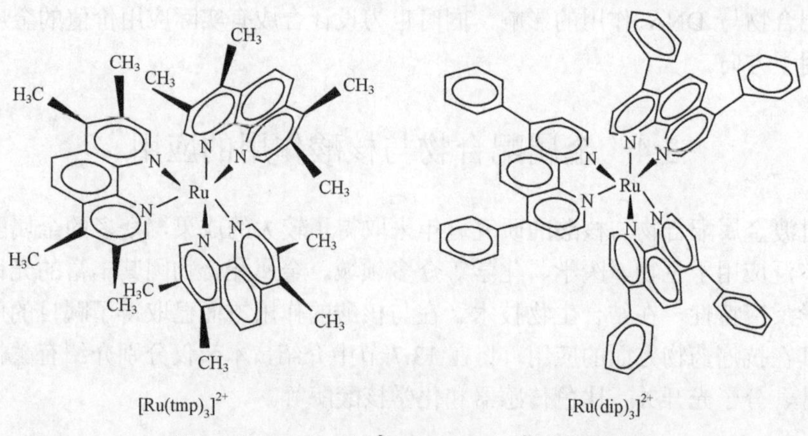

图3-18 $[Ru(tmp)_3]^{2+}$与$[Ru(dip)_3]^{2+}$分子结构

此外，研究还发现，一些金属配合物具有促使 DNA 构象转变的能力，比如 $[Ru(5,6\text{-dmp})_3]^{2+}$[5,6-dmp=5,6-二甲基-1,10-邻菲啰啉)(图 3-19)，研究发现，其外消旋配合物可以诱导 CT-DNA 及 poly $d(GC)_{12}$ 和 poly $d(AT)_{12}$ 产生 *B*-*Z* 构象转变，其 Δ 异构体选择性地与 poly $d(GC)_{12}$ 的构象结合，而 Λ 异构体则选择性地与 poly $d(GC)_{12}$ 的 *Z* 构象结合，因此它可以作为 *Z*-DNA 的良好探针或构象调控剂。

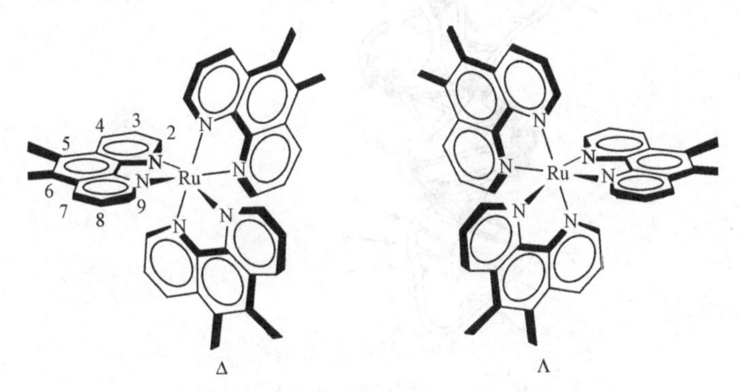

图 3-19 $[Ru(5,6\text{-dmp})_3]^{2+}$的两种同分异构体

在之前提到，RNA 的三维结构比 DNA 的更为复杂，仅对少数的几个 RNA 做了高分辨的 X 射线晶体学研究，而对于较大的 RNA(如 5S rRNA)，或其他具有催化活性的 RNA，人们对它们的折叠特征了解甚微。但是最近有报道，某些金属配合物对 RNA 的结构有特定选择性，比如对于 $tRNA^{Phe}$ 的断裂研究中，由 $[Fe(EDTA)]^{2-}$引发的羟基自由基断裂表明，RNA 分子中存在某些溶剂不可及的结构区域。但是用 MPE-Fe(Ⅱ)(MPE=methidiumpropyl-EDTA，甲基二丙基乙二胺四乙酸)能大致区分出 RNA 双链区，$[Cu(phen)_2]^+$能识别出环上凸出的单链区(图 3-20)。

3.4.1.2 DNA 特殊结构的识别

作为结构柔性的大分子，正常双螺旋 DNA 的局部受到外界化学环境影响，容易发生结构上的变化。这些结构上的变化经常对 DNA 的生理功能产生重要的影响。利用金属配合物识别这些局部的异常结构，对于了解 DNA 的结构性质、调控 DNA 的功能、探索化学诊断治疗试剂具有重要意义。

1) 碱基错配的识别

由于生命体内聚合酶的错误或 DNA 受到紫外光辐射、放射性离子辐射、许多基因毒性的化学物质的影响产生的损伤，基因组会自然地发生碱基错配。常见的有 DNA 的 G∶T、G∶G、C∶C 错配等，在 RNA 中有 G∶U、C∶U 错配等。

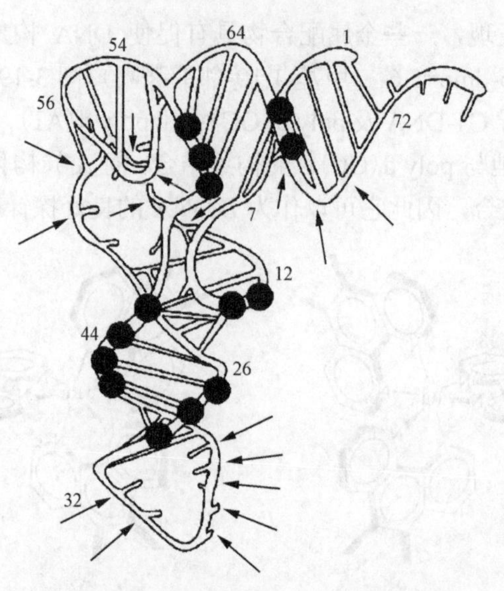

图 3-20　金属配合物对 $tRNA^{Phe}$ 的切割

MPE-Fe(Ⅱ)(黑色圆点)探测双链区域、$[Cu(phen)_2]^+$(箭头所示)探测单链区域

在大多数情况下，细胞可以通过自身复杂的修复体系来修正这些错误。如果修复失败，将导致多种遗传疾病和癌症等严重后果。因此检测和修复错配碱基迫切需要新的诊断试剂和化学治疗试剂的开发。研究表明，许多金属配合物对这样的碱基错配有特异的识别，这就为新的诊断试剂和化学治疗试剂的开发提供了方向。J. Barton 实验组在最近设计了 Δ-$Rh(bpy)_2(chrysi)^{3+}$(chrysi=5,6-色烯醌二胺)，并得到了与含有两个 A : C 错配的 DNA 链作用的晶体结构，通过晶体结构数据分析，金属配合物配体 chrysi 能选择性插入错配碱基位点，指使错配碱基翻转到 DNA 双链外面(图 3-21)。此外。Ru(Ⅱ)、Co(Ⅲ)等某些配合物也表现出 DNA 错配识别功能。

2) DNA 发夹及突状结构的识别(图 3-22)

DNA 发夹结构又称为茎环结构，是自身具有互补碱基序列的核酸自然产生的形状。RNA 中该结构广泛存在。当双螺旋 DNA 的一条链上多出一个或多个另一条链上没有与之互补的碱基时，多余部分就会形成突状结构。最近研究发现，DNA 突状结构对 DNA 修复蛋白的结合比正常双螺旋 DNA 更加紧密，使 DNA 突状部位成为治疗试剂的潜在的结合位点。

Collins 和 Keene 研究了以 HAT(HAT=1,4,5,8,9,12-六氮杂苯并菲)、bpm(bpm=2,2′-联嘧啶)配体桥连的双核 Ru(Ⅱ)配合物对 DNA 发夹结构的识别，研究发现内消旋的配合物 *meso*-$[\{Ru(phen)_2\}_2(HAT)]^{4+}$和 *meso*-$[\{Ru(Me_2phen)_2\}_2(HAT)]^{4+}$对 DNA 发夹结构的结合能力显著强于对正常双螺旋 DNA 的结合能力，从而可以

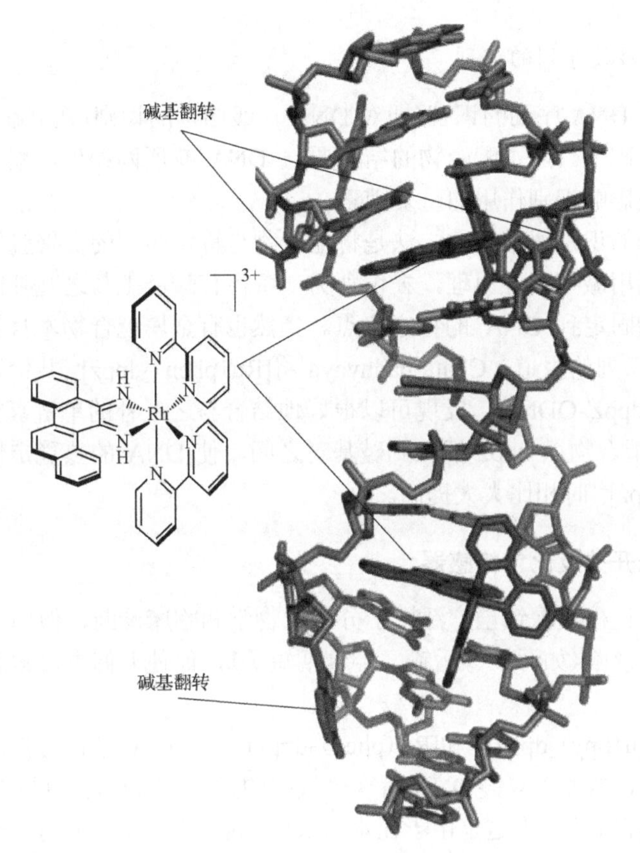

图 3-21　Δ-Rh(bpy)$_2$(chrysi)$^{3+}$与错配碱基识别的晶体结构图

配体 chrysi 选择性插入错配碱基位点，指使错配碱基翻转

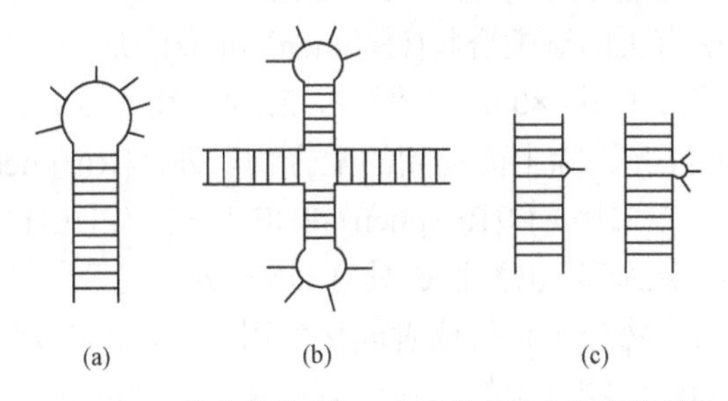

图 3-22　DNA 发夹结构(a)、十字结构(b)和突状结构(c)

作为 DNA 发夹结构的探针。他们还设计了一系列的其他配合物，研究发现 ΔΔ-[{Ru(phen)$_2$}$_2$(μ-dppm)]$^{4+}$对含有三个碱基(AAA)突起的 DNA 具有显著的高于正常双螺旋 DNA 的结合能力，通过核磁共振和分子模拟同时证明配合物结合于 AAA 突起部位，并有至少一个 phen 配体部分的插入 DNA。

3.4.1.3　核酸序列的识别

配合物对 DNA 序列的识别(即对 DNA 一级结构的识别)建立在对 DNA 二级结构识别的基础上。除了配合物的结构要与 DNA 有所匹配外，配合物与碱基之间的作用也是影响识别作用的重要因素。

核酸序列的识别通常用的方法是将配合物与特定序列的寡聚脱氧核苷酸链共价连接，再利用碱基互补原理，去识别另一条核苷酸链上与之互补的序列，从而可以使配合物固定到 DNA 的特定位点。当然也有金属配合物本身就有优先结合 AT 或者 GC 序列的报道。Chattopadhyaya 将$[Ru(phen)_2dppz]^{2+}$共价连接到单链寡核苷上(Ru^{2+}-dppz′-ODNs)，发现可以很好地结合与之互补的单链寡核苷，形成双螺旋 DNA。配合物以 dppz 插入到碱基对之间，使 DNA 的热稳定性与没有连接$[Ru(phen)_2dppz]^{2+}$时相比大大提高。

3.4.2　分子光开关及比色传感器

放射性标记核酸探针已广泛用于分子生物学和临床诊断，但由于放射性同位素本身的一些缺陷(如污染、运输、半衰期短等)，促使人们去探索新型非放射性核酸探针。

配合物$[Ru(bpy)_2dppz]^{2+}$和$[Ru(phen)_2dppz]^{2+}$与 DNA 结合力强，它们在水溶液中没有荧光，当加入双链 DNA 后产生很强的发光，因此它们可作为 DNA 的分子光开关。现在普遍认为这是由于在水溶液中 dppz 的吡嗪环上的两个氮原子与水分子容易形成氢键而质子化，使配合物激发态能量容易散失。但 DNA 存在时，dppz 插入到碱基对中，在疏水环境中大大降低了水分子的猝灭可能性，从而产生较强的发光。与 dppz 有关的锇配合物$[Os(phen)_2dppz]^{2+}$是一个发射红外光的 DNA 分子光开关。在水溶液中用 480 nm 光激发，该化合物不发光，但加入 DNA 溶液后即发出 738 nm 的红光。除上面提到的配合物以外，$[Ru(phen)_2dicnq]^{2+}$(dicnq=双吡啶[*f*,*b*]喹喔啉-6,7-二腈)和$[Ru(phen)_2PHEHAT]^{2+}$(PHEHAT=1, 10-邻菲啰啉[5,6-*b*]-1,4,5,8,9,12-六氮杂苯)也被报道具有 DNA 分子光开关性质。

比色传感器是与生物分子直接或者间接作用之后，呈现裸眼可视的颜色变化，因此可以很直观地判断生物分子的存在或者构象。Mirkin 研究组最早研究了金纳米粒子连接单链 DNA 的自由标记法。Maeda 在他的基础之上，研究了可以快速、灵敏探测 DNA 末端碱基错配的比色传感器。在金纳米粒子上连接 DNA 单链，当这种纳米粒子遇到互补的 DNA 链时会聚合变色，而当遇到末端错配的 DNA 单链时不聚合，颜色没有变化。

最近，J. A. Thomas 报道了首例具有 DNA 比色效应的钌双核配合物$[\{(bpy)_2Ru\}_2(4\text{-azo})]^{4+}$(bpy=2,2′-联吡啶)(图 3-23)，该配合物与 DNA 在富含 A/T

序列碱基的小沟结合，所以当配合物中加入 poly d(G)-poly d(C)时溶液颜色没有变化，当加入双链 CT-DNA 或者 poly d(A)-poly d(T)作用后，颜色发生明显改变。与端粒酶序列四螺旋结构结合，颜色又会改变，由此该配合物可以方便区别 DNA 序列与结构。

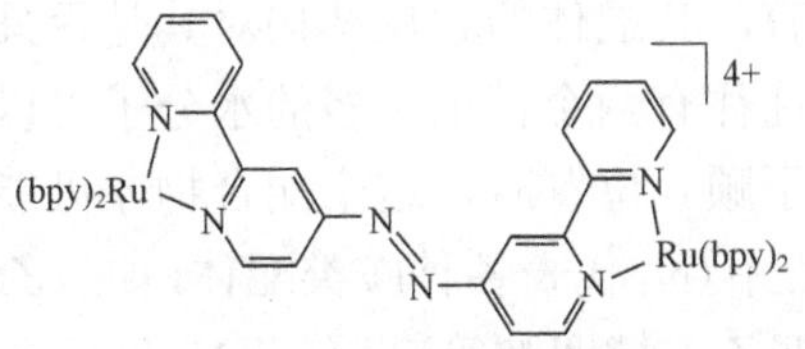

图 3-23 $[\{(bpy)_2Ru\}_2(4\text{-azo})]^{4+}$的化学结构示意图

3.4.3 化学核酸酶

Sigman 把生理条件下借助于氧化或光活化产生活性氧中间产物导致核酸骨架断裂，即显示出与天然核酸酶相同或类似生物活性的过渡金属配合物及其载体衍生物称为化学核酸酶。化学核酸酶既有限制性内切酶的高度专一性，又能在人们预先设计的任何位点断裂 DNA/RNA，而且克服了传统的限制性内切酶识别位点仅为 4～8 个核苷酸的限制，还具有分子小、结构简单、易于提纯、成本低等优点，可用于基因分离、染色体图谱分析、大片段基因的序列分析以及 DNA 定位诱变、肿瘤基因治疗与新的化学疗法等领域。

3.4.3.1 化学核酸酶的组成

研究人工核酸断裂试剂的主要目的是合成核酸定点切割试剂。它由两部分组成：第 1 部分叫作化学断裂系统，起催化断裂 DNA 分子作用，通常为小分子过渡金属配合物，如 EDTA-Fe(Ⅱ)，$Cu(phen)_2^{2+}$，Ru(Ⅱ，Ⅲ)或 Rh(Ⅲ)配合物，水溶性金属卟啉，铀酰盐，大环镍、铜配合物等；第 2 部分叫作识别系统，由可以识别核酸底物的特定核苷酸序列的某种分子组成。因此，设计化学核酸酶时，将识别和断裂功能通过共价键连接在同一化合物上，非共价键活性氧中间产物的形成提供反应所需要的专一性。

3.4.3.2 化学核酸酶的作用方式

目前认为金属配合物对核酸的断裂主要采取光致能量转移(光致自由基氧化)断裂、水解断裂和光致电子转移断裂三种方式。关于前两种方式机理在 3.2 节的中详细介绍过。按照自由基机理断裂核酸的研究主要集中在 DNA 上，原因是 RNA 远比 DNA 容易发生水解反应，因此有关 RNA 的断裂大多都是按水解机理进行的。水解类断裂试剂相比于自由基类切割试剂而言具有许多优点：①生成的碎片具有

3′-或是 5′-磷酸末端，且碱基和糖环不会被破坏，因此可以用连接酶连接起来而进一步加以利用；②这类试剂不产生易扩散的自由基，因此有利于合成高度序列专一性的定点切割试剂；③不需要氧化还原性的辅助因子，对生物体的毒害较小。鉴于水解型断裂试剂的上述优点，它可以作为定点断裂试剂最佳的切割系统。

对于金属配合物而言，其配体的顺反结构对其是否具有断裂活性有很大的影响。在水溶液体系中，往往有两个甚至更多的水分子可以与络合物中的金属离子结合。当两个水分子处于顺式位置时，这个配合物才可能具有断裂活性。比如在络合物$[Co(N_4)(H_2O)_2]^{3+}$中(N_4代表各种胺类配体，如三乙二撑四胺、两个乙二胺、两个 1,3-丙二胺、环状四乙二撑四胺等)只有当 N_4 处于顺式位置时，与 Co^{3+}结合的两个水分子才会也处于顺式位置，这时才可以催化核酸水解。可以促进 RNA 水解的金属离子及其配合物很多，如 Co^{3+}、Zn^{2+}、Cu^{2+}、Mg^{2+}、Pb^{2+}、Mn^{2+}、三价镧系金属离子(Ln^{3+})以及它们各自的配合物等。

近年来有关双核金属离子配合物切割核酸的报道越来越多。目前有关 Zn^{2+}、Fe^{2+}、Cu^{2+}、Co^{3+}和三价镧系离子的双核配合物切割核酸的研究表明，双核金属离子配合物的催化活性比相应的单核配合物要高出许多，这是因为双核配合物中的两个金属离子可以产生协同效应，共同催化核酸底物的水解。

光致电子转移断裂机理是激发态的含有多氮稠环配体(如 HAT、TAP、bpz 等)(其中 TAP=1,4,5,8-四氮杂苯酸，bpz=2,2′-联吡嗪)的金属配合物能够从鸟嘌呤接收一个电子。这类配体能够稳定配合物的前线分子轨道，使配合物的激发态具有很强的氧化性，当配合物激发态还原电位高于鸟嘌呤的氧化电位时，就会发生氧化还原反应，从而使 DNA 断裂。中山大学生物无机化学研究组在钌多吡啶配合物的光电性质以及光断裂 DNA 方面做了一系列的工作，证实了钌多吡啶配合物作为化学核酸酶的潜在的应用价值。

参 考 文 献

巢晖, 高峰, 计亮年, 2007. 钌(II)多吡啶配合物与 DNA 相互作用研究. 化学进展, 19: 1844-1851.

计亮年, 张黔玲, 巢晖, 2001. 多吡啶配合物在大分子 DNA 中的功能及其应用前景. 科学通报, 46(6): 451-460.

万荣, 赵刚, 赵玉芬, 2000. 人工核酸切割试剂研究进展. 科学通报, 45(8): 785-798.

徐宏, 张黔玲, 计亮年, 2005. 钌(II)多吡啶配合物光断裂 DNA 的实验研究. 化学学报, 46: 497-502.

杨频, 高飞, 2002. 生物无机化学原理. 北京: 科学出版社.

Arockiasamy D L, Radhika S, Parthasarathi R, Nair B U, 2009. Synthesis and DNA-binding studies of two ruthenium(II) complexes of anintercalating ligand. Eur. J. Med. Chem., 44: 2044-2051.

Bertini I, Gray H B, Stiefel E I, Valentine J S, 2007. Biological Inorganic Chemistry, Structure and Reactivity. California: University Science Books.

Bertini I, Gray H B, Valentine J S, 1994. Bioinorgnic Chemistry. California: University Science Books.

Brunner J, Barton J K, 2009. A bulky rhodium complex bound to an adenosine-adenosine DNA mismatch: General architecture of the metalloinsertion binding mode. Biochem., 48: 4247-4253.

Chao H, Gao F, Weng L P, Ji L N, 2009. Studies of sequence dependent *B*/*Z* DNA conformantional switching and other biological functions by Ru(Ⅱ) polypyridyl complexes. Debrecen Hungary: 10th International symposium on applied bioinorganic chemistry. S11.

Chow C S, Barton J K, 1990. Shape-selective cleavage of $tRNA^{Phe}$ by transition metal complexes. J. Am. Chem. Soc., 112: 2839-2841.

Chow C S, Bogdan F M, 1997. A structural basis for RNA-ligand interactions. Chem. Rev., 97: 1489-1553.

Eichhorn G L, Shin Y A, 1968. Interaction of metal ions with polynucleotides and related compounds. Ⅻ. The relative effect of various metal ions on DNA helicity. J. Am. Chem. Soc., 7323-7328.

Erkkila K E, Odom D T, Barton J K, 1999. Recognition and reaction of metallointercalators with DNA. Chem. Rev., 99: 2777-2795.

Gielen M, Tiekink E R T, 2005. Metallotherapeutic Drugs and Metal-Based Diagnostic Agents: The Use of Metals in Medicine. Chichester: John Wiley & Sons.

Hadjiliadis N, Sletten E, 2009. Metal Complex-DNA Interactions. Chichester: John Wiley.

Hannon M J, 2007. Supramolecular DNA recognition. Chem. Soc. Rev., 36: 280-295.

Keenea F R, Smitha J A, Collins J G, 2009. Metal complexes as structure-selective binding agents for nucleic acids. Coord. Chem. Rev., 253: 2021-2035.

Li F, Chen W, Tang C F, Zhang S S, 2008. Recent development of interaction of transition metal complexes with DNA based on biosensor and its applications. Talanta, 77: 1-8.

Lippard S J, Berg J M, 1994. Principles of Chemistry. Mill Valley, California: University Science Books.

Mei H Y, Barton J K, 1988. Tris(tetramethylphenanthroline) ruthenium(Ⅱ): A chiral probe that cleaves A-DNA conformations. Proc. Natl. Acad. Sci., 85: 1339-1343.

Pratviel G, Bernadou J, Meunier B, 1998. DNA and RNA cleavage by metal metal complexs. Adv. Inorg. Chem., 45: 252.

Pyle A M, Long E C, Barton J K, 1989. Shape-selective targeting of DNA by (phenanthrenequinone diimine) rhodium(III) photocleaving agents. J. Am. Chem. Soc., 111: 4522-4524.

Roat-Malone R M, 2007. Bioinorganic Chemistry. Hoboken: John Wiley.

Sato K, Hosokawa K, Maeda M, 2003. Rapid aggregation of gold nanoparticles induced by non-cross-linking DNA hybridization. J. Am. Chem. Soc., 125: 8102-8103.

Sun B, Guan J X, Xu L, et al, 2009. DNA Condensation induced by ruthenium(Ⅱ) polypyridyl complexes $[Ru(bpy)_2(PIPSH)]^{2+}$ and $[Ru(bpy)_2(PIPNH)]^{2+}$. Inorg. Chem., 48: 4637-4639.

Vaidyanathan V G, Nair B U, 2005. Synthesis, characterization and electrochemical studies of mixed ligand complexes of ruthenium(Ⅱ) with DNA. Dalton Trans., 2842-2848.

Zeglis B M, Pierre V C, Barton J K, 2007. Metallo-intercalators and metallo-insertors. Chem. Commun., 44: 4565.

第4章 生物无机化学体系中的配位化学原理

配位化学是一门研究金属的原子或离子与无机、有机的离子或分子相互反应形成配位化合物以及它们的成键、结构、反应、分类和制备的学科。经典的配位化学仅限于金属原子或离子(中心金属)与其他分子或离子(配位体)相互作用的化学，随着时代的发展，配位化学研究的领域也变得越来越广泛。配位化合物作为配位化学所研究的对象，又可简称为配合物，它是一类由金属中心与若干配位分子或离子以配位键相结合而形成的化合物。金属中心与配位体之间通过配位键连接，解释配位键的理论有价键理论、晶体场理论和配位场理论。其配位键的形成可以理解为通过激发、杂化和成键这三个步骤来完成，其中杂化也称轨道杂化，是能量相近的原子轨道线性组合成为等数量且能量简并杂化轨道的过程。

在配位化合物中，配位过程改变了金属离子和配体的性质。对金属酶、金属药物和生物无机化学的各方面研究都有赖于对配位化学的认识。配位化学自1893年Werner开创以来，已经成为无机化学领域的重要理论学科。到了20世纪70年代，配位化学已经渗透到生命科学体系，研究对象包括金属酶、金属蛋白以及微量金属在人体生命活动中的作用和体内金属离子的平衡等。20世纪80年代，配位化学向生命科学体系的更高层次发展。所以，研究生物无机化学实质上是研究一种有生命意义的配位化学。配位化学已成为生命化学特别是生物无机化学研究的重要方法和工具。

4.1 晶体场理论及其应用

众所周知，生物配体包括蛋白质、核酸和酶等。这些生物配体中含有很多种配位体，它们能与所谓生命元素的过渡金属离子锰、铁、钴、锌、钼等形成金属配合物，如表4-1所示。从表中可见，某些生物配体能直接与金属离子配位，由于这种配位会带来金属中心和金属配合物的光、电、磁等物理性质和化学性质发生变化，并随之使相应蛋白质、核酸和酶的功能发生变化。而过渡金属配合物的化学键理论能解释上述变化，其中晶体场理论(crystal field theory)对生物配合物的性质能做出较为满意的解释。

表 4-1　生物体系中某些金属元素与配位体

金属	配位体	生物体系
Mn	咪唑	丙酮酸脱羧酶
Fe	卟啉、咪唑	血红素、氧化酶、过氧化氢酶
Fe	含硫配位体	铁氧化还原蛋白
Co	咕啉环	维生素 B_{12}
Zn	$—NH_2$，咪唑	胰岛素、碳酸酐酶
Zn	$(—RS)_2$	醇脱氢酶
Pb	—SH	δ-氨基乙酰丙酮脱水酶（δ-氨基 γ-酮戊酸脱水酶）
Ni	半胱氨酸	脲酶
Cu	咪唑、酰胺	白蛋白

4.1.1　晶体场理论的基本要点

(1)晶体场理论认为配合物中的过渡金属离子与配位体之间的化学键都是电价键，即它们之间的相互作用是纯粹的静电作用，依靠带正电荷的金属离子吸引带负电荷的配位体而组成配合物。

(2)在配位体电场的作用下，过渡金属离子 5 个简并的 d 轨道($d_{x^2-y^2}$、d_{z^2}、d_{xy}、d_{xz}、d_{yz})发生能级分裂，分裂方式决定于金属离子周围配位体的排列方式，即配位体场的对称性。如为八面体场，则中心离子的 d 轨道能级分裂为 $e_g(d_{x^2-y^2}, d_{z^2})$ 和 $t_{2g}(d_{xy}, d_{xz}, d_{yz})$ 两组，称之为晶体场分裂。e_g 和 t_{2g} 能级之差称为分裂能，用 Δ 或 10 D_q 表示。图 4-1(a)画出配体相对于中心金属离子在其轨道坐标轴上的电子云，其中金属离子沿坐标轴方向伸展的 $d_{x^2-y^2}$, d_{z^2} 的电子云和配位体迎头相撞，故其能级高于夹在坐标轴之间的 d_{xy}、d_{xz} 和 d_{yz} 能级。图 4-1(b)为中心金属离子五个简并 d 轨道在八面体场中分裂成两组轨道及其相对能级。生物体系中常见构型的配合物的 d 轨道能级分裂见表 4-2。

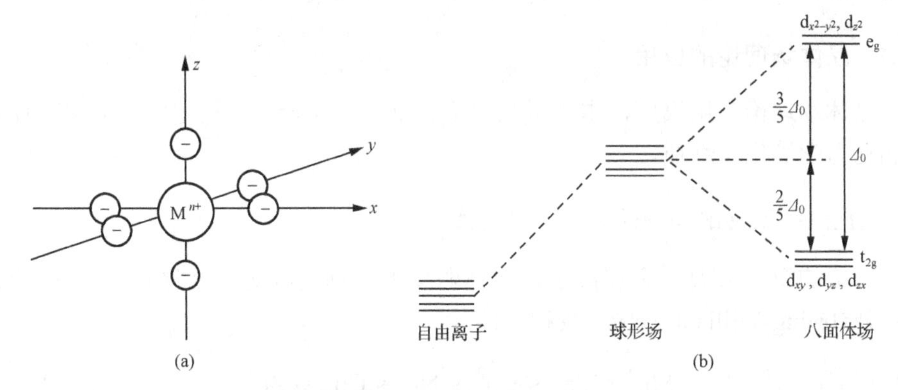

图 4-1　八面体构型金属离子 d 轨道与配位体电场

(a)八面体构型中配体相对金属中心轨道的取向；(b)d 轨道在八面体场的分裂

表 4-2 在各对称场中 d 轨道的能级 (单位：D_q)

结构	d_{z^2}	$d_{x^2-y^2}$	d_{xy}	d_{xz}	d_{yz}
四面体	–2.67	–2.67	1.78	1.78	1.78
八面体	6.00	6.00	–4.00	–4.00	–4.00
平面正方形	–4.28	12.28	2.28	–5.14	–5.14
四方锥	0.86	9.14	–0.86	–4.57	–4.57
五角双锥	4.93	2.82	2.82	–5.28	–5.28

(3)表 4-2 中,每个 d 轨道可以放置两个电子,电子按轨道能级自低往高排列,使体系能量最低。每个轨道最多只能有两个电子，且这两个电子的自旋方向必须相反。在八面体配合物中 d 电子在 t_{2g} 和 e_g 轨道的分布决定于分裂能 Δ 和成对能 P。成对能是指为了克服两个电子成对地进入同一轨道所消耗的能量。10 D_q 反映了配位体的配位能力。综合大量的实验结果，把生物配位体的 10 D_q 按大小顺序排列可以得到一个光谱化学序列，为了比较，我们在这里列举一些在生物学上有意义的配位体。

I^-＜Br^-＜S^{2-}＜Cl^-＜SCN^-(S 配位)＜F^-＜OH^-＜OX^{2-}＜H_2O
＜NCS^-(N 配位)≤NH_3≈Py＜en＜dipy＜phen
＜NO_2^-＜CN^-≈CO(SH^-＜$-CO_2$＜酰胺＜咪唑)

当 $\Delta>P$ 时，称为强场情况，电子尽量分配到 t_{2g} 轨道，它们采取低自旋的方式排布。当 $\Delta<P$ 时，称为弱场情况，电子尽量分占 t_{2g} 和 e_g 轨道，它们采取高自旋的方式排布。

(4)在配位体的作用下金属离子 d 轨道发生分裂,电子优先填充在较低能量轨道上，电子填入分裂轨道比处于未分裂轨道的总能量要低，由此产生的能量下降值称为晶体场稳定化能(crystal field stabilization energy，CFSE)。

4.1.2 晶体场理论的应用

晶体场理论应用很广，本节用此理论着重讨论配合物的稳定性、氧化还原反应和动力学等化学性质。

4.1.2.1 生物配合物的热力学稳定性

二价的第一过渡系金属离子八面体弱场配合物的稳定性次序符合埃文-威廉斯系列(Irving-Williams series)规律，即

$$Mn^{2+}<Fe^{2+}<Co^{2+}<Ni^{2+}<Cu^{2+}>Zn^{2+}$$

氧、氮和硫是生物体系中最常见的配位原子。图 4-2 示出第一过渡系金属二价离子与某些含有氧、氮、硫配位原子的配体生成 1∶1 配合物时的稳定常数，它们的变化规律与这些中心离子 CFSE 的变化规律是一致的(图中也标出 Ba^{2+}、Ca^{2+}、Sr^{2+} 和 Mg^{2+}配合物的稳定常数，以资比较)。脱辅基碳酸酐酶与 M^{2+}金属离子生成 1∶1 配合物的稳定性也符合上述规律，如表 4-3 所示。

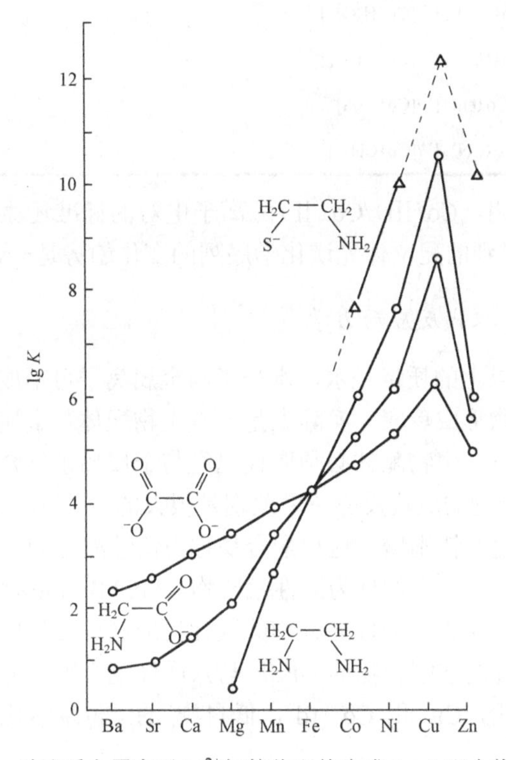

图 4-2　第一过渡系金属离子 M^{2+}与某些配体生成 1∶1 配合物的稳定常数

表 4-3　某些金属碳酸酐酶的稳定常数(pH=5.5)

金属离子	Mn^{2+}	Co^{2+}	Ni^{2+}	Cu^{2+}	Zn^{2+}
lg*K*	3.8	7.2	9.5	11.6	10.5

4.1.2.2　配合物的氧化还原稳定性

涉及生物氧化还原作用的过渡元素，主要包括铁、锰、铜、钴、镍和钼等元素。在这些体系中，催化活性与金属离子的氧化态变化有关。过渡金属具有若干稳定的氧化态，这是过渡金属的特性。许多金属蛋白质体系常常涉及电子传递，一般是按照它们的氧化还原电位值顺序排列。在金属酶体系中，各种过渡金属电对的氧化还原电位数值将决定它在电子传递过程中的方向，可以用晶体场理论对配合物氧化还原的方向做出解释。表 4-4 为 Co(Ⅲ)/Co(Ⅱ)配位离子的还原电位。

表 4-4　Co(Ⅲ)/Co(Ⅱ)配离子的还原电位

配离子电对	E^0/eV
$[Co(H_2O)_6]^{3+}/[Co(H_2O)_6]^{2+}$	+1.84
$[Co(NH_3)_6]^{3+}/[Co(NH_3)_6]^{2+}$	+0.10
$[Co(en)_3]^{3+}/[Co(en)_3]^{2+}$	–0.26
$[Co(CN)_6]^{3-}/[Co(CN)_6]^{4-}$	–0.83

表中的数据表明，Co(Ⅲ)/Co(Ⅱ)配离子电对的标准还原电位的改变次序与 CFSE 数值或上面提到的配位体光谱化学序列的变化趋势是一致的。

4.1.2.3　配位体取代反应动力学

由于细胞 90%以上的质量是水，水分子与金属离子可形成水合离子。因此，在生物体中的配合物形成反应，实际上是一些生物配体与金属周围水分子的交换反应。在许多情况下，生物配体必须取代已经与金属离子结合的配位体。对于过渡金属离子，其配合物的取代反应速率差别是很大的。例如，Cr^{3+}和 Co^{3+}(低自旋)配合物的取代反应速率特别慢，这种配合物称为惰性配合物；而 Cu^{2+}和 Cr^{2+}配合物的取代反应速率很快，它们称为活性配合物。Fred Basolo 提出配位场效应来解释它们的取代速率，认为八面体配合物的取代反应过程要形成四方锥或五角双锥的过渡态配合物，过渡态配合物的 CFSE 与八面体配合物的 CFSE 之差称为配位场活化能。计算表明，Cr^{3+}和 Co^{3+}(d^6，低自旋)的配位场活化能大，所以它们的取代反应是惰性的。

用过渡金属配合物作为研究 *Z*-DNA 和 *B*-DNA 构型的探针时，晶体场理论的应用具有重要的理论指导意义。化学家们往往选用 Co^{3+}和 Ru^{2+}这一类具有 d^6 构型的金属离子合成配合物作为 DNA 探针，如用$[Co(phen)_2Cl_2]^+$或$[Ru(phen)_3]^{2+}$等手性配合物来探测 DNA 的构象，因为它们是惰性的，左右手构型不易消旋化，有利于通过测试配合物 CD 光谱性质来得到 DNA 的有关信息。

4.2　过渡金属配合物的电子光谱和磁性

电子光谱是研究过渡金属配合物结构的一种有效的方法。由于一个电子在两个固定能级之间的跃迁会在电子光谱中反映出一定波长的光谱线，那么生物配合物能级分裂的规律必然反映在它的电子光谱上。反过来，通过电子光谱的理论解析就可以从分子和电子能级水平上去探索生命金属在生物配合物中的信息。为此，本节有必要简略介绍配合物的电子光谱。

生物配体的过渡金属配合物的电子光谱主要在可见和紫外区。产生光谱的原因大致可分为三类，即配位体光谱、电荷迁移光谱和配位场光谱。前两者可用分子轨道理论解释，后者常用配位场光谱理论解释。

4.2.1　配位体的电子光谱

水分子是最基本的生物配体。此外，生物配体还包括蛋白质、核酸、酶等有机分子。它们对光的特征吸收峰通常出现在紫外光区。例如核酸具有吸收紫外光的性能，最大吸收峰在 260 nm 左右的波段，并在 230 nm 处有一低谷(图 4-3)。这是核酸中的嘌呤环和嘧啶环的共轭双键系统中的 $\pi\rightarrow\pi^*$跃迁吸收峰，因此不论是核苷、核苷酸或核酸在此波段内都具有吸收紫外光的特性。RNA 与 DNA 在紫外吸收性质上没有重要的差别。各种碱基的吸收峰是不同的(图 4-4)。在不同 pH 时，各种核苷酸对紫外光的吸收特性亦有所不同。5′-AM、5′-GM、5′-CM 和 5′-UM 在 260 nm 处的摩尔消光系数ε分别为 1.5×10^4 L/(mol·cm)、1.14×10^4 L/(mol·cm)、7.40×10^3 L/(mol·cm)和 10.0×10^3 L/(mol·cm)，这些光谱特征，可用于鉴别与定量测定核苷酸。

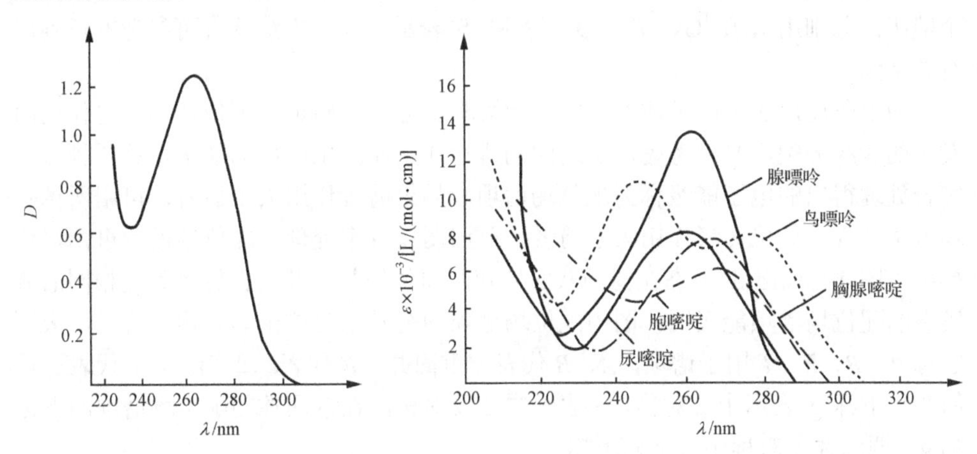

图 4-3　酵母 RNA 钠盐的紫外吸收曲线　　图 4-4　pH 为 7 时嘌呤碱与嘧啶碱的紫外吸收曲线

4.2.2　荷移光谱

荷移光谱是一种电偶极矩跃迁，大多数能观察到的荷移跃迁都是宇称和自旋双重允许的，其吸收强度比 d-d 跃迁要高 100～1000 倍。这类光谱主要在紫外区，在某些情况下可以扩展到可见区，离子便从无色到有色，相对吸收峰强度较大，其摩尔消光系数 ε 可达 10^3～10^4 L/(mol·cm)。根据电荷跃迁方向的不同，它可分为二种：①配位体对金属的荷移(L→M 谱带，简称 LMCT)。如$[RuCl_6]^{2-}$存在两组吸收带，较弱的一组在 20 000 cm^{-1}，较强的一组在 40 000 cm^{-1}，它们就是属于满充电子的配体 t_{1u} 和 t_{2u} 轨道分别向金属的 t_{2g}^*和 e_g^*轨道的 LMCT。②金属对配位体的荷移(M→L 谱带，简称 MLCT)。卟啉配合物如 TPPCo(Ⅱ)(TPP：四苯基卟啉)在 590 nm 处存在金属对卟啉环的荷移跃迁 $e_g(d\pi)\rightarrow e_g(\pi^*)$ [$\varepsilon=10^3$ L/(mol·cm)]。

4.2.3 配位场光谱

配位场光谱是指过渡金属离子的 d 电子在不同能级之间跃迁产生的光谱。这类光谱也称为 d-d 跃迁光谱，主要在可见区，也可扩充到红外线区，包括一个或多个吸收带，光谱强度小，摩尔消光系数仅为 0.1～100 L/(mol·cm)。这类光谱在生物配体配合物中常见。

过渡金属离子 d 轨道的能级受配位体场的作用而发生分裂。对于多电子体系，d 电子之间的相互作用又使能级进一步裂分。多电子体系的电子能级主要取决于总轨道角量子数 L 和总自旋量子数 S。L 和 S 分别表示每个电子的轨道量子数 l 和自旋量子数 s 的矢量和。对于第一过渡系元素，电子相互作用产生的能级可以由罗素-桑德斯(Russell-Saunders)偶合法求出，并用光谱项 ^{2S+1}L 来表示其能级，其中 $2S$+1 称自旋多重度。例如，自由离子 V^{3+} (d^2) 电子相互作用通过计算存在五个能级：分别用谱项 ^1G、^3F、^1D、^3P 和 ^1S 表示，计算方法读者可参考本章列出有关文献。

如上所述，在多电子体系中电子能级既要考虑 d 轨道受配位体场静电作用而发生的能级分裂，又要考虑电子之间的排斥作用而产生的新的能级，这两种效应综合处理得出的电子能级称为配位场谱项。如果前者作用大于后者，可用所谓强场方案处理；如果后者作用大于前者，可用弱场方案处理。配位场谱项可由群论推出。图 4-5 列出 d^n 组态在弱场八面体和四面体的基态及其自旋多重度相同的激发态的配位场谱项能级图。图中配位场谱项的符号来自群论的对称性符号，大写字母 A、B、E、T 用于谱项，A、B 代表一重简并，E 代表二重简并，T 代表三重简并，下标 g 表示中心对称，u 表示中心反对称，在八面体的配位场谱项的下标加 g，四面体无对称中心下标不加 g。

根据光谱选律，自旋多重度($2S$+1)相同的两个能级间的跃迁是允许的，或者说只有$\Delta S=0$ 的跃迁是允许的，$\Delta S\neq 0$ 的跃迁是禁阻的。由图 4-5 可见，在八面体和四面体中 d^1、d^4、d^6 和 d^9 组态的电子光谱只有一个吸收峰，d^2、d^3、d^7 和 d^8 组态的电子光谱有三个吸收峰。d^5 组态图中未画出，其基态谱项为 $^6A_{1g}$，因为没有和基态自旋多重度相同的激发态谱项，所以其电子跃迁是禁阻的。实际上，锰(Ⅱ)配合物的吸收光谱是很弱的。强场条件下的能级图稍有不同。

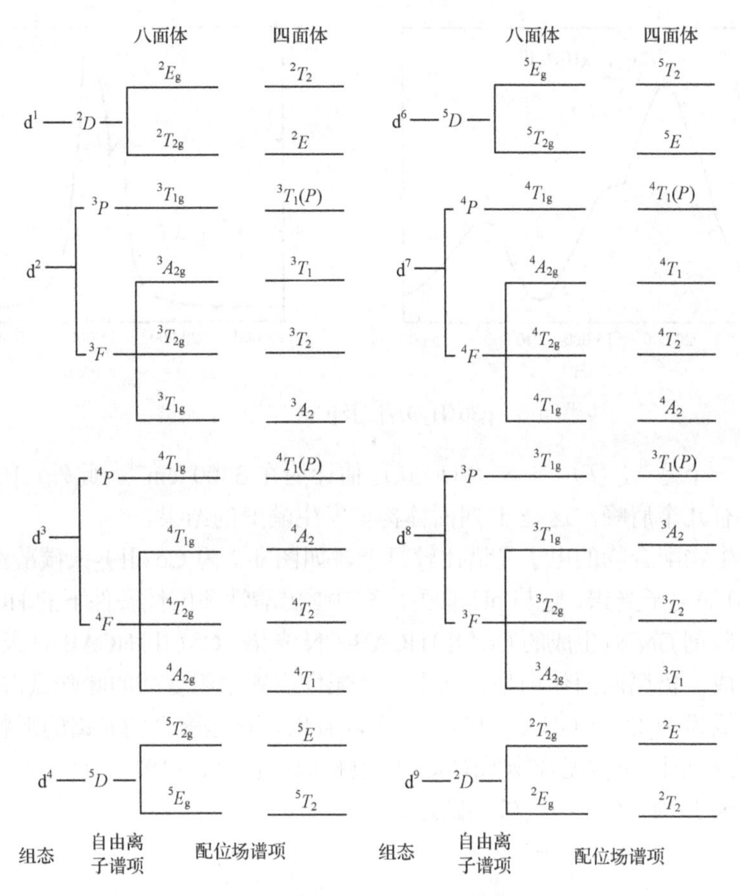

图 4-5　d^n 组态配位场谱项能级图

现以 $Co^{2+}(d^7)$ 配合物为例讨论其电子光谱。图 4-6 为高自旋八面体配合物 $[Co(H_2O)_6]^{2+}$ 和四面体配合物 $[CoCl_4]^{2-}$ 电子光谱图。根据图 4-5 不难判断这些谱峰的归属。对于 $[Co(H_2O)_6]^{2+}$，三个吸收峰的跃迁对应于

$$v_1 = {}^4T_{1g}(F) \longrightarrow {}^4T_{2g}(F) = 8\ 000\ \text{cm}^{-1}$$

$$v_2 = {}^4T_{1g}(F) \longrightarrow {}^4A_{2g}(F) = 16\ 000\ \text{cm}^{-1}$$

$$v_3 = {}^4T_{1g}(F) \longrightarrow {}^4T_{1g}(P) = 19\ 400\ \text{cm}^{-1}$$

对于 $[CoCl_4]^{2-}$，图上只有两个吸收峰，相应的跃迁为

$$v_1 = {}^4A_2(F) \longrightarrow {}^4T_1(F) = 5\ 800\ \text{cm}^{-1}$$

$$v_2 = {}^4A_2(F) \longrightarrow {}^4T_1(P) = 15\ 000\ \text{cm}^{-1}$$

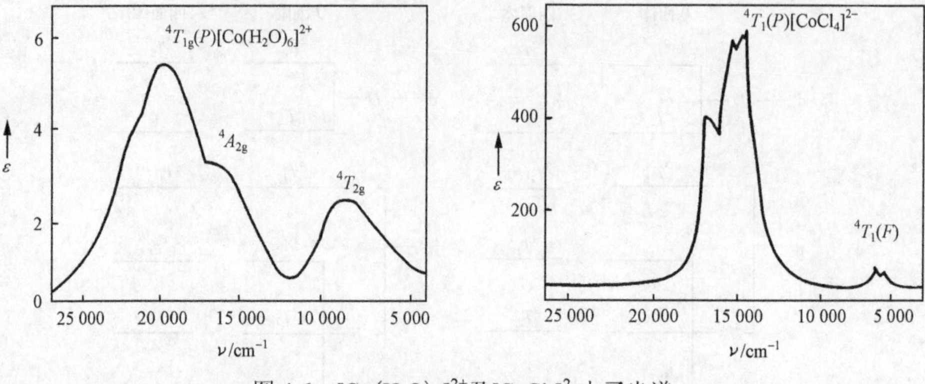

图 4-6　$[Co(H_2O)_6]^{2+}$及$[CoCl_4]^{2-}$电子光谱

还有一个是 $^4A_2(F) \longrightarrow {}^4T_2(F)$跃迁估计约在 3300 cm^{-1}。此外，$[CoCl_4]^{2-}$光谱图上还有几个肩峰，这是 d^7 四面体构型发生畸变的结果。

有些生物配合物的电子光谱比较复杂，如图 4-7 为 Co(Ⅱ)-人碳酸酐酶 B(简写 HCAB)的电子光谱，它与 pH 有关，图中画出酸性和碱性条件下的 HCAB 光谱及加入抑制剂 CN^-后生成的 Co(Ⅱ)HCAB-CN 光谱。Co(Ⅱ)HCAB 是天然锌酶被钴置换而成，仍属四面体构型，其中三个配位位置由组氨酸的咪唑氮占有，第四个配体可能为 H_2O 或 OH^-。由图 4-7 可以看出，这些配合物光谱的形状(谱带位置)和强度与正四面体配合物如$[CoCl_4]^{2-}$很相似，在$(17\sim19)\times10^3$ cm^{-1}范围的吸收峰可归因于 $^4A_2(F)\rightarrow{}^4T_1(P)$的跃迁。

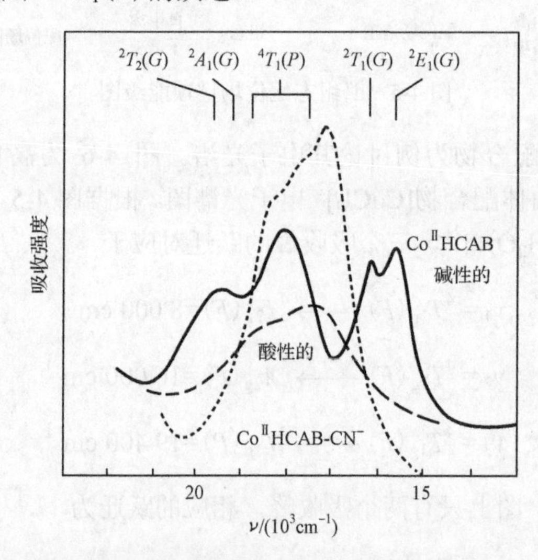

图 4-7　Co(Ⅱ)HCAB(在碱性和酸性溶液中)和 Co(Ⅱ)$HCAB-CN^-$的光谱

由图 4-7 可见，碱性碳酸酐酶的光谱明显不同于正四面体配合物的光谱。有人认为它的结构可能是一种变形的四面体。它的能级图和正四面体场略有不同，

$^4T_1(P)$能级可能介于 ^2G 分裂能级之间，如图 4-8 所示。由此图可说明碱性 Co(Ⅱ)HCAB 光谱的吸收峰的归属(已标于图 4-7 上)，而 $^4A_2(F)\to{}^4T_1(F)$、$^4A_2(F)\to{}^4T_2(F)$的跃迁通常发生在红外区。

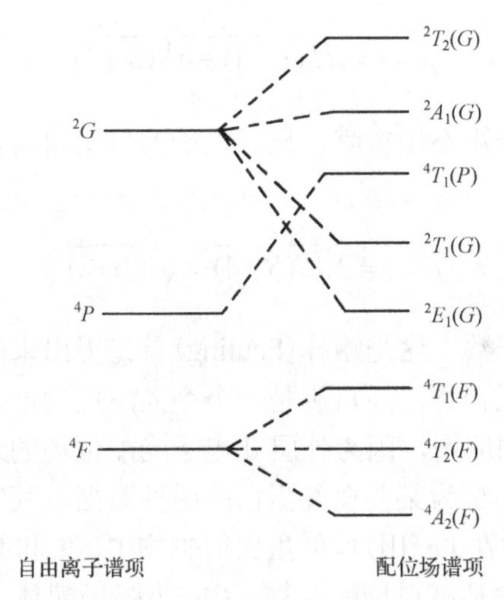

图 4-8　d^7 组态在四面体场中的能级图(示意图)

4.2.4　过渡金属配合物的磁性

磁性是配合物的基本性质之一，在配位化学中利用有效磁矩可以判断配合物中心金属离子未配对电子数、键型及立体化学构型等。通过实验从磁化率测量中可得有效磁矩$\mu_{有效}$：

$$\mu_{有效} = 2.83\sqrt{\chi T} \tag{4-1}$$

式中，χ为摩尔磁化率，可由实验测得；T 为热力学温度；$\mu_{有效}$单位为玻尔磁子(BM)。

理论上可以推导出计算有效磁矩的公式。根据其适用范围，介绍如下：

若自由离子属于多电子体系，当电子的轨道角动量和自旋角动量耦合影响很大，而光谱支项间能量的分裂值大于 kT 时，例如 4f 和 5f 金属配合物，磁矩可按下式计算：

$$\mu_{有效} = g\sqrt{J(J+1)} \tag{4-2}$$

$$g = 1 + \frac{J(J+1)+S(S+1)-L(L+1)}{2J(J+1)} \tag{4-3}$$

式中，g 称为朗德(Landé)因子；J 为总角动量量子数或称内量子数；S 为总自旋量子数；L 为总轨道角量子数。J 等于 L 和 S 的矢量和。

若轨道角动量和自旋角动量耦合影响很小至可以忽略时，则磁矩公式改变如下：

$$\mu_{\text{有效}} = \sqrt{L(L+1) + 4S(S+1)} \tag{4-4}$$

若轨道角动量对磁矩不做贡献，只有电子的自旋角动量形成有效磁矩时，则磁矩公式可简化为

$$\mu_{\text{有效}} = 2\sqrt{S(S+1)} = \sqrt{n(n+2)} \tag{4-5}$$

式中，n 为未配对电子数。这是鲍林(Pauling)首先提出来的“纯自旋”公式。对许多第一过渡系金属配合物，纯自旋是一个令人满意的近似值。在磁学领域中，晶体场理论得到特别的应用，因为外层 d 电子受配位场的影响，其电子分配在特定的分裂轨道上。表 4-5 为某些血红蛋白的磁性数据，其实验值与纯自旋理论值基本上是一致的。例如在 Fe(Ⅲ)血红蛋白衍生物中，F^-和 H_2O 为弱场配体，它们形成的血红蛋白衍生物是高自旋配合物，CN^-为强场配体，CN^--血红蛋白为低自旋配合物。某些实验值与理论值的偏差主要是由于高自旋与低自旋之间存在平衡状态：

$$\text{Fe(III)(高自旋)} \rightleftharpoons \text{Fe(III)(低自旋)}$$

表 4-5　血红蛋白(八面体)的磁性

Fe^{n+}	配合物	$\mu_{\text{有效}}$/BM(25℃)	八面体场分裂组态	纯自旋 $\sqrt{n(n+2)}$ /BM	自旋态
Fe^{2+}	脱氧血红蛋白	5.44	t_{2g}^4　e_g^2	4.90	高自旋
	O_2-血红蛋白	0	t_{2g}^6　e_g^0	0	低自旋
	CO-血红蛋白	0	t_{2g}^6　e_g^0	0	低自旋
Fe^{3+}	F^--血红蛋白	5.76	t_{2g}^3　e_g^2	5.92	高自旋
	H_2O-血红蛋白	5.65	t_{2g}^3　e_g^2	5.92	高自旋
	CN^--血红蛋白	2.50	t_{2g}^5　e_g^0	1.73	低自旋

由于高低自旋态之间的能量差与 KT 值相近，便形成了高自旋型与低自旋型的混合物，所以它们的有效磁矩值多数介于高自旋的最大值与低自旋型的最小值之间。

4.3　配位化学反应

在配位化学反应过程中，通常会有旧键的断裂和新键的形成，同时从反应物

到生成物的过程中要发生反应物分子的相互靠近、分子间的碰撞、原子位置的改变或者电子转移直到生成物的产生。反应速率作为化学反应的重要参数是表述化学反应快慢程度的量度，广义地讲是参与反应的物质的量随时间的变化量的绝对值，它分为平均速率与瞬时速率两种。平均速率是反应进程中某时间间隔(Δt)内参与反应的物质的量的变化量，可用单位时间反应物的减少量或生成物的增加量来表示；瞬时速率是浓度随时间的变化率，即浓度-时间图像上函数在某一特定时间的切线斜率。

反应机理是对整个反应中所发生的涉及分子、原子、自由基或离子的各步反应过程的详细说明。由于在化学变化过程中所产生的这些物种，通常不能直接从实验上进行观察，因此要对反应机理做出完整的描述是很困难的。在大多数情况下，机理的研究是基于对反应物和产物的性质和结构方面的知识以及由实验得到的反应速率定律表示式等实验数据进行合理的推测。通过反应机理的研究，可使我们了解在反应的一步或多步过程中这些物种是怎样结合在一起及其随后的变化和最终结果，了解反应中断了哪些键，形成了哪些新的键，以及它们的先后次序，从而得到一个反应的定性概念。因此，反应机理的研究在说明新的化学反应的变化过程、预测化合物的反应性、指导新化合物的合成方面有着重要的实际和理论意义。

4.3.1　配位取代反应类型

通常的化学反应方程仅表示了反应物和产物之间的组成关系，并没有反映出反应的机理。不同类型的反应其方程式的表示形式不同，但在反应机理上却存在着显著的共性。在一般反应中，从反应物到产物的转变常是一种多步骤的过程，而其中各步的反应速率极不相同。常会出现这样的情况，其中某一步的反应特别慢，该步骤称为速率控制步骤(rate controlling step)，它决定了整个反应的反应速率和速率定律表示式。从速率定律可得到最慢一步和先前各步反应的信息。

在各类反应中，对取代反应机理的研究最充分(图 4-9)，由此得到的一些概念一般也适用于其他一些类型的反应。任何一个取代反应都涉及旧键的断裂和新键的形成，但这两步发生的时间可以不同。以配位数六的八面体配合物 ML_6 分子与另一配体 L′的取代反应为例进行说明。其中 L′为进攻配体，L 为离去配体。设想取代反应能通过以下几种方式进行：

(1) 反应物分子 ML_6 和进攻配体 L′发生碰撞并一起扩散进入由溶剂分子构成的腔或“笼”内，形成相互间的作用很弱的外层配合物或笼状物 $ML_6\cdots L'$(点线表示进攻配体 L′还未进入 ML_6 的内配位层)，假如这步反应是整个反应中最慢的一步，则这种反应就称为受扩散控制的反应。

(2) 假如反应物分子 ML_6 与进攻配体 L′形成笼状物的一步反应是快的，但配体 L′从外层进入内配位层，直接与金属 M 键合形成配位数增加的中间体的反应很慢，是决定反应速率的一步，随后很快解离出一个配体 L。属于这两种情况的反应，其反应的机理就称为缔合机理(associative mechanism)或 A 机理。

(3)假如反应物分子 ML_6 先解离出一个配体形成配位数减少的中间体 ML_5，且是决定反应速率的一步，该中间体可以重新结合配体 L，形成 ML_6 或 ML_6 的某种几何异构体，也可以与进攻配体 L′一起扩散进入溶剂腔内反应，生成产物。属于这种情况的反应机理称为解离机理(dissociative mechanism)或在 D 机理。

(4)在控制反应速率的一步反应中反应物逐渐地变成产物，离去配体从内层移向外层，进攻配体从外层移向内层，反应中进攻配体的结合和离去配体的断裂几乎是同时进行，相互影响，这种机理称为交换机理(interchange mechanism)或 I 机理。它又可以进一步分成两种情况：一种是取代基的键合稍优先于离去配体的键的减弱，这种反应机理称为交换缔合机理，用 I_a 表示；另一种是离去配体的键的减弱稍优先于进攻配体的键合，这种机理称为交换解离机理，用 I_d 表示。

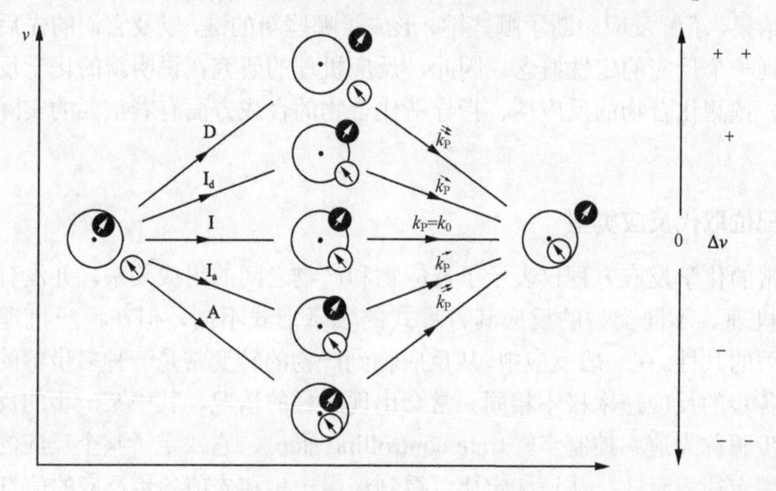

图 4-9 取代反应机理示意图

从上述的讨论可看到反应机理的符号即 A、D 或 I 能反映出在控制反应速率的一步反应中键的形成和断裂的情况。在以前的文献中，常采用符号 S_N1(表示取代、亲核、单分子反应)和 S_N2(取代、亲核、双分子反应)对取代反应机理进行分类。对于 S_N1 机理，反应键的断裂是重要的过程，因此可以归入 D 类。对于 S_N2 机理，反应键的形成是重要的过程，可归入 A 类，但这两种分类在与反应速率定律相联系时具有不同的含义。例如，从下面的讨论中将会看到 A 机理进行的反应，在其速率定律表示式中，进攻配体的浓度项可为双分子反应，也可为单分子反应。因此，由 S_N2 机理导出的速率定律有时会出现与实际不相符合的情况。此外，S_N1 和 S_N2 的分类也不如 A、D、I 的详细，目前较多的趋向于应用后者。

4.3.2 配位水的取代反应

水合金属离子的配位水分子可以被溶剂水分子取代，也可以被其他配体取代形成配合物。由于大多数反应是在水溶液中进行的，在此主要讨论的是配位水被溶剂水取代(或者交换)的反应。对于八面体配位构型的各种金属水合离子$[M(H_2O)_6]^{n+}$，除$[Cr(H_2O)_6]^{3+}$和$[Rh(H_2O)_6]^{3+}$等少数金属配离子外，其他金属离子的水交换反应一般都进行得很快，相应的反应速率常数在 0～10^{10} s^{-1}之间。根据速率常数的分布规律和分析，有助于我们了解影响反应速率的因素，从而更好地推导有关的反应机理。

水合金属离子的水交换反应可用式(4-6)表示，式中 H_2O^*表示溶剂分子，

$$[M(H_2O)_6]^{n+}+H_2O^* \longrightarrow [M(H_2O)_5(H_2O^*)]^{n+}+H_2O \tag{4-6}$$

图 4-10 为八面体配位构型的各种金属水合离子配位水的取代速率常数。从图中我们可以看到，对于碱金属和体积比较大的碱土金属，它们相应水合离子的水交换反应非常快，速度常数在 10^8 s^{-1} 以上。一般而言，随着金属离子电荷的增加，半径减少，M—OH_2 的键强将逐渐增强，而取代反应速率取决于 M—OH_2 键断裂的难易程度，从而水交换反应的速率在一定程度上随着金属离子电荷的增加和半径的减少而减少。

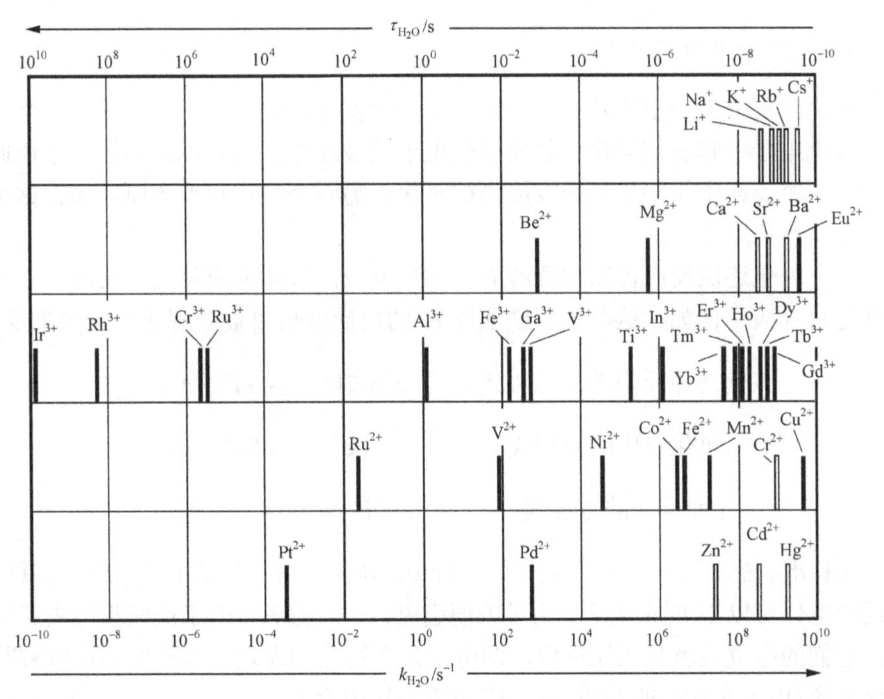

图 4-10　八面体配位构型的各种金属水合离子配位水的半衰期(τ_{H_2O})和取代速率常数 k_{H_2O}

配位水的取代速率按照金属离子的性质大致可以分为以下四类：

第一类：水交换反应速率非常快，其反应速率常数 $k>10^8\ s^{-1}$，包括周期表中ⅠA、ⅡA 类(Be^{2+}、Mg^{2+}除外)、ⅡB 族(Zn^{2+}除外)，再加上 Cr^{2+}和 Cu^{2+}。总体而言，碱金属和碱土金属水合离子与水分子间为纯静电作用成键(即离子键)，它们的水交换速率常数遵循电荷和半径规律，Cr^{2+}和 Cu^{2+}的取代速率非常快，这主要是由于 $Cr^{2+}(t_{2g}^3e_g^1)$和 $Cu^{2+}(t_{2g}^6e_g^3)$具有特殊配位场组态。

第二类：速率常数在 $10^4\sim10^8\ s^{-1}$ 之间的金属离子，包括大多数第一过渡系 M^{2+}金属离子(V^{2+}、Cr^{2+}除外)、Mg^{2+}、Zn^{2+}及三价的镧系金属离子。二价过渡金属离子并没有很好地遵循电荷和半径规律，第一过渡系水合离子一般都是配位场理论(LFT)所预见的活性配合物，镧系金属离子属于第二类，这主要是由于它们的配位数较多，M—OH_2 键容易断裂。

第三类：速率常数在 $1\sim10^4\ s^{-1}$ 之间的金属离子，包括 Al^{3+}、Be^{2+}、V^{2+}、Ga^{3+}以及某些第一过渡系的三价金属离子(Ti^{3+}和 Fe^{3+})。

第四类：水交换速率很慢，速率常数在 $10^{-1}\sim10^{-9}\ s^{-1}$ 之间的金属离子，如 Cr^{3+}、Co^{3+}、Pt^{2+}、Ir^{3+}和 Rh^{3+}。例如$[Cr(H_2O)_6]^{3+}$的半衰期约为 3.5×10^5 s，活化能为 112 kJ/mol，此类金属离子的配合物一般都属于惰性配合物。

4.3.3　氧化还原电位和电子转移反应

4.3.3.1　氧化还原反应

氧化就是丢失一个或者一个以上电子；也就是说如果一个物质丢失一个或者一个以上电子，它就被氧化。物质接受电子就被还原，或者说经历了一个还原过程。在一个反应中，如果一个反应物被氧化，另一个反应物被还原，那么这个反应就是氧化还原反应。

一个氧化还原反应可以被分解成两个半反应：氧化反应和还原反应。它们相加就是总反应。例如，这个金属铁还原 H^+的反应就可以被分解成以下两半反应：

氧化还原反应的总方程式：　$Fe^0 + 2H^+ \longrightarrow Fe^{2+} + H_2(g)$

氧化反应的方程式：　$Fe^0 \longrightarrow Fe^{2+} + 2e^-$

还原反应的方程式：　$2H^+ + 2e^- \longrightarrow H_2(g)$

在标准状态下(p=1 bar，T=25°C，pH=0，固体和溶剂都是单位活度)的氧化还原反应电位可以用 E^0 来表示。为了方便起见，一般把所有的半反应都写成还原反应，它们的电位也就是还原电位，即电子是在箭头的左边。当还原半反应被写成氧化反应(电子在箭头的右边)时，E^0 的正负号相反。

为了将半反应的还原电位制成列表，把标准氢电极的 E^0，$2H^++2e^- \longrightarrow H_2(g)$，规定为零，那么所有半反应的 E^0 值就代表它们还原氢的能力。标准还原电位表中所示的 E^0 值是将还原半反应与标准氢电池相连组成的假想原电池的电极电位。

氧化还原半反应的 E^0 与标准 Gibbs 自由能的关系可以用下面的方程表示：

$$\Delta G^0 = -nFE^0$$

$$\Delta G^0 = \Delta H - T\Delta S^0 \tag{4-7}$$

式中，F 为法拉第常数，965 000 kJ/V；n 为反应中转移的电子数。

在标准状况下，ΔG^0 为负、E^0 为正表明这个反应是自发的或者是热力学有利的。标准状况下，Fe 还原 H^+的电位就是这两个标准半反应的差值：

$$Fe^{2+} + 2e^- \longrightarrow Fe^0 \qquad E^0_{Fe} = -0.44\ V$$

$$2H^+ + 2e^- \longrightarrow H_2(g) \qquad E^0_H = 0\ V$$

$$Fe^0 + 2H^+ \longrightarrow Fe^{2+} + H_2(g) \qquad E^0_{overral} = +0.44\ V$$

然而，正的 $E^0_{总}$表明这个反应是热力学有利的，但是值得注意的是，与 ΔG^0 一样，E^0 与反应的动力学无关。反应的速率是由活化能决定的而不是总的热力学推动力，热力学有利($E^0_{总}$正，ΔG^0 负)的反应，如果它的活化能很大，则它的反应就会很慢。

Nernst 方程可以用来计算标准状态下不同浓度的反应的氧化还原电位。

$$aA + bB \longrightarrow cC + dD$$

$$E = E^0 - \frac{0.05915}{n}\lg Q \tag{4-8}$$

其中，n 代表电子数，Q 由以下方程计算得出：

$$Q = [C]^c[D]^d / [A]^a[B]^b \tag{4-9}$$

生物分子还原电位表中列出的次标准氧化还原电位 $E^{0'}$是在 pH=7(E^0 是在 pH=0)时定义的(参见 6.1 节)。可以用 Nernst 方程来进行 E^0 与 $E^{0'}$间的相互转化。O_2 是生物学中尤其重要的一种氧化剂。O_2 的还原电位是 1.229 V。当将 E^0 转换成 $E^{0'}$时，要考虑 H^+浓度的差别。

$$O_2 + 4H^+ + 4e \longrightarrow 2H_2O \qquad E^0 = 1.229\ V \tag{4-10}$$

$$E^{0'} = E^0 - \frac{0.05915}{n}\lg Q$$

$$E^{0'} = 1.229 - \frac{0.05915}{n} \lg \frac{1}{[H^+]^4}$$

$$E^{0'} = 1.229 - \frac{0.05915}{4} \lg 10^{28} = 0.815\ V$$

4.3.3.2　电子转移机理

溶液中的两个配合物间的电子转移的反应机理可以分为两类：外层反应机理和内层反应机理。其中“层”代表配体与金属离子中心直接配位的第一配位环境。电子转移外层反应机理是指当电子从还原金属离子转移到氧化金属离子时，两个配合物的第一配位层都维持原状不变。相反地，电子转移内层反应机理是两个金属离子同时结合在一个配体上(桥基)，组成一个过渡态。

具体而言，外层反应机理是指两个反应物的第一配位层都保持不变，反应过程中没有键的断裂和形成；反应速率常数范围很宽，当反应过程中涉及反应物中心自旋态的改变时，k 值特别小；反应速率主要与反应物的结构和电子自旋态有关，含有 π 共轭体系配体，如联吡啶、CN^-的配合物反应速率往往较快。此外，桥联配体也可传递电子，但一般不如直接的电子转移反应有效。下面是电子转移外层反应机理的一个反应：

$$[Fe(H_2O)_6]^{2+} + [Fe^*(H_2O)_6]^{3+} \longrightarrow [Fe(H_2O)_6]^{3+} + [Fe^*(H_2O)_6]^{2+} \quad (4\text{-}11)$$

这是一个比较简单的电子转移反应，因为反应物跟产物在化学上是等同的，所以也称为自身交换反应。

外层电子转移不涉及化学键的生成和断裂，但是，内层电子转移是两个金属离子同时结合在一个配体上(桥基)，组成一个过渡态，这样就会包含着金属-配体键的断裂和生成。Henry Taube 等用惰性配合物$[Co^{III}(NH_3)_5Cl]^{2+}$同不稳定的配合物$[Cr^{II}(H_2O)_6]^{2+}$进行交换反应，首次证明了内层电子转移机理：

$$[Co^{III}(NH_3)_5Cl]^{2+} + [Cr^{II}(H_2O)_6]^{2+} \longrightarrow \underset{A}{[(NH_3)_5Co^{III}(Cl\cdots\cdots Cr^{II}(H_2O)_5]^{4+}} \longrightarrow$$

$$\underset{B}{\{[(NH_3)_5Co\cdots\cdots Cl\cdots\cdots Cr(H_2O)_5]^{4+}\}} \longrightarrow \underset{C}{[(NH_3)_5Co^{II}\cdots\cdots ClCr^{III}(H_2O)_5]^{4+}} \longrightarrow$$

$$\underset{D}{[(NH_3)_5Co^{II}]^{2+} + [ClCr^{III}(H_2O)_5]^{2+}} \xrightarrow{H^+} [Co^{II}(H_2O)_6]^{2+} + 5NH_4^+ + [Cr^{III}Cl(H_2O)_5]$$

$$(4\text{-}12)$$

这个电子转移反应分为四步：碰撞形成前体配合物 A；形成桥联的双核活性配合物B，其中，氯离子同时与两个金属离子键合；电子从Cr(Ⅱ)转移到Co(Ⅲ)，得到Cr(Ⅲ)和Co(Ⅱ)，形成后续配合物C；最后，产物D解离。Co(Ⅱ)配合物不稳定，也就是说，它们能快速地进行配体的交换。不稳定的钴-胺配合物因此立即水解形成六水合Co(Ⅱ)配合物。相反，Cr(Ⅲ)很稳定，因此形成的$[Cr^{III}Cl(H_2O)_5]^{2+}$仍然保持不变。$Cl^-$从惰性Co(Ⅲ)离子中心转移到惰性Cr(Ⅲ)离子中心的现象表明当电子发生转移时，Cl是与两个金属离子同时键合的。

当反应在自由的$^{36}Cl^-$存在的条件下进行时，只有很少的$[Cr^{III36}Cl(H_2O)_5]^{2+}$形成，更加说明了Co(Ⅲ)起始物和Cr(Ⅲ)产物的惰性，同时，也支持了不与溶液中自由Cl^-进行交换的$[Cr\text{-}Cl\text{-}Co]^{4+}$中间体的存在。

氯化物、碘化物、溴化物以及氢氧化物都是非常好的桥配体，对于$[Cr^{II}(H_2O)_6]^{2+}$同$[Co^{III}(NH_3)_5X]^{2+}$的反应(X=Cl、I、F、OH)，它们的电子转移常数在10^5～10^6 L/(mol·s)之间。水不是好的桥配体，$[Cr^{II}(H_2O)_6]^{2+}$同$[Co^{III}(NH_3)_5(H_2O)]^{2+}$反应要慢$10^7$倍，速率常数只有0.1 L/(mol·s)。因为不发生桥联，所以当用$[Co^{III}(NH_3)_6]^{3+}$代替$[Co^{III}(NH_3)_5X]^{2+}$时，电子转移很慢。NH_3唯一的一对孤对电子被用来与Co(Ⅲ)配位，因此不能充当桥配体。这就导致电子转移反应按外层机理进行，反应比原反应慢10^{11}倍，电子转移速率常数只有10^{-5} L/(mol·s)。

配位反应是以外层机理进行，还是以内层机理进行，与配合物的结构有关。对配体交换反应呈惰性、没有桥联配体或电子转移活化能很低的配合物，它们的机理以外层机理为主；对配体交换反应呈活性的配合物，主要发生内层反应，内层机理所需克服的能垒较外层反应机理低很多，因为桥联配体传递电子降低了电子穿透配体外层和水化层的能量。

4.4　溶液配位化学

4.4.1　配位平衡

水中溶解的阳离子与水分子结合：水分子自身发生定向改变，从而使带负电的一端指向中心正电荷。在水溶液中，水分子作为配体可直接与金属离子配合形成第一配位层，即水合金属离子。除了水分子，其他配体也能与金属离子配合。生活中发现的许多大大小小的分子都与金属离子有着很高的亲和性。所谓自由金属离子一般是指那些只与水分子结合(溶液的pH决定了在水溶液中配体的存在形式是氧基、羟基或是水分子)的金属离子。中心金属离子也可以和其他配体结合，包括生物小分子，如氨基酸；或者大分子，如蛋白质、核酸等。生物体内的金属离子的实际浓度受金属离子动态平衡过程的约束。

为了简洁，水分子在化学式和化学方程式中常常被省略。例如，氨分子对金

属离子配位的平衡表达式常常被写为

$$M^{X+} + NH_3 \rightleftharpoons M(NH_3)^{X+}$$

$$K_f = [M(NH_3)^{X+}] / [M^{X+}][NH_3] \tag{4-13}$$

式中，K_f为含单个氨分子的金属配合物的平衡常数。

但是，对实际发生现象的完整的表述应该包含水分子：

$$M(H_2O)_y^{x+} + NH_3 \rightleftharpoons M(H_2O)_{y-1}(NH_3)^{x+} + H_2O$$

$$K_f = [M(H_2O)_{y-1}(NH_3)^{x+}][H_2O] / [M(H_2O)_y^{x+}][NH_3] \tag{4-14}$$

近来研究表明，生命体中自由金属离子的浓度极低，由此我们可以得出结论：虽然水分子大大过量，但是由于其他配体比水分子的亲和性高得多，从而超过水分子成为配体。结合常数(也称稳定常数)衡量了配体代替水分子与金属离子结合的能力。因此，K_f的大小并不能代表配体本身与金属离子结合的强弱，而是与水分子相比的结合能力的相对强弱。

当金属被多个配体取代时，累积稳定常数(β)可以由逐级稳定常数算出：

$$\begin{aligned} M + L &\rightleftharpoons ML & K_1 &= [ML] / [M][L] \\ ML + L &\rightleftharpoons ML_2 & K_2 &= [ML_2] / [ML][L] \\ ML_2 + L &\rightleftharpoons ML_3 & K_3 &= [ML_3] / [ML_2][L] \end{aligned} \tag{4-15}$$

$$\beta_3 = [ML_3] / [M][L]^3 \quad \text{或者} \quad \beta_3 = K_1 \cdot K_2 \cdot K_3$$

含有生物配体的金属配合物的稳定常数的数值可以帮助解释生命体应用特定金属执行特定功能的原因。

螯合作用是实现配合物稳定的一种方式。螯合配体通过两个或两个以上配位原子同时与一个中心原子形成螯合环。这种同时键合形成的螯合物要比结构类似但单一键合的化合物更稳定。例如，乙二胺由于有两个可以配位的氮基团，所以是个二齿配体。Cu^{2+}与乙二胺配位形成的配合物要比 Cu^{2+}与两个单独的氨分子配位形成的配合物稳定得多。

$$[Cu(H_2O)_6]^{2+} + 2NH_3 \rightleftharpoons [Cu(H_2O)_4(NH_3)_2]^{2+} + 2H_2O$$

$$\beta_2 = K_1K_2 = 5.0\times10^7$$

$$\Delta H = -46\ \text{kJ/mol}$$

$$\Delta S = -8.4\ \text{J/(K·mol)}$$

$$[Cu(H_2O)_6]^{2+} + en \rightleftharpoons [Cu(H_2O)_4(en)]^{2+} + 2H_2O$$

$$K = 3.9 \times 10^{10}$$

$$\Delta H = -54\ \text{kJ/mol}$$

$$\Delta S = +23\ \text{J/(K·mol)}$$

通过将这两个反应的热力学参数进行比较，我们可以发现因为这两个反应都生成了两个Cu—N键，所以它们的焓ΔH是相近的，但是它们的熵ΔS却差别非常大。熵的不同主要是因为反应中分子总数的变化是不同的。在氨的反应中，分子总数没有改变：当两个氨分子与铜离子配位时，释放了两个水分子。相反，对于乙二胺的反应，分子总数增加了：一个乙二胺与铜配位，释放两个水分子。因此，在乙二胺的反应中，混乱度，或者说熵值增加得更多。这种熵的差异使乙二胺的反应在热力学上更有利，这就很好地解释了螯合作用。

很多金属蛋白以及生物分子都可以作为螯合配体。多肽链可以在金属离子周围弯曲和折叠，作为多齿螯合配体。其他金属还可以被卟啉、咕啉这些四齿大环配体或者硫代双烯以及蛋白质所螯合。螯合作用在生物配位化学中占有很重要的地位。

4.4.2　金属离子对配体pK_a的影响

当与金属离子配位的是质子性的配体时，由于金属离子的正电荷可以稳定配体含负电荷的共轭碱，所以这个配体就会变得更加酸性。例如，碳酸酐酶在它的活性位点有一个和水配位的Zn^{2+}。水的pK_a是15.7，然而在碳酸酐酶中与Zn^{2+}配位的水，由于金属离子的存在，它的pK_a降低(约为7)。从而在生理pH下，与Zn^{2+}结合的水配体就可以很容易脱去质子最终形成Zn^{2+}-OH的配合物，这种Zn^{2+}-OH的配合物在酶活化机理中是一个很重要的中间体，它作为亲核试剂进攻CO_2形成HCO_3^-，从而达到活化CO_2的目的。

碱金属和碱土金属有固定的氧化态，但是过渡金属的氧化态可变。因为较高的正电荷可以更好地稳定共轭碱，所以金属离子的最高氧化态能够最大限度地降低配体的pK_a值。有时两个质子都从水配体中分离，形成了单核的O^{2-}配合物。例如，对于Mo和W，Mo═O和W═O的稳定配合物通常都是正四价。对于其他金属离子，氧基配体一般在两个或两个以上金属离子之间形成桥联。以Fe^{3+}和Al^{3+}为例，即使是在生理pH下，也生成羟基桥联和氧基桥联。在含铁蛋白中，氧基和羟基桥联形成的Fe^{3+}团簇是很常见的。

4.4.3　配体的软硬性

布朗斯特-劳里(Brønsted-Lowry)的酸碱平衡理论定义给出 H^+的物质为酸，能接受 H^+的物质为碱。广义路易斯(Lewis)酸碱理论认为，凡是能够接受电子对的都是酸，凡是能够提供电子对的都是碱。Lewis 酸和 Lewis 碱是不需要带有电荷的。有孤对电子的水、氮和氨是 Lewis 碱；三价硼由于有空的 p 轨道能够接受两个电子，所以是 Lewis 酸。因为 H^+是 Lewis 电子对的受体，所以 Brønsted-Lowry 模型是广义 Lewis 模型的特例。

根据由 Lewis 酸碱形成的配合物的热力学稳定性的趋势(这种趋势决定稳定常数，K_f)，人们通常将 Lewis 酸碱分为软硬酸碱(HSAB)两类。某种特定的 Lewis 酸的相对软硬程度通常可以用卤素这种 Lewis 碱来衡量。卤素离子中，F^-是最硬的 Lewis 碱，而 I^-是最软的。例如，硬酸与卤素作用形成配合物时，稳定常数 K_f 按以下顺序递增：

$$I^- < Br^- < Cl^- < F^-$$

而软酸则恰恰相反，稳定常数 K_f 按以下顺序递增：

$$F^- < Cl^- < Br^- < I^-$$

在此分类基础上可总结出软硬酸碱原则，即“硬亲硬，软亲软”，硬酸与硬碱形成配合物的稳定性比硬酸与软碱形成的配合物的稳定性高。一些常见 Lewis 酸碱的 HSAB 分类总结如表 4-6 所示。

表 4-6　常见 Lewis 酸碱的 HSAB 分类

酸	碱
硬酸 H^+, Li^+, Na^+, K^+ Mg^{2+}, Ca^{2+}, Mn^{2+} Al^{3+}, Cr^{3+}, Co^{3+}, Fe^{3+}	硬碱 F^-, Cl^-, H_2O, OH^-, O^{2-} $RCOO^-$, ROH, RO^-, R_2O, 酚 NO_3^-, ClO_4^-, CO_3^{2-}, SO_4^{2-}, PO_4^{3-} NH_3, RNH_2
交界酸 Fe^{2+}, Co^{2+}, Ni^{2+}, Cu^{2+}, Zn^{2+} Rh^{3+}, Ir^{3+}, Ru^{3+} Sn^{2+}, Pb^{2+}	交界碱 Br^-, NO_2^-, N_3^- SO_3^{2-} 吡啶，咪唑
软酸 Cu^+, Ag^+, Au^+, Cd^{2+} Hg^{2+}, Pd^{2+}, Pt^{3+}	软碱 I^-, H_2S, HS^-, S^{2-}, RSH, RS^-, R_2S CN^-, CO, R_3P

软酸和软碱体积大、易极化，硬酸和硬碱体积小、难极化。对于那些有多个

氧化态的物质，低氧化态较高氧化态要软。例如，$Cu^+(3d^{10})$有 10 个价电子，较有 9 个价电子的$Cu^{2+}(3d^9)$而言，离子半径更大且正电荷更低，因此Cu^+比Cu^{2+}更软。因此，相对于Cu^{2+}，Cu^+更容易跟软的 Lewis 碱配位。

硬酸硬碱的配位方式与软酸软碱的配位方式不同。由于硬酸电子云较紧密，离子半径小，极化性低，它们成键有着更多的静电作用的特征：提供电子对的原子上电子云密度更高。软酸的特点是体积大，易极化；在自然界中它们主要是靠共价结合，因此电子云比较均匀地分布在酸跟碱之间。

对于生物中常见的酸碱对，HSAB 可以部分解释它们在生命体中的存在。例如，硬酸Mg^{2+}可以通过和磷酸基团的强相互作用来稳定二磷酸腺苷(ADP)和转运核糖核酸(tRNA)等硬碱。Ca^{2+}通常与碳酸根和磷酸根基团形成非常稳定的配合物，所以经常存在于稳定的固体结构中，如骨骼、牙齿和贝壳。

HSAB 理论在生物学上应用的一个非常重要的例子就是各种金属离子与氨基酸和多肽的配位。各种氨基酸和多肽，例如，二肽、三肽或者多肽(或者是蛋白质)都可通过多种方式与金属配位。有氨基($R\overset{+}{N}H_3$)和羧基($RCOO^-$)官能团的单个氨基酸是硬碱，因此它跟Na^+、Mn^{2+}、Mg^{2+}、Ca^{2+}等硬酸的结合能力要比跟Cu^+、Cu^{2+}、Fe^{2+}、Zn^{2+}等软酸及交界酸的结合能力强。肽键对于金属离子而言并不是特别好的配体，在蛋白质中，由于氢键的作用它们很容易形成 α 螺旋、β 折叠和二级环状结构，因此金属一般是通过与蛋白质侧链的氨基酸残基配位的。含氮残基(如组氨酸)和含硫配体(如半胱氨酸和蛋氨酸)提供的是一个软配体，因此比较适合与Cu^+、Co^{2+}、Ni^{2+}、Fe^{2+}、Zn^{2+}进行配位。含有如天冬氨酸和谷氨酸($RCOO^-$)，丝氨酸和酪氨酸(ROH)较硬侧链的氨基酸有氧原子供体，因此更容易与硬金属离子配位，如Mg^{2+}和Fe^{3+}。

4.4.4　混配配合物及其生物意义

在生物体系中，由于同时存在着多种配体，除了单一型的配合物外，还可能形成混配配合物(mixed ligand coordination compound)，这是两种或两种以上不同配体与金属配位形成的配合物。

生物体内存在着许多微量金属元素，如 Fe、Cu、Co、Zn、Mo 等。它们往往处于浓度较高的多种生物配体的环境之中，常与两种以上的配体形成混配配合物而存在。如在人血浆中大约含 15 μmol/L 浓度的铜，大部分存在于血浆蓝铜蛋白之中，而可交换的游离铜量约 1 μmol/L。但是低分子量的多种氨基酸的浓度要超过它 1000 倍以上，其中组氨酸、苏氨酸、谷氨酰胺最容易与它形成混配配合物。更重要的是，在生命过程中起重要作用的生物大分子(蛋白质、核酸和多糖)本身就含有许多可以与金属离子配位的基团，在一定条件下会形成具有一定几何构型的特殊结构。典型的例子就是处于一些金属酶活性中心的金属和金属-酶-底物所形成的三元配合物中，它们大都是以混配配合物的形式出现的。因此研究生物无机化学，完全有必要了解混配配合物的形成及其在生物过程中的作用。

4.4.4.1 混配配合物的形成及其影响因素

1)形成混配配合物的反应类型

在此我们仅着重考虑金属离子 M 与配体 A 和 B 形成 MAB 型混配配合物的情况。它可以看作是(酶)E-M-S(底物)配合物的一种模型。

显然，M 与 A 和 B 可以分别形成单一型配合物：MA、MA_2、MB、MB_2 等，这些单一型的配合物称为母体配合物，它可以以下述四种方式形成混配配合物(以下均省去电荷)：

(1)歧化反应

$$MA_2 + MB_2 \longrightarrow 2MAB \tag{4-16}$$

(2)取代反应

$$MA_2 + B \longrightarrow MAB + A \tag{4-17}$$

$$MB_2 + A \longrightarrow MAB + B \tag{4-18}$$

(3)加合反应

$$MA + B \longrightarrow MAB \tag{4-19}$$

$$MB + A \longrightarrow MAB \tag{4-20}$$

(4)直接形成混配配合物

$$M + A + B \longrightarrow MAB \tag{4-21}$$

2)形成混配配合物的若干因素

影响混配配合物的形成，有外因和内因两个方面。外因方面如 pH、配位体和金属离子浓度、离子强度和溶剂的极性等；内因方面也有各种观点来说明它的形成。这里只介绍关于内因的一些观点。

(1)统计效应。从统计观点看，形成混配配合物的概率大于形成二元配合物。用数学式表示形成混配配合物 MA_rB_s 的统计因子 S 为

$$S = \frac{(r+s)!}{r!s!} = \frac{n!}{r!s!} \tag{4-22}$$

显然 S 总要大于 1。例如在 M-A-B 体系中，比较形成 MA_2 和 MB_2 与形成两

个 MAB 分子的概率大小，可以设想如下反应：

$$MA_2 + MB_2 = 2MAB \tag{4-23}$$

其平衡常数为

$$X = \frac{[MAB]^2}{[MA_2][MB_2]} \tag{4-24}$$

如果忽略各物种的特性，即假设 M-A 与 M-B 键强相同，而且三个物种间无相互作用，则从纯统计学估计

$$X = \frac{(S_{MAB})^2}{S_{MA_2} \cdot S_{MB_2}} = \frac{2^2}{1 \times 1} = 4 \tag{4-25}$$

或

$$\lg X = 0.6 \tag{4-26}$$

因为 S_{MAB} 常比 S_{MA_2} 及 S_{MB_2} 大，X 常为正值。所以从纯统计效应观点看，不论什么配合物只要都是 MAB 型的，它的形成趋势都相同。当然，还有其他影响因素，而实际情况就复杂得多，在此只能作简略说明。

(2) 立体效应。在形成混配配合物的过程中，母体配合物的构型、配体中取代基的立体阻碍及其环的大小等均影响混配配合物的稳定性。首先，母体配合物的几何构型十分重要，一般的规律是相同构型的配合物之间的相互作用有利于形成混配配合物。若母体配合物的几何构型不同，则不形成混配配合物。例如顺磁的八面体构型$[Ni(H_2O)_6]^{2+}$、$[Ni(en)_3]^{2+}$等与反磁的平面正方形构型如$[Ni(CN)_4]^{2-}$、$[Ni(C_2S_2)_2]^{2-}$等就不能形成混配配合物，这是因为两种母体配合物具有截然不同的构型。其次，配体取代基的立体阻碍的大小有时也十分重要，如二乙二胺合铜(Ⅱ)与二 *N*, *N*′-二乙基乙二胺(deen)合铜(Ⅱ)之间的反应：

$$Cu(en)_2^{2+} + Cu(deen)_2^{2+} \longrightarrow 2Cu(en)(deen)^{2+} \tag{4-27}$$

向右方向的倾向较大，这是因为二元体系的立体阻碍在形成混配配合物时有所减弱。如果母体配合物中原来的配体的体积相当大，则其他配体难以进入。第三，在所形成的混配配合物中，与一般的二元配合物一样，五元环的稳定性要大于六元环的稳定性，不过并非十分有规律，由两个五元环或两个六元环形成的配合物是稳定的。但也有相当多的是由五元环和六元环所形成的混配配合物。

(3) 静电效应。这种观点认为金属与配体之间的结合力是以静电作用所形成的离子键。以点电荷出发的计算表明，在平面正方形的配合物中，混配配合物的生成能大于两个母体配合物的平均生成能，这说明混配配合物是比较容易由单一型

的配合物形成。正四面体和正八面体构型的混配配合物的生成能也可作类似的计算。另外，具有相反电荷的配体侧链间的静电成键(或氢键)亦是形成混配配合物的因素之一。例如，乙二胺-*N*-单乙酸(EDMA)和谷氨酸(Glu)在 pH 7～10 范围内是带负电侧链的配体,而精氨酸(Arg)在相同 pH 范围内则是带正电荷侧链的配体。它们与铜配位时会产生下列反应：

$$\mathrm{Cu(EDMA) + Arg \longrightarrow Cu(EDMA)(Arg)} \tag{4-28}$$

$$\mathrm{Cu(Glu) + Arg \longrightarrow Cu(Glu)(Arg)} \tag{4-29}$$

(4) 电子反馈。含有 2, 2-联吡啶(dipy)的芳香性氮配体以及含有吡啶或咪唑配体所形成的混配配合物比含有乙二胺的体系所形成的混配配合物的稳定性要高。这种倾向在 Cu(Ⅱ)配合物中最显著。Sigel 曾用电子反馈的概念提出协同效应。后来木田等则以 π 酸-π 碱的概念来说明这一问题。例如一个正八面体配合物，中心金属以 $e_g(d_{x^2-y^2}, d_{z^2})$ 与配体形成 σ 键，而以 $t_{2g}(d_{xy}, d_{yz}, d_{xz})$ 与配体的 π 轨道相互作用形成 π 成键轨道和 π* 反键轨道。当金属的 t_{2g} 轨道有电子而配体有空的能量低的 π 轨道时，则生成 M→L 反馈 π 键。如 CN^-、CO、咪唑等皆是这种配体，它接受来自金属离子的电子，故称 π 受体或 π 酸；另一方面，当配体 π 轨道充满电子，则结果恰恰相反，即在 M←L 方向上形成 π 键，这种配体如卤素离子、草酸根、邻苯二酚等，它们可以向中心金属离子提供电子，故称为 π 给体或 π 碱。

例如在[Cu(bipy)(pyr)]配合物中，由于 Cu—bipy 成键，中心金属的 d 电子流向 bipy(π 酸)，电子密度降低，而另一方面，它又从配体 pyr(π 碱)得到电子。以补偿电子密度的降低，从而形成稳定的[Cu(bipy)(pyr)]配合物。其中 pyr 为邻苯二酸盐。

(5) 软硬酸碱。HSAB 原理同样可以用来解释混配配合物的形成。Jorgensen 用类聚效应来描述混配配合物的稳定性。他发现两个不同的配体如果硬软相近，则容易与同一金属配位而形成稳定的混配配合物。例如 NH_3 和 F^- 都是硬碱，较易形成 $[Co(NH_3)_5F]^{2+}$；而 I^- 是软碱，所以 $[Co(NH_3)_5I]^{2+}$ 不如前者稳定，相反，$[Co(CN)_5I]^{3-}$ 较 $[Co(CN)_5F]^{3-}$ 稳定。这是因为软碱配体容易极化，与酸配位时，电子对偏向酸，使酸的软度增加，因而更倾向于配位软碱。硬碱与金属成键时，配位键的电子对仍偏向配体，金属离子的正电荷仍然保持，因而容易再结合硬碱。

影响混配配合物形成的因素是相当复杂的，由于篇幅所限，本书只能作上述简单介绍。

4.4.4.2 混配配合物的生物意义

一些重要的生物过程,如酶的催化、物质的储存和运送、体液中金属离子的平衡等都与混配配合物的形成密切相关。现举一些实例加以说明。

1) 血浆中多种氨基酸的混配配合物

在血浆中，存在许多浓度极低的金属离子，而且也存在浓度相当高的各种氨基酸配体。它们之间存在着相互竞争，往往形成混配配合物。但要准确地测定各种物种的平衡浓度几乎是不可能的。有人借助计算机计算了 Mg^{2+}、Ca^{2+}、Mn^{2+}、Fe^{2+}、Cu^{2+}和 Zn^{2+} 6 种金属离子和 25 种氨基酸及其他如 CO_3^{2-}、SO_4^{2-}、NH_3、有机酸等 40 种配体组成模拟体系的低分子配合物的分布，发现主要的 Ca^{2+}配合物中皆含组氨酸，Fe^{2+}配合物中 99%是柠檬酸混配配合物，而 Zn^{2+}则主要以含半胱氨酸的混配配合物存在。

在人的血浆中大约含 1 μg/mL 的铜，其中 93%的铜是牢固结合于血浆蓝铜蛋白之中，所剩 7%的铜与清蛋白结合。混配配合物的形成促进铜输送到血清蛋白中：

$$Cu^{2+} + \text{氨基酸} \rightleftharpoons Cu^{2+}\text{-氨基酸配合物}$$

$$Cu^{2+}\text{-氨基酸配合物} + \text{清蛋白} \rightleftharpoons \text{清蛋白-}Cu^{2+}\text{-氨基酸配合物}$$

$$\text{清蛋白-}Cu^{2+}\text{-氨基酸配合物} \rightleftharpoons \text{清蛋白-}Cu^{2+} + \text{氨基酸}$$

由上式可见，血清中既有单一氨基酸配合物，如 Cu^{2+}-组氨酸、Cu^{2+}-谷氨酰胺、Cu^{2+}-苏氨酸等，还发现有混配配合物如 Cu^{2+}-组氨酸-天冬酰胺、Cu^{2+}-组氨酸-谷氨酰胺等。并且认为铜所形成的含有组氨酸的混配配合物将在组织和血液之间起着交换 Cu^{2+}的载体作用。

2) 在物质储存和运送中的混配配合物

在金属离子的运送过程中，混配配合物的形成起了很重要的作用。现以铁元素为例来说明混配配合物在人体代谢过程中的意义。

正常成人的铁总量约为 2～5 g，其中 66%～70%以血红蛋白的形式存在于红细胞中。由于铁的代谢特点是体内的铁基本上靠体内再循环，成人每天只需要摄入 25～30 mg 的铁来合成血红蛋白(血红蛋白内含血红素辅基，即铁原卟啉Ⅸ)。

食物中的铁经口腔、胃、小肠消化，在通过小肠膜吸收时必须生成低分子量可溶性的中性配合物。食物和胃肠道中有一些配体如无机阴离子、柠檬酸、葡萄糖、氨基酸等可与铁形成配合物而越过小肠壁。如果食物中含有磷酸盐和草酸盐等易使铁沉淀的物质，则会降低铁的吸收。口服亚铁盐(如 $FeSO_4$)虽是治疗缺铁性贫血病的药物，但它难以吸收，有人用有机配体的铁制剂如山梨醇-柠檬酸-Fe(III)等来提高铁的吸收，但它又难与铁传递蛋白结合，利用率不高，因此选择铁的合适的络合剂仍是仿生化学的课题。

铁进入肠道和黏膜细胞后是在铁传递蛋白(TF)的作用下进入血液的。TF 是分子量约为 80 000 的 β-球蛋白，它有两个 Fe(III) 结合部位，通常保持 30%的饱和度，所以有备用的部位可利用。铁(III)成键于 TF 时需要一个阴离子，一般是 CO_3^{2-}

或 HCO_3^-，以形成红色的 CO_3^{2-}-TF-Fe(Ⅲ)三元配合物，这时铁(Ⅲ)和阴离子协同地键合和释放。TF 中 Fe(Ⅲ)是六配位的，其中 3 个是酪氨酸的酚羟基，2 个组氨酸的咪唑基以及 HCO_3^-(或 CO_3^{2-})。

血浆中的铁通过 TF 将 Fe(Ⅲ)输送到骨髓以合成红细胞。首先需将 Fe(Ⅲ)还原为 Fe(Ⅱ)(如可用维生素 C 等还原剂)，然后由生物合成出的原卟啉Ⅸ借亚铁螯合酶的作用将铁(Ⅱ)插入其中而形成血红素。血红素的中心离子 Fe(Ⅱ)也是一种混配配合物，它除了与原卟啉Ⅸ的 4 个 N 配位外，还和周围肽链特定位置的组氨酸咪唑氮配位才能起输氧作用(详见第 5 章)。人的红细胞的寿命约为 126 天，红细胞死亡后，Fe(Ⅱ)即被释出，并再通过血浆的 TF 运送到肝脏储存或送至骨髓用于合成新的血红蛋白。

参考文献

蔡少华, 龚孟濂, 史华红, 1999. 无机化学基本原理. 广州: 中山大学出版社.

陈慧兰, 2005. 高等无机化学. 北京: 高等教育出版社.

洪茂椿, 陈荣, 梁文平, 2005. 21 世纪的无机化学. 北京: 科学出版社.

计亮年, 乐学义, 2001. 组成 DNA 的小分子配体和芳香氮碱配合物堆积作用的研究. 科学通报, 46(15): 1235-1244.

计亮年, 杨学强, 黄锦汪, 1982. 应用配位场理论研究β二酮类合钴(Ⅱ)络合物电子光谱能级和分子构型. 中山大学学报(自然科学版), 4: 8-14.

南京大学《无机及分析化学》编写组, 1998. 无机及分析化学. 北京: 高等教育出版社.

史启祯, 1998. 无机化学与化学分析. 北京: 高等教育出版社.

孙为银, 2004. 配位化学. 北京: 化学工业出版社.

王夔等, 1988. 生物无机化学. 北京: 清华大学出版社.

徐光宪, 王详云, 1987. 物质结构. 第二版. 北京: 高等教育出版社.

杨频, 等, 1991. 生物无机化学导论. 西安: 西安交通大学出版社.

游效曾, 1992. 配位化合物的结构和性质. 北京: 科学出版社.

游效曾, 孟庆金, 韩万书, 2000. 配位化学进展. 北京: 高等教育出版社.

章慧, 陈耐生, 2008. 配位化学. 北京: 化学工业出版社.

Fiabane A M, Williams D R, 1987. 生物无机化学原理. 黄仲贤等译. 上海: 复旦大学出版社.

Hay R W, 1987. 生物无机化学. 钟淑琳, 闵蔚宗译. 成都: 四川科学技术出版社.

Marusak R A, Doan K, Cummings S D, 2007. Integrated Approach to Coordination Chemistry: An Inorganic Laboratory Guide. New York: John Wiley & Sons, Inc.

Ochiai E I, 1987. 生物无机化学导论. 罗锦新等译. 北京: 化学工业出版社.

Williams D R, 1976. An Introduction to Bioinorganic Chemistry. Illinois: Springfield.

第5章 氧 载 体

5.1 天然氧载体

生物体内的天然氧载体具有可逆载氧能力，能把从外界吸入体内的氧气运送到各种组织，供细胞内进行维持生命所必需的各种氧化作用。

按照蛋白质载氧的活性部位的化学本质，可以把天然氧载体分为三类：①含血红素辅基的蛋白(heme)，如血红蛋白(hemoglobin)和肌红蛋白(myoglobin)；②不含血红素的铁蛋白，如蚯蚓血红蛋白(hemerythrin)；③含铜的蛋白，如血蓝蛋白(hemocyanin)。

表 5-1 列举了几种天然氧载体的若干性质。

表 5-1 天然氧载体的若干性质

天然氧载体	血红蛋白	肌红蛋白	蚯蚓血红蛋白	血蓝蛋白
金属	Fe	Fe	Fe	Cu
金属:O_2	Fe:O_2	Fe:O_2	2Fe:O_2	2Cu:O_2
脱氧蛋白的金属氧化态	Fe(Ⅱ)	Fe(Ⅱ)	Fe(Ⅱ)	Cu(Ⅰ)
金属键合部位	卟啉	卟啉	蛋白质侧链	蛋白质侧链
亚基数目	4	1	8	可变
分子量	65 000	17 500	108 000	$(3.5\sim9)\times10^6$
载氧颜色	红	红	紫红	蓝
脱氧颜色	紫红	紫红	无色	无色
主要生物功能	输送氧	贮存氧	输送氧	输送氧

5.1.1 血红蛋白和肌红蛋白

5.1.1.1 血红素辅基

1) 铁原卟啉Ⅸ

铁原卟啉Ⅸ是原卟啉Ⅸ(参见图 5-2)的铁配合物，是血红蛋白和肌红蛋白的辅基。铁原卟啉Ⅸ是血红蛋白和肌红蛋白载氧的活性部位。

血红素是铁卟啉一类配合物的总称。以血红素为辅基的蛋白称为血红素蛋白(hemeprotein)。除血红蛋白和肌红蛋白以外，细胞色素、细胞色素 P450、过氧化物酶和过氧化氢酶都是血红素蛋白。

2) 卟啉

卟啉(porphyrin)的骨架是卟吩(porphine)。

卟吩由四个吡咯（pyrrole）环以次甲基相连而成，是具有多个双键的高度共轭的大π键体系。所有卟吩衍生物统称为卟啉，它们的金属配合物称为金属卟啉（metalloporphyrin）。

卟啉化合物的命名原则有两种：1926 年由费歇尔（H. Fischer）提出的命名原则和 1960 年由国际纯粹与应用化学联合会（IUPAC）提出的新命名原则。Fischer 提出的命名原则如图 5-1（a）所示。他把卟吩的四个吡咯环编为Ⅰ、Ⅱ、Ⅲ、Ⅳ，它们的 8 个顶点依次为 1，2，…，8，四个次甲基分别为α、β、γ、δ。IUPAC 提出的新命名原则如图 5-1（b）所示，卟吩四个吡咯环的 8 个顶点依次为 2、3、7、8、12、13、17、18，四个吡咯氮编号为 21、22、23、24，四个次甲基分别位于 5、10、15、20。因此，卟吩被命名为 21*H*, 23*H*-porphine。

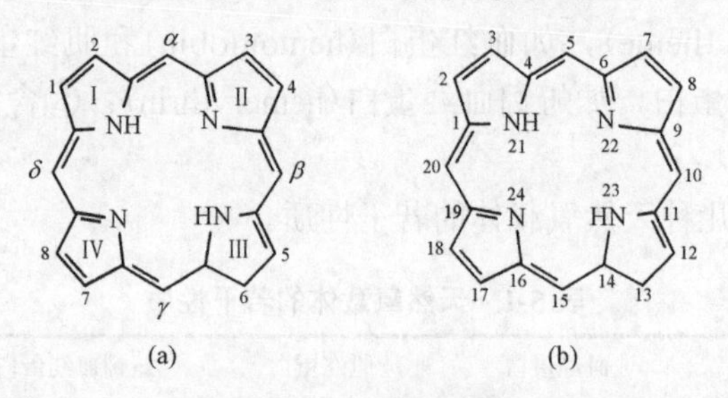

图 5-1 卟啉的命名

虽然至今在文献中仍偶尔见到 Fischer 的命名原则，但大多已采用新命名原则。本书除天然卟啉沿用 Fischer 命名原则外，其他都采用新命名原则。

某些天然的卟啉列于表 5-2。存在于血红蛋白、肌红蛋白和多种细胞色素（cytochrome）中的原卟啉Ⅸ结构如图 5-2。最常见的合成卟啉如 5, 10, 15, 20-四苯基卟啉（TPP）如图 5-3（a）所示。酞菁（phthalocyanin）和卟吩的结构类似，具有等电子结构，其结构如图 5-3（b）所示。

表 5-2 某些常见的天然卟啉

卟啉	取代基							
	2	3	7	8	12	13	17	18
原卟啉Ⅸ（protoporphyrin Ⅸ）	M	V	M	V	M	P	P	M
中卟啉Ⅸ（mesoporphyrin Ⅸ）	M	E	M	E	M	P	P	M
次卟啉Ⅸ（deutoroporphyrin Ⅸ）	M	H	M	H	M	P	M	P
血卟啉Ⅸ（hematoporphyrin Ⅸ）	M	B	M	B	M	P	P	M
血绿卟啉Ⅸ（chlorocruoroporphyrin Ⅸ）	M	F	M	V	M	P	P	M
粪卟啉Ⅲ（coproporphyrin Ⅲ）	M	P	M	P	M	P	P	M
本卟啉Ⅲ（aetioporphyrin Ⅲ）	M	E	M	E	M	E	E	M
尿卟啉Ⅲ（uroporphyrin Ⅲ）	A	P	A	P	A	P	P	A

注：A. —CH_2COOH；B. —$CH(OH)CH_3$；E. —C_2H_5；F. —CHO；M. —CH_3；P. —CH_2CH_2COOH；V. —$CH{=}CH_2$

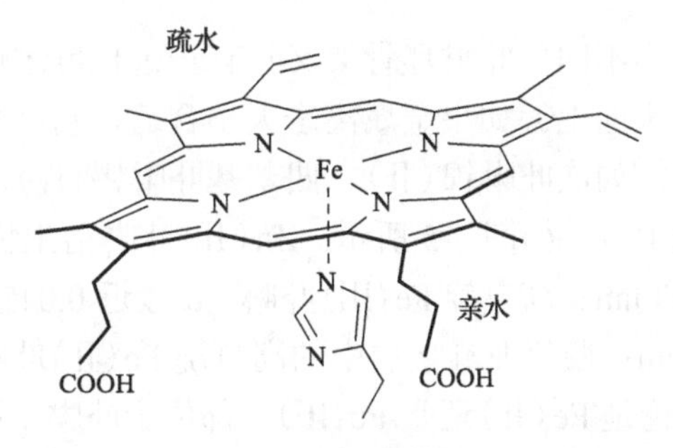

图 5-2 原卟啉Ⅸ

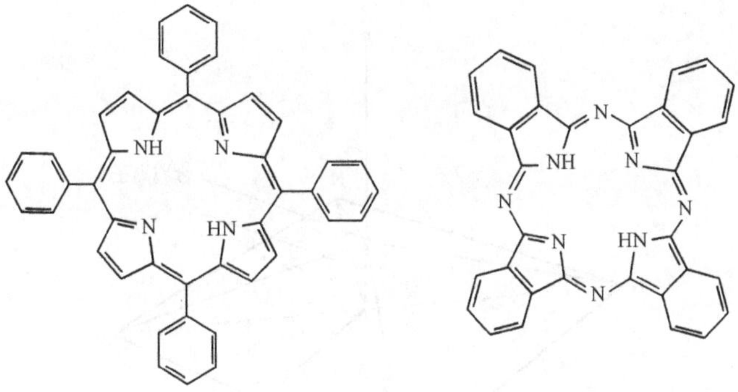

图 5-3 5,10,15,20-四苯基卟啉(a)和酞菁(b)

卟啉是重要的生物配体。哺乳动物体内约 70%的铁元素与卟啉形成配合物。卟啉分子有 11 个共轭双键，这个高度共轭体系极易受吡咯环及次甲基的取代基的电子效应影响，表现为各不相同的电子光谱。卟啉通过其环上的四个吡咯氮原子表现出酸、碱两种性质。21 和 23 位氮上的 H 可以电离，表现为酸性；22 和 24 位的氮可以质子化，表现为碱性。卟啉的四个吡咯氮原子与金属离子配位形成金属卟啉。

图 5-4 为卟啉环骨架的结构参数。从吡咯氮到环中心的距离为 0.204 nm。卟啉与不同的金属离子配位以后，吡咯氮原子与中心金属离子的距离各有不同，如高铁卟啉为 0.210 nm、镍卟啉为 0.195 nm。

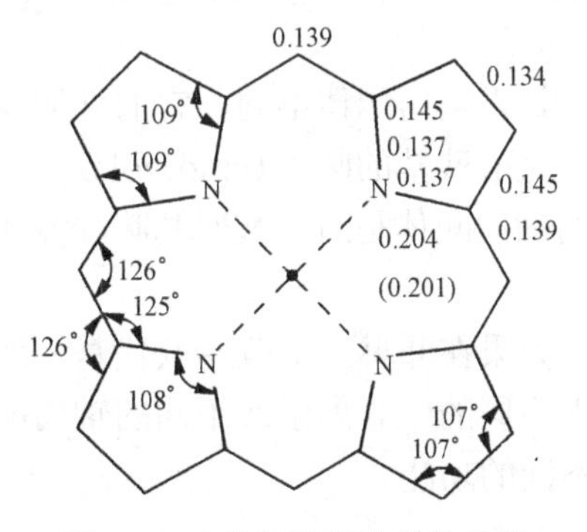

图 5-4 卟啉环骨架的结构参数

由于金属离子大小不同，卟啉环骨架又具有一定程度刚性，因此中心金属离子不一定位于卟啉环平面上。如果金属离子大小合适，它会与四个吡咯氮形成严格的平面正方形结构，如次卟啉镍(Ⅱ)、四苯基卟啉锡(Ⅳ)。某些中心金属离子则位于卟啉环平面的上方，如图 5-5 所示。Zn(Ⅱ)卟啉衍生物中，Zn 与卟啉平面的距离 d 估计是 0.033 nm。高自旋 Fe(Ⅲ)卟啉，d 接近 0.045 nm；高自旋 Fe(Ⅱ)卟啉，d 高达 0.075 nm；脱氧血红蛋白中的高自旋 Fe(Ⅱ)卟啉，d 为 0.075 nm。但低自旋铁卟啉，无论是 Fe(Ⅱ)还是 Fe(Ⅲ)，都位于卟啉平面上。如果中心金属离子半径较小，甚至还可能使四个吡咯氮原子形成的平面变形。

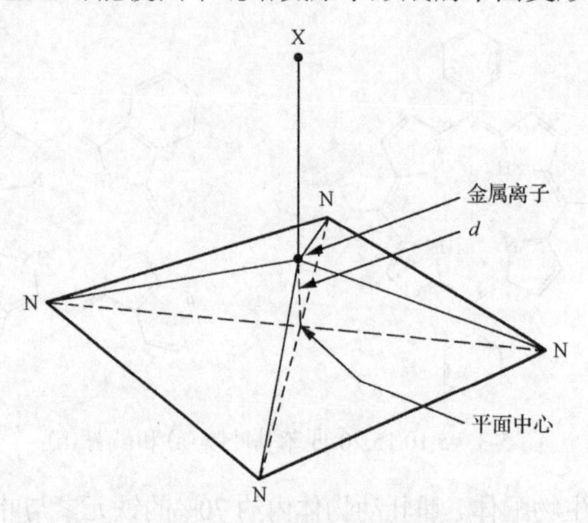

图 5-5　金属与卟啉平面的相对位置(键长单位：nm)

具有大π键电子体系的卟啉在可见光区出现的谱带是由一些π(充满)→π*(空)轨道及其相应的振动能级(0-0 及 0-1)的跃迁引起的。在可见区一般有四个谱带，分别称为$\alpha_{0\text{-}0}$、$\alpha_{0\text{-}1}$、$\beta_{0\text{-}0}$、$\beta_{0\text{-}1}$。但形成金属卟啉之后，由于提高了配合物分子的对称性，往往使吸收谱带的数目有所减少。金属卟啉的光谱一般以一组三谱带为特征，按照长波到短波的顺序依次称为α、β和γ谱带，α、β谱带在可见区，而γ谱带又称索雷(Soret)谱带，在紫外区，如图 5-6 所示。当然各种金属卟啉的光谱要比图 5-6 的典型谱带复杂。

在金属卟啉分子里，如果轴向配体不同，它的性质就可能发生变化。如血红蛋白的轴向第五配体是组氨酸残基的咪唑(imidazole)氮，第六配体位置能可逆吸氧和放氧；细胞色素 c 的轴向配体是组氨酸残基咪唑氮和蛋氨酸的硫，它起传递电子的作用。

由上述各点可说明，如果在卟啉环上改变取代基，调节四个氮原子给予和接受电子的能力，或者引入不同的中心离子或不同的轴向配体，会使金属卟啉具有不同的性质，因而具有不同的功能。

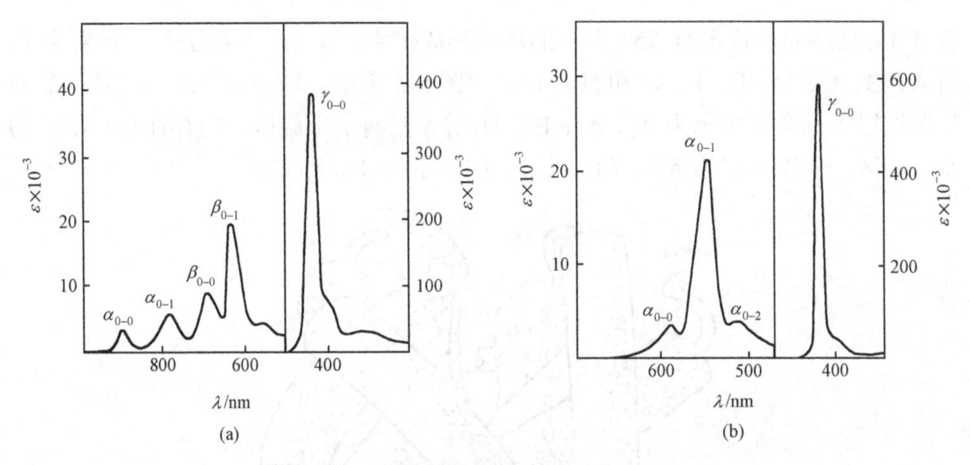

图 5-6 四苯基卟啉(TPP)的吸收光谱

(a) TPP；(b) (TPP)Zn

5.1.1.2 血红蛋白和肌红蛋白的结构

血红蛋白存在于红细胞中，是载氧的生物化学单元。血液中含有血红蛋白的红细胞(erythrocyte)是载氧的生物单元。

血红蛋白是较早被阐明空间结构的重要蛋白质分子，X 射线衍射分析证实，哺乳动物的血红蛋白是由四个亚单位(subunit)组成的四聚体，如图 5-7 所示。它的分子量约为 65 000。正常人的红细胞中含有两种血红蛋白分子：一种由两个α亚单位和两个β亚单位组成(即$\alpha_2\beta_2$)，占血红蛋白总量的 95%以上；另一种由两个α亚单位和两个δ亚单位组成(即$\alpha_2\delta_2$)，占血红蛋白总量 1.5%～4.0%。胎儿的血红蛋白主要是$\alpha_2\gamma_2$，出生后不久即消失，接着出现$\alpha_2\beta_2$和$\alpha_2\delta_2$。α亚单位有 141 个氨基酸残基，β和δ亚单位有 146 个氨基酸残基。α、β亚单位的氨基酸顺序见

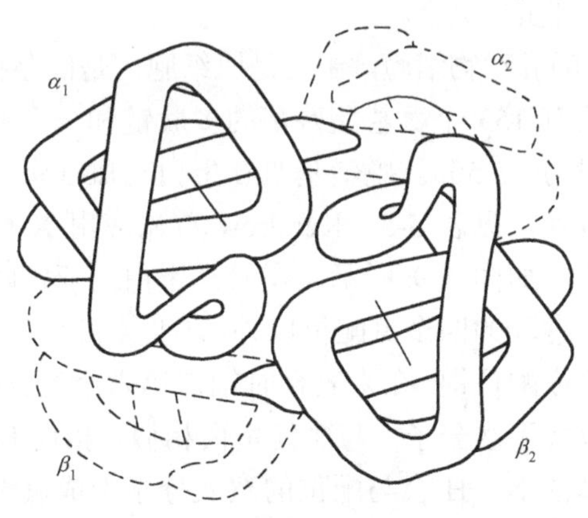

图 5-7 哺乳动物的血红蛋白的四级结构

表 5-3。这些亚单位都有 75%左右的部位形成α螺旋结构，主要分成八个螺旋区，用 A、B、C、D、E、F、G 和 H 标记，如图 5-8 所示。每个螺旋区中的氨基酸残基顺次以下标数字表示为 A_1、A_2、E_3、H_5 等。在两个螺旋区之间存在长短不一的非螺旋区，依次标记为 AB、BC、CD、DE、EF、FG 和 GH。

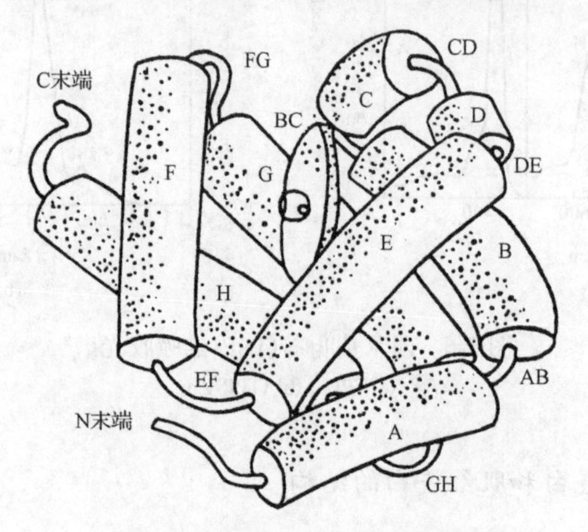

图 5-8　血红蛋白亚单位的螺旋区

每个血红蛋白的亚单位都键合着一个亚铁卟啉辅基。α亚单位是通过第 87 位组氨酸残基侧链的咪唑氮原子与 Fe(Ⅱ)配位而键合的。β亚单位则通过第 92 位组氨酸残基与 Fe(Ⅱ)配位。整个 Fe(Ⅱ)卟啉辅基被嵌在α或β亚单位肽链所盘绕而成的口袋形空腔中，周围被很多氨基酸残基的疏水性侧链包围。值得指出的是，除了与 Fe(Ⅱ)配位的组氨酸残基外，α亚单位上的第 58 位或β亚单位上的第 63 位组氨酸残基都指向 Fe(Ⅱ)离子而不配位。研究表明，指向 Fe(Ⅱ)离子而不配位的 His-58(α亚单位)或 His-63(β亚单位)，其咪唑基的 N—H 会与配位的双氧分子形成氢键，有利于血红蛋白氧合。

肌红蛋白存在于哺乳动物细胞，主要是肌细胞，是储存和分配氧的蛋白质。

肌红蛋白由一条有 153 个氨基酸残基的多肽链和一个亚铁血红素即亚铁卟啉辅基组成，分子量为 17 500。脱辅基肌红蛋白与血红蛋白的亚单位在氨基酸序列上有明显的同源性，见表 5-3。Kendrew 首先应用 X 射线技术测定了鲸的肌红蛋白的三级结构，如图 5-9 所示。在肌红蛋白的亚铁卟啉辅基，血红素的铁(Ⅱ)离子除了与卟啉环的四个氮配位以外，还与多肽链第 93 位组氨酸残基的咪唑氮原子在轴向形成配位键。在未氧合时轴向第六个配位位置由水分子占据，氧合时则由氧分子取代了水分子。与血红蛋白相似，指向 Fe(Ⅱ)离子而不配位的 His-64，其咪唑基的 N—H 会与配位的双氧分子形成氢键，有利于肌红蛋白氧合。

表 5-3 人血红蛋白和肌红蛋白的氨基酸顺序

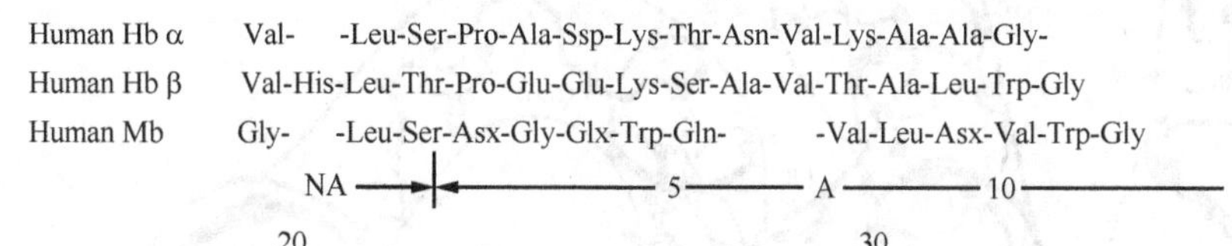

10

Human Hb α Val- -Leu-Ser-Pro-Ala-Ssp-Lys-Thr-Asn-Val-Lys-Ala-Ala-Gly-
Human Hb β Val-His-Leu-Thr-Pro-Glu-Glu-Lys-Ser-Ala-Val-Thr-Ala-Leu-Trp-Gly
Human Mb Gly- -Leu-Ser-Asx-Gly-Glx-Trp-Gln- -Val-Leu-Asx-Val-Trp-Gly
NA ——→|←—— 5 —— A —— 10 ——

20 30

Lys-Val-Gly-Ala-His-Ala-Gly-Glu-Tyr-Gly-Ala-Glu-Ala-Leu-Glu-Arg-Met-Phe-Leu-
Lys-Val-Asn- -Val-Asp-Glu-Val-Gly-Gly-Glu-Ala-Leu-Glu-Arg-Leu-Leu-Val-
Lsy-Val-Glu-Pro-Asp-Ile-Ala-Gly-His-Gly-Glx-Glx-Val-Leu-Ile-Arg-Leu-Phe-Lys-
—— 15 ——→| |←—— 5 —— B —— 10 —— 15 ——

40 50

Ser-Phe-Pro-Thr-Thr-Lys-Thr-Tyr-Phe-Pro-His-Phe- Asp-Leu-Ser-His-
Val-Tyr-Pro-Trp-Thr-Gln-Arg-Phe-Phe-Glu-Ser-Phe-Gly-Asp-Leu-Ser-Thr-Pro-Asp-
Gly-His-Pro-Glu-Thr-Leu-Glu-Lys-Phe-Asp-Lys-Phe-Lys-Phe-Lys-His-Leu-Lys-Ser-Glu-Asp-
—→|←—— C —— 5 ——→|←—— CD ——→|←——

60 70

-Gly-Ser-Ala-Gln-Val-Lys-Gly-His-Gly-Lys-Lys-Val-Ala-Asp-Ala-Leu-
Ala-Val-Met-Gly-Asn-Pro-Lys-Val-Lys-Ala-His-Gly-Lys-Lys-Val-Leu-Gly-Ala-Phe-
Glu-Mel-Lys-Ala-Ser-Glu-Asp-Leu-Lys-Lys-His-Gly-Ala-Thr-Val-Leu-Thr-Ala-Leu-
—— 5 ——→|←—— 5 —— E —— 10 —— 15 ——

80 90

Thr-Asn-Ala-Val-Ala-His-Val-Asp-Asp-Met-Pro-Asn-Ala-Leu-Ser-Ala-Leu-Ser-Asp-
Ser-Asp-Gly-Leu-Ala-His-Leu-Asp-Asn-Leu-Lys-Gly-Thr-Phe-Ala-Thr-Leu-Ser-Glu-

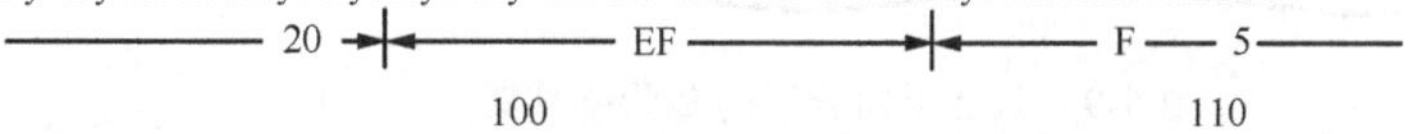

Gly-Gly-Ile-Leu-Lys-Lys-Lys-Gly-His-His-Glx-Ala-Glx-Ile-Lys-Pro-Leu-Ala-Glx-
—— 20 →|←—— EF ——→|←—— F —— 5 ——

100 110

Leu-His-Ala-His-Leu-Arg-Val-Asp-Pro-Val-Asn-Phe-Lys-Leu-Leu-Ser-His-Cys-
Leu-His-Cys-Asp-Lys-Leu-His-Val-Asp-Pro-Glu-Asn-Phe-Arg-Leu-Leu-Gly-Asn-Val-
Ser-His-Ala-Thr-Lys-His-Lys-Val-Pro-Ile-Lys-Tyr-Leu-Glu-Phe-Ile-Ser-Glu-Ser-

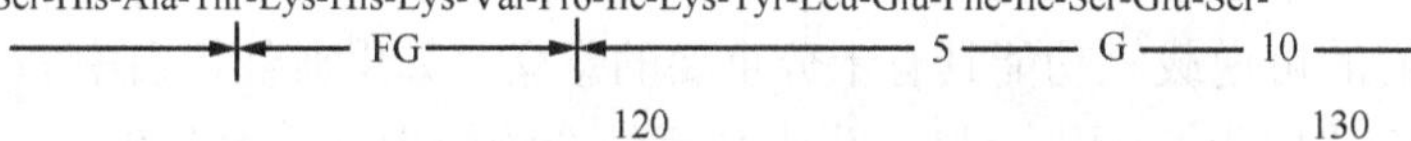

——→|←—— FG ——→|←—— 5 —— G —— 10 ——

120 130

Leu-Leu-Val-Thr-Leu-Ala-Ala-His-Leu-Pro-Ala-Glu-Phe-Thr-Pro-Ala-Val-His-Ala-
Leu-Val-Cys-Val-Leu-Ala-His-His-Phe-Gly-Lys-Glu-Phe-Thr-Pro-Pro-Val-Gln-Ala-
Ile-Val-Asp-Val-Leu-Glu-Ser-Lys-His-Pro-Gly-Asx-Phe-Gly-Ala-Asp-Ala-Glx-Gly-
—— 15 ——→|←—— GH ——→|←—— 5 ——

140

Ser-Leu-Asp-Lys-Phe-Leu-Ala-Ser-Val-Ser-Thr-Val-Leu-Thr--Ser-Lys-Tyr-Arg-
Ala-Tyr-Gln-Lys-Val-Val-Ala-Gly-Val-Ala-Asn-Ala-Leu-Ala-His-Lys-Tyr-His-
Ala-Met-Asx-Lys-Ala-Leu-Glu-Leu-Phe-Arg-Lys-Asp-Met-Ala-Ser-Asp-Tyr-Lys-Glu-
—— 10 —— H —— 15 —— 20 →|

\- - - - - -

\- - - - -

Leu-Gly-Phe-Gln-Gly

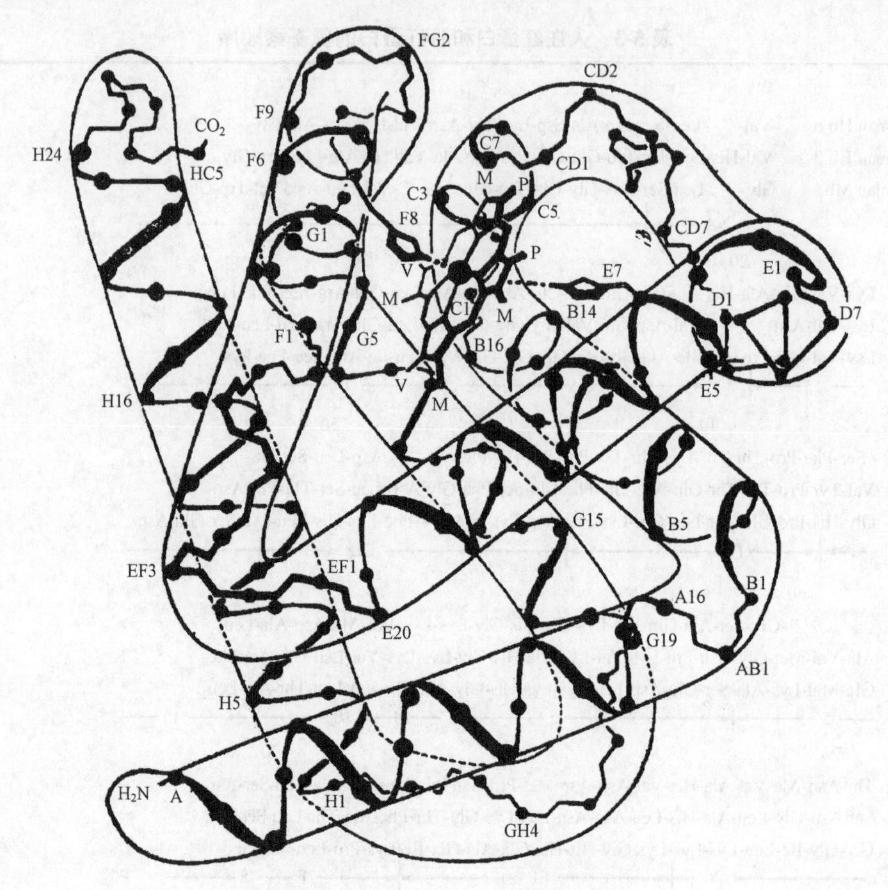

图 5-9　肌红蛋白分子的多肽链骨架

数字代表氨基酸，1 从 N 末端开始

血红素周围的疏水环境，使铁在血红蛋白和肌红蛋白中保持以 Fe(Ⅱ)离子形式存在，这对它们的可逆载氧功能具有十分重要的意义。如果血红蛋白中 Fe(Ⅱ)离子遇氧化剂被氧化成为 Fe(Ⅲ)，则会失去与氧结合的能力。这种血红蛋白称为高铁血红蛋白，其辅基称为高铁血红素。但在细胞中含有大量还原物质，如 $NADPH_2$、谷胱甘肽和抗坏血酸等，它们可以将高铁血红蛋白还原为亚铁血红蛋白，这样就可以避免由于高铁血红蛋白含量增加而引起的组织缺氧。

5.1.1.3　血红蛋白和肌红蛋白的主要功能

血红蛋白的主要生理功能是运送氧气和二氧化碳。

与氧结合的血红蛋白称为氧合血红蛋白(oxyhemoglobin) HbO_2，未与氧结合的血红蛋白则称为脱氧血红蛋白(deoxyhemoglobin) Hb。血红蛋白与 O_2 结合是可逆的。

$$Hb + O_2 \rightleftharpoons HbO_2 \tag{5-1}$$

平衡常数为

$$K = \frac{[HbO_2]}{[Hb][O_2]} \tag{5-2}$$

血红蛋白分子中，多肽单链(珠蛋白)的自由氨基能与二氧化碳结合生成氨基甲酰血红蛋白(carbaminohemoglobin)，将组织产生的二氧化碳运送到肺部呼出。

$$HbNH_2 + CO_2 \rightleftharpoons HbNHCOOH \tag{5-3}$$

血液循环依靠血红蛋白这一特性，就可以有效地把氧气从肺部运送到组织，再把二氧化碳从组织运送到肺部。这一问题曾在生物学界争论了40年，最后在化学家的合作下，通过血红蛋白活性中心模拟研究，才使该问题得到圆满解决。

目前人们对血红蛋白载氧活性部位已经作了相当详细的研究。脱氧血红蛋白中，卟啉环的四个吡咯氮原子和邻近组氨酸残基侧链咪唑氮原子与 Fe(Ⅱ)配位，由于原在第六配位位置的氧分子脱去，也可看成四方锥立体构型。在八面体场，脱氧血红蛋白 Fe(Ⅱ)离子处于高自旋状态 $t_{2g}^4e_g^2$，有效磁矩为 5.44 BM[通常高自旋 Fe(Ⅱ)为 5.4～5.8 BM]，具有顺磁性(paramagnetism)。Fe(Ⅱ)离子半径较大，处于卟啉环平面的上方，它的第六配位位置空着。

氧合血红蛋白中的 Fe(Ⅱ)离子的配位数为 6，第六配位位置由氧分子占据，这时的 Fe(Ⅱ)离子处于低自旋状态 $t_{2g}^6e_g^0$，有效磁矩为零，具有反磁性(antimagnetism)。低自旋 Fe(Ⅱ)离子半径较小而落在卟啉平面上。

在 Fe(Ⅱ)离子和氧分子键合过程中，与 Fe(Ⅱ)配位的咪唑基起了十分重要的作用。它促进了 Fe(Ⅱ)卟啉辅基与球蛋白之间的直接作用，同时又影响 Fe(Ⅱ)卟啉辅基-氧分子复合物中的电子分布。咪唑是一个良好的π电子给予体，由于它对金属的π电子给予作用，提高了金属 t_{2g} 轨道的给予能力，有利于 Fe(Ⅱ)和氧分子之间的反馈键形成，促进氧分子的键合。

研究中发现，当一个α亚单位与 O_2 结合后，β亚单位对 O_2 的亲和力增加；当一对α和β亚单位与 O_2 结合后，又提高了另一对α和β亚单位对 O_2 的亲和力，使后一对亚单位的载氧反应平衡常数K增加5倍。这种现象称为协同效应(cooperative effect)。

显然，氧合作用的这一种协同效应与血红蛋白亚单位氧合引起的血红蛋白内构象变化有关。有人提出，血红蛋白的每个亚单位可能存在着对 O_2 低亲和力的结构(T状态，tense state)和对 O_2 高亲和力的结构(R状态，relaxed state)，这两种状态无论在亚单位的三级结构还是在亚单位四聚体的四级结构中相对取向都不相同。当第一个 O_2 键合到一个T状态亚单位时(很可能是其中一个α亚单位)，就会在局部的三级结构中导致张力，并改变亚单位之间的非极性相互作用、静电相互作用和氢键，最终引起其他亚单位三级结构的改变，T 状态转变为 R 状态，这就是所谓“变构作用”(allosterism)。M. F. Perutz 以“触发”机理(“trigger”mechanism)直观解释氧合作用的协同效应。他认为氧分子与血红蛋白的α亚单位结合后引起铁(Ⅱ)离子位置改变，从而导致这个亚单位构象变化，其他亚单位的构象也随之发生变化，使其余的血红素辅基处于更适宜与氧分子结合的空间位置，因此氧合速度逐渐加快。肌红蛋白的主要生理功能是储存和分配氧。

当氧饱和度高的血液离开肺部流经氧分压较低的肌肉组织时，O_2 从血红蛋白转移到肌红蛋白储存起来。在 O_2 供应不足时，肌红蛋白再把 O_2 释放出来，实现供氧给肌肉组织的功能。

5.1.1.4　血红素铁与氧分子键合的几种理论模型

血红素铁在体内的大致催化循环过程如图 5-10(a)所示，最开始亚铁血红素(ferrous)与 O_2 结合形成铁超氧物种(ferric-superoxo)，随后形成铁过氧物种 Fe-OOH (ferric-hydroperoxo)，这是由高价铁超氧物种中间体 O—O 键断裂而来。自然界中，血红蛋白可以无限使用金属中心来影响 O_2 的还原活化，反应的活性中间体如图 5-10(a)所示，其中涉及大量的活化金属酶，如无血红素 Fe 氧合酶以及 Cu 加氧酶和氧化酶类[图 5-10(b)]。

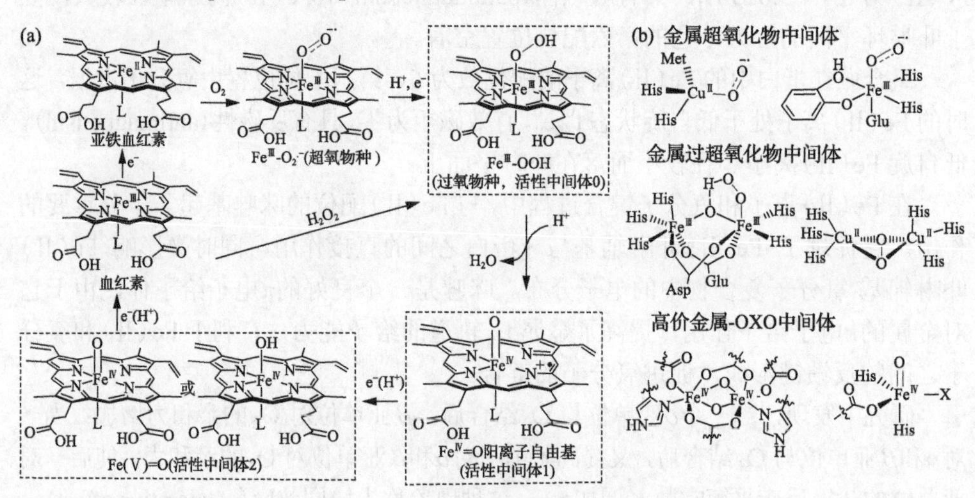

图 5-10　血红素铁的催化循环过程

虽然人们对血红蛋白运载氧气的生物化学作用机制已有系统的认识，但由于血红蛋白结构复杂，以及研究方法的限制，目前对血红蛋白中铁与氧分子键合的本质仍缺乏确切了解。作为氧合血红素的核心，对 Fe—O_2 键的空间构型的争论，由之后模型化合物的表征得到了平息。但是 Fe—O_2 键微妙的电子结构以及由此引发的科学问题却一直没有彻底解决。目前，Fe—O_2 键的电子结构主要存在三种模型(图 5-11)。

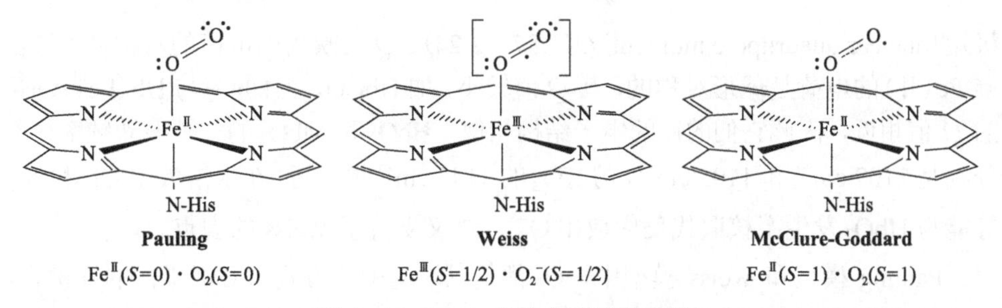

图 5-11 Fe—O_2 键的电子结构模型

Pauling 模型以共价键描述血红蛋白中铁与氧分子的键合。认为氧分子邻近铁的氧原子以端基与铁共价结合，形成弯曲的结构，Fe—O—O 键角约 120°。其中一个氧原子的一对孤对电子与铁配位，未发生电子转移，键合的 O_2 被极化，铁保持二价低自旋状态。Fe(Ⅱ)对 O_2 空的π轨道的反馈作用，又使 Fe—O 键具有双键性质。此外，Pauling 模型认为配位后的 O_2 是单重态，Fe(Ⅱ)是低自旋态，都是 S=0。

Weiss 提出了电子转移模型，以离子键描述血红蛋白中铁与氧分子的键合。认为铁的一个电子向氧分子转移形成一个完全扩展的“Fe(Ⅲ)-超氧离子”对。此时，O_2^-处于二重态，Fe(Ⅲ)处于低自旋态，都是 S=1/2，并有一个不成对电子。Fe(Ⅲ)和 O_2^-未成对电子的自旋耦合产生反磁性物种，这与观察到的反磁性相一致。

Goddard 和 McClure 提出了臭氧模型。认为 O_2 一般都是三线态，所以 Fe—O_2 容易形成和断裂。此时，处于中间自旋态的 Fe(Ⅱ)(S=1)与耦合 $^3O_2$ 形成了三中心四电子结构。

电子光谱数据(表 5-4)显示，HbO_2 与 HbCO 相似，而 HbO_2 与 Hb(Fe^{III})OH^- 差别较大。HbCO 的 Fe 和 CO 的电子结构和空间结构已经确定，是低自旋 Fe(Ⅱ)和线型结构 Fe^{II}—C—O。因此 Pauling 模型的 O_2 以端基配位方式与低自旋 Fe(Ⅱ)键合。

表 5-4 氧合血红蛋白和有关化合物的若干性质

性质	Hb	HbO_2	HbCO	Hb(Fe^{III})OH^-
电子光谱 λ/nm(ε)		414(127) 541(14.7) 577(15.6)	418(154) 539(14.7) 570(14.5)	411(71) 540(9.7) 570(8.5)
穆斯堡尔谱 δ/(mm · s^{-1}) Q/(mm · s^{-1})	 0.90 0.40	 0.24 1.87～2.24	 0.18 0.36	 0.17 1.65
铁的自旋态	高自旋 $S=2$	低自旋 $S=0$		高低自旋 混合物

注：ε为×10^3 摩尔消光系数，L/(mol · cm)；δ为同质异能移；Q 为核四极矩

Weiss 模型也有很多实验结果支持。穆斯堡尔谱数据显示 HbO_2 有较高的核四

极矩(nuclear quadrupole moment) Q(1.87～2.24)。Q 反映周围电荷的对称性。低自旋 Fe(Ⅱ)的电荷是球形对称的，其 Q 值较小，如 HbCO。而 HbO_2 与 Hb(Fe^{III})OH^- 的 Q 值相近，因此它们的铁的电子结构相似。HbO_2 和 MbO_2 的红外振动频率 ν_{O-O} 分别是 1107 cm^{-1} 和 1103 cm^{-1}，与 KO_2 的 1145 cm^{-1} 很接近。在水溶液中 Cl^-和 N_3^- 等能与 HbO_2 发生亲核取代反应放出 O_2^-，这又支持了 Weiss 的观点。

Pauling 模型和 Weiss 模型中，O_2 都是以端基配位方式与血红蛋白的铁键合。Pauling 模型中，Fe(Ⅱ)对 O_2 空的π轨道的反馈，使 Fe(Ⅱ)的部分电子密度转移到氧分子上。和 Weiss 模型一样，Pauling 模型也可看作超氧化物构型。

J. S. Griffith 还提出了 O_2 采取侧基(side group)配位的模型，即

$$Fe^{II} \leftarrow \begin{matrix} O \\ \| \\ O \end{matrix}$$

又称为过氧化物构型。但鲸的肌红蛋白的 X 射线结构分析数据排除了这种氧分子配位方式。

血红蛋白与氧分子键合本质还有待进一步深入研究，而现有的大量实验事实和各种模型无疑有助人们认识的深化。

5.1.1.5 影响血红蛋白和肌红蛋白与 O_2 键合的因素

1) O_2 分压的影响

血红蛋白和肌红蛋白结合氧分子的程度，常用氧饱和度 θ 表示。氧饱和度是指氧合血红蛋白或肌红蛋白的实际数量在血红蛋白或肌红蛋白总量中所占的百分比。从图 5-12 可以看出，血红蛋白的氧合量和肌红蛋白的氧合量，都在 O_2 分压升高时增加，并在 O_2 分压下降时减少。

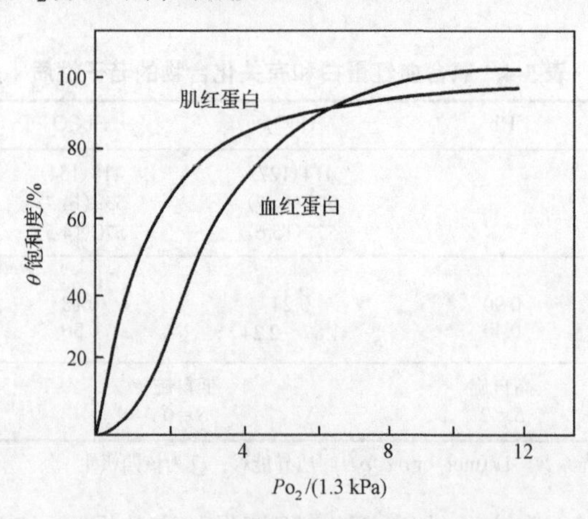

图 5-12 血红蛋白和肌红蛋白的氧化曲线

在人体的肺泡内氧的分压较高(Po_2约 13 kPa)，有利于血红蛋白与氧分子结合。当静脉血(Po_2≤6.5 kPa)流经肺部时，血红蛋白大量氧合，氧的饱和度显著增加，当血液离开肺部流经氧分压较低(Po_2约 4.7 kPa)的肌肉组织时，血红蛋白便释放出O_2。静脉的氧分压到 550～650 Pa 时，供氧给肌肉组织的功能转由肌红蛋白完成。

血红蛋白与肌红蛋白的氧饱和度与O_2分压的关系，可用希尔(Hill)方程表示。

$$\theta = \frac{KP^n}{1+KP^n} \tag{5-4}$$

式中，K是式(5-2)表示的平衡常数，P是氧分压。对于肌红蛋白，$n=1$，氧合曲线为抛物线。血红蛋白的氧合曲线可近似地用希尔方程表示，其中 $1<n<4$；氧合曲线呈 S 形，n值越大，S 形越明显。

图 5-12 还显示，在氧分压较低时，肌红蛋白的氧合能力大于血红蛋白。当血液流经氧分压较低的肌肉组织时，热力学上有利于O_2从血红蛋白转移到肌红蛋白储存起来。在O_2供应不足时，肌红蛋白再把O_2释放出来。

2) pH 的影响

已经发现细胞的H^+浓度是调节血红蛋白功能的一个重要因素。由于 pH 或CO_2分压变化而改变血红蛋白氧合能力的现象称为玻尔(Bohr)效应。脊椎动物组织中的CO_2增加会导致 pH 降低，随之引起血红蛋白氧合能力下降(见图 5-13)。

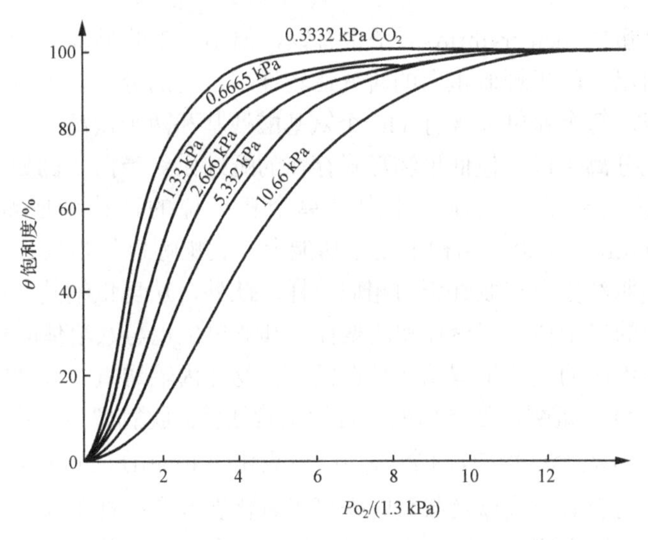

图 5-13　狗血 Hb 在不同CO_2分压下与氧结合曲线

玻尔效应在生物学上相当重要。在人体内，人血浆的正常生理 pH 为 7.35～7.45，但它会受CO_2与H_2O反应的影响。

$$HHb^{+} + O_2 \xrightleftharpoons[]{\text{肺pH 7.6}} HbO_2 + H^{+} \tag{5-5}$$

$$CO_2 + H_2O \xrightleftharpoons[]{\text{肌肉pH 7.2}} HCO_3^{-} + H^{+} \tag{5-6}$$

在肌肉组织中，由于 CO_2 分压较高，CO_2 就扩散到血浆和红细胞里，使 pH 变小，式(5-5)向释放 O_2 的方向进行，血红蛋白分子同时结合 H^+，以维持正常的生理 pH。相反，CO_2 从肺部呼出，CO_2 分压较低，式(5-6)向左进行，pH 增大，式(5-5)向结合 O_2 的方向进行，并离解出 H^+。

肌红蛋白没有玻尔效应。

3)某些小分子配体的作用

血红蛋白除了能与 O_2 结合外，还能与 CO、NO 等小分子配体结合，其结合能力为 NO＞CO＞O_2。血红蛋白与这些小分子结合也是通过血红素的 Fe(Ⅱ)离子实现的。人血红蛋白与 CO 的结合能力比 O_2 大 200 倍以上。人的一氧化碳中毒就是由于吸入的 CO 与血红蛋白结合，破坏了血红蛋白的输氧功能。如果人呼吸了含 NO 的空气，NO 和血红蛋白的结合同样会破坏血红蛋白的输氧功能。即使空气含 CO 和 NO 甚微，但如果长期吸入也会出现贫血症状。

同血红蛋白一样，肌红蛋白血红素辅基的 Fe(Ⅱ)离子也能与 CO、NO 配位。

5.1.2　蚯蚓血红蛋白

蚯蚓血红蛋白(hemerythrin)分子含有铁，但不含铁卟啉辅基，是一种非血红素铁蛋白。对星虫的蚯蚓血蛋白的研究比较详细，它的分子量为 108 000，由 8 个亚单位组成。每个亚单位含有 113 个氨基酸残基和两个铁离子。从其他一些组织和物种中也分离到以其他低聚物形式存在的蚯蚓血红蛋白。例如，从昆虫纲动物肌肉中分离得到的蚯蚓血红蛋白是单个亚单位的，称为肌蚯蚓血红蛋白(myohemerythrin)。无论在结构上还是功能上，肌蚯蚓血红蛋白都与蚯蚓血红蛋白相似，就如肌红蛋白与血红蛋白相似一样。此外，从昆虫纲其他物种中还发现蚯蚓血红蛋白的二聚体、三聚体和四聚体，其亚单位也与八聚体的相似。

蚯蚓血红蛋白的主要生理功能是在低等生物体内输送氧。分子中的每两个铁离子结合一个 O_2。蚯蚓血红蛋白的氧合型呈紫红色，脱氧型为无色。它的氧合能力不受 pH 影响，氧合过程中，两个 Fe(Ⅱ)被氧化为 Fe(Ⅲ)，而 O_2 被还原为 O_2^{2-}。蚯蚓血红蛋白的载氧方式以及载氧时铁离子氧化态改变，都不同于血红蛋白和肌红蛋白，但它的氧合能力比血红蛋白或肌红蛋白高 5～10 倍。穆斯堡尔谱研究表明，脱氧蚯蚓血红蛋白的 Fe(Ⅱ)和氧合蚯蚓血红蛋白的 Fe(Ⅲ)都处于高自旋态。脱氧蚯蚓血红蛋白在室温下的磁化率数据表明它有 4 个未成对电子，也说明 Fe(Ⅱ)是高自旋的。

各种谱学方法(如吸收光谱、穆斯堡尔谱、共振拉曼、圆二色谱、NMR 和 EXAFS)、磁化率和 X 射线衍射技术研究结果证实，脱氧蚯蚓血红蛋白亚单位中两个相距 0.325～0.5 nm 的 Fe(Ⅱ)离子与多肽链的七个氨基酸残基配位。三个组氨酸残基(His-73, 77, 101)与其中的一个铁离子配位，另外两个组氨酸残基(His-25，54)与另一个铁离子配位。一个谷氨酸残基(Glu-58)和一个天冬氨酸(Asp-106)作为桥联配体以其羧基的两个氧原子分别与两个铁离子配位。此外，连接两个铁离子的还有一个桥联氧原子。脱氧蚯蚓血红蛋白中的桥联氧原子是质子化的(称为μ羟桥)，氧合蚯蚓血红蛋白中的桥联氧原子是未质子化的(称为μ氧桥)。脱氧蚯蚓血红蛋白中，三个组氨酸残基的咪唑氮原子、谷氨酸和天冬氨酸残基的羧基氧原子以及桥联氧原子与一个铁离子配位，形成六配位的八面体构型。另两个组氨酸残基咪唑氮原子、谷氨酸和天冬氨酸残基的羧基氧原子以及桥联氧原子与另一个铁离子配位，形成五配位的三角双锥几何构型。氧合时，分子氧以过氧阴离子的形式通过端基配位方式键合到五配位铁离子上，这种成键模式使两个铁离子都为六配位并大致为八面体构型。

蚯蚓血红蛋白结合部位的强疏水性环境不利于稳定通过端基方式键合到铁离子的过氧阴离子。已经发现，氧合蚯蚓血红蛋白的过氧阴离子是质子化了的。由于分子氧的键合与 pH 无关，显然，过氧阴离子质子化所需质子不是从溶剂中获得而是由蛋白本身所提供的。研究证实，过氧阴离子质子化是脱氧蚯蚓血红蛋白μ羟桥质子转移的结果。图 5-14 为脱氧蚯蚓血红蛋白和氧合蚯蚓血红蛋白铁中心结构图。表 5-5 列出了 X 射线结构分析所得的铁中心的结构参数。

关于蚯蚓血红蛋白氧合过程中质子和电子从金属离子到分子氧的转移，人们提出了两种可能的机理。一种认为，质子转移包含在两次单电子转移过程中[图 5-15(a)]；另一种认为，质子转移发生于双电子转移之后[图 5-15(b)]。虽然仍没有强有力的数据证明何种机理正确，但 NO 键合到脱氧蚯蚓血红蛋白后的拉曼光谱表明，在混合价态化合物中存在着 NO 与μ羟桥间氢键。这与第一种机理是相似的。

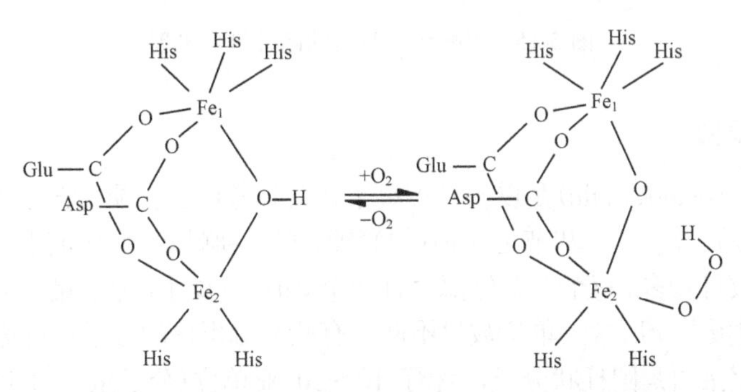

图 5-14 脱氧和氧合蚯蚓血红蛋白中铁中心结构图

表 5-5　蚯蚓血红蛋白双核铁中心结构参数[键长：Å；键角：(°)]

键长或键角	脱氧蚯蚓血红蛋白	氧合蚯蚓血红蛋白
Fe_1—Fe_2	3.32	3.27
Fe—N (av)	2.22	2.20
Fe—O (av)	2.20	2.17
Fe—μ-O (bridge) (av)	2.02	1.84
Fe_1—$O_{\epsilon 1}$ (Glu 58)	2.33	2.20
Fe_1—$N_{\epsilon 1}$ (His 73)	2.23	2.22
Fe_1—$N_{\epsilon 2}$ (His 77)	2.21	2.18
Fe_1—$N_{\epsilon 2}$ (His101)	2.24	2.21
Fe_1—$O_{\delta 1}$ (Asp106)	2.17	2.13
Fe_1—μ-O (bridge)	2.15	1.88
Fe_2—$N_{\epsilon 2}$ (His25)	2.15	2.14
Fe_2—$N_{\epsilon 2}$ (His 54)	2.28	2.25
Fe_2—O_{ϵ} (Glu 58)	2.14	2.20
Fe_2—$O_{\delta 2}$ (Asp106)	2.14	2.15
Fe_2—μ-O (bridge)	1.88	1.79
Fe_2—O_2		2.15
Fe—μ-O—Fe	110.6	125.4

注：av 表示平均键长；bridge 表示桥联键长

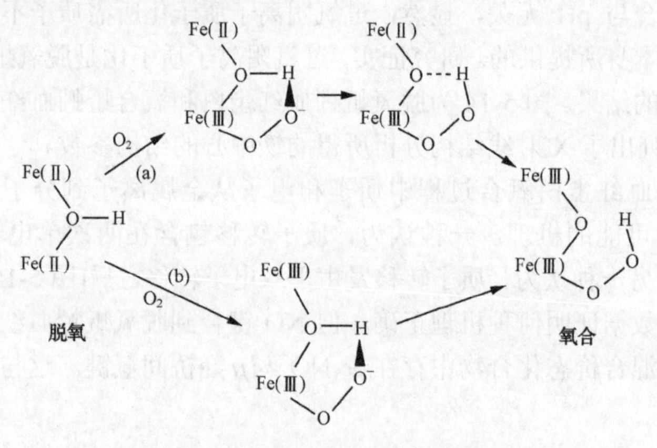

图 5-15　蚯蚓血红蛋白的两种氧合机理

5.1.3　血蓝蛋白

血蓝蛋白(hemocyanin)是以一价铜离子作为辅基的蛋白质。它存在于软体动物(如章鱼、乌贼、蜗牛等)和节足动物(如螃蟹、虾、蜘蛛等)的血液里。组成血蓝蛋白的亚单位数目较多。每个亚单位都含有两个 Cu(Ⅰ)离子，分子量一般为 50 000～74 000。不同蛋白质所含亚单位数目不同，有些血蓝蛋白的分子量可达 9×10^6。软体动物的血蓝蛋白是圆柱状分子，含有 10～20 亚单位(分子量为 3.5×10^5～4.5×10^5)，每个亚单位有 7～8 个功能单元(氧分子结合部位)。节肢血蓝蛋白由六聚体或多个六聚体组成，分子量约为 3.5×10^6，每个亚单位(分子量为 7.5×10^4)含有一个氧合中心。

血蓝蛋白的生理功能是输氧。氧合血蓝蛋白的铜是Cu(Ⅱ)并呈蓝色，在347 nm附近有吸收峰，这是由扭曲四面体场中的d-d跃迁产生的。脱氧血蓝蛋白呈无色。

X射线衍射技术大大增加了人们对血蓝蛋白的认识。虽然目前仍未测出软体动物的血蓝蛋白的晶体结构，但节肢动物的血蓝蛋白晶体结构分析提供了血蓝蛋白分子活性部位的结构信息。龙虾(*Panulirus interruptus*)血蓝蛋白亚单位由三个结构区域组成(图5-16)。区域Ⅰ由蛋白的前175个氨基酸残基组成，有大量的α螺旋二级结构；区域Ⅱ大部分也为α螺旋二级结构，由225个氨基酸残基(176～400)和作为氧分子键合部位的双铜离子组成；剩余的258个氨基酸残基(401～658)构成区域Ⅲ，并且类似于如超氧化物歧化酶等其他蛋白的β折叠二级结构。在区域Ⅱ的双铜活性中心中，每个铜离子与三个组氨酸残基(His)的咪唑氮配位。未氧合时，两个铜离子相距约460 pm，相互作用很弱，未发现两个铜离子之间存在着蛋白质本身提供的桥基。此时，每个铜离子与三个组氨酸残基咪唑氮的配位基本上是三角形几何构型。氧合后，Cu(Ⅱ)为四配位或五配位，两个铜离子与两个氧原子(过氧阴离子)和六个组氨酸残基中最靠近铜离子的四个组氨基酸残基咪唑氮强配位。此时，在一个近似的平面上，每个铜离子是平面正方形几何构型，这是Cu(Ⅱ)最有利的配位状况。氧分子以过氧桥形式(μ-$\eta^2\eta^2$)连接两个Cu(Ⅱ)，两个Cu(Ⅱ)相距约360 pm。图5-17是脱氧和氧合血蓝蛋白双铜活性中心示意图。

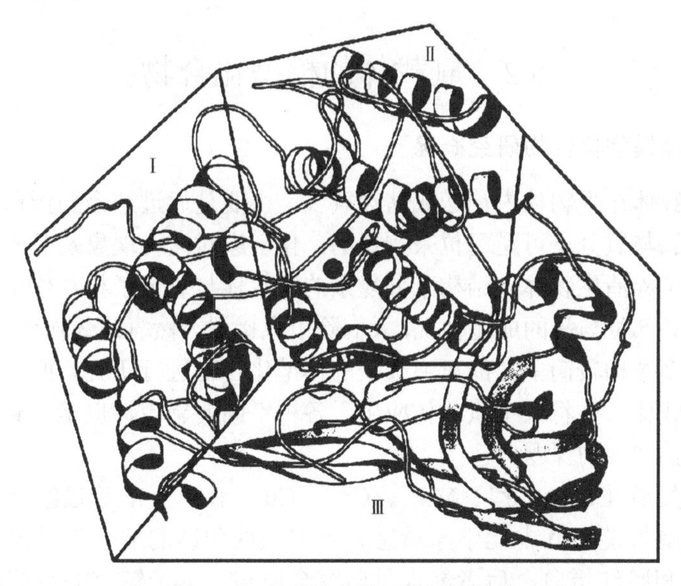

图5-16 血蓝蛋白的三个结构区域

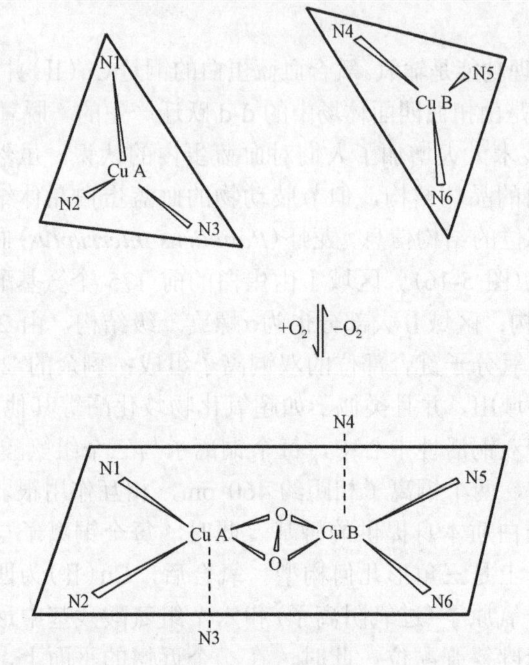

图 5-17　血蓝蛋白双铜活性中心示意图

与血红蛋白类似，氧合血蓝蛋白的氧合曲线呈 S 形，pH 变化也显著影响血蓝蛋白的氧合能力。

5.2　氧载体的模型化合物

5.2.1　氧载体模型化合物研究概况

天然氧载体在生物体内输送或储存氧气，主要是通过结合到蛋白质上的铁、铜等过渡金属与氧分子可逆配位来实现的。化学家对这一现象及其机理产生了极大兴趣。为了弄清生物体内结构十分复杂的氧载体与氧分子相互作用的机制，特别是活性中心部位与氧的成键情况，人们除了直接用天然氧载体作研究对象之外，还合成了许多结构较简单并能可逆载氧的模型化合物进行研究。此外，合成了高效的人工氧载体，并将人工氧载体应用于各种不同的领域，也是氧载体模型化合物研究极具挑战性的课题。

目前已知道 Co^{2+}、Fe^{2+}、Mn^{2+}、Cr^{2+}、Cu^{+}、Ru^{2+}、Ir^{+}等过渡金属的配合物具有可逆载氧性能。其中化学家最感兴趣的是铁和钴的配合物。前者可直接模拟血红蛋白和肌红蛋白，后者能提供研究金属与氧分子键合的较简单和最有效的模型。

1852年人们就发现Co(Ⅱ)盐的氨水溶液露置空气中变色。1898年Werner等确证变色的物种是$[(NH_3)_5Co(O_2)Co(NH_3)_5]^{4+}$。但公认的第一个人工氧载体是由日本化学家妻木于1938年报道的[Co(salen)]配合物。他肯定这种配合物露置空气中变色是由于对氧分子的可逆吸收。随后Calvin等确定了[Co(salen)]和O_2形成1∶1与2∶1两种配合物。从那时起科学家合成了很多Co(Ⅱ)氧载体，但当时只局限于测定固态氧载体的吸氧量和可逆载氧能力，应用上主要作为分离O_2和富集$^{18}O_2$的试剂。1969年，Floriani和Caldenrazzo研究了水杨醛亚胺合钴及其衍生物，发现它们在常温下可逆载氧，并首次成功分离出1∶1型固体载氧配合物[Co(3-MeO salen)]$Py{\cdot}O_2$。几乎与Floriani同时，Basolo和Crumbles等开始对[Co(acacen)]配合物及其衍生物的载氧性质进行了研究。他们的丰硕研究成果吸引了许多无机化学家。研究对象扩展到各类席夫碱(Schiff base)、酞箐、双肟、维生素B_{12}辅酶及卟啉的钴(Ⅱ)配合物，使人工氧载体研究成为20世纪70年代无机化学相当活跃课题。

由于血红蛋白和肌红蛋白的活性中心是铁卟啉，因此合成和表征Co(Ⅱ)卟啉和Fe(Ⅱ)卟啉就成为研究者最热心的课题。1970年以来，科研工作者在这方面做了不少工作，并取得了一定进展。

在研究氧载体模型化合物过程中，已合成出许多种高效的人工氧载体，可作为长期远离基地的潜水艇和高空轰炸机的氧源。在合成具有可逆载氧功能的人造血液研究方面，日本和中国也于20世纪70年代末取得突破，合成了与血红蛋白性能相似的人造血，并在临床试用上取得重要进展。

5.2.2 钴(Ⅱ)氧载体

5.2.2.1 钴(Ⅱ)配合物的载氧反应和结构

钴(Ⅱ)离子能与许多配体生成钴(Ⅱ)配合物。其中有一些钴(Ⅱ)配合物能可逆载氧，其载氧反应如下：

$$LCo^{II} + O_2 \rightleftharpoons LCo^{III}O_2^- \tag{5-7}$$

$$LCo^{III}O_2^- + LCo^{II} \rightleftharpoons LCo^{III}O_2^{2-}Co^{III}L \tag{5-8}$$

在生成的钴配合物氧加合物中，钴(Ⅱ)形式上被氧化，O_2形式上被还原。O_2在1∶1氧加合物中被还原为超氧离子O_2^-，在2∶1氧加合物中被还原为过氧离子O_2^{2-}。

在钴(Ⅱ)氧载体中一般以N、O、S作为配位原子。其中，以氨、胺、氨基酸、肽和席夫碱等作为配体的钴(Ⅱ)氧载体，一般形成μ过氧桥配合物$[LCoO_2CoL]$；

而以席夫碱、咕啉、卟啉等为配体的，一般生成超氧配合物[$LCoO_2$]。表 5-6 列举了某些钴(Ⅱ)氧载体与氧加合后的实验数据。下面着重介绍含席夫碱配体的钴(Ⅱ)氧载体。

表 5-6　一些钴(Ⅱ)氧载体

氧载体	ΔH /(kJ/mol)	ΔS /(eV/mol)	d_{O-O} /pm	D_{M-O} /pm	M—O—O 键角/(°)
[Co(salen)(DMF)O_2]	−59.03	−34.0			
[Co(salen)(DMSO)O_2]	−66.99±8.4	−67±3			
[Co(salen)(Py)O_2]	−85	−44.0			
[Co(acacen)(Py)O_2]	−72.4±2.1	−72.7±1.7			
[Co(bzacen)(Py)O_2]			126	186	126
$[Co(CN)_5O_2]^{3-}$			124	191	153
[CoP(Py)O_2]	38.5±4.2	−53±5			
$[(NH_3)_5Co(O_2)Co(NH_3)_5](SO_4)_2$			147	188	112
$[(NH_3)_5Co(O_2)Co(NH_3)_5](SCN)_4$			166	183	112

注：salen = *N*, *N* - 双水杨醛乙二胺；P = 原卟啉二甲酯；Py = 吡啶；
acacen = *N*, *N* - 双乙酰丙酮乙二胺；DMF = *N*, *N* - 二甲基甲酰胺；
bzacen = *N*, *N* - 双苯乙酰丙酮乙二亚胺；DMSO = 二甲亚砜

席夫碱通常指由胺与醛或酮缩合而成的化合物。作为氧载体配体的席夫碱一般是平面型四齿的，但也有五齿的。例如，图 5-18、图 5-19 分别是 acacen、salen 与钴的配合物。在席夫碱母体引入不同基团能改变钴(Ⅱ)席夫碱配合物的电子结构、溶解性和空间位阻。同卟啉相比，席夫碱容易制备，分子结构简单，但其电子离域性比卟啉差。

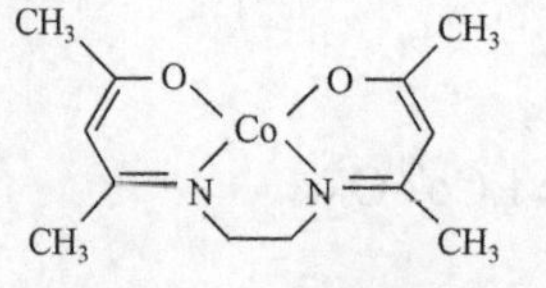

图 5-18　[Co(acacen)]

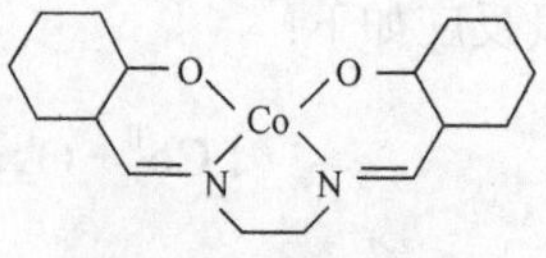

图 5-19　[Co(salen)]

[Co(bzacen)(Py)]与 O_2 作用形成的氧加合物，经 X 射线衍射技术证实是超氧配合物[Co(bzacen)(Py)O_2]，其结构如图 5-20 所示。它的 O—O 键长为 126 pm，与超氧化钾 KO_2 的 O—O 键长 128 pm 接近。

[Co(salen)(DMF)]、[Co(salen)(DMSO)]和[Co(salen)(Py)]在低温下与 O_2 作用也生成超氧配合物。

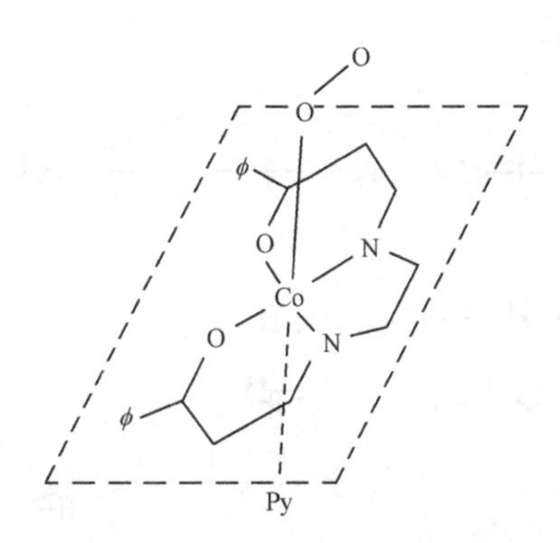

图 5-20 Co(bzacen)(Py)(O_2)立体结构示意图

一般认为，平面型四配位的席夫碱钴(Ⅱ)配合物只有第五配体配位后才能载氧。[Co(salen)]在苯、甲苯、三氯甲烷、丙酮和四氢呋喃等非配位溶剂中不能吸氧。[Co(salen)]配合物[Co(salen)(DMF)]、[Co(salen)(DMSO)]和[Co(salen)(Py)]能够载氧是由于可配位溶剂分子DMF、DMSO和吡啶分别作为第五配体配位的结果。众所周知，配合物中金属离子d轨道能级分裂在平面正方形构型和四方锥构型有明显的区别。平面正方形构型向四方锥构型的转变可提高d_{z^2}轨道能量，使d_{z^2}轨道能级处于 d_{xy} 轨道能级之上，此时，Co(Ⅱ)的电子排布为$(d_{yz})^2(d_{zx})^2(d_{xy})^2(d_{z^2})^1(d_{x^2-y^2})^0$。

研究表明，席夫碱钴(Ⅱ)配合物与O_2键合形成超氧配合物与σ-π配键生成有关，涉及氧分子的非键 sp^2 孤对电子对金属d_{z^2}轨道的σ给予和伴随出现的电子从金属充满电子的d_{xz}(或d_{yz})轨道进入氧分子的空π^*轨道而形成反馈π键的过程。显然。四方锥构型Co(Ⅱ)d_{z^2}轨道能量的提高，为Co(Ⅱ)与O_2的键合提供了条件。

Co(Ⅱ)超氧配合物都是顺磁性的，磁矩为1.6～2.2 BM，有一个未成对电子。在席夫碱钴(Ⅱ)配合物氧加合物的红外光谱中，可在1128～1140 cm^{-1}观察到归属于O—O伸缩振动谱带(ν_{O-O})，与超氧离子的O—O伸缩振动谱带(1145 cm^{-1})相当接近，为席夫碱钴超氧配合物[Co(Ⅲ)-O_2^-]的生成提供了实验依据。X射线光电子能谱研究也证实了席夫碱钴超氧配合物[Co(Ⅲ)-O_2^-]的生成，根据实验结果计算，伴随着席夫碱钴(Ⅱ)配合物的氧加合物生成，钴与O_2之间的电子转移值达86%，表明未成对电子的近90%的电子自旋密度定域O_2上。席夫碱钴(Ⅱ)配合物氧加合物的定性分子轨道能级图如图5-21所示。

Co(Ⅱ)超氧配合物中O_2^-的单电子与LCo(Ⅱ)的d_{z^2}单电子相互作用成键，生成μ过氧配合物(图5-22)。

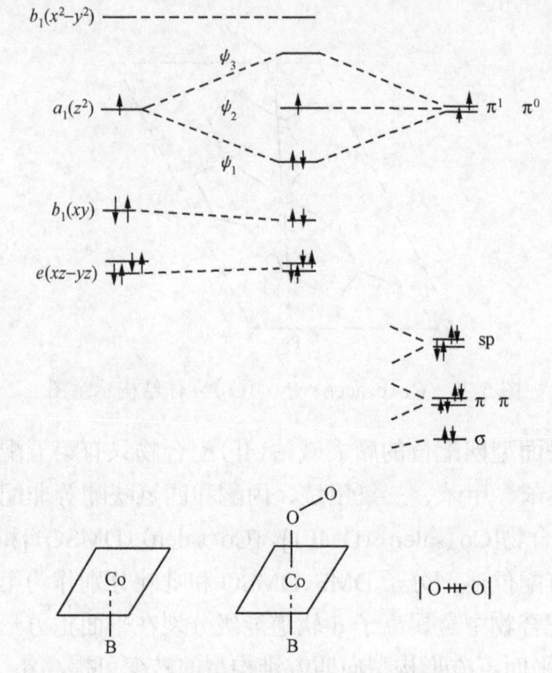

图 5-21　钴(Ⅱ)超氧配合物的定性分子轨道能级图

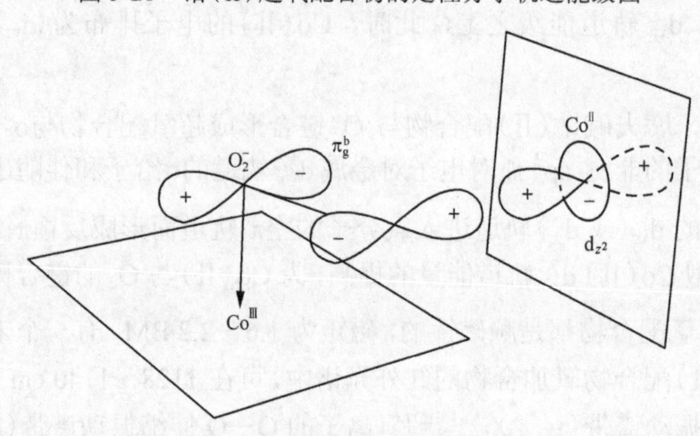

图 5-22　由超氧配合物形成过氧配合物示意图

[Co(salen)]在 DMF、DMSO 或吡啶等溶剂中，只有在低温下才全部生成 1∶1 的超氧配合物；在室温下会生成 2∶1 的μ过氧配合物，但反应速度相当缓慢。

图 5-23 是[Co(salen)]在室温下 DMSO 溶液中载氧反应的动力学曲线。当体系的氧分压较高时，初始阶段配合物迅速吸氧，在很短时间内，吸氧浓度与钴配合物总浓度比值 $n>0.5$，达到最大吸氧时又较快地下降，然后逐渐趋近 0.5，形成 2∶1 的μ过氧配合物。说明在氧分压高时，反应初始阶段以式(5-7)反应为主，随着μ过氧配合物生成，式(5-7)反应向左解离出 O_2 和 $LCo^{Ⅱ}$，使 $LCo^{Ⅱ}$反应生成μ过氧配合物。

当体系氧分压降低时，在初始阶段不出现 $n>0.5$ 的情况，而是随着反应时间延长逐渐接近 $n=0.5$，说明氧分压低时，以式(5-7)进行的反应很少。

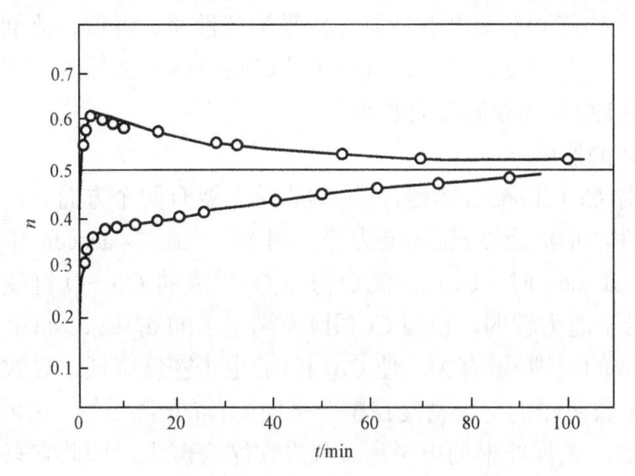

图 5-23 [Co(salen)]在 DMSO 溶液中的吸氧动力学曲线

温度：20℃；$n=[O_2]_{吸}/[Co]_{总}$

上曲线：$P_{O_2}=92.6$ kPa；$[Co]_{总}=2.91\times10^{-3}$ mol/L；下曲线：$P_{O_2}=26.6$ kPa；$[Co]_{总}=2.93\times10^{-3}$ mol/L

X 射线技术证实，Co(Ⅱ)的μ过氧配合物中的 O—O 键长一般接近过氧化物的 O—O 键长(Na_2O_2 的 O—O 键长为 149 pm)，两个 Co—O 键夹角一般为 90°～180°。如图 5-24 所示的棕褐色$[(NH_3)_5Co(O_2)Co(NH_3)_5]^{4+}$的 O—O 键长为 1.47 Å，两个 Co—O 键夹角为 145°45′。

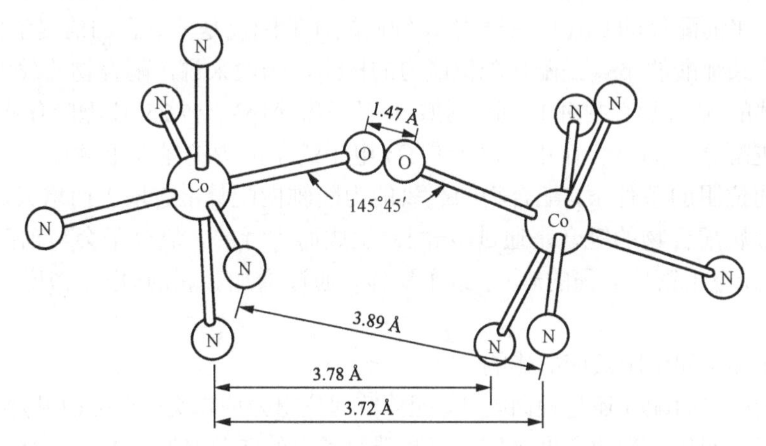

图 5-24 棕褐色$[(NH_3)_5Co(O_2)Co(NH_3)_5]^{4+}$的结构

无论是超氧或μ过氧配合物，升高温度或降低时都能释放出全部 O_2，在一定条件下 Co(Ⅱ)配合物可重新载氧。放氧和载氧可反复多次，但每次载氧能力均略有下降，这说明在循环过程中 Co(Ⅱ)配合物同时发生分解。

5.2.2.2　配体性质对Co(Ⅱ)配合物载氧的影响

Co(Ⅱ)配合物能否载氧及其载氧方式受配体性质、温度、溶剂和体系的氧分压等因素影响。关于温度、溶剂、氧分压的影响已在前面提及，下面着重介绍配体性质对Co(Ⅱ)配合物载氧反应的影响。

1)平面配体的影响

平面配体对Co(Ⅱ)配合物键合O_2的影响主要有两个方面。一是配位原子的性质，即电负性，形成反馈π键的能力等。例如，当配体acacen中的氧原子被硫原子取代变成sacacen时，Co(Ⅱ)配合物与O_2生成的Co—O键变得很弱。这是由于S原子σ给予能力较弱，也与Co(Ⅱ)充满电子的d_{xz}或d_{yz}轨道与S的外层空的d轨道所形成的反馈π键有关，使Co(Ⅱ)的电子密度降低，导致配合物载氧能力下降。二是金属离子的电子密度在整个平面配体的π离域性，离域性越大，载氧能力越低。例如，金属卟啉的电子离域程度比席夫碱大，因此它只有在强碱性配体作轴向配体时才能载氧。

平面配体引入给电子或拉电子取代基后，平面配体的取代基效应也对Co(Ⅱ)配合物键合O_2有一定的影响，但缺乏明显的相关性。这是轴向配体对平面配体的取代基效应制约的结果。例如，当拉电子取代基的引入使平面配体的电子释放能力降低时，轴向配体与Co(Ⅱ)配合物的键合能力会增加，使轴向配体与Co(Ⅱ)配合物的π效应超过平面配体的σ效应而占主导地位。

2)轴向配体的影响

对于平面配体的Co(Ⅱ)配合物，轴向配体的配位是其氧合的前提条件。

配体共轭酸的pK_a是配体配位能力的标志，一般来说，配合物的载氧能力与轴向配体的pK_a没有直接的联系。例如，1-甲基咪唑(pK_a = 7.25)比哌啶(pK_a = 11.3)更能促进配合物的氧合作用。对于具有π电子给予能力的轴向配体而言，在不考虑其空间位阻的条件下，配合物的载氧能力随轴向配体pK_a增大而增大。因为氧分子与金属配合物的键合是通过σ-π配键生成而进行的，氧分子会与轴向配体争夺金属的π电子密度。强的π电子给予配体，通过增加金属的π电子密度而促进氧合作用。

3)配体空间位阻效应的影响

无论是平面配体还是轴向配体，配体空间位阻效应都会影响Co(Ⅱ)配合物键合氧分子。例如，当改变席夫碱中亚胺碳原子上的取代基时，产生的空间位阻会影响轴向配体和氧分子与Co(Ⅱ)配合物作用。[Co(salen)]配合物是平面四方形构型，在DMF、DMSO或吡啶中，室温下会吸氧生成μ过氧配合物。如果salen配体的乙二胺的取代基越多，取代基空间位阻越大，吸氧速度越慢，载氧平衡常数越小，越不利于μ过氧配合物生成。

5.2.3 铁(Ⅱ)载氧体

化学家们早在20世纪50年代就开始研究人工合成铁氧载体，但直到70年代才逐步找到恰当的合成方法。过去合成铁氧载体遇到的主要困难是Fe(Ⅱ)配合物与O_2作用生成不能可逆载氧的μ-O二聚体$Fe^{Ⅲ}—O—Fe^{Ⅲ}$。虽然这一过程的详细机理还没有完全弄清楚，但是在固相反应时生成的μ-O 二聚体的机制可粗略表示为图5-25中所示。

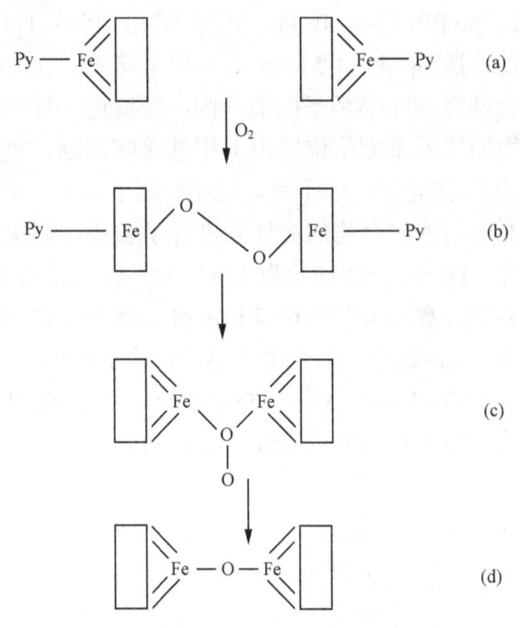

图5-25 Fe(Ⅱ)配合物与O_2生成μ-O二聚体示意图

1975年F. Basolo在研究四苯基卟啉铁与O_2反应动力学的基础上，提出如下机制：

$$Fe^{Ⅱ}(Por)(L)_2 \rightleftharpoons Fe^{Ⅱ}(Por)(L) + L \tag{5-9}$$

$$LFe^{Ⅱ}(Por) + O_2 \rightleftharpoons LFe^{Ⅲ}(Por)(O_2^-) \tag{5-10}$$

$$LFe^{Ⅲ}(Por)(O_2^-) + LFe^{Ⅱ}(Por) \rightleftharpoons LFe^{Ⅲ}(Por)\text{-}O_2^{2-}\text{-}Fe^{Ⅲ}(Por)L \tag{5-11}$$

$$LFe^{Ⅲ}(Por)\text{-}O_2^{2-}\text{-}Fe^{Ⅲ}(Por)L \xrightarrow{快} 2LFe^{Ⅳ}(Por)\text{-}O^{2-} \tag{5-12}$$

$$LFe^{Ⅳ}(Por)\text{-}O^{2-} + LFe^{Ⅱ}(Por) \xrightarrow{快} Fe^{Ⅲ}(Por)\text{-}O\text{-}Fe^{Ⅲ}(Por) + 2L \tag{5-13}$$

中间产物$LFe^{Ⅲ}(Por)\text{-}O_2^{2-}\text{-}Fe^{Ⅲ}(Por)L$的存在已有实验证明。

血红蛋白和肌红蛋白的铁卟啉辅基处于多肽链盘绕之中，正是这种空间位阻效应能够阻止两个血红素的 Fe(Ⅱ)离子互相靠近，抑制了不可逆载氧的 Fe^{III}—O—Fe^{III}生成，因此它们能够可逆载氧。人们据此进行了大量研究，已经找到防止 Fe(Ⅱ)配合物生成μ-*O* 二聚体的三种有效途径：①在 Fe(Ⅱ)配合物内设置空间位阻；②在低温下使 Fe(Ⅱ)配合物生成μ-*O* 二聚体的反应非常慢；③把 Fe(Ⅱ)配合物固载在有一定刚性的载体表面。

1973 年 J. P. Collman 等首次合成了在室温下能载氧的围栅型(picket-fence)铁(Ⅱ)卟啉配合物[Fe(TpivPP)(1-MeIm)]，见图 5-26，其中 TpivPP 为 5,10,15,20-四-(*O*-三甲基乙酰胺苯基)卟啉，1-MeIm 为 1-甲基咪唑。在卟啉环上连接的 4 个三甲基乙酰胺苯基全部竖在卟啉环平面的一侧，像篱笆一样阻止另一个铁卟啉分子逼近。这个配合物的第五个配位位置由 1-甲基咪唑占据，氧分子只能从篱笆一侧靠近 Fe(Ⅱ)离子并与它键合，这样就有效地抑制了μ-*O* 二聚体生成。已经分离到[Fe(TpivPP)(1-MeIm)]氧加合物的晶体并进行了表征，证实它是反磁性的，氧分子以端基与铁键合。Fe—O—O 键角为 136°，O—O 键长为 125 pm。此外，它的固相载氧平衡热力学参数为$\Delta H^0 = -65.2$ kJ/mol，$\Delta S^0 = -38$ eV/mol，$P_{0.5} \approx 41$ Pa ($P_{0.5}$ 是氧半饱和分压，$P_{0.5}$ 越小，氧合能力越大，人 Hb 的α亚单位 $P_{0.5} \approx 61$ Pa)。牛肌红蛋白的$\Delta H^0 = -57.3$ kJ/mol，$\Delta S^0 = -38$ eV/mol，$P_{0.5} \approx 93$ Pa。两者十分接近，可见它与肌红蛋白的铁卟啉辅基的载氧性质非常相似。

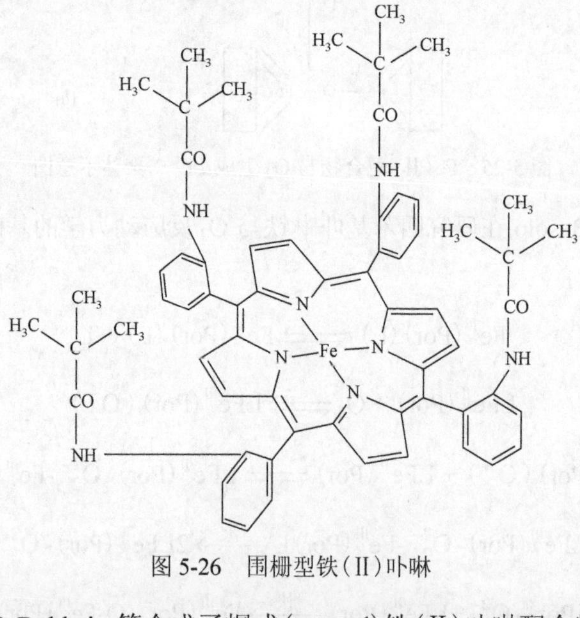

图 5-26　围栅型铁(Ⅱ)卟啉

1975 年 J. E. Baldwin 等合成了帽式(capped)铁(Ⅱ)卟啉配合物，如图 5-27 所示。该配合物的卟啉环上的苯四甲酸酯有四条长度合适的烃链，各通过一个苯基连接在卟啉环的 5,10,15,20 位置上，使卟啉环像戴上一顶帽子。O_2 等分子可以通过酯链间的空隙进入与Fe(Ⅱ)配位。在卟啉环下方必须有轴向配体与Fe(Ⅱ)配位，否则 O_2 从卟啉下方与 Fe(Ⅱ)键合迅速生成μ-O 二聚体。如果轴向配体过量很多，则有利于五配位配合物形成，生成μ-O 二聚体的速度就大大减慢。这种配合物在吡啶溶液中能迅速载氧。用冷却-融化法除去气体后，配合物能恢复载氧前的光谱。载氧-放氧作用经过多次循环后，配合物有少量分解。氧加合物在吡啶溶液中能维持约 20 h，以后会被全部氧化为 Fe(Ⅲ)配合物。

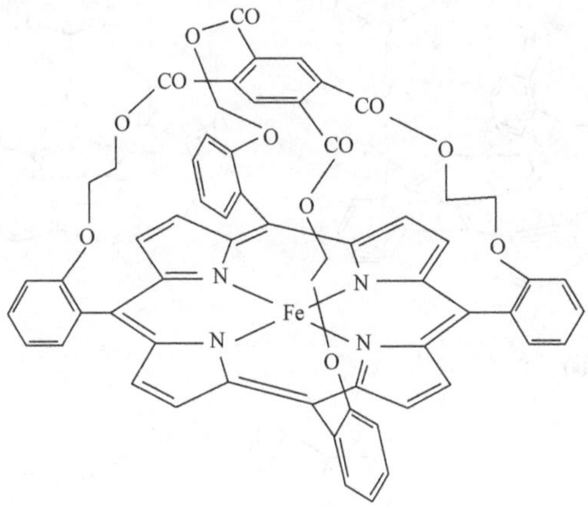

图 5-27　帽式铁(Ⅱ)卟啉

此外，科学家还合成了以横跨卟啉环的长链桥基作障碍基团的吊带式(strapped)卟啉(图 5-28)、带有半封闭状障碍基团的袋式(pocket)卟啉[图 5-29(a)]，

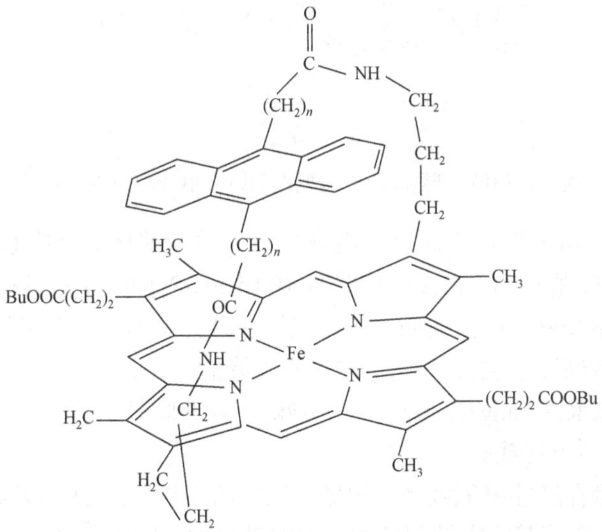

图 5-28　吊带式铁(Ⅱ)卟啉

用冠醚类结构作横跨卟啉环的桥基的王冠型(crowned)卟啉[图 5-29(b)]等多种铁(Ⅱ)卟啉。由于铁(Ⅱ)卟啉还需要配体作为第五配体才能载氧，因此人们通过长链把轴向配体与卟啉环相连，形成所谓拖尾(tailed)卟啉，如 *N*-3-(1-咪唑)丙酰胺焦卟啉铁(Ⅱ)[图 5-29(c)]。将卟啉环修饰和碱基配体修饰两种方法结合，人们还合成拖尾围栅卟啉、拖尾袋式卟啉等氧载体。

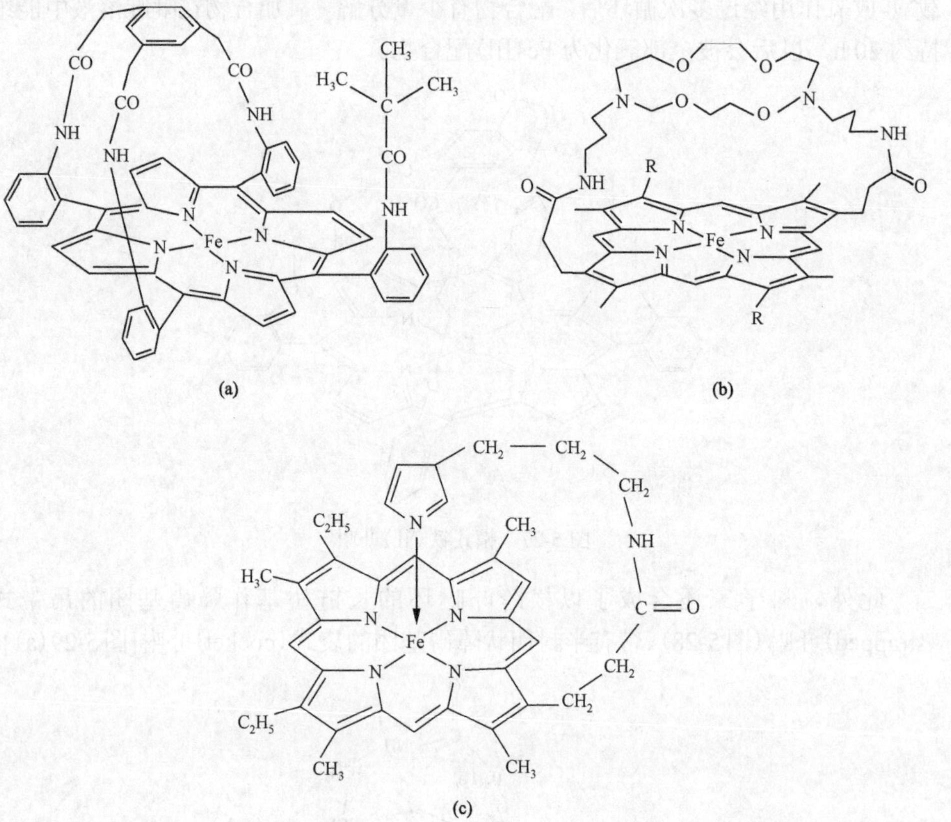

图 5-29　袋式铁(Ⅱ)卟啉(a)、王冠型铁(Ⅱ)卟啉(b)和拖尾铁(Ⅱ)卟啉(c)

中山大学生物无机化学研究小组合成了一种新的尾式卟啉(图 5-30)，5-对[4-(间-吡啶氧基)苯基]-10,15,20 三苯基卟啉(meos-PyBPTPP)，以 meso-PyBPTPP 为配体合成了钴卟啉。结果表明这种尾式钴卟啉在常温下具有可逆载氧性能，并且利用红外光谱确证了氧合的 ν_{O-O} 振动吸收峰的存在。

1973 年，C. K. Chang 合成了 *N*-3-(1-咪唑)焦卟啉铁(Ⅱ)(图 5-31)，它在二氯甲烷中–45℃时能可逆载氧。

F. Basolo 等在铁卟啉氧载体方面做了很多的工作。他们从 1974 年起合成并研究了 5,10,15,20-四苯基卟啉铁(Ⅱ)配合物的轴向加合物[Fe^{II}(TPP)(B_2)]热力学和

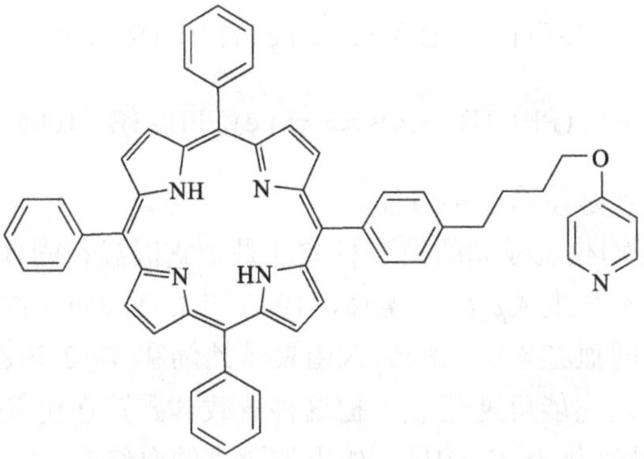

图 5-30 尾式卟啉(meso-PyBPTPP)

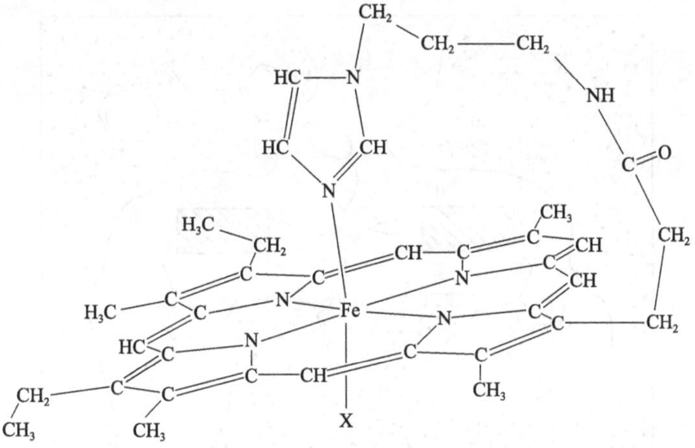

I, X=无取代或H_2O, Fe^{II}
Ⅵ, X=C1, Fe^{III}
Ⅶ, X=CO, Fe^{II}
Ⅷ, X=O_2, Fe^{II}

图 5-31 *N*-3-(1-咪唑)焦卟啉铁(Ⅱ)

动力学性质。这种配合物在−79℃和二氯甲烷溶液中载氧性能很好。载氧和放氧作用循环多次，没有发生不可逆氧化，反应的化学计量式为

$$Fe(TPP)(B_2) + O_2 \rightleftharpoons Fe(TPP)(B)(O_2) + B \tag{5-14}$$

Fe(TPP)(B_2)在 1.01×10^5 Pa(1 atm)下和二氯甲烷溶液中能全部生成氧加合物，而在甲苯溶液中仅生成少量氧加合物。在极性溶液中的载氧行为证实了生成的配合物为 $Fe^{III}O_2^-$。这种情况与 Co(Ⅱ)配合物在极性溶液中观察到的情况非常相似。载氧反应动力学研究表明，反应速率与 Fe(TPP)(B_2)离解并很快生成五配位中间体 Fe(TPP)(B)的速率是一致的。

$$Fe(TPP)(B_2) \rightleftharpoons Fe(TPP)(B) + B \tag{5-15}$$

$$Fe(TPP)(B) + O_2 \rightleftharpoons Fe(TPP)(B)(O_2) \tag{5-16}$$

低温体系的缺点是使用上不方便。

使Fe(Ⅱ)配合物载氧成功的第三种方法是把它固载在固体表面，两个铁原子就不能靠拢，也就不会生成μ-O二聚体，1970年J. H. Wang首先采用这种方法，把1-(2-苯乙基)咪唑血红素二乙酯嵌入由聚苯乙烯和1-(2-苯乙基)咪唑组成的载体中(图5-32)，发现它能可逆载氧。把这种氧载体露置在空气中数天，血红素中的Fe(Ⅱ)也不会被氧化为Fe(Ⅲ)。如果把游离的血红素二乙酯暴露在空气中，Fe(Ⅱ)立刻就被氧化为Fe(Ⅲ)。

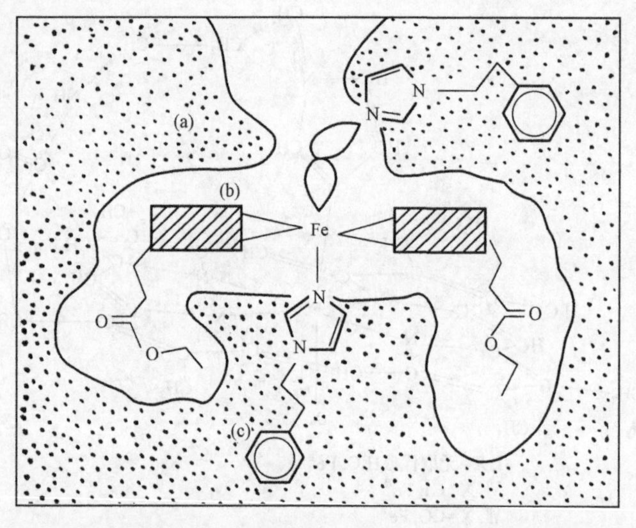

图5-32 嵌入聚苯乙烯和1-(2-苯乙基)咪唑中的1-(2-苯乙基)咪唑血红素二乙酯

(a)聚苯乙烯；(b)亚铁血红素二乙酯；(c)1-(2-苯乙基)咪唑

F. Basolo等发现，把简单的Fe(TPP)配合物固定在修饰过的硅胶表面也能有效载氧。这种修饰过的硅胶含有固载在硅上的3-咪唑基丙基，当$Fe^{II}(TPP)(B_2)$与硅胶反应时，硅胶表面的咪唑基就取代了$Fe^{II}(TPP)(B_2)$的一个配体。再加热就脱去另一个配体，生成五配位的铁(Ⅱ)卟啉(图5-33)。在第六配位位置上能可逆键合氧分子。

5.2.4 Vaska型氧载体

Vaska型氧载体$[IrCl(CO)(PPh_3)_2]$，又称Vaska型化合物(Vaska's compound, Vaska's complex)，是L. Vaska在1963年合成的人工氧载体。$[IrCl(CO)(PPh_3)_2]$中，Ir^+属于d^8电子组态，PPh_3为三苯基膦。这个配合物在苯溶液中能可逆键合氧分子，

生成1∶1的双氧配合物，其反应如式(5-17)。与氧分子反应前溶液呈黄色，反应后变为红色。

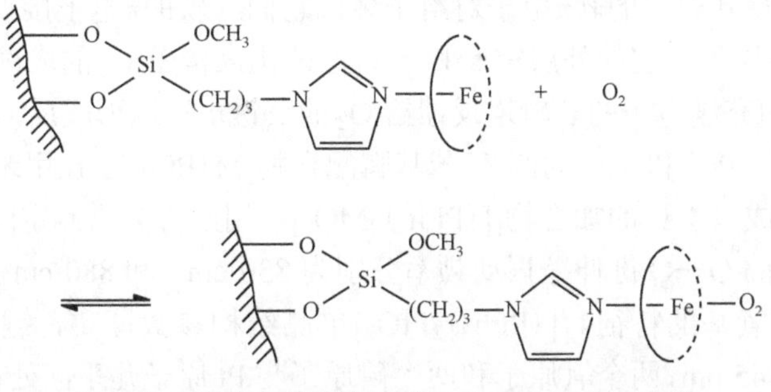

图 5-33 固载在硅胶表面的 Fe(TPP)O_2 的示意图

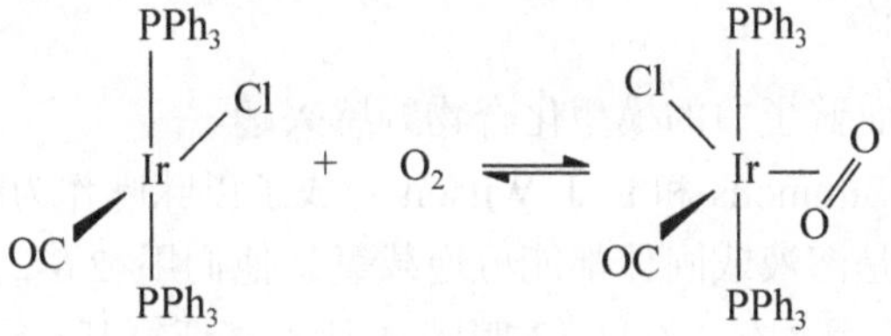

(5-17)

1964 年对 Vaska 型氧载体的 X 射线衍射研究证实，其氧加合物分子为三角双锥构型，氧分子以侧基与 Ir^+键合，O—O 键长 130 pm，Ir—O 键长 209 pm。2008 年对 Vaska 型氧载体的氧加合物 X 射线衍射研究得到了更准确数据，O—O 键长 147 pm，Ir—O 键长 211 pm。红外光谱测得氧加合物中氧分子的伸缩振动频率ν_{O-O}为 858 cm^{-1}，说明键合的氧分子有过氧基的特性。由此推测，中心离子需反馈两个电子给氧分子。Ir^+与 O_2 键合时形成两个三中心配键，其中一个是氧分子的成键π电子给予 Ir^+的空 d 轨道形成σ配键，另一个是由 Ir^+充满电子的未成键 d 轨道反馈给氧分子的反键π^*轨道形成反馈π键，如图 5-34 所示。膦配位的主要作用是阻止氧分子接受来自铱的电子而不可逆还原，以保持铱的低氧化态(+1)，同时又促进上述反馈π键形成。

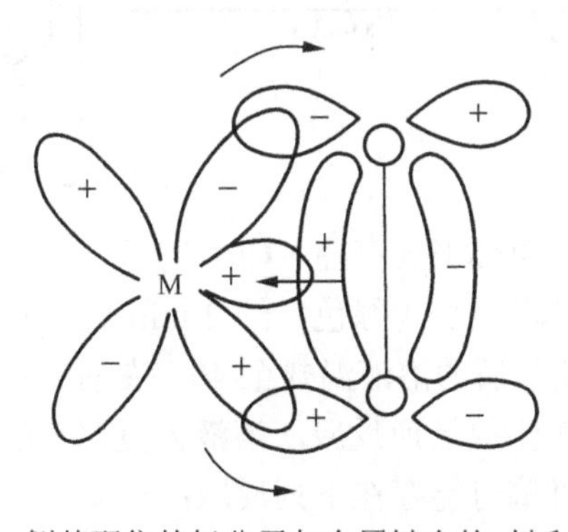

图 5-34 侧基配位的氧分子与金属键合的σ键和反馈π键

由于 Vaska 型氧载体的中心金属原子或离子需要反馈两个电子给配位的氧分子，所以 d^{10} 组态的金属原子或低价态的金属离子更有利于生成 Vaska 型氧载体。它们是含有大量 d 电子的软π电子对给予体，它们与软的π电子接收体分子氧强烈作用，d^{10} 金属原子以它的外层空 s 和 p 轨道杂化来接受 O_2 的成键π电子形成σ配位键，而它们的充满电子的 d 轨道反馈给 O_2 的反键π^*轨道形成反馈π键。事实上，已经发现，Pt^0、Pd^0 和 Ni^0 的四-三苯基膦配合物$[M(PPh_3)_4]$在甲苯或苯溶液中也能与氧分子生成 1∶1 的加合物$[[(PPh_3)_2MO_2]$。用红外光谱测定$[(PPh_3)_2PtO_2]$和$[(PPh_3)_2PdO_2]$的 O—O 键伸缩振动频率分别为 830 cm^{-1} 和 880 cm^{-1}，可见键合的氧分子具有过氧基的特征。$[(PPh_3)_2PtO_2]$单晶结构参数证实，键合的氧分子的 O—O 键长为 145 pm，两个氧原子和两个磷原子与 Pt 原子几乎同处在一个平面上。

5.2.5 铜（Ⅰ）氧载体

化学家对合成血蓝蛋白的模型化合物颇感兴趣。

1978 年 M. G. Simmons 和 L. J. Wilson 合成了以咪唑作为配体的 Cu（Ⅰ）配合物，在室温下无论是溶液或固体都能可逆载氧。他们用 2,6-二乙酰基吡啶与组胺(histamine)缩合，得到配体 2,6-[1-(2-咪唑-4-亚乙基亚氨基)乙基]吡啶(bimp)，然后在氮气保护下加入[Cu(Ⅰ)$(MeCN)_4$](ClO_4)得到暗红色的[Cu(Ⅰ)(bimp)](ClO_4)配合物，见式(5-18)。

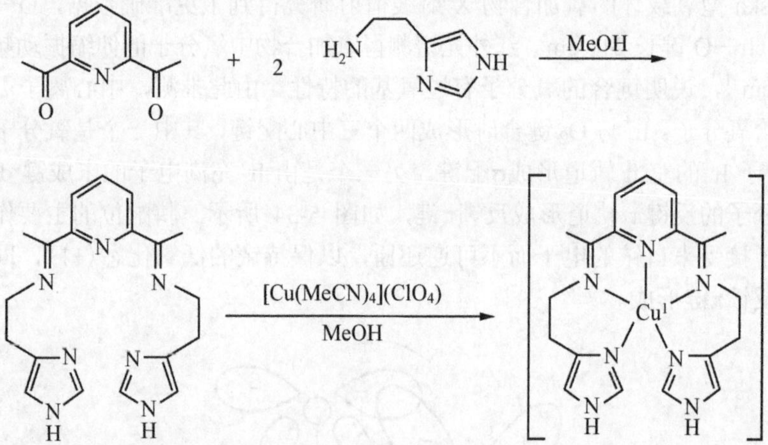

(5-18)

该配合物在溶液中以单体形式存在。Cu（Ⅰ）离子的配位数为 5。在室温下露置于空气中，溶液迅速从红色变为绿色，约 2 min 后反应完全，每 2 mol Cu（Ⅰ）吸收 1 mol O_2。如果把载氧后的溶液温热至 40℃左右并用氮气赶跑气体，或在减压下搅拌溶液，很容易发生放氧逆反应，溶液恢复原来的红色。如此重复实验证实它能可逆载氧。据此推测可能存在下列反应：

$$LCu^{I} + O_2 \rightleftharpoons LCu^{II}O_2^- \tag{5-19}$$

$$LCu^{II}O_2^- + Cu^{I}L \rightleftharpoons LCu^{II}O_2^{2-}Cu^{II}L \tag{5-20}$$

Kitajima 等合成了以具有空间位阻的吡唑基(pz)硼酸盐为配体的铜(Ⅰ)配合物 Cu[HB(3,5-*i*-Pr_2pz)$_3$]和 Cu[HB(3,5-Me_2pz)$_3$](图 5-35)，在−78℃和一个大气压的氧气压力下，铜(Ⅰ)配合物丙酮溶液可与分子氧直接加合，得到与氧合血蓝蛋白结构相似的氧加合物，其反应式见式(5-21)。X 射线衍射研究表明，氧加合物中过氧离子以μ-η^2：η^2 与铜(Ⅱ)配位。氧加合物为反磁性，ν_{O-O} 为 741 cm^{-1}；Cu—Cu 键长为 356 pm。

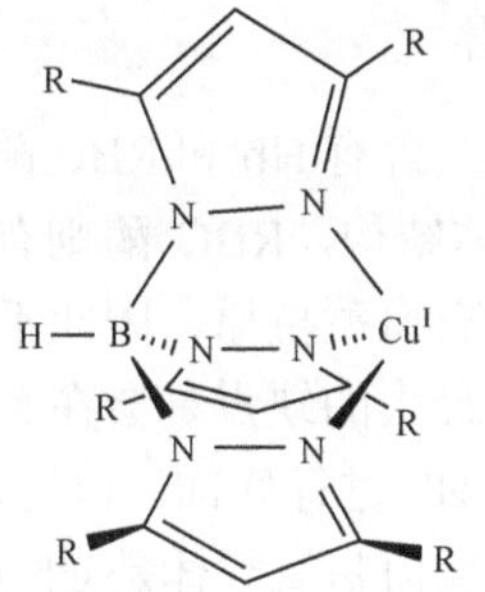

图 5-35 以吡唑基硼酸盐为配体的铜(Ⅰ)配合物 Cu[HB(3,5-*i*-Pr_2pz)$_3$]
[R 为 3,5-*i*-Pr(异丙基)]和 Cu[HB(3,5-Me_2pz)$_3$][R 为 3,5-Me(甲基)]

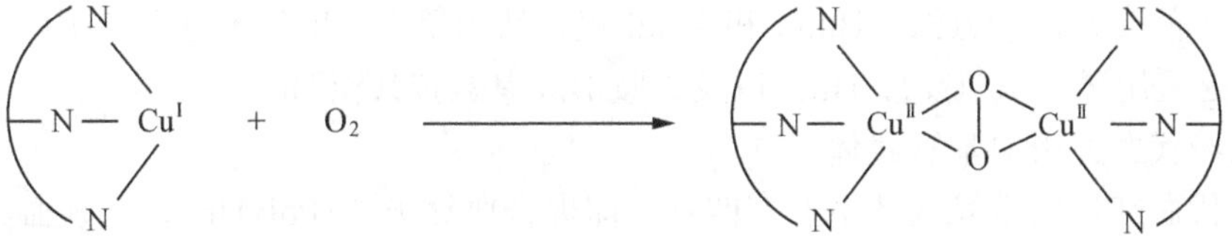

$$(N)_3Cu^{I} + O_2 \longrightarrow (N)_3Cu^{II}(\mu\text{-}\eta^2:\eta^2\text{-}O_2)Cu^{II}(N)_3 \tag{5-21}$$

吡唑基硼酸盐铜(Ⅰ)配合物作为血蓝蛋白的模型化合物，为人们了解氧合血蓝蛋白的结构提供了有用的信息。

5.2.6 人造载氧血液

世界各国的化学家和生物学家很早已致力于合成类似血红蛋白结构并具有载氧生理功能的人造血液研究，以满足外科手术、战地救护、失血过多患者和血液病患者的需要。尤其是 20 世纪 80 年代人们认识到人类免疫缺陷病毒(HIV)是通过输血传播时，更激发了对“无病”血液代用品的兴趣。但是接近真血液功能的人造血液至今未能获得成功。

人造载氧血液，或者说血液代用品，除了具有运输氧的功能外，还要求具有以下性质：①不需要交叉配血或可配伍性试验；②便于长期储存；③在被肾清除以前，能在血管中循环几周时间；④无副作用；⑤无致病菌；⑥不但可运输氧，而且能把氧释放于人组织。

基于血红蛋白的氧载体（hemoglobin-based oxygen carrier，HBOC）是人造载氧血液的一个研究方向。20 世纪 70 年代发展的血液代用品，最初是注重开发游离的血红蛋白溶液。血红蛋白的细胞外溶液，保持了输送氧的能力，可用作血液代用品。HBOC 的优点是不必进行交叉配血试验，此外，还可以用超滤和低热使病原菌失活。但 HBOC 的最大不足是它在循环中存活时间短、与氧的亲和力异常高，同时还有诸如不适、腹痛、血红蛋白尿等副作用。所以要把 HBOC 有效应用于临床，还必须克服它在血管内存活时间短和向组织充氧的能力比正常血红蛋白低的问题。

5.2.6.1　血红蛋白基氧载体

第一个人造的红细胞（RBC）含有 Hb 和 RBC 酶，具有类似于红细胞的氧气吸附解离曲线。Hb 仍保持四聚体结构，RBC 酶则有着碳酸酐酶和过氧化氢酶的活性。这种人造红细胞在膜上没有血型抗原，因此不会由于血型抗体的存在而发生聚集。但是，这种人造红细胞最大的缺点是会在血液循环中被快速清除，所以，科学家们通过各种生物技术对 Hb 进行修饰，以增加其在血液循环中存留时间。

第一个被报道的人工血红蛋白基氧载体是 Chang 课题组运用纳米生物技术将 Hb 交联成具有纳米级厚度的超薄多聚血红蛋白（PolyHb）膜。Hb 可以通过戊二醛交联成 PolyHb，每个 PolyHb 有 4～5 个 Hb 分子。Hb 交联形成 PolyHb 有分子内交联和分子间交联两种方法。Bunn 和 Jandl 仅仅选用单个 Hb 分子进行分子内交联。Chang 采用癸二酰氯交联 Hb，以及二胺形成聚酰胺共轭 Hb。

1）第一代血红蛋白基氧载体

第一代血红蛋白基氧载体主要有四种，即聚合血红蛋白（PolyHb）、共轭血红蛋白、分子内交联血红蛋白以及重组血红蛋白（图 5-36）。

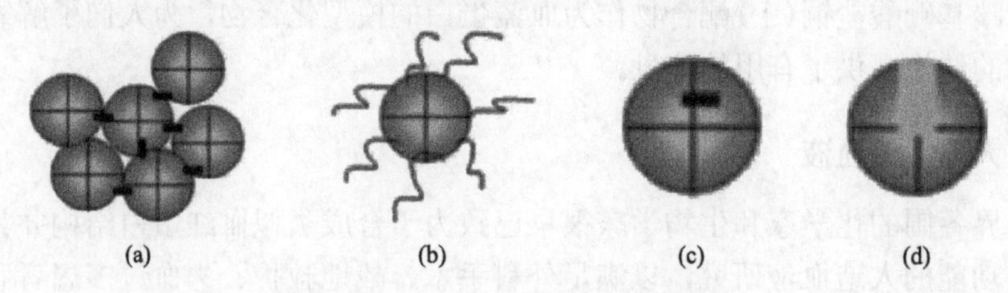

图 5-36　第一代血红蛋白基氧载体

(a) PolyHb；(b) 共轭血红蛋白；(c) 分子内交联血红蛋白；(d) 重组血红蛋白

聚合血红蛋白是由戊二醛聚合的血红蛋白，包括 PolyHeme、Hemopure 和 Hemolink。与红细胞不同的是，PolyHb 没有血型，因此不需要交叉配血，可直接使用。它们也不含传染性的病毒或细菌，如 HIV 病毒、丙型肝炎和寄生虫等。而一般血液必须在 4℃保存，并且只能保存 42 天，但 PolyHb 可以在室温下保存一年以上。Gound 和 Moss 设计了戊二醛聚合人血红蛋白。由 171 个患者组成的临床试验表明，在创伤性手术中输注聚合人血红蛋白可使血液中 Hb 保持在良好的水平，该聚合人血红蛋白成功替代了外伤手术中流失的大量血液，并使其血液 Hb 水平保持在安全的 8～10 g/dl 范围内。最近他们发现，在不经配血的情况下，可直接使用该聚合血红蛋白。L. Bing、L. Wong 和 Carl Raush 则开展了戊二醛聚合牛血红蛋的工作，近期越来越多的临床试验表明其可应用于临床。俄罗斯和南非已批准将其应用于患者的常规临床治疗。多聚血红蛋白因其升压效应显著，并可改善微循环以及较快地恢复代谢参数，已被视为有效的复苏制剂和良好的输血替代物。但其也存在一些问题，主要是增加感染风险、免疫抑制、氧化损伤、过度的肺部和全身血管收缩以及血小板的激活。

共轭血红蛋白是采用惰性分子如聚乙二醇(PEG)修饰的血红蛋白，以增大分子量，延长血红蛋白的循环半衰期。其渗透压较高，具有扩充血管的功能，能够改善血液循环，提高对组织的供氧。聚乙二醇为药用辅料，具有良好的生物相容性、无毒、无抗原性等特性，经口毒性随着分子量增加而降低。研究表明，聚乙二醇修饰能够稳定血红蛋白结构，保留氧结合部位的结构完整性，延长半衰期，提高在血管中的存留时间，增加胶体渗透压，使其具有扩容作用，还可降低免疫原性。美国 Enzon 公司开发了一种聚乙二醇牛血红蛋白偶联物(PEG-Hb™)，平均每分子蛋白修饰十二个琥珀酰亚氨基碳酸酯聚乙二醇分子，具有较高的胶体渗透压。实验结果表明其能够有效消除由血红蛋白消耗一氧化氮而引起的高血压。已有其在多种动物模型中是安全有效的报道。此外，在犬出血性休克模型中，PEG-Hb™ 比天然 Hb 显示出更长的循环半衰期。尽管 PEG-Hb™ 早就进入临床 I 期，但其用于临床上的应用开发已停止。在此基础上，凯正生物工程发展有限责任公司以 Enzon 公司相似的工艺制备了聚乙二醇修饰牛血红蛋白，已完成 I 期第一阶段临床试验，并获得兽用新药证书。美国 Sangart 公司的 Hemospan 为聚乙二醇修饰人血红蛋白，商品名为 MP4，有良好的血浆扩容功能，且能够有效向缺氧组织供氧，在美国已完成III期临床。科学家报道合成了通过 Cys β93 残基将聚乙二醇与血红蛋白偶联[图 5-37(a)]，增加了氧亲和力。这与传统的聚乙二醇血红蛋白偶联物不同，属于反向偶联。军事医学科学院周虹课题组最近设计了通过马来酰亚胺将 PEG 偶联到牛红蛋白(bHb)上[图 5-37(b)]，经研究发现，相比于人血红蛋白，bHb-PEG 表现出较大的流体力学体积、较高的胶体渗透压及黏度。此外，在小鼠失血性休克模型中，bHb-PEG 可恢复血容量，修复微血管。然而目前，聚乙二醇修饰血红蛋白应用于临床仍面临许多挑战，主要有二：第一是 PEG 与未交联的 Hb 作用减弱了血红蛋白四聚体之间的作用，因此会促进聚乙二醇化四聚体向聚乙二醇化二聚体转换；第二是由于其对氧亲和力的影响，因此总是产生高活性氧。

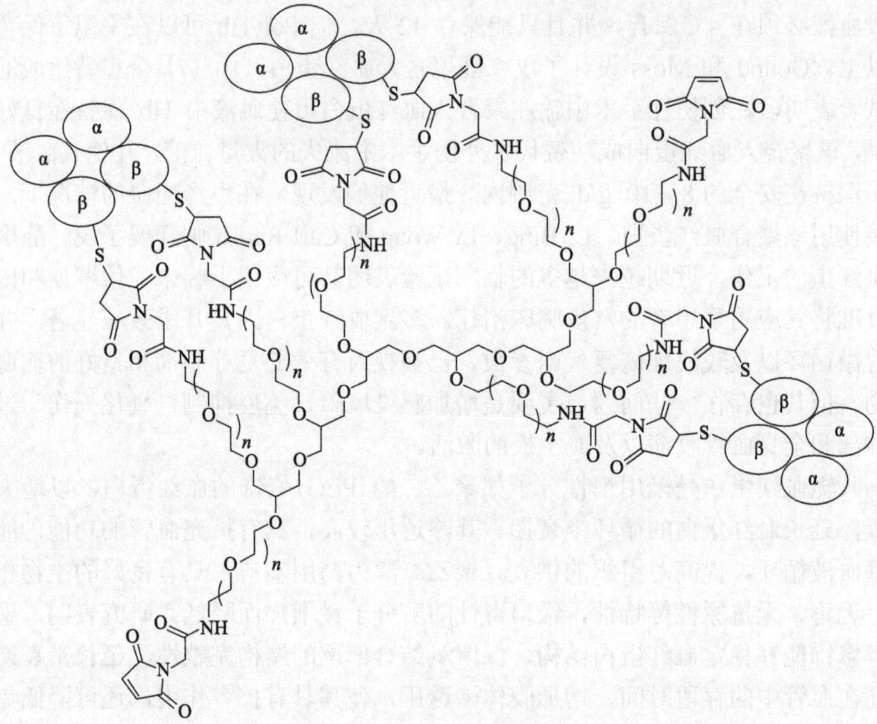

(a)

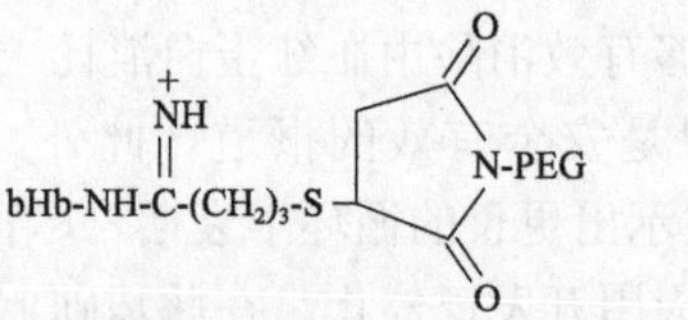

bHb-NH-C-$(CH_2)_3$-S N-PEG

(b)

图 5-37 (a)反向偶联共轭血红蛋白；(b)bHb-PEG

分子内交联血红蛋白与聚合血红蛋白不同，一些交联剂的活性比较低，交联反应主要发生在分子内，产物大部分是分子量为 64 500 的分子内交联血红蛋白。虽然早期的研究表明其具有较好的改善心功能的效应，但是随后的研究表明伴随的增压效应以及缩血管反应都使其难以真正进入临床观察阶段。

重组血红蛋白是运用 DNA 技术生产人血红蛋白。在重组有机体中表达的人血红蛋白可通过化学交联或包埋方式形成 HBOC。目前已通过大肠杆菌、酵母菌以及转基因动物生产人血红蛋白。重组血红蛋白所产生的不良反应主要为胃肠道不适。

2)新一代血红蛋白氧载体

新一代的血红蛋白氧载体主要有纳米生物技术血红蛋白、仿生纳米粒子血红蛋白以及干细胞技术氧载体。

使用 PolyHb 可能会产生氧自由基，从而引起组织损伤(缺血再灌注损伤)。而如果 RBC 上含有抗氧化酶则会防止这种损伤发生。基于此，Chang 课题组应用纳米生物技术将聚合血红蛋白与超氧化物歧化酶(SOD)和过氧化氢酶(CAT)组装形成纳米级水溶性的聚合血红蛋白复合物 PolyHb-SOD-CAT。血红蛋白不仅运输 O_2 还运输 CO_2，因此，该课题组又将 RBC 中的碳酸酐酶(CA)修饰到 PolyHb 上形成 PolyHb-SOD-CAT-CA(图 5-38)，其对于运送组织中的 CO_2 至肺部至关重要。为了延长其在循环中的存留时间，主要有两种方法对其进行修饰：一种是用脂质体包裹该复合物；另一种是用生物降解法降解聚合物类聚乳酸或者聚乙二醇-聚乳酸共聚物来形成纳米级人造红细胞的膜。

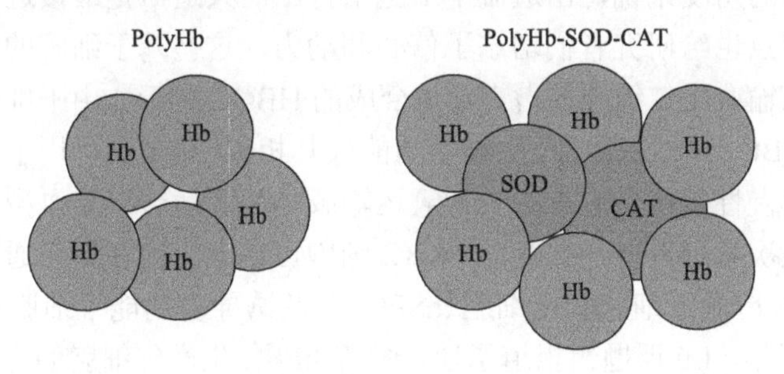

图 5-38 纳米生物技术血红蛋白

仿生纳米粒子血红蛋白(图 5-39)中，每一个载体包含大量的 Hb，有助于提高 Hb 的载氧能力，并可减轻血清黏度的影响和输注后的渗出。与其他非生物血红蛋白相比，纳米粒子血红蛋白可以封装酶和还原剂以降低有毒的高铁血红蛋白(metHb)产生。此外，还可以对其表面进行修饰，以降低免疫原性和延长循环存留时间。仿生纳米粒子血红蛋白特别适合于治疗急性出血或暂时缓解载氧压力(如镰状细胞危象)。脂质纳米粒子，如脂质体，有效掺入到 Hb 中，可增加在血液循环中的存留时间，并通过器官的单核吞噬细胞系统(MPS)将其清除。但是，改变电荷量或添加胆固醇或用饱和的磷脂等简单地修饰脂质体膜，都不能显著改善循环存留时间和克服融合聚集。而在脂质体表面包裹血红蛋白(LEH)并用 PEG 修饰，能进一步改善其流变学性质、血流动力学特性、生物相容性以及循环存留时间。近期，Serge Pin 课题组采用 SiO_2 纳米粒子修饰人血红蛋白，研究表明显著增强了其氧亲和力。一般而言，仿生纳米粒子血红蛋白，包括 PEG 修饰的 LEH、固体聚合物纳米粒子血红蛋白以及聚合物囊泡负载血红蛋白(PEH)通常具有 18～48 h 的循环半衰期。因此，其可通过运送氧用于治疗慢性贫血以及慢性组织缺氧。而用糖蛋白、核酸或介导免疫识别的小分子修饰仿生纳米粒子血红蛋白表面有望于进一步提高生物相容性和延长循环存留时间。

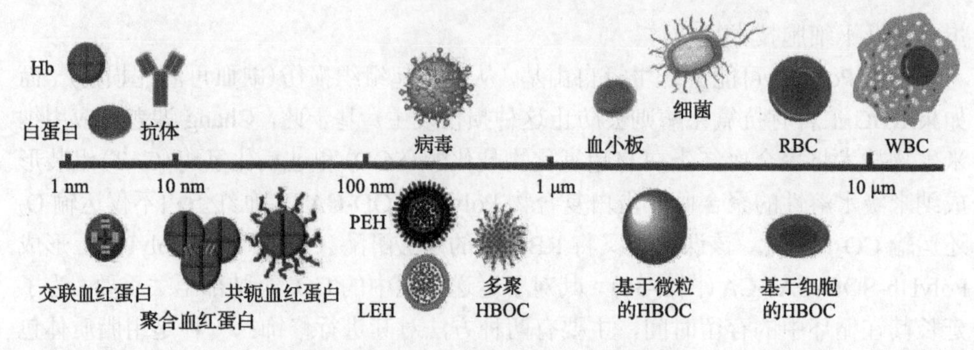

图 5-39 不同人造氧载体大小对比图

从免疫学的角度来说，由造血干细胞培育出的人造血是最接近天然血液的代用品，这一特点也给研究者们增添了信心和动力。这些基于细胞的氧载体具有成为无限量供应输血用红细胞的潜力。与合成的 HBOC 相反，由干细胞培育出的氧载体与天然 RBC 生化性质以及生物学功能极其相似。这使其可用于先天性或非小细胞性贫血等慢性贫血病患者的长期氧运输载体，也适合罕见血型或需要重复输血自身免疫性疾病患者。一般而言，RBC 细胞可以人为地在体外通过人胚胎干细胞（hESC）、人造血干细胞和祖细胞（hSPC）以及诱导多功能干细胞（iPSC）增殖分化产生。2008 年，Lu 课题组报道了通过培养 hESC 生产红细胞的方法，最开始是在细胞板上形成成血管细胞。2011 年，人造红细胞在法国进行了Ⅰ期临床试验，结果表明其稳定性、蛋白质含量、氧亲和力、血型抗原以及循环半衰期都与人天然红细胞类似。但是，由 hESC、hSPC 和 iPSC 培育出的 HBOC 并不能解决所有传统血库的问题，尤其是保质期、储存、运输和输注。干细胞分化的不均匀性和低效、对病毒载体的整合和在转化过程可能产生恶性细胞都是其潜在的弊端。尽管如此，最近报道的新一代 iPSC 培育出的红细胞将来仍可用于临床实践。

5.2.6.2 合成血红素

1）白蛋白与血红素结合

人血清白蛋白（HSA）是人血浆中最重要的蛋白质，可以用作血浆扩容剂，并且可与大多数的疏水性分子结合。典型的 HSA 内源性配体有脂肪酸、胆红素、胆汁酸和甲状腺素。此外，HSA 还可以结合许多常见药物，如华法林、地西泮和布洛芬等。HSA 也能结合正铁血红素Ⅸ（Protoheme Ⅸ），并且有较高的结合常数（$K = 1.1\times 10^8$ L/mol）。HSA 对血红素的强亲和力使得白蛋白可以作为人造血红蛋白模拟 Hb 运输 O_2。白蛋白-血红素载体（rHSA-heme）溶液是一种新的完全合成型人工血液代替物，由于白蛋白来源有限，通常利用基因工程获得大量重组人血清白蛋白（rHSA），其结构与天然蛋白相同，可大规模生产。重组白蛋白分子与人工合成血红素（金属卟啉）衍生物结合形成的载体如图 5-40 所示，在正常的生理条件下，它可以可逆地结合解离氧气分子，实现氧气传输功能。研究发现通过改变铁卟啉配合物的化学结构，可以调控 O_2 结合参数。动物实验表明，rHSA-heme 可在体内运送氧气，不引起血管收缩和高血压。这可能是因为相比较于 Hb，rHSA-heme 通过血管内皮的渗透率较低。rHSA-heme 溶液的各项性能均表明，它可以满足体内注射实际要求。晶体结构数据显示，Protoheme Ⅸ被结合在人血清白蛋白亚域 IB 狭窄的 D 形疏水空腔中，中心铁离子与 Tyr-161 存在微弱的配位作用，卟啉的丙酸酯侧链与一组三个碱性氨基酸作用形成盐桥(Arg-114，His-146，Lys-190)。

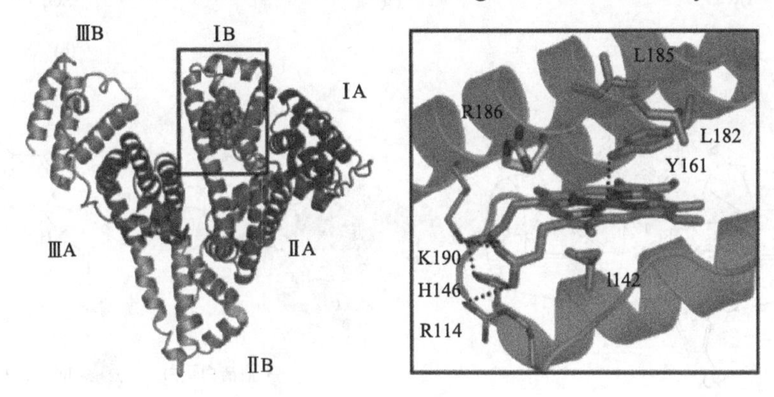

图 5-40 白蛋白-血红素载体

为了延长此类人工氧载体在血液循环的寿命，科学家们进一步对结构进行修饰。黄宇彬等采用 PEG 修饰 rHSA-heme 表面。王荣民等在栏式铁卟啉尾端键接活性基团(*N*-羟基琥珀酰亚胺)，该活性末端可在水溶液中选择性地与 rHSA 链上氨基结合，通过共价键结合栏式铁卟啉与白蛋白，实验表明这种共价键结合体能在生理条件下可逆地结合和释放氧。

2) 环糊精-金属卟啉

环糊精(CD)-珠蛋白(hemo-CD)包合物有希望成为完全合成的氧载体，并应用于实际。Kano 课题组设计组装了邻甲基化 β-环糊精二聚体(Py3CD)[图 5-41(a)]包合水溶性磺酸基苯基铁卟啉(Fe^{II}TPPS)[图 5-41(b)]，这是第一个完全人工合成组装的可在水溶液中可逆结合释放氧的复合物[图 5-41(c)]。Fe^{II}TPPS 和 Py3CD 的毒性都小，Py3CD 可以给铁卟啉的中心提供一个疏水环境，防止水分子促进的氧合-hemoCD 的自动氧化。hemoCD 的氧合能力较人类 *R* 状态的血红蛋白低，但是高于 *T* 状态的人血红蛋白。hemoCD 没有变构效应，其氧结合力较适合在人体内用作载体，这是其最具特色之处。但体内实验显示，由于其能快速被肾清除，所以在血液循环中存留时间短。为了延长其在血液循环的存留时间，该课题组应用 HSA 对复合物进行修饰[图 5-41(d)]，研究结果表明，修饰后的复合物存留时间明显增长。

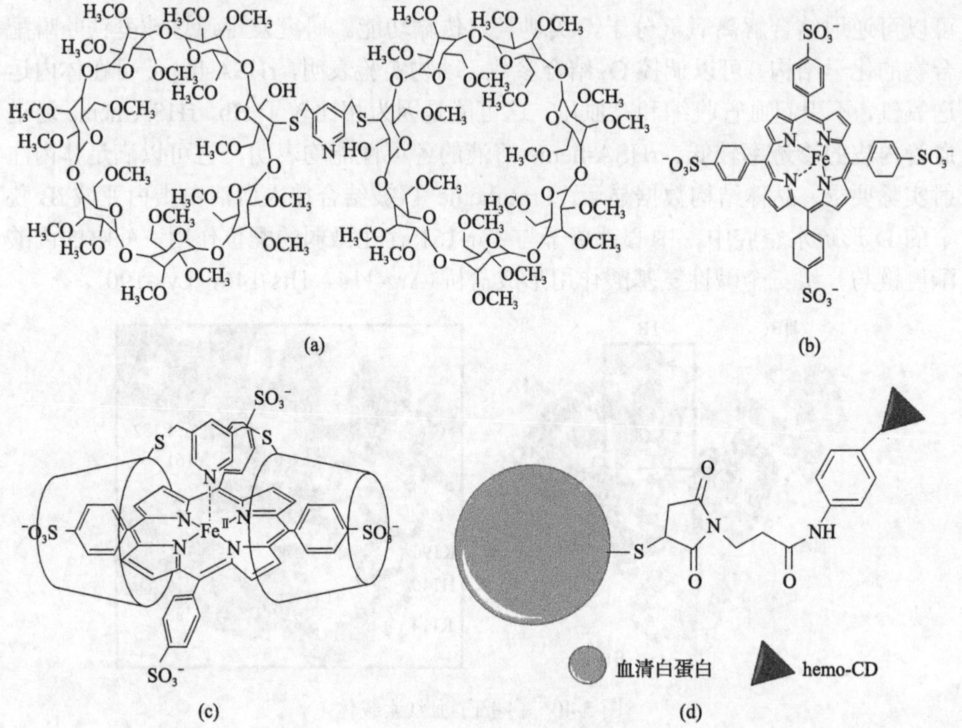

图 5-41　(a) Py3CD；(b) $Fe^{II}TPPS$；(c) hemoCD；(d) Alb-hemo CD

此外，科学家们采用其他大结构物质进行修饰 hemoCD，比如 PEG、树枝状 PEG(图 5-42)、聚丙烯酸和金纳米颗粒等。这些研究都清楚地表明复合物尺寸对于其在血液循环中的存留时间至关重要。

5.2.6.3　氟碳化合物人工氧载体

以全氟碳化合物为基础的人造载氧血液已在临床上应用。这项研究始于 20 世纪 60 年代初期，首先由美国科学家偶然发现氟碳化合物具有良好的载氧功能之后迅速开展起来的。目前世界上有美国、日本、德国、俄罗斯、法国、瑞士、英国等 10 多个国家的 40 多个实验小组，在积极从事氟碳化合物人造血液研究。1979 年日本率先在临床应用上获得成功，已对 600 多例患者输用这种人造血液，取得良好临床效果，对急性出血患者的有效性为 93 %，对失血性休克患者的有效性为 83 %。我国在这方面的研究虽然起步较晚，但在中国科学院上海有机化学研究所、解放军野战外科研究所和上海中山医院等几个单位通力协作下，也在 1986 年成功研制出第一代人造血液，并获得临床试验成功，其总体质量水平和临床试用效果等均与日本人造血液相似。对数十例患者输用这种人造血液，取得每例都成功的良好效果。

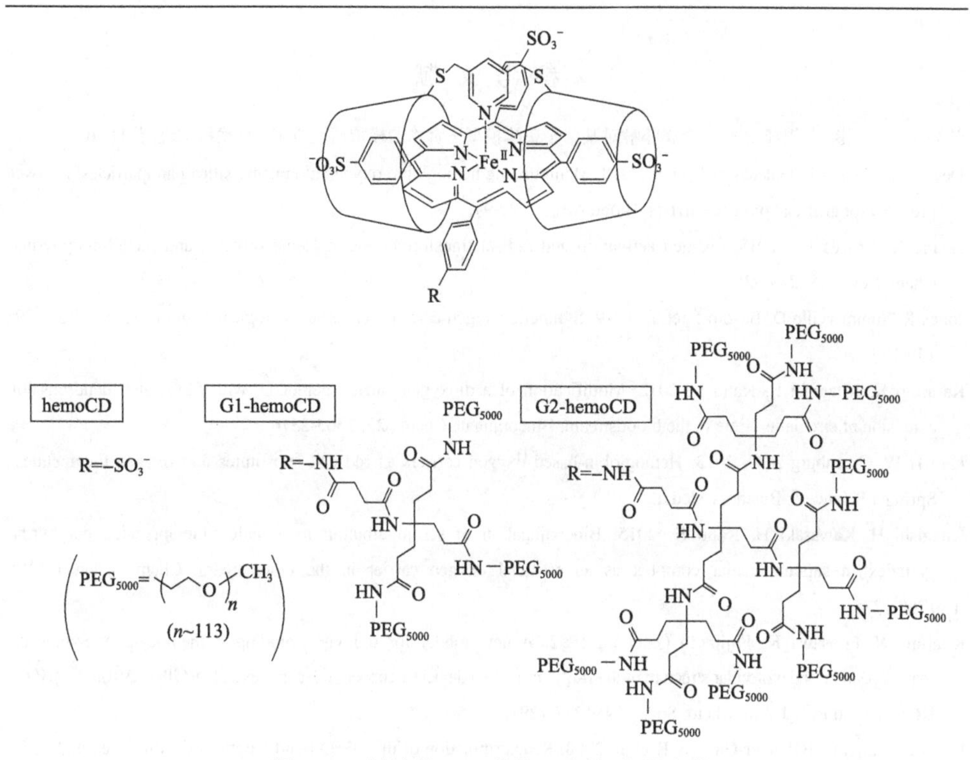

图 5-42 树枝状 PEG 修饰环糊精-金属卟啉

作为人造载氧血液主要成分的氟碳化合物的种类较多，主要有全氟醚(Freon E_4)、全氟三丁基胺(Fc 43)、全氟萘烷(FDC)、全氟甲基萘烷(FMD)以及全氟萘烷与全氟三丙基胺(FTPA)混合剂 Fluosol DA(FDA)。其中常用的为 Fc 43、FDC 和 FDA。日本的 Fluosol DA 主要为全氟萘烷和全氟三丙基胺混合剂，“中国Ⅱ号” PFCE 主要为全氟萘烷和全氟三丁胺混合剂，1992 年美国研制的第二代氟碳溴化物“Oxygen^{TM}”主要为氟碳辛基溴化物。此外，人造载氧血液中还含有甘油、NaCl、KCl、$CaCl_2$、Na_2CO_3 和葡萄糖等一系列物质。

大量动物试验证明，在富氧条件下，氟碳乳剂传递氧和二氧化碳的速度比血红蛋白还要迅速。它的物理和化学性质稳定，无毒、不致癌，使用时不需检查血型。但由于它不含白细胞、血小板、抗体、酶、蛋白质、氨基酸等具有生物活性的物质，所以它的载氧机制与血红蛋白不同，主要是一种物理溶解过程，而且它没有抗菌、凝血、免疫、营养、输送金属离子等生理功能。

输血用血源供应的不足，促使血液代用品进一步发展。目前世界各国对全功能的人造真血液的研究仍十分重视。但要使血液代用品取代真血应用于临床上的常规输血，还有很长的路要走，而提高其在血管内的居留时间、降低费用，都是有待克服的困难。

参考文献

计亮年, 彭小彬, 黄锦汪, 2001. 金属卟啉对某些金属酶模型化合物的模拟研究进展. 自然科学进展, 11: 10.

Devineau S, Kiger L, Galacteros F, et al, 2018. Manipulating hemoglobin oxygenation using silica nanoparticles: A novel prospect for artificial oxygen carriers. Blood Adv., 2: 90-94.

Huang X, Groves J T, 2018. Oxygen activation and radical transformations in Heme proteins and metalloporphyrins. Chem. Rev., 118: 2491-2553.

Jones R, Summerville D, Basolo F, et al, 1979. Synthetic oxygen carriers related to biological systems. Chem. Rev., 79: 139-179.

Karasugi K, Kitagishi H, Kano K, 2012. Modification of a dioxygen carrier, hemoCD, with PEGylated dendrons for extension of circulation time in the bloodstream. Bioconjugate Chem., 23: 2365-2376.

Kim H W, Greenburg A G, 2013. Hemoglobin-based oxygen carriers as red cell substitutes and oxygen therapeutics. Springer Science & Business Media.

Kitagishi H, Kawasaki H, Kano K, 2015. Bioconjugation of serum albumin to a maleimide-appended porphyrin/ cyclodextrin supramolecular complex as an artificial oxygen carrier in the bloodstream. Chem. Asian J., 10: 1768-1775.

Kitajima N, Fujisawa K, Fujimoto C, et al, 1992. A new model for dioxygen binding in hemocyanin. Synthesis, characterization, and molecular structure of the μ-η^2 : η^2 peroxo dinuclear copper(Ⅱ) complexes, $[Cu(HB(3,5\text{-}R_2pz)_3)]_2(O_2)$ (R = *i*-Pr and Ph). J. Am. Chem. Soc., 114: 1277-1291.

Lebel H, Ladjel C, Bélanger-Gariépy F, et al, 2008. Redetermination of the O—O bond length in the dioxygen-adduct of Vaska's complex. J. Organomet. Chem., 693: 2645-2648.

Lippard S J, Berg J M, 1994. Principles of bioinorganic chemistry. Mill valley California: University Science Book.

Lippard S J, Bery J M, 2000. 生物无机化学原理. 席振峰, 姚光庆, 项斯芬, 等译. 北京: 北京大学出版社.

Magnus K A, Ton-That H, Carpenter J, et al, 1994. Recent structural work on the oxygen transport protein hemocyanin. Chem. Rev., 94: 727-735.

Mckee T, Mckee J R, 1999. Biochemistry an Introduction. Second Edition. New York: Mc Graw-Hill Companies, Inc.

Shikama K, 2006. Nature of the Fe—O_2 bonding in myoglobin and hemoglobin: A new molecular paradigm. Prog. Biophys. Mol. Biol., 91: 83.

Squires J E, 2002. Artificial blood. Science, 295: 1002-1005.

Stenkamp R E, 1994. Dioxygen and Hemerythrin. Chem. Rev., 94: 715-726.

Tao Z, Ghoroghchian P P, 2014. Microparticle, nanoparticle, and stem cell-based oxygen carriers as advanced blood substitutes. Trends in Biotechnol., 32: 466-473.

第6章 生物氧化还原反应中的金属蛋白和金属酶

氧化还原反应是指有电子得失发生的化学反应，作为电子给体的还原剂将电子传递给作为电子受体的氧化剂，引起了氧化数的改变；与此相对应的是非氧化还原反应，反应中不涉及电子传递过程，如水解反应等；一切生物都需要能量维持生存，如肌肉收缩、神经冲动以及细胞内各种生物合成反应等都需要消耗能量。生物体一切活动所需的能量来源于糖、脂肪、蛋白质等有机物在体内的氧化。除了厌氧生物(主要是细菌)以外，多数生物氧化都需要氧。在有氧条件下，这些有机物在活细胞内氧化分解，产生二氧化碳和水，并放出能量，这一过程称为呼吸作用。但氧化还原反应并不仅仅局限于生物体的呼吸作用。光合作用、固氮作用以及生物体内的许多代谢过程都涉及氧化还原反应。本章将介绍生物氧化还原过程中的部分金属蛋白和金属酶，而与固氮作用及光合作用有关的金属蛋白和金属酶分别在第7、8章介绍。

6.1 生物体的氧化还原反应

6.1.1 分子氧及其活化

根据分子轨道理论，由两个氧原子轨道组成的氧分子轨道：

$$O_2[KK(\sigma_{2s})^2(\sigma_{2s}*)^2(\sigma_{2p})^2(\pi_{2p_y})^2(\pi_{2p_z})^2(\pi_{2p_y}*)^1(\pi_{2p_z}*)^1]$$

基态氧分子 O_2 有两个未成对电子占据简并的反键轨道$(\pi_{2p_y}*)$和$(\pi_{2p_z}*)$。显然，若在反键轨道上加入一个电子，则可以形成超氧离子O_2^-；若在反键轨道上再加入一个电子，则可以形成过氧离子O_2^{2-}。O_2分子也可以失去一个电子，生成双氧阳离子O_2^+。它们的结构特征列于表6-1。O_2^-和O_2^{2-}的键能比 O_2 低，表明它们的 O—O 键削弱了，故可把O_2^-和O_2^{2-}看为双氧的两种活化态。

表6-1 各种双氧物种的键性质

种类	反键轨道电子数	键级	键长/pm	键能/(kJ/mol)	波数ν_{O-O}/cm^{-1}
O_2^+	1	2.5	112.3	625.4	1858
$O_2(^3\Sigma_g^-)$	2	2	120.7	490.6	1554.7
$O_2(^1\Delta_g)$	2	2	121.6	396.4	1483.3
O_2^-	3	1.5	128	288.8	1145
O_2^{2-}	4	1	149	204.3	842

在生命体系内，氧具有高度的活性。而大气中的氧就不具备这样高的活性，比如铁在大气中只能缓慢地锈蚀，木材也不会自发地燃烧，而一旦燃烧，氧分子的活性就是显而易见的。从分子氧的电极电位(E_{O_2/H_2O}=1.23 V)看，它是一个强氧化剂。在热力学上有利于它与有机物反应生成 H_2O 和 CO_2。但实际上，它同大多数底物在室温的气相或均相溶液中的反应进行得很慢。这是动力学上的原因，可以从以下两方面加以说明。

在生物体系中，氧参与反应生成水的过程可能有三种不同的历程：

(1)一系列的单电子转移步骤：

$$① \ H^+ + O_2 + e \longrightarrow HO_2 \qquad E = -0.32 \text{ V} \qquad (6\text{-}1)$$

$$② \ H^+ + HO_2 + e \longrightarrow H_2O_2 \qquad E = +1.68 \text{ V} \qquad (6\text{-}2)$$

$$③ \ H_2O_2 + e \longrightarrow \cdot OH + OH^- \qquad E = +0.80 \text{ V} \qquad (6\text{-}3)$$

$$④ \ H^+ + \cdot OH + e \longrightarrow H_2O \qquad E = +2.74 \text{ V} \qquad (6\text{-}4)$$

(2)两个双电子反应：

$$① \ 2H^+ + O_2 + 2e \longrightarrow H_2O_2 \qquad E = +0.68 \text{ V} \qquad (6\text{-}5)$$

$$② \ H_2O_2 + 2H^+ + 2e \longrightarrow 2H_2O \qquad E = +1.77 \text{ V} \qquad (6\text{-}6)$$

(3)四电子一步反应：

$$4H^+ + O_2 + 4e \longrightarrow 2H_2O \qquad E = +1.23 \text{ V} \qquad (6\text{-}7)$$

在通常条件下，按(3)的方式四电子一步还原是很少遇到的。仅在一些酶(如虫漆酶)体系中可进行这种反应。双电子反应的电位(0.68 V)不高。而四步单电子还原的后三步虽然容易接受一个电子与有机底物反应，但其第一步在热力学上是非常困难的(–0.32 V)。这一反应的自由能$\Delta G>0$，反应是吸热的。通常双氧的还原是按(2)双电子或(1)单电子步骤进行，因此造成 O_2 的反应惰性。

第二个理由是自旋守恒(spin conservation)的问题。自旋守恒原理认为产物自旋守恒的基元反应(elementary reaction)较易进行，是自旋允许(spin allowed)反应；而产物自旋不守恒的基元反应，要有附加的电子成对能，活化能较大，是自旋禁阻(spin forbidden)反应。基态(ground state)的氧分子由于存在两个自旋平行的单电子，是三重线态(triplet state)的(即 $2S+1=3$)。多数可氧化的有机底物是单线态(singlet state)分子，即它们没有未成对电子。而 H_2O_2 和 H_2O 都是单线态分子。氧分子氧化底物分子的反应可表示为

$$三重线态+单线态 \longrightarrow 单线态+单线态$$

因此，三重线态的 O_2 与单线态的底物分子的反应常常是自旋禁阻的。如果要使自旋守恒，就需要将反键轨道(antibonding orbital)上的两个自旋平行电子重新组合，如图 6-1 所示。($\pi_{2p_y}*$)($\pi_{2p_z}*$)反键轨道上的两个平行电子重排可产生两种最低激发态(excited state)，即单线态 $^1\Delta_g$ 和第二单线态 $^1\Sigma_g^+$，而完成这种重排需要相当高的活化能。

为了提高分子氧的活性，就必须设法产生单线态氧，或者利用过渡金属催化剂的配位作用改变 O_2 的电子分布。对于反应条件温和的生物体系，后一种方法显然比较合适。

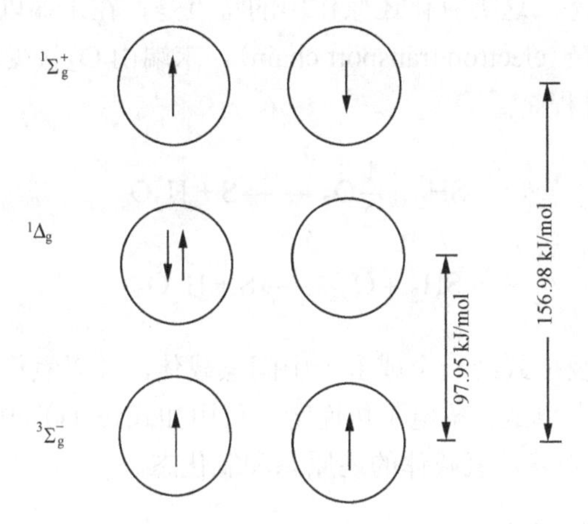

图 6-1　O_2 的基态和两个最低激发态的电子排列与能极

假设分子氧和可氧化底物都作为配体，与过渡金属形成三元配合物。分子氧和过渡金属原子之间形成 σ 配键。当金属相应的 d 轨道充满电子，就会反馈到分子氧的反键 π*轨道形成反馈 π 键(back donating π bond)。由于底物也作为配体，只要它有对称性合适的轨道，就可以和金属的 d 轨道成键，从而在整个底物-金属-分子氧三元配合物中形成一个扩展的分子轨道，使电子能够顺利地从底物转移到分子氧。

分子氧与过渡金属可以用侧基配位、端基直线型配位和端基角向配位。在侧基配位的情况下，分子氧的 π*轨道通过配体场的作用而消除简并。这将有利于消除自旋守恒对反应的限制，使电子容易成对地转移到分子氧的反馈轨道。如果中心金属能不同程度地把电子转移给 O_2，则配位双氧可变为超氧型或过氧型配体，O_2 就不同程度地被活化了。这种活化方式不消耗外部能量，但配体反应能力却大大加强。当然不是任何过渡金属都可以使分子氧活化。事实上只有少数过渡金属配合物可以完全与分子氧键合，这取决于金属和配体的性质。

6.1.2　生物氧化还原作用的类型

生物体的氧化还原作用主要有三大类型。

(1) 以氧(或其他物质)作为末端电子受体的电子传递过程。这种过程的模式如式(6-8)所示。

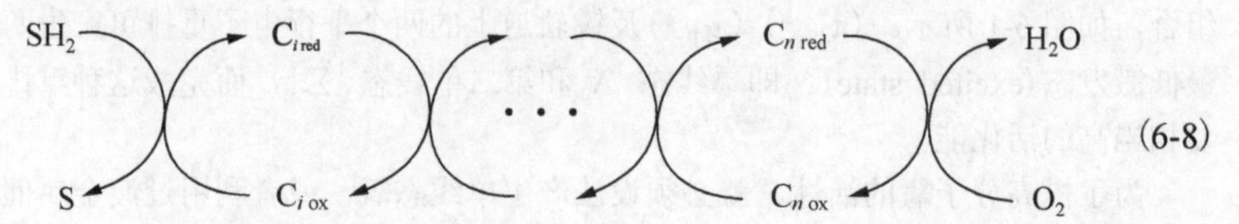

(6-8)

式中，SH_2 和 S 代表底物的还原态和氧化态，$C_{i\,red}$ 和 $C_{i\,ox}$ 代表一系列传递电子物质的还原态和氧化态。这类氧化还原作用的特点是，在末端以前的氧化还原反应是一系列电子传递链(electron transport chain)，末端由 O_2 接受电子生成水。

(2) 两类脱氢过程。

$$SH_2 + \frac{1}{2}O_2 \longrightarrow S + H_2O \tag{6-9}$$

$$SH_2 + O_2 \longrightarrow S + H_2O_2 \tag{6-10}$$

实际上这两个反应式经一个或多个中间氢载体，并以氧作为末端氢受体的体系来进行。它实际上也是一条电子传递链。可用如式(6-11)的模式表示，$A_i H_2$ 和 A_i $(i = 1, 2, \cdots, n)$ 分别表示氢载体的还原态和氧化态。

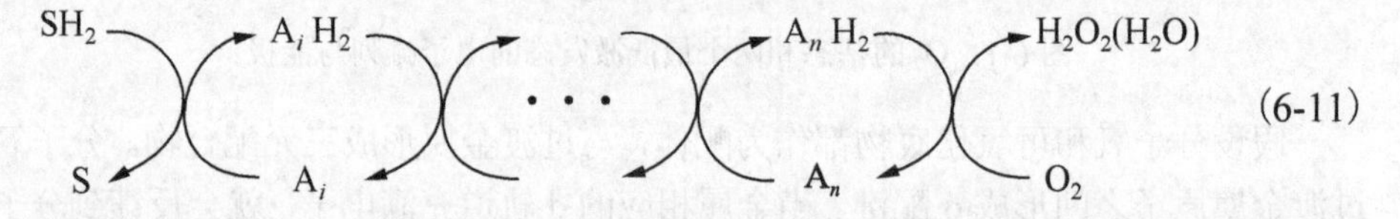

(6-11)

(3) 底物与分子氧的氧原子结合。这类氧化还原反应往往要相应的加氧酶参与。

总之，脱氢过程中脱去一个氢原子，也就是脱去一个质子和一个电子，加氧反应也常伴有氧分子接受质子和电子而被还原成水。生物氧化的主要方式是脱氢作用，在依靠氧气生存的生物体内，从代谢物脱下的氢通过呼吸链的逐步传递，最后被分子氧接受并生成水。

6.1.3 氧化还原酶的分类及其催化的反应

氧化还原酶是六大酶类之一，它们大都与金属离子有关。这一类酶在生物体内的氧化还原解毒以及某些生理活性物质形成等过程中起很重要的作用。它在生产中的应用仅次于水解酶。

随着新酶的发现，氧化还原酶的数目也日渐增多。目前，国际系统分类法按底物中发生氧化的基团性质，把氧化还原酶分为 21 个亚类。而按照习惯分类法则分为四类。为讨论简便起见，本节按习惯分类法简要介绍氧化还原酶以及有关的反应。

6.1.3.1　脱氢酶

脱氢酶(dehydrogenase)催化

$$SH_2 + A^- \xrightarrow{\text{脱氢酶}} S + AH_2 \tag{6-12}$$

S 和 SH_2 分别为底物的氧化型和还原型，A 为氢受体。大部分脱氢酶需要烟酰胺腺嘌呤二核苷酸(NAD)或烟酰胺腺嘌呤二核苷酸磷酸(NADP)，少数需要黄素腺嘌呤二核苷酸(FAD)或黄素单核苷酸(FMN)为辅酶，它们起供氢或受氢作用。例如，含锌的 L-苹果酸脱氢酶(malate dehydrogenase)可催化苹果酸脱氢反应：

$$\begin{matrix} CH(OH) - COOH \\ | \\ CH_2 - COOH \\ \text{L-苹果酸} \end{matrix} + NAD^+ \xrightarrow[\text{脱氢酶}]{\text{苹果酸}} \begin{matrix} CO - COOH \\ | \\ CH_2 - COOH \\ \text{草酰乙酸} \end{matrix} + NADH + H^+ \tag{6-13}$$

又如谷氨酸脱氢酶(glutamate dehydrogenase)和乳酸脱氢酶(lactate dehydrogenase)都是锌酶，黄嘌呤脱氢酶(xanthine dehydrogenase)则含钼和铁。

6.1.3.2　氧化酶

当脱氢酶的氢受体是分子氧时，称为氧化酶(oxidase)。它催化两类反应，如式(6-14)和式(6-15)。

$$SH_2 + O_2 \longrightarrow S + H_2O_2 \tag{6-14}$$

这一类氧化酶的作用产物之一是 H_2O_2，它需要黄素核苷酸(FAD 或 FMN)为辅基，由于酶与辅基结合很紧，故这类酶又称为黄素蛋白(flavoprotein)，如含钼和铁的黄嘌呤氧化酶(xanthine oxidase)。

$$SH_2 + \frac{1}{2}O_2 \longrightarrow S + H_2O \tag{6-15}$$

这类氧化酶的作用产物之一是水，而不是 H_2O_2，如含铜的抗坏血酸氧化酶(ascorbic acid oxidase)、酪氨酸酶(tyrosinase)和漆酶(laccase)。酪氨酸酶催化式(6-16)的反应。

$$2\ \text{(邻苯二酚, 含 OH, OH)} + O_2 \longrightarrow 2\ \text{(邻苯醌, 含 O, O)} + 2\ H_2O \tag{6-16}$$

6.1.3.3　过氧化物酶

过氧化物酶(peroxidase)催化以 H_2O_2 为氧化剂的氧化还原反应:

$$SH_2 + H_2O_2 \xrightarrow{\text{过氧化物酶}} S + 2H_2O \tag{6-17}$$

而过氧化氢酶(catalase)则催化 H_2O_2 的歧化作用:

$$2H_2O_2 \xrightarrow{\text{过氧化氢酶}} 2H_2O + O_2 \tag{6-18}$$

从此式可见,过氧化氢酶实际上是一种特殊的过氧化物酶,其中 $SH_2 = H_2O_2$。过氧化氢酶、辣根过氧化物酶(horseradish peroxidase, HRP)和乳过氧化物酶(lactoperoxidase)等都含铁血红素,谷胱甘肽过氧化物酶(glutathione peroxidase)则含硒。

此外还有一些金属酶催化超氧阴离子自由基发生歧化反应:

$$2O_2^- + 2H^+ \longrightarrow H_2O_2 + O_2 \tag{6-19}$$

称为超氧化物歧化酶(superoxide dismutase, SOD)。

6.1.3.4　加氧酶

加氧酶(oxygenase)催化分子氧的氧原子直接加合到有机物分子中。它按加合的氧原子数分双加氧酶(dioxygenase)和单加氧酶(monooxygenase)两类。

1) 双加氧酶

双加氧酶催化分子氧的两个氧原子与底物加合:

$$SH_2 + O_2 \longrightarrow SO_2H_2 \tag{6-20}$$

例如,以铁为辅助因子的邻苯二酚酶(pyrocatechase)可以催化邻苯二酚(pyrocatechol, catechol)的开环反应:

$$\text{C}_6\text{H}_4(\text{OH})_2 + O_2^{\star} \longrightarrow \text{CH=CH–CH=CH}(\text{CO}^{\star}\text{OH})_2 \tag{6-21}$$

顺,顺–己二烯二酸

此外,变儿茶酚酶(metapyrocatechase)、半胱胺双加氧酶(cysteamine dioxygenase)和类固醇双加氧酶(steroid dioxygenase)等也都以铁为辅助因子。

2) 单加氧酶

单加氧酶又称为羟化酶(hydroxylase)。

单加氧酶催化分子氧的一个氧原子加合。其作用通式为

$$R—H + O_2 + AH_2 \longrightarrow R—OH + A + H_2O \tag{6-22}$$

例如，与细胞色素 P450 有关的肝微粒体单加氧酶可催化如下反应：

$$C_6H_5—NHCOCH_3 + 2NADPH + O_2 \xrightarrow{\text{肝微粒体单加氧酶}} HO—C_6H_4—NHCOCH_3 + 2\,NADP^+ + H_2O \tag{6-23}$$

又如含铜的酪氨酸酶除具有前述的氧化酶活性之外，还具有单加氧酶活性。

6.1.4 呼吸链与电子传递体

6.1.4.1 呼吸链

有机物生物氧化与体外化学氧化的产物和能量变化都完全相同。但生物氧化是在活细胞内由酶催化，经一系列化学反应逐步氧化，分次放出能量，这些能量主要以 ATP 等高能化合物的形式储存起来，供需要时使用。因此，ATP 是生物体内的能量“储存库”和“转运站”。

在生物氧化过程中，糖、脂、氨基酸等代谢物质首先经过以 NAD(或 FAD)为辅酶的脱氢酶催化脱氢，脱出的氢一般经一个或多个递氢体沿一定方向传递。当氢和电子被传递到细胞色素 b 时，H^+滞留在溶液中，电子则继续通过细胞色素体系和细胞色素氧化酶传递到分子氧，使分子氧激活产生 O^{2-}，再与 H^+结合成水。在氢与电子传递过程中，有三处放出能量，这些能量通过氧化磷酸化作用产生 ATP，这个体系称为电子传递体系(electron transport system)或呼吸链(respiratory chain)，如图 6-2 所示。

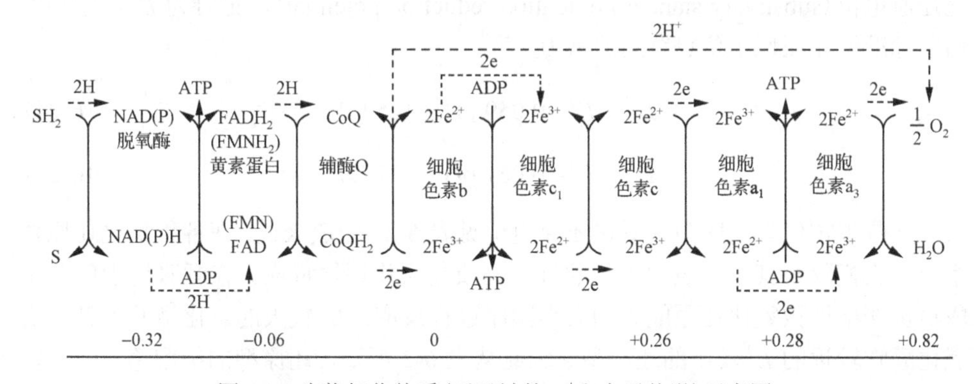

图 6-2　生物氧化体系(呼吸链的 H^+和电子传递)示意图

6.1.4.2　电子传递体

在呼吸链中，有一类称为电子传递体的物质，它们通过自身的氧化还原作用传递氢和电子，把处于呼吸链起始端的脱氢酶和末端的氧化酶连接起来。它们主要包括黄素蛋白、细胞色素、铁硫蛋白和某些脂溶性维生素。当然，电子传递体也参与光合作用和固氮作用等。

黄素蛋白(flavoprotein)含 FAD 或 FMN 辅基。有一类黄素蛋白是脱氢酶，如含铁的 NADH 脱氢酶和琥珀酸脱氢酶(succinate dehydrogenase)；另有一类是氧化酶，如黄嘌呤氧化酶。黄素蛋白还作为电子传递体，如 NADH 脱氢酶在呼吸链中传递氢和电子。

细胞色素(cytochrome)是含铁卟啉辅基的蛋白。其主要功能是作为电子传递体。在某些情况下，细胞色素还具有氧化酶或加氧酶的功能。细胞色素种类很多，目前从高等植物细胞线粒体(mitochondrion)内膜上至少分离出五种细胞色素，即细胞色素 b、c_1、c、a_1、a_3。

铁硫蛋白(iron-sulfur protein)包含一个或多个 Fe—S 簇。它的主要功能是作电子传递体。

脂溶性维生素中，最重要的电子传递体是辅酶 Q(coenzyme Q)，又称泛醌(ubiquinone)。它不与特定的蛋白质结合，通过结构的可逆改变传递电子。

6.1.5　生物体内的氧化还原电位

在研究生物体系的氧化还原作用时，氧化还原电位仍然是它重要的定量参数。它不仅可以衡量反应的可能性，也可以确定能量的转换关系。在生物化学中习惯上不是以 pH = 0 (即$[H^+]$ = 1 mol/L)，而是以 pH = 7.0 作为氧化还原电对的标准氧化还原电位，因为酶在 pH = 0 的强酸性条件下没有活性。这种标准称为次标准氧化还原电位(subsidiary standard oxidation reduction potential)，记号为 $E^{0'}$，它与普通的标准氧化还原电位(E^0)的关系为

$$E^{0'} = E^0 - 0.059\,\text{pH}\quad (25℃) \tag{6-24}$$

$$E^{0'} = E^0 - 0.061\,\text{pH}\quad (37℃) \tag{6-25}$$

某些生物化学反应中的氧化还原电位见表 6-2。一般来说，在各种氧化还原体系中，它们仅与其电位表中最相邻近的物质起氧化还原反应。在呼吸链上的各个成员也严格地按氧化还原能力的大小顺序进行反应。$E^{0'}$较大的氧化型并不越级去氧化离它较远的 $E^{0'}$较小的还原型。因此从表 6-2 可知，还原型的细胞色素 c 可以被氧化型的细胞色素 a 氧化；还原型的 NADH 可以被黄素蛋白氧化等等。在呼吸链中，电子依次在一连串从低电位到高电位的氢或电子载体间传递，最后把电子

传递给分子氧而形成最终产物——水。每前进一步就放出一些能量，这些能量使 ADP 转变 ATP。

表 6-2　一些反应的次标准氧化还原电位（$E^{0'}$，25℃）

氧化型/还原型	来源	$E^{0'}$/V
1/2 O_2/H_2O		+0.82
Fe^{3+}/Fe^{2+}		+0.77
铜蓝蛋白（Cu^{2+}/Cu^{+}）		+0.40
细胞色素 a_3（Fe^{3+}/Fe^{2+}）	线粒体	+0.35
O_2/H_2O_2		+0.30
细胞色素 a + a_3（Fe^{3+}/Fe^{2+}）		+0.29
细胞色素 a	线粒体	+0.28
细胞色素 c	线粒体	+0.254
细胞色素 c_1	线粒体	+0.220
$Fe(CN)_6^{3-}$/$Fe(CN)_6^{4-}$		+0.22
泛醌		+0.10
细胞色素 b_5	小牛微粒体	+0.02
细胞色素 b	牛心微粒体	–0.021
黄素蛋白		–0.12
辣根过氧化物酶（Fe^{3+}/Fe^{2+}）		–0.17
NAD^+/NADH		–0.32
细胞色素 P450（Fe^{3+}/Fe^{2+}）	鼠肝微粒体	–0.335
铁氧还蛋白（Fe^{3+}/Fe^{2+}）		–0.42
$2H^+$/H_2		–0.42

6.2　血红素蛋白

金属铁蛋白可分为血红素蛋白（hemeproteins）和非血红素蛋白（nonhemeproteins）两大类，虽然都含有铁离子，但它们被蛋白肽链包裹着的金属中心，结构有所不同：前者含有卟啉环与铁离子组成血红素辅基结构；后者不含卟啉环，铁离子以有别于血红素辅基的其他结构形式存在。在生命体系中，血红素蛋白具有类似的蛋白质结构框架，却承担着不同的生物功能。除前述作为氧载体的血红蛋白和肌红蛋白外，本节介绍的另外一些血红素蛋白，在生物氧化还原过程中起着酶或电子传递体的作用。

6.2.1　细胞色素

细胞色素（cytochrome）是 1925 年由 Keilin 创造的新词。1961 年国际生物化学学会酶委员会把细胞色素定义为："一种血红素蛋白，它的基本生物功能是通过分子中血红素铁的价态可逆变化，在生物体中起电子及氢的传递作用。"细胞色素广泛存在于动物和植物组织中。动物体内细胞色素的含量，以心脏和其他活跃的运动肌肉(如鸟类和昆虫类的飞翔翅膀肌肉)较高，肝、脑和非横纹肌肉次之，皮肤和肺最低，故一般多从动物(如猪、牛)的心脏提取。目前已知的细胞色素有 50 种以上。1930 年前后 Keilin 弄清了细胞色素有 a、b 和 c 三大类。他是根据其还原型光谱的最大吸收峰的位置来分类的。还原态有三个吸收谱带，即 α、β、γ 谱带。其中 γ 谱带就是人们常说的索雷吸收带。细胞色素 a 的吸收波长最长，其 α 谱带的吸收峰大于 570 nm；细胞色素 b 为 555～560 nm；而细胞色素 c 的吸收波长最短，其 α 带吸收峰在 548～560 nm。波长的变化与这三大类的卟啉环侧链上取代基的亲电性质有关，它们血红素辅基的结构如图 6-3 所示。

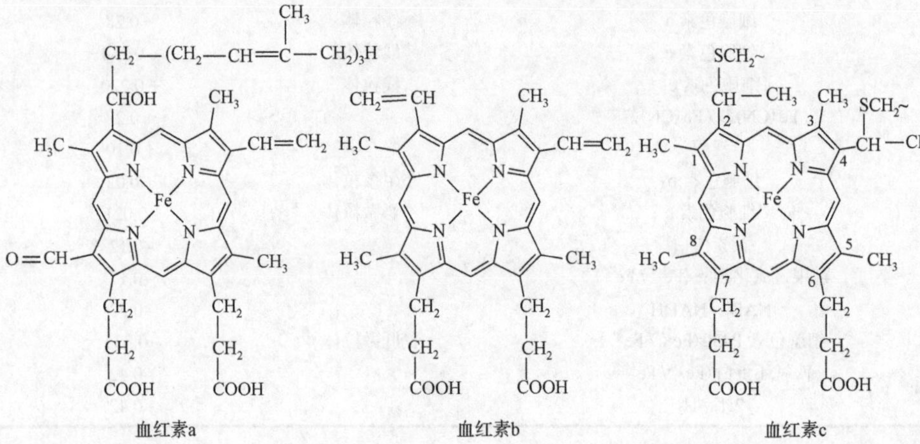

血红素a　　血红素b　　血红素c

图 6-3　血红素 a、b 和 c 辅基的结构

6.2.1.1　细胞色素 c

细胞色素 c 分子较小，易于结晶，所以对它们的结构研究比较透彻。人们分析了从人类到小麦共 50 多种不同生物来源的细胞色素 c 的一级结构，发现在它们的每条蛋白链的 100 多个氨基酸残基中，有 35 个氨基酸残基是各种生物共有的，其余则因种属不同而有所变化，亲缘越远，差别越大。如人与猩猩的细胞色素 c 分子，104 个氨基酸残基的种类与排列次序都大体相同。但人与马相比，氨基酸残基的种类就有 12 处不同。尽管在不同物种细胞色素 c 的一级结构有较大差异，但铁卟啉周围的配体及其传递电子的功能是相同的。下面以马心细胞色素 c 为例说明细胞色素 c 的空间结构和电子传递过程。图 6-4 为马心细胞色素 c 分子空间结构。它的分子量为 13 500，由一条 104 个氨基酸残基的多肽链包围着血红素辅基。1～47 号残基居于血红素的一边：48～91 号残基居于血红素的另一边；92～104 号残基又折回，形成罩着血红素顶端的一条带子。

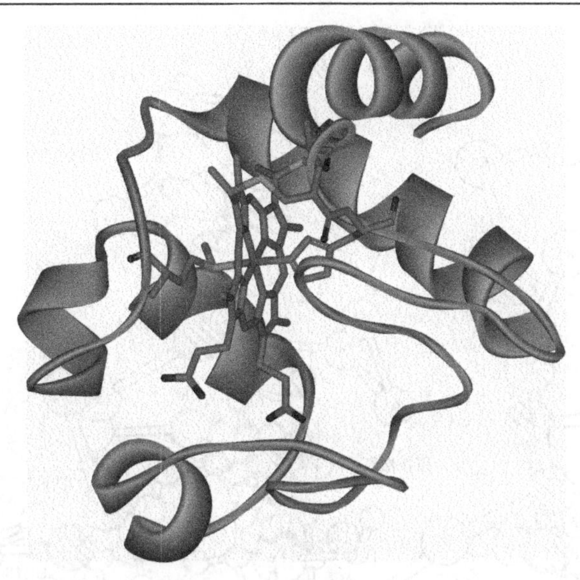

图 6-4　马心细胞色素 c 分子空间结构

血红素辅基与蛋白质通过硫醚键共价结合，如图 6-4 及图 6-5 所示。肽链中的半胱氨酸(Cys-14 和 Cys-17)的巯基硫分别与血红素的两个乙烯基以硫醚键相连。轴向第五个配体为组氨酸(His-18)的咪唑氮，而轴向第六个配体为蛋氨酸(Met-80)的甲基硫。酪氨酸(Tyr-48)和色氨酸(Trp-59)通过氢键与血红素的丙酸羧基相连。

由图 6-5 可知，血红素两边有两个槽。由 55～75 号残基构成一个环状左槽，其中有三个芳香残基：色氨酸(Try-59)、酪氨酸(Tyr-67)和酪氨酸(Tyr-74)。据推测，左槽可能与细胞色素 c 还原酶(即 b 和 c_1 构成的复合体)结合，这三个芳香残基可能参与电子传递。这里芳香环的电子云可能发生重叠：酪氨酸(Tyr-74)与色氨酸(Try-59)的六元环平行，相距 0.6 nm，而酪氨酸(Tyr-67)与色氨酸(Try-59)相距 0.4 nm，酪氨酸(Tyr-67)与酪氨酸(Tyr-74)相距 0.6 nm。

右槽由 1～11 号和 89～101 号 α 螺旋以及 12～22 号肽段构成。槽内有两个芳香残基：苯丙氨酸(Phe-10)和酪氨酸(Tyr-97)。据推测，右槽和血红素空穴可能与细胞色素 c 氧化酶(即细胞色素 a 和 a_3 构成的复合体)结合，其芳香残基可能参与电子传递。

Winfield 提出了一种电子传递的机制。他认为当血红素的 Fe^{3+}通过蛋氨酸(Met-80)的硫接受来自酪氨酸(Tyr-67)羟基电子以后，酪氨酸(Tyr-67)便失去了形成氢键的能力并摆动到酪氨酸(Tyr-74)之下，形成一个阴离子游离基，它可以通过芳环的 π 电子云重叠，从酪氨酸(Tyr-74)获得一个电子而回复到它原来的电子状态。而酪氨酸(Tyr-74)阴离子游离基则接受来自还原酶(细胞色素 c)的一个电子。反应过程见图 6-6。

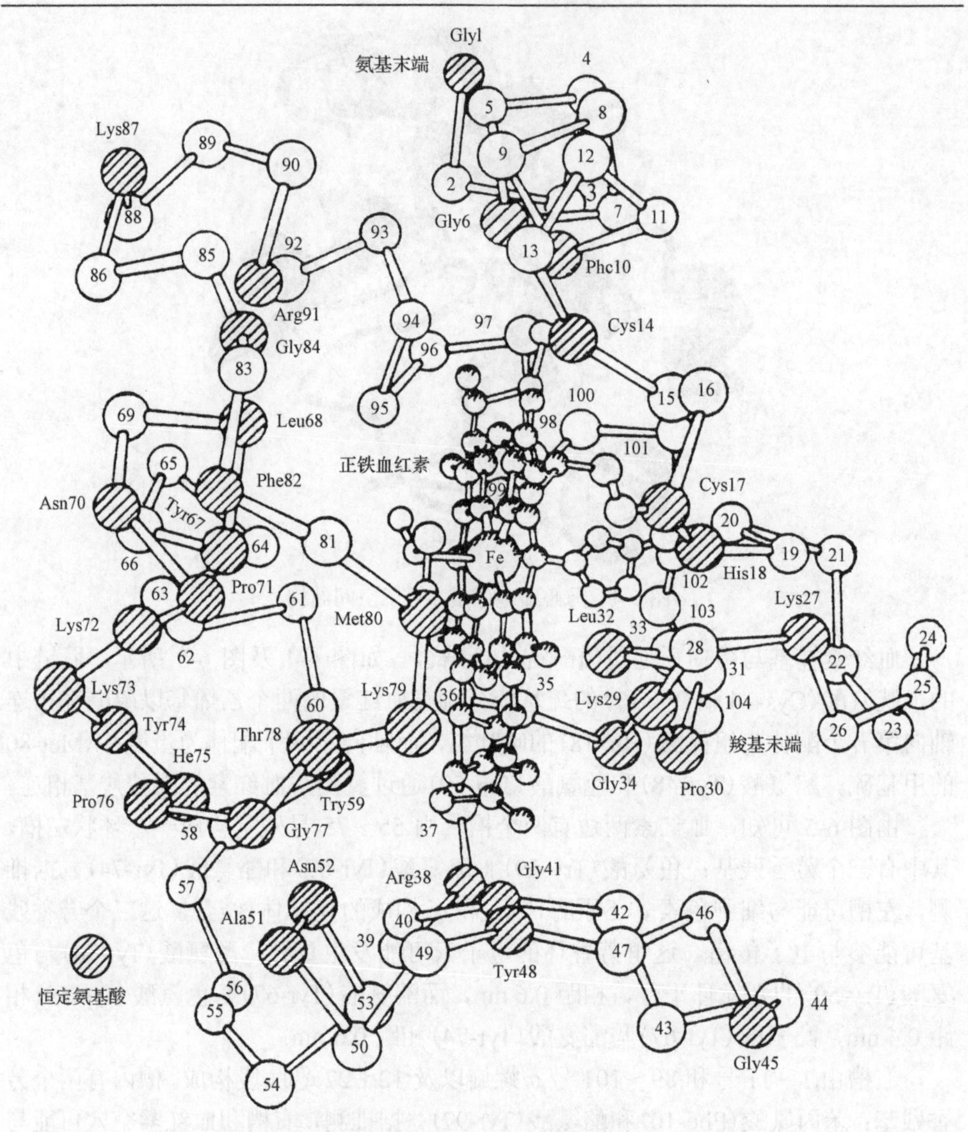

图 6-5　细胞色素 c 的血红素与肽链结合的示意图

在右槽，电子可以通过苯丙氨酸(Phe-10)和酪氨酸(Tyr-97)从血红素传递到表面再到氧化酶(细胞色素 a、a_3)。但是仍要指出，电子通过细胞色素 c 传递的机制仍然是一个没有完全弄清的问题。

细胞色素 c 中轴向配位的配体对电子传递功能起重要作用，南京大学唐雯霞等用咪唑(Im)和 CN^- 取代细胞色素 c(Cyt c)的轴上配体 Met-80 后，用 2D NMR 方法测定了 Im·Cyt c，CN·Cyt c 的溶液结构，发现轴上配体被取代后，引起蛋白三维结构的扰动，尤其在 Met-80 一侧，不仅使 50、60、70 三个位置有一定移动，而且使肽键 70-85 的走向改变。由此他们认为，轴向配体的影响可能主要表现在对 Cyt c 蛋白折叠、构象等方面的影响上。

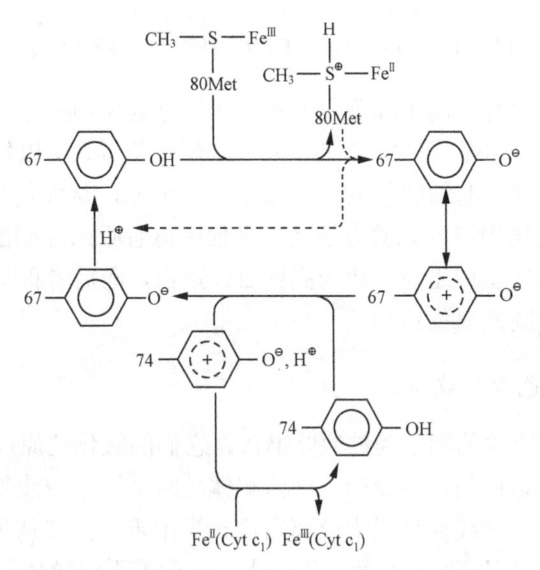

图 6-6　细胞色素 c 还原作用中的电子传递机理

6.2.1.2　细胞色素 c 氧化酶

细胞色素 c 氧化酶存在于细胞线粒体膜上，它是由低氧化还原电位的细胞色素 a 和高氧化还原电位的细胞色素 a_3 等多个亚基组成的蛋白复合体。细胞色素 a 和细胞色素 a_3 很难分离，因此细胞色素 a 和 a_3 合称为细胞色素 c 氧化酶，它们的复合体在呼吸链中作为末端酶紧接在细胞色素 c 后面，它氧化细胞色素 c 并使 O_2 还原为 H_2O。

$$4Fe(\text{II})(Cyt\ c) + O_2 \xrightarrow[\text{细胞色素c氧化酶}]{H^+} 4Fe(\text{III})(Cyt\ c) + H_2O \qquad (6\text{-}26)$$

从牛心线粒体分离的细胞色素 c 氧化酶是一种脂蛋白(lipoprotein)。光谱证实它含有铁卟啉辅基和定量的铜，其组成是 Cyt a∶Cyt a_3∶Cu^+ = 1∶1∶2。铜和铁离子组成的四中心还原体系能同时提供 4 个电子给氧分子，使反应活化能大大降低。

细胞色素 a 和 a_3 的辅基是血红素 a，如图 6-3 所示。它与血红素 b(原卟啉Ⅸ)的主要区别是第二和第八位的取代基不同。细胞色素 a 具有一个配位完全的血红素 a，它的轴向配位位置由两个组氨酸咪唑占据。细胞色素 a 的铁，Fe(Ⅱ)和 Fe(Ⅲ)，都是低自旋。细胞色素 a_3 的血红素 a 的一个轴向配体可能是组氨酸咪唑，另一个轴向位置是空的，所以能和 O_2 结合，促使底物氧化。细胞色素 a_3 的铁，在 Fe(Ⅱ)价态时是高自旋，在 Fe(Ⅲ)价态时是高自旋和低自旋的热平衡混合物。

细胞色素 c 氧化酶的 2 个铜原子的电子顺磁共振(EPR)性质不同，显示 EPR 信号的为 Cu(α)，不显示 EPR 信号的为 Cu(β)。在细胞素 c 氧化酶中的电子传递顺序是

$$\text{Cyt a} \longrightarrow \text{Cu}(\alpha)\ (\text{EPR 可测}) \longrightarrow \text{Cyt } a_3$$

细胞色素 c 氧化酶不同于细胞色素 c 与细胞色素 b。细胞色素 c 氧化酶中的细胞色素 a_3 的铁是配位不饱和的，它还空着一个配位位置，所以能与 CN^- 等结合而引起中毒。CN^- 配位后的细胞色素 a_3 便不能再被还原，从而使呼吸链中断，并导致机体死亡。氰化物中毒的急救方法之一是使中毒者吸入亚硝酸异戊酯，其目的在于把体内部分血红蛋白迅速氧化为高铁血红蛋白，而后者再与 CN^- 形成对人畜无害的稳定的氰合高铁血红蛋白。

6.2.1.3　细胞色素 b 族简述

b 族细胞色素所含的辅基为铁原卟啉Ⅸ，它们的氧化还原电位较低，$E^{0\prime} \approx 0$。其天然状态的血红素铁是低自旋的。轴向配体是两个氨基酸残基，因此 b 族细胞色素难以自动氧化。从线粒体膜上分离它们相当困难。虽然从牛心肌能得到极纯的细胞色素 b，但它们高度聚合而不溶于水，因此关于线粒体细胞色素 b 的结构和机制仍然不清楚。复旦大学黄仲贤等在研究细胞色素间的电子传递反应时，发现细胞色素 b_5 和细胞色素 c 之间的相互作用主要是由静电相互作用引导的。细胞色素 b_5 的 Glu 44 和 Glu 56 同时参与在与细胞色素 c 的识别和电子传递作用之中，两蛋白间的电位差和构象变化都是影响两蛋白间的电子传递速率的主要因素，电子传递蛋白间的结合是多种模式的、动态的，他们提出了细胞色素 b_5/c 的新结合模式，还应用蛋白质工程的方法，尝试通过分子结构的改造获得新的具有催化活性的金属蛋白分子和发现新的催化反应，为蛋白质的分子设计提供新思路。

6.2.2　细胞色素 P450(简称 P450)

近几十年来，药物、食品的着色剂和添加剂、杀虫剂、工业毒物、大气污染物等大量涌入人类生活环境，并通过呼吸道、消化道、皮肤等进入动物和人体内。如果机体不能迅速排除这些“异物”，它们就势必干扰和破坏机体的正常功能。动物和人体可以通过消化道排出大部分外来物质，通过肾脏和泌尿系统能排泄水溶性物质，但从这两种途径排泄亲脂性物质的能力十分有限。人体的肝脏弥补了这一缺陷，它具有很强的解毒功能，主要通过肝细胞微粒中的 P450 混合功能氧化酶系统发挥作用。

P450 是一种特殊的血红素蛋白。它是 20 世纪 50 年代中期由 Williams 和 Wilingberg 在肝微粒体(microsome)中发现，60 年代初经木村(Omura)和佐藤(Sato)验证的一类 b 族细胞色素。它的还原型与 CO 结合后在光谱的 450 nm 处具有最大

吸收峰，因而命名为细胞色素 P450，以别于其他 b 族细胞色素。近 20 年来，它的研究无论在深度和广度上都远非其他细胞色素所能比拟。现已明确，P450 实际上是一类具有不同分子量、不同生化和免疫学(immunology)特征以及不同催化能力的血红素蛋白的总称。

6.2.2.1　P450 的功能

P450 广泛存在于动物、植物及微生物体内，以致被称为自然界中无处不在的酶。它参与许多代谢过程，在人体中以肝、肾、脑及皮肤中浓度最高。据目前所知，在哺乳动物中 P450 可以催化近 300 种脂溶性化合物进行各种各样的氧化还原反应，如羟化、环氧化、*N*-脱烷基、*O*-脱烷基、*N*-氧化、*S*-氧化、脱氨基、硝基还原等。在这些反应中化合物获得极性基团，增加了水溶性，从而加速其经肾脏和胆汁的排泄。从这个意义上说，它具有“解毒作用”，这是有利的一面。但是另一方面，有些化合物经转化后，毒性反而增高，如致癌物(carcinogen)：3,4-苯并芘(3,4-benzopyrene)、黄曲素毒霉(aflatoxin)、亚硝胺等，试管培养时它们并不能与 DNA 等生物大分子结合，但如果同时加入肝微粒体，它们就与 DNA 共价结合而引起基因突变(genemutation)，从而引起组织细胞癌变。从这个意义上说，它是“有毒”的。

6.2.2.2　两类含 P450 的单加氧酶体系

根据电子传递链的特征，可以把 P450 单加氧酶分为两类，如图 6-7 所示。

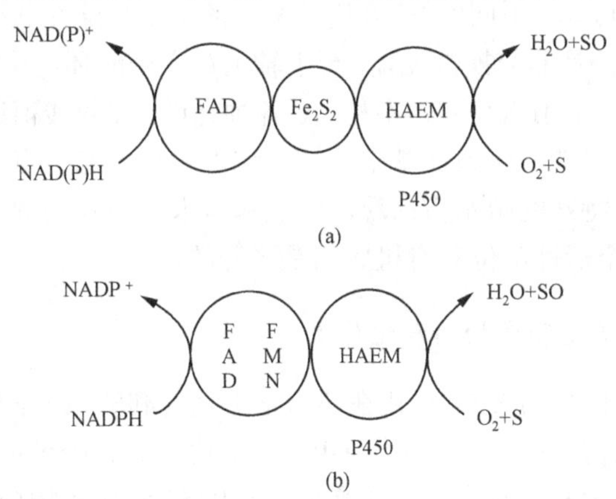

图 6-7　细菌/线粒体 P450(a)和微粒体 P450(b)电子传递链示意图

第一类是细菌和线粒体体系[图 6-7(a)]。它们有三种蛋白质成分。首先利用 NAD(P)H 作为电子给予体，而 FAD-黄素蛋白还原酶接受来自 NAD(P)H 的两个电子，然后通过还原酶蛋白成分中的铁硫中心($Fe_2S_2Cys_4$)把电子传递到 P450 血红素活性中心，最后通过 P450 使底物实现羟化作用。第二类是微粒体单加氧酶体系[图 6-7(b)]。首先，NAD(P)H 提供两个电子到更复杂的 FAD/FMN 黄素蛋白还原酶的 FAD 辅基中。然后通过 FMN 辅基把电子转移到 P450 血红素中，最后通过 P450 使底物实现羟化作用(hydroxylation)。

6.2.2.3　P450 的结构

对 P450 的结构曾做过许多研究。其中研究得最多的是来自假单胞菌的莰酮-5-外羟化酶(pseudomonas putida camphor-5-*exo*-hydroxylase)的 P450(P450 cam)。现将 P450 cam、P450 LM_2(来自兔肝微粒体)和 P450 b(来自鼠肝)的某些结构特征列于表 6-3。多数 P450 的分子量在 50 000 左右，氨基酸残基数目有 400 多。P450 cam 大小约为 5.5 nm×5.5 nm×3.9 nm。

表 6-3　三种 P450 的某些结构特征

P450 类型	分子量	氨基酸残基数目	血红素铁轴向配体半胱氨酸在肽链上的位置
P450 cam	46 200	412	357
P450 LM_2	53 100	466	436
P450 b	55 900	491	438

细胞色素 P450 每条蛋白链都有一个血红素 b(铁原卟啉Ⅸ)。血红素铁有 4 个配位基团为卟啉环中的 4 个吡咯氮原子，轴向第五个配体是蛋白质上半胱氨酸残基的硫。从表 6-3 可知，不同的 P450 用于配位的半胱氨酸在肽链上的位置不完全相同。这第五个配体是非交换性配体。至于轴上第六个配体，至今仍然没有确定，这可能是因为 P450 中第六个配体不稳定。各种光谱、X 射线衍射以及模拟研究表明，第六个配体极可能是水或羟基中的氧。这里需要补充一点，在非常靠近铁的部位，可能有一段特殊的疏水蛋白质，它能和疏水性的底物键合。在微粒体细胞色素 P450 中，这个活性部位对有机底物是张开的。

6.2.2.4　双氧活化和底物的羟化作用

虽然多数有机化合物被 O_2 氧化在热力学上是有利的，但在动力学上则要克服很大的能垒。在生物体系中可以利用 P450 来活化双氧。经过近 20 年的努力，人们提出各种机制，图 6-8 为较多人接受的一种 P450 催化底物羟化反应的循环图。

(1)高自旋的 P450 与底物 RH 结合。在静止状态，高自旋态 P450 与低自旋态 P450 处于平衡状态。低自旋 P450 的第六配位可能是含—OH 的基团(如氨基酸残基中的—OH)，而高自旋 P450 中，只有第五配位为半胱氨酸的硫，其第六配位空着，这时铁高出卟啉环平面。这种高低自旋的平衡受各种因素影响，如温度、离子

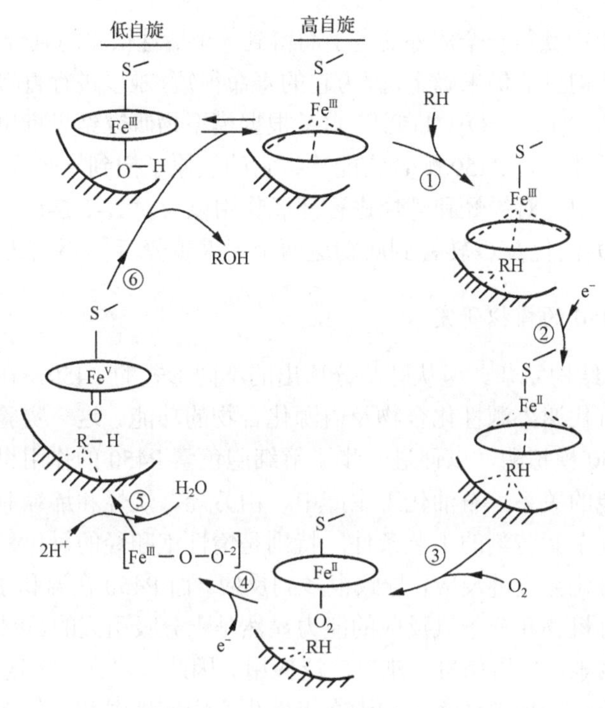

图 6-8　P450 催化底物单加氧作用

强度(ionic strength)等。特别是当底物结合到蛋白链的疏水部位时，使平衡移向高自旋状态，这就有利于下一步催化循环使铁还原，因为高自旋 P450 的氧化还原电位比低自旋 P450 高 0.1 V。

(2) NAD(P)H-P450 还原酶使 NAD(P)H 的电子转移至铁卟啉上，使铁还原为 Fe^{2+}。

(3) 分子氧结合上去形成三元配合物(RH)Fe(Ⅱ)·O_2。

(4) 第二个电子离开 NAD(P)H^-还原酶或细胞色素 b，形成不稳定的过氧化物[Fe(Ⅲ)—O—O^{-2}]。

(5) 过氧化物中 O—O 键断裂，过氧化物阴离子与 H^+结合，生成水和活性中间体(RH)·Fe(Ⅴ)═O。

(6) ROH 脱出后又形成氧化型 P450，使循环闭合。

其总反应表示为：

$$R—H + O_2 + 2H^+ \xrightarrow[\text{NADPH} \curvearrowright \text{NADP}]{\text{P450}} ROH + H_2O \tag{6-27}$$

P450-Fe(Ⅱ)具有空的配位位置，因此可以键合包括双氧在内的一些配体(如③)。通常氧合配合物是不稳定的，它易离解产生 Fe(Ⅲ)和 O_2^-。在催化循环中，它从 NAD(P)H 中获得一个额外的电子而得到一个活性很强的氧合配合物(如④)。这个配合物的结构目前仍未确定，因为它的寿命很短，难以进行直接的光谱研究。一种可能的结构为[Fe^{V}═O](如⑤)，它是根据模型物研究结果推出来的，尚未直接检出。这个活性氧合 P450 配合物能够将它的氧原子插到一些底物中，对烷烃、芳烃进行羟化作用，对烯烃和芳烃进行环氧作用以及对 *N*-、*S*-进行氧化作用。对于上述循环的 O_2 活化及 O 转移到底物这两个关键步骤，科学家正积极进行研究。

6.2.2.5 P450 的模拟研究

天然 P450 结构复杂。但从肝脏分离出的不同形式的 P450，在温和条件下体外重组后，均有代谢外源性化合物及内源化合物的功能。这一实验事实促使化学家探索合成 P450 模拟酶，以便进一步了解细胞色素 P450 的作用机理，研究它的结构和催化功能的关系。石油化工生产中，由芳烃、烷烃和烯烃制取酚、醇和环氧化物，需要复杂和苛刻的工艺条件。特别是惰性饱和烃的氧化，在高温下很容易发生自由基退化分支链反应，导致很多副反应。而 P450 在温和条件下，高效专一地催化多种有机物和分子氧反应的能力显然是十分吸引人的。可惜 P450 很不稳定，分离纯化困难，价格昂贵，难以广泛应用。因此，建立能再现细胞色素 P450 所催化的主要反应的模拟体系，探索在工业生产中实现温和条件下烃类氧化的可能性，是生物无机化学领域最活跃、最具挑战性的课题之一。表 6-4 为细胞色素 P450 的一些模拟体系。

表 6-4 P450 的一些模拟体系

模拟体系	底物
$Fe^{2+}-H_2O_2$ (Fenton 试剂)	芳烃
Fe^{2+}－硫醇－O_2 (Ulrich 体系)	芳烃
$Fe^{3+}-H_2O_2$－醌类	苯
$Fe^{3+}-H_2O_2$－烯二醇类(Hamilton 体系)	苯
Fe^{2+} (Fe^{3+})－抗坏血酸－EDTA－O_2 (Udenfriend 体系)	芳苯
血晶－硫醇－O_2	芳苯
铁卟啉－亚碘酰苯(Grove 体系)	烷烃、烯烃
金属卟啉－抗坏血酸－O_2	环烷烃
铁卟啉－硫醇－吡啶(或其他碱)	芳烃
Mn (III) (TPP) Cl－$NaBH_4-O_2$	烯烃

金属卟啉配合物的结构与细胞色素 P450 的血红素辅基相近，人们对金属卟啉模拟细胞色素 P450 进行了大量的研究。细胞色素 P450 模拟体系，通常由作为催化剂的金属卟啉配合物及轴向配体、给电子的还原剂、氧源和底物组成。目前报道的模拟体系中，氧源包括分子氧、亚碘酰苯、过氧化氢或有机过氧化物、次氯酸钠、氨氮氧化物和过硫酸氢钾等，尤以分子氧、亚碘酰苯和过氧化氢居多。

1979 年 Tabushi 报道了以锰卟啉为催化剂、硼氢化物为还原剂，分子氧为氧源的细胞色素 P450 模拟体系，实现了环己烯的催化氧化。已报道的以分子氧为氧源的模拟体系，还有以抗坏血酸、胶态铂、锌粉和氢气等为还原剂的。一般来说，这些体系都重现了细胞色素 P450 催化的主要反应，但催化活性较低。普遍认为，这是由于底物与过量的还原剂之间存在着对活性的金属卟啉氧合中间体的竞争，还原剂还原氧合中间体的反应比底物与氧合中间体的反应快得多。改变金属卟啉配合物的结构和模拟体系的组成，可提高模拟体系的催化活性。例如，以水溶液性锰卟啉和 *N*-甲基咪唑为催化剂、二羟基吡啶为还原剂、黄素单核苷酸为电子转移催化剂的模拟体系，催化橙花醇环氧化，相对于还原剂的产率达 30%；以带五氟苯基的四苯基卟啉衍生物的铁配合物组成的模拟体系，催化丙烷和异丁烷羟化，相对于底物的产率达 18%。

以单氧给体亚碘酰苯为氧源的细胞色素 P450 模拟研究十分活跃。1979 年，Groves 首先以四苯基卟啉铁配合物和亚碘酰苯组成模拟体系，实现了温和条件下烷烃的羟化和烯烃的环氧化。类似的体系有许多报道，研究表明，简单的四芳基卟啉金属配合物在催化过程容易降解，在对烷烃等反应性较差的底物催化时更为严重。已经发现，在四芳基卟啉的芳环中引入卤原子，可使体系的催化活性和催化剂的稳定性得到改善。

我国化学工作者在细胞色素 P450 模拟研究方面做了大量工作。 中山大学生物无机化学研究组在以分子氧为氧源的体系中系统研究了金属卟啉配合物模拟细胞色素 P450 催化环己烷和苯的羟化反应。在四苯基卟啉化学修饰基础上，研究了对称卟啉、不对称卟啉、尾式卟啉苯环上取代基电子性质对催化活性的影响，发现引入推电子取代基有利于分子氧活化，催化活性增加，不对称卟啉催化活性更高，提出了活性中心周围推电子和拉电子基团的电荷转移对酶活性提高的规律；研究了轴向配体性质对模拟体系催化活性的影响，发现含巯基的轴向配体可以激活模拟酶活性中心，从而提高催化效果；还发现尾端含有可配位基团的尾式卟啉金属配合物具有独特的轴向配位性质，在模拟体系中，尾式金属卟啉配合物的尾端基团分子内或分子间的轴向配位，使不加入轴向配体的体系，同样具有较强的催化活性，提出了轴向配体活化模拟酶的作用机理。通过以卟啉环对金属卟啉配合物微环境化学修饰，聚苯乙烯载体表面及其修饰基团对金属卟啉配合物微环境化学修饰，研究金属卟啉配合物周围微环境对催化活性的影响，发现金属卟啉配合物周围疏水微环境有利于金属卟啉低价态的稳定、分子氧的键合、活性中间体 Fe(Ⅴ)═O 的生成、底物的结合和氧原子向底物的转移，有效防止 *μ-O* 二聚体的生成，从而大大提高催化活性，得到了酶活性中心周围微环境化学修饰与酶活性之间的规律性。中山大学纪红兵课题组报道了用氯化四苯基铁卟啉[FeT(*o*-Cl)PP]为催化剂，仿生催化氧气液相氧化环己烷一步制得己二酸的方法，己二酸的收率可达21.4%，催化剂的活性转换数(TON)高达24 582，这是目前已报道的从环己烷一步法合成己二酸的最好结果。在烯烃的环氧化转化方面，使用铁卟啉作为催化剂，可使环己烯的转化率达到96%，而环氧化物的选择性高达99%。在此基础上，他们还以μ-氧代双核铁卟啉$[FeTPP]_2O$为催化剂用于环己烯的转化，其催化剂活性转化数最高可达1.4×10^9，展现了金属卟啉与生物酶类似的高催化活性和高选择性。1999年起湖南大学郭灿城研究组经过大量艰苦的研究工作，用金属卟啉作为仿生催化剂研究了环己烷氧化环己酮的中试和4.5万吨/年工业试验，成功开发了“环己烷仿生催化氧化新工艺”。与现有引进技术相比，该工艺具有明显优势：①单程转化率提高了2倍，大幅度降低了环己烷循环量，减少能耗，降低生产成本；②选择性提高，环己醇、环己酮和过氧化物的选择性可达90%以上，其中醇、酮占75%以上，这样氧化物只需少量碱分解、中和，就大大降低了废碱液的产生和污染物的排放。在原有装置扩能改造时，只需少量投资即可使生产能力翻一番，同时降低生产成本。中国科学长春应用化学研究所吴越等系统研究了酞菁铁对苯、苯胺的羟化反应，证实了吸氧过程中 O_2－酞菁铁－轴向配体的三元中间体生成；研究了亚碘酰苯对锰卟啉催化环己烷羟化的影响。他们在金属卟啉及其类似物负载于MCM-41分子筛上催化苯酚羟化方面也做了很多的工作。

6.2.3 过氧化物酶和过氧化氢酶

6.2.3.1 过氧化物酶

过氧化物酶普遍存在于动植物中。辣根和无花果汁含有丰富的过氧化物酶。表6-5列举了几种过氧化物酶的某些性质。它们的催化性能如式(6-17)所示。多数过氧化物酶是糖蛋白，但糖的作用仍不清楚。所有从植物中纯化的过氧化物酶都含高铁血红素辅基，多数辅基是Fe(III)原卟啉IX，Fe(III)的轴向配体是组氨酸的咪唑氮，另一个轴向配体可能是小分子，如辣根过氧化物酶的配位环境就是如此；在低pH时，Fe(III)呈高自旋态，而高pH(约11)时呈低自旋态。

表6-5 几种过氧化物酶的若干性质

酶	分子量	辅基	糖含量/%
辣根过氧化物酶(HRP)	40 500	高铁原卟啉 IX	18.4
细胞色素c过氧化物酶(CcP)	50 000	高铁原卟啉 IX	0
氯过氧化物酶(CPO)	40 200	高铁原卟啉 IX	25～30
乳过氧化物酶(LP)	76 500	高铁中卟啉 IX	8
NADH过氧化物酶	12 000	FAD	
芜菁过氧化物酶A_1(TuP)	49 000	高铁原卟啉 IX	
谷胱甘肽过氧化物酶	90 000	硒代半胱氨酸	

过氧化物酶作用的底物有联苯三酚、对甲苯酚、2, 4, 6-三甲苯酚、苯胺、对甲苯胺、抗坏血酸、铁氰化物、NADH 等。细胞色素 c 过氧化物酶催化的反应是

$$2(\text{Cyt c})\,\text{Fe(II)} + H_2O_2 \xrightarrow[H^+]{\text{CcP}} 2(\text{Cyt c})\,\text{Fe(III)} + 2H_2O \tag{6-28}$$

而氯过氧化物酶(chloroperoxidase，CPO)催化的反应为

$$Cl^- + H_2O_2 \xrightarrow{\text{CPO}} ClO^- + H_2O \tag{6-29}$$

对于大多数组织来说，H_2O_2 是一种毒物。它可以氧化某些具有重要生理作用的含巯基的酶和蛋白质，使之丧失活力。它还可以将细胞膜磷脂分子中的不饱和脂肪酸氧化成过氧化物，产生的过氧化脂质又通过自身催化作用连续生成大量过氧化物，结果对磷脂的功能造成障碍，如发生溶血症等。过氧化物酶催化 H_2O_2 转化为水，从而消除了 H_2O_2 的毒性。

6.2.3.2　过氧化氢酶

过氧化氢酶的生理作用曾是一个有争议的课题。有人认为它是一种防止过氧化氢在体内积累的保护酶。也有人认为它更可能是一种双电子氧化剂。过氧化氢酶的活性比过氧化物酶的活性小，但它催化 H_2O_2 分解是高效的。其反应如式(6-18)所示。

过氧化氢酶的分子量约 24 000。每个分子由 4 个亚单位组成，每个亚单位有一个高自旋 Fe(III) 血红素辅基。铁的轴向配体可能是氨基酸残基和水。它很稳定，不能被 $Na_2S_2O_4$ 还原。化学修饰研究认为酶的活性中心包含组氨酸和酪氨酸残基。

过氧化氢酶的作用机制也是一个有争议的问题。一种观点认为催化作用不是由 Fe(III) $\rightleftharpoons$ Fe(II) 氧化还原作用引导，它应与生成的 $Fe(OOH)^{2+}$ 型过氧化物有关。这可能是 Fe(III) 将两个 H_2O_2 分子结合在一起，Fe(III) 只作为它们传递电子的中介体，这种结合使 O—O 之间具有张力，以致容易断裂。这个过程可示意如图 6-9。

还有一种观点认为过氧化氢酶与 H_2O_2 反应产生 $Fe(IV)—O^{2-}$，然后它再氧化 H_2O_2。

Fe(III) 与 H_2O_2 反应曾被用于过氧化氢酶活性的模拟研究。用同位素 ^{18}O 试验表明，放出的 O_2 中两个氧原子来自相同的 H_2O_2。根据动力学和光谱研究提出如下机制：

$$Fe^{3+} + HO_2^- \rightleftharpoons Fe^{3+}HO_2^- \tag{6-30}$$

$$Fe^{3+}HO_2^- \longrightarrow FeO^{3+} + OH^- \tag{6-31}$$

$$FeO^{3+} + H_2O_2 \longrightarrow Fe^{3+} + H_2O + O_2 \tag{6-32}$$

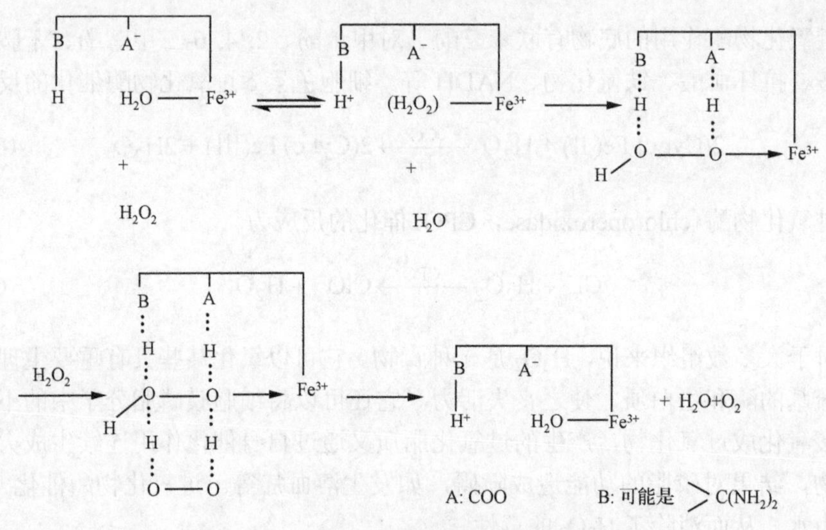

图 6-9　一种被认为的过氧化氢酶的作用机制

6.3 铁 硫 蛋 白

铁硫蛋白(iron sulphur protein)是一类传递电子的非血红素铁蛋白(nonheme iron protein)。非血红素铁蛋白不含血红素辅基，在这类蛋白质中，铁有多种存在形式。按照其生理功能，非血红素铁蛋白又可分为不同类型，如表 6-6 所示。除本节介绍的铁硫蛋白，其他非血红素铁蛋白，如储存和输送铁的铁蛋白与铁传递蛋白，以及作为催化剂的氢酶，还将在 6.4 节和第 8 章介绍。

表 6-6　一些非血红素铁蛋白的生理功能

非血红素铁蛋白	生理功能	来源
铁蛋白	储存、输送铁	动物组织
血清铁传递蛋白		血清
卵清铁传递蛋白		卵清
乳铁传递蛋白		乳
红氧还蛋白	传递电子	细菌
铁氧还蛋白		叶绿体、细菌
肾上腺皮质铁氧还蛋白		肾上腺皮质
铁硫蛋白		动植物、微生物
蚯蚓血红蛋白	载氧	星虫、蚯蚓
顺乌头酸酶	催化	动植物
邻苯二酚双加氧酶		细菌
氢酶		细菌、藻类

铁硫蛋白是一类含 Fe_nS_m 簇核的非血红素铁蛋白。它们的分子量较小，多数在 10 000 左右。所有铁硫蛋白中的铁都可变价，它们的主要功能是作为电子传递体参与生物体内多种氧化还原反应，特别是在生物氧化、固氮作用和光合作用中具有重要意义。

铁硫蛋白的活性部位是含化学组成为 $Fe_nS^*_m(Cys)_x$ 的所谓铁硫簇，其中 Cys 为半胱氨酸，S^*称为无机硫或活泼硫(labile sulphur)，当遇到无机酸时会生成 H_2S 放出。根据氧化还原中心的组成，铁硫蛋白通常分为四大类，它们的若干重要化学与结构特征列于表 6-7 中。

表 6-7　铁硫蛋白的若干重要化学与结构特征

蛋白	簇合物	氧化状态	表观价态
$Fe(Cys)_4$ 红氧还蛋白	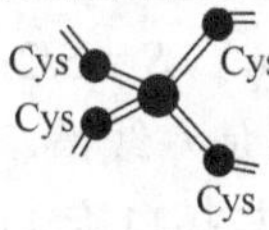 Cys Cys Cys Cys	氧化态 还原态	Fe^{3+} Fe^{2+}
$Fe_2S^*_2(Cys)_4$ 铁氧还蛋白	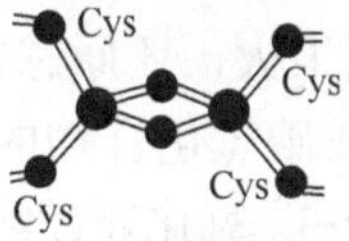 Cys Cys Cys Cys	氧化态 还原态	$2Fe^{3+}$ $1Fe^{3+}, 1Fe^{2+}$
$Fe_3S^*_4(Cys)_3$ 铁氧还蛋白	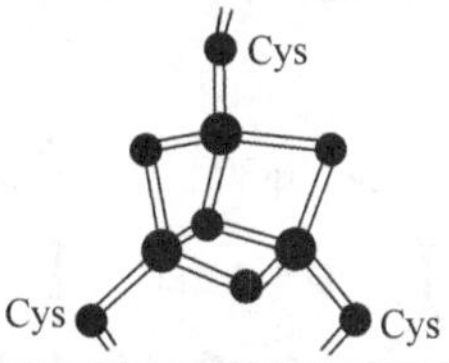 Cys Cys Cys	氧化态 还原态	$3Fe^{3+}$ $2Fe^{3+}, 1Fe^{2+}$
$Fe_4S^*_4(Cys)_4$ 铁氧还蛋白	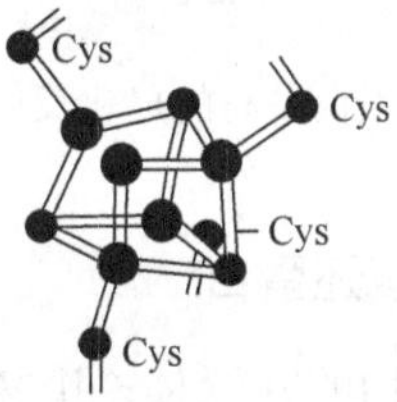 Cys Cys Cys Cys	氧化态 中间态 还原态 还原态	$3Fe^{3+}, 1Fe^{2+}$ $2Fe^{3+}, 2Fe^{2+}$ $1Fe^{3+}, 3Fe^{2+}$ $4Fe^{2+}$

6.3.1　$Fe(Cys)_4$ 蛋白——红氧还蛋白

这类含 $Fe(Cys)_4$ 中心的蛋白呈红色，被称为红氧还蛋白(rubredoxin, Rd)，多见于细菌中。其分子量较小，一般只有 50～60 个氨基酸残基。例如巴氏梭菌(*Clostridium pasteurianum*)Rd 的分子量为 6000，单肽链含 55 个氨基酸残基，每分子含 1 个 Fe，$E^{0'}=-57$ mV。产气小球菌(*Micrococcus aerogenes*)Rd 的 X 射线结构分析表明，铁与 4 个 Cys 的巯基硫配位，如图 6-10 所示。4 个 Fe—S 键的键长差别较大，键角为 101°～108°，呈畸变四面体构型。但外延 X 射线精细结构(EXAFS)研究结果显示，Rd 的 $Fe(Cys)_4$ 簇四面体畸变很小，Fe—S 键长在(230±4)pm 范围内。

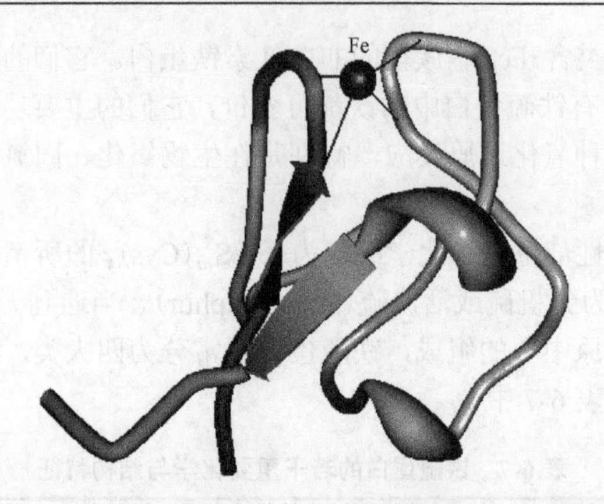

图 6-10 红氧还蛋白结构示意图(PDB ID：4RXN)

EPR 研究表明，氧化态 Rd 含高自旋 Fe^{3+}，$S = 5/2$；还原态 Rd 含高自旋 Fe^{2+}，$S = 2$。氧化态 Rd 在 4.2 K 时的穆斯堡尔谱是六线谱，由高自旋 Fe^{3+}的畸变四面体场产生；还原态 Rd 的一对四极分裂谱则与高自旋 Fe^{2+}的畸变四面体配位环境有关。Rd 的氧化态和还原态吸收光谱差别很大，还原态在可见区几乎没有吸收。

红氧还蛋白参与在脂肪酸的 ω-位或碳氢化合物的末端导入羟基的反应。当 O_2 存在时，ω-羟化酶、NADH、红氧还蛋白、氧化还原酶参与的羟化反应如图 6-11 进行。

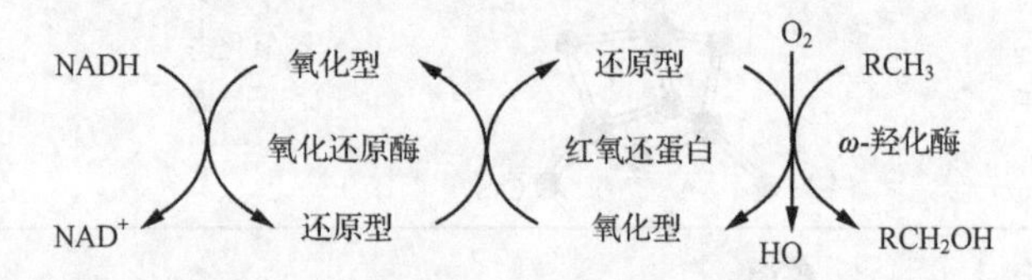

图 6-11 红氧还蛋白参与的羟化反应

6.3.2 $Fe_2S_2^*(Cys)_4$ 蛋白——植物型铁氧还蛋白

$Fe_2S_2^*$ $(Cys)_4$ 蛋白大部分来源于植物的叶绿体，并参与光合作用，因此称为植物型铁氧还蛋白(ferredoxin，Fd)。还有一些则来源于细菌或动物。这一类蛋白质分子量较小，约 10 000～24 000。目前有十多种已测定一级结构，主要含酸性氨基酸残基。其中五种不同来源的 Fd 的一级结构很相似，有 5 个 Cys(18, 39, 44, 47 和 77)位置完全相同。Fe 是单电子传递体，$E^{0\prime}$为–220～420 mV，较容易还原。

Fd 单晶很难制备，初期无法用 X 射线测定它的结构，只能通过模型物研究和运用多种波谱技术预测它的活性中心结构。1966 年，Gibson 等提出图 6-12 的结构模型。还原态时一个 Fe 为高自旋 Fe^{2+}(S=2)，另一个为高自旋 Fe^{3+}(S = 5/2)。两者通过硫桥实现反铁磁性耦合(antiferromagnetic coupling)，使电子总自旋 S=1/2；氧化态时为 2 个高自旋 Fe^{3+}，总自旋 S=0。这个模型能解释植物型 Fd 的 EPR 结果及其他一些性质。后来 Holm 等合成了$[Fe_2S_2^*(SR)_4]^{2-}$等一系列模型物并用 X 射线测定其结构。根据综合研究结果，人们确认了 Gibson 的双核簇合物模型。1995 年 Tsukihara 用 X 射线测定了螺旋藻(*Spirulina platensis*) Fd 的结构，结果与 Gibson 的模型一致。

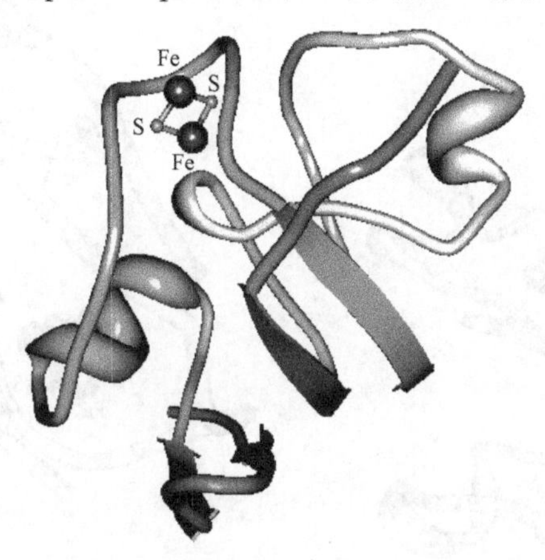

图 6-12　螺旋藻铁氧还蛋白结构示意图(PDB ID：4FXC)

根据 Holm 对多种模型物研究的结果，$Fe_2S_2^*$活性中心的 Fe—Fe 距离特别短，约 290 pm，非键时为 339 pm，因此认为存在 Fe—Fe 键。EPR 谱显示还原态植物型 Fd 有 1 个不成对电子，氧化态则无 EPR 讯号。电子核双共振(electron nuclear double resonance，ENDOR)研究表明，还原态 Fd 的 2 个铁都处于高自旋态但又不完全相同，因此认为二者分别是高自旋 Fe^{3+}和 Fe^{2+}。穆斯堡尔谱显示还原型菠菜 Fd 形成自旋耦合的 Fe(Ⅱ)—Fe(Ⅲ) 中心，它对应于两组谱线。氧化态菠菜 Fd 的状态几乎相同的两个高自旋 Fe(Ⅲ) 的谱线叠加在一起。活性中心从氧化态变为还原态时只接受 1 个电子，相应的穆斯堡尔谱就增加一组谱线。

在叶绿体中的铁氧还蛋白是光合作用的电子传递链中的一员。关于它的作用将在第 8 章介绍。

6.3.3　$Fe_4S_4^*(Cys)_4$ 蛋白——高电位铁硫蛋白和细菌型铁氧还蛋白

$Fe_4S_4^*(Cys)_4$ 蛋白的活性中心是由 4 个 Fe 和 4 个 S^*交替连接形成立方烷(cubane)结构，每个 Fe 再与 1 个 Cys 巯基硫结合，如表 6-7 中所示。

从酒色着色菌(*Chromatium vinosum*)分离出的铁硫蛋白的分子量约 9600。它的氧还电位高达+350 mV，因此称为高电位铁硫蛋白(high potential iron-sulphur protein, HiPIP)。X 射线测定其分子含 1 个 $Fe_4S_4^*(Cys)_4$ 活性中心，是单电子传递体，如图 6-13(a)所示。

细菌型铁氧还蛋白分子量较小，约 6 000～14 400。氧还电位在–400 mV 左右。多黏杆菌铁氧还蛋白只有一个 $Fe_4S_4^*(Cys)_4$ 活性中心，是单电子传递体。消化产气小球菌(*Peptococcus aerogenes*)铁氧还蛋白分子有两个 $Fe_4S_4^*(Cys)_4$ 中心，如图 6-15(b)所示。这两个活性中心各处于分子的两端。此外，还有一些细菌型铁氧还蛋白也含两个 $Fe_4S_4^*(Cys)_4$ 中心，它们都是双电子传递体。

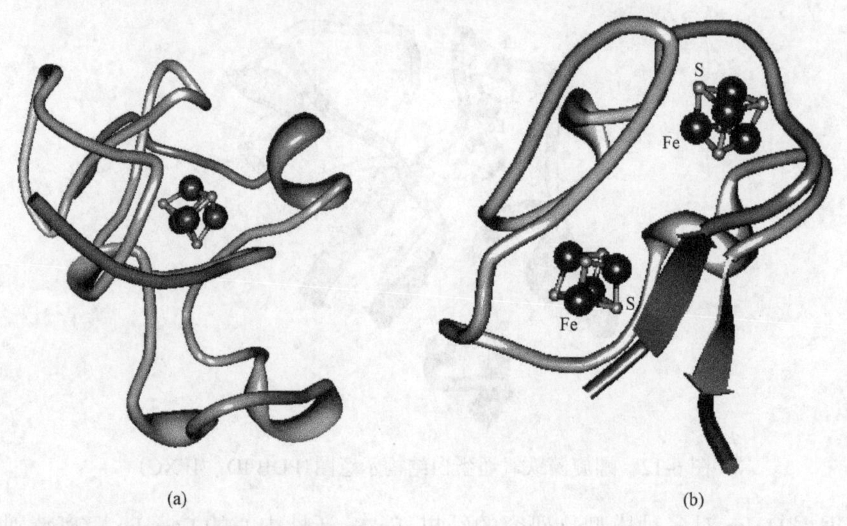

图 6-13　(a)酒色着色菌(*Chromatium vinosum*)铁氧还蛋白(PDB ID：1HRQ)和(b)消化产气小球菌(*Peptococcus aerogenes*)铁氧还蛋白的结构(PDB ID：1DUR)

高电位铁硫蛋白和细菌型铁氧还蛋白有相同的活性中心，但氧还电位相差达 750 mV，这曾引起很多研究者的注意。还原态高电位铁硫蛋白和氧化态细菌型铁氧还蛋白的电子吸收光谱十分相似，如图 6-14 所示。结构分析数据还显示，HiPIP

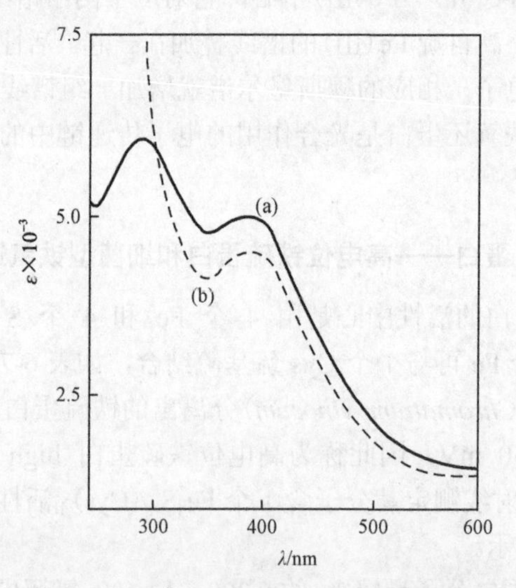

图 6-14　$Fe_4S_4^*(Cys)_4$ 蛋白的电子吸收光谱

(a)氧化态细菌型铁氧还蛋白；(b)还原态高电位铁硫蛋白

氧还中心的氧化态和还原态结构参数有差异，还原态的畸变立方烷较扩张，并与细菌型铁氧还蛋白氧化态的结构参数很接近。这些实验结果暗示，高电位铁硫蛋白的还原态相当于细菌型铁氧还蛋白的氧化态。

NMR 和穆斯堡尔谱等研究证实，这两类蛋白质的氧化态和还原态都兼含 Fe^{2+} 和 Fe^{3+}，两种蛋白质使用了不同的氧化还原电对：

$$[(Fe_4S_4^*)(Cys)_4]^- \underset{}{\overset{-e}{\rightleftharpoons}} [(Fe_4S_4^*)(Cys)_4]^{2-} \underset{}{\overset{-e}{\rightleftharpoons}} [(Fe_4S_4^*)(Cys)_4]^{3-} \quad (6\text{-}33)$$

高电位铁硫蛋白按

$$[(Fe_4S_4^*)(Cys)_4]^- \rightleftharpoons [(Fe_4S_4^*)(Cys)_4]^{2-}$$

传递电子，细菌型铁氧还蛋白按下式传递电子。

$$[(Fe_4S_4^*)(Cys)_4]^{2-} \rightleftharpoons [(Fe_4S_4^*)(Cys)_4]^{3-}$$

现已证实，还原态高电位铁硫蛋白和氧化态细菌型铁氧还蛋白的铁硫中心是等电子体，4 个铁的价态是 $2Fe^{3+} + 2Fe^{2+}$；氧化态高电位铁硫蛋白是 $3Fe^{3+} + Fe^{2+}$，还原态细菌型铁氧还蛋白是 $Fe^{3+} + 3Fe^{2+}$。在某些条件下，HiPIP 还可以还原为$(Fe_4S_4^*)^{2-}$，即 $Fe^{3+} + 3Fe^{2+}$。这两类蛋白质的氧还电位差异是由于这两个电位对应于不同的反应。HiPIP 还原时是 $3Fe^{3+}$接受电子，细菌型铁氧还蛋白还原时由 $2Fe^{3+}$接受电子，前者显然比较容易，氧还电位也就高得多。$2Fe^{3+} + 2Fe^{2+}$结构含偶数电子，反铁磁性耦合使铁硫中心呈反磁性(antiferromagnetism)。$3Fe^{3+} + Fe^{2+}$和 $Fe^{3+} + 3Fe^{2+}$则显顺磁性(paramagnetism，S=1/2)。

6.3.4　含 $Fe_3S_x^*$ 簇的铁硫蛋白

目前已报道不同来源的多种含 $Fe_3S_x^*$ 活性中心的蛋白质，其铁硫簇组成和结构有多种形式。

1980 年 E. Munck 等从棕色固氮菌(*Azotobacter vinelandii*)分离出一种 7 铁氧还蛋白，C. D. Stout 等根据 X 射线结构分析结果，提出这种蛋白质含有 1 个 $Fe_3S_3^*$ 簇和 1 个 $Fe_4S_4^*$ 簇。最初认为 $Fe_3S_3^*$ 簇具有如图 6-15 所示的近似平面环状结构，但后来的研究表明环状结构实际上是折叠的。

从脱硫弧菌(*Desulphovibrio gigas*)分离出两种铁硫蛋白，分别含 $Fe_3S_4^*$ 簇和 $Fe_4S_4^*$ 簇。$Fe_3S_4^*$ 簇是一种缺口立方烷的结构，此结构可由 $Fe_4S_4^*$ 簇衍生出来，即将 $Fe_4S_4^*$ 簇立方体的八个顶点中截去一个 Fe—S(Cys)单位而得。

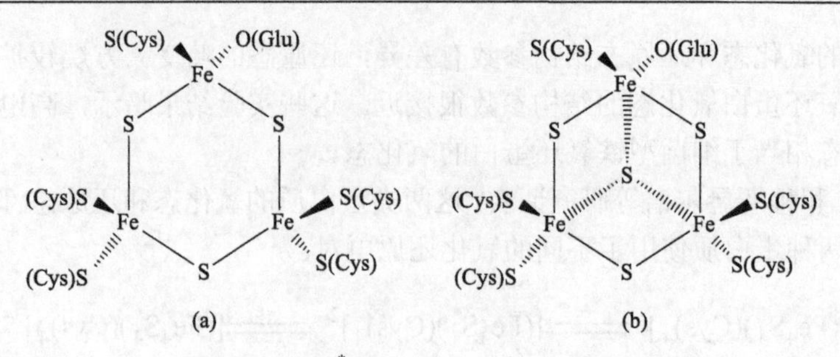

图 6-15　$Fe_3S_3^*$ 簇(a)和 $Fe_3S_4^*$ (b)簇的结构

6.3.5　铁硫蛋白模型物研究

Holm 学派于 20 世纪 70 年代在铁硫蛋白模型物研究方面做了大量出色的工作。这些模型物大都用硫醇盐(thiolate)为配体，共有三种类型。图 6-16 是其中几种，单核物(a)如$[Fe(S_2\text{-}o\text{-}xyl)_2]^-$、$[Fe(S_2\text{-}o\text{-}xyl)_2]^{2-}$和$[Fe(SPh)_4]^{2-}$；双核物(b)如$[Fe_2S_2(S_2\text{-}o\text{-}xyl)_2]^{2-}$和$[Fe_2S_2(S\text{-}p\text{-}tolyl)_4]^{2-}$；四核物(c)、(d)如$[Fe_4S_4(SCH_2Ph)_4]^{2-}$和$[Fe_4S_4(SPh)_4]^{2-}$。其中，配位体 S_2-*o*-xyl 为邻苯二甲硫，SPh 为苯硫酚，S-*p*-tolyl 和 SCH_2Ph 均为对苯二甲硫。吸收光谱、EPR、氧还电位、X 射线结构分析证明它们可以作为铁硫蛋白的模型物。

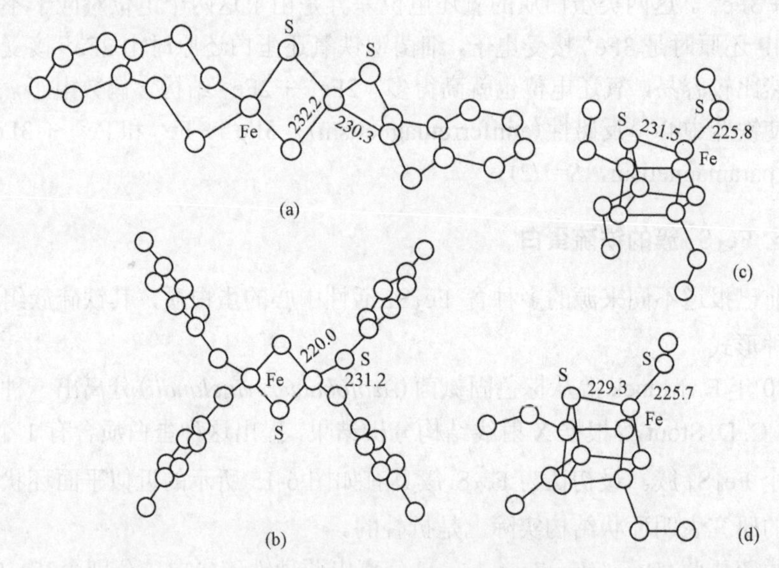

图 6-16　几种铁硫蛋白模型物的结构(键距单位：pm)

(a) $[Fe(S_2\text{-}o\text{-}xyl)_2]^-$；(b) $[Fe_2S_2(S\text{-}p\text{-}tolyl)_4]^{2-}$；(c) $[Fe_4S_4(SCH_2Ph)_4]^{2-}$；(d) $[Fe_4S_4(SPh)_4]^{2-}$

铁硫蛋白模型必须在它模拟的蛋白质活性部位所处氧还水平上具有氧化还原能力。用极谱法(polarography)可以确定模型物的电子传递关系。根据吸收光谱相似性可以确定Rd、植物型Fd、细菌型Fd及HiPIP的氧化态与还原态相应的等电子体。对照模型物还可以确定蛋白质中铁的价态和磁性。前述$Fe_4S_4^*(Cys)_4$蛋白就是一例。

在pH 8.5的80%二甲亚砜(dimethyl sulfone，DMSO)-水介质中，用硫醇取代半胱氨酸残基，就能把铁硫中心从蛋白质中定量“挤压”出来。这种反应称为核挤压反应(core extrusion reaction)。例如，菠菜Fd及巴氏梭菌Fd分别与苯硫酚(benzenethiol)、邻苯二甲硫醇反应：

$$\text{植物型}\quad Fd + 4SPh \longrightarrow [Fe_2S_2(SPh)_4]^{2-} + apo\text{-}Fd \tag{6-34}$$

$$\text{细菌型}\quad Fd + 2S_2\text{-}o\text{-}xyl \longrightarrow [Fe_2S_2(S_2\text{-}o\text{-}xyl)_2]^{2-} + apo\text{-}Fd \tag{6-35}$$

同理，模型物$[Fe_2S_2(SR)_4]^2$在pH 7.5以下的80% DMSO-H_2O介质或pH 8.5的80%六甲基磷酸(HMPA)介质中，能迅速变为$[Fe_4S_4(SR)_4]^{2-}$。例如：

$$2[Fe_2S_2(SPh)_4]^{2-} \longrightarrow [Fe_4S_4(SPh)_4]^{2-} + PhSSPh + 2PhS^- \tag{6-36}$$

单核物二聚为双核物的反应更易进行。例如：

$$2[Fe(S_2\text{-}o\text{-}xyl)_2]^{2-} \xrightarrow{NaSH/NaOMe} [Fe_2S_2(S_2\text{-}o\text{-}xyl)_4]^{2-} \tag{6-37}$$

这三类模型物的相互转化提示，相应的三类铁硫蛋白有可能互相转化。

6.4　铁蛋白与铁传递蛋白

铁是生命体必需的微量元素，是一些重要功能酶的协同因子。生物体发展了自身的调控机制，用来控制细胞内铁的摄取、存储和输出。本节介绍的铁蛋白与铁传递蛋白，即担负着存储、转运铁的重要功能。

6.4.1　铁蛋白

铁蛋白(ferritin)是哺乳动物体内储存铁的主要蛋白质。它主要分布在动物的脾脏(spleen)、肝脏(liver)和骨髓(bone marrow)中，在植物的叶绿体和某些菌类中也发现有铁蛋白。

铁蛋白以一个直径约7 nm的含Fe(III)的微团(micell)为核心。微团的组织成分大致是$[(FeOOH)_3(FeO \cdot PO_3H_2)]$。微团中的Fe(III)与配位氧原子可能呈八面体构型，也可能呈四面体构型，或者两者的混合物。磷酸根也许只结合在微团表面，因此磷酸根的存在与否并不影响微团的结构。微团中的铁离子含量可高达

4300个，一般为2000个左右。由24个相同亚单位组成的脱铁铁蛋白(apoferritin)把这个微团包围着。用沉降平衡法(sedimentation equilibrium method)测得脱铁铁蛋白的分子量为443 000。整个铁蛋白分子直径约有12 nm，如图6-17所示。

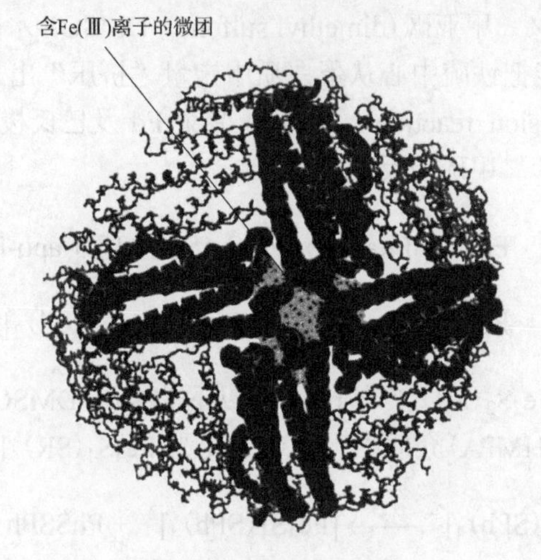

图6-17 铁蛋白的结构

铁蛋白的主要生理功能是储存铁。体内暂时不用的铁离子，由铁传递蛋白运输给脱铁铁蛋白，然后经过中介体焦磷酸铁，在脱铁铁蛋白中形成上述含铁微团，以铁蛋白的形式被储存起来。当机体需要铁时，在还原剂作用下使处于铁蛋白核心的微团中的Fe(Ⅲ)还原为Fe(Ⅱ)以后释放出来。这个过程可表示为

铁储存：

$$Fe^{2+} - e \xrightarrow{\text{氧化剂}} Fe^{3+} \tag{6-38}$$

$$nFe^{3+} + \text{脱铁铁蛋白} \longrightarrow \text{铁蛋白} \tag{6-39}$$

铁释放：

$$\text{铁蛋白} + ne \xrightarrow{\text{还原剂}} \text{脱铁铁蛋白} + nFe^{2+} \tag{6-40}$$

6.4.2 铁传递蛋白

铁是维持生命活动所必需的一种微量元素，铁传递蛋白(transferrin，TF)在铁代谢中具有特殊作用。它分布在脊椎动物的体液和细胞中。在血液中约占0.3%，称为血清铁传递蛋白(serotransferrin)；乳、泪腺分泌液中含乳铁传递蛋白(lactotransferrin)；鸟类的蛋中发现有卵铁传递蛋白(ovotransferrin)。迄今研究得

最多的是血清铁传递蛋白，而乳铁传递蛋白和卵铁传递蛋白的生理作用尚未清楚。下面仅对血清铁传递蛋白的分子结构和生理功能作一些简单介绍。

6.4.2.1 铁传递蛋白的分子结构

铁传递蛋白是一类结合金属的糖蛋白。不同种属动物的铁传递蛋白，其氨基酸组成和糖含量不同，分子量一般在67 000～74 000之间。人血清铁传递蛋白是由一条含有676个氨基酸残基的肽链和两条相同的糖支链组成的，分子量为81 000，其中糖占6%。每条糖支链都含有4个甘露糖(mannose)残基、4个*N*-乙酰葡萄糖胺(acetylglucosamine)、两个半乳糖(galactose)，末端还有两个唾液酸(sialic acid)残基，糖支链通过共价键与肽链的天冬氨酸残基相连，如图6-18所示。图中PDB (protein data bank)为蛋白质数据库，是一个提供生物大分子结构的信息门户网站。该数据库中收集了通过X射线和核磁共振测定的蛋白质结构的精确坐标数据。在该数据库中，每个蛋白质结构数据都有一个编号，称为PDB ID，本图显示的蛋白质编号为“1FCK”。

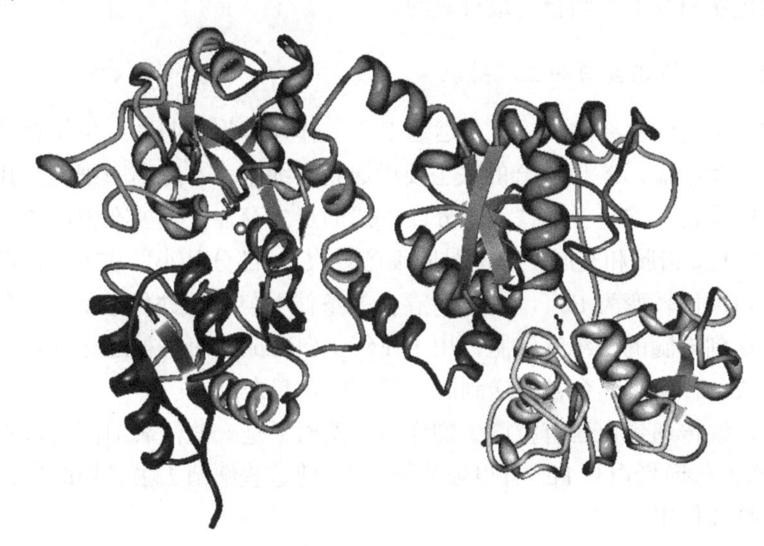

图6-18 人乳铁蛋白分子的结构(PDB ID：1FCK)

铁传递蛋白分子存在两个结构域，各有一个结合金属的部位，分别称为A位和B位。每个结合部位由三个酪氨酸残基的酚羟基氧原子和两个组氨酸残基的咪唑氮原子作为配位原子与一个Fe^{3+}结合。Fe(Ⅲ)-TF的EPR谱在$g = 8.8$和$g = 4.2$处显示信号，这表明铁传递蛋白中的Fe(Ⅲ)处于高自旋态。铁传递蛋白的铁离子饱和时，在460～470 nm处具有特征吸收光谱。Fe(Ⅲ)-TF复合物呈现特征性粉红色。在生理条件下，Fe(Ⅲ)-TF相当稳定，其稳定常数约为10^{31}。最近的研究指出，缺乏碳酸氢盐离子时，Fe-TF 复合物的特征粉红色会消失，这表明 Fe(III) 与 TF 结合必须有阴离子存在。当碳酸氢盐缺乏时，草酸盐、巯基乙酸盐、丙二酸盐等的阴离子，也可以结合到蛋白质的“阴离子结合部位”，但这时铁传递蛋白与铁结合的能力下降。据此人们认为，对于脱铁铁传递蛋白与 Fe(III) 稳定的配位，血液中的 CO_2 是不可缺少的。铁传递蛋白的每个金属结合部位在血液中与 Fe(III) 配位或释放 Fe(III) 的反应可用式(6-41)表示：

$$Fe^{3+} + H_3\text{-}TF + HCO_3^- \rightleftharpoons Fe\text{-}TF\text{-}HCO_3^- + 3H^+ \tag{6-41}$$

H^+浓度变化将显著影响这个反应。当 pH＜7 时，铁传递蛋白开始离解释放 Fe^{3+}。pH＜4 时，铁传递蛋白释放出全部 Fe^{3+}，变为脱铁铁传递蛋白。

同位素标记实验和动力学研究结果指出，脱铁铁传递蛋白还能结合一系列二价和三价金属离子，如 Cu^{2+}、Zn^{2+}、Cr^{3+}、Mn^{3+}、Co^{3+}和 Ga^{3+}等，但稳定性远不如与 Fe^{3+}结合。脱铁铁传递蛋白不能结合 Fe^{2+}，或者结合很微弱。因此在血液里脱铁铁传递蛋白与 Fe^{3+}结合是最有效的。

6.4.2.2 铁传递蛋白的生理功能

铁传递蛋白的主要生理功能是运送 Fe^{3+}。体外实验证明，A 位结合的铁主要运送到骨髓和胎盘，B 位结合的铁主要运送到肝细胞、小肠黏膜细胞和其他组织细胞。人的食物和饮料中的铁大部分以 Fe^{3+}的形式存在，需要在胃肠道内还原成 Fe^{2+}才能被十二指肠和空肠上段的黏膜细胞吸收。一部分从小肠进入血液的 Fe^{2+}，经铜蓝蛋白催化转变为 Fe^{3+}，在 CO_2 存在的条件下与脱铁铁传递蛋白结合，然后随血液运送到骨髓的网织红细胞，用于血红蛋白合成，有些被运送到各组织细胞中用于合成各种酶，其余被运送到肝、脾脏储存起来。

此外，铁传递蛋白还有抗微生物作用，铁离子是一些需氧细菌生长的必需因素之一，而铁传递蛋白与 Fe^{3+}有很强的结合力，使这些细菌失去必要的生长条件，因而具有抑菌作用。

6.5 铜蛋白

铜蛋白(cuprein)有多种生理功能，如载氧、传递电子、储存铜、作为氧化酶等。许多铜蛋白因具有美丽的蓝色而被称为蓝铜蛋白(blue copper protein)，不显蓝色的称为非蓝铜蛋白。表 6-8 列举了一些铜蛋白的性质。本节简单介绍几种铜蛋白。

表 6-8 一些铜蛋白的性质

铜蛋白	分子量	含铜原子数			功能	来源
		Ⅰ型	Ⅱ型	Ⅲ型		
质体蓝素	10 500	1			传递电子	植物、细菌
天蓝素	14 000	1			传递电子	细菌
星蓝素	20 000	1			传递电子	漆树
半乳糖氧化酶	68 000		1		半乳糖氧化	细菌
超氧化物歧化酶	32 000		2		O_2^-歧化	红细胞
血蓝蛋白	$(5\sim8)\times10^4$			2	载氧	节肢动物
血浆蓝铜蛋白	134 000	2	2	4	铜输送、铁氧化	血清
漆酶	64 000	1	1	2	二酚、二胺氧化	漆树、真菌
抗坏血酸氧化酶	140 000	3	1	4	抗坏血酸氧化	植物、细菌
细胞色素 c 氧化酶	130 000	1		1	细胞色素 c 氧化	线粒体

6.5.1 铜蛋白中的三种类型的铜

研究表明，铜蛋白中的铜可根据其光谱特征和磁学性质，分为三种类型：Ⅰ型、Ⅱ型和Ⅲ型。

含有Ⅰ型铜的铜蛋白在可见光的 600 nm 附近有强吸收峰而显蓝色，摩尔消光系数 $\varepsilon\approx10^3$ L/(mol·cm)，有人认为这是 L$\longrightarrow$M 荷移光谱。Ⅰ型铜是顺磁性的，但其 EPR 超精细分裂常数 $A_{/\!/}$值较小，如表 6-9 所示。一般来说，$A_{/\!/}$值与未成对电子的离域作用有关，较小的 $A_{/\!/}$值或与平面正方形构型向畸变四面体转变有关。因此Ⅰ型铜处于畸变四面体的配位环境中。含有Ⅰ型铜的铜蛋白具有较高的氧化还原电位，$E^{0'}= 0.7\sim0.8$ V。

表 6-9 几种铜蛋白的 $A_{/\!/}$值

铜蛋白	Ⅰ型铜	Ⅱ型铜
脉孢菌漆酶	9.2	19.4
血浆蓝铜蛋白	7.4	18.9
抗坏血酸氧化酶	5.8	19.9

Ⅱ型铜蛋白在 600 nm 附近没有强吸收，为非蓝铜。但它有特征的 EPR 信号，说明它也呈顺磁性。与Ⅰ型铜相比，它的 $A_{/\!/}$值较大，如表 6-9 所示。Ⅱ型铜的 $A_{/\!/}$值与一般低分子量的 Cu(Ⅱ)配合物类似，可以认为Ⅱ型铜处于正常配位状态，采取接近四方锥的构型。

Ⅲ型铜蛋白在 380 nm 附近有强吸收，但检测不到 EPR 信号，早期认为这些反磁性铜处于一价状态，但进一步研究发现，此类铜蛋白含有两个铜中心。成对的 Cu(Ⅱ)-Cu(Ⅱ)通过桥接配体，产生强烈的反铁磁性耦合，而不能产生 EPR 信号。第 5 章介绍的血蓝蛋白就含有Ⅲ型铜。

有些铜蛋白只含一种类型的铜，有些则同时含有两种或三种类型的铜。

6.5.2　质体蓝素——Ⅰ型铜蛋白

质体蓝素(plastocyanin)是一种位于类囊体膜内表面的蓝铜蛋白，是光合链中的重要成员。杨树质体蓝素的分子结构如图 6-19 所示，其分子量为 10 500，蛋白质肽链由 99 个氨基酸残基构成。Freeman 等确定，铜的周围由两个组氨酸(His-37 和 His-87)的咪唑氮、半胱氨酸(Cys-84)和蛋氨酸(Met-92)的硫配位，是畸变四面体构型，它的键角偏离正四面体多达 50°。配位给予体(硬的氮和软的硫)兼顾 Cu(Ⅰ)和 Cu(Ⅱ)的要求，立体化学介于对 Cu(Ⅰ)有利的平面正方形和对 Cu(Ⅱ)有利的四面体结构之间，所以降低了电子传递的活化能，有利于电子快速传递。质体蓝素作为电子传递体，铜参加氧化还原反应，氧化还原电位约为+0.36 V，在光合作用过程中，它从细胞色素 f 接受电子，再传递给叶绿体中特殊功能单位光系统Ⅰ的反应中心(P700)。

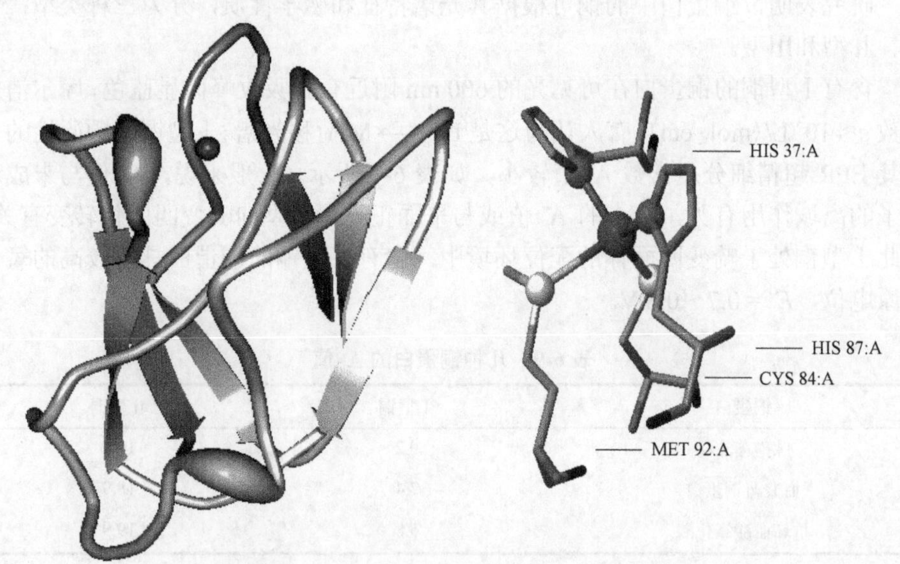

图 6-19　杨树质体蓝素及其铜活性中心的结构(PDB ID：1PNC)

6.5.3　牛超氧化物歧化酶——Ⅱ型铜蛋白

生物体生存必要条件之一是通过呼吸作用产生能量，其基本过程是将氧还原为 H_2O。

$$O_2 + 4H^+ + 4e \longrightarrow 2H_2O \tag{6-42}$$

这个反应由细胞色素 c 氧化酶催化，还原可分步进行：

$$O_2 + e \longrightarrow O_2^- \tag{6-43}$$

$$O_2^- + e \longrightarrow O_2^{2-} \tag{6-44}$$

首先得到超氧自由基阴离子，接着再接受电子变为过氧离子，它们是高活性的有毒物种，可以用过氧化氢酶、过氧化物酶和超氧化物歧化酶有效地除去。

牛超氧化物歧化酶(bovine superoxide dismutase，BSOD)属于Ⅱ型铜蛋白。它的分子量为 32 000，每个酶分子含两个铜(Ⅱ)离子和两个锌(Ⅱ)离子。它的生物功能是催化超氧化物歧化为 O_2 和 H_2O_2：

$$2O_2^- + 2\,H^+ \longrightarrow H_2O_2 + O_2 \tag{6-45}$$

X 射线结构分析证实，铜离子的配体为 4 个组氨酸残基和水分子，呈畸变四方锥构型；锌离子由 3 个组氨酸和 1 个天冬氨酸残基配位，是拟四面体；其中 His-61 的咪唑基是铜离子和锌离子共用的桥连配体，这种酶可以称为异二核配合物，如图 6-20 所示。采用取代活性中心离子的实验方法证明，这两种离子的作用不同。铜锌超氧化物歧化酶的衍生物研究发现，除去 Cu_2Zn_2-SOD 中的锌离子后，其活性并未受到明显影响，至于锌离子的作用机制，目前尚未明确。锌离子的作用有以下几种可能：一是与超氧负离子歧化过程中的咪唑桥的断裂、重新形成有关；二是锌离子参与了电场梯度的建立，使超氧负离子能够顺利进入到发生歧化反应的铜部位；锌离子另外一种可能的作用就是起到稳定蛋白结构的作用，红外光谱结果显示除去 Cu_2Zn_2-SOD 中的铜离子以后，其二级结构变化不大；相反当除去 Cu_2Zn_2-SOD 中的锌离子以后，其二级结构发生明显变化，这表明锌离子对维持 Cu_2Zn_2-SOD 的二级结构起着重要的作用。如果以天然酶的活性为 100，那么完全

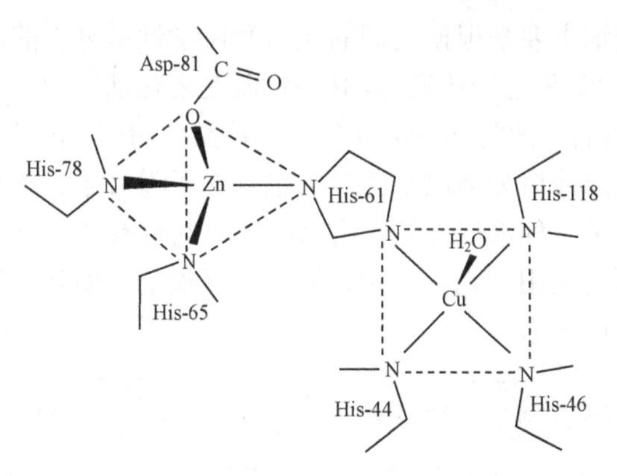

图 6-20　牛超氧化物歧化酶活性部位的结构

脱辅基蛋白的活性为零，而含铜的 $Cu_2CoBSOD$ 为 90，完全不含铜的 M_2Zn_2BSOD 为零(M 为非铜离子)。这表明铜离子是催化中心，锌离子可能只起次要的结构作用。

把 O_2^- 加到已完全氧化的酶中可引起褪色，而把超氧化物加到已完全还原的酶中则部分恢复颜色。这种性质表明，在催化循环过程中铜离子交替氧化和还原。可能的机制如下：

$$Cu(\text{II})(His)(HisH)_3 + O_2^- \longrightarrow Cu(\text{I})(HisH)_4 + O_2 \qquad (6\text{-}46)$$

$$Cu(\text{I})(HisH)_4 + O_2^- \longrightarrow Cu(\text{II})(His)(HisH)_3 + H_2O_2 \qquad (6\text{-}47)$$

除具有清除超氧自由基 O_2^- 的功能外，已证实超氧化物歧化酶还有抗癌、抗辐射等功能。对超氧化物歧化酶进行化学模拟，是生物无机化学领域又一重要研究课题。我国化学工作者在超氧化物歧化酶 Cu(Ⅱ)中心结构的化学模拟和功能模拟方面已做了大量研究工作。1990 年，罗勤慧等得到了第一个咪唑桥联的 Cu(Ⅱ)、Zn(Ⅱ)异双核配合物[(tren)Cu(Im)Zn(tren)]$(ClO_4)_3$ · MeOH 的单晶结构(其中 tren 为三(2-氨基)乙基胺，Im 为咪唑基)，其中 Cu—Zn 距离及配位环境大致与天然超氧化物歧化酶相近。随后，唐雯霞、毛宗万等又报道了两种以上不对称三脚架和直链多胺为配体的咪唑桥联铜锌异双核配合物。例如，[(dtma)Cu(Im)Zn(dtma)] · 25H_2O(其中 dtma 代表二乙三胺 4-单乙酸)。在这些模型物中，铜离子均为畸变四方锥构型，但两者桥基咪唑位置不同，前者咪唑位于底平面位置，有较高催化活性；后者咪唑位于轴向位置，催化活性仅是前者的 0.1%。通过以上研究，人们提出，合成热力学稳定和动力学惰性的 SOD 模型化合物用于临床是当前研究发展方向。

6.5.4　漆酶——含Ⅰ、Ⅱ、Ⅲ型铜的铜蛋白

Ⅰ、Ⅱ、Ⅲ型铜主要是根据它们的光谱和磁学性质分类的，而这也与它们的功能密切相关。I 型铜是电子传递体，II 型铜既是催化活性中心又是电子传递体，Ⅲ型铜则能与 O_2 键合。漆酶(laccase)含有三种类型的铜，因此兼有几种功能。漆酶最初是从印度支那漆树分离出来的，它也存在于卷心菜、苹果等许多植物以及各种菌类中。漆酶是一种水溶性酶，容易纯化。它含有 1 个Ⅰ型铜、1 个Ⅱ型铜和 2 个反铁磁性耦合的Ⅲ型铜。一种日本漆树乳液的漆酶是多酚化酶，它可以催化邻-或对-二酚氧化为醌。

$$HO-C_6H_4-OH \xrightarrow{-e} HO-C_6H_4-O\cdot \qquad (6\text{-}48)$$

$$2\,HO-C_6H_4-O\cdot \longrightarrow HO-C_6H_4-OH + O{=}C_6H_4{=}O \qquad (6\text{-}49)$$

6.6　维生素 B_{12} 和辅酶 B_{12}

维生素 B_{12}(vitamin B_{12})是重要的含钴生物配位化合物。它存在于细菌及其许多生物体内。动物组织中的维生素 B_{12}，一部分由食物中摄取，一部分由肠道中的细菌合成。动物和人体本身不能合成维生素 B_{12}。维生素 B_{12} 能有效地治疗恶性贫血，因此引起了人们的注意。

6.6.1　维生素 B_{12} 及其衍生物的结构

维生素 B_{12} 的结晶首次于 1948 年从肝中分离提取出来，但因其分子较大、结构复杂和当时仪器设备、软件等实验条件等因素的限制，并没有能够解出该活性化合物的结构。直至 1956 年，Hodgkin 才用 X 射线分析确定了其结构。1972 年，Woodward 等完成了维生素 B_{12} 的全合成。维生素 B_{12} 的结构如图 6-21 所示。它有两个独特的组成部分。第一部分是咕啉环(corrin ring)，由 181 个原子组成，其分子式为 $C_{63}H_{88}O_{14}N_{14}PCo$。与卟啉相似，咕啉也有 4 个吡咯环，但其中两个吡咯环不通过亚甲基相连，而是借 α 碳原子直接连接。整个咕啉环有 6 个双键，其共轭性不及卟啉环高。环上有 8 个甲基和 7 个酰胺取代基，其中有 3 个乙酰胺、3 个丙酰胺、1 个 *N*-取代丙酰胺。第二部分是核糖核苷酸，即 α-5, 6-二甲基苯并咪唑核苷酸，它通过核糖核苷酸的 3′磷酸根与咕啉环的一个支链丙酰胺间形成酯键相连。

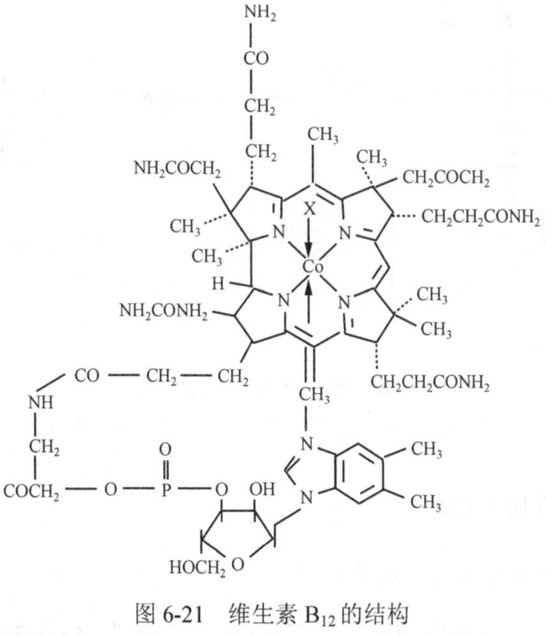

图 6-21　维生素 B_{12} 的结构

配位于低自旋钴(III)的 4 个吡咯氮原子几乎在同一平面上。第五位配体(在咕啉环平面下方)是核苷酸的苯并咪唑氮。第六位配体在图 6-21 中用 X 表示。凡第五位配体为二甲基苯并咪唑核苷酸者统称为钴胺素(cobalamins)。维生素 B_{12} 的第六位配体是 CN^-，因此又称为氰钴胺素(cyanocobalamin)。应该指出，CN^-配体是为了离析 B_{12} 结晶而加的，它并非产生于生物体系。在生物体系中的第六位配体是一个结合松弛的水分子。

改变第六位配体就形成了 B_{12} 的各种衍生物。例如，第六位配体为 H_2O，则称为水合钴胺素(aquocobalamin)，B_{12a} 或 H_2O-B_{12}。若第六位配体为甲基，即得到 B_{12} 的甲基衍生物甲基钴胺素(methylcobalamin)，Me-B_{12}。在生物体内起辅酶作用的钴胺素已分出 3 种，按第六位配体不同，可分别称为腺苷钴胺素、苯并咪唑钴胺素和二甲苯并咪唑钴胺素，其中活性最高的是腺苷钴胺素(Ado-B_{12})，又称辅酶 B_{12}。甲基钴胺素与腺苷钴胺素都具有 Co—C 键，是自然界罕见的有机金属化合物。

图 6-22 显示几种典型的 B_{12} 衍生物的结构。它们分别是辅酶 B_{12}、甲基 B_{12} 和 B_{12} 烷基衍生物。哺乳动物肝脏中的维生素 B_{12} 有 80%以辅酶的形式存在。维生素 B_{12} 在生物体内的功能实际上是通过辅酶 B_{12} 参与碳的代谢作用，促进核酸和蛋白质合成、叶酸(folacin)储存、硫醇活化、骨磷脂形成、红细胞(erythrocyte)发育与成熟。

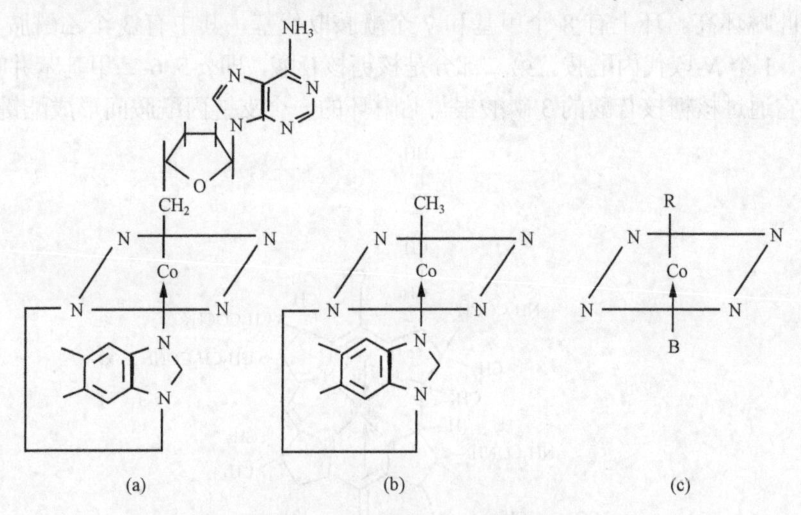

图 6-22 维生素 B_{12} 衍生物的结构

(a) 辅酶 B_{12}；(b) 甲基 B_{12}；(c) B_{12} 烷基衍生物

6.6.2 钴胺素的性质与功能

6.6.2.1 钴胺素的氧化还原作用

上述钴胺素都是反磁性物质，具有低自旋 d^6 构型，Co 的氧化态均为+3。适当条件之下，Co(III)可以还原为 Co(II)或 Co(I)。例如用抗坏血酸等较弱的还原剂，可以使水合钴胺素还原生成顺磁性的钴(II)胺素 B_{12r}；再用硼氢化钠等强还原剂或电化学方法，可使钴(II)胺素进一步还原为钴(I)胺素，B_{12s}。

B_{12s}是强亲核试剂，能通过氧化加成反应生成相应的 B_{12}衍生物。例如：

$$B_{12s} + 5'\text{-脱氧腺苷甲苯磺酸盐} \longrightarrow \text{Ado-}B_{12} + \text{对甲苯磺酸盐} \tag{6-50}$$

$$B_{12s} + CH_3X \longrightarrow \text{Me-}B_{12} + X \tag{6-51}$$

从破伤风形梭状芽孢杆菌分离的酶体系含有两种组分：一种可以使 B_{12} 还原为 B_{12s}；另一种可以使 B_{12s} 转化为 Ado-B_{12}。

6.6.2.2　甲基转移反应

B_{12}的一种重要生理功能是参与蛋氨酸合成。

$$CH_3\text{-THF} + HSCH_2CH_2\underset{\displaystyle NH_2}{\underset{|}{C}}HCOOH \xrightarrow{\text{蛋氨酸合成酶}} THF + CH_3SCH_2CH_2\underset{\displaystyle NH_2}{\underset{|}{C}}HCOOH \tag{6-52}$$

蛋氨酸合成酶催化 N^5-甲基四氢叶酸(CH_3-THF)的甲基转移到巯基丁氨酸(高半胱氨酸)上生成蛋氨酸。一般认为甲基 B_{12} 起着转移甲基的作用。^{14}C 示踪实验证实其机制，如图 6-23 所示。

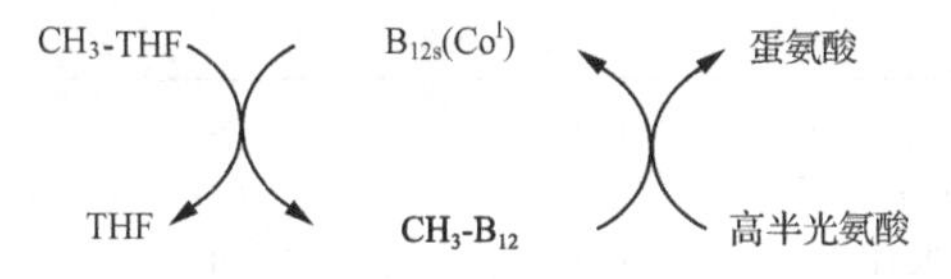

图 6-23　钴胺素的甲基转移反应

从一些微生物中可分离出甲基 B_{12}，它参与汞甲基化反应，使汞盐转化为剧毒的甲基汞，造成汞污染。

$$MeB_{12} + Hg^{2+} \xrightarrow{H_2O} Hg(CH_3)_2 + H_2O\text{-}B_{12} \tag{6-53}$$

在某些细菌提取液中，发现 Me-B_{12} 是合成甲烷的良好底物。一般认为，与 Co 配位的甲基被转移到一个未知结构的辅酶 M 上，再由 CH_3-(M)还原分解生成甲烷。

$$CH_3\text{-}B_{12} + (M) \longrightarrow B_{12r} + CH_3\text{-}(M) \tag{6-54}$$

$$CH_3\text{-}(M) + H_2 \longrightarrow H\text{-}(M) + CH_4 \tag{6-55}$$

6.6.2.3　分子内重排反应

辅酶 B_{12} 在多种代谢过程中起重要作用，它作为某些异构酶的辅酶，参与下述分子内重排的一类酶促反应。

$$
\begin{array}{c}
R^1-\overset{\displaystyle R^2}{\underset{\displaystyle H}{\overset{|}{\underset{|}{C}}}}-\overset{\displaystyle H}{\underset{\displaystyle H}{\overset{|}{\underset{|}{C}}}}-R^3 \longrightarrow R^1-\overset{\displaystyle H}{\underset{\displaystyle H}{\overset{|}{\underset{|}{C}}}}-\overset{\displaystyle R^2}{\underset{\displaystyle H}{\overset{|}{\underset{|}{C}}}}-R^3
\end{array}
\tag{6-56}
$$

表 6-10 列举了某些涉及辅酶 B_{12} 的分子内重排反应。例如，辅酶 B_{12} 是甲基丙二酰辅酶 A 变位酶(methylmalonyl coenzyme A mutase)的辅酶，这一变位酶催化甲基丙二酰辅酶 A 转化为丁二酰辅酶 A(succinyl coenzyme A)。

$$
\underset{\text{甲基丙二酰辅酶A}}{HOOC-\overset{\displaystyle Co-SCoA}{\underset{\displaystyle H}{\overset{|}{\underset{|}{C}}}}-CH_3} \rightleftharpoons \underset{\text{丁二酰辅酶A}}{HOOC-\overset{\displaystyle H}{\underset{\displaystyle H}{\overset{|}{\underset{|}{C}}}}-\overset{\displaystyle H}{\underset{\displaystyle Co-SCoA}{\overset{|}{\underset{|}{C}}}}-H}
\tag{6-57}
$$

式中，SCoA 表示辅酶 A。

表 6-10　一些与辅酶 B_{12} 有关的分子内重排反应

底物	R^1	R^2	R^3	产物
		不可逆反应		
1, 2-乙二醇	H	OH	OH	乙醛
1, 2-丙二醇	CH_3	OH	OH	丙醛
甘油	$HOCH_2$	OH	OH	*β*-羟基丙醛
α-羟基乙胺	H	NH_2	OH	乙醛+NH_3
		可逆反应		
丁二酰辅酶 A	H	COSR	COOH	L-甲基丙二酰辅酶 A
L-谷氨酸	H	$CHNH_2COOH$	COOH	*β*-甲基天冬氨酸
鸟氨酸	H	NH_2	CH_2CHNH_2COOH	2, 4-二氨基戊酸

由于缺乏 B_{12} 而引起恶性贫血症患者的尿中，甲基丙二酸排泄量增加。

根据模型物研究及金属催化的有机反应机理，认为这一种分子重排反应的机制如图 6-24 所示。反应的第一步是 Ado-B_{12} 的 Co—C 键裂解，离解后的 5′-脱氧腺苷从变位酶束缚的底物上夺取氢形成腺苷，而底物与 Co 配位形成另一烷基钴配合物。第二步中，酰基从 β 碳原子迁移到 α 碳原子，即发生分子内重排作用。

最后一步反应与第一步相类似，重排后的底物-钴配合物离解出底物，5′-脱氧腺苷脱去一个氢原子而又与 Co 配位，因此辅酶 B_{12} 再生，并形成重排后的产物。

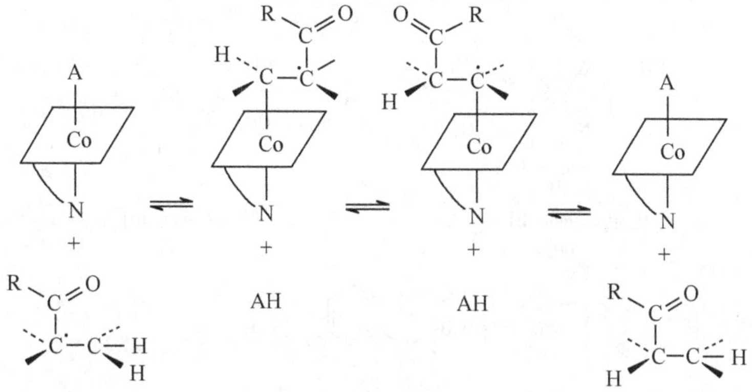

图 6-24　辅酶 B_{12} 对分子重排的机理；（A 表示 5′-脱氧腺苷）

6.6.3　模型物研究

在揭示辅助 B_{12} 的作用机理和 Co—C 键稳定性的研究中，模型化合物研究起了重要作用。例如，B_{12} 最显著的特点之一是形成烷基衍生物的能力，烷基钴胺素中的烷基碳原子与钴原子主要以 σ 键合，属于有机金属化合物。一般来说，过渡金属(特别是第一过渡系元素)的 σ 键合的烷基衍生物是不很稳定的，除非过渡金属处于低氧化态并有某些 π 酸型配体存在，如 $CH_3Co(CO)_5$ 等，而 B_{12} 烷基衍生物易于形成且比 $CH_3Co(CO)_5$ 稳定，通过 B_{12} 模型化合物的研究，在这些方面已取得一些重要进展。

目前已经合成了一些钴的 σ 键衍生物，图 6-25 是其中几个例子。这些模型物的骨架结构与咕啉相似，与 Co 配位的平面配体包含 3～4 个双键，具有一定程度的π共轭性质。对模型物的研究加深了人们对辅酶 B_{12} 等钴胺素催化功能的认识，研究结果可归结为下述观点：

(1) Co—R 键的裂解可以采取三种方式：

$$\text{Co—R} \longrightarrow \text{Co(I)} + \text{R}^{+} \quad \text{正碳离子途径} \qquad (6\text{-}58)$$

$$\text{Co—R} \longrightarrow \text{Co(II)} + \text{R}^{\cdot} \quad \text{自由基途径} \qquad (6\text{-}59)$$

$$\text{Co—R} \longrightarrow \text{Co(III)} + \text{R}^{-} \quad \text{负碳离子途径} \qquad (6\text{-}60)$$

无论采取哪一种途径，所需活化能都比较低。在反应中，钴既可氧化加合，又可还原消去。

(2) 咕啉中等程度的π共轭性质，在稳定性和催化功能方面都很重要。烷基的给电子作用很强，使中心钴原子的电子密度增加。而中等程度的π共轭配体将有效地降低钴的电子密度，提高烷基钴配合物的稳定性。

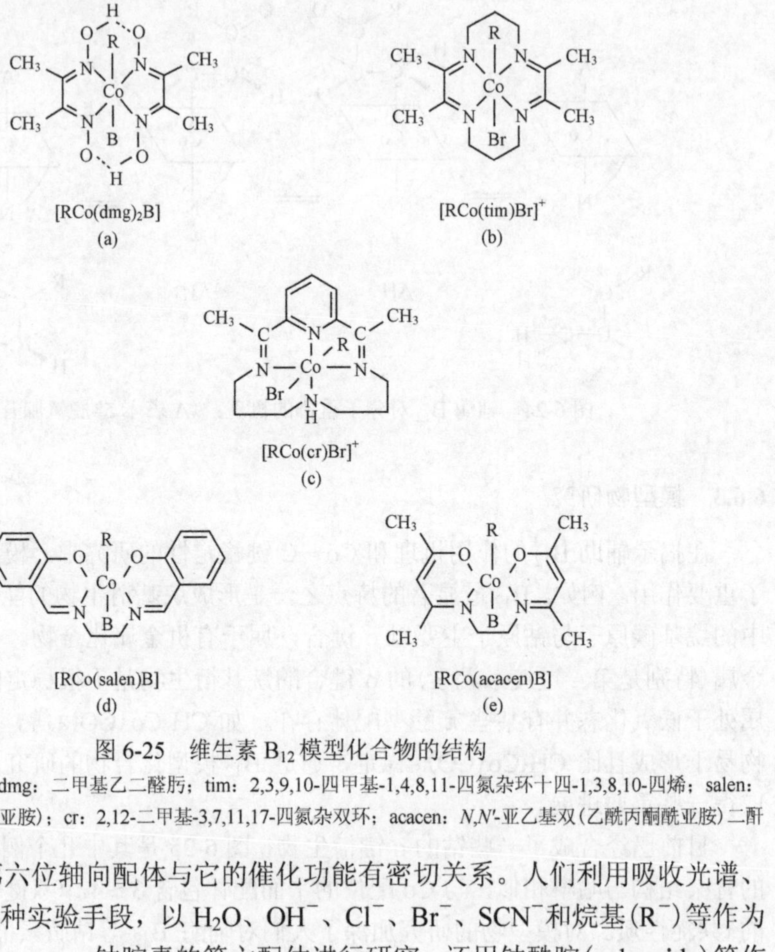

[RCo(dmg)$_2$B]
(a)
[RCo(tim)Br]$^+$
(b)
[RCo(cr)Br]$^+$
(c)
[RCo(salen)B]
(d)
[RCo(acacen)B]
(e)

图 6-25　维生素 B_{12} 模型化合物的结构

R：烷基；B：碱基；dmg：二甲基乙二醛肟；tim：2,3,9,10-四甲基-1,4,8,11-四氮杂环十四-1,3,8,10-四烯；salen：*N,N'*-亚乙基双（水杨基亚胺）；cr：2,12-二甲基-3,7,11,17-四氮杂双环；acacen：*N,N'*-亚乙基双（乙酰丙酮酰亚胺）二酐

钴胺素的第六位轴向配体与它的催化功能有密切关系。人们利用吸收光谱、CD、NMR 等多种实验手段，以 H_2O、OH^-、Cl^-、Br^-、SCN^-和烷基（R^-）等作为钴胺素的第六配体进行研究。还用钴酰胺（cobamide）等作为对照，钴酰胺结构式如图 6-26 所示。除了变换第六位配体 X 之外，还用 H_2O、OH^-、CN^-和 R^-等变换第五位配体 Y。研究结果表明，钴酰胺的第五位配体为 R^-等较强的给电子基团时，会使处于反位的另一个轴向配体强烈地活化，以致钴一般形成五配位配合物。又如图 6-25（c）暗红色的$[CH_3Co(cr)Br]^+$放入甲醇中，会自发失去 Br^-，生成绿色的$[CH_3Co(cr)]^{2+}$。因此辅酶 B_{12} 的第六位配体键合很弱。

X
Y
CONHCH$_2$CH(OH)CH$_3$

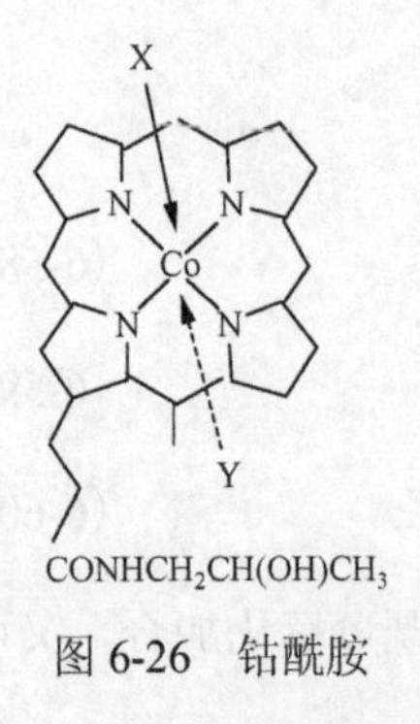

图 6-26　钴酰胺

南京大学陈慧兰研究小组围绕辅酶 B_{12} 的结构和功能开展研究，设计合成了

三个系列具不同烷基、反位碱基和平面配体的烷基钴席夫碱类模型化合物 RCo(salen)L、RCo(SB)L(salen：双水杨醛合乙二胺；SB：双水杨醛合 2,3-二甲基乙二胺)，发现轴向烷基、反位碱基及平面配体的位阻越大，σ给电子能力越强，Co—C 键越不稳定。他们对 6 个烷基钴席夫碱类配合物单晶结构分析发现，具有较大位阻和强反位效应的异丁基配合物的轴向 Co—N 和 Co—C 键长及 Co—C—C_α 键角是目前模型化合物中与辅酶 B_{12} 最接近的。他们在合成结构类似于辅酶 B_{12} 的脱氧核苷酸钴胺素和脱氧核苷钴啉醇胺等辅酶 B_{12} 类似物的基础上，研究 Co(III) 有机金属辅因子的结构对酶催化功能的影响，以及光诱导的自由基重排反应等得到了一些有意义的结果。

6.7 钼　　酶

在生物体中，过渡元素除去 Fe、Cu、Zn 等第一过渡系元素外，钼是唯一的第二过渡系元素。因钼酶分子量大，纯化困难，且钼的价态多，存在的状态比较复杂，因此关于钼酶的许多问题仍未弄清楚，本节只能简略介绍。一些钼酶列于表 6-11。

表 6-11　一些钼酶的成分

钼酶	来源	分子量	铁钼含量/分子		其他组分
			Mo	Fe	
黄嘌呤氧化酶	牛乳	275 000	2	8	2FAD
黄嘌呤脱氢酶	鸡肝	300 000	2	8	2FAD
醛氧化酶	兔肝	300 000	2	8	2FAD
硝酸盐还原酶	粗糙脉孢菌	230 000	1～2		FAD，Cyt b
亚硫酸氧化酶	小牛肝	110 000	2	4	4Cyt b
固氮酶	棕色固氮菌	270 000	2	32	Cys

表中前三种钼酶非常相似，除钼外还含有铁硫蛋白和 FAD。其他的酶也含有铁硫蛋白或细胞色素。一般来说，钼酶参与氧化还原作用，特别是参与嘌呤化合物的代谢，以及铁与铜的代谢。所有的钼酶都是氧化还原酶。钼酶的特点似乎是以铁蛋白(铁硫蛋白或细胞色素)作为电子载体，而钼作为底物的结合部位以及氧化还原部位。关于固氮酶将在第 7 章讨论。

6.7.1　黄嘌呤氧化酶

黄嘌呤氧化酶(xanthine oxidase)是研究得比较多的一种钼酶。它可以催化多种嘌呤、醛类和 SO_3^{2-} 氧化。例如

$$\xrightarrow{O_2,\,H_2O} \qquad \rightleftharpoons \qquad + H_2O_2 \tag{6-61}$$

黄嘌呤的 C^8 被羟化，与单加氧酶不同。在这个反应中加到黄嘌呤中的氧是来自介质中的水而不是 O_2，O_2 则被还原为 H_2O_2。这个反应的意义在于，核酸分解所形成的氮碱、鸟嘌呤和腺嘌呤随着血液到达肝脏时，经特定的酶作用后脱氨基化而得到黄嘌呤等物质，在这种酶的作用下氧化为尿酸。

来自牛乳的黄嘌呤氧化酶，由两个亚单位组成，每个亚单位分子量为 140 000，含有 1 个 Mo、2 个 $Fe_2S_2(SR)_4$ 簇和 1 个 FAD，共有 2378 个氨基酸残基，其中有 62 个是半胱氨酸。

6.7.2 醛氧化酶

醛氧化酶(aldehyde oxidase)催化如下的反应：

$$RCHO \xrightarrow{O_2,\,H_2O} RCOOH + H_2O_2 \tag{6-62}$$

它存在于哺乳动物的肝脏中，其组成与黄嘌呤氧化酶非常相似。

6.7.3 硝酸盐还原酶

存在于土壤及水环境中的 NO_3^- 可以被植物及厌氧微生物还原，首先生成 NO_2^-，最后变为 NH_3。这是一个释放能量的过程，其能量可被细菌利用。第一个反应由硝酸盐还原酶(nitrate reductase)催化。整个过程相应于厌氧生物中的线粒体电子传递体系。在粗糙脉孢菌(*Neurospara crassa*)中的酶含有 FAD、细胞色素 b 和钼，可能不含有铁硫蛋白。这个反应为二电子还原：

$$NO_3^- \xrightarrow{2e,\,2H^+} NO_2^- + H_2O \quad (E^{0\prime} = +0.94\ V) \tag{6-63}$$

有人提出电子传递次序如下：

$$NADPH \longrightarrow FAD \longrightarrow (Cyt\ b) \longrightarrow Mo \longrightarrow NO_3^- \tag{6-64}$$

6.7.4 亚硫酸盐氧化酶

在亚硫酸盐氧化酶(sulfite oxidase)中只包含钼蛋白和细胞色素 b_5，它催化的反应如下：

$$1/2\,O_2 + SO_3^{2-} \longrightarrow SO_4^{2-} \tag{6-65}$$

参 考 文 献

陈慧兰, 2005. 第八章生物无机化学章节中有关辅酶 B_{12}//高等无机化学. 北京: 高等教育出版社.

郭子建, 孙为银, 2006. 生物无机化学. 北京: 科学出版社.

计亮年, 刘敏, 杨惠英, 等, 1991. 细胞色素 P450 模拟体系活化氧分子及其用于有机物加氧反应的研究进展. 化工进展, (3): 9.

计亮年, 彭小彬, 黄锦旺, 2001. 金属卟啉配合物模拟某些金属酶的研究进展. 自然科学进展, (11): 10.

罗勤慧, 1997. 铜锌超氧化物歧化酶的模拟化学研究. 高等学校化学学报, (18): 1012.

沈斐凤, 陈惠兰, 余宝源, 1985. 现代无机化学. 上海: 上海科学技术出版社.

陶慰孙等, 1981. 蛋白质分子基础. 北京: 人民教育出版社.

王夔, 韩万书, 1997. 中国生物无机化学十年进展. 北京: 高等教育出版社.

王夔等, 1988. 生物无机化学. 北京: 清华大学出版社.

Bertini I, Sigel A, Sigel H, 2001. Handbook on Metalloproteins. NewYork: Marcel Dekker Inc.

Crichton R, 2008. Biological Inorganic Chemistry: An Introduction. Oxford: Elsevier.

Crichton R, 2001. Inorganic Biochemistry of Iron Metabolism: From Molecular Mechanisms to Clinical Consequences. 2nd ed. New York: John Wiley and Sons LTD.

Ghosh D, Furey W, O'Donnell S, Stout C D, 1981. Structure of a 7Fe ferredoxin from *Azotobacter vinelandii*. J. Biol. Chem., 256 (9) : 4185-4192.

Harrison P M, 1985. Metalloproteins, Part I : Metal Proteins with Redox Roles. London: Macmillan.

Huang J W, Mei W J, Liu J, et al, 2001. The catalysis of some novel polystyrene supported porphyrinatomanganese (III) in hydroxylation of cyclohexane with molecular oxygen. J. Mol. Catal. A: Chem., 170: 261-265.

Hughes M H, 1981. The Inorganic Chemistry of Biological Processes. 2nd ed. New York: John Wiley and Sons.

Lippard S J, Berg J M, 1994. Principles of Bioinorganic Chemistry. University Science Books.

Mao Z W, Chen M Q, Liu J, et al, 1995. Synthesis, crystal structure, and properties of a new imidazolate-bridged copper and zinc heterobinuclear complex with triethylenetetramine ligands. Inorg. Chem., (34) : 2889-2893.

Mao Z W, Yu K B, Tang W X, et al, 1993. Molecular structure of imielazolato bridged binuclear zinc complex and its single crystal ESR spectra doped with bridged Cu-Zn complex. Inorg. Chem., (32) : 3104-3108.

Midt A M, Huber R, Poulos T, Wieghardt K, 2001. Metalloproteins. Vol I, Vol II. New York: John Wiley and Sons LTD.

Yuan Y, Ji H B, Chen Y X, et al, 2004. Oxidation of cyclohexane to adipic acidc using Fe-porphyrin as a biomimetic catalyst. Org. Process. Res. Dev., 8 (3) : 418-420.

Zhou X T, Ji H B, 2010. Biomimetic kinetics and mechanism of cyclohexene epoxidation catalyzed by metalloporphyrins. Chem. Eng. J., 156 (2) : 411-417.

Zhou X T, Ji H B, Xu J C, et al, 2007. Enzymatic-like mediated olefins epoxidation by molecular oxygen under mild conditions. Tetrahedron Lett., 48 (15) : 2691-2695.

Zhou X T, Tang Q H, Ji H B, 2009. Remarkable enhancement of aerobic epoxidation reactivity for olefins catalyzed by μ-oxo-bisiron (III) porphyrins under ambient conditions. Tetrahedron Lett., 50 (47) : 6601-6605.

第7章 固氮作用及其化学模拟

7.1 固 氮 酶

固氮作用是将分子态氮转化成可利用的化合态氮，长期以来一直是人们研究的热点。目前已知的固氮途经主要有生物固氮、天然固氮(又称为高能固氮，即通过闪电、高温放电等固氮)和工业固氮(Haber-Bosch反应)。其中天然固氮量较少，Haber-Bosch反应必须在高温高压下(500℃，2×10^7 Pa)才能将氮和氢合成氨，且产率较低，而固氮微生物中的固氮酶则能在常温常压下(8×10^4 Pa)高效地将空气中氮转化为氨，为地球上所有生物提供大量的固定氮。生物固氮是重大基础研究课题之一，它对于增加粮食产量、减少过量使用氮肥、防止土壤盐碱化和水体富营养化、降低生产成本、节约能源等都具有极其重要的意义。据统计，每年生物固氮近2亿吨，占全球总固氮量的60%以上，因此生物固氮的催化作用机理及其化学模拟生物固氮研究吸引了众多科学家的注意，而合成具有类似固氮酶活性中心结构和功能的高效催化剂是这个领域的重要课题。

7.1.1 固氮微生物

固氮微生物曾经是固氮作用研究的一个重要方向。固氮微生物主要有三个类群：自生(free)固氮微生物、共生(symbiotic)固氮微生物及联合(associative)固氮微生物。

自生固氮微生物是一类能独立固氮的微生物。在这个类群中，一部分是需氧(aerobic)微生物，如固氮菌(*Azotobacter*)。巴氏芽孢梭菌(*Clostridium pasteurianum*)等为数不少的微生物，属于在缺氧条件下才能固氮的厌氧(anaerobic)细菌。还有一些是兼性(facultative)细菌，在需氧和厌氧条件下均可生长和固氮，如芽孢杆菌(*Bacillus*)。自生固氮微生物种类多、分布广，但固氮量少且效率较低。

共生固氮微生物独立生存时没有固氮作用，只有当它们侵入宿主植物之后，从宿主植物获得碳源与能源才可固氮。如根瘤菌(*Rhizobia*)与豆科植物的根瘤关系密切，当它们在根瘤内处于一种退化状态时才能起固氮作用；地衣苔藓类则是真菌(fungus)和固氮蓝藻(nitrogen-fixing blue-green algae)的结合体；与非豆科木本植物共生的弗兰克氏菌(*Frankia*)，比根瘤菌更易生长，而且固氮酶活性高，固氮持续时间长。共生固氮是生物固氮的主体部分，具有效率高、固氮数量多等特点。

联合固氮微生物是定殖于植物根系等部位、与植物间有较密切的关系但在植物根上不形成特异化结构的固氮菌。联合固氮菌可与特定的植物形成联合固氮体系，这些植物主要是高效的 C_4 植物(如玉米、高粱、甘蔗、黍等)，即与 CO_2 同化的最初产物不是光合碳循环中的三碳化合物 3-磷酸甘油酸，而是四碳化合物苹果酸或天门冬氨酸的植物。研究表明，固氮螺菌接种高粱形成联合固氮体系可使高粱根量、根体积及籽粒产量得到明显增加。

7.1.2　固氮酶催化的反应

来源于多种多样固氮微生物的固氮酶(nitrogenase)，能在常温常压下将生物体无法直接利用的分子氮(N_2)转化成可利用的氨态氮(NH_3)，其定量反应方程式为

$$N_2 + 8H^+ + 8e^- + 16MgATP \longrightarrow 2NH_3 + H_2 + 16MgADP + 16Pi \tag{7-1}$$

式中，Pi 为无机磷酸盐。除了催化 N_2 还原为 NH_3 外，固氮酶还能与许多小分子底物发生作用，因此没有严格的专一性。研究发现，固氮酶能催化下列反应：

$$2H^+ \xrightarrow{2e} H_2 \tag{7-2}$$

$$N_3^- + 3H^+ \xrightarrow{2e} N_2 + NH_3 \tag{7-3}$$

$$N_3^- + 7H^+ \xrightarrow{6e} N_2H_4 + NH_3 \tag{7-4}$$

$$HCN + 6H^+ \xrightarrow{6e} CH_4 + NH_3 \tag{7-5}$$

$$HCN + 4H^+ \xrightarrow{4e} CH_3NH_2 \tag{7-6}$$

$$N_2H_4 + 2H^+ \xrightarrow{2e} 2NH_3 \tag{7-7}$$

$$N_2O + 2H^+ \xrightarrow{2e} N_2 + H_2O \tag{7-8}$$

$$CH_3NC + 6H^+ \xrightarrow{6e} CH_4 + CH_3NH_2 \tag{7-9}$$

$$C_2H_2 + 2H^+ \xrightarrow{2e} C_2H_4 \tag{7-10}$$

$$3\ \underset{\diagdown\ \ CH_2\ \ \diagup}{CH{=}CH} + 6H^+ \xrightarrow{6e} \underset{\diagdown\ \ CH_2\ \ \diagup}{CH_2{-}CH_2} + 2CH_3{-}CH{=}CH_2 \tag{7-11}$$

并且最近研究发现，在室温及一定条件下，固氮酶能将 CO 及 CO_2 还原成短链碳氢化合物。

7.1.3　固氮酶的组成和结构

植物体中存在 3 种固氮酶系统：钼固氮酶、钒固氮酶和只含铁的铁固氮酶。

分子遗传学研究表明，这些酶分别采用 nif(nitrogen fixation)、vnf(vanadium nitrogen fixation)和 anf(all-iron nitrogen fixation)三种不同的编码方式，比较它们的基因序列可以发现，相互之间具有高度的同源性。这三类固氮酶都是由铁蛋白和含辅基的金属蛋白组成，不同的是金属蛋白的辅基中所含的杂原子不同，分别含钼铁、钒铁和铁。这三类固氮酶的组分如表 7-1 所示。

表 7-1　不同固氮酶的组分

项目	钼固氮酶	钒固氮酶	铁固氮酶
分子量 M_r	230 k	210 k	216 k
亚基	$\alpha_2\beta_2$	$\alpha_2\beta_2 d_2$	$\alpha_2\beta_2(d_2)$
亚基 M_r	56 k, 59 k	50 k, 55 k, 13 k	50 k, 58 k
金属-Mo	2	< 0.1	< 0.1
V	—	2	< 0.1
Fe	30	21	24

在这三种固氮酶中，存在最普遍且最重要及研究最多的是钼固氮酶。因此，以下主要讨论钼固氮酶的组成、结构、功能及其化学模拟等。

人们早就知道，钼固氮酶是由钼铁蛋白(molbdoferredoxin，molybdenum-iron protein)和铁蛋白(iron protein)组成的。虽然从 20 世纪 70 年代开始已广泛开展了对钼铁蛋白和铁蛋白的研究，但是固氮酶的结构迟迟未能解决。

直到 1993 年，Rees 等得到了分辨率为 0.22 nm 的葡萄球固氮菌和巴氏芽孢菌固氮酶钼铁蛋白的 X 射线结构的数据，基本确定了固氮酶的结构。固氮酶由铁蛋白和钼铁蛋白这两种相对独立和相互分离的纯蛋白组成。铁蛋白是一种依赖于 ATP 供给能量的电子传递体，具有把电子传递给钼铁蛋白的功能；钼铁蛋白是结合底物分子和催化底物还原的部位。固氮酶的铁蛋白和钼铁蛋白的结构示意图见图 7-1。

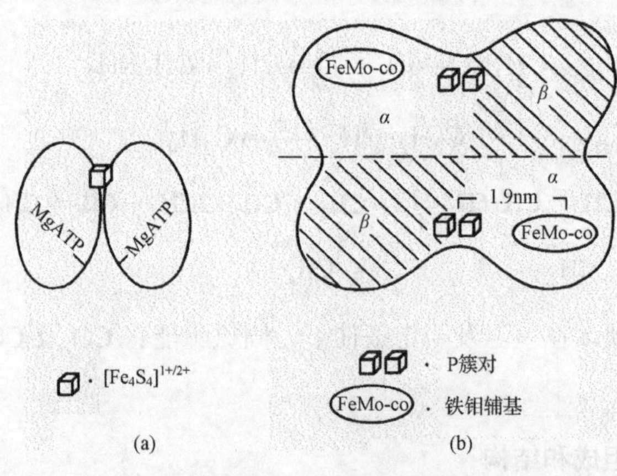

图 7-1　固氮酶 2 种成分蛋白的结构示意图

(a) 铁蛋白；(b) 钼铁蛋白

7.1.3.1　铁蛋白

铁蛋白含有一个[4Fe-4S]簇和 2 个相同的亚单位，2 个亚单位通过其半胱氨酸残基(Cys-97，Cys-132)与[4Fe-4S]簇的铁配位而被[4F-4S]簇桥联起来[图 7-1(a)]，分子量为 60 000。铁蛋白传递电子的功能是通过[4Fe-4S]簇的氧化态在+1 价和+2 价之间的可逆变化而实现的。已经证明，铁蛋白对于钼铁蛋白的原初合成是必需的，同时对于钼铁蛋白的重组，即把铁钼辅基(iron-molybdenum confactor)插入到脱铁钼辅基钼铁蛋白的过程也是必需的。铁蛋白在 2 个相同的亚单位中都具有键合 MgATP 的位置。研究表明，键合的 MgATP 对于铁蛋白功能发挥所必需的构象变化和驱动钼铁蛋白的某些反应所需的能量都有重要的贡献。

7.1.3.2　钼铁蛋白

为了揭示固氮机理，科学家们对钼铁蛋白结构的研究进行了不懈的努力，经历了 3 个重要的发展阶段：①1992 年，Rees 等测定了分辨率为 0.27 nm 的钼铁蛋白晶体结构；之后 Peters 和 Mayer 分别于 1997 年和 1999 年解析出分辨率为 0.20 nm 和 0.16 nm 的钼铁蛋白晶体结构。②2002 年，Rees 等又获得了分辨率为 0.116 nm 的钼铁蛋白晶体结构，发现 FeMo-co 的内部有一个轻的原子与六个铁原子键连接，提出此轻原子最可能是氮，但不排除是碳或氧的可能性。③2011 年，Einsle 等获得了 0.100 nm 高分辨率的钼铁蛋白晶体结构，确认 FeMo-co 的内部有一个碳原子与六个铁原子连接，并用 ^{13}C 同位素标记法和脉冲电子顺磁共振光谱进行了验证。

钼铁蛋白是$\alpha_2\beta_2$四聚体，含有 2 个 Mo，30～40 个 Fe 及与铁数目相同或接近的无机 S，分子量约为 230 000。X 射线晶体结构分析表明，钼铁蛋白有 2 个 P 簇对(P-cluster pair)，每个 P 簇对含 2 个[4Fe-4S]簇并位于α亚单位和β亚单位的界面，在α亚单位中结合着铁钼辅基，铁钼辅基与近邻 P 簇的距离约为 1.9 nm[图 7-1(b)]。

1) P 簇对

钼铁蛋白 P 簇对的结构如图 7-2 所示。在 P 簇对中，2 个 P 簇[4Fe-4S]立方烷以α亚单位的 Cys-88 和β亚单位的 Cys-95 桥联起来，二者之间还存在着处于对角位置的 S—S 键。P 簇对除了以半胱氨酸残基作为桥基连接 2 个亚单位外，每个 P 簇还分别通过与铁配位的来自相应亚单位的半胱氨酸残基连接 2 个亚单位。P 簇对的结构使它具有特殊的性质，例如，有人提出，相对经典的[4Fe-4S]簇，P 簇对中作桥的半胱氨酸 S 原子会使每个 P 簇具有较正的平均净电荷，进而导致 2 个

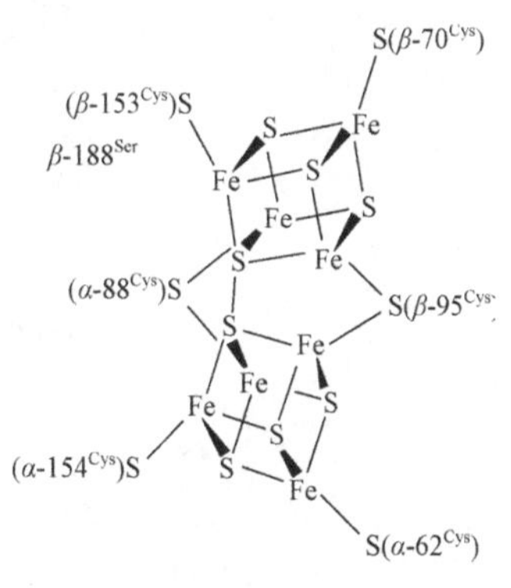

图 7-2　钼铁蛋白 P 簇对的结构

P 簇间 S—S 键的生成，使铁原子的低氧化态更稳定。有人指出，P 簇对传递电子功能可能是通过 S—S 键的可逆还原和断裂而进行的。在葡萄球固氮菌钼铁蛋白结构研究中，发现其中 1 个 P 簇的 1 个 Fe 是五配位的，它同时与β亚单位的Cys-153和 Ser-188 配位，β亚单位 Ser-188 的这种诱变作用可能对 P 簇对的氧化还原性质有重要的贡献。

2) 铁钼辅基

1977 年，人们发现铁钼辅基可被甲酰胺(formamide)萃取，并具有活化失活的脱铁钼辅基钼铁蛋白的功能。重组实验为铁钼辅基是固氮酶的活性中心这一结论提供了强有力的证据。

铁钼辅基含有 2 个七原子欠完整的立方烷簇，一个为 4Fe-3S 原子簇，另一个为 Mo-3Fe-3S 原子簇，中间通过 3 个非蛋白的 S^{2-}和 1 个中心 C 原子桥连。在含钼簇合物中还含有一个通过其羟基和羧基与钼双齿配位的高柠檬酸(*R*-homocitrate，2-羟基-1,2,4-丁基三羧酸)。整个铁钼辅基通过 His-442 的咪唑氮与含钼簇合物的 Mo 配位、Cys-275 的巯基 S 与不含钼簇合物底部 Fe 配位而固定于α亚单位中。如图 7-3 所示，Mo 原子是六配位的八面体构型，而 6 个 Fe 原子为饱和的四配位。铁钼辅基可描述为 2 个兜口相对的 7 原子网兜结构，其中一个由 Mo 原子封底，另一个由 Fe 原子封底，这是底物结合的活性部位。被硫桥连接的铁原子间的平均距离为 0.25 nm，由此看来，二铁原子间可能存在着某种 Fe—Fe 键相互作用。

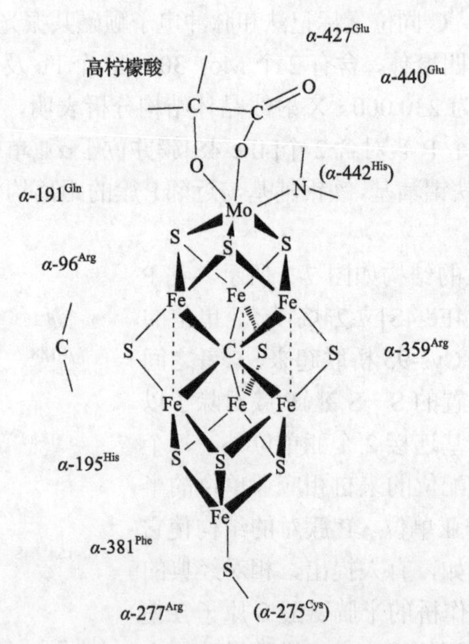

图 7-3 钼铁蛋白铁钼辅基的结构

值得注意的是，除了与铁钼配位的氨基酸残基外，铁钼辅基周围的微环境对其功能也有重要的影响。已经发现，Gln-191 和 Glu-440 与高柠檬酸之间、His-195 与中心硫桥之间、Arg-277 与 His-195 之间、Arg-359 与配位于 Mo 的其中一个硫原子之间及 Arg-96 与另两个硫原子之间都存在着氢键作用。这些氢键网络不但影响铁钼辅基的光谱特性，而且对固氮酶还原底物的能力有重要的影响。最明显的例子是，以赖氨酸取代 Gln-191 会导致固氮酶还原 N_2 和乙炔的功能丧失。另外，以天冬酰胺和谷氨酰胺取代 His-195 会有完全不同的效果，以天冬酰胺取代时会改变固氮酶活性，这可能是由于谷氨酰胺具有相似的氢键作用而天冬酰胺不能生成相似氢键。

7.1.4　固氮酶作用机理

1993 年，随着固氮酶蛋白成分及其金属中心的晶体结构数据的发表，固氮酶的结构已经基本确定，肯定了铁钼辅基是底物结合部位和还原 N_2 的催化部位，固氮酶研究取得了重大突破。目前，人们更多关注的是固氮作用机理的研究和固氮酶这一多中心金属酶的组装。

人们对固氮酶的作用机理进行了大量的研究，总结出来的机理如图 7-4 所示。

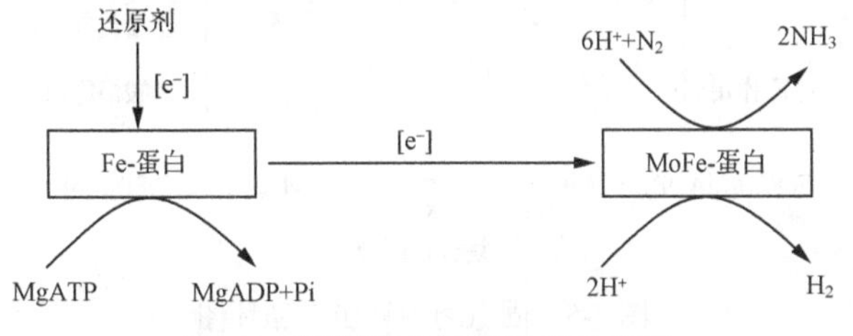

图 7-4　固氮酶的固氮机理示意图

其作用机理包括电子传递、氮分子的键合、活化和还原等。目前对于电子传递机理已有比较明确的了解，但是，对于氮分子是在固氮酶的什么部位结合，氮分子是如何键合、活化和还原等重要问题上仍未获得明晰的结论，还有待进一步研究。

7.1.4.1　电子传递机理

研究表明，在固氮酶催化 N_2 和其他底物的还原反应中，电子传递的顺序如下：

(活体内)　铁氧还蛋白
或黄素蛋白　} ——→ 铁蛋白 ——→ 钼铁蛋白 ——→ 底物
(活体外)　$Na_2S_2O_4$

如上所述，铁蛋白 2 个相同的亚单位中都结合着 MgATP。研究表明，从铁蛋白到钼铁蛋白的电子转移与 ATP 水解反应是直接耦联的，离开了 MgATP 便不能进行。从铁蛋白的循环图(图 7-5)可以简明地了解由铁蛋白到钼铁蛋白的电子传递和 MgATP 在电子传递中的功能。由图 7-5 可见，还原态铁蛋白与 MgATP 的配合物 $FeP(MgATP)_2$ 首先与钼铁蛋白(MoFeP)结合成固氮酶复合物，然后发生 MgATP 水解、铁蛋白向钼铁蛋白的电子转移，此时，复合物中铁蛋白处于氧化态，钼铁蛋白被还原；接着，$FeP_{ox}(MgADP)_2$ 从复合物中解离而与还原态钼铁蛋白分离；最后，氧化态铁蛋白接受电子被还原，MgADP 被 MgATP 取代，同时，还原态钼铁蛋白把电子传递给配位于活性中心的底物分子使底物还原，而本身恢复天然态。随着 $FeP(MgATP)_2$ 与天然态 MoFeP 复合物的重新生成，又开始了新的循环。

研究还表明，钼铁蛋白中的 P 簇对在铁蛋白和铁钼辅基之间起传递电子的作用。

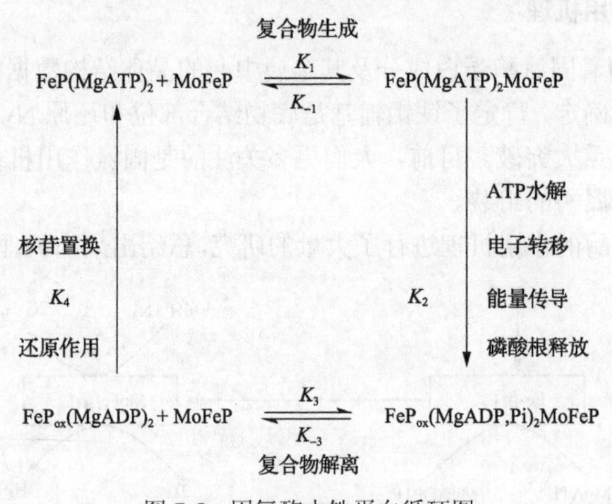

图 7-5　固氮酶中铁蛋白循环图

7.1.4.2　*底物的结合和还原*

铁钼辅基是底物的结合部位。自从铁钼辅基的结构数据发表后，人们对 N_2 与铁钼辅基结合方式及位置进行了大量量子化学计算研究。基于实验和计算研究结果，有人认为 N_2 可能是通过进入铁钼辅基 2 个欠完整立方烷间的空腔取代弱相互作用的 Fe—Fe 键形成多重 Fe—N 键而与铁钼辅基结合的。但进一步的研究表明，太小的铁钼辅基的空腔可能并不允许这种结合模式。有人认为 N_2 可能以类似于 O_2 与血蓝蛋白结合的 μ-$\eta^2\eta^2$ 方式取代 Fe—Fe 键而与铁钼辅基结合。到目前为止，有关 FeMo-co 对 N_2 的结合方式已提出了多种模型，其中具有代表性的模型如图 7-6 所示。

根据 N_2 与 FeMo-co 的结合位置不同，图 7-6 中的结合模型可分为两类：一类是 N_2 结合在 FeMo-co 的外部[(a)～(c)]；另一类是 N_2 结合在 FeMo-co 的内部(N_2 同时结合在 FeMo-co 的内部与外部的方式也归入此类)[(d)～(f)]。

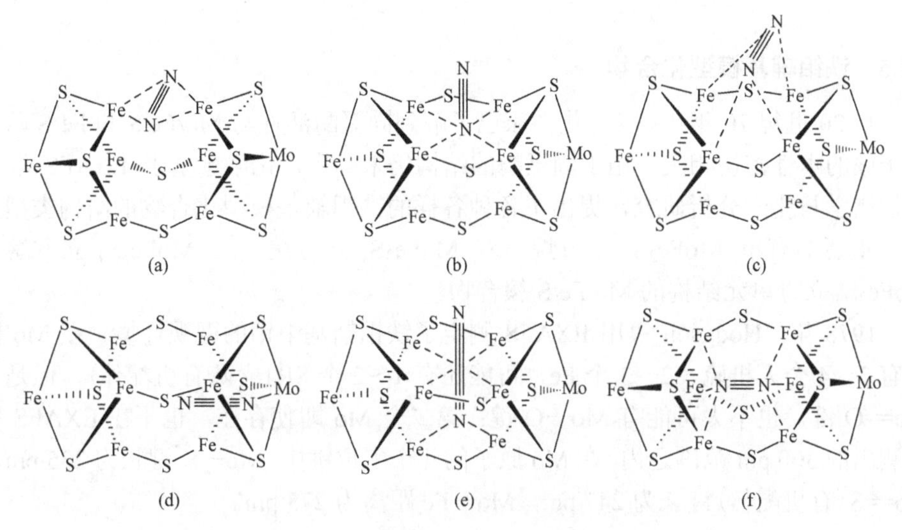

图 7-6　铁钼辅基对 N_2 的可能结合模式

已有研究者提出了 N_2 可能是通过取代与 Mo 配位的高柠檬酸的羧基而与 Mo 结合并进一步被还原的假设，但缺乏实验的支持。

我国学者郭国聪、麦松威等认为，乙炔二价负离子（C_2^{2-}）是与 N_2 具有相同分子轨道对称性的等电子体，乙炔叠氮化物等都可作为固氮酶的底物，研究 C_2^{2-} 的配位化学有助于理解 N_2 在铁钼辅基中的结合方式。他们在研究乙炔银和叠氮化银与银盐形成的复盐结构时，发现 C_2^{2-} 和 N^{3-} 阴离子都有强烈的配位于银多面体中心的倾向。在系统研究 C_2^{2-} 和 N^{3-} 在银盐中的配位行为的基础上，提出了 N_2 与铁钼辅基结合及活化的机理，他们认为，在铁钼辅基中，6 个铁原子所形成的三棱柱的三条棱是由 S 原子等桥连而成，因此，三棱柱具有柔性和可伸缩性，固氮酶结合 N_2 时，柔性三棱柱膨胀以容纳 N_2 于三棱柱中心并使 $N \equiv N$ 三重键活化的倾向很大。

最近，Rees 等对 CO 底物捕获的 0.150 nm 分辨率晶体结构研究显示，铁钼辅基加合底物 CO 时脱掉一个桥联硫，结果形成了反应中间体 MoFe7S8(-CO) C (*R*-homocit)。该反应中间体的捕获为探索 N_2 还原的机理指明了方向。

总之，底物与铁钼辅基的结合位置和方式仍然是悬而未决的问题，还有待科研工作者进一步深入研究。

固氮酶可以催化多种底物的还原反应。人们普遍接受这样一种观点，在固氮酶催化 N_2 还原过程中，伴随着质子还原为 H_2。已有研究表明，在此过程中释放的 H_2 与还原的 N_2 的比值随铁蛋白与钼铁蛋白的比值、pH 及 ADP 与 ATP 的比值的变化而变化。深入研究这个过程有可能为揭示固氮酶催化 N_2 还原的机理提供有用的信息。固氮酶催化机理的研究将是固氮酶研究中长期而艰苦的研究课题。

7.1.5　铁钼辅基模型化合物

自 20 世纪 70 年代以来，化学家已了解到固氮酶活性与 Mo/Fe/S 和 Fe/S 两种原子簇的本性密切相关。由于固氮酶的结构仍未确定，化学家基于 EXAFS 以及其他谱学与化学分析研究，提出了各种各样的铁钼辅基模型化合物的结构类型，其中重要的有单 $MoFe_3S_4$ 立方烷、双 $MoFe_3S_4$ 立方烷、三 $MoFe_3S_4$ 立方烷及 $MoFe_3S_3$ 立方单元结构的 Mo/Fe/S 簇合物。

1978 年，Hodgson 等用 EXAFS 测定了铁钼辅基中钼的微观环境。在 Mo 附近有 3～4 个无机硫，2～3 个 Fe，可能还有 1～2 个 SR(含硫有机配体)，但是无 Mo═O 键，也不大可能有 Mo—O 键；第二个 Mo 即使存在，也不在 EXAFS 所能测出的 300 pm 范围之内。在 Mo 原子的几个配位键中，Mo—S^*键长为 235 pm，Mo═S(有机配体)键长为 247 pm，Mo—Fe 距离为 273 pm。

Hodgson 等根据 EXAFS 数据及与模型物对照，提出了两种 $MoFe_3S_4$ 立方烷结构模式，如图 7-7 所示。此后，人们合成了许多具有类似结构的模型物。

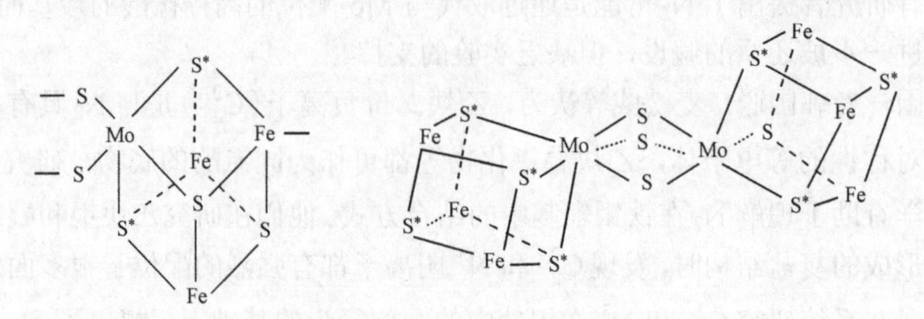

图 7-7　Hodgson 提出的铁钼辅基的两种结构模式

中国科学家卢嘉锡、蔡启瑞在这方面也做了大量工作。1973 年，卢嘉锡等从过渡金属原子簇结构化学角度，提出 $MoFe_3S_3$ 七原子簇的 H(hepta)型网兜结构，如图 7-8 所示。1978 年，又在这基础上提出了双立方烷孪合重烷体模型，它包括两个 $MoFe_3S_3$ 的 H 型网兜结构(图 7-9 两侧)和 $MoFe_4S_4$ 九原子簇 N(nona)型网兜结构(图 7-9 中央)。卢嘉锡等认为 Hodgson 的闭式立方烷结构不能说明 Mo(Ⅴ)的催化活性，提出立方烷必须有缺位或易取代配体，才有利于底物配位活化。在这种模型的基础上提出了几种不同的单端基加多侧基配位催化构型。蔡启瑞等根据固氮酶的已知酶促反应和配合物催化原理，于 1973 年提出二钼一铁的三核活性中心结构，1978 年又进一步提出了一个一钼二铁的三核固氮并联双座的多核原子簇活性中心模型(图 7-10)。

铁钼辅基模型化合物研究中提出的结构模型大多数以 $MoFe_3S_{3\sim4}$ 作为结构单元，虽然它们与后来由 X 射线晶体结构分析所获得的铁钼辅基的结构有相当大的差距，但是 $MoFe_3S_4$ 立方烷簇及其协同效应研究反映了结构化学家、合成化学家们的智慧和精湛的合成技术，他们的研究对了解天然酶固氮机理将是十分有益的。此外，对铁钼辅基化学模型物的研究大大促进了 Mo/Fe/S 簇化学的发展，这是有目共睹的。

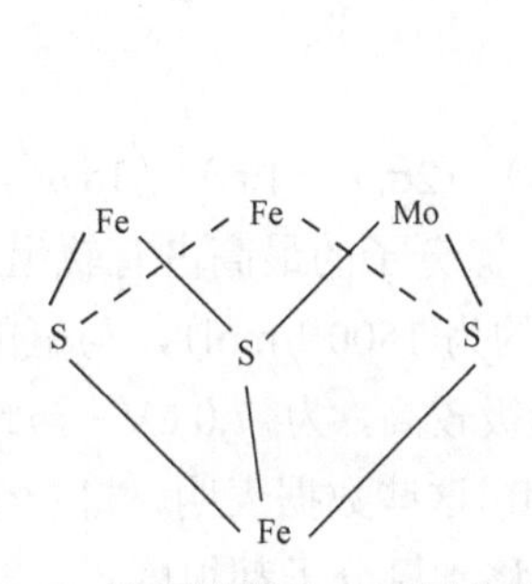

图 7-8　铁钼辅基的 H 型网兜结构

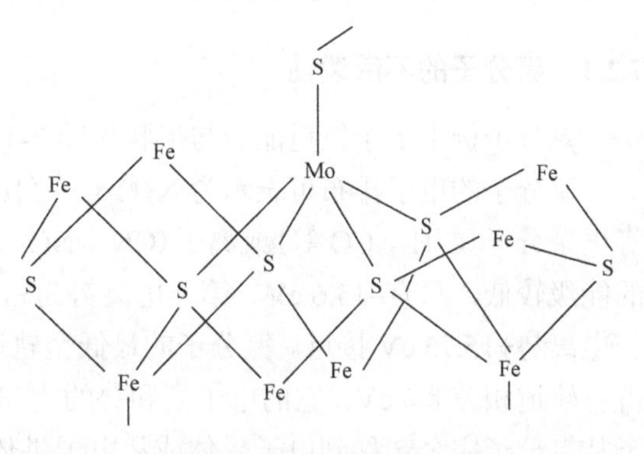

图 7-9　铁钼辅基的双立方烷孪合重烷体模型

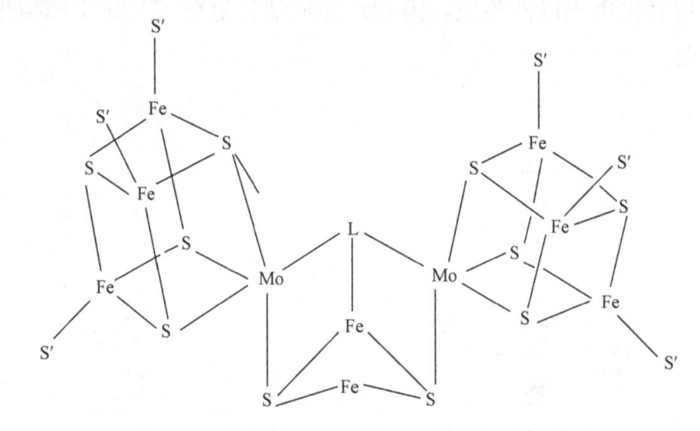

图 7-10　铁钼辅基的多核原子簇活性中心模型

7.2　双氮过渡金属配合物

1965 年，加拿大学者 Allen 等在常温常压下通过 $RuCl_3$ 与 N_2H_4 反应合成了第一个双氮(dinitrogen)过渡金属配合物氯化五氨双氮合钌(Ⅱ)$[Ru(NH_3)_5(N_2)]Cl_2$。成功合成的双氮配合物改变了氮分子不活泼的观念，提供了一种活化氮分子的途径。通过研究双氮配合物获得生物固氮信息的希望激励着科学家深入探索更多例证。目前已合成数百种双氮配合物，能与氮分子配位的过渡金属列举如下：

Ti	V	Cr	Mn	Fe	Co	Ni
Zr	Nb	Mo	Tc	Ru	Rh	Pd
	Ta	W	Re	Os	Ir	Pt

其中 Tc 和 Ta 不能生成稳定的双氮配合物。虽然曾经许多科学家过于乐观估计，以为固氮工业革新已指日可待，但是这些研究成果确实开辟了一个新的研究领域，推动了人们探索生物固氮作用的秘密。

7.2.1 氮分子的不活泼性

氮分子价电子层轨道能级与形状如图 7-11 所示。

氮分子的电子排布可表示为 $N_2(1\sigma_g)^2\ (1\sigma_u)^2\ (2\sigma_g)^2\ (2\sigma_u)^2\ (1\pi_u)^4\ (3\sigma_g)^2$。与等电子分子($C_2H_2$，CO 等)或离子($CN^-$，$NO^+$等)相比，氮分子的最高占有轨道 $3\sigma_g$ 的能级较低，只有–15.6 eV。第一电离势为+15.6 eV(约为 1500 J/mol)，与氩的第一电离势+15.75 eV 接近。氮分子的最低空轨道 $1\pi_g$ 能级较高，为–7.0 eV，与最高占有轨道相差 8.6 eV。它的电子亲和势约为–35 kJ/mol。这些数据表明，将一个电子从氮分子完全转移到电子受体或从电子供体完全转移到氮分子都很困难，故氮分子既不易被氧化也难以被还原。因此，如何活化氮分子是化学模拟生物固氮研究的重要课题。

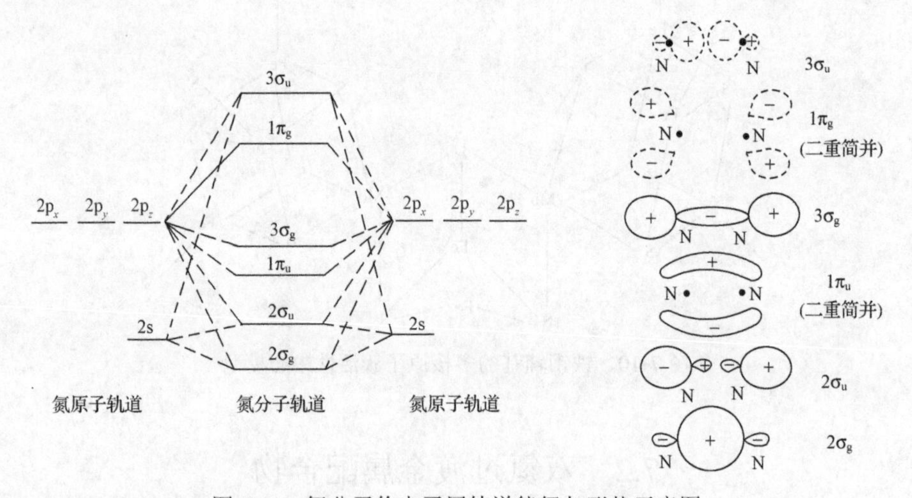

图 7-11 氮分子价电子层轨道能级与形状示意图

7.2.2 双氮配合物成键方式

迄今合成的双氮配合物中，氮分子可采取端基配位和侧基配位成键(图 7-12)，但是绝大部分双氮配合物采用端基配位。图 7-13 为端基配位的单核配合物和桥式结构的双核配合物。侧基配合物不如端基配合物稳定，因此目前合成的侧基双氮配合物很少，典型例子是[{$(C_6H_5Li)_6\ Ni_2N_2\ (Et_2O)_2$}$_2$]，如图 7-14 所示。

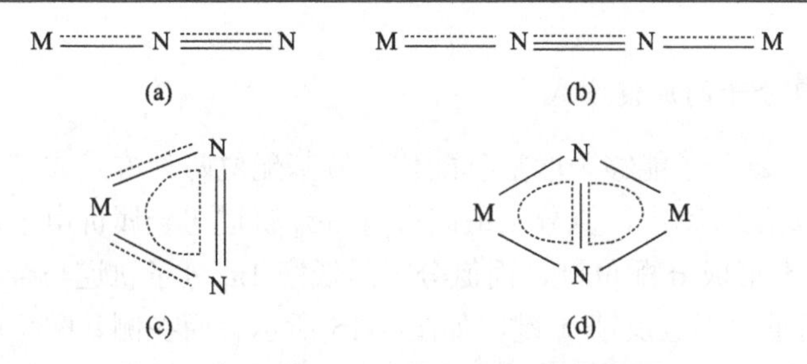

图 7-12　氮分子和金属原子的几种配位方式

(a) 端基；(b) 桥式端基；(c) 侧基；(d) 桥式侧基

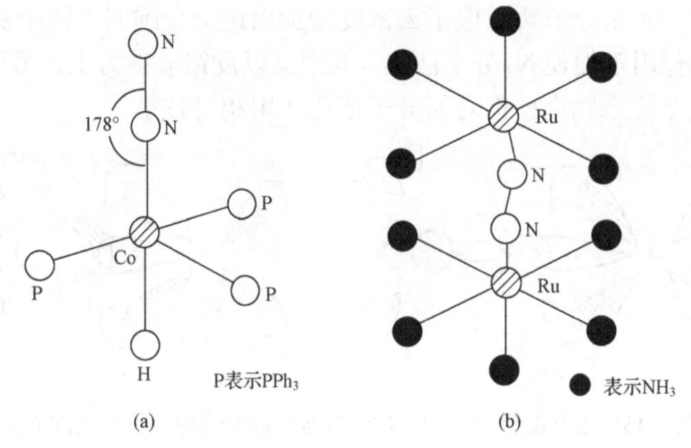

图 7-13　端基配位单核配合物[$CoH(N_2)(PPh_3)_3$] (a) 和桥式配位双核配合物[$\{(NH_3)_5Ru\}_2N_2$]$^{4+}$ (b) 的分子结构

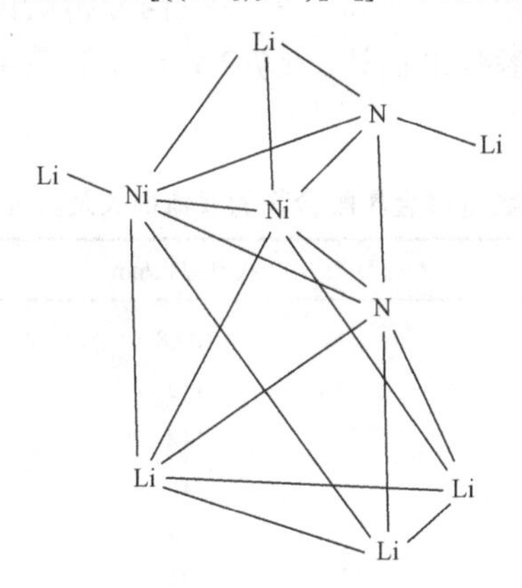

图 7-14　配合物[$\{(C_6H_5Li)_6Ni_2N_2(Et_2O)_2\}_2$]的分子结构(略去了苯基和醚)

7.2.3　氮分子配位活化

影响氮分子配位活化的主要因素有氮分子的成键方式、中心原子电子结构和氧化态以及共存配体等。

7.2.3.1　氮分子的成键方式

如上所述，氮分子能够采取端基配位和侧基配位两种方式成键。在端基配位的双氮过渡金属配合物中，氮分子最高占有 $3\sigma_g$ 轨道与金属价电子层对称性相同的空 e_g 轨道重叠形成 σ 配位键，而氮分子最低空 $1\pi_g$ 分子轨道与金属价电子层占有电子 t_{2g} 轨道重叠形成反馈 π 键，如图 7-15 所示。而在侧基配位的双氮过渡金属配合物中，不同的是通过氮分子占有电子 $1\pi_u$ 轨道与金属价电子层空 e_g 轨道重叠形成 σ 配位键。σ 配位键形成降低了两个氮原子之间的电子云密度，反馈 π 键形成使氮分子 $1\pi^*$空分子轨道电子云密度增加而进一步削弱了两个氮原子的结合强度，这两种作用都促使 N_2 分子活化，其中又以反馈 π 键为主。另外，端基配合物稳定性较侧基配合物高，但对氮分子活化作用相对较小。

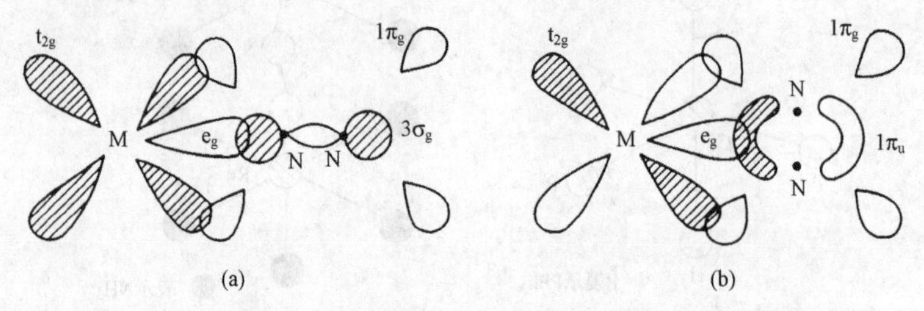

图 7-15　端基配位与侧基配位的双氮过渡金属配合物的成键方式

(a) 端基配位；(b) 侧基配位

配位氮分子活化程度可以根据 X 射线结构分析的配位双氮键长及其 IR 的 N≡N 伸缩振动频率等参数来估计。表 7-2 列举了某些双氮配合物的双氮键长及红外伸缩振动频率数据。

表 7-2　某些双氮过渡金属配合物的双氮键长及红外伸缩振动频率

配合物	双氮键长/pm	$\nu_{N\equiv N}$ / cm^{-1}
N_2	109.8	233
$[Ru(NH_3)_5N_2]^{2+}$	112	2114
$[Os(NH_3)_5N_2]^{2+}$	112	2028
$[\{(NH_3)_5Ru\}_2N_2]^{4+}$	112	2100
$MoCl_4\{N_2ReCl(PR_3)_4\}_2$	128	1800
$[\{(C_6H_5Li)_6Ni_2N_2(Et_2O)_2\}_2]$	135	—

表 7-2 中数据表明，端基配位的双核配合物的 N_2 活化程度大于单核配合物，因为双核配合物中 N_2 可以从两个金属原子获得反馈 π 电子。与端基配位相比，侧基配位不仅使氮分子反 π*分子轨道上电子云密度增加，而且也减小了 N—N 间成键 π 分子轨道上电子云密度，更有助于削弱双氮键，因而对 N_2 的活化作用较大。

7.2.3.2　中心原子电子结构及氧化态

大多数双氮配合物的中心金属原子具有低氧化态(0～+2)，价电子层电子构型多为 d^5～d^{10}。如果中心金属原子氧化态降低或价电子层 d 电子数增加，都更利于电子转移形成反馈 π 键，如配合物$[Os(NH_3)_5(N_2)]^{2+}$中氮的活性比$[Os(NH_3)_5(N_2)]^{4+}$中的大。另外，对于同族金属元素，从上到下，随着原子半径增加，中心金属原子反馈电子能力增强，对 N_2 的活化作用增大。

7.2.3.3　共存配体

双氮配合物分子中通常还有其他配体与 N_2 共存，如 NH_3、CO、H_2O、膦等，共存配体对 N_2 的活化也有影响。通常情况下，共存配体的 Lewis 碱性越强，使中心原子越容易形成反馈 π 键，对 N_2 的活性作用越大。例如，在配合物$[Os(NH_3)_5N_2]^{2+}$和$[Os(NH_3)_4(CO)N_2]^{2+}$中，NH_3 的碱性比 CO 强，因此前者分子中中心金属原子价电子层 t_{2g} 轨道中电子容易转移到氮分子的 π^*轨道，因而对 N_2 的活化程度高于后者。

7.2.4　配位氮分子的反应活性

过渡金属双氮配合物合成只是研究工作的第一步，而如何使已经初步活化的双氮还原并质子化生成氨是研究工作的最终目的，但这方面的研究迄今进展仍然缓慢。

1975 年 Chatt 报道常温下在甲醇溶液中用稀硫酸处理配合物$[W(N_2)_2(PMe_2Ph)_4]$(PMe_2Ph=二甲基苯基膦)可以使配合物分子中双氮还原并质子化生成 NH_3。

$$[W(N_2)_2(PMe_2Ph)_4] \xrightarrow[20℃]{H_2SO_4/CH_3OH} 2NH_3 + N_2 + W(VI)\text{化合物} \quad (7\text{-}12)$$

后来又发现 Mo 和 W 的盐类与 diphos($Ph_2PCH_2CH_2PPh_2$)在四氢呋喃(tetrahydrofuran，THF)中生成的单核双氮配合物，经萘钠或格氏试剂还原，在酸性介质中可以产生氨。

$$[Mo(N_2)_2(diphos)_2] \xrightarrow{H^+} 2NH_3 + N_2 + Mo(VI)\text{化合物} \quad (7\text{-}13)$$

当配合物浓度为 4 mmol/L 及反应 20 h 时，能产生 0.1～0.3 mmol NH_3。

另外，Ti、Zr、Fe 等双核分子氮配合物的 N_2 还原产物主要是肼。

氮分子是一个很弱的 σ 供体和较好的 π 受体，因此在双氮过渡金属配合物中，双氮电子云密度增加，容易受到亲电试剂进攻，通过质子化形成氮的氢化物就是基于这一原因。

7.3 固氮酶模拟

前面介绍的双氮过渡金属配合物，虽然可以在某种程度上模拟生物固氮作用，但是由于合成的双氮配合物的结构与生物体系有较大差别，其中大多数包含一些非天然配体如膦等，并且它们的催化还原体系往往需要有机溶剂，因此不能作为固氮酶的恰当模型。

迄今为止，对固氮酶活性中心的铁钼辅基结构的认识仍然不够完全，因此目前不可能按照固氮酶的结构来设计模型物，只能通过研究一些简单的配合物来探索理想的模型物应有的结构。

如前所述，固氮酶对于作用底物没有严格的专一性，因此可以推断，钼铁蛋白活性中心结构不一定有非常高的专属性，将来也许可以研究出不止一种化合物具有在温和条件下固氮的性能。目前已经发现多种多样的化合物能结合氮分子并使之活化，取得了令人欣喜的研究成果。

目前作为固氮酶模型的钼配合物主要有以下几类：①钼铁硫原子簇；②钼-三氨基胺；③钼-硫醇(包括钼-半胱氨酸体系)；④钼-二硫代氨基甲酸；⑤钼-氰负离子；⑥钼-有机酸(包括柠檬酸、高柠檬酸等)等。

7.3.1 钼铁硫原子簇化合物

钼铁硫原子簇化合物的组成和结构最接近铁钼辅基，因此这方面的研究最为活跃。从 1978 年报道的作为固氮酶活性中心结构模型的第一个钼铁硫簇化合物开始，已经合成出多种不同类型的簇合物。

7.3.1.1 合成

大多数钼铁硫原子簇化合物都是以硫代钼酸根离子 MoS_4^{2-} 为钼源合成的。Muller 等的研究结果表明，MoS_4^{2-} 可以作为配体与许多金属生成簇合物。Zumft 将固氮酶的钼铁蛋白在酸性溶液中水解，用可见光谱检测出 MoS_4^{2-} 存在，但是又不可能由其他反应生成 MoS_4^{2-}，因此他认为 MoS_4^{2-} 很可能是钼铁蛋白活性中心的组成部分。

所有合成过程都需在无氧和纯净氮气(或氩气)保护下，在室温或温热的非水介质中进行。一般采用醇类作为反应溶剂。

7.3.1.2 组成和结构

目前已合成的钼铁硫簇合物，就其簇骼结构而言，基本上可以分为立方烷和线型两大类。立方烷型含有 $MoFe_3S_4$ 结构单元，主要有单立方烷型、双立方烷型和三立方烷型。线型含有 MoS_2Fe 结构单元，包括双核型和三核型。立方烷型通常在一定条件下通过自组装得到，如图 7-16 所示。

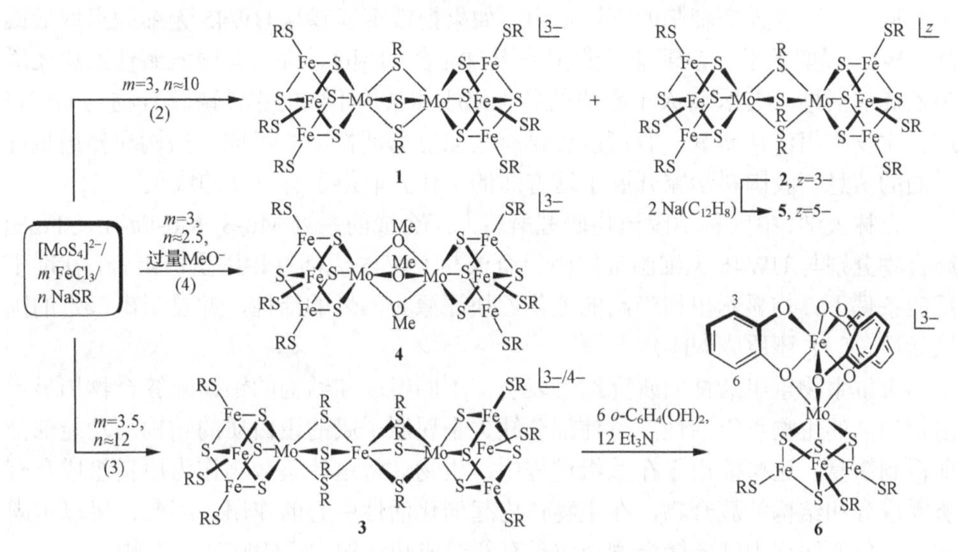

图 7-16　立方烷型 Mo-Fe-S 簇合物合成路线示意图

线型主要有图 7-17 所示的$[S_2MoS_2FeX_2]^{2-}$(X=SR，Cl，OPh，NO，S)和$[(SCH_2CH_2S)MoS_3FeS_3Mo(SCH_2CH_2S)]^{3-}$等，合成原料与立方烷型类似，只是反应条件有所不同。

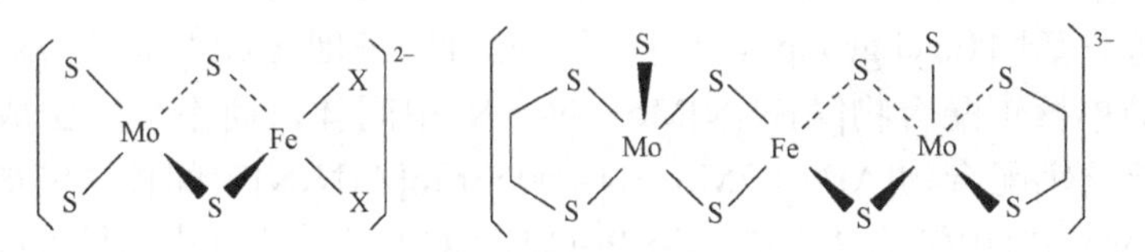

图 7-17　两种线型 Mo-Fe-S 簇合物的结构示意图

上述这些簇合物的结构大多都已测定。立方烷型钼铁硫簇合物中，Mo 的价态一般为+3 价或+4 价，Mo—Fe 和 Mo—S 键长与铁钼辅基的相应数据很接近。线型簇合物的 Mo 一般为+5 价或+6 价，相应键长则随配位数不同而有明显差别。当 Mo 为四配位时，Mo—S 键长比铁钼辅基的短得多，而 Mo 为五配位时，Mo—S 键长与铁钼辅基的相近。五配位的 Mo 是配位不饱和的，对底物配位活化有利。由此推测，铁钼辅基中钼的配位数很可能是 5。另外，与这些钼铁硫簇合物对应的钨铁硫簇合物及钒铁硫簇合物也大都能合成出来。

7.3.1.3　生物重组活性研究

对于已合成出来的钼铁硫簇合物进行了多方面研究，包括紫外-可见光谱、红外光谱、核磁共振、穆斯堡尔谱、电化学性质、量化计算及反应性等。其中生物重组活性的研究尤为引人注目。

我们已经知道棕色固氮菌突变型(mutant)UW45(University Wisconsin 45)中可提取一种不含铁钼辅基的钼铁蛋白。如果把铁钼辅基与UW45无细胞提取液或从UW45提取的不含铁钼辅基的钼铁蛋白混合(重组),则具有固氮酶使乙炔还原为乙烯的活性。因此,将人工合成的各种组成和结构不同的钼铁硫簇合物与UW45进行生物重组活性研究,有可能提供有关固氮酶活性中心组成、结构和作用机理方面的信息。我国科学家开展了这方面的工作并取得了有意义的成果。

吉林大学、中国科学院植物研究所将人工合成的系列Mo-S、Mo-Fe-S及Fe_4S_4簇合物分别与UW45无细胞抽提液组合或与UW45无活性钼铁蛋白组合,在准生反应条件下,均显示出相当高的催化乙炔还原为乙烯的活性,并显示出一定的固氮活性(把N_2还原成NH_3)。

大量生物重组活性的研究结果表明,不同组成和结构的钼铁硫簇合物均显示出相当高的生物重组活性,可使部分缺失金属原子簇的蛋白质的结构与功能部分地得到恢复。这可能由于在重组过程中,生物体将这些簇合物作为原料组成具有所需成分和结构的簇合物,在生物体内起催化活性中心的作用。因此,可以考虑利用简单的线型钼铁硫簇合物合成具有新组成和结构的铁钼辅基模型物。

7.3.2　钼-三氨基胺类配合物

1994年以来,Schrock等设计合成了系列新型的Mo-三氨基胺(triamidomine, $[(RNCH_2CH_2)_3N]^{3-}=[RN_3N]^{3-}$)类配合物,其中三氨基胺配体中R通常为具有较大位阻的芳香基团(aryl group),这样可使配合物在催化过程中只与氮分子形成具有活性的单核钼配合物$[ArN_3N]Mo—N═N$ 中间体,而不至于生成稳定而没有活性的双核钼配合物$[ArN_3N]Mo—N═N—Mo[ArN_3N]$中间体。例如,配合物$[HIPTN_3N]Mo$中HIPT为3,5-$(2,4,6\text{-}i\text{-}Pr_3C_6H_2)_2C_6H_3$(六异丙基三联苯),其中*i*-Pr为异丙基,它的分子结构如图7-18所示。

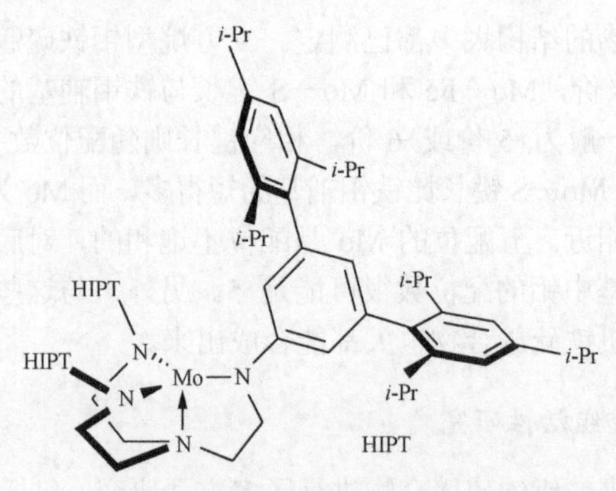

图7-18　配合物$Mo[HIPTN_3N]$的分子结构

研究发现，这类配合物在强还原剂二（五甲基环戊二烯）合铬（Ⅱ）[decamethylchromocene，bis(pentamethylcyclopentadienyl) chromium]及弱酸四[3,5-二（三氟甲基）]苯基硼化（2,6-二甲基吡啶鎓）[2,6-lutidinium $BAr^F{}_4$，Ar^F=3,5-$(CF_3)_2C_6H_3$]作为质子源情况下，常温常压下能将 N_2 转化为 NH_3，产率高达 60%以上。并且推测在催化反应过程中，氮分子与配合物作用而活化，循环分步接收电子及质子，可能的作用机理如图 7-19 所示。

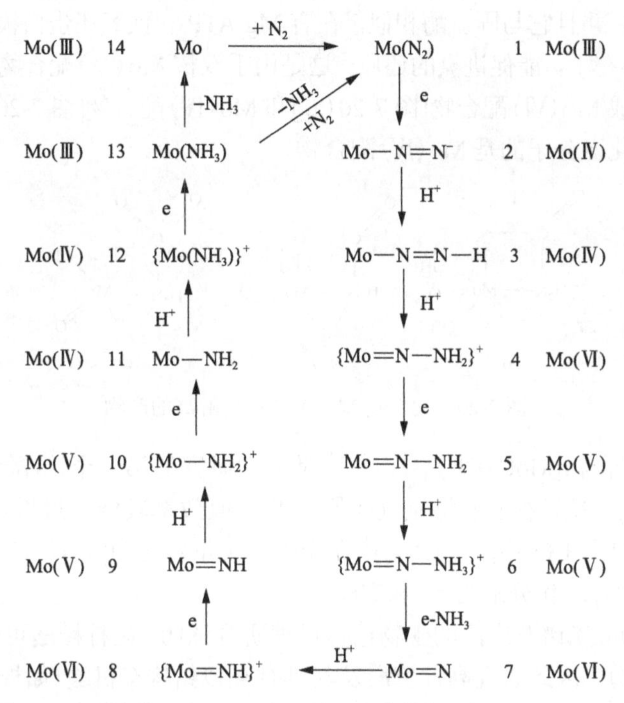

图 7-19　配合物[$HIPTN_3N$]Mo 循环分步催化还原 N_2 的可能机理

这一研究发现为固氮酶化学模拟研究开辟了一个新的且具有应用前景的研究领域。

7.3.3　其他模拟体系

目前对固氮酶中钼的价态变化认识仍然十分肤浅，而加强钼配合物的研究将有助于加深这方面的认识。

双核钼(Ⅴ)配合物常发生歧化离解：

$$\mathrm{Mo(V)-Mo(V)\longrightarrow Mo(IV)+Mo(VI)} \tag{7-14}$$

典型的例子是

$$\mathrm{Mo_2O_3(S_2CNEt_2)_4 \rightleftharpoons MoO(S_2CNEt_2)_2 + MoO_2(S_2CNEt_2)_2} \tag{7-15}$$

反应的离解常数 $K_d = 2.2\times10^{-4}$。Newton 等推测这种类型的反应与固氮酶的氧化还原过程有关。双核钼（Ⅴ）配合物在溶液中离解成 Mo（Ⅳ）和 Mo（Ⅵ）配合物。如果使用适当的还原剂，则 Mo（Ⅵ）又重新变成 Mo（Ⅳ），因而可以重复使用。固氮酶的作用机理可能与这一过程类似。

1975 年，Schrauzer 在钼-半胱氨酸体系的研究中也得到类似结论。配合物 $Mo_2O_4(Cys)_2$ 水溶液体系在 $Na_2S_2O_3$ 或 $NaBH_4$ 等还原剂的作用下，可以将空气中的氮气还原成氨。并且它与固氮酶相似，在有 Mg-ATP 和铁氧还蛋白模型物（Fe_4S_4 原子簇化合物）存在下，能促进氮的还原。这是由于双核 Mo（Ⅴ）配合物 $Mo_2O_4(Cys)_2$ 在溶液中离解成 Mo（Ⅵ）配合物[图 7-20（a）]和 Mo（Ⅳ）配合物[图 7-20（b）、（c）]，其中能配位并活化氮分子的是 Mo（Ⅳ）配合物。

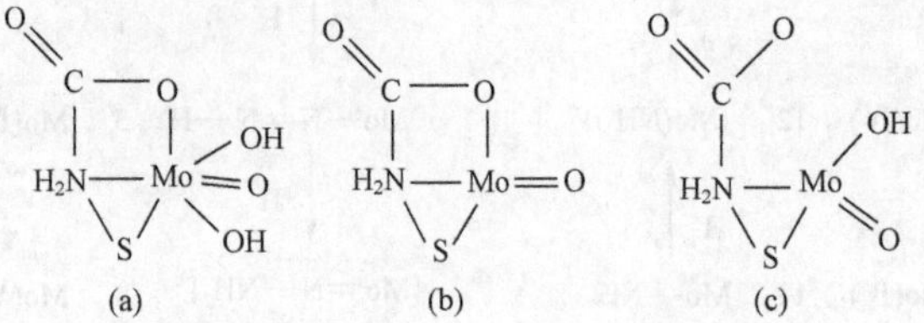

图 7-20　配合物 $Mo_2O_4(Cys)_2$ 解离的产物

Mo（Ⅳ）配合物 $[MoO(CN)_4(H_2O)]^{2-}$ 是人们研究的第一个钼-氰负离子类固氮酶模型物，它在水溶液中能将氮气还原成氨，但效率较低。最近，Szklarzewicz 研究发现，$N_2H_4\cdot H_2O$ 中 $[Mo(CN)_8]^{4-}$ 在光照下定量转化为 $[Mo(CN)_4O(NH_3)]^{2-}$，并且伴随着 N_2H_4 歧化分解为 N_2 和 NH_3。

Mo ENDOR 光谱及广泛的生物遗传机理研究证明，高柠檬酸可能是铁钼辅基的一个重要组分，因此研究高柠檬酸及其具有类似结构有机酸（如柠檬酸、苹果酸等）与钼配位方式和键价规律，对了解高柠檬酸在固氮机制中的作用有重要意义，已引起了人们的广泛注意。

四价钼具有 d^2 电子构型，其配合物又往往是配位不饱和的，能与炔类或偶氮化合物以侧基进行氧化加成，这种加成反应在某种程度上说明了固氮酶的作用机理。由此可见，固氮酶处于活性状态时，钼可能是四价的。

7.4　氮循环的生物无机化学

在氮的生物转化过程中，由固氮作用生成的氨和含氮有机物分解产生的氨都能被某些微生物利用。这些微生物可以使氨氧化，经过一系列反应最终生成硝酸盐，这个过程称为硝化作用。硝化作用放出的能量被用于还原二氧化碳，作为合成新物质的碳源。与硝化作用相反，同时存在硝酸盐还原的过程。其中生成氨的途径称为成氨作用，而生成 N_2 的途径称为脱氮作用。这些过程一起构成了氮在生物圈中的循环，如图 7-21 所示。

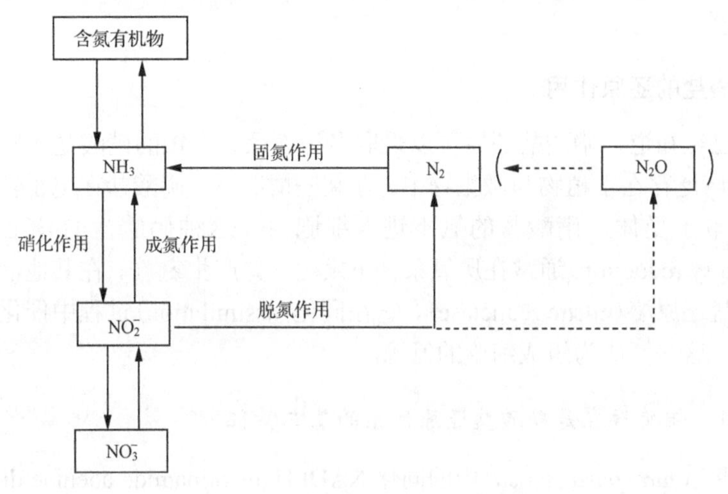

图 7-21　氮在生物圈中的循环

7.4.1　硝化作用

硝化作用主要由亚硝化单细胞菌属(*Nitrosomonas*)和硝化菌属(*Nitrobactor*)引起，它们分别把氨氧化成亚硝酸盐和把亚硝酸盐氧化成硝酸盐。一般认为，在氨氧化生成亚硝酸盐的过程中，经过多步电子变化：

$$\overset{-3}{NH_3} \longrightarrow \overset{-1}{NH_2OH} \longrightarrow \overset{+1}{NO^-} \longrightarrow \overset{+3}{NO_2^-}$$

在这个反应过程中，每步电子变化都是双电子氧化过程。由于亚硝酸盐产生的速度实际上与氨消耗的速度相等，羟胺(hydroxylamine)和氨氧化的速度几乎一样，因此不大容易观察到中间产物形成。

不同的抑制剂(inhibitor)能以不同方式影响氨氧化为羟胺和羟胺氧化成亚硝酸盐的过程。某些抑制剂能够引起羟胺积累，表明这两个过程是相互独立的。但是，如果羟胺直接被氧化成亚硝酸盐，氧的存在就是必要的。在缺氧时用硝化菌处理羟胺，可以生成 N_2O 和 NO。

在硝化作用体系中存在痕量的反式连二次硝酸根(*trans*-hyponitrite)离子 $N_2O_2^{2-}$，这可以看成是氧化态为+1 的氮化合物。然而，在这些条件下，加入连二次硝酸钠并未被氧化，因此推测连二次硝酸根很可能是副反应的产物。另一个 N^+中间体是硝酰基(nitroxyl)离子 NO^-，它二聚生成连二次硝酸和一些 N_2O。虽然生成亚硝酸盐的详细过程尚不清楚，但是现在一般认为，硝酰基离子是硝化作用的中间体。

用硝化细菌把亚硝酸盐氧化为硝酸盐的过程则简单得多。这是一个需氧反应，因已证实增加到硝酸盐的那个氧原子来源于水而不是氧气，因此氧气的作用是作为电子受体。

7.4.2 硝酸盐的还原作用

现在已经知道，硝酸盐还原可以采取多种途径。含钼的硝酸盐还原酶(nitrate reductase)广泛存在于植物与微生物中。在某些情况下，硝酸盐在电子转移过程中作为末端电子受体，硝酸盐的氮不进入细胞内。这种硝酸盐的异化还原作用(dissimilatory reduction)通常在厌氧条件下发生，并产生氮气。在其他情况下还存在亚硝酸盐还原酶(nitrite reductase)，它在同化(assimilation)过程中催化亚硝酸盐还原为氨，这些氨成为组成细胞的氮源。

7.4.2.1 钼酶存在是硝酸盐还原体系的基本特征

链孢霉(*Neurospora crassa*)中的同化 NADPH(nicotinamide adenine dinucleotide phosphate,还原型烟酰胺腺嘌呤二核苷酸磷酸)硝酸盐还原酶是一种分子量为 230 000 的多聚蛋白，含有 FAD(flavin adenine dinucleotide，黄素腺嘌呤二核苷酸)、钼和细胞色素 b 557。有人认为它遵循下列电子转移途径：

$$\text{NADPH} \longrightarrow \text{FAD} \longrightarrow \text{Cyt b 557} \longrightarrow \text{Mo} \longrightarrow NO_3^-$$

还有几种酶的活性与 NADPH 硝酸盐还原酶有关，包括 NADPH 细胞色素 c 还原酶。链孢霉的一种突变型 nit-1 的提取物不能把硝酸盐还原，但是仍然具有其他还原酶的活性。利用黄嘌呤氧化酶(xanthine oxidase)等几种钼酶经酸水解的中和产物处理 nit-1，可以修复其硝酸盐还原性。有人认为这种处理是往突变型 nit-1 加入了它欠缺的含钼辅基，但这种含钼辅基与固氮酶的铁钼辅基不同。

活化的硝酸盐还原酶中，钼的氧化态尚未弄清。以往总是认为钼的氧化态是+5 和+6。在这种情况下，硝酸盐的双电子还原就与钼的单电子变化[Mo(Ⅴ)⟶Mo(Ⅵ)]相偶联。而 EPR 研究却显示钼的氧化态为+3 价和+5 价，于是有人提出 Mo(Ⅴ)被还原为 Mo(Ⅲ)，但是未能获得进一步的证据。对大肠杆菌(*Escherichia coli, E. coli*)的硝酸盐还原酶研究表明，至少有 5 种含 Mo(Ⅴ)物质，其中有 4 种对研究硝酸盐还原酶的作用机理是有意义的。这些含 Mo(Ⅴ)的物质是这种酶在不同 pH 下存在的各种形式。其中低 pH 下，它可能失去一个配体提供一个空余的配位位置，而与 NO_3^- 或 NO_2^- 配位。EPR 研究表明，硝酸盐还原酶的含钼活性中心与亚硫酸盐氧化酶的类似。另外，硝酸盐还原酶中的钼氧化还原电位测定结果表明, Mo(Ⅳ)和 Mo(Ⅴ)都有可能还原硝酸盐，但是途径尚不清楚。

7.4.2.2 亚硝酸盐还原与亚硝酸盐还原酶

亚硝酸盐还原酶可催化亚硝酸盐转变为氨的六电子还原过程。其反应次序与硝化作用的过程相反。具体反应途径还未完全确定，但是连二次硝酸盐和羟胺已被分离出来。羟胺是一种中间体的间接证据来源于亚硝酸盐还原酶催化 NADPH 还原羟胺的反应。亚硝酸盐还原酶可能由两个类似的亚基组成。

菠菜的亚硝酸盐还原酶含有一个特殊的血红素辅基。该辅基是一种具有 8 个羧酸酯侧链的异菌氯素（isobacteriochlorin）型的铁 - 四氢卟啉（iron-tetrahydroporphyrin）。它也存在于亚硫酸盐还原酶中。高等植物叶子中的亚硝酸盐还原酶利用还原型铁氧还蛋白作为电子供体。血红素辅基与铁硫中心的 EPR 谱已经测定，有证据表明血红素-NO 配合物为反应中间体，但对于反应的电子传递过程则不甚了解。

参 考 文 献

奥利伟 G H, 奥利伟 S, 1986. 配位与催化. 徐吉庆等译. 北京: 科学出版社.

白明章, 1983. 钼的生物无机化学与化学模拟生物固氮. 化学通报, 46(2): 1-6.

陈全亮, 陈洪斌, 曹泽星, 等, 2014. 固氮酶催化活性中心及其化学模拟. 中国科学: 化学, 44(12): 1849-1864.

慈恩, 高明, 2004. 生物固氮的研究进展. 中国农学通报, 20(1): 25-28.

卢嘉锡, 1997. 过渡金属原子簇化学的新进展. 福州: 福建科学技术出版社.

罗勤慧, 沈孟长, 1987. 配位化学. 南京: 江苏科学技术出版社.

石巨恩, 廖展如, 1999. 生物无机化学. 武汉: 华中师范大学出版社.

徐吉庆, 南玉明, 刘彦, 等, 1997. 系列钼硫化合物生物重组活性的研究. 科学通报, 42(3): 323-326.

尤崇杓, 1995. 固氮酶的结构与功能研究进展. 农业生物技术学报, 3(1): 1-13.

张纯喜, 红军, 刘秋田, 1997. 固氮酶活性中心 FeMo-Cofactor 对 N_2 活化方式的探讨. 化学进展, 9(3): 265-272.

Chan M K, Kim J, Rees D C, 1993. The nitrogenase FeMo-cofactor and P-cluster pair: 2.2 Å resolution structure. Science, 260(5109): 792-794.

Chatt J, Dilworth J R, Richards R L, 1978. Recent advances in the chemistry of nitrogen fixation. Chem. Rev., 78(6): 589-625.

Dance L, 2007. The mechanistically significant coordination chemistry of dinitrogen at FeMo-co, the catalytic site of nitrogenase. J. Am. Chem. Soc., 129(5): 1076-1088.

Einsle O, Tezcan F A, Andrade S L A, et al, 2002. Nitrogenase MoFe-protein at 1.16 Å resolution: A central ligand in the FeMo-cofactor. Science, 297(5587): 1696-1700.

Harrison P M, 1985. Metalloprotein, Part I, Metal Proteins With Redox Roles. London: Macmillan.

Hay R W, 1984. Bioinorganic Chemistry. New York: John Wiley.

Hoffman B M, Lukoyanov D, Yang Z Y, et al, 2014. Mechanism of nitrogen fixation by nitrogenase: The next stage. Chem. Rev., 114(8), 4041-4062.

Kim J, Rees D C, 1992. Structural models for the metal centers in the nitrogenase molybdenum-iron protein. Science, 257(5077): 1677-1682.

Koutmos M, Georgakaki I P, Coucouvanis D, 2006. Borohydride, azide, and chloride anions as terminal ligands on Fe/Mo/S clusters. Synthesis, structure and characterization of $[(Cl_4\text{-cat})(PPr_3)MoFe_3S_4(X)_2]_2(Bu_4N)_4$ and $[(Cl_4\text{-cat})(PPr_3)MoFe_3S_4(PPr_3)(X)]_2(Bu_4N)_2$ (X) N_3-, BH_4-, Cl-) double-fused cubanes. NMR reactivity studies of $[(Cl_4\text{-cat})(PPr_3)MoFe_3S_4(BH_4)_2]_2(Bu_4N)_4$. Inorg. Chem., 45(9): 3648-3656.

Lee S C, Holm R H, 2004. The clusters of nitrogenase: Synthetic methodology in the construction of weak-field clusters. Chem. Rev., 104(2): 1135-1157.

Orme-Johnson W H, 1992. Nitrogenase structure: Where to now? Science, 257(5077): 1639-1640.

Reithofer M R, Schrock R R, Muller P, 2010. Synthesis of $[(DPPNCH_2CH_2)_3N]^{3-}$ molybdenum complexes ($DPP=3,5\text{-}(2,5\text{-diisopropyl-pyrrolyl})_2C_6H_3$) and studies relevant to catalytic reduction of dinitrogen. J. Am. Chem. Soc., 132(24): 8349-8358.

Schrauzer G N, 1975. Nonenzymatic simulation of nitrogenase reactions and the mechanism of biological nitrogen fixation. Angew. Chem. Int. Ed., 14(8): 514-522.

Sickerman N S, Tanifuji K, Hu Y, et al, 2017. Synthetic analogues of nitrogenase metallocofactors: Challenges and developments. Chem. - Eur. J., 23(51), 12425-12432.

Spatzal T, Aksoyoglu M, Zhang L M, et al, 2011. Evidence for interstitial carbon in nitrogenase FeMo-cofactor. Science, 334(6058): 940.

Spatzal T, Perez K A, Einsle O, et al, 2014. Ligand binding to the FeMo-cofactor: Structures of CO-bound and reactivated nitrogenase. Science, 345(6204): 1620-1623.

Szklarzewicz J, Matoga D, Kłys'A, et al, 2008. Ligand-field photolysis of $[Mo(CN)_8]^{4-}$ in aqueous hydrazine: Trapped Mo(Ⅱ) intermediate and catalytic disproportionation of hydrazine by cyano-ligated Mo(III,Ⅳ) complexes. Inorg. Chem., 47(12): 5464-5472.

第8章 光合作用及其化学模拟

我们人类及其他动物需要从外界摄取食物以保证机体正常运转所需的能量。绿色植物和光合细菌如蓝细菌(cyanobacteria)、藻类(algae)，能自己生产所需要的营养物质，因为它们有一套自己的生物化学机制进行有关的合成工作，即光合作用(photosynthesis)系统。光合作用以太阳辐射为能源，水为电子供体(也有的光合细菌以 H_2S 等小分子为电子供体)将大气中的 CO_2 转化为碳水化合物，如葡萄糖。这是一个将太阳能以化学能的形式储存起来的过程。光合作用是以地球为中心的生物圈中十分重要的一环，它不仅为我们及其他低等动物提供丰富的食物，而且源源不断地为人类及其他依赖氧气进行新陈代谢的动物、生物提供氧气。此外，氧气还是大气层中(平流层)为我们抵御紫外线辐射的臭氧层的前体物质。据估计，绿色植物每年至少向人类提供 400 亿吨有机碳和 67 亿吨分子氢。人类目前依赖的能源主要是煤、石油、天然气等，这些能源被称为化石燃料，主流观点认为它们源于远古陆生或海生动植物的分解产物(当然也有观点认为,它们是源自地球内部极端条件下无机碳的转化)。

如果化石能源的确是源于远古陆生或海生动植物，那它们在地壳内的储量就不是无限的。同时，由于二氧化碳温室气体的排放，使用化石能源对全球环境和气候造成了极大的负面影响，我们迫切需要寻求清洁、可持续的新型能源来取代这些化石能源。氢气被认为是后化石能源时代理想的能源之一。另一方面，在我们能够想象的时间尺度内，太阳能是一个可持续的、清洁的能源，每年辐射到地球表面的能量达到 100 000 TW，也即它一小时内辐射到地球的能量就相当于全球的年能耗。如果能够有效地捕获太阳能并将其转化为氢能或其他形式的化学能储存起来，实现从太阳能到可储存能量形式的转换，我们或许能够顺利地从化石能源时代过渡到可持续、环境友好的非或后化石能源时代。自然界在漫长的生物进化过程中利用地球上丰富的资源完善了一套有效的生物机制用于完成一些热力学上的非自发反应过程，如光合作用、固氮反应。探索自然界蕴藏的奥秘、阐明有关的催化反应机理将有助于人们利用生物酶的晶体结构信息模拟研究自然体系。反过来，这种模拟研究将有利于人们从分子水平上认识酶的催化机理，解决一些用生物化学方法无法确定的化学问题。而且，来自于自然界的灵感和对酶催化自然规律、原理的掌握也有可能引导人们合成受生物启发的非生物催化剂。科研工作者在这些方面已经取得了可喜的进展，如制造能够进行光合作用的人工树叶。虽然人类还无法运用现有对光合作用系统的认识和掌握的基本规律直接服务于新能源开发，但这些研究进展无疑是朝着这一方向迈出了坚实的一小步。

在光合作用过程中，无论是太阳能的捕获、水的分解还是电子的传递过程，金属元素如镁、锰、铜、铁等起着重要的作用。因此，光合作用是生物无机化学的重要研究领域。本章仅从生物无机化学的角度，简要介绍光合作用及其有关的化学模拟。

8.1 光合作用的生物无机化学

光合作用是一个复杂的能量转换过程，包括很多步骤，其中并不是每一步都需要光的作用。凡是在光照下才能进行的化学反应称为光反应(light reaction)。这类反应需要光敏色素(phytochrome)的帮助把光能转变为化学能；它的温度系数(temperature coefficient)为零或很低。光反应主要包括光合磷酸化反应和水的光氧化反应。另一类反应则不需要光照也能进行，称为暗反应(dark reaction)，这类反应也称为 Calvin-Benson 循环，是在一些酶(三磷酸腺苷，ATP；烟酰胺腺嘌呤二核苷酸，NADPH)的催化作用下将 CO_2 转化为碳水化合物的反应，因此，暗反应也称为 CO_2 固定反应(CO_2 fixation reaction)，且具有较高的温度系数。暗反应和它的名称可能误导的意思不一样，不是反应要在暗处进行，而是无需光照的帮助。实际情况是，在光照下，由于 ATP 和 NADPH 的浓度高，因而更有利于暗反应的进行。

与生物无机化学直接有关的是光反应。关于二氧化碳固定，读者可参阅有关的生物化学教科书。

8.1.1 光敏色素

高等植物和藻类(除蓝绿藻)的光合作用器官都在叶绿体(chloroplast)中。叶绿体被连续的双层膜包围，双层膜的内膜在叶绿体内成对地延伸折叠。叶绿体内的液体称为基质(matrix)。叶绿素全部附在叶绿体的膜上。叶绿体的膜还含有丰富的蛋白质、酶和其他光敏色素。基质含有丰富的酶、DNA 和大量核糖体(ribosome)。

植物和藻类依靠光敏色素吸收太阳光。到达地球表面的光的波长范围约是 290～1100 nm。不同的生物含有能在这个波长范围内吸收光的多种不同色素。在植物和藻类中发现的三类主要光合色素是叶绿素(chlorophyll, Chl)、类胡萝卜素(carotenoid)和藻胆素(phycobilin)。

叶绿素在光敏色素中占有首要位置。它是一类含镁的卟啉衍生物，环上不同的基团衍生出不同的叶绿素。这些取代基的电子效应影响了它们的前线轨道的能级：HOMO、HOMO–1、LUMO、LUMO+1，因而影响这些叶绿素对太阳辐射的吸收。图 8-1 所示是叶绿素 a 和 b 的结构。叶绿素与其他卟啉的区别在于吡咯环Ⅲ和Ⅳ之间的亚甲基碳通过基团(—CH(CO_2Me)CO—)与吡咯环Ⅲ的 C13 连接起来，该基团在醇酮式平衡中主要表现为酮式结构。卟啉环的第 7 位取代基 R_1 为

CH_3 时是具有光化学活性的叶绿素 a。当 R_1 为醛基(—CHO)时是叶绿素 b，它没有光学活性。从结构式可以看出，其卟啉环部分是亲水性的，而与吡咯环Ⅳ相连的长链状叶绿醇(phytol)部分是亲脂性的，在细胞内叶绿素能与蛋白质结合。

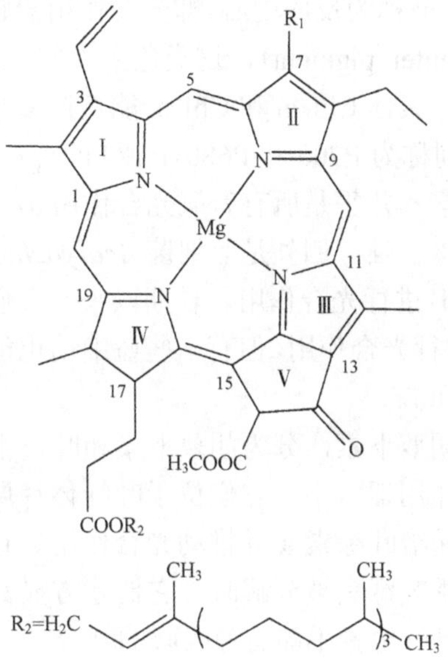

图 8-1　叶绿素(chlorophyll) a (R_1 = — CH_3)和 b(R_1 = — CHO)的分子结构

表 8-1 列出了几种叶绿素及有关特征。叶绿素对光的最大吸收都落在红光区和蓝光区，而对绿光吸收最差，因此显绿色。光谱研究表明，在植物活体内的叶绿素 a 的吸收带很复杂，这是由叶绿素 a 与活体中的不同蛋白质结合形成复合物或自身聚合形成不同的聚集状态所致。但把叶绿素 a 从植物体中提取出来，就只能得到一种叶绿素 a 分子。

表 8-1　主要天然叶绿素的组成与特点

叶绿素	Chl a	Chl b	Chl c_1	Chl c_2	Chl c_3	Chl d
取代基@C3	—CH═CH_2	—CH═CH_2	—CH═CH_2	—CH═CH_2	—CH═CH_2	—CHO
取代基@C7	—CH_3	—CHO	—CH_3	—CH_3	—CO_2CH_3	—CH_3
取代基@C8	—CH_2CH_3	—CH_2CH_3	—CH_2CH_3	—CH═CH_2	—CH_2CH_3	—CH_2CH_3
取代基@C17	—$CH_2CH_2CO_2R_2$	—$CH_2CH_2CO_2R_2$	—CH═$CHCO_2H$	—CH═$CHCO_2H$	—CH═$CHCO_2H$	—$CH_2CH_2CO_2R_2$
键 C17—C18	单键	单键	双键	双键	双键	单键
来源	植物、绿藻、蓝细菌	植物、绿藻、蓝细菌	各种藻类	各种藻类	各种藻类	蓝细菌
λ_{max} / nm (有机溶剂)	420; 660	435; 643	445; 625	445; 625	445; 625	450; 690

注：R_2 = 叶绿醇链(参见图 8-1 中的 R_2 基团)

根据功能，叶绿素可以分为两类，一类为辅助色素或天线色素(antenna

pigment)，这类色素只能把吸收的光能传递至反应中心色素，不直接参与光化学反应。叶绿素 b、c 即属于这一类，能够吸收远红外光(700～800 nm)进行光合作用的叶绿素 f(Chl f)也可能只是辅助色素；另外一类色素既能够作为天线色素，也能够参与光化学反应，被称为反应中心(即光合作用器官中发生光化学反应的特定部位)色素(reaction center pigment)，这类色素主要是叶绿素 a。在光合作用过程中，叶绿素 a 的两种二聚体 Chl a_1 和 Chl a_2 能直接参与光化学反应。根据它们的最大吸收波长，可分别称为 P700 和 P680(P 源自于 pigment 的第一个字母)。从细菌到高等植物，叶绿素 a 几乎是所有有氧光合作用(oxygenic photosynthesis)生物所必需的光合作用色素。唯一例外是蓝细菌 *Acaryochloris marina*，其反应中心主要利用叶绿素 d(Chl d)进行光合作用。长期以来，人们认为蓝细菌只能够利用可见光(400～700 nm)进行光合作用，但有一些蓝细菌也能够顺应环境变化合成利用远红外光的叶绿素 d 和 f。

辅助色素中还有类胡萝卜素，分为胡萝卜素和叶黄素两类，分别为橙黄色或黄色，分布在所有光合作用器官中。它们位于叶绿体片层(lamella)内，紧邻叶绿素，能将所吸收的光传递给叶绿素 a 并推动光合作用。它们的颜色通常被叶绿素的绿色掩盖，但到了秋季叶绿素被分解时，它们才方显其本色。藻胆素适于吸收绿色到橙色的光，这正是叶绿素不能有效吸收的部分。

叶绿素分子是以群体方式进行工作的。由天线叶绿素和其他光敏色素分子吸收的光子(photon)，可以在约 300 个“天线”分子之间辗转传递，直至最后被反应中心捕获，整个过程约 10^{-9} s。这个由大约 300 个光敏色素分子组成的集合体被称为一个光合作用单位。

8.1.2　光合作用的电子传递和两个光合系统

在光照条件下，反应中心叶绿素分子获得光能被激发，释放出一个高能电子，这个电子沿着一系列电子传递体转移，形成光合链，在光合链中的能量变化有两次起落，这一个过程直接涉及两个光合系统(photosystem)，分别称为光合系统Ⅰ(PSⅠ)和光合系统Ⅱ(PSⅡ)，如图 8-2 所示。用叶绿素 Chl d 进行光合作用的蓝细菌 *Acaryochloris marina*，其 PSⅠ和 PSⅡ的叶绿素分别是 P740 和 P713。这两个叶绿素的基态能量与其他光合作用系统的 P700 和 P680 无异，但由于显而易见的原因，它们的激发态能级略低一些。

8.1.2.1　光合系统Ⅰ

光合系统Ⅰ是一个大的色素蛋白复合物，结合了约 167 个叶绿素分子。植物中的 PSⅠ由 18 个不同的亚单元组成，这些亚单元一般分为两类：参与光合作用

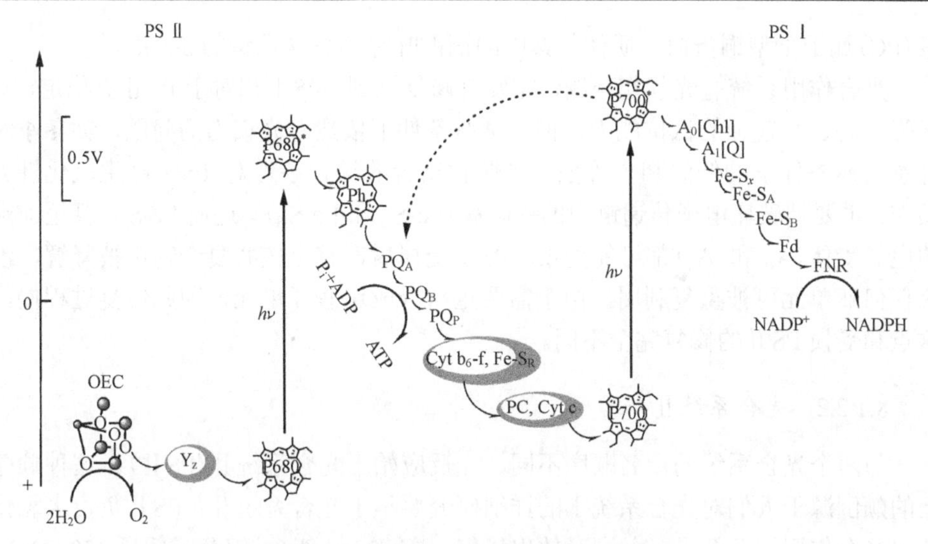

图 8-2　光合系统Ⅰ和Ⅱ及光反应中的“Z”型电子传递流向，
其中虚线表示循环光合磷酸化中电子的传递途径

的 14 个核心亚单元和负责吸收光的 4 个同源光捕获亚单元(homologous light harvesting complexⅠ，LHCⅠ)。光捕获亚单元是植物特有的，而那 14 个亚单元是植物和蓝细菌共有的，大部分核心亚单元也存在于蓝细菌中。PSⅠ的光合作用由四部分协同完成。第一部分是一个异源二聚体蛋白(heterodimeric protein)复合物，在这里进行将 $NADP^+$还原成 NADPH 的反应。第二部分是两个电子传输复合物，细胞色素(cytochrome，Cyt) Cyt b_6 与细胞色素 Cyt f 的复合物(Cyt b_6-f)和铁氧还蛋白(ferredoxin，Fd)，前者用于跨类囊体膜的质子传输，后者用于将电子传输至 $NADP^+$，使 $NADP^+$还原。第三部分是电子载体，共有三个较小的分子，它们能在膜内移动，起着连接光合系统和电子传输复合物的作用。这三个分子分别是脱镁叶绿素(pheophytin, Ph)、质体醌[plastoquinone，PQ，分为 PQ_A(menaquinone)和 PQ_B(ubiquinone)、质体蓝素(plastocyanin，PC)]。第四部分是跨膜的 ATP 合成酶(CF_0 和 CF_1)，利用质子梯度储存的能量，即质子动力势(proton-motive force，PMF)，合成 ATP。

如图 8-2 所示，在光合作用中天线色素把捕获的光子传递给反应中心 P700，P700 放出一个高能电子。在这一过程中，光能使电子的能量逆热力学梯度升高，高能电子经 A_0(Chl a)、A_1(叶绿醌，phylloquinone，也称为维生素 K_1)及 Fe-S 蛋白传递至铁氧还蛋白 NADP，在还原酶 FNR 的作用下将 $NADP^+$还原为暗反应所需的 NADPH。在整个过程中，电子的能量沿热力学梯度下降。这样，光合系统Ⅰ吸收的光能提供了使 P700 氧化以及使 $NADP^+$还原所需的能量。氧化了的 P700 再经细胞色素 Cyt f 或质体蓝素 PC 接受来自光合系统Ⅱ的电子而被还原。质体蓝素(PC)属于Ⅰ型铜蛋白，质体蓝素中的铜占叶绿体总含铜量的50%。

光合作用系统有光损伤问题，需要有修复机制。PSⅠ相对于PSⅡ更稳定，对于强光胁迫有较强的抵抗能力，但在某些条件下依然有光损伤的问题，如冬季和春季自然条件下的低温和中等强度光照相结合的综合条件对PSⅠ产生氧化性光损伤，主要是破坏电子传递链中的铁硫簇($Fe\text{-}S_A$和$Fe\text{-}S_B$)，进而$Fe\text{-}S_x$，甚至前端的电子受体(A_0和A_1)都可能受损。PSⅠ受损后，整个核心复合物都被降解，没有任何亚单元可被重复利用，由于需要重新合成这些亚单元，因此修复过程慢，这点和受损PSⅡ的修复完全不同。

8.1.2.2 光合系统Ⅱ

与两个光合系统的命名顺序不同，光反应始于光合系统Ⅱ(PSⅡ)。这种顺序上的颠倒源于人们对光合系统Ⅰ的详细研究要早于光合系统Ⅱ。PSⅡ负责水氧化获得光合作用需要的电子并同时放出氧气，共有20个亚单元(分子质量350 kDa)，其晶体结构的解析分辨率越来越高，从最初的3.8 Å提高到1.9 Å，为深入认识PSⅡ整体结构，尤其是锰簇放氧中心(oxygen evolving centre，OEC)及光合作用工作机理提供了丰富的结构信息。PSⅡ由捕光(天线)系统和反应中心构成，前者是色素蛋白复合体，后者由具有光敏性质的色素及有关蛋白组成。去除捕光体系后的PSⅡ剩余部分称为核心复合物，主要由锰簇放氧中心(OEC)、D1蛋白、D2蛋白等组成。在光合系统中，叶绿素Chl a_2(P680)首先吸收一个光量子将电子激发至高能态($P680^*$)，然后这个高能电子沿光合系统Ⅱ中的电子传递链传递至光合系统Ⅰ中的叶绿素Chl a_1(两个Chl a的聚合物，P700)。如图8-2所示，这个电子传递是一个热力学上的自发过程。此时被氧化了的叶绿素Chl a_2($P680^+$)成为一个强氧化剂，电位达到1.25 V(*vs*. NHE)。它从其电子传递链的上端Y_Z(酪氨酸的酚羟基)获得电子，而$Y_Z^{\bullet+}$被由水的裂解所产生的电子还原。水的裂解是一个由锰蛋白催化的水氧化过程，释放出氧气、质子和电子。所以，这个锰蛋白催化活性中心[4MnCa]也称为放氧中心(OEC)。在将电子从光合系统Ⅱ经Ph → PQ → Cyt b_6-f → PC传递链传输到光合系统Ⅰ的过程中还伴随有质子从类囊体膜外(高pH)向膜内(低pH)的逆向传输，由此质子传输及水的氧化产生的质子形成的酸度梯度所积蓄的能量将用于ATP的合成。在光合系统Ⅰ中，P700经历类似的光激发过程，高能态的叶绿素($P700^*$)将电子注入光合系统Ⅰ中的电子传递链，在一个含有黄素腺嘌呤二核苷酸(flavin adenine dinucleotide，FAD)的还原酶(FAD-NADP reductase，FNR)的催化作用下完成由$NADP^+$到NADPH的还原。光合系统Ⅱ产生的电子用于还原被氧化了的叶绿素Chl a_1。图8-2是这个“Z”型电子传递链及传递方向示意图，该图清楚地展示了光合链中能量变化的两次起落。在两个光合系统之间，细胞色素Cyt f和质体蓝素(PC)起着桥梁的作用。在光合作用中，和PSⅠ一样，

PSⅡ也会受到氧化性光损伤，尤其是光反应中心的 D1 蛋白，只是损伤和修复机制有所不同。这种损伤要经五个修复步骤，包括 PSⅡ核心亚单元的可逆磷酸化、PSⅡ系统的部分解离、被损伤蛋白的降解与取代以及核心复合体的重新组装。在受损的 PSⅡ中，除了 D1 蛋白外，其余部分可以重复利用，这点和受损 PSⅠ的修复区别很大。

光合细菌的光合作用与绿色植物和蓝细菌的不同，光合细菌只有光合系统Ⅰ，没有光合系统Ⅱ。因此，光合细菌以无机物(如 H_2S)或简单有机物(如琥珀酸)为电子供体，不产生氧气，其光合作用被称为无氧光合作用(anoxygenic photosynthesis)。

8.1.3　光合放氧

Niel 认为绿色植物光合作用的总反应方程式是

$$CO_2 + 4H_2O \xrightarrow[\text{Chl}]{h\nu} (CH_2O) + 3H_2O + O_2 \tag{8-1}$$

这是下列三个反应的总和：

$$4H_2O \xrightarrow[\text{Chl}]{h\nu} 4(OH) + 4(H) \tag{8-2}$$

$$4(H)+CO_2 \longrightarrow (CH_2O) + H_2O \tag{8-3}$$

$$4(OH) \longrightarrow H_2O+O_2 \tag{8-4}$$

式中，(H)和(OH)是在光化学反应中水裂解的产物，(CH_2O)表示碳水化合物。上述反应步骤说明氧气的来源是水而不是二氧化碳。

在光解水催化反应中，叶绿素 P680 每吸收一个光子就被激发产生 $P680^*$，其高能电子被传输至光合系统Ⅰ，由此形成的强氧化剂 $P680^+$的氧化电位估计为 1.25 V (*vs.* NHE)，这个氧化能力到了电子传递链上的前一级的电对 $Y_z^{\bullet+}/Y_z$(离 OEC 最近的含酪氨酸的蛋白)仍还有 1.2 V(*vs.* NHE)，最终 $P680^+$经 Y_z从 OEC 获得电子被还原。重复四次这样的过程才能完成将两个水分子到一个氧气分子的氧化。图 8-3 列出了与裂解水和电子传输相关电对的电极电位。人们一直在研究光合系统Ⅱ是如何完成这个过程的，OEC 在结构上又发生了怎样的变化。早在 1970 年，Kok 及其同事对从菠菜叶中分离出来的叶绿体进行闪光实验，发现了闪光次数与放氧量之间一个周期为 4 的“阻尼振荡”(damped oscillation)模式，而且第三次闪光的放氧量最大。他们由此提出了后来被广泛接受的 S 模型，也被称为 Kok 模型[参见图 8-4(a)]。

Kok 模型提出的时候含有很多假设的成分，但这些假设都被后来的研究结果所证明。从 S_0 到 S_4 的反应过程中，每一步的反应时间都在毫秒或微秒级，其中 S_0 到 S_1 的反应是最快的(30 μs)。所以，时间分辨光谱(time-resolved spectroscopy)

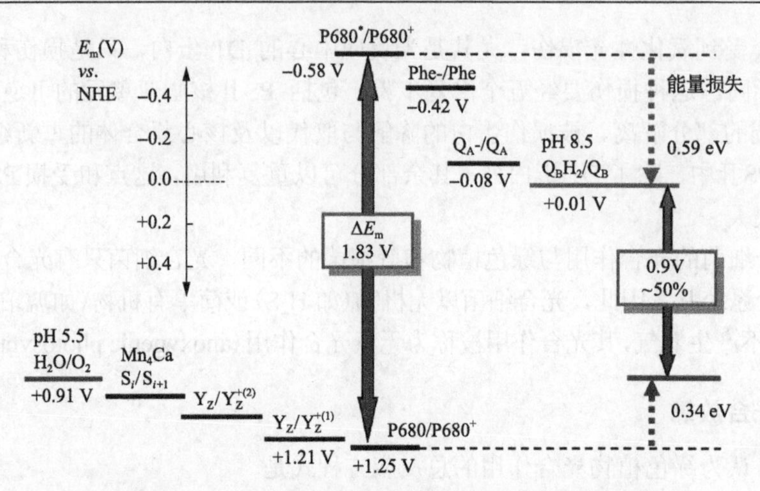

图 8-3　PSⅡ中有关电对的电极电势(版权得到 ACS 许可)

技术，如 X 射线吸收光谱(X-ray absorption spectroscopy，XAS)、电子顺磁共振(electron paramagnetic resonance，EPR)等技术是研究这种快速反应机理的有效手段。随着实验数据的丰富，并结合理论计算结果，人们提出了各种拓展 Kok 模型，图 8-4(b)是最新的一个模型，其中的过渡态(S_i^*)是基于实验反应速率远小于理论计算结果这个差异提出来的，认为从 S_i 到 S_{i+1} 状态需要经历一个激活过程(可能是 OEC 的构象变化)，这是一个决速步骤。由于过渡态的寿命短，实验中并没有捕捉到这些过渡态。在这个模型中，质子的释放与电子的转移是交替进行的，但光催化裂解水的过程中电子和质子转移更有可能是二者同步进行，即所谓的质子耦合电子转移(proton coupled electron transfer，PCET)。研究表明，在水的裂解构成中氢键起了重要作用。在 PSⅡ的晶体结构中发现几千个水分子分成有序的两层。关于光催化裂解水的机理的研究仍在深入进行之中，相应的文献也非常丰富，有兴趣的读者可以参阅最近的一些综述。

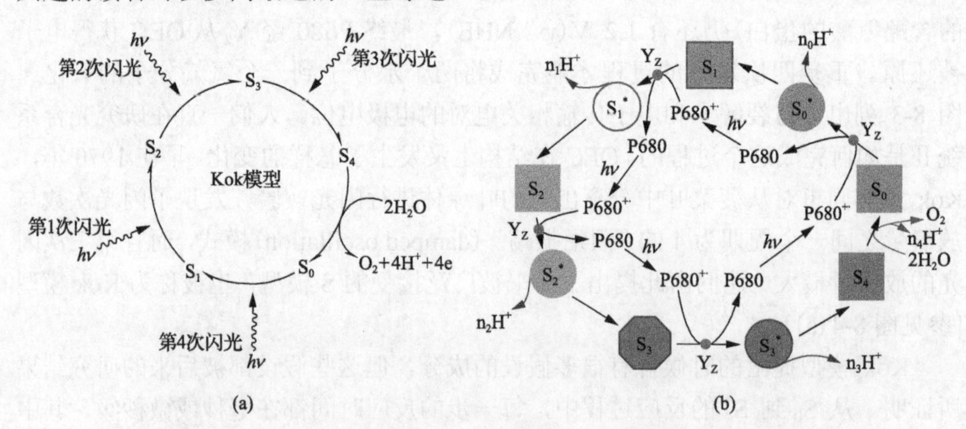

图 8-4　Kok 模型(a)和拓展的 Kok 模型(b，版权得到 Elsevier 许可)

解析 PS Ⅱ 的准确结构，特别是以锰钙簇[Mn_4CaO_5]构成的放氧中心(oxygen evolving center，OEC)中各原子间的相对位置和周围环境对于研究其光合作用机理、推测水裂解过程中 OEC 的变化具有重要意义，为此结构生物学家一直在作不懈努力，解析分辨率从最初的 3.0 Å 提高到最新的 1.9 Å。这个具有最高分辨率的 PS Ⅱ 晶体结构是从 *T. vulcanus* 蓝细菌中分离提纯的。这样的分辨率允许人们精确地定位 OEC 各原子的位置以及周围的全部配体(包括水分子)(图 8-5)。如图所示，在 OEC 中，5 个氧桥把 5 个金属原子连接在一起组成[Mn_4CaO_5]簇，其中 3 个 Mn 原子、1 个 Ca 原子和 4 个 O 原子构成一个立方烷。4 个金属原子和 4 个氧原子以类似于[Fe_4S_4]立方烷的组成方式构建立方烷，即 3 个 Mn 原子加 1 个 Ca 原子占据立方烷的 4 个角，而 4 个 O 原子占据另外 4 个角。第四个 Mn 原子和第五个 O 原子位于这个立方烷之外，但这个 O 原子和立方烷中的 1 个 O 原子将第四个 Mn 原子分别与立方烷中的 2 个 Mn 原子桥联在一起。立方烷中这个桥联 O 原子与其键合的金属原子的

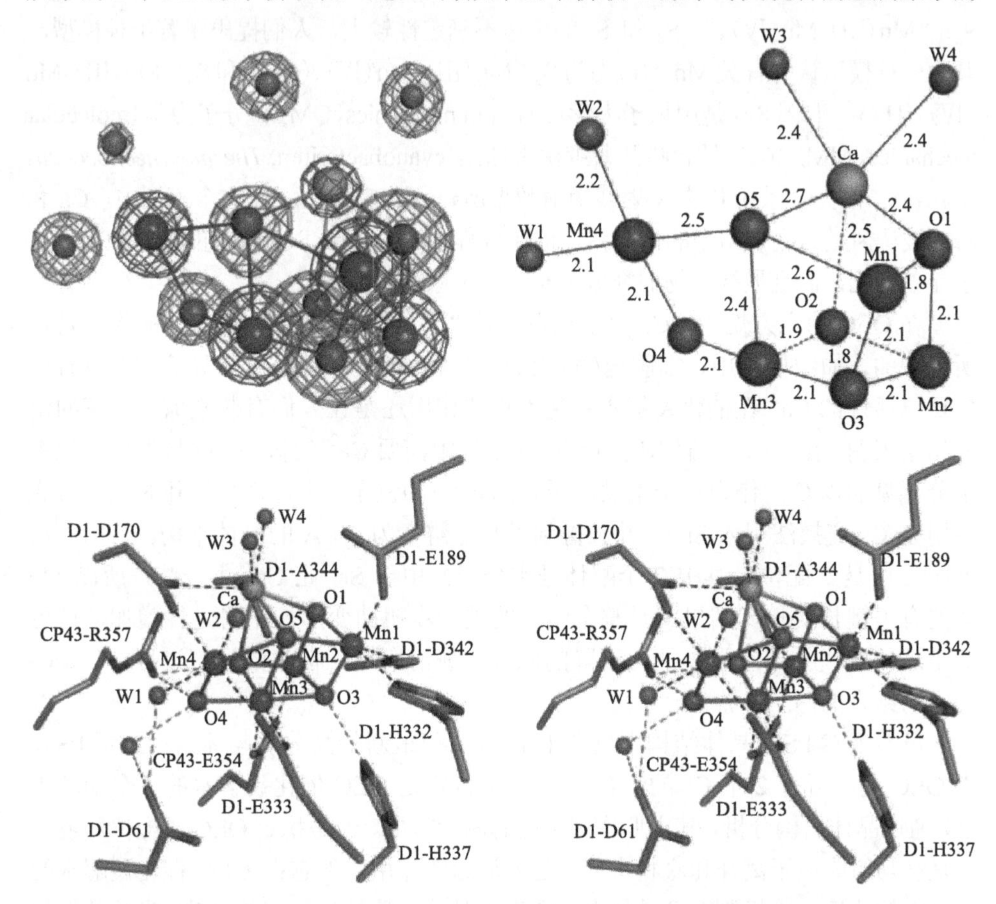

图 8-5　光合系统Ⅱ中以[Mn_4CaO_5]为 OEC 的晶体结构及有关原子间距离(Å)(W*i*: 水分子)
(版权得到 Springer Nature 许可)

距离显著大于 OEC 中其他同类原子间距，使得整个立方烷是扭曲、不对称的。第四个 Mn 原子和第五个 O 原子构成了一把扭曲的“椅型”结构，其中这两个位于立方烷之外的原子相当于“椅背”。第四个 Mn 原子和立方烷中的 Ca 原子各与 2 个水分子键合，很可能这些水分子就是水裂解过程中的底物。

锰是一个多价态金属元素(有从Ⅱ到Ⅶ六个氧化态)，这可能是为什么自然选择了这个元素来完成光合作用中裂解水的任务。晶体结构解析分辨率高到足以准确定位 OEC 中的每一个原子及其周围的化学环境，但对于放氧过程中这个多价态的金属原子的价态变化却无能为力。理论计算和各种谱学技术，例如 EPR、^{55}Mn-ENDOR (electron-nuclear double resonance，电子-原子双核共振)是解决这个问题的基本手段，对于像 PSⅡ这样复杂的体系，要准确了解每一个阶段这 4 个 Mn 原子的价态是一项非常困难的工作。现有的研究结果表明，人们对 S_0 到 S_2 这前 3 个状态的价态相对比较清楚，一般认为 S_0 的价态为“Mn(Ⅱ)-Mn(Ⅲ)-Mn(Ⅳ)$_2$”; S_1:“Mn(Ⅲ)$_2$-Mn(Ⅳ)$_2$”; S_2:“Mn(Ⅲ)-Mn(Ⅳ)$_3$”。S_3 和 S_4 的价态不确定性较大，人们提出了若干种模型，其中一种模型认为有关 Mn 的价态为 S_3[“Mn(Ⅲ)-Mn(Ⅳ)$_3$(O •)”和 S_4(“Mn(Ⅲ)-Mn(Ⅳ)$_3$(H_xO_2)”]。图 8-6 是用量子力学(quantum mechanics，QM)和分子力学(molecular mechanics，MM)方法，结合嗜热蓝细菌聚球藻(cyanobacterium, *Thermosynechococcus elongatus*)的光合系统Ⅱ的 X 射线衍射数据所建立的 S 模型。在这个模型中，Ca 和 Mn_4 被认为是与底物结合的位点，在催化过程中这个 Mn_4 以及 Ca 的配位状态发生了显著变化，而且最终产物的释放也与这两个原子有关。

在 OEC 的立方烷中，Ca 原子显得比较“异类”。钙在生物化学中的作用是众所周知的，如结构作用、细胞内/间的信号转导、神经脉冲信号传导等，但没有氧化还原活性的 Ca^{2+}在催化裂解水中起着重要作用还是让人们有些吃惊。已有的研究结果表明，在 OEC 裂解水的电子转移过程中需要 Ca^{2+}的参与，这是生物催化中十分罕见的以 Ca^{2+}作为一个辅助因子(cofactor)的例子。在光合系统Ⅱ的生物合成中用 Sr/Ca 交换法引入 Sr^{2+}，并且得到了其分辨率为 2.1 Å 的晶体结构。结构分析证明 Ca^{2+}是 7 配位，其中 2 个配体是水分子。由于 Sr^{2+}比 Ca^{2+}大一些，所以 Mn 簇的有关键长变长。结果就是整个结构的进一步扭曲变形，不稳定性增加，这可能是这种取代会导致放氧能力下降的原因。如前所述，在水的裂解过程中，Ca^{2+} 是底物结合的两个位点之一。

虽然天然 PSⅡ晶体结构中只含 1 个 Cl^-，但最新的高分辨晶体结构显示 PSⅡ中 OEC 的附近有 2 个 Cl^-的结合位点。Cl^-肯定是 OEC 催化裂解水的一个辅助因子，通过晶体结构分析，其主要作用可能有两个方面，一是稳定 OEC 的配位环境，二是参与组成质子离开和底物水分子进入通道的作用，但它在 OEC 催化裂解水的过程中的确切作用机制究竟是什么至今也不是非常清楚。现有的 EPR 实验数据说明 Cl^-的存在与否会影响 S_2(参见图 8-4)的形成，表现在没有 Cl^-时，OEC 的 EPR

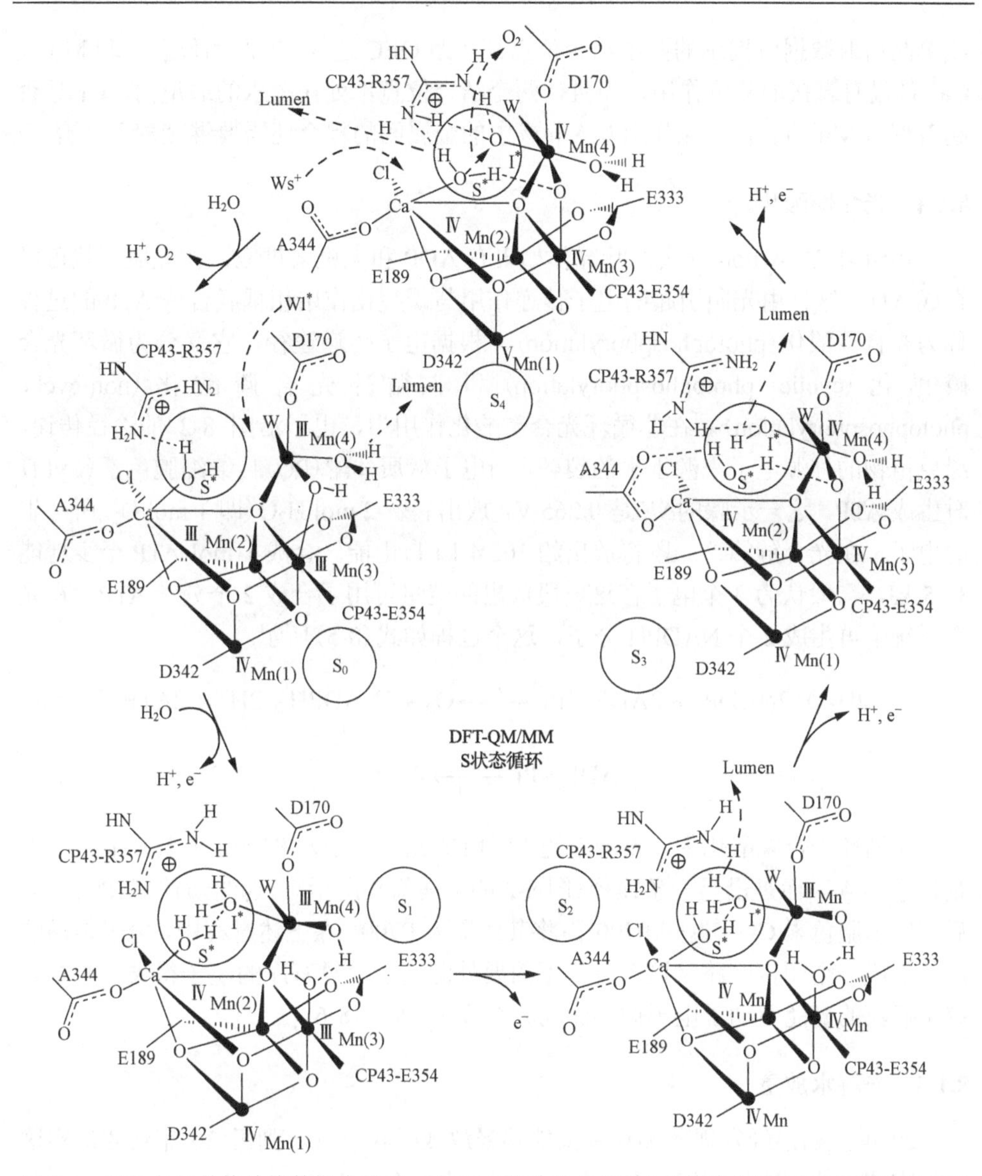

图 8-6　以蛋白质晶体结构数据为基础，用 DFT（密度泛函理论）计算建立的 OEC 的催化放氧机理中各 S 状态所对应的价态和结构变化（版权得到 ACS 许可）

信号是单峰，而不是正常的多重峰。此外，这个离子也影响 $S_2 \rightarrow S_3$ 以及 $S_3 \rightarrow S_4 \rightarrow S_0$ 的转化。根据 OEC 活性与其他非 Cl^-化离子（Br^-、NO_3^-、I^-）的关系以及 OEC 活性抑制剂（OH^-、F^-、CH_3COO^-、N^{3-}、一级胺）的抑制能力与抑制剂的碱性的关系基本可以肯定 Cl^-与光合系统 II 作用是路易斯酸碱作用。有一种观点是 Cl^-帮助质子传输，但最新的实验结果并不特别支持这种观点。Br^-/Cl^- 替换实验所得的 X 射线单晶衍射数据所揭示的两个结合位点都在距 OEC 达 6～7 Å 的位置，和 Mn 或 Ca^{2+}都没有直接的配位作用，而且，两个结合位点都处在疏水的通道内。Cl^-是否起着调节 Mn 的氧化还原作用及 Mn 簇中的金属间的耦合还需要继续深入研究。

8.1.4 光合磷酸化

1954 年 D. Arnon 证实，叶绿体如果有 ADP 和无机磷供应，在光照下就可以合成 ATP。这种由光照引起的电子传递作用与磷酸化作用相耦联合成 ATP 的过程称为光合磷酸化(photophosphorylation)。根据电子传递途径，它又分为循环光合磷酸化(cyclic photophosphorylation)和非循环光合磷酸化(non-cyclic photophosphorylation)。在非循环光合磷酸化作用中，电子沿图 8-2 的途径传递。绿色植物的外源电子来源于水的裂解，当电子从质体醌(PQ)传给细胞色素(Cyt f)时生成 ATP，这一步骤的ΔE 是 0.265 V，放出裂解 2 mol H_2O(即 1 mol O_2)所产生的电子。在光合链的这一段将放出约 102.4 kJ 自由能。合成 1 mol ATP 至少耗能 30.5 kJ，一般认为 4 个电子在这一段放出的能量可用于合成 2 个分子 ATP，在光合系统Ⅰ再生成 2 个 NADPH 分子，这个过程如式(8-5)所示。

$$2H_2O+2NADP^+ + 2ADP+2Pi \xrightarrow[\text{Chl}]{h\nu} O_2 + 2NADPH + 2H^+ + 2ATP \tag{8-5}$$

$$ADP + Pi \xrightarrow[\text{Chl}]{h\nu} ATP \tag{8-6}$$

在循环光合磷酸化中，光合系统Ⅰ吸收的光量子激发 P700，但其高能电子不是传递给 A_0，而是沿另一条途径(图 8-2 的虚线箭头所示)传递给质体醌(PQ)，然后再经细胞色素 Cyt f 返回 $P700^+$而将其还原为 P700。在上述过程中，电子传递的途径形成一个闭合回路。这个过程不需要外源电子，没有净的电子得失，光合系统Ⅰ捕获的光能驱动了电子循环流动并合成 ATP[式(8-6)]。

8.1.5 光解水放氢

20 世纪初已经发现藻类和细菌能够释放或吸收氢气。到了 30 年代才证实这些生物体内的酶能可逆催化氢气氧化和放氢反应[式(8-7)]：

$$2H^+ + 2e \rightleftharpoons H_2 \tag{8-7}$$

1931 年，M. Stephenson 和 L. H. Stickland 把这种铁硫蛋白酶命名为氢化酶(hydrogenase)。20 世纪 70 年代证实，只要含有氢化酶，能进行光合作用的植物都能够放氢。

如图 8-2 所示，植物光合系统Ⅰ的 P700 受光激发产生的电子沿着特定的电子传递链至 FNR 用于 $NADP^+$的还原，其产物 NADPH 参与暗反应。但由于电子受

体 A_0 的氧化还原电位比氢电位(–420 mV, pH 7.0)低 100～300 mV。当 A_0 被还原后也有可能将 H^+还原，因此，蓝细菌(cyanobacteria)和藻类(algae)生物还有另一条途径消耗由光合系统Ⅱ产生的质子和电子，即还原质子制氢。对于蓝细菌而言，固氮酶(nitrogenase)催化氮气的还原反应中也产生氢气。

1973 年，J. R. Benemann 等发现以水作电子供体的“叶绿体/铁氧还蛋白/氢化酶”体系，在光合系统Ⅱ中光解水放氧气，同时把电子传递到光合系统 I，通过铁氧还蛋白和氢化酶使质子还原放出氢气。但这个系统的放氢量很少，而且 15 分钟后活性即降低一半。

8.2 叶绿素 a 的结构与功能

光合作用是生物界中最基本的物质代谢和能量代谢过程。为了认识光合作用的机制，许多化学家对叶绿素的分子结构和功能进行了系统的研究。自 1901 年至今，诺贝尔化学奖曾 7 次授予这个研究领域的学者，这在诺贝尔化学奖的历史上是极为罕见的。第一位是德国化学家威尔斯泰特(Willstatter)，对植物色素包括叶绿素的系统研究发现叶绿素与血红素一样是卟啉类物质，并首次证明镁是叶绿素分子的有机组成部分而不是杂质。因为在叶绿素化学结构研究中所做的创造性工作，他获得了 1915 年诺贝尔奖。1930 年著名有机化学家费歇尔因对卟啉及叶绿素的研究成就获得诺贝尔化学奖。他揭示了叶绿素的准确结构，经费歇尔修订的叶绿素分子结构一直沿用至今。1965 年，有机化学家伍德沃德因成功用化学方法合成了叶绿素 Chl a 而获得诺贝尔化学奖。叶绿素的合成是一个有 55 步反应的全合成，并因此创造了一种以他的名字命名的伍德沃德反应。

随着对光合作用中叶绿素研究的深入，人们开始关注植物光合作用机理的揭示。美国生物化学家卡尔文利用同位素示踪法研究了植物中二氧化碳的转化，揭示了植物光合作用机理的最初形式，并获得 1961 年诺贝尔化学奖。1988 年德国生物化学家约翰·戴森霍弗、德国生物化学家哈特穆特·米歇尔和德国结晶化学家罗伯特·胡贝尔三位科学家被授予诺贝尔化学奖，以表彰他们利用 X 射线晶体解析法测定光合反应中能量转换反应中心复合物的三维立体结构，以及探索光合作用的分子机理等方面的巨大贡献。此项研究成果是几个不同专业领域中许多卓越的科学家合作研究的成果。英国生物化学家米切尔研究发现细胞内的能量转换是通过细胞膜进行的，并提出了“化学渗透理论”，认为由酶和辅酶等组成的膜具有传递电子、质子的功能，由于膜两边的电位差和质子浓度差，使电子和质子可以透析过膜，推动了 ATP 的生成。米切尔因为运用化学渗透理论研究生物能量的转换而获得 1978 年诺贝尔化学奖。但是人们对质子浓度差是如何实现 ATP 合成的问题仍然不是十分清楚；美国生物化学家博耶主要研究了 ATP 合成酶，解决了米切尔“化学渗透理论”中质子浓度差是如何实现 ATP 合成的问题。为此，1997 年诺贝尔化学奖被授予研究ATP合成酶的美国生物化学家博耶和英国生物化学家沃克，以及研究输送离子酶的丹麦生物物理学家斯科。本节将简要介绍叶绿素 a 的结构与功能。

8.2.1　叶绿素 a 的分子结构

将叶绿素 a 的分子结构(图 8-1)与具有光化学活性的原卟啉IX(图 5-2)比较可以发现叶绿素 a 有如下几个方面的改变：①金属镁原子配位；②4-乙烯基还原为乙基；③经过酯化及氧化作用，6-丙酸基变成酮基；④环Ⅳ被还原为二氢吡咯；⑤以叶绿醇酯化 7-丙酸基。这些结构方面的变化无疑会改变叶绿素 a 分子的前线轨道，从而改变其电子吸收光谱，即改变其对太阳光的吸收。此外，疏水性的叶绿醇链的引入也将改变叶绿素 a 的亲脂性，因而改变其与蛋白的作用。

8.2.2　叶绿素 a 在活体内存在的状态

1941 年 E. Smith 和 E. Pickels 首先证明叶绿素能与蛋白质结合。1965 年 J. Kahn 得到了这种复合体。叶绿素 a 能与多种蛋白质以不同的方式结合。离体叶绿素 a 的吸收光谱受溶剂的影响，其长波吸收峰随溶剂不同而介于 660～670 nm 之间。叶绿体内的叶绿素 a 浓度(约 0.03 mol/L)远高于用于离体叶绿素 a 电子吸收光谱测量时的浓度(10^{-5} mol/L)。T. Cotton 等认为，活体与离体叶绿素 a 吸收光谱的差异主要是由于叶绿素 a 的浓度不同因而相互作用不同。在离体叶绿素 a 的稀溶液中，水或其他亲核性溶剂会破坏叶绿素 a 分子的聚合状态，而在活体中，叶绿素 a 不但存在分子间的相互作用，而且还有与其他生物分子，如蛋白质的作用。

活体内叶绿素 a 起着吸收阳光和传递能量的作用。为了有效地实现能量传递，叶绿素 a 分子在叶绿体中必须有一个合适的空间排列。G. Beddard 和 G. Porter 认为，叶绿素 a 分子间的最短平均距离约为 1.0 nm，在叶绿素分子间还有酯类或蛋白质等其他分子存在。人们认为，任何情况下单独的叶绿素 a 分子都不能引起光化学反应，只有在聚合状态或与其他分子相结合的状态下才能起作用。因此，叶绿素 a 分子之间以及叶绿素 a 与其他分子之间必定存在特定的空间结构。

8.2.2.1　$(Chl)_n$ 多聚体结构

当不存在外界亲核物质时，叶绿素 a 分子会彼此结合。一个分子以环Ⅴ的酮基作电子供体，另一个分子以镁原子为电子受体，其结构如图 8-7 所示。按照 J. Katz 等的设想，叶绿素 a 分子能按图 8-7 的方式相互作用形成如图 8-8 所示的多聚体。有活性的天线叶绿素是无水的链状低聚体。

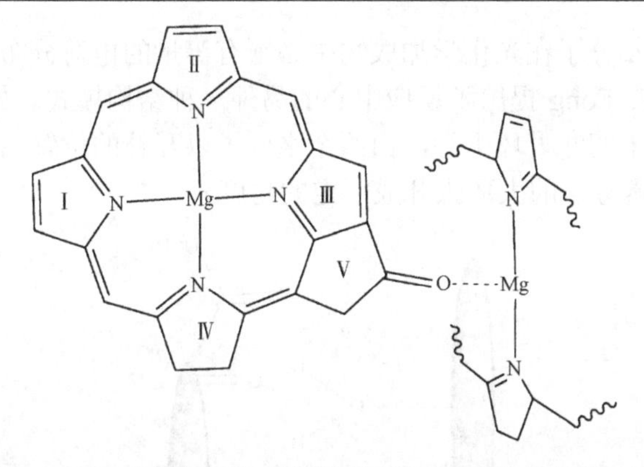

图 8-7　两个叶绿素 a 分子以近似于相互垂直的方式相互作用

为简洁起见，图中略去了叶绿素 a 分子的部分基团或结构

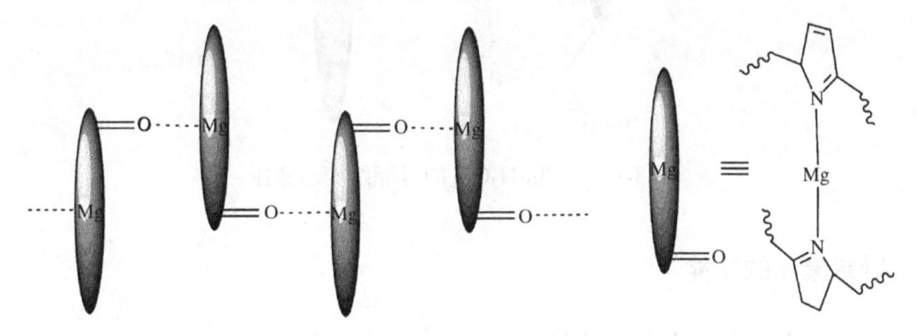

图 8-8　叶绿素多聚体的结构示意图

8.2.2.2　[Chl-H_2O-Chl]与(Chl-OH_2)$_2$的可能结构

由于生物体系都是水溶液介质，在研究叶绿素 a 与其他分子结合时，人们首先注意到水分子的作用。光谱研究表明，吸收峰位于 743 nm 的光活性基团是由叶绿素 a 分子通过氢键和配位键与水分子交叉连接而成。J. Katz 和 J. Norris 假设具有光化学活性的反应中心由两个叶绿素 a 分子与一个水分子组成，如图 8-9 所示。

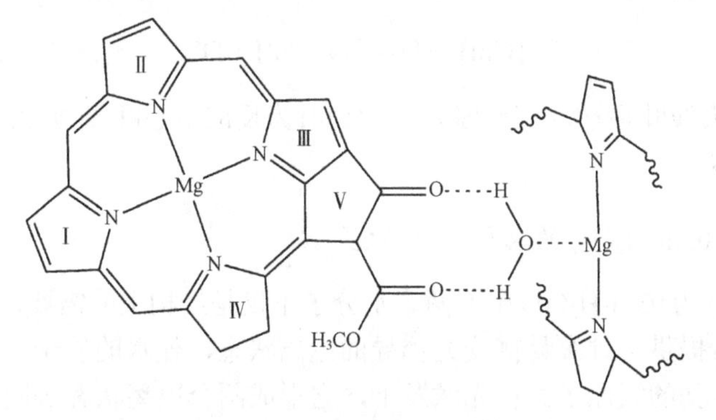

图 8-9　[Chl-H_2O-Chl]的可能结构示意图

但是两个叶绿素 a 分子在光化学加成物中必须有等量的电荷分布，实验结果与上述假设相矛盾。F. Fong 提出了反应中心的另外一种结构模式。如图 8-10 所示，两个叶绿素 a 分子的卟啉环平行，由两个水分子以互补的位置相连，包括镁原子在内的两个叶绿素分子的大环张开成一定的角度。

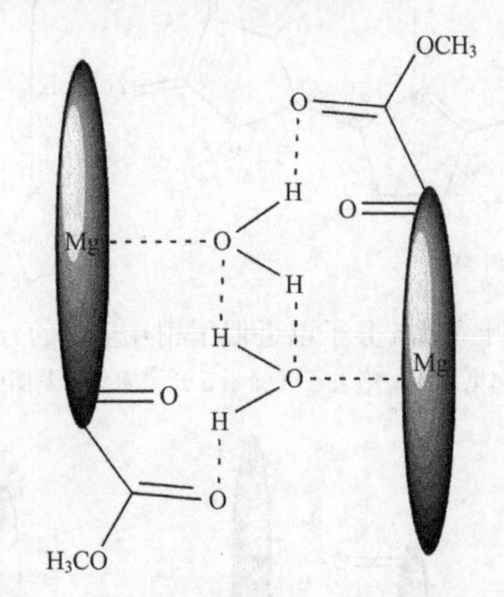

图 8-10 $(Chl\text{-}H_2O)_2$ 的可能结构示意图

8.2.3 叶绿素 a 的功能

8.2.3.1 叶绿素 a 的主要功能

F. Fong 用一系列反应表示叶绿素 a 的主要功能：光能捕获[式(8-8)]、能量传递[式(8-9)]、光化学反应[式(8-10)]和叶绿素 a 再生[式(8-11)]。

$$Chl + h\nu \longrightarrow Chl^* \tag{8-8}$$

$$Chl^* + \{Chl\} \longrightarrow Chl + \{Chl\}^* \tag{8-9}$$

$$\{Chl\}^* + A \longrightarrow \{Chl\}^+ + A^- \tag{8-10}$$

$$\{Chl\}^+ + D \longrightarrow \{Chl\} + D^+ \tag{8-11}$$

其中, Chl 为天线叶绿素, *表示激发态, {Chl}为反应中心叶绿素, A 为电子受体, D 是电子供体。

8.2.3.2 $(Chl\text{-}H_2O)_2$ 的电荷转移功能

F. Fong 认为 $(Chl\text{-}H_2O)_2$ 中的两个水分子不仅是结构上的需要，而且可能给反应中心叶绿素提供一种容易接受光诱导的电离状态，使水的质子转移给叶绿素 a 的甲氧甲酰羰基的氧原子。在光激发下，它形成两个电离状态等同的异构体，如图 8-11 所示。

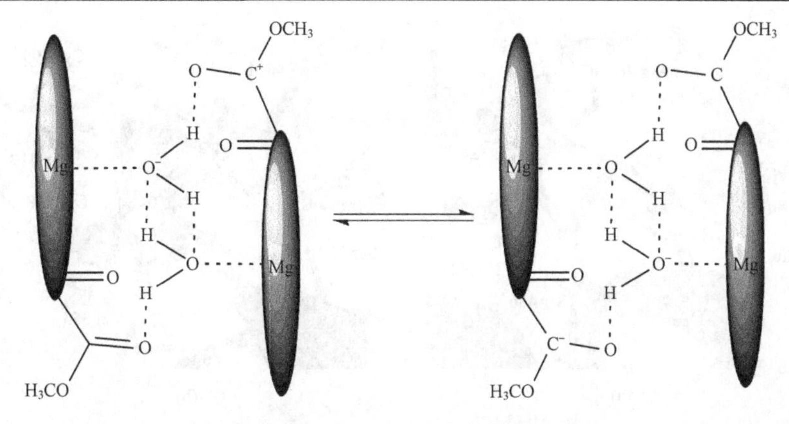

图 8-11　$(Chl\text{-}H_2O)_2$的电荷转移示意图

8.3　氢 化 酶

氢化酶大多存在于属于细菌和古菌的微生物中，也存在于真核生物中，总共有三大类，即[NiFe]-氢化酶、[FeFe]-氢化酶和[Fe]-氢化酶，其中[Fe]-氢化酶存在于氢自养甲烷古菌(hydrogenotrophic methanogenic archaea)中。由于这个氢化酶在功能和结构上与[NiFe]-氢化酶和[FeFe]-氢化酶有较大差别，而且它不直接催化质子的还原和氢气的氧化，只是在 CO_2 还原到甲烷的过程中活化分子氢，所以，在此不作进一步的介绍。其他两种氢化酶都能可逆催化质子还原制氢和氢气氧化，但[NiFe]-氢化酶更倾向于催化氢气氧化，而[FeFe]-氢化酶则刚好相反。[NiFe]-氢化酶和[FeFe]-氢化酶也有许多共同之处：其活性位点都是一个二核金属中心；至少有一个传递电子的[Fe_4S_4]立方簇；围绕其二核金属中心的部分配体是双原子分子/离子 CO 和 CN^-。这些分子对于依赖血红素的生物来说是致命的。以这些简单的无机小分子/离子作为配体在生物体系中是前所未有的，而且外源的 CO 或 CN^- 能强烈抑制它们的活性。此外，它们都是厌氧酶，在空气中会迅速失去活性。1974 年 J. Chen 和 J. Mortenson 从巴氏梭菌中首次分离得到纯化的氢化酶。

8.3.1　氢化酶的结构

氢化酶是铁硫蛋白，不同来源的氢化酶含铁量不同，分子中含酸性氨基酸和芳香氨基酸残基较多，等电点(PI)一般在 4.5～5.5。[NiFe]-氢化酶和[FeFe]-氢化酶的准确晶体结构先后于 20 世纪 70 年代和 90 年代得到全面解析。多数氢化酶含[Fe_4S_4]簇，个别的含[Fe_2S_2]簇，有的还发现含有[Fe_3S_3]簇。图 8-12(a)和(b)分别是[NiFe]-氢化酶和[FeFe]-氢化酶活性中心的结构示意图。有关这两个酶更详细的结构、功能、分类和分布，读者可进一步参阅有关论文。

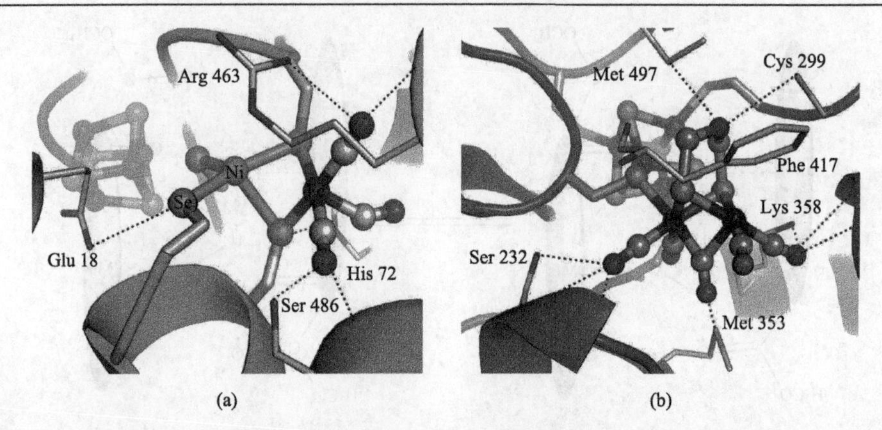

图 8-12　(a) [NiFe(Se)]-氢化酶活性中心和(b) [FeFe]-氢化酶的 H-簇(H-cluster)的二核金属中心结构(蓝色球为 N 原子、灰色球为 C 原子、枣红色球为 O 原子、黄色球为 S 原子、暗褐色球为 Fe、绿色球为 Ni)①(版权得到 Elsevier 许可)

结合大量的晶体结构数据、谱学数据和理论计算结果，人们对[NiFe]-氢化酶活化分子氢的机理有比较完整的认识，如底物 H_2 首先与 Ni 结合，经异裂活化、催化过程中有桥联氢化物形成等，对于起始状态，早期的理论计算认为是$[Ni^{III}Fe^{II}]$，但最近的理论计算倾向于是$[Ni^{II}Fe^{II}]$。[FeFe]-氢化酶 H-簇的亚单元中的两个 Fe 原子的氧化态问题困扰了人们很长时间。EPR、穆斯堡尔数据与下列两组氧化态都不矛盾：$H_{ox}^{air}(Fe^{III}Fe^{III})$；$H_{trans}(Fe^{III}Fe^{III})$；$H_{ox}(Fe^{II}Fe^{III})$；$H_{ox}$-CO$(Fe^{II}Fe^{III})$；$H_{red}(Fe^{II}Fe^{II})$和 $H_{ox}^{air}(Fe^{II}Fe^{II})$；$H_{trans}(Fe^{II}Fe^{II})$；$H_{ox}(Fe^{I}Fe^{II})$；$H_{ox}$-CO$(Fe^{I}Fe^{II})$；$H_{red}(Fe^{I}Fe^{I})$，其中 H_{trans} 为过渡态。由于生物体系中常见的氧化态是 Fe^{II} 和 Fe^{III}，而 Fe^{I} 是没有先例的，人们一开始很自然更倾向于第一组氧化态。Pickett 等合成了一个二铁羰基化合物，$[Fe_2(\mu\text{-}SCH_2)_2CR(CO)_5]$ $[R = CH_3(CH_2SCH_3)]$，这个化合物与 CN^- 反应得到一个相对稳定的中间体，$[Fe_2(\mu\text{-}SCH_2)_2CR(\mu\text{-}CO)(CO)_2(CN)_2]^{2-}$，这个中间体与受 CO 抑制的 H-簇的二铁中心在结构上非常相似。运用 EPR、停留红外光谱(stop-flow FTIR)等物理、化学方法研究这个模拟体系，并对比受 CO 抑制的 H-簇的有关谱学数据，最终确定了[FeFe]-氢化酶 H-簇的完全还原形式 H_{red} 是 $Fe^{I}Fe^{I}$ 氧化态，也就是[FeFe]-氢化酶 H-簇中二铁亚单元具有第二组氧化态，为有关[FeFe]-氢化酶 H-簇中铁的氧化态的争论画上了一个句号。[FeFe]-氢化酶的二铁中心的二硫桥联配体($^-SCH_2XCH_2S^-$)中间原子 X 的准确属性困扰了科学家很长时间，无法确定究竟是 C、O 还是 N 原子！Fontecave 等用脱辅基蛋白(apo-Hydf)将二铁模型化合物捕获，然后转运至脱辅基氢化酶(apo-HydA1)，得到人工组装的[FeFe]-氢化酶(图 8-13)。进一步的研究表明，三个人工合成氢化酶中，只有以含氮桥联配体二铁模型化合物组装得到的酶具有与天然酶一样的活性，据

① 本书彩图信息可通过扫描封底二维码获取。

此，最终确定了二铁单元的桥联配体中的准确属性，即为亚氨基二甲硫醇盐($^{-}SCH_2NHCH_2S^{-}$)。

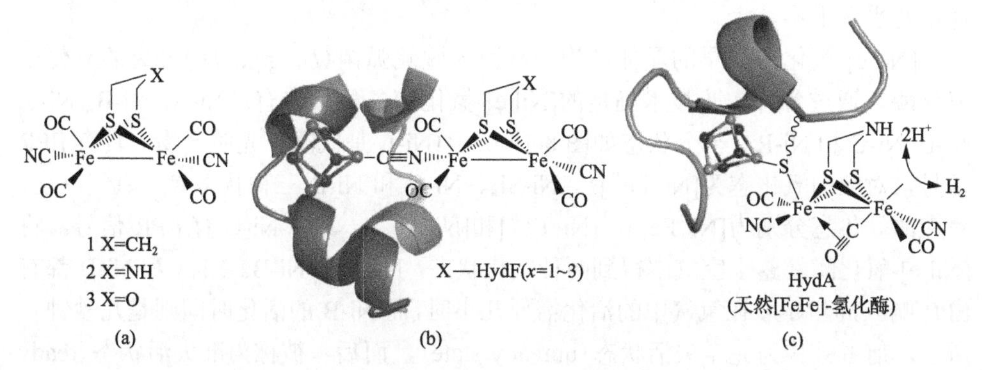

图 8-13　人工组装的[FeFe]-氢化酶(X = CH_2, NH, O)

(a)三种模型化合物；(b)人工组装酶；(c)天然酶(版权得到 Springer Nature 许可)

8.3.2　氢化酶的催化功能

氢化酶能可逆、快速催化质子还原氢和氢气氧化，但[NiFe]-氢化酶和[FeFe]-氢化酶对催化这两个反应的效率略有不同，前者催化氢气氧化反应的效率高于其催化质子还原制氢的效率，而后者则刚好相反。当没有电子载体参与时，氢化酶催化放氢的速率很低。若加入合适的电子载体，放氢速率大大提高。细胞色素 Cyt c_3、铁氧还蛋白、NAD 和 FMN(flavin mono nucleotide，黄素单核苷酸)等都可以作为氢化酶的电子传递载体。氢化酶催化氢对电子载体的要求比较专一，例如脱弧菌氢化酶放氢要用细胞色素 Cyt c_3 做电子传递载体。此外，多种氧化还原染料也可以作为氢化酶放氢的电子传递载体，例如甲基紫(methyl violet，MV)、苄基紫(benzyl violet，BV)、亚甲蓝(methylene blue，MeB)等，其中 MV 和 BV 对多种来源的氢化酶催化放氢都有效。曾经有人试验把天然电子传递载体和人工电子传递载体结合使用并收到了良好的效果，例如，以铁氧还蛋白为电子传递载体，加入适量 MV，氢化酶催化放氢速率比单独用铁氧还蛋白时提高 5 倍。电子传递载体也有助于氢化酶催化氢气氧化反应，但专一性不强。多种染料也可作为氢化酶催化氢气氧化反应的电子传递载体，其中效果较好的是亚甲蓝。

在氢化酶催化反应中，质子既是底物(放氢反应)又是产物(氢气氧化反应)，因此反应速度必然受 pH 影响。放氢反应的最适条件为酸性，氢气氧化反应为碱性。但少数氢化酶比较特殊，放氢反应的最适条件为碱性，氢气氧化反应则要求中性或酸性。这可能是由于氢化酶活性除了与质子浓度有关外，还涉及氢化酶活性中心氧化还原状态，电子传递载体氧化还原电位等多种因素。氢化酶催化放氢速率与反应体系的氧化还原电位有关，该电位值可由 Nernst 方程计算得到，即当

pH = 7.0 时为–420 mV(假设温度为 298 K)。若体系电位为–465 mV 时，放氢反应速率达到最大；当电位为–420 mV 时，速率为最大值的 1/2；而电位为–375 mV 时，速率几乎等于零。

[NiFe]-氢化酶最早的晶体结构是从巨大脱硫弧菌(*D. gigas*)中分离的氧化型氢化酶。通过各种实验技术确定的[NiFe]-氢化酶各种状态有：Ni-A, Ni-B, Ni-S, Ni-L, Ni-C 和 Ni-R。部分状态如图 8-14 所示(Ni-L 是低温下光照产物，具有 EPR 信号，对应的氧化态为$[Ni^{I}Fe^{II}]$)。Ni-SI_a、Ni-C 和 Ni-R 三种状态参与氢气氧化，对应的氧化态分别为$[Ni^{II}Fe^{II}]$、$[Ni^{III}Fe^{II}]$和$[Ni^{II}Fe^{II}]$，其中 Ni-C 有 EPR 信号。将[NiFe]-氢化酶暴露于空气中得到两种氧化状态，Ni-A 和 Ni-B。Ni-A 和 Ni-B 都有 EPR 响应，但 Ni-A 在氢气中的活化需要几小时，而 Ni-B 的活化时间则是几秒钟。所以，前者被称为完全失活状态(unready state)，而后者被称为准失活状态(ready state)。[NiFe]-氢化酶的各种状态下的 Fe 被认为是二价铁。由于 CO、CN^-均属于强场配体，所以这个铁是低自旋的。

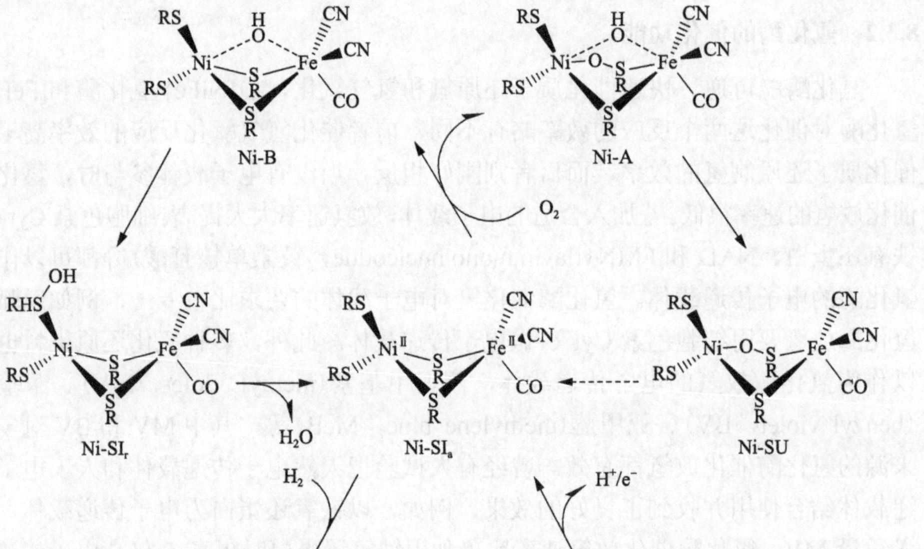

图 8-14 [NiFe]-氢化酶的各种状态及氢气氧化催化循环

[FeFe]-氢化酶 H-簇桥联二核铁单元中的端基 Fe_d 原子(distal Fe)(远离$[Fe_4S_4]$簇的 Fe 原子)是氢气分子的结合位点(远离$[Fe_4S_4]$簇的 Fe 原子)。实验数据表明

H-簇的休止状态(resting state，H_{ox})是具有反磁性的$[Fe_4S_4]^{2+}$与具有混合价态的二铁亚单元($Fe^{I}Fe^{II}$)构成，其中一个是端基铁 Fe_d，另一个是非端基铁 Fe_p。但对于哪个是 Fe^{I}、哪个是 Fe^{II}还不太确定。但有一点是肯定的，那就是 H_2 键合与活化都发生在 Fe_d(II)上，也就是说$[Fe_4S_4]$和二铁亚单元自旋交换(电子转移)以及 Fe_d 和 Fe_p 之间有自旋离域。图 8-15 所示是基于光谱学数据和理论计算的 H_2 键合与活化的两个主要模型。

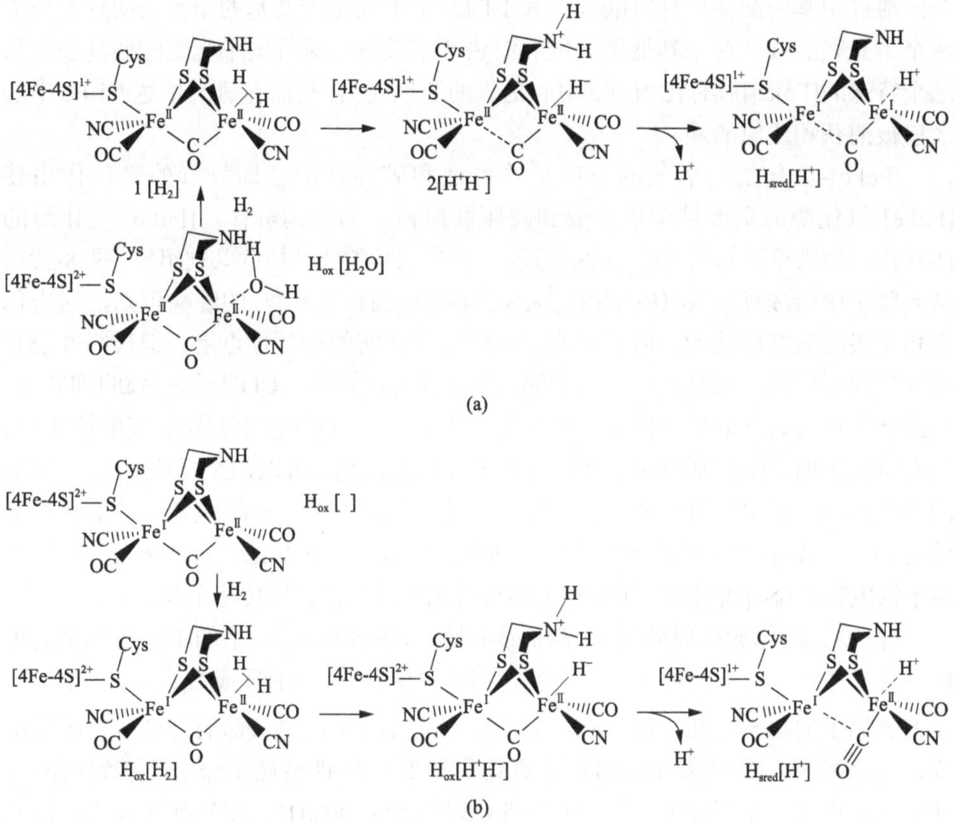

图 8-15　[FeFe]-氢化酶活性中心结合氢气及催化机理(版权得到 Elsevier 许可)

8.3.3　氢化酶的氧敏感性

众所周知，大部分氢化酶能够与氧气反应，所以对氧极度敏感。氧气与酶反应使其活性降低或完全消失。[NiFe]-氢化酶的氧化失活是可逆的，通过抽真空除氧、在氢气氛下保温孵育(incubation)或用还原剂处理等方法，都能使其重新活化。失活状态的活性中心据认为是过氧化物占据了 Ni-Fe 中心的桥联位置，这时用氢气还原可以慢慢恢复其活性。进一步将该过氧化物还原为羟基(OH^-)后的产物经

H_2还原可以快速恢复催化活性。有的[NiFe]-氢化酶是耐氧的，如从真氧产碱杆菌H16（*Ralstonia eutropha* H16）这种菌分离的结合在膜上的[NiFe]-氢化酶，无论氧气含量是多少，不影响其对氢气的催化氧化。这种耐氧能力不是源于 Ni-Fe 活性中心具备厌氧能力或是能够阻止氧气的侵入，而是紧邻活性中心的外围有一特殊结构的[Fe_4S_4]簇作为电子传递的一环，能够通过还原反应除掉氧气。这个[Fe_4S_4]簇与一般的[Fe_4S_4]簇不同，其周围共有六个半光氨酸残基，而不是一般情况下的四个。通过用基因突变以甘氨酸取代其中的两个半光氨酸残基的结果表明这额外的两个半光氨酸残基对于其抵御氧气的侵袭非常关键。额外的半光氨酸残基会导致这个特殊的[Fe_4S_4]簇有比 Ni-Fe 中心更强的还原能力，从而在氧气抵达 Ni-Fe 中心之前被捕获和还原清除。

[FeFe]-氢化酶与氧气的反应是非可逆和破坏性的，即氧气的氧化作用使[FeFe]-氢化酶的重要结构单元遭到破坏性损害，如结构解体。[FeFe]-氢化酶的H-簇由二核铁单元和铁硫簇[Fe_4S_4]通过一个半光胺酸残基桥联共同组成（图 8-12）。从实验室中合成铁硫簇[$(RCH_2S)_4Fe_4S_4$]$^{2-}$(RCH_2SH 为硫醇）的经验可知，这类化合物是极度氧气敏感的。研究表明，氧气结合在酶的活性位点上，但最终并没有破坏二铁亚单位，而是使与之桥联的铁硫簇[Fe_4S_4]解体。CO 是氢化酶的抑制剂，其结合位点与氧气的结合位点一样且是可逆的，但其反应速率要比氧气的快 2 倍。现有研究表明 CO 抑制酶的活性但并不破坏酶的结构。所以，CO 通过占据氢化酶的活性位点，避免氧气侵入及其破坏性氧化。据研究，[FeFe]-氢化酶的氧化性解体是 O_2 与二铁亚单元结合产生活性氧（ROS）的结果。ROS 或经短距离迁移直接作用于铁硫簇[Fe_4S_4]或通过分子内电子转移将这种破坏性作用传递至铁硫簇。

有些细菌（如脱硫脱硫弧菌 *Desulfovibrio desulfuricans*）中的[FeFe]-氢化酶可以在空气中纯化分离，得到空气中稳定但不具活性的酶（H_{ox}^{air} 或 H_{inact}），这是一个过度氧化了的状态，其二铁中心是 $Fe^{II}Fe^{II}$，并且其端基铁 Fe_d 有一个未知配体配位，与之桥联的铁硫簇[Fe_4S_4]也被氧化了(+2)。将铁硫簇[Fe_4S_4]还原到过渡态（H_{trans}），再进一步还原使二铁中心的非端基铁变为 Fe_p(I)、未知配体离去，得到活性状态 H_{ox}($Fe^{I}Fe^{II}$)。据此有研究人员用硫化物保护[FeFe]-氢化酶免于受到氧气的进攻。基本原理就是首先在活性位点上结合 H_2S 形成 H_2S-H_{ox}，然后其中一个质子转移至桥联的亚胺上并随后离去形成过渡态（H_{trans}），最后被氧化为不具活性的稳定态（H_{ox}^{air}），这个过程是可逆的，经过还原和质子化，稳定态（H_{ox}^{air}）可以回到活性状态 H_{ox}。这为氢化酶的实际应用提供了极大的方便。

8.4 光合作用的化学模拟

化学模拟光合作用的人工体系应该包含光子的捕获、电子激发、电荷分离与电子转移、电子传递以及有关催化体系这些要素，最终实现用廉价易得的原材料合成化学燃料，这些要素分别相当于光合系统Ⅱ的光子捕获天线(Chl 等)、P680、电子传递链以及 OEC 催化活性中心。从自然的奥秘中获取灵感，利用自然界所掌握的原理、规律指导设计、构建人工体系来充分利用太阳能对于解决我们人类未来的能源问题有非常重要的意义。但我们必须承认，这项工作是极具挑战性的，距离理想的目标还很远，正如著名化学家 Harry Gray 所说“We have a proof of principle, but we have a long way to go”。尽管如此，模拟研究光合作用体系已经取得了显著进展，如结构高度相似的 OEC [4MnCa]模拟簇合物的合成及研究对于理解光催化放氧反应有极大的帮助。可以说，科学家们的努力使得我们离利用人工光合作用体系而充分利用太阳能的目标越来越近。

8.4.1　阳光分解水制氢的简略分析

水对热是相当稳定的，即使加热到 2000℃，水也只有 0.58%分解为氢气和氧气。要利用太阳能实现水的热分解，无论采用非催化反应或催化反应都难以实现。但水可以电离，作为一种电解质，水是不稳定的。从这点出发，水中的质子还原和氧原子氧化所需要的能量可以用 Nernst 方程计算。当 pH = 7，有关气体分压为 1 大气压时，使这两个过程发生所需的电位分别为−0.42 V 和 0.82 V[式(8-12)和式(8-13)]。一分子水的完全还原和完全氧化分别涉及 2 个电子和 4 个电子。

$$2H^+ + 2e \longrightarrow H_2 \qquad E = -0.42\ \text{V} \tag{8-12}$$

$$2H_2O \longrightarrow O_2 + 2H^+ + 4e \qquad E = +0.82\ \text{V} \tag{8-13}$$

总反应为

$$H_2O \longrightarrow H_2 + 1/2O_2 \tag{8-14}$$

对于电极过程来说，每转移一个电子，上述水分解反应的标准自由能变化为 1.23 eV。因此理论上只要 1.23 V 的电压就可以把水分解为氢气和氧气，实际需要也不会超过 2.0 V。显然绿色植物是通过电子转移来分解水的，但它不是电极过程，而是一种设计得十分巧妙的光化学反应。把水氧化释放 1 分子的 O_2 伴随着从水中的 O^{2-}游离出 4 个电子，因此，它要求系统中有电子受体接受这些电子；而把水还原释放 1 分子 H_2 则需要接受 2 个电子，因此，它要求系统中有电子供体。对于非电极过程，O_2 和 H_2 的释放不可能在同一个化学反应步骤中完成，其顺序是先放 O_2，后放 H_2。

利用阳光分解 1 mol 水释放 0.5 mol O_2 和 1 mol H_2 至少需要 285.83 kJ (298.15 K)的能量，相当于 420 nm 波长的光能。这说明只有接近紫外区的紫色光才能满足这一能量要求。但太阳辐射到地球表面的能量中，紫色和紫外部分所占比例不到 10%，因此，用于太阳能转换的光化学系统必须能够吸收可见光。此外，这个光化学过程还必须是一个循环过程，即催化剂发生光化学反应后，接着发生另一个化学反应，使系统回复到初始状态。

自然界的光合作用系统至少有光能捕获、能量传递、电子激发、电荷分离、电子传递等单元。在化学模拟光合作用分解水制氢的系统中，应考虑如何使这些步骤具体化，因此要注意以下几个问题：①水是透明的，不能直接吸收可见光，需要选择一种光敏剂(photosensitiser)，像叶绿素一样能吸收可见光并被可见光激发而发生电荷转移。②阳光分解水的最高效率，在单波长光反应体系只有 10%左右，在双光反应体系可达 20%。植物采用双光合系统，化学催化光解水制氢也应选择双光合系统。③双波长光合系统的放氧过程和放氢过程对光敏剂的要求不同。放氧应考虑光敏剂激发后容易给出电子变为氧化态。④为达到体系自洽，除光敏剂以外，体系还应该有电子供体(donor)、电子受体(acceptor)等。

8.4.2 阳光光敏电荷转移配合物的结构与功能

8.4.2.1 钌-多联吡啶配合物

1971 年 J. Demas 等发现，三-2, 2′-二联吡啶钌配合物$[Ru(bpy)_3]^{2+}$在水溶液中可以光敏化$[PtCl_4]^{2-}$的水合反应。这是一种配合物光敏化另一种配合物的第一个例子，也是配合物在室温下溶液中传递能量的第一个例子。此后科学家们对$[Ru(bpy)_3]^{2+}$进行了大量的研究。1972 年 H. Gafney 等发现$[Ru(bpy)_3]^{2+}$的激发态具有电荷转移能力。1975 年 N. Sutin 等提出$[Ru(bpy)_3]^{2+}$有可能作为光解水的催化剂，即利用它从 2 价(激发态)变为 3 价的过程中催化水的质子还原放氢，又从 3 价变为 2 价(基态)使水氧化放氧。

三-2, 2′-二联吡啶钌配合物具有下述性质：①$[Ru(bpy)_3]^{2+}$在 452 nm 处有最大吸收，其光谱如图 8-16 所示。②$[Ru(bpy)_3]^{2+}$的最低激发态可以向其他配合物分子传递电子和能量。这个最低激发态又称为电荷转移(charge transfer, CT)激发三线态，用$[Ru^*(bpy)_3]^{2+}$或$(^3CT)[Ru(bpy)_3]^{2+}$表示。③$[Ru(bpy)_3]^{2+}$的三线态寿命为$(6\sim7)\times10^{-7}$ s(理想的电荷转移光敏剂激发态寿命应大于5×10^{-7} s)。④$[Ru(bpy)_3]^{2+}$的激发态作为还原剂，氧化猝灭(oxidative quenching)后生成强氧化剂。

$$[Ru(bpy)_3]^{2+} \longrightarrow [Ru^*(bpy)_3]^{2+} \tag{8-15}$$

$$[Ru^*(bpy)_3]^{2+} - e \longrightarrow [Ru(bpy)_3]^{3+} \qquad E^0 = -0.84\ V \tag{8-16}$$

$$[Ru(bpy)_3]^{3+} + e \longrightarrow [Ru(bpy)_3]^{2+} \qquad E^0 = +1.26\ V \tag{8-17}$$

$[Ru(bpy)_3]^{2+}$的激发态又可作为氧化剂，还原猝灭(reductive quenching)后生成强还原剂。

$$[Ru^*(bpy)_3]^{2+} + e \longrightarrow [Ru(bpy)_3]^{+} \qquad E^0 = +0.84\ V \tag{8-18}$$

$$[Ru(bpy)_3]^+ - e \longrightarrow [Ru(bpy)_3]^{2+} \qquad E^0 = -1.26\ V \tag{8-19}$$

从氧化还原电位数据可见，$[Ru(bpy)_3]^{3+}$和$[Ru(bpy)_3]^+$ 分别是比$[Ru^*(bpy)_3]^{2+}$更强的氧化剂和更强的还原剂。

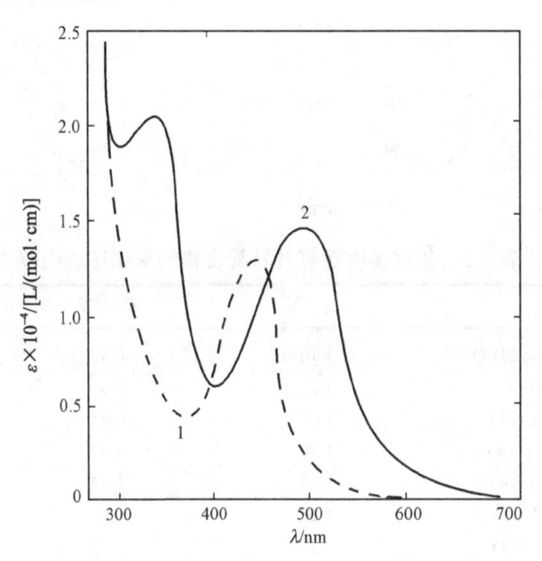

图 8-16　$[Ru(bpy)_3]^{2+}$(1)和$[Ru(bpy)_3]^+$(2)在水溶液中的吸收光谱

表 8-2 和表 8-3 列举了某些多吡啶钌(铁)配合物的光谱特征和氧化还原电位。从表中可看到双核金属钌与混合配体及一些多氮大环配体形成配合物后能够使吸收波长红移，这有利于提高光解水制氢的储能效率。

表 8-2　某些多吡啶钌配合物的光谱数据

配合物	吸收波长 λ_{max} / nm	发光波长 λ_{max} / nm	激发态寿命 τ_0 / μs
$[Ru(dmbpy)_3](ClO_4)_2 \cdot 3H_2O$	430 ; 460	633	0.33±0.01
$[Ru(bpy)_3]Cl_2 \cdot H_2O$	423 ; 452	613 (627)	0.60±0.02
$[Ru(tmphen)_3]Cl_2 \cdot 6H_2O$	438	605 ; 625	1.39±0.02
$[Ru(dmphen)_3]Cl_2 \cdot 6H_2O$	425 ; 453	608 ; 625	1.81±0.05
$[Ru(mphen)_3]Cl_2 \cdot 6H_2O$	420 ; 450	605 ; 625	1.33±0.07
$[Ru(phen)_3](ClO_4)_3 \cdot 3H_2O$	421 ; 447	605 ; 625	0.92±0.10
$[Ru(bphen)_3]Cl_2 \cdot 3H_2O$	420 ; 445	605 ; 625	1.64±0.02
$[Ru(terpy)_2](ClO_4)_2 \cdot 3H_2O$	473	628	$\leqslant 5 \times 10^{-3}$
$[Ru(tptz)_2](ClO_4)_2 \cdot 3H_2O$	501	605	$\leqslant 5 \times 10^{-3}$
$[Ru(bpym)(bpy)_2][PF_6]_2$	415; 475	650 ; 667 ; 720	
$[(bpy)_2Ru(bpym)Ru(bpy)_2](PF_6)_4 \cdot 2H_2O$	560 ; 606	769 ; 880	
$[\{(bpy)_2Ru(bpym)\}_3Ru](PF_6)_8 \cdot 2H_2O$	580 ; 613		

注：bpy = 2,2-联吡啶; dmbpy = 4,4-二甲基-2,2-联吡啶; phen = 1,10-邻菲啰啉; tmphen = 3,4,7,8-四甲基-1,10-邻菲啰啉;dmphen = 5,6-二甲基-1,10-邻菲啰啉; bphen = 5-溴-1,10-邻菲啰啉; terpy = 2,2′：6′,2″-联吡啶; tptz = 2,4,6-三(吡啶-2-基)-1,3,5-三嗪烷。结构式如下：

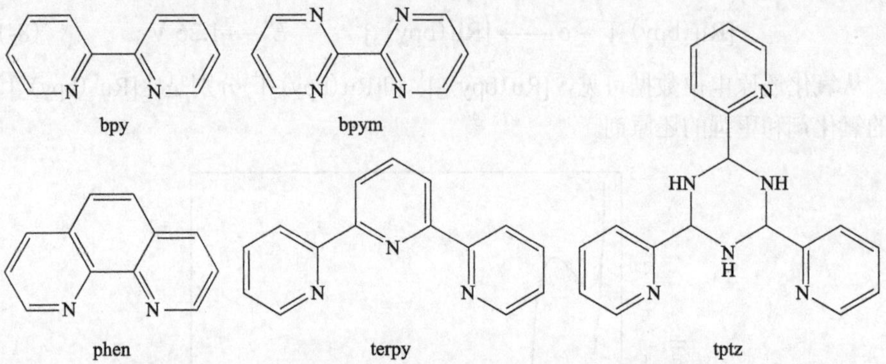

bpy　　bpym

phen　　terpy　　tptz

表 8-3　某些多吡啶钌(铁)配合物的氧化还原电位

配合物	E^0_{Ru} / V	E^0_{Fe} / V	$^*E^0_{Ru}$ / V
$[M(dmbpy)_3](ClO_4)_2 \cdot 3H_2O$	1.10	0.92	–0.94
$[M(bpy)_3]Cl_2 \cdot H_2O$	1.26	1.05	–0.84
$[M(tmphen)_3]Cl_2 \cdot 6H_2O$	1.02	0.81	–1.11
$[M(dmphen)_3]Cl_2 \cdot 6H_2O$	1.20	0.97	–0.93
$M[(mphen)_3]Cl_2 \cdot 6H_2O$	1.23	1.02	–0.90
$[M(phen)_3](ClO_4)]_3 \cdot 3H_2O$	1.26	1.06	–0.87
$M[(bphen)_3]Cl_2 \cdot 3H_2O$	1.37	1.12	–0.76

注：M = Fe 或 Ru, mphen = 5-甲基-1,10-邻菲啰啉, 其余缩写见表 8-2 表注

多联吡啶钌化合物是用于光解水制氢的最好电荷转移光敏剂，它优于其他过渡金属配合物。因此，以此为基础的配合物依然是人们研究的重点。通过修饰、改造配体达到改变金属配合物的各种物理化学性质，如水溶性、电子结构，从而影响其吸收光谱、电荷转移效率等。此外，在配体设计时，通过扩大共轭体系、引入更多的配位点，组装同核或异核的多核体系，这样的体系有可能在电子传递、电荷转移方面有不同凡响的表现。

8.4.2.2　其他电荷转移光敏剂

虽然多联吡啶钌配合物是迄今为止最好的电荷转移光敏剂，但考虑到钌本身价格昂贵，研究利用地壳中丰度高的元素来替代钌会更有实际意义，这些元素包括铁、锌、锰、镁等。无论是在光合系统还是氢化酶中，自然界实际上就是选择了这些廉价易得的金属元素。因此，我们应该重视研究这类元素与大环化合物（如卟啉衍生物及类卟啉化合物）的配位体系。研究表明 Sn(Ⅳ)与卟啉的化合物在适合的条件下可以达到与多联吡啶钌配合物一样的效率。由图 8-1 的结构可知，叶绿素是一个卟啉衍生物的镁配合物。因此，研究从各种金属与卟啉衍生物或类卟啉化合物(如 corrole，一种卟啉类大环化合物）的配合物中寻找叶绿素的模拟体系是一个正确的方向。研究的重点之一就是大环分子的功能化修饰，通过修饰使配体及其金属配合物在下面的某一方面或几个方面的性质得到改善：①水溶性；②电子结构；③形成多核(同核或异核)金属配合物的能力；④自组装性能，从而获得性能优良的电荷转移光敏剂。除了简单的过渡金属配合物，各种量子点(如过渡金属硫化物)、多酸、金属有机骨架(MOF)材料都可以作为光敏剂。与均相光敏剂比较，这类光敏剂在稳定性方面(如抗光腐蚀)可能更有优势。

一些含氮大环分子在与过渡金属的配位方面与卟啉化合物有类似之处，但其合成要比卟啉类化合物更简单，也易于进一步的功能化，如四氮平面大环配体 TIM(2, 3, 9, 10-四甲基-1, 4, 8, 11-四氮杂环-十四碳-1, 3, 8, 10-四烯)稳定性很好，因而易于达到改变其金属配合物的物理、化学性质的目的，是值得注意研究的一类光敏电荷转移催化剂。图 8-17 是 TIM 配体与 Fe(Ⅱ)的配合物结构示意图。该四氮平面大环配体和卟啉很相似，具有很好的稳定性。有人研究它与锰的螯合物模拟光合放氧，与铁的螯合物光照催化甲醇氧化为甲醛的反应。

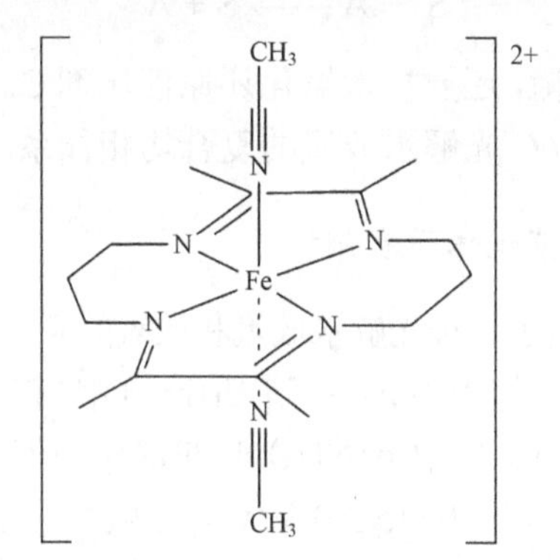

图 8-17　$[Fe(TIM)(NCCH_3)_2][PF_6]_2$的结构

8.4.3　阳光分解水制氢的复合均相催化体系

阳光分解水制氢的配位催化体系有简单均相体系、复合均相体系、胶束体系和多相体系等。目前比较成功的只有复合均相体系。

8.4.3.1　复合均相催化体系的基本原理

如果有一种电荷转移光敏剂 S，其激发态 S^*与氧化态 S^+的氧还电位小于–0.42 V 或 S^*与还原态 S^-的氧还电位大于+0.82 V，那么在原则上通过 S^*直接氧化猝灭或还原猝灭，就可以分别使水还原放氢或氧化放氧。

$$S^* + H^+ \longrightarrow S^+ + 1/2H_2 \tag{8-20}$$

$$S^* + 1/2H_2O \longrightarrow S^- + H^+ + 1/4O_2 \tag{8-21}$$

由于反应机理和动力学方面的限制，S^*不能直接被水猝灭，需要借助一种能迅速与水交换电子的中继物 R 来猝灭 S^*而捕获它的激发能。

$$S^* + R \longrightarrow S^+ + R^- \quad (8\text{-}22)$$

$$S^* + R \longrightarrow S^- + R^+ \quad (8\text{-}23)$$

如果这两个反应很难逆向进行，则 R 可分解水。

$$R^- + H^+ \longrightarrow R + 1/2H_2 \quad (8\text{-}24)$$

$$R^+ + 1/2H_2O \longrightarrow R + H^+ + 1/4O_2 \quad (8\text{-}25)$$

为了有效防止 S^*猝灭的逆反应，并使光敏剂迅速复原，还要加入电子供体 D 和电子受体 A。

$$S^+ + D \longrightarrow S + D^+ \quad (8\text{-}26)$$

$$S^- + A \longrightarrow S + A^- \quad (8\text{-}27)$$

此外，为了使体系达到平衡，还要加入氧化还原催化剂 C。这样就构成了 S / R / D / C 光解水放氢和 S / R / A / C 光解水放氧的复合均相体系。

8.4.3.2　光解水制氢催化体系实例

1979 年 J. Lehn 等报道了一种光解水放氢和放氧的复合均相催化体系，如图 8-18 所示。其放氢系统 S/R/D/C 为$[Ru(bpy)_3]^{2+}$/$[Rh(bpy)_3]^{3+}$/TEOA(三乙醇胺)/$[PtCl_4]^{2-}$；放氧系统 S/A/C 为$[Ru(bpy)_3]^{2+}$/$[Co(NH_3)_5]^{3+}$/RuO_2，放氧系统无中继物 R。放氢系统在开始时的 pH = 7，温度为(15±0.5)℃。光敏剂的激发态通过下述反应转移电荷与能量：

$$[Ru^*(bpy)_3]^{2+} + [Rh(bpy)_3]^{3+} \longrightarrow [Ru(bpy)_3]^{3+} + [Rh^*(bpy)_3]^{2+} \quad (8\text{-}28)$$

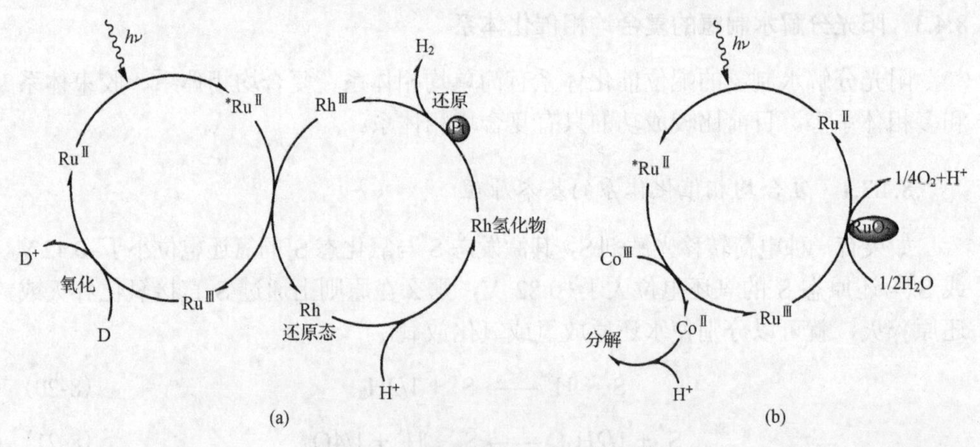

图 8-18　光解水的复合均相催化体系

(a) 光解水催化放氢；(b) 光解水催化放氧

这个反应的能量转换效率达到 90%以上。$[Ru(bpy)_3]^{3+}$被电子供体 D(TEOA)还原回到基态$[Ru(bpy)_3]^{2+}$。$[Rh(bpy)_3]^{2+}$进一步还原为$[Rh(bpy)_3]^{+}$，后者在溶液中显红色。$[Rh(bpy)_3]^{+}$积累了两个电子，它就能使水分解放出 H_2。

8.4.4　光合作用光化学反应中心的模拟研究

光合作用中叶绿素的光吸收、电子激发、电子传递和电荷分离等步骤是光合作用中极为重要的过程。光合放氧、光合磷酸化、光解水放氢、CO_2 的固定及其还原(糖的合成)无不与此密切相关。因此，设计与合成光合作用光化学反应中心的模拟体系，研究叶绿素模拟化合物(电子给体)向其他物种(电子受体)的光诱导电子转移过程是光合作用化学模拟研究中最具有挑战性的研究内容之一。

如图 8-2 所示，在光合系统中，随着叶绿素的光致激发，被激发电子经脱镁叶绿素(Ph)传递至质体醌(PQ)，产生长寿命的电荷分离态。因此，卟啉-醌体系是光合作用光化学反应中心模拟研究中的重点关注对象，人们对此进行了广泛的研究。人工合成的以共价键相连的二元及三元卟啉-醌模拟体系的研究在卟啉与醌衍生物间的距离、相互的空间取向和连接方式(σ键或双键)对光诱导电子转移速率常数及电荷分离态寿命的影响方面所取得的成果，不但为从分子水平上阐述光合系统中光化学反应中心的功能方面提供了大量有意义的信息，而且在应用方面进行了有益的探索。例如，类胡萝卜素(C)、醌类化合物(Q)共价连接到卟啉(P)上形成的三元分子体系，光激发后产生电子转移所得电荷分离态 $C^{\bullet+}$—P—$Q^{\bullet-}$ 寿命达 2～3 μs，把它们装配在双层类脂质中，光照后可观察到稳定的光电流，因而有望制成光生电池。

超分子化学的发展给光化学反应中心模拟研究注入了新的活力。人们已开始关注通过非共价键弱相互作用构建的卟啉-醌体系，并把它们作为光合作用光化学反应中心的模拟体系。事实上，在自然界中，非共价弱相互作用在金属蛋白和金属酶的功能方面有非常重要的作用。光合系统中的光化学反应中心中各个单元并不是通过共价键方式结合的，相反，它们通过与周围蛋白的非共价结合而形成有序排列的空间结构。以氢键、芳环堆积作用和疏水作用等组装的卟啉-醌二元超分子体系模拟光合作用光化学反应中心的研究已有不少报道。这些体系不但能在一定程度上模拟光合系统中光化学反应中心的光诱导电子转移过程，而且还具有容易合成和具有组成上的多样性的优点。组装以非共价弱相互作用驱动的锌卟啉-质体醌模拟化合物二元超分子和与优良电子给体一起组装的三元超分子，有望在非共价弱相互作用对光诱导电子转移过程的贡献方面获得新的信息和更明确的结论。这些研究对于光合系统的光诱导电子转移过程的了解和功能超分子器件的构建都具有重要意义。

除了卟啉类体系，研究的对象还包括非卟啉类的大分子共轭体系，如蒽、富勒烯等，用这些共轭体系可以组成二元（diads）、三元（triads），甚至七元（heptads）体系。这样的体系具有光吸收波段宽（500～700 nm），摩尔吸光系数也大[10^5 L/(mol·cm)]和能量转换的量子效率高的优点（接近 100%）。

由于光合系统Ⅱ的 OEC 是整个光合系统的核心，水在太阳能的作用下在这里被催化裂解以提供暗反应所需要的电子和能量。所以，化学模拟 OEC 是另一个极具吸引力和挑战性的一项研究工作。随着研究的深入，OEC 结构解析更为精细。这些精细的结构信息对合成化学工作者开展 OEC 的模拟研究意义重大。Christou 研究小组曾经报道了一个[$Mn_{13}Ca_2$]簇化合物，其中的一个亚单元在结构上与目前广泛接受的 OEC 结构模型（图 8-5）非常相似，这是第一次用化学手段合成这样一个模型，为自然界选择由 Mn 和 Ca 元素组成 OEC 提供了很好的化学诠释。文献中已经有不少以 Mn 为基础的功能配合物模拟体系，这些体系都是多核 Mn 配合物，这种多核的性质与 OEC 催化水裂解过程中涉及多个电子的转移有关。Naruta 等以邻苯二取代物为支架合成了一个二卟啉配体，由此形成的二核 Mn(III)配合物在 3-氯过苯甲酸的作用下能形成 Mn(V)═O 中间体，这个中间体在三氟乙酸的作用下释放出氧气回到初始状态，共涉及 4 个电子的转移。非卟啉体系有 $[Mn_2^{II}(mcbpen)_2(H_2O)]^{2+}$（mcbpen=*N*-甲基-*N'*-羧甲基-*N,N'*-双(2-吡啶甲基)乙烷-1,2-乙胺），$[(terpy)(H_2O)Mn^{III}(\mu\text{-}O)_2Mn^{IV}(H_2O)(tpy)]^{3+}$（terpy=2,2′：6′,2″-联吡啶），这些体系在氧化剂的存在下都能观察到氧气的释放，其催化过程涉及高价锰氧化物（Mn═O）的形成。

OEC 是一个[4MnCa]簇化合物，对此人们已经毫无疑问，因此以多核 Mn 的化合物为基础的研究工作十分活跃，也有显著的进展。含 Mn 立方簇的 OEC 模型化合物，$[Mn_4O_4L_6]^+$（L=(*p*-MeO-Ph)$_2$PO$_2$），置于 Nafion 膜中构建的水氧化催化电极，在光照（275～750 nm）下观察到了大于 1000 的电催化放氧催化转换数。迄今为止，与天然酶的 OEC 结构最为相似的一个模拟体系是由中德两国学者共同在 *Science*（2015 年）上报道的[Mn_4CaO_4]-簇合物，这个体系完整地包含了 OEC 的金属元素，即 4 个 Mn 和 1 个 Ca，整体结构高度相似，而且这些金属的价态与天然酶的价态一样（S_1 状态）。这个体系与天然酶的 OEC 一样，有 4 个氧化还原过程，且对应有 2 个具有 EPR 信号的异构体。与以前报道的模拟体系[Mn_3CaO_4]簇合物比较发现，第 4 个 Mn 的引入对决定整个簇合物的磁性和氧化还原电位起关键作用。与氢化酶模拟研究一样，OEC 模拟是深入研究光催化分解水机理的重要手段。

除了前述过渡金属配合物或有机光敏剂，光敏性半导体材料也是模拟 PSⅡ的叶绿素的一类重要固体物质，它们和助催化剂一起可以构建人工光合系统，即所谓的“人工树叶”（artificial leaf）。作为光解水放氢的光电极，TiO_2 可能是最早受到重视的过渡金属氧化物，其他过渡金属氧化物还有 ZnO、Cu_2O、CoO_x，等。p

区元素与某些过渡金属的化合物(如 ZnS、CdSe 等)、p 区元素的非金属元素与半金属元素之间的化合物(如 InP、GaInP、GaAs 等)，包括碳材料也是重点研究对象。无论是用于光解水还是光电分解水，人们研究的焦点是带宽(涉及光吸收范围)、导带(与质子还原放氢有关)和价带(与水氧化放氧有关)的调节以取得理想的效率。此外，从实际应用的角度看，抗光腐蚀的稳定性也非常重要。近几十年来在纳米材料研究方面的长足进步为构建理想的光催化分(电)解水放氢和(或)氧材料奠定了坚实的基础。与分子光敏剂比较，半导体材料在稳定性方面有明显优势。将 OEC 模拟体系作为助催化剂与半导体光敏材料一起构建 PSⅡ模拟体系，利用太阳能分解水产生还原质子放氢需要的电子和质子是太阳能利用的重要一环。

8.4.5　氢化酶金属中心的模拟研究

人们广泛认为氢气有可能在未来替代化石能源。自从氢化酶的晶体结构被全面解析以来，模拟氢化酶的金属中心成为生物无机化学研究中最为活跃的领域之一，主要包括如下四个方面的研究：①探讨与氢化酶本身有关的化学问题；②电催化制氢催化剂；③光催化裂解水催化体系；④将裂解水放氧与制氢相结合的复合体系。在过去的几十年中，这些方面的研究取得了显著的进展，为将来充分利用太阳能，减少对化石能源的依赖增加了可能性。

如图 8-11 所示，[NiFe]-和[FeFe]-氢化酶的二核金属中心在对称性上的显著区别不仅在于二核金属中心，还在于整个亚单元的结构。[NiFe]-氢化酶的金属中心不但是一个异核金属中心，而且围绕这两个金属原子的配体也相差甚大。这些差异的存在极大地增加了化学模拟的难度，配体设计、第二个异核金属的引入都要精心地考虑。合成这种异核金属化合物的最大困难在于有机金属硫化物易形成金属簇化合物，多螯合环配体能阻止多核金属簇化合物的形成。Shröder 研究小组归纳了三种合成[NiFe]-氢化酶模型化合物的方法：以有机 Ni(Ⅱ)硫化物与含易离解配体的 Fe 化合物反应，反之亦然，最后一种是“一锅反应”(one pot reaction)的方法，即将配体、$NiCl_2$ 和 $FeCl_2$ 一起反应。用这些方法可以制备出许多含镍-铁异核模型化合物，不过得到二核以上的化合物也很常见。在众多的[NiFe]-氢化酶模型化合物中，有一些从功能到结构都比较好地模拟了[NiFe]-氢化酶(图 8-19)。例如，以 Ni(Ⅱ)与含“N2S2”配位原子的四齿配体的单核化合物与 Fe(Ⅱ)化合物反应可以得到[NiFe]-氢化酶模型化合物。这两个模拟体系说明，取决于配位环境，这两个金属都可能形成重要的催化中间体氢化物，尤其是含有茂环的模拟体系(图 8-19 下)，其含有桥联 CO 和端基氢化物的中间体分别对应了[NiFe]-氢化酶的 Ni-R 和 Ni-L 状态。

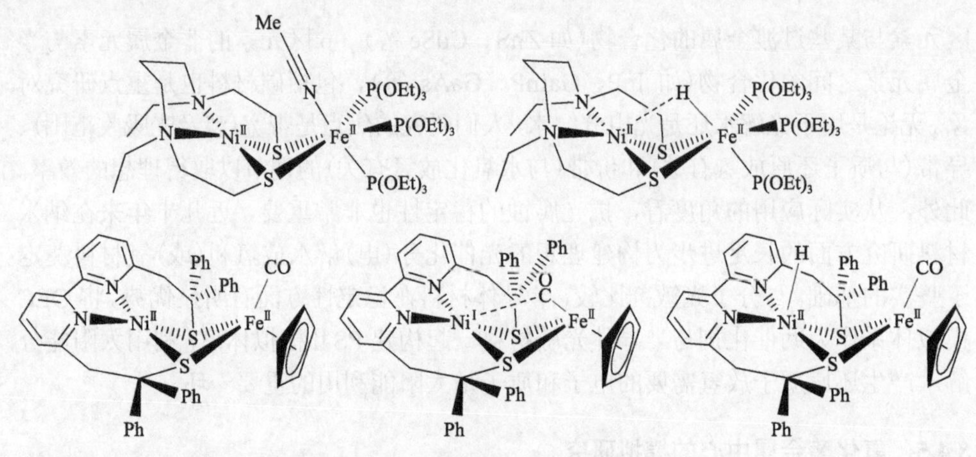

图 8-19 [NiFe]-氢化酶模型化合物及其中间产物

[FeFe]-氢化酶 H-簇亚单元是二铁中心，其模型化合物的合成要更简单、也更有规律可循。事实上，二核铁羰基有机金属化合物是一类经典的化合物，如化合物$[Fe_2L(CO)_6]$(H_2L = 1,3-丙二硫醇)。[FeFe]-氢化酶的晶体结构报道以后的第一个模型化合物就是这个化合物的二氰基取代产物。[FeFe]-氢化酶的二核金属中心的模型化合物主要源于以二硫醇配体或含有二硫醇的三齿配体为桥联配体的二铁六羰基化合物及其羰基被部分取代后的衍生物，这些衍生物主要是以膦配体取代部分羰基的产物。从[FeFe]-氢化酶晶体结构的发表到现在的二十余年时间内，合成化学家对该酶的活性中心进行了模拟，获得了大量的模型化合物。这些工作在不同阶段的各种综述中有比较详细的总结。回顾迄今为止的模拟研究，其成功不是体现在获得与天然体系可以媲美的仿生催化剂，而是通过模拟研究圆满地解决了几个关于这个酶悬而未决的问题，金属中心的氧化态和二铁活性中心的非蛋白桥联配体中 N 原子的确定(图 8-13)。

由于铁硫簇$[(Fe_4S_4)(SR)_4]^{2-}$高度空气敏感，全面模拟 H-簇体系非常具有挑战性。Pickett 研究小组通过配体交换其与二铁模型化合物桥联起来，得到了具有 H-簇体系主要特征的模拟体系。首先将$[(Fe_4S_4)(SEt)_4]^{2-}$(HSEt = 乙硫醇)中 3 个 EtS^- 与一个大分子三齿碗状硫醇配体(L)发生亲核取代反应，得到$[(Fe_4S_4)L(SEt)]^{2-}$，然后与六羰基二铁化合物$[Fe_2(\mu\text{-}SCH_2)_2CR(CO)_6]$($R = CH_3(CH_2SCOCH_3)$)反应，$[(Fe_4S_4)L(SEt)]^{2-}$中的最后一个 EtS^- 被取代，二铁化合物失去 $EtSCOCH_3$ 和一个 CO 得到一个包含有二铁羰基化合物的$[Fe_4S_4]$簇，如图 8-20 所示。红外光谱和电化学研究清楚地显示从$[Fe_4S_4]$簇到二铁亚单元的分子内电子转移，这与[FeFe]-氢化酶中$[Fe_4S_4]$簇的电子传递作用是一致的。

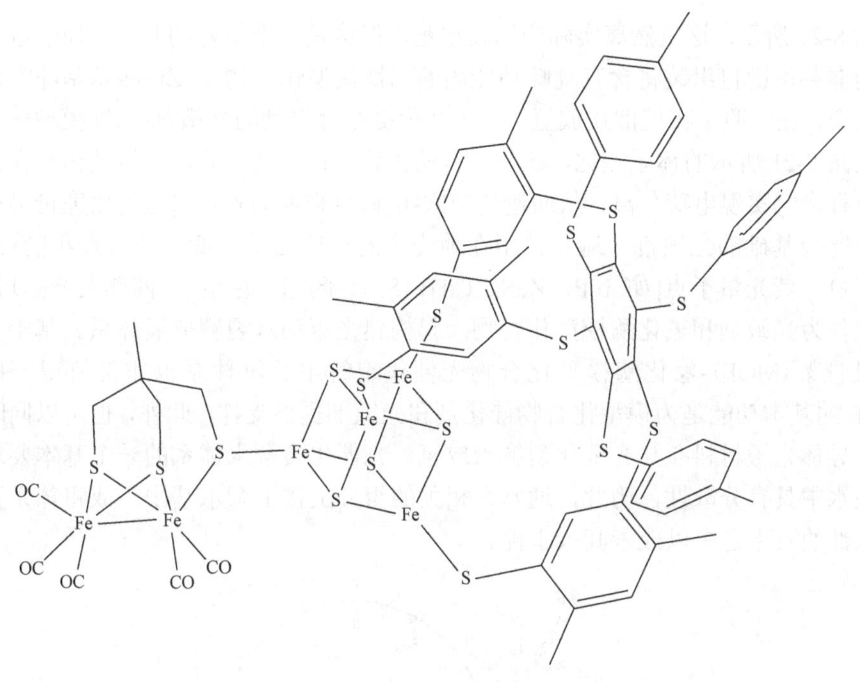

图 8-20 与[FeFe]-氢化酶 H-簇在结构上高度相似的一个模型化合物

无论结构上如何接近氢化酶的活性中心，简单的氢化酶模型化合物无法达到氢化酶的效率是不争的事实。因此，氢化酶模拟研究已经从简单的化学模型化合物上升到更高级的阶段，即半合成氢化酶模拟(semi-synthetic hydrogenases)。所谓半合成氢化酶模拟就是将简单的模型化合物置于蛋白质提供的支架之中，形成人工氢化酶(artificial hydrogenases)。图 8-13 所示的模拟酶是典型的半合成氢化酶，正是利用这个技术，[FeFe]-氢化酶的二铁活性中心的非蛋白桥联配体的属性得以确定。半合成模拟体系的蛋白部分原则上可以是任何能够化学键合模型化合物并提供适当空间容纳金属中心的蛋白质或短肽，如细胞色素 c 等。所用蛋白质应该易制备、可以用基因工程技术予以适当调控，使其具备化学键合模型化合物和提供支架的功能。半合成氢化酶的制备过程中，调控手段多样，金属中心及其配体、蛋白质都是调控对象。由此可能得到活性好、容易处理，具备工业应用的半合成氢化酶。

光合细菌和藻类能利用光合系统Ⅱ产生的电子和质子在氢化酶的帮助下将太阳能转化为氢能，这种功能对人类发展清洁的氢能源有极大的启发作用。化学工作者希望能够利用自然界所掌握的基本规律和原理，合成人工体系实现这种能量转换。大连理工大学的孙立成和王梅等在这方面做出了开拓性的研究工作，在将光敏剂经共价键连接到二铁模型化合物没有取得预期效果后，他们用“电子供体-二联吡啶钌光敏剂-模型化合物”的三元体系在可见光的照射下观察到了催化放氢，如图 8-21 所示。这虽然离实际应用还很远，但这是一个很好的开端。他们进一步利用非共价键自组装将含有吡啶功能团的二铁模型化合物与 Zn-四苯基卟啉化合物结合，在光照下实现催化放氢。与用共价键结合得到的光敏剂-二铁模型化合物以及图 8-21 所示的体系相比，该体系有两大优点：一是非共价自组装体系在光照下自行离解实现电荷分离，从而避免空穴-电荷复合的问题；二是使用廉价易得的金属锌为基础的光敏剂，避免使用在地壳中的丰度比铂还低一个数量级的钌(约 10^{-7}%)。荧光量子点[如 InP、ZnS、CdTe(S)量子点]、色素(如四碘荧光素)也被用来作为光敏剂和氢化酶模型化合物一起构建光驱动水裂解放氢体系。基于金属有机骨架(MOF)-氢化酶模型化合物光催化裂解水放氢体系也非常值得一提，MOF 的基本功能是为模型化合物催化剂和光敏剂提供支撑，此外，也可以同时作为半导体光敏材料参与光催化裂解水放氢。光催化裂解水体系的一个基本要求就是在水中具有分散性，为此，通常在相关的组分上接上亲水基团，或将体系置于亲水性的胶束之中以改善其亲水性。

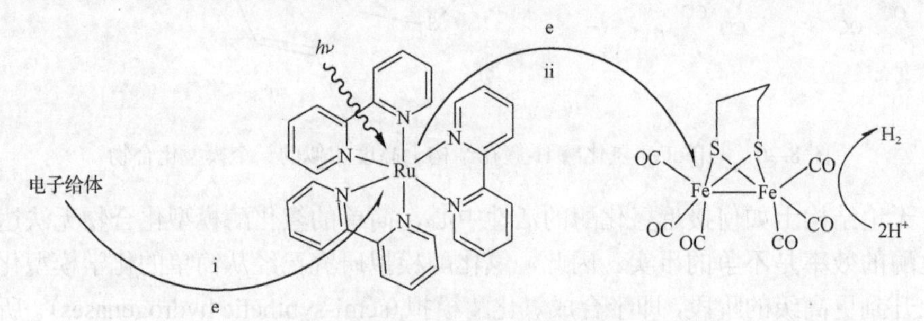

图 8-21　可见光驱动光照催化制氢模拟体系

i 还原猝灭；ii 分子内电荷转移

利用太阳能的方式之一是将太阳能经分解水转换为化学能(氢气)，从这个角度看，PSⅡ和氢化酶是完美的组合，PSⅡ吸收太阳能产生高能电子，由此产生的强氧化剂经 OEC 裂解水释放质子、氧气和电子，该电子使激发了的叶绿素还原，以便开始下一个循环，氢化酶催化质子还原放氢。利用氢燃料电池，氧气将氢气转化为电能，同时释放水，形成一个完美的零污染循环。将这种太阳能转换和氢氧燃料电池相结合的概念转化为实际应用技术还有很多科学技术难题需要解决。深入研究自然界的酶催化系统，阐明其工作原理，对于利用廉价金属合成有关催化剂无疑有极大的启迪作用，材料科学的迅速发展为构建这样的人工系统提供了强有力的基础。但这项工作挑战性依然是不言而喻的，需要化学家、物理学家和材料学家共同面对、一起努力！

参考文献

黄长凯, 1980. 光解水放氢. 化学通报, (3): 6.

沈允钢, 2000. 地球上最重要的化学反应——光合作用. 北京: 清华大学出版社, 广州: 暨南大学出版社.

沈允钢, 施教耐, 许大全, 1998. 动态光合作用. 北京: 科学出版社.

史密斯 K C, 1983. 光生物学. 沈恂等译. 北京: 科学出版社.

Andreiadis E S, Chavarot-Kerlidou M, Fontecave M, Artero V, 2011. Artificial photosynthesis: From molecular catalysts for light-driven water splitting to photoelectrochemical cells. Photochem. Photobiol., 87: 946-964.

Barber J, Murray J W, 2008. Revealing the structure of the Mn-cluster of photosystem Ⅱ by X-ray crystallography. Coord. Chem. Rev., 252 (3-4): 233-243.

Berggren G, Adamska A, Lambertz C, et al, 2013. Biomimetic assembly and activation of [FeFe]-hydrogenases. Nature, 499: 66-69.

Birrell J A, Rüdiger O, Reijerse E J, Lubitz W, 2017. Semisynthetic hydrogenases propel biological energy research into a New Era. Joule, 1: 61-76.

Blankenship R E, 2002. Molecular Mechanisms of Photosynthesis. Oxford: Blackwell Science: 95-156.

Brazzolotto D, Gennari M, Queyriaux N, et al, 2016. Nickel-centred proton reduction catalysis in a model of [NiFe] hydrogenase. Nat. Chem., 8: 1054-1060.

Brltrop J A, Coyle J D, 1978. Principles of Photochemistry. New York: John Wiley and Sons.

Campbell M K, 1999. Biochemistry. 3rd ed. Philadelphia: Saunders College Pub., 612-641.

Chen M, Li Y, Birch D, Willows R D, 2012. A cyanobacterium that contains chlorophyll f: A red-absorbing photopigment. FEBS Lett. 586: 3249-3254.

Dau H, Haumann M, 2008. The manganese complex of photosystem Ⅱ in its reaction cycle: Basic framework and possible realization at the atomic level. Coord. Chem. Rev., 252 (3-4): 273-295.

Dau H, Zaharieva I, 2009. Principles, efficiency, and blueprint character of solar-energy conversion in photosynthetic water oxidation. Acc. Chem. Res., 2009, 42(12): 1861-1870.

Fenton D E, 1995. Biocoordination Chemistry. Oxford: Oxford University Press.

Gabdulkhakov A G, Dontsova M V, 2013. Structural studies on photosystem Ⅱ of cyanobacteria. Biochem. (Moscow), 78(13): 323-354.

Gan F, Bryant D A, 2015. Adaptive and acclimative responses of cyanobacteria to far-red light. Environ. Microbiol., 17(10): 3450-3465.

Gan F, Zhang S, Rockwell N C, et al, 2014. Extensive remodeling of a cyanobacterial photosynthetic apparatus in far-red light. Science, 345 (6202): 1312-1317.

Hall D O, Palz W, 1982. Photochemical, Photoelec, Trochemical and Photobiological Processes. Boston: D Reidel Publishing Company.

Hall D O, Rao K K, 1981. Photosynthesis. 3rd ed. London: Edward Arnold.

Harrison P M, 1985. Metalloproteins, Part Ⅰ: Metal Proteins with Redox Roles. London: Macmillan.

Herrero C, Lassalle-Kaiser B, Leibl W, et al, 2008. Artificial systems related to light driven electron transfer processes in PSⅡ. Coord. Chem. Rev., 252 (3-4): 456-468.

Houa H J M, Mauzerall D, 2011. Listening to PSⅡ: Enthalpy, entropy, and volume changes. J. Photoch. Photobio. B, 104: 357-365.

Koua F H M, Yasufumi U, Kawakami K, Shen J-R, 2013. Structure of Sr-substituted photosystem Ⅱ at 2.1 Å resolution and its implications in the mechanism of water oxidation. Proc. Natl. Acad. Sci. U. S. A., 110: 3889-3894.

Li X Q, Wang M, Zhang S P, et al, 2008. Noncovalent assembly of a metalloporphyrin and an iron hydrogenase active-site model: Photo-induced electron transfer and hydrogen generation. J. Phys. Chem. B, 112 (27): 8198-8202.

Liu X M, Ibrahim S K, Tard C, Pickett C J, 2005. Iron-only hydrogenase: Synthetic, structural and reactivity studies of model compounds. Coord. Chem. Rev., 249 (15-16): 1641-1652.

Loll B, Kern J, Saenger W, et al, 2005. Towards complete cofactor arrangement in the 3.0 Å resolution structure of photosystem Ⅱ. Nature, 438 (7070): 1040-1044.

Loughlin P, Lin Y, Chen M, 2013. Chlorophyll d and acaryochloris marina: Current status. Photosynth. Res., 116: 277-293.

Meyer K, Ranocchiari M, van Bokhoven J A, 2015. Metal organic frameworks for photo-catalytic water splitting. Energy Environ. Sci., 8: 1923-1937.

Nann T, Ibrahim S K, Woi P-M, et al, 2010. Water splitting by visible light: A nanophotocathode for hydrogen production. Angew. Chem. Int. Ed., 49: 1574-1577.

Nazeeruddin M K, Zakeeruddin S M, Lagref J J, et al, 2004. Stepwise assembly of amphiphilic ruthenium sensitizers and their applications in dye-sensitized solar cell. Coord. Chem. Rev., 248 (13-14): 1317-1328.

Nicolet Y, Piras C, Legrand P, et al, 1999. *Desulfovibrio desulfuricans* iron hydrogenase: The structure shows unusual coordination to an active site Fe binuclear center. Structure, 7 (1): 13-23.

Ogo S, Ichikawa K, Kishima T, et al, 2013. A functional [NiFe] hydrogenase mimic that catalyzes electron and hydride transfer from H_2. Science, 339: 682-684.

Onoda A, Hayashi T, 2015. Artificial hydrogenase: Biomimetic approaches controlling active molecular catalysts. Curr. Opin. Chem. Biol., 25: 133-140.

Patricia R-M, Reijerse E J, Gastel M, et al, 2018. Sulfide protects [FeFe] hydrogenases from O_2. J. Am. Chem. Soc., 140: 9346-9350.

Peters J W, Lanzilotta W N, Lemon B J, Seefeldt L C, 1998. X-ray crystal structure of the Fe-only hydrogenase (Cpl) from Clostridium pasteurianum to 1.8 Å resolution. Science, 282 (5395): 1853-1858.

Peters J W, Schut G J, Boyd E S, et al, 2015. [FeFe]- and [NiFe]-hydrogenase diversity, mechanism, and maturation. Biochim. Biophys. Acta, Mol. Cell Res., 1853: 1350-1369.

Piotrowiak P, 1999. Photo-induced electron and transfer in molecular system: Recent developments. Chem. Soc. Rev., 28: 143.

Qiu S, Li Q, Xu Y, et al, 2019. Learning from nature: Understanding hydrogenase enzyme using computational approach. WIREs Comput. Mol. Sci., e1422.

Renger G, 2012. Mechanism of light induced water splitting in photosystem Ⅱ of oxygen evolving photosynthetic organisms. Biochim. Biophys. Acta, Bioenerg., 1817: 1164-1176.

Scandola F, Chiorboli C, Prodi A, et al, 2006. Photophysical properties of metal-mediated assemblies of porphyrins. Coord. Chem. Rev., 250 (11-12): 1471-1496.

Scheller H V, Haldrup A, 2005. Photoinhibition of photosystem I. Planta, 221: 5-8.

Sproviero E M, Shinopoulos K, Gascon J A, et al, 2008. QM/MM computational studies of substrate water binding to the oxygen-evolving centre of photosystem Ⅱ. Philos. Trans. R. Soc. London, Ser. B, 363 (1494): 1149-1156.

Stadnichuka I N, Tropinb I V, 2014. Antenna replacement in the evolutionary origin of chloroplasts. Microbiol., 83 (4): 299-314.

Tachibana Y, Vayssieres L, Durrant J R, 2012. Artificial photosynthesis for solar water-splitting. Nat. Photonics, 6: 511-518.

Tard C, Liu X M, Ibrahim S K, et al, 2005. Synthesis of the H-cluster framework of iron-only hydrogenase. Nature, 433 (7026): 610-613.

Tard C, Pickett C J, 2009. Structural and functional analogues of the active sites of the [Fe]-, [NiFe]-, and [FeFe]-hydrogenases. Chem. Rev., 109 (6): 2245-2274.

Theis J, Schroda M, 2016. Revisiting the photosystem II repair cycle. Plant Signal. Behav., 11 (9): e1218587.

Tomo T, Allakhverdiev S I, Mimuro M, 2011. Constitution and energetics of photosystem I and photosystem II in the chlorophyll *d*-dominated cyanobacterium *Acaryochloris marina*. J. Photochem. Photobiol., B, 104: 333-340.

Umena Y, Kawakami K, Shen J-R Kamiya N, 2011. Crystal structure of oxygen-evolving photosystem II at a resolution of 1.9Å. Nature, 473: 55-61.

Volbeda A, Charon M H, Piras C, et al, 1995. Crystal-structure of the nickel-iron hydrogenase from *Desulfovibrio gigas*. Nature, 373 (6515): 580-587.

Wang F, Wang W-G, Wang H-Y, et al, 2012. Artificial photosynthetic systems based on [FeFe]-hydrogenase mimics: The road to high efficiency for light-driven hydrogen evolution. ACS Catal., 2: 407-416.

Wang Y, 2019. Solar Water Splitting on Low-Dimensional Semiconductor Nanostructures. Michigan: The University of Michigan.

Yocum C F, 2008. The calcium and chloride requirements of the O_2 evolving complex. Coord. Chem. Rev., 252 (3-4): 296-305.

Zhang C, Chen C, Dong H, et al, 2015. A synthetic Mn_4Ca-cluster mimicking the oxygen-evolving center of photosynthesis. Science, 348: 690-693.

第9章 催化水解反应的金属酶

9.1 概 述

9.1.1 水解酶分类

水解酶是一种催化化合物水解的酶，水解的化学键包括肽键、酯键、醚键、酸酐、卤键、C—N键、C—C键、C—S键、P—N键、S—N键、S—P键、S—S键等。它们通常以[(底物)水解酶]这种格式来命名。水解酶(hydrolase)是六大酶类之中研究得最多并应用最广泛的一类。其中有不少水解酶的活性与金属离子有关。表9-1列举了某些金属水解酶(metallohydrolase)和金属离子激活酶(metal ion activated enzyme)。金属离子激活酶是指必须加入金属离子才具有活力的酶，这样的金属离子被称为辅基。

表9-1 一些金属水解酶和金属离子激活酶

酶	催化反应	金属离子	配体
羧肽酶	C末端肽残基水解	Zn^{2+}	His, Glu, W (H_2O)
亮氨酸氨肽酶	亮氨酸N末端肽残基水解	Zn^{2+}	Lys, Asp, Glu, W
二肽酶	二肽水解	两个Zn^{2+}	His, Asp, Glu, W
中性蛋白酶	肽水解	Zn^{2+}, Ca^{2+}	His
胶原酶	胶原水解	两个Zn^{2+}	His
磷脂酶C	磷脂水解	三个Zn^{2+}	His, Asp, Glu, W
β-内酰胺酶II	*β*-内酰胺环水解	两个Zn^{2+}	His, Asp, Cys, W
嗜热菌蛋白酶	肽水解	Zn^{2+}, Ca^{2+}	His, Glu, W
碱性磷酸酯酶	磷酸酯水解	两个Zn^{2+}	His, Asp, W
碳酸酐酶	CO_2水合	Zn^{2+}	His, W
α-淀粉酶	葡萄糖苷、糖苷水解	Zn^{2+}, Ca^{2+}	Met, Asn, Arg, Asp, W
磷脂酶A	磷脂水解	Ca^{2+}	Asp, W
无机焦磷酸酶	焦磷酸→正磷酸	Mg^{2+}	Asp, W
氨肽酶	N末端肽残基水解	Mg^{2+}, Mn^{2+}	Lys, Asp, Glu, W
ATP酶	ATP水解	Mg^{2+}	Thr, Asp, W
Na^+, K^+-ATP酶	ATP水解与阳离子运送	Mg^{2+}, Na^+, K^+	Gly, Asp, Thr, W
Ca^{2+}-ATP酶	Mg^{2+}, Ca^{2+}	Thr, Asp

从表 9-1 中可以发现许多金属水解酶的活性中心都与 Zn^{2+}相关，其次是 Mg^{2+}和 Ca^{2+}。实际上 Zn^{2+}和 Mg^{2+}作为路易斯酸而用于酶催化水解反应中，其中 Mg^{2+}是一个较硬的路易斯酸，其离子半径为 0.6 Å，具有高的电荷密度，容易与核酸中磷酸酯骨架上带负电荷的氧结合；而 Zn^{2+}的电荷密度虽然不及 Mg^{2+}高，但它的离子势较小，路易斯酸性偏软，这反映在结合水的相对 pK_a 上：$Zn—OH_2 \longrightarrow Zn—OH^- + H^+$，$pK_a = 8.8$；$Mg—OH_2 \longrightarrow Mg—OH^- + H^+$，$pK_a = 11.4$。因此，$Zn^{2+}$常常作为一个路易斯酸，活化键合亲核基团为更活泼的阴离子形式，如活化配位水分子为羟基，催化底物上带有羰基官能团的反应(如酯、酰胺、CO_2 等)。而 Mg^{2+}则存在于酶的辅基中，稳定底物结合的中间体，参与催化磷酸酯水解。由于水解过程中不发生电子转移，金属离子的氧化态在催化过程中不发生变化。

水解酶根据水解的键的类型分为肽酶(peptidase)、酯酶(esterase)、糖苷酶(glycosidase)和作用于醚键、C—N 键、酸酐的水解酶等六个亚类，其中研究较多的是肽酶和酯酶。本章主要介绍目前研究得比较多的含 Zn^{2+}的肽酶、酯酶和碳酸酐酶，适当介绍其他金属水解酶。

9.1.2　金属水解酶研究中的过渡金属离子探针

由于金属酶中存在某些过渡金属离子，EPR、穆斯堡尔、d-d 电子光谱等研究过渡金属化学性质的物理检测技术广泛应用在金属酶研究中。Zn^{2+}、Ca^{2+}和 Mg^{2+}等离子不具有未充满电子的 d 轨道，因此含有 Zn^{2+}、Ca^{2+}和 Mg^{2+}等离子的金属酶研究就难以应用上述检测技术获得有用的信息。为了深入研究金属酶的性质，通常用适当的其他过渡金属离子来替换，以取得必要的信息，一般采用 Co^{2+}代替 Zn^{2+}，用 Mn^{2+}代替 Mg^{2+}。某些非过渡金属也可作为探针(probe)使用，例如，Tl^+就作为 K^+的 NMR 探针。

使用探针金属离子，必须遵照同晶置换(isomorphous replacement) 的原则，即探针离子在酶分子中占据原有金属离子的位置。还要考虑电子构型、离子半径、配位几何构型等因素，探针金属离子半径是一个必须考虑的重要条件。其中的关键问题是能否继续保持酶分子的生物活性。如果能够保持酶原有的生物活性，则可以推测探针金属离子很可能是结合在原有金属离子的位置上。探针金属离子可能与不同于原有金属离子的配位基团结合，也可能形成不同的立体化学构型，因此必须考虑对金属结合位置有利的立体化学构型和配体的性质，选择适当的探针金属离子。此外，金属配位键的强弱对于决定反应途径也很重要，而这种配位键的强度可随金属不同而变化。表 9-2 列举了已用于生物体系的金属离子探针。

表 9-2 某些金属离子探针

金属酶中的金属离子		探针金属离子		探针的检测技术
名称	半径/pm	名称	半径/pm	
K^{+}	133	Tl^{+}	140	NMR，荧光
Mg^{2+}	65	Mn^{2+}	88	EPR
		Ni^{2+}	69	d-d 光谱
Ca^{2+}	99	Mn^{2+}	88	EPR
Zn^{2+}	69	Co^{2+}	72	d-d 光谱

Zn^{2+}的电子构型是 d^{10}，在电子光谱的可见区内没有吸收，因此在羧肽酶研究中采用 Mn^{2+}、Fe^{2+}、Co^{2+}、Ni^{2+}、Cu^{2+}、Rh^{3+}、Cd^{2+}、Pb^{2+}和 Hg^{2+}等离子取代 Zn^{2+}。研究结果表明，Co^{2+}取代的羧肽酶 A 对肽键水解具有很强的活性，Fe^{2+}、Ni^{2+}和 Mn^{2+}取代的羧肽酶 A 也有一定活性。Co^{2+} 羧肽酶 A 与经典的四面体配位的钴配合物的吸收光谱很不同，而且摩尔消光系数很大，这是由于金属的畸变四面体(distorted tetrahedral)配位引起的；相应的圆二色谱、磁圆二色谱和低温 EPR 谱的结果也证明了这点。当没有 X 射线结晶分析数据时，这种方法常用来证明锌酶中的 Zn^{2+}处于畸变四面体配位状态。

在碳酸酐酶研究中，先后用 Mn^{2+}、Co^{2+}、Ni^{2+}、Cu^{2+}、Cd^{2+}、Hg^{2+}、Pb^{2+}、Fe^{2+}和碱土金属取代 Zn^{2+}。在这些金属酶中，钴酶的活性是锌酶活性的50%，而 Ni^{2+}、Mn^{2+}和 Fe^{2+}酶仅稍具有活性，其他则是惰性的。

特别要提及的是 Co^{2+}，它可以取代大多数锌酶中的 Zn^{2+}，而且 Co^{2+}取代酶大都能在不同程度上保持锌酶的催化活性。锌和钴离子的互换性与它们的电子构型、离子半径和配位几何构型等因素有关。表 9-3 列举了第一过渡系的一些二价离子的结构资料。虽然 Ni^{2+}和 Cu^{2+}的半径相当接近 Zn^{2+}，但配位几何构型与 Zn^{2+}配合物不同。Zn^{2+}配合物主要采取四面体配位，Ni^{2+}配合物和 Cu^{2+}配合物常为八面体和平面正方构型，因此 Ni^{2+}和 Cu^{2+}难以有效地取代酶中的 Zn^{2+}。Co^{2+}的半径和电

表 9-3 Zn^{2+}配合物与类似的二价阳离子配合物的几何构型

金属离子	d^n	半径/ pm	有利构型(可能构型)
Zn^{2+}	d^{10}	69	四面体(八面体，线型)
Co^{2+}	d^{7}	82	四面体[高自旋]、四方锥[低自旋]八面体
Fe^{2+}	d^{6}	92	八面体(四面体)
Ni^{2+}	d^{8}	68	八面体、平面正方
Cu^{2+}	d^{9}	72	平面正方(假四面体)
Cd^{2+}	d^{10}	83	八面体

子组态都与 Zn^{2+}有一定差异，但是 Co^{2+}配合物有多种几何构型，其中高自旋 Co^{2+}配合物优先采取四面体结构。与第一过渡系的其他金属离子相比，Co^{2+}配合物更容易形成四面体构型。在四面体配体场中，高自旋 Co^{2+}的电子组态是 $e^4t_2^3$（半充满），相当于 Zn^{2+}的 d^{10}（充满）组态的球形对称结构，这就使 Co^{2+}能比其他过渡金属离子更好地模拟 Zn^{2+}的行为。目前已对 Co^{2+}配合物的吸收光谱与结构的关系进行了相当深入的研究，因此采用 Co^{2+}作为离子探针，就能提供有用的锌酶的金属结合部位结构的信息。

9.2　肽　　酶

肽酶催化蛋白质的肽键水解：

$$R—CO—NH—CHR'—CO_2^- + H_2O \longrightarrow R—CO_2^- + NH_3^+—CHR'—CO_2^- \quad (9\text{-}1)$$

根据作用方式，肽酶又分为肽链端解酶（exopeptidase）和肽链内切酶（endopeptidase）（图 9-1）。肽链端解酶有羧肽酶 A（carboxypeptidase A，CPA）和羧肽酶 B（carboxypeptidase B，CPB），它们分别从肽链的羧基末端和氨基末端剪切氨基酸。它们大都存在于动物的胰液（pancreatic juice）中。这一类羧肽酶是细胞外酶（extracellular enzyme），主要用于帮助蛋白质消化，在中性或弱碱性条件下显示出极大的活性。肽链内切酶通常称为蛋白酶（proteinase），切断蛋白质分子内部的肽键使之变成小分子多肽，如嗜热菌蛋白酶（thermolysin）。

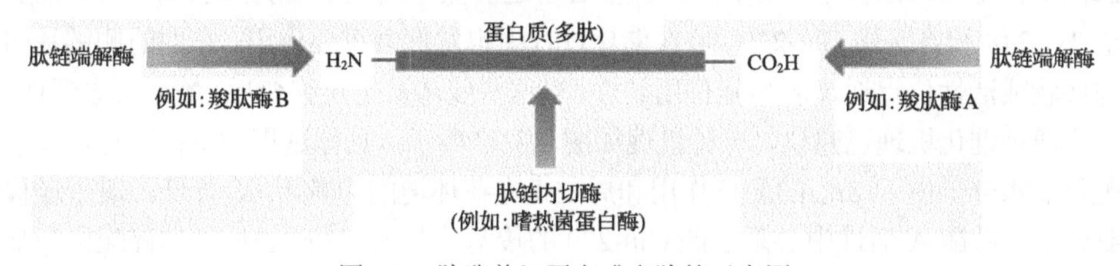

图 9-1　肽酶剪切蛋白或多肽的示意图

9.2.1　羧肽酶 A

羧肽酶 A 存在于哺乳动物胰脏（pancreas）中，分子质量为 34.5 kDa，每个酶分子含有一个 Zn^{2+}，酶蛋白为单一的多肽链，约有 300 个氨基酸残基。目前研究比较多的是牛的羧肽酶 A。它是一种含锌肽链端解酶，催化肽链 C 端氨基酸的水解，并优先选择 C 端芳香侧链为底物。在动物体内首先合成出来的是无活性的羧肽酶原 A（procarboxypeptidase A）。它以亚基双聚体或三聚体形式存在。羧肽酶原

A 在胰蛋白酶(trypsin)的激活作用下，其亚基的一个肽键断裂，释放出具有大约 60 个氨基酸残基的 N 末端裂解物。在不同条件下，牛羧肽酶 A 有三种形式：A_α、A_β和A_γ，它们的基本性质十分相似，其中羧肽酶A_α高分辨 X 射线晶体结构已得到，它的活性中心如图 9-2 所示，活性位点是一个 Zn^{2+}与三个氨基酸残基(His-196、His-69、Glu-72)和一个水分子配位构成的，其中组氨酸 His-196 和 His-69 的侧链咪唑氮与 Zn^{2+}配位，而谷氨酸 Glu-72 则以其羰基氧与 Zn^{2+}双齿配位，另外加上配位的水分子，因此 Zn^{2+} 在这里是五配位的。在底物和抑制剂存在下，Glu-72 就变成近于单齿配位的形式。这种 Glu 或 Asp 残基的结构重排过程被称为羧基位移，它使金属离子的配位数即使在结合了各种形式的底物时也能够基本保持不变。

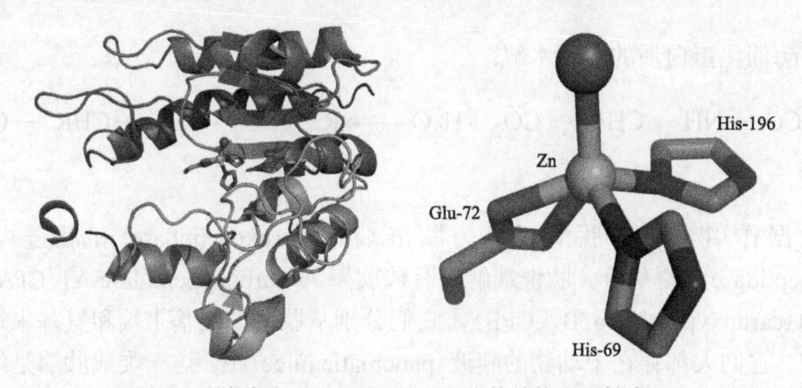

图 9-2　羧肽酶 A(PDB ID：1JQG)的结构和活性中心

根据动力学和 X 射线结构分析对羧肽酶 A 催化肽链水解的作用机理进行研究，酶的活性不仅与活性中心有关，活性中心附近的氨基酸残基(精氨酸 Arg-145、酪氨酸 Tyr-248 和谷氨酸 Glu-270 等)在催化过程中也发挥着重要作用，它们的侧链基团与底物或活性位点通过弱相互作用结合，当这些残基被定点突变后，酶就失去活性。

两种催化机理已建议。一种机理如图 9-3(a)所示，具体过程如下：①与锌离子配位的水分子由于 Zn^{2+}的配位作用和周围正电荷环境的影响，pK_a降低，质子迁移到位于羧肽酶 A 活性中心附近的 Glu-270 的羧基残基上；②脱去质子的锌配位羟基负离子进攻目标肽链的羰基，Zn^{2+}稳定了该过程中形成的带负电荷的过渡态，临近的精氨酸 Arg-127 与底物的羧基作用也起到了稳定过渡态的作用；③肽链上的 NH 基团离去；④水分子与锌离子结合，与锌配位的 Glu-72 变成近于单齿配位的形式；⑤YCO^{2-}离去，羧肽酶 A 活性中心恢复至初始状态，完成一个催化循环。

第二种机理如图 9-3(b)所示，分以下几步进行：①羧肽酶 A 与底物结合后，与锌离子配位的水分子脱掉质子，成为羟基负离子；②位于羧肽酶 A 活性中心附近的 Glu-270 的羧基直接进攻底物肽链羰基碳原子形成活性中间体，底物羰基氧原子与锌离子配位，Zn^{2+}同样通过静电作用稳定了带负电荷的中间过渡态；③底物 NH 基团离去，底物羰基氧原子与锌离子分离，形成了一个近似于酸酐的结构；④与锌配位的羟基负离子亲核进攻这一酸酐中间体使之水解；⑤底物羧基端离去，催化循环完成。

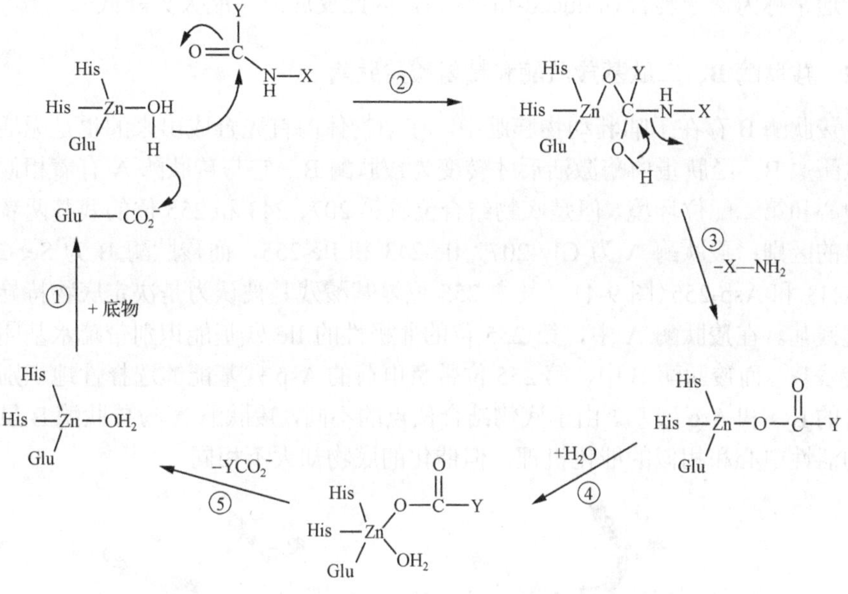

(a)

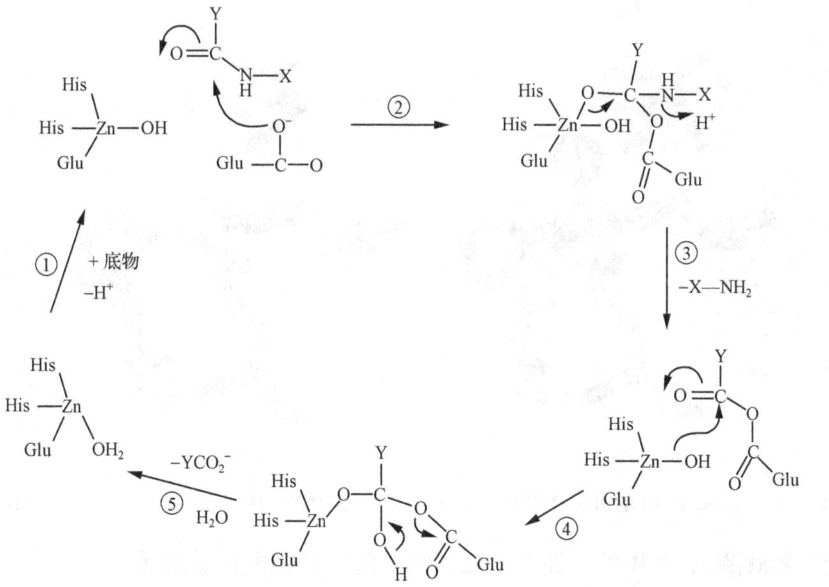

(b)

图 9-3　建议的羧肽酶 A 催化肽键水解的两种反应机理

催化过程中，除了 Glu-270 直接参与催化作用之外，还包括 Arg-127、Tyr-248、Arg-145 以及酶的非极性口袋，它们通过配位键、范德瓦耳斯力、静电吸引力和氢键等作用力与底物结合，使酶分子与底物在空间和电荷上匹配，处于多契合状态，通常称为诱导契合(induced-fit)状态，因此反应活化能大大降低。

9.2.2　羧肽酶 B、二肽基羧肽酶和精氨酸羧肽酶

羧肽酶 B 存在于哺乳动物胰脏中。在动物体内首先合成出来的也是无活性的羧肽酶原 B，经胰蛋白酶激活后才转变为羧肽酶 B。它与羧肽酶 A 有着相似的催化中心和第二配位环境，但是底物结合位置第 207、243 和 255 位的残基两者有着明显的区别：羧肽酶 A 为 Gly-207、Ile-243 和 Ile-255，而羧肽酶 B 为 Ser-207、Gly-243 和 Asp-255(图 9-4)。其中 255 位氨基酸残基被认为是决定底物特异性的关键残基。在羧肽酶 A 中，第 255 位的非极性的 Ile 残基能识别带疏水基团的氨基酸残基。而羧肽酶 B 中，第 255 位带负电荷的 Asp 残基能够选择性地识别带正电荷的 Lys 和 Arg 残基。由于底物结合位点的不同，羧肽酶 A 与羧肽酶 B 虽有相同的活性中心和相似的催化机理，但催化的底物却大不相同。

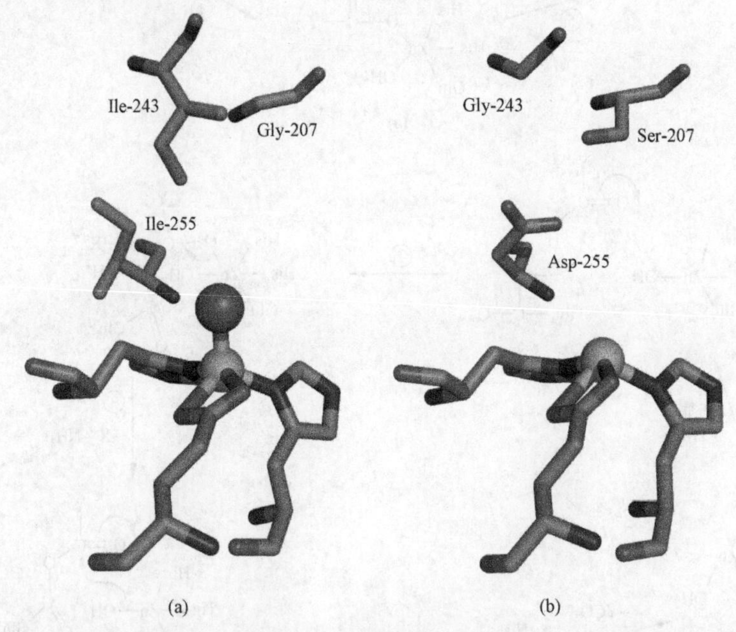

图 9-4　(a)羧肽酶 A(PDB ID：1YME)与(b)羧肽酶 B(PDB ID：1Z5R)底物结合位点比较

除了羧肽酶 A 和 B 外，还有二肽基羧肽酶、精氨酸羧肽酶等。

二肽基羧肽酶是一种单链糖蛋白(glycoprotein)，分子量为 155 000，含有 1 个 Zn^{2+}。当 pH≥7.5 时，Zn^{2+}被束缚得比较紧，在比较低的 pH 下，Zn^{2+}会自发释放出来。二肽基羧肽酶(dipeptidyl carboxypeptidase)又称为血管紧张肽转换酶

(angiotensin converting enzyme)、激肽酶Ⅱ(kininase Ⅱ)、肽酶 P、羧基组织蛋白酶(carboxycathepsin)，它存在于哺乳动物和人的组织中，在生理上的功能是把血管紧张肽Ⅰ(angiotensin Ⅰ，Asp-Arg-Val-Tyr-Ile-His-Pro-Phe-His-Leu)的 C 末端 His-Leu 切下来，使之变为血管紧张肽Ⅱ。它还能使血管舒缓激肽(bradykinin)失活。因此它在控制血压方面起着重要作用。二肽基羧肽酶被广泛研究，它的抑制剂在临床上被用作治疗高血压病(hypertension)的药物。

精氨酸羧肽酶(arginine carboxypeptidase)也称羧肽酶 N 或激肽酶Ⅰ，存在于肝脏和血浆中，它对切断肽链 C 末端为精氨酸和赖氨酸残基的肽键的催化活性特别强，它还能从肽链 C 末端切下二肽。血浆(plasma)精氨酸羧肽酶也是一种锌酶，分子量约为 270 000。在生理上，精氨酸羧肽酶与血管紧张肽转换酶有关，也能使血管舒缓激肽失活。

9.2.3　嗜热菌蛋白酶

嗜热菌蛋白酶(thermolysin)是从耐热微生物 *Bacillus thermoproteolyticus* 的培养基中分离出来的细胞外中性蛋白酶(extracellular neutral proteinase)。它的功能是切断蛋白质分子的肽链，使之变成小分子多肽。它的分子量为 346 000，单一的肽链上有 316 个氨基酸残基，含有 1 个 Zn^{2+}和 4 个 Ca^{2+}。分子中部有一条口袋形空腔，Zn^{2+}就在这个空腔内。

如图 9-5 所示，Zn^{2+}处于四配位状态，与 His-142、His-146、Glu-166 及 1 个水分子结合。这与羧肽酶 A 中 Zn^{2+}的配位状态十分相似[图 9-4(a)]。有两个 Ca^{2+}的位置很接近，只相距 0.38 nm，另外两个 Ca^{2+}则距离很远。

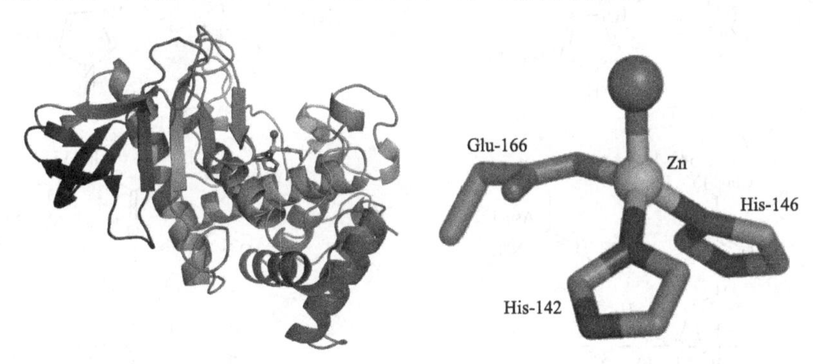

图 9-5　嗜热菌蛋白酶(PDB ID：3TMN)的结构和活性中心

嗜热菌蛋白酶的热稳定性较好，在 80℃加热 1 小时，仍然保持一半活性。脱除 Zn^{2+}之后，对酶的热稳定性完全没有影响，这说明它的热稳定性与 Zn^{2+}无关。而 Ca^{2+}的作用则不相同，在 EDTA 存在时，这种酶在不到 40℃就失去稳定性；荧光(fluorescence)分析还表明 Ca^{2+}能防止酶蛋白的肽链展开；这都说明 Ca^{2+}可能与酶的热稳定性有关。但另一方面，与嗜热菌蛋白酶同系列的从微生物 *Bacillus subtilis* 中分离出来的另一种蛋白酶，虽然也含 Ca^{2+}，但热稳定性低得多。Holmes 认为 Ca^{2+} 仅是嗜热菌蛋白酶具有较高热稳定性的因素之一。

1981 年 Holmes 和 Matthews 根据 X 射线分析结果，认为嗜热菌蛋白酶与底物结合时，Zn^{2+} 处于五配位(pentacoordinate)状态，催化机制如图 9-6 所示，过程如下：①酶与底物结合，4 配位的 Zn^{2+} 与底物肽键羰基配位，配位数变为 5，而与 Zn^{2+} 配位的水分子与 Glu-143 残基形成氢键，Try-157、咪唑环质子化的 His-231 与底物羰基形成氢键，Phe-114、Ala-113 之间的肽键羰基与底物肽键 N 端质子形成氢键；②在 Glu-143 诱导下，与 Zn^{2+} 配位的水分子进攻底物羰基，水分子中的一个质子转移到 Glu-143 的羧基上并和底物肽键 N 端氮原子形成氢键，Asn-122 酰胺键氧原子与底物肽键 N 端质子也形成氢键；③Glu-143 的羧基上的氢原子进攻底物肽键 N 端氮原子并使其质子化，底物肽键被削弱；④底物肽键断裂，底物肽键 N 端以质子化氨基的形式离去，C 端转化为羧基并与锌离子配位，之后水分子取代 C 端羧基与锌离子配位，完成催化循环。

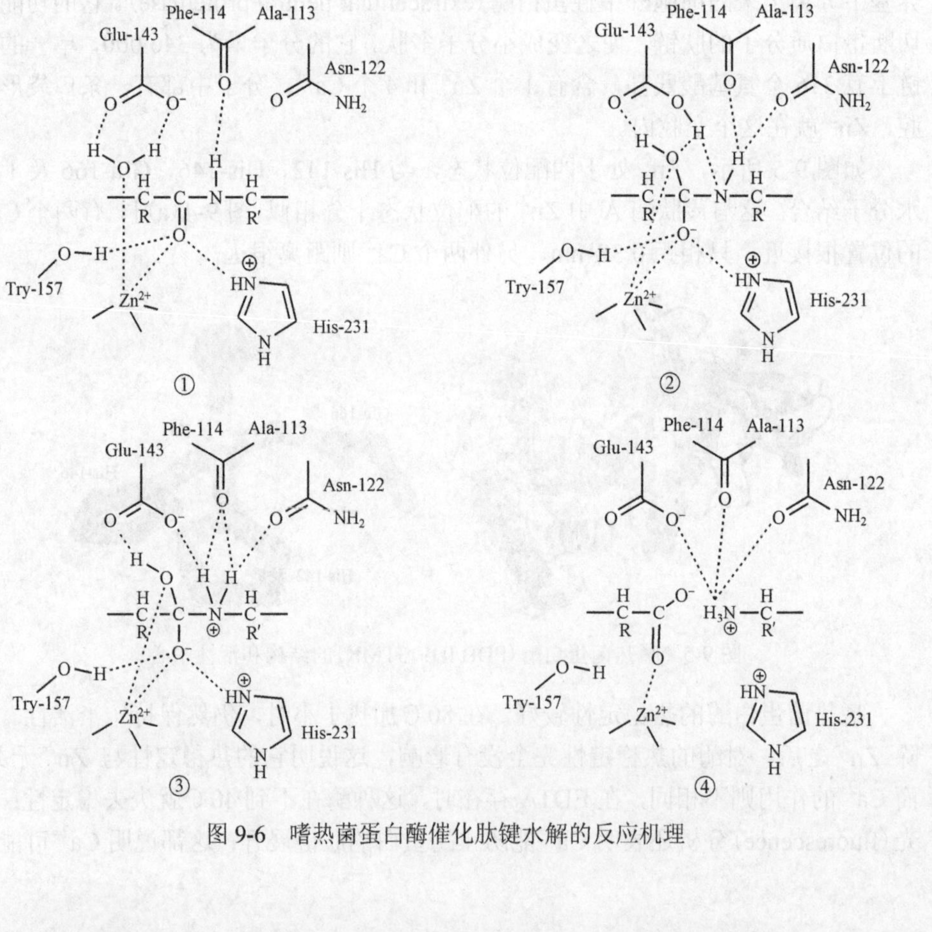

图 9-6　嗜热菌蛋白酶催化肽键水解的反应机理

用其他金属取代 Zn^{2+} 进行试验的结果也支持 Zn^{2+} 五个配位的机理。用 Co^{2+} 取代的酶具有与自然酶同等的活性，而 Cu^{2+}、Cd^{2+} 和 Hg^{2+} 取代的酶则是失活的。原因可能是 Zn^{2+} 和 Co^{2+} 都比较容易改变其配位状态和采取三角双锥的配位方式。

9.3 酯　　酶

酯酶催化各种酯键水解。其中，羧酸酯酶(carboxylesterase)催化羧酸酯水解。

$$RCOO-R'+H_2O \longrightarrow RCOOH+R'OH \tag{9-2}$$

如脂肪酶(lipase)、磷脂酶 A(phosphatidase A)。此外，磷酸酯酶(phosphatase)则催化磷酸酯键水解。

$$RO-PO(OH)-OR'+H_2O \longrightarrow RO-PO(OH)_2+R'OH \tag{9-3}$$

磷酸酯酶又分为磷酸单酯酶(phosphomonoesterase)(底物的 R = H 时)，如碱性磷酸酯酶(alkaline phosphatase)，以及磷酸二酯酶(phosphodiesterase)，如磷脂酶 C。

9.3.1 碱性磷酸酯酶

碱性磷酸酯酶(alkaline phosphatase, AP)是迄今为止研究最为透彻的金属磷酸水解酶，能催化磷酸单酯的水解，因它在 pH 约为 8 时活性最大而得名，但对磷酸二酯无催化作用。其结构已获表征，大肠杆菌的碱性磷酸酯酶通常以二聚体形式存在，每个单元含有两个 Zn^{2+} 和一个 Mg^{2+}，其中两个 Zn^{2+} 是活性位点，而 Mg^{2+} 不直接参与催化，其主要的作用是稳定酶的结构，其结构如图 9-7 所示。其中 Zn1 与分别来自两个组氨酸(His-331、His-412)的氮原子，一个天冬氨酸(Asp-327)的

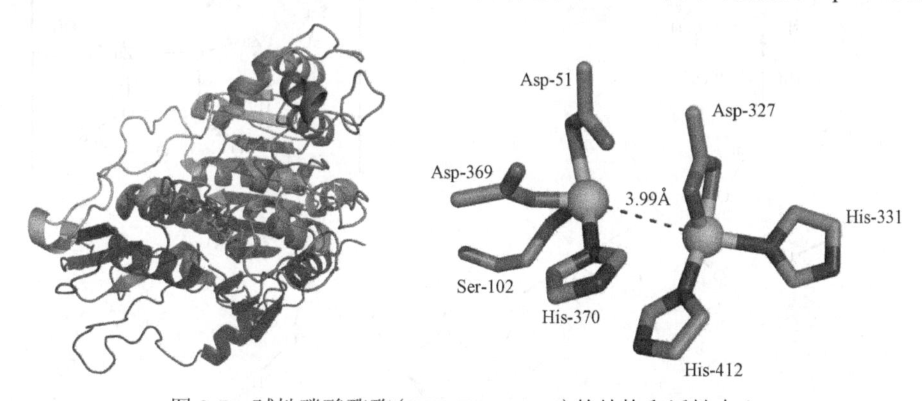

图 9-7　碱性磷酸酯酶(PDB ID：1ALK)的结构和活性中心

两个氧原子以及一个水分子配位；Zn2 与分别来自两个天冬氨酸(Asp-51、Asp-369)的氧原子、一个组氨酸(His-370)的氮原子、一个丝氨酸(Ser-102)的氧原子以及一个水分子配位，都形成五配位的几何构型；两个 Zn^{2+}之间的距离是 3.99 Å。

碱性磷酸酯酶催化水解的典型底物是磷酸单酯，如对磷酸硝基苯酯，其反应如式(9-4)所示。

$$R-O-PO_3^{2-}+H_2O=\!=\!=ROH+HPO_4^{2-} \tag{9-4}$$

根据酶-磷酸根的配合物的高分辨结构数据和相关的波谱及动力学数据，碱性磷酸酯酶催化磷酸酯水解的机理是一个两步的亲核取代过程，其间形成一个磷酸酶中间体，碱性磷酸酯酶反应的详细途径表述为图 9-8。水解过程如下：①碱性磷酸酯酶与底物结合，酶活性中心的两个 Zn^{2+}分别与磷酸单酯上的两个氧配位；②其中一个 Zn^{2+}活化与之靠近的丝氨酸 Ser-102，使其进攻磷酸单酯，形成一个具有两个四元环结构的过渡态中间体；③磷酸酯键断裂，Ser-102 羟基上的质子转移至 RO^-，形成 ROH 离去，形成只具有一个四元环的中间体；④另一个 Zn^{2+}活化一个水分子进攻磷酸基上的磷原子，把磷酸基从丝氨酸残基上取代下来，酶活性中心的两个 Zn^{2+}分别与磷酸根 PO_4^{3-}上的两个氧配位；⑤水分子与活性中心的一个 Zn^{2+}结合，PO_4^{3-}获得一个质子以 HPO_4^{2-}的形式离去，另一个 Zn^{2+}则向丝氨酸 Ser-102

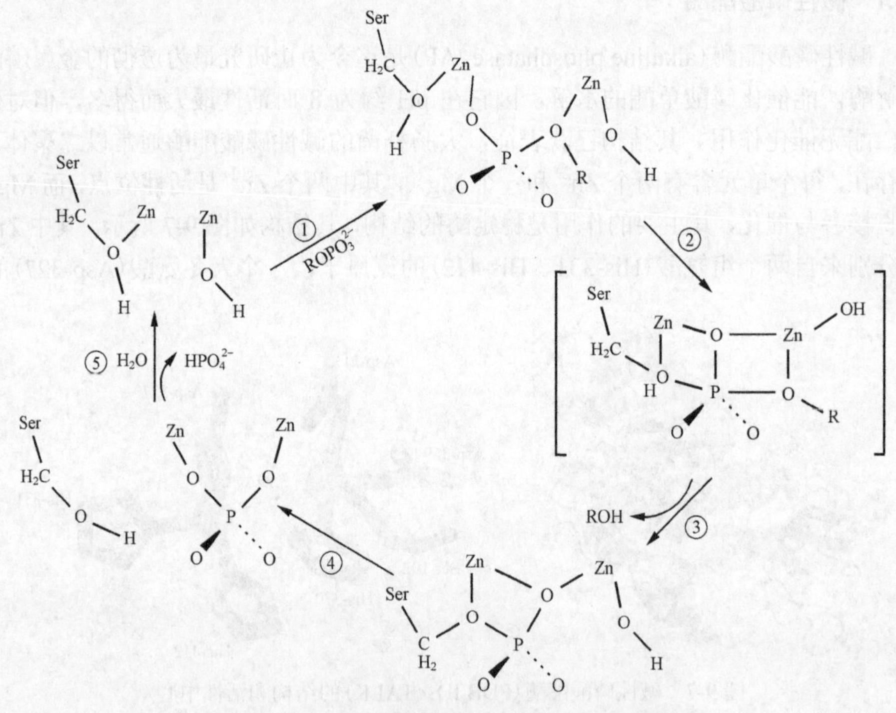

图 9-8 碱性磷酸酯酶水解断裂磷酸单酯的机理

的羟基靠近，开始新的催化循环。

碱性磷酸酯酶催化磷酸酯水解的每一步中，两个 Zn^{2+}都协同发生作用，其中一个活化亲核试剂，另一个稳定离去基团上的负电荷，两个 Zn^{2+}还起到固定底物使其保持合适的构型、通过静电作用稳定五价磷过渡态的作用。此外，水解过程中活性中心附近的正电性精氨酸 Arg-166 残基与底物负电性的磷酸酯之间的静电作用使底物定向结合在活性部位上，与 Zn^{2+}配位的氢氧根进攻磷酰基丝氨酸酯使其发生断裂。该水解酶活性的 pH 依赖性为锌-羟化物种(Zn-OH)提供了证据。

9.3.2　紫色酸性磷酸酯酶

紫色酸性磷酸酯酶(purple acid phosphatase, PAP)因活性最佳的 pH 落在 4.9～6.0 范围内，且颜色为紫色而得名，能催化磷酸单酯的水解。紫色酸性磷酸酯酶也具有双金属催化位点，其中一个是三价的 Fe^{3+}，另一个是二价金属离子，通常是 Zn^{2+} 或 Fe^{2+}，两个金属位点协同作用，催化磷酸酯的水解。

图 9-9 是菜豆紫色酸性磷酸酯酶的结构和活性中心金属离子的配位构型。如图所示，其由四个亚基组成，每个亚基有一个 Zn^{2+}和 Fe^{3+}，Zn^{2+}与分别来自两个组氨酸(His-286、His-323)的氮原子、一个天冬氨酸 Asp-164 的一个氧原子、一个天冬酰胺 Asn-201 的一个氧原子以及一个水分子配位，Fe^{3+}与天冬氨酸 Asp-164 的另一个氧原子、天冬氨酸 Asp-135 的一个氧原子、组氨酸 His-325 的一个氮原子、苏氨酸 Tyr-167 的氧原子以及一个水分子配位，都形成五配位的几何构型。两个金属离子被天冬氨酸残基上的羧基氧原子桥联，每个金属离子都保留一个敞开的配位点，这个配位点据推测被溶剂水分子占据。

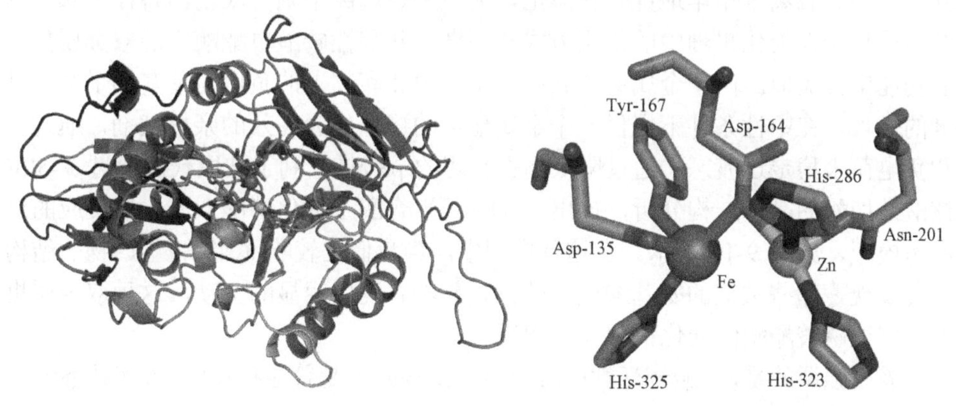

图 9-9　菜豆紫色酸性磷酸酯酶(PDB ID：4KBP)的结构和活性中心

在催化底物水解时，由 Fe^{3+} 活化的 H_2O 或 OH^-亲核进攻底物的磷原子，形成配位几何构型为三角双锥的过渡态，另一个二价金属离子的作用被认为是在其他活性点附近的氨基酸残基的协同下，稳定过渡态的负电荷。图 9-10 为紫色酸性磷酸酯酶催化磷酸单酯水解的机理。在催化底物水解的过程中，活性中心附近的几个组氨酸残基(His-202、His-295、His-296)起到了非常重要的作用，这些组氨酸残基上的氢离子通过与磷酸酯底物上的氧离子之间形成氢键，从而利于中间过渡态的结构稳定，使得水解产物易于离去。

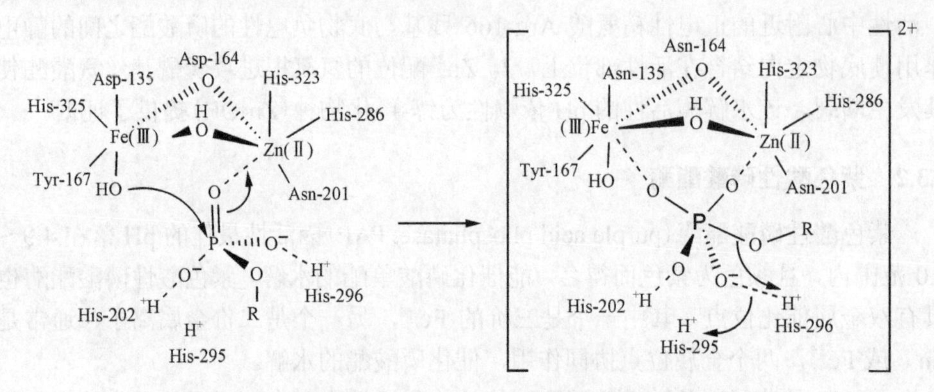

图 9-10 紫色酸性磷酸酯酶催化磷酸单酯水解的机理

9.3.3 磷酸双酯酶

上述磷酸单酯酶的这种双金属协同作用的催化机理也被用于解释催化 DNA 中磷酸双酯键水解的金属酶的作用机理。例如，大量有关 DNA 聚合酶Ⅰ中 3′-5′位核酸外切酶的晶体结构研究表明，磷酸双酯键是在两个 Mg^{2+} 的作用下发生水解的(虽然生物体内采用的金属种类还不能确定，但极有可能是 Mg^{2+} 或 Zn^{2+})。其中一个金属离子牢牢地键合在酶上，另一个金属离子则与底物结合在一起。两个金属离子在催化机理中的作用方式和碱性、和酸性磷酸单酯酶中的双金属离子的功能十分类似。两个金属离子共同作用，中和底物上的负电荷使其利于亲核试剂的进攻，在中性条件下提供一个金属配位的羟基作为高效的亲核试剂，通过中和负电荷来稳定过渡态，通过降低离去基团的 pK_a 使其利于被取代。通过 3′-5′位核酸外切酶的晶体结构分析，提出了 DNA 聚合酶Ⅰ催化磷酸双酯水解反应的过渡态模型，如图 9-11 所示。在这种模型中，当我们比较酶-底物和酶-产物的结构时会发现，那些关键的氨基酸残基的位置并没有发生明显的变动。这种双金属机理与碱性磷酸酯酶的催化机理非常相似。

需要强调的是，核酸酶活性中心双金属结构并不是普遍存在的。许多核酸酶，例如核糖核酸酶 H、核酸内切酶 *Eco*RI 和葡萄糖链球菌核酸酶的活性中心都是单金属结构。而且，已有研究人员对一些基于 Mg^{2+}的核酸酶的双金属离子催化机理提出了质疑，因为这种机理几乎仅仅是建立在少数几种酶的晶体结构的基础之上。需要指出的是，用于晶体结构分析中的金属离子，常常与生物体内利用的金属不

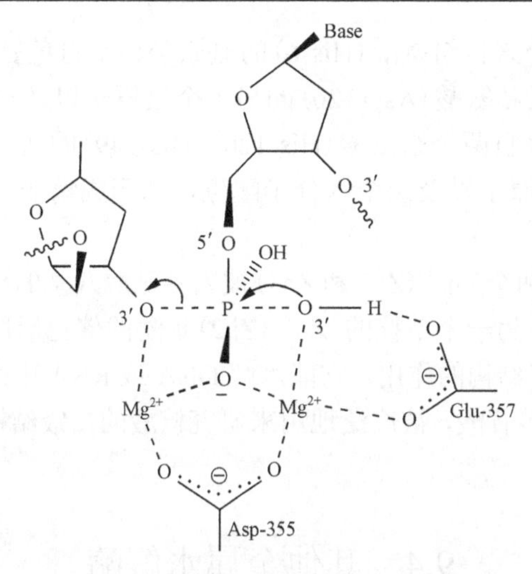

图 9-11　DNA 聚合酶酶催化磷酸双酯水解的过渡态模型

同。有时为了方便晶体结构的确定，用 Mn^{2+}或 Co^{2+}来代替 Mg^{2+}。而且，即使使用 Mg^{2+}来进行结构测定，在培养酶的晶体时溶液中金属离子的浓度也远远超过生理条件下的金属离子浓度。用于解释核酸酶双金属催化机理的证据显然不如碱性磷酸单酯酶那么翔实，还需要进行酶学方面的深入研究。

9.3.4　核酸酶 P1

核酸酶 P1(nuclease P1)中含有三个 Zn^{2+}，图 9-12 是核酸酶 P1 的结构和金属离子的配位构型。如图所示，Zn1 与分别来自两个组氨酸(His-60、His-116)的两个氮原子、分别来自两个天冬氨酸(Asp-45、Asp-120)的两个氧原子以及一个水分

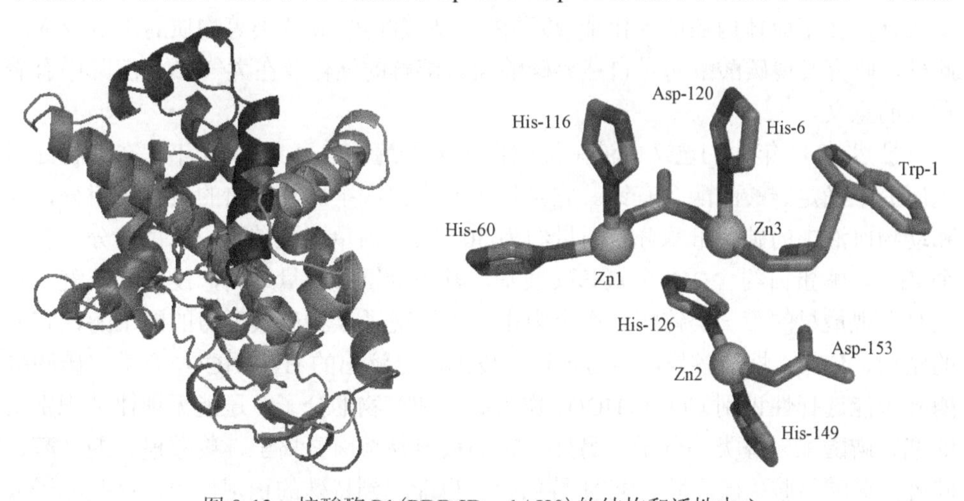

图 9-12　核酸酶 P1(PDB ID：1AK0)的结构和活性中心

子配位，Zn3 与一个来自组氨酸(His-6)的氮原子、来自色氨酸(Trp-1)一个氧原子和一个氮原子、天冬氨酸(Asp-120)的另一个氧原子以及与 Zn1 配位的水分子配位，Zn2 与分别来自两个组氨酸(His-126、His-149)的两个氮原子、一个天冬氨酸(Asp-153)的氧原子以及两个水分子配位，都形成畸变三角双锥的五配位几何构型。

核酸酶 P1 中的两个 Zn^{2+} (Zn1 和 Zn3)被天冬氨酸残基的羧基氧和一个水分子桥联构成双核单元，另一个单核的 Zn^{2+}(Zn2)是酶的催化活性中心，双核单元作为辅助基团起着维持结构的作用。它能水解 DNA 或 RNA 中的磷酸二酯键，生成 5′-核苷酸或 5′-脱氧核苷酸，被广泛地用来研究核酸的二级结构，是基因工程研究中的一种工具酶。

9.4 其他金属水解酶

9.4.1 碳酸酐酶

碳酸酐酶(carbonic anhydrase，CA)是一类广泛分布于动物、植物及细菌体内参与酸碱平衡调节及离子交换等过程的含锌金属酶。它们最主要的生理功能是能可逆地催化二氧化碳(CO_2)的水合过程，如方程式(9-5)所示：

$$CO_2 + H_2O \rightleftharpoons HCO_3^- + H^+ \tag{9-5}$$

碳酸酐酶在动物组织代谢和肺部间、许多分泌过程、鸟外壳钙化及植物光合作用中的 CO_2 传输中起着重要作用，其转换数高达 10^6，是已知金属酶中最高的一种，并维持细胞内的 CO_2/HCO_3^- 的平衡。碳酸酐酶除了能可逆催化 CO_2 的水合反应外，在生命体内还能催化酯(羧酸酯、磷酸酯等)和醛类等物质的水解反应。此外，研究发现碳酸酐酶对自然界碳酸盐岩溶解的催化及在大气 CO_2 沉降中有着重要的意义。

虽然 1933 年人们已从血液中提取出碳酸酐酶，但直到 1940 年才在动物红细胞研究中确定碳酸酐酶含有锌。它是红细胞中仅次于血红蛋白的蛋白质组分，人和动物血液中的碳酸酐酶分子质量约为 30 kDa，由单一肽链组成，每个分子含一个 Zn^{2+}，酶蛋白约含 260 个氨基酸残基，其中脯氨酸含量最高，没有二硫键，它们是发现最早的第一类锌酶。迄今为止至少发现了 8 种碳酸酐酶的同工酶，它们的结构、分布、性质各异，多与各种上皮细胞分泌出的 H^+和 HCO_3^- 有关。碳酸酐酶除了能选择性识别 CO_2 和 HCO_3^- 作为底物和产物的分子，还能无规律地识别羧酸酯、磷酸酯、醛类等分子。另外，它们很容易与卤素离子、羧酸根、酚、醇、咪唑、羧酸酰胺、硫酰胺、SCN^-等结合，也能起到特殊的识别作用，这些分子或离子作为抑制剂抑制碳酸酐酶的催化活性。

9.4.1.1　组成与结构

在 8 种同工酶中，以人碳酸酐酶 II (HCA II) 的催化活性最高，所以针对它催化 CO_2 的可逆水合过程研究得最多。X 射线晶体衍射结构研究揭示了 HCA II 活性部位的环境，如图 9-13 所示。活性中心大约宽 15 Å，深 15 Å，晶体结构显示它的活性中心是由三个组氨酸残基(His-94、His-96 和 His-119)和一个水分子与一个锌原子配位所形成的一个畸变四面体结构，锌原子处于 HCA II 结构中一个 1.5 μm 的深凹中，附近的环境分为疏水和亲水两个部分。疏水部分由疏水的氨基酸残基 Val-143、Val-121、Trp-209 和 Leu-198 构成了一个疏水口袋。亲水部分由一些亲水的残基 His-64、Thr-199 和 Glu-106 及部分有序的水分子组成了一个大的氢键网络，提供了一个质子转移的通道。在研究对-硝基乙酸苯酯的水解活性中，间接测得 HCA II 中配位水分子的酸离解常数 pK_a 值等于 6.8。

碳酸酐酶的活性中心除了 Zn^{2+} 伴有重要的催化角色外，其周围的疏水口袋也有不可忽视的作用。研究发现它是底物 CO_2 分子的结合部位，起着固定 CO_2 分子的作用。另外，外层几个非配位的氨基酸残基也起了很大的作用。例如 His-64 作为质子接收基，通过氢键作用有利于配位 H_2O 中质子的离去形成活性物质 $His_3Zn—OH^-$，称质子“梭”，同时也可降低 $His_3Zn—HCO_3^-$ 被 H_2O 取代时的反应能垒。有关 Thr-199 作用的报道很多，它从与 Zn^{2+} 结合的氢氧化物处得到一个氢键，又提供一个氢键给 Glu-106，而就是通过这种氢键网络起到稳定 His_3Zn-OH^- 结构的作用。另外有报道说 Thr-199 在 $His_3Zn—HCO_3^-$ 中间体形成后的质子转移过程中直接影响 HCO_3^- 单齿和双齿配位的转变。

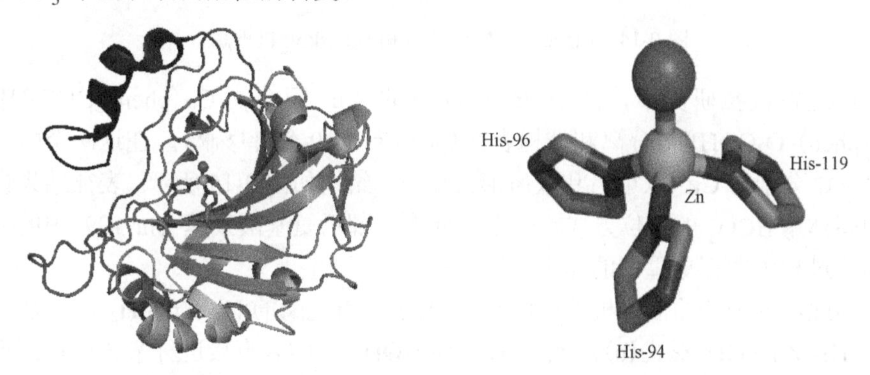

图 9-13　碳酸酐酶 II (PDB ID：_3KKX) 的结构和活性中心

9.4.1.2　催化机理

碳酸酐酶的催化循环机理最广泛地被人接受的是所谓的锌-羟基机理。该机理认为首先配位水分子被 Zn^{2+} 活化脱质子后生成活性物质 $His_3Zn—OH^-$，由疏水口

袋结合底物 CO_2 分子到 $Zn—OH^-$ 附近。其次与 Zn^{2+} 配位的 OH^- 进攻键合的底物分子 CO_2 形成碳酸氢根中间体 $His_3Zn—HCO_3^-$，最后 H_2O 快速取代 HCO_3^- 完成催化循环。到底中间体 $Zn—HCO_3^-$ 中与 Zn^{2+} 配位的 HCO_3^- 中的氧原子采取的是单齿配位还是双齿配位，这个问题并不清楚。许多实验支持碳酸酐酶催化 CO_2 水合和 HCO_3^- 脱水可逆过程中分子内的质子转移为反应速率控制步骤。为了说明质子转移过程，Lipscomb 和 Lindskog 分别提出了涉及不同 $Zn—HCO_3^-$ 中间体结构的两种反应机理。前者提出四面体配合物中 HCO_3^- 的两个氧原子间有质子转移，使 $Zn—HCO_3^-$ 中间体具有双齿配位结构特征，后者提出在中间体形成过程中没有质子转移，最后形成具有单齿配位特征的中间体 $Zn—HCO_3^-$（图 9-14）。

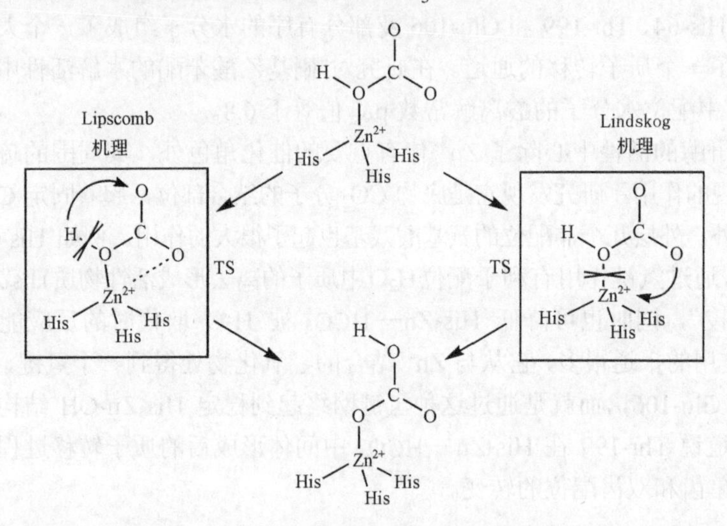

图 9-14　Lipscomb 机理（左）和 Lindskog 机理（右）

最近在模拟研究中，两个 HCO_3^- 配位的 Cu^{2+} 配合物 $[Cu(phen)_2OCO_2H]^+$、$[Cu(phen)_2O_2COH]^+$ 被分离和结构表征（phen = 1,10-邻菲啰啉），在这两个配合物中 HCO_3^- 分别与 Cu^{2+} 以单齿和双齿形式配位，结构如图 9-15 所示。表征结果说明了中间体中 HCO_3^- 的配位方式不是主要问题，邻近氨基酸残基 Thr-199 中的羟基在催化过程中发挥更重要的作用。

因此，一种新的催化机理如图 9-16 所示，首先酶的 $His_3Zn\text{-}OH_2$(a) 去质子离解为 $His_3Zn—OH$ 形式(b)。然后 $His_3Zn—OH$ 对 CO_2 直接进行亲核进攻，形成 $His_3Zn—OCO_2H$(c)，该中间体称为 Lindskog 结构，并由氨基酸残基 Thr-199 与 Glu-106 组成一个氢键网络所稳定。进一步进行质子转移，HCO_3^- 对锌离子形成双齿配位的 $His_3Zn—O_2COH$，即 Lipscomb 结构(d)。最后 H_2O 分子取代配位的 HCO_3^- 离子构成一个催化循环。与早期提出的催化机理相比，该机理强调氨基酸残基 Thr-199 在催化过程中发挥了重要作用，认为 Thr-199 的催化作用是稳定 Lindskog

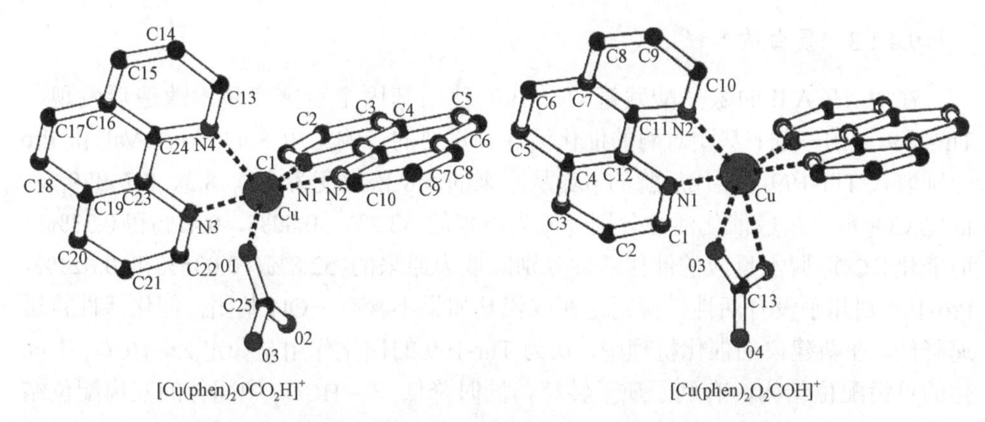

图 9-15　Lipscomb 和 Lindskog 中间体模拟分子的晶体结构

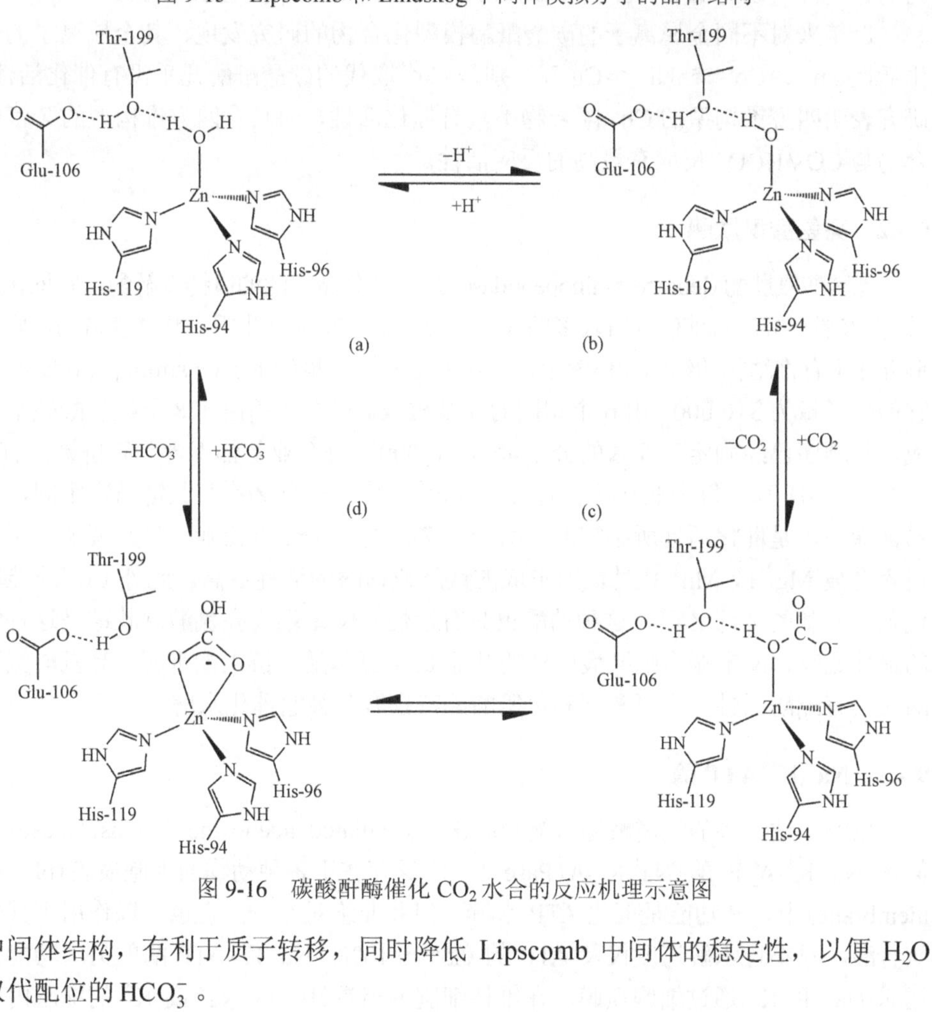

图 9-16　碳酸酐酶催化 CO_2 水合的反应机理示意图

中间体结构，有利于质子转移，同时降低 Lipscomb 中间体的稳定性，以便 H_2O 取代配位的 HCO_3^-。

9.4.1.3　蛋白质工程

在对 HCA Ⅱ的氨基酸残基 Thr-199 使用基因定点突变技术改造后发现，Thr-199 中的—OH 基团对酶的催化活性有重要的影响。用 Ser、Ala、Val 和 Pro 分别取代 Thr-199，取代后酶的 pK_a 从原来的 6.8 依次变为 7.3、8.3、8.7 和 9.2，催化 CO_2 水合反应催化活性分别降低为原来的 62.2%、0.82%、0.41%和 0.33%；而催化 HCO_3^- 脱水反应的催化活性分别降低为原来的 52.8%、0.035%和 0.021%，Pro-199 则几乎没有活性，特别是在取代基如果不含有—OH 基团，催化活性将迅速降低。在新建议的催化机理中，认为 Thr-199 的催化作用是稳定 Zn-HCO_3^- 中间体的单齿配位结构，有利于质子转移，同时降低 Zn-HCO_3^- 中间体的双齿配位结构的稳定性，以便 H_2O 取代配位的 HCO_3^-，加速 HCO_3^- 的脱水过程。

近年来对不同金属离子的碳酸酐酶模型化合物的研究发现，其金属离子的催化活性 $Zn^{2+}>Co^{2+}\gg Ni^{2+}\approx Cu^{2+}$，特别是 Cu^{2+}取代的碳酸酐酶几乎没有催化活性。研究表明四方锥构型的 Cu^{2+}配合物不具有催化活性，而具有四方锥构型的 Zn^{2+}配合物与 CO_2/HCO_3^- 反应有最高的反应活性。

9.4.2　亮氨酸氨肽酶

亮氨酸氨肽酶(leucine aminopeptidase)是一种分布广泛的肽链端解酶，它催化肽链 N 末端水解。目前研究得较多的亮氨酸氨肽酶是首先从牛眼晶状体获得的，它普遍存在于脊椎动物的组织和体液中，又称为胞液氨肽酶(cytosolic aminopeptidase)。它的分子量为 310 000，由 6 个相同的亚基构成。每个亚基由 478 个氨基酸残基组成，其顺序已经确定。亚基的分子量为 51 000。每个亚基都不含二硫桥键，有 7 个游离—SH 基。每个亚基还含有 2 个 Zn^{2+}。其中一个 Zn^{2+}与肽链结合牢固，不易被除去，是催化活性所必需的；另一个 Zn^{2+}与肽链结合松弛，只起调节作用，很容易被 Mg^{2+}或 Mn^{2+}代替，所形成的镁酶或锰酶的活性更高。此外 Co^{2+}还能取代各个亚基的全部 Zn^{2+}，这种钴酶也具有活性。N 末端为亮氨酸的肽链是这种酶的最佳底物，N 末端为脯氨酸以外的其他 L-型氨基酸肽链也能水解。亮氨酸氨肽酶还具有酯酶活性，亮氨酸酯和色氨酸酯特别容易被它催化水解。

9.4.3　Na^+,K^+-ATP 酶

依赖于钠、钾的三磷酸腺苷酶(Na^+,K^+-stimulated adenosine triphosphatase)，简称 Na^+,K^+-ATP 酶(Na^+,K^+-ATPase)，广泛存在于各种动物的细胞质膜(plasma membrane)上，其功能是催化 ATP 水解，但并非绝对专一，它也可以作用于其他核苷酸，只不过水解速度仅及 ATP 的 0.5%～15%。Na^+,K^+-ATP 酶的另一功能是运送 Na^+ 和 K^+ 通过细胞质膜，在维持细胞的渗透性、低 Na^+ 高 K^+ 的细胞内环

境和细胞的静息电位方面具有重要意义。

1）组成与结构

Na^+,K^+-ATP 酶由 α、β 两种亚单位组成。α 亚单位分子量约为 90 000～100 000，β 亚单位分子量约为 45 000～50 000。有关 α 和 β 亚单位一级结构的资料很少，氨基酸顺序分析进展缓慢，因为蛋白裂解后其疏水片段聚合在一起而造成测定的困难。对于这种酶的二级和三级结构的了解也不多。某些研究结果认为，横过膜的脂质双层(lipid bilayer)的多肽段可能是 α 螺旋结构。过去认为 Na^+, K^+-ATP 酶的最小功能单位是四聚体($\alpha\beta\beta\alpha$)，而最近的研究表明，二聚体 $\alpha\beta$ 是最小活性单位。在细胞质膜上有二聚体($\alpha\beta$)和四聚体($\alpha\beta\beta\alpha$)两种形式。这两种形式的酶都跨越细胞质膜存在。其中二聚体直径为 3.0～3.5 nm，垂直于膜平面的长度约 11.5 nm，向膜内细胞质突出 5.0 nm，向膜外伸出 2.0 nm。α 亚单位是催化亚单位，含有催化 ATP 水解的活性部位。β 亚单位是糖蛋白(glycoprotein)，其确切功能尚不清楚。

2）辅助因子的特异性

Na^+,K^+-ATP 酶的最主要特征是它的活性依赖于 Na^+和 K^+的存在。对 Na^+的需要是绝对的，而 K^+则可以被 Rb^+、Cs^+、Li^+和 NH_4^+等多种一价阳离子代替。在 Na^+/K^+ 比值为 5～10 时，酶的活性最高。任何一种离子超出其最大激活浓度都有抑制作用，这可能与两种离子相互竞争酶的活性部位有关。

酶与底物结合还需要 Mg^{2+}存在。Ca^{2+}和 Mn^{2+}可以代替 Mg^{2+}，但其作用仅为 Mg^{2+}的 10%。另一些二价阳离子，如 Fe^{2+}、Zn^{2+}、Cu^{2+}、Ba^{2+} 和 Sr^{2+}等，则抑制 ATP 水解。

3）催化机制

Na^+,K^+-ATP 酶的基本功能是催化 ATP 末端磷酸水解，并利用该反应的自由能来对抗电化学梯度，进行 Na^+、K^+的主动运送，以维持细胞内 Na^+、K^+浓度相对稳定，保持细胞膜内外渗透压平衡。关于 Na^+、K^+的运送将在第 10 章介绍。

ATP 水解是一个多步骤的连续反应。

$$E_1+ATP \underset{(1)}{\rightleftharpoons} E_1\cdot ATP \xrightarrow[Na^+,\ Mg^{2+}]{\nearrow ADP} E_1{\sim}P \underset{(3)}{\overset{Mg^{2+}}{\rightleftharpoons}} E_2\text{-}P \underset{(4)}{\overset{K^+}{\rightleftharpoons}} E_1+Pi \quad (2) \cdots \tag{9-6}$$

酶反应的第一步是 ATP 与酶结合(图 9-17)。ATP 分子上嘌呤(purine)环的 6-NH_2，核糖(ribose)的 2-OH 及 β, γ 磷酸基团是结合基团；而酶的结合位点则有 1 个半胱氨酸的—SH 和 1 个酪氨酸的—OH，可能与 ATP 的嘌呤基团互相作用，还有 1 个精氨酸的胍基可能与 ATP 的 β, γ 磷酸基结合。第二步是 ATP 水解，释放出

ADP，同时产生的磷酸化中间产物 E_1-P 是“高能化合物”。第三步，在 Mg^{2+}辅助下，酶分子发生构象改变，从原来的亲 Na^+性构象 E_1 变为“低能”的亲 K^+性构象 E_2。在这一步骤中，Na^+的结合位点从膜内侧转向膜外侧。最后一步是膜外 K^+激活的去磷酸化作用(dephosphorylation)，同时 K^+的结合位点从膜外转向膜内，酶分子回复原来的构象 E_1。

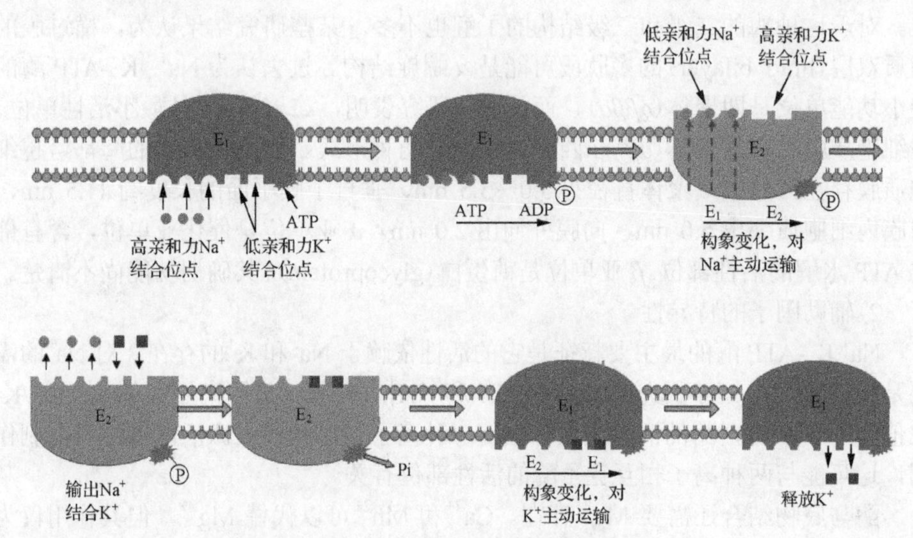

图 9-17　Na^+,K^+-ATP 酶的催化反应机制示意图

Na^+,K^+-ATP 酶的一个特性是它对离子的转运循环依赖自磷酸化过程，ATP 上的一个磷酸基团转移到 Na^+,K^+-ATP 酶的一个天冬氨酸残基上，导致构象的变化。通过自磷酸化来转运离子的离子泵就叫作 P-type，与之相类似的还有钙泵和质子泵，它们组成了功能与结构相似的一个蛋白质家族。

9.4.4　金属水解酶模拟

在生物体内，蛋白质与核酸的表达、转录和复制涉及 DNA 分子的缩合及水解反应，金属水解酶在这些生物过程中发挥着极为重要的作用。因此，对金属水解酶的研究是近年来生物无机化学领域比较热门的课题之一。然而，酶本身的结构复杂性及低稳定性决定着对天然酶的直接研究将会非常困难。因此，构建结构与功能都能体现出天然金属水解酶本身特点的模型物，通过研究这些模型物来揭示天然水解酶结构与功能的关系及其作用机制，不失为一条简单而有效的途径。此外，一些具有高活性的人工模拟酶可被用作具有潜在医用价值的治疗试剂。

在金属水解酶模拟研究过程中，化学家们通常选用一些活化了的小分子来替代天然的大分子底物。这是因为，一方面天然底物的结构复杂且异常稳定，通常难以被水解，另一方面，这些小分子的水解反应可以很简便地用化学、光谱手段进行监测，可以为研究者提供大量有关反应机理方面的信息。图 9-18 是三种经常被用作测试水解模拟酶活性的底物。其中，对硝基苯酚醋酸酯(*p*-NA)常被用作模拟羧酸酯或者蛋白质的肽键，双(对硝基苯酚)磷酸酯(BNPP)常被用作模拟 DNA 磷酸双酯，而 2-羟丙基-对硝基苯酚磷酸酯(HPNP)因其具有可亲核进攻磷原子的羟基而常被用作模拟 RNA 磷酸双酯。

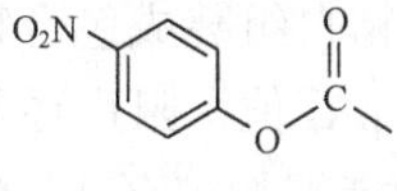

O_2N *p*-NA 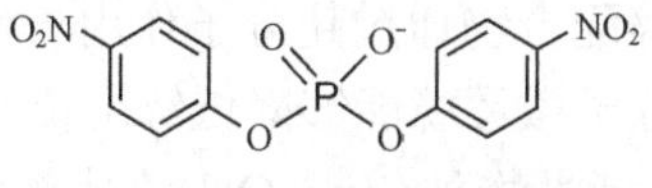　BNPP 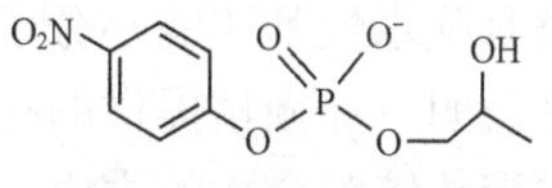　HPNP

图 9-18　三种常用的水解底物结构示意图

围绕金属酶的结构与功能的关系，早期研究主要集中在对金属酶活性中心的金属离子及其配位原子(第一配位环境)的酶学和化学模拟研究(即金属离子取代和活性中心结构的模拟)，并取得了非常重要的成果。图 9-19 中，**1**～**11** 为一些被

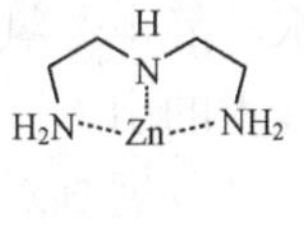

1 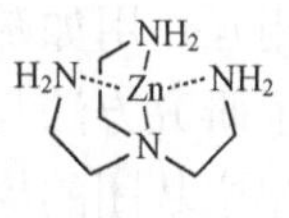　**2** 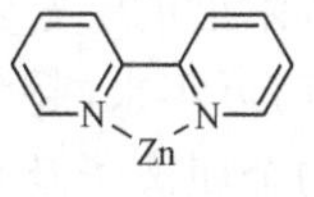　**3** 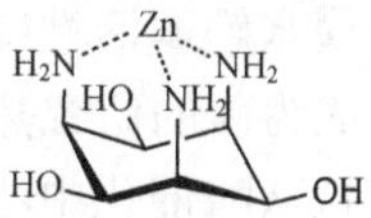　**4** 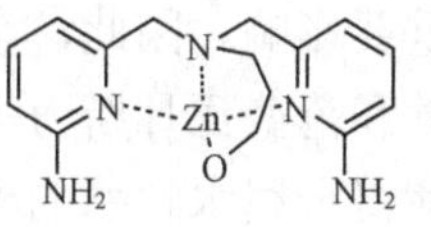　**5** 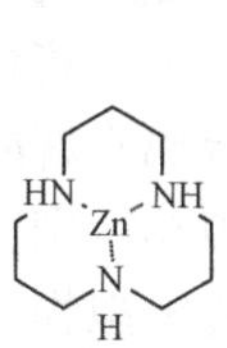　**6** 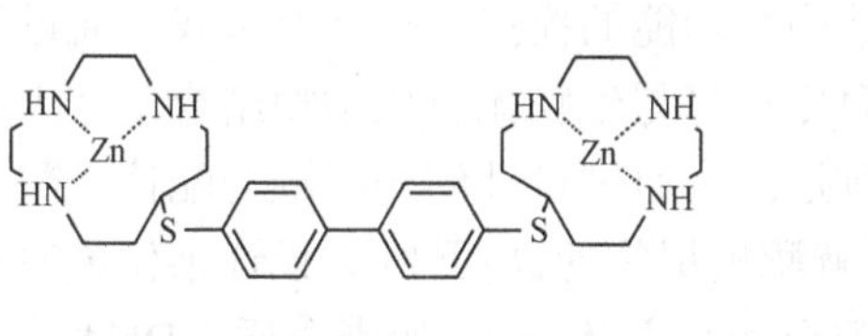　**7** 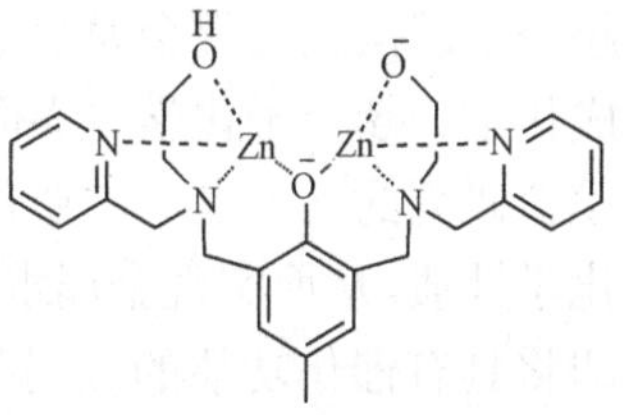　**8** 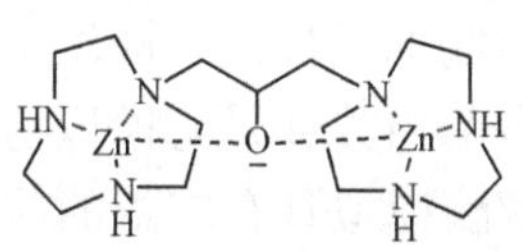　**9** 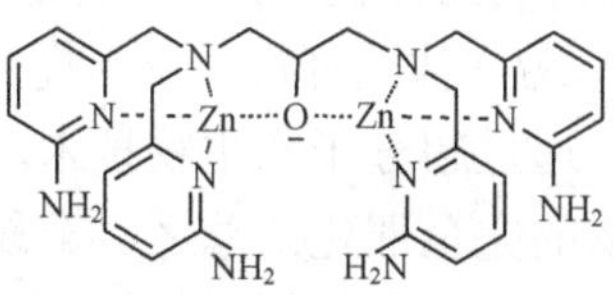　**10** 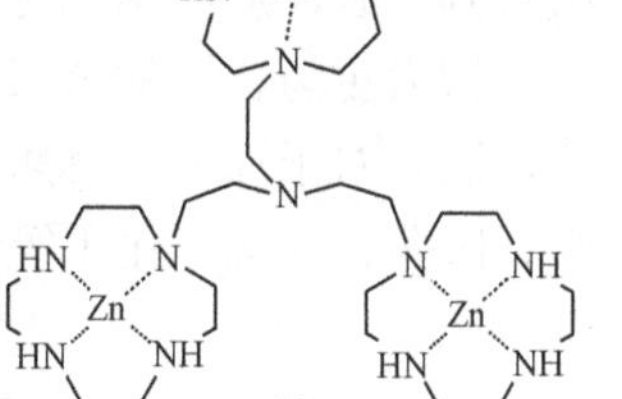　**11** 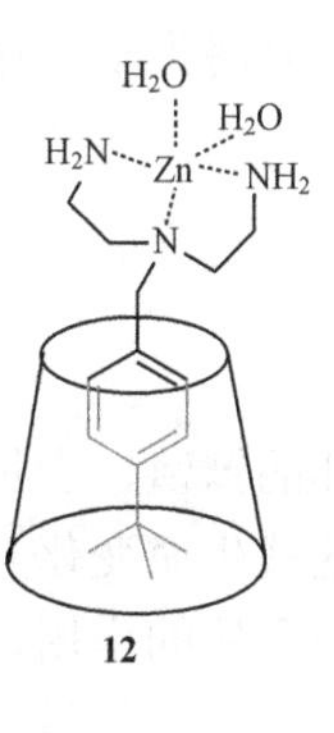　**12** 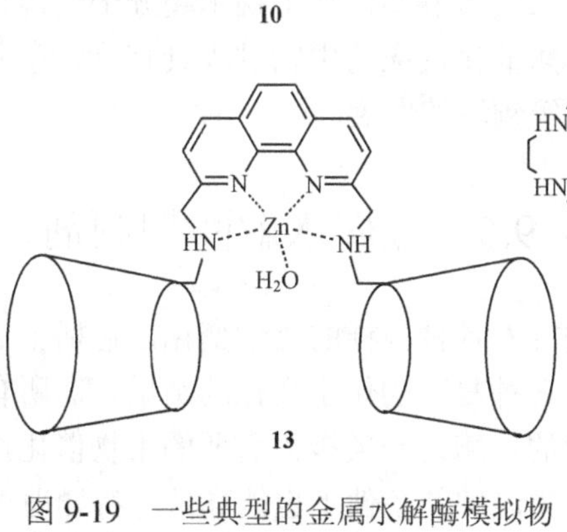　**13**

图 9-19　一些典型的金属水解酶模拟物

用作金属水解酶模型物的单、双、多核的小分子 Zn^{2+} 配合物。这些研究表明配体本身的结构，金属活性中心的配位情况及多核金属之间的协同作用都会对模型物的催化水解活性产生非常大的影响。

图 9-19 中所示 **12** 和 **13** 为两种环糊精超分子金属水解酶模型。模型物 **12** 是将具有疏水性基团的小分子锌配合物通过超分子作用与环糊精自组装成包合物。研究表明，环糊精提供的超分子微环境能够降低锌配位水的 pK_a 值，阻止羟基桥联二聚体锌配合物的生成，使活性物种(Zn—OH)在水溶液中能够稳定存在。模型物 **13** 是一种桥联环糊精二聚体，两个环糊精疏水空腔能够协同识别包合底物，并使底物在空间上接近催化活性中心，使得水解反应更易进行。

随着蛋白质工程技术的发展，人们发现金属水解酶的催化活性不仅仅由金属酶活性中心的金属离子决定，而位于金属离子附近的氨基酸残基，即第二配位环境，对底物分子的识别或通过弱相互作用参与催化过程对金属酶的催化活性也有重要影响。因此，金属水解酶活性中心附近的一些弱相互作用如疏水、静电、氢键和范德瓦耳斯力等成为新的研究热点。近年来，超分子研究方法与技术的引入，使得金属水解酶的模拟从酶催化中心的金属离子及其配位基团的模拟，发展到对金属酶的催化中心及其亚稳态、次层结构的疏水环境及底物识别基团的模拟，在超分子层次上实现金属酶结构和功能的模拟。这就要求我们通过学科交叉，将合成化学、超分子化学、界面化学等与生物无机化学相结合，努力开拓金属水解酶模拟研究的新方向，主要包括：①通过设计结构新颖的配体，赋予模拟物特别的化学性质，从而实现金属水解酶模拟物的高活性；②设计杂化金属水解酶模拟物，即将具有催化功能的金属配合物与主体分子(如蛋白质、DNA、抗体、环糊精和杯芳烃等)进行有机/无机杂化得到的催化剂，提供特定的第二配位环境，构建反应的预组织结构而诱导反应的区域/立体选择性，从而提高模拟酶的活性；③构建完整的多金属酶仿生催化系统，通过超分子和生物技术，将多个相关金属酶模拟物组合到一起，从而实现对底物的完全催化。总之，金属水解酶模拟具有广阔的前景，探索更为合适的金属模拟酶不仅利于揭示超分子结构和其催化活性的内在规律，而且对于深入了解酶催化反应的生物过程具有重要意义，也必将推动生命科学、医药、环境、化工等领域的发展。

9.5 金属水解酶抑制剂

生物体内不断地进行着各种各样的化学变化，包括生物个体的繁殖、生长分化、新陈代谢等，都是各种复杂的化学变化的结果。而所有的这些生命变化几乎都是在酶的催化下进行的。酶是一类极为重要的生物催化剂，由于酶的作用，生物体内的化学反应在极为温和的条件下也能高效、特异地进行。

能使酶的催化活性下降而不引起酶蛋白变性的物质称为酶的抑制剂。酶抑制剂一般具备两方面的特点：①在化学结构上（包括大小、形状、官能团）与被抑制的酶的底物分子或底物的过渡态相似。此类抑制剂分为底物系列抑制剂和过渡态系列抑制剂两种。②能与酶的活性中心以共价键或非共价键的方式结合，形成比较稳定的复合物。此类抑制剂，根据其与酶结合的紧密程度，可分为可逆性抑制剂和不可逆性抑制剂两类。随着对酶的深入研究发现，某些疾病的发生发展与酶的异常表达相关，酶抑制剂的开发也是目前新药来源的一个主要途径。据统计，在目前上市的药物中，以酶为靶点的药物占 22%。因此，以酶为靶点开发新药存在巨大潜力，今后很长一段时间仍然是发现新药的重要着手点。

含 Zn^{2+}金属蛋白酶是一类以 Zn^{2+}为活性中心的蛋白酶，是水解酶的重要一族，其广泛存在于各类组织中，在众多的生理过程中担当重要角色。含 Zn^{2+}金属蛋白水解酶抑制剂被报道具有抗肿瘤、抗炎、抗菌、抗高血压等多重功效。对已有的含 Zn^{2+}金属蛋白水解酶抑制剂结构进行分析发现，其结构主要由三个部分组成(图 9-20)：①含有一个表面识别基团，称为帽状部分(CAP)；②锌离子螯合基团(zinc binding group, ZBG)；③连接 ZBG 和 CAP 的疏水性连接链(Linker)。为了得到选择性更高，药代学和药动学特性更好的含 Zn^{2+}金属蛋白水解酶抑制剂，研究新型的 ZBG 已成为热点。目前文献报道的 ZBG 有：异羟肟酸类、羧基类、巯基类、*N*-甲酰羟胺类、磷酸衍生物等。

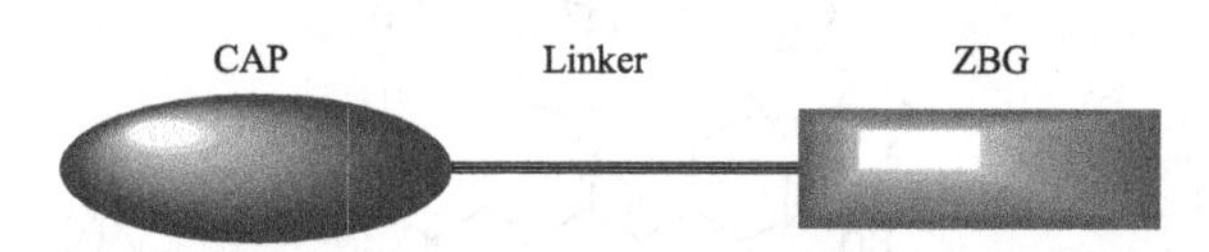

图 9-20　含 Zn^{2+}金属蛋白水解酶抑制剂结构组成

本节将围绕目前研究较多的含 Zn^{2+}金属蛋白水解酶，包括基质金属蛋白酶、碳酸酐酶和磷酸双酯酶的抑制剂展开介绍。

9.5.1　基质金属蛋白酶抑制剂

基质金属蛋白酶(matrix metalloproteinase, MMP)是一类依赖锌离子和钙离子的蛋白水解酶，能够降解细胞外基质和基膜，在介导肿瘤血管新生、转移和侵袭等过程中发挥重要作用，MMP 抑制剂已成为当前抗肿瘤新药研发的热点之一。

自 20 世纪 90 年代以来，MMP 抑制剂的发展尤为迅速。迄今为止，科学家们设计合成了大量的 MMP 抑制剂，其中部分已进入临床试验。通过对现有的 MMP 抑制剂进行总结，根据来源可将 MMP 抑制剂分为 3 类：①内源性抑制剂，即体内存在的 MMP 抑制因子，如人体中的组织金属蛋白酶抑制剂(TIMP)；②人工合成的抑制剂，如巴马司他、马马司他、索利司他等；③从天然产物中分离得到的抑制剂，如盐酸多西环素、坦诺司他及金雀异黄酮等。以上抑制剂结构式及代表化合物巴马司他与 MMP 活性位点相互作用如图 9-21 所示。

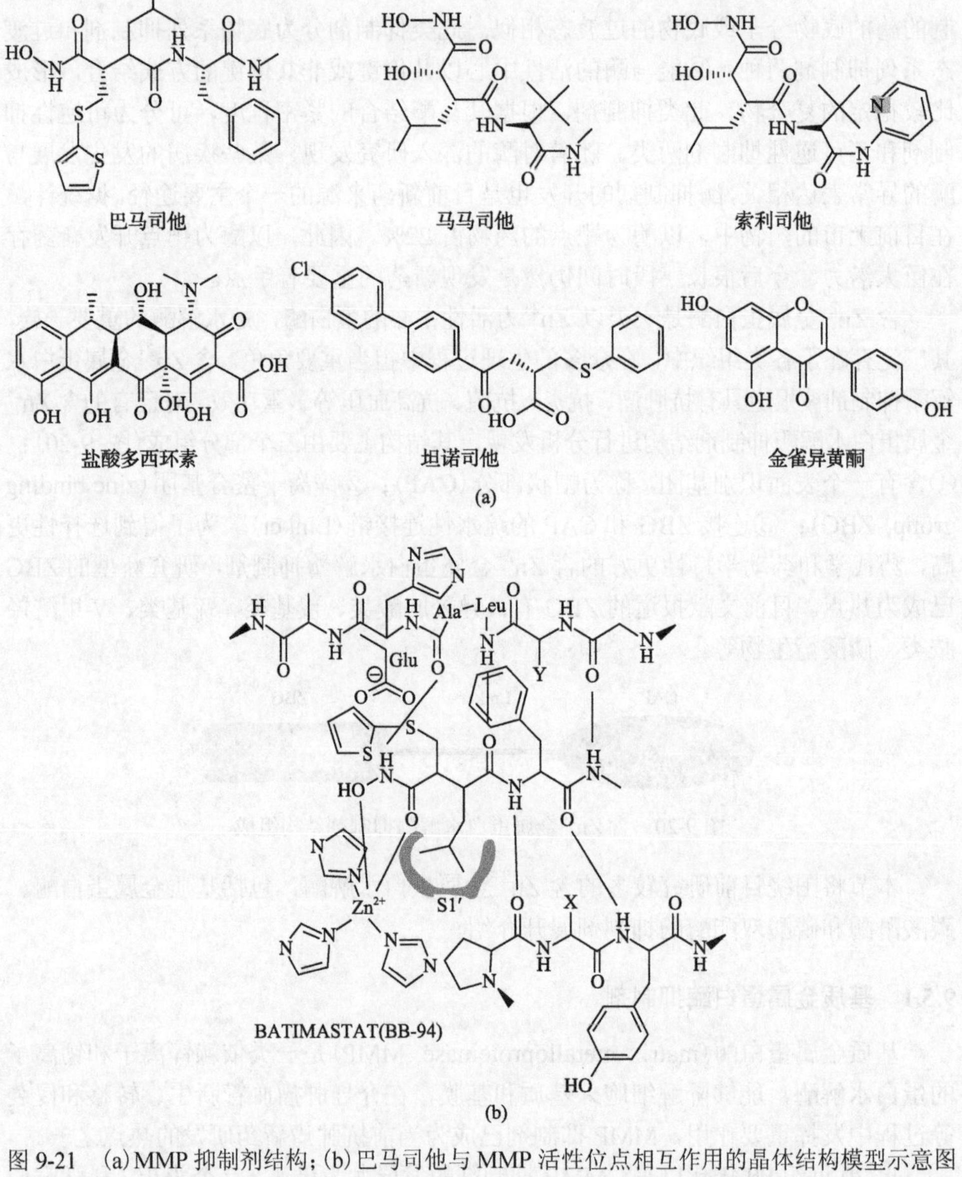

巴马司他
马马司他
索利司他
盐酸多西环素
坦诺司他
金雀异黄酮
(a)
Ala–Leu
Glu
S1′
Zn^{2+}
X
Y
BATIMASTAT(BB-94)
(b)

图 9-21　(a) MMP 抑制剂结构；(b) 巴马司他与 MMP 活性位点相互作用的晶体结构模型示意图

巴马司他、马马司他、索利司他均属于异羟肟酸类 MMP 抑制剂，该类抑制剂的构效关系被广泛研究，总结如下(图 9-22)：①羟肟酸基团与 MMP 的活性中心 Zn^{2+}结合；②R1 基团的修饰是 MMP 活性和选择性的关键，长链烷基或苯基烷基链取代利于提高对 MMP-1 和 MMP-7 的选择性；③Ra 的取代可增加对 MMP-1 和 MMP-3 的活性；④酰胺骨架中 N 原子被甲基化后会降低抑制剂活性；⑤R3 为芳香基团取代可提高对 MMP-3 的活性；⑥R2 为芳香基团取代可提高体外活性，且立体位阻较大的基团取代可提高口服生物利用度。

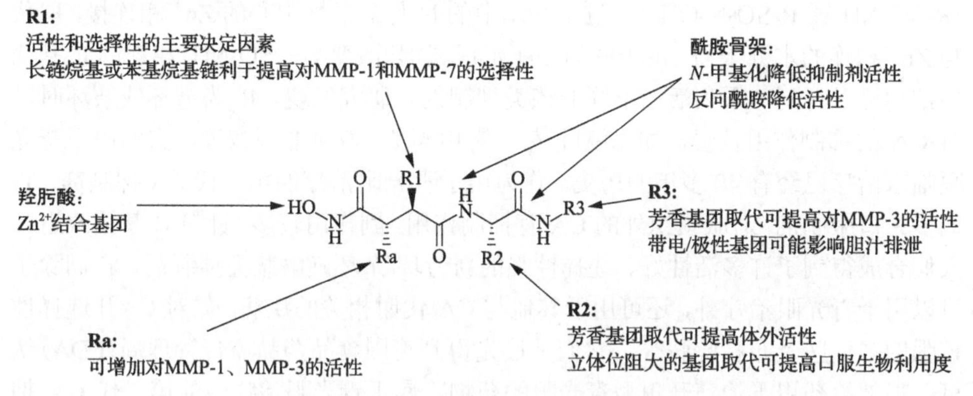

图 9-22　MMP 抑制剂的构效关系概述

9.5.2　碳酸酐酶抑制剂

碳酸酐酶(Carbonic anhydrase, CA)是一类广泛分布于动物、植物及细菌体内参与酸碱平衡调节及离子交换等过程的含锌金属酶。它们最主要的生理功能是能可逆地催化二氧化碳的水合过程。CA 抑制剂能抑制碳酸酐酶的活性，被用于抗青光眼、纠正酸碱失衡、利尿、抗肿瘤及神经痛等治疗。目前临床上常用的 CA 抑制剂多为磺酰胺类衍生物，其结构中的(R)SO_2NH_2基团是发挥作用的主要官能团。图 9-23 列出了 5 个临床使用的 CA 抑制剂，包括乙酰唑胺、醋甲唑胺、双氯非那胺、多佐胺、布林唑胺。

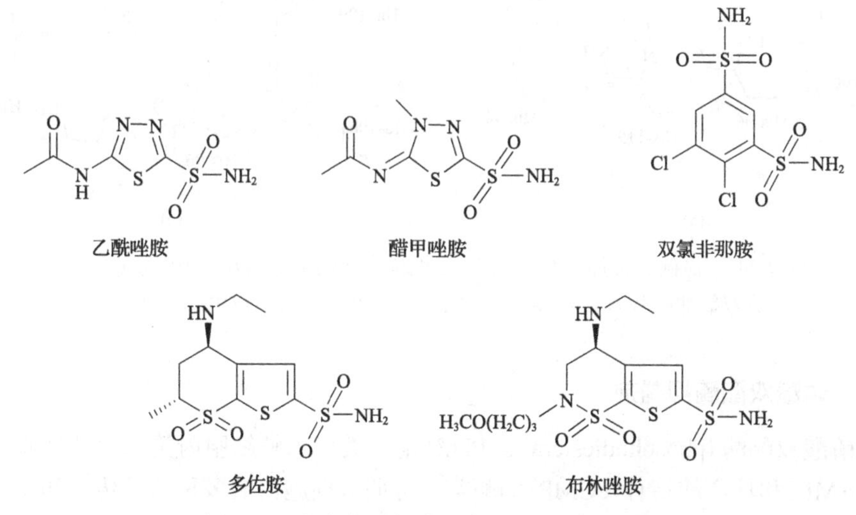

图 9-23　临床使用的磺胺类 CA 抑制剂的结构

大量磺酰胺类抑制剂与 CA 复合物的晶体结构表明，磺酰胺类对 CA 的抑制作用类似于阴离子 HSO_3^-，如图 9-24 所示，未取代的磺酰胺基团以阴离子的形式($R\text{-}SO_2NH^-$或 $R\text{-}SO_2N\text{-}OH^-$)通过其基团中的 N 与酶活性中心的 Zn^{2+}相连接，取代与 Zn^{2+}相连的水分子与 Thr-199 的 OH^-形成氢键。改变与—SO_2NH_2 相连的 R 基团的结构可以得到一系列活性不同的该类抑制剂。研究发现，R 为芳环或杂环时其对 CA 的抑制作用较强，如乙酰唑胺、醋甲唑胺、双氯非那胺等，它们用于青光眼临床治疗已经有 40 多年的历史。作为用于青光眼治疗的第一代 CA 抑制剂，它们多为口服制剂，对眼组织外的 CA 有抑制作用，副作用较多。针对 R 基团改造，人们合成得到了许多活性好、选择性强的新芳环/杂环磺酰胺类抑制剂，它们除了可以用于青光眼治疗外，还可用于其他与 CA 代谢相关的疾病。如对 CAⅡ选择性较强的多佐胺及布林唑胺等，它们是最先得到美国食品药品监督管理局(FDA)认可，局部给药用于治疗开角型青光眼的药物，属于青光眼治疗中的第二代 CA 抑制剂。第二代抑制剂通过局部给药，减少了全身不良反应。

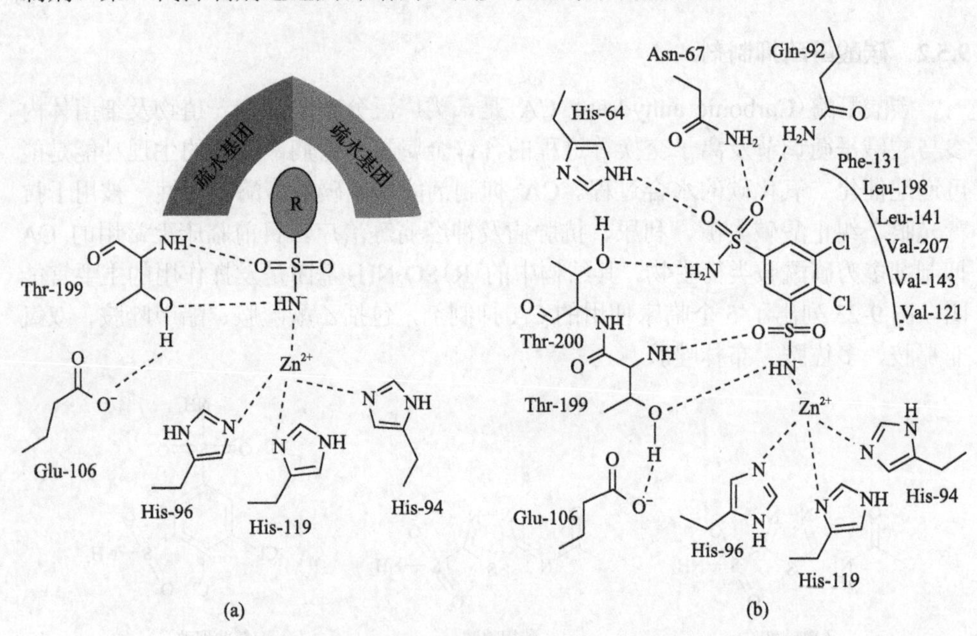

图 9-24　(a)磺胺类抑制剂与 CAⅡ活性位点之间关键相互作用的示意图；(b)双氯非那胺与 CAⅡ活性位点的结合模式示意图(PDBID：2POU)

9.5.3　磷酸双酯酶抑制剂

磷酸双酯酶(phosphodiesterase，PDE)是一类可水解细胞内第二信使环磷酸腺苷(cAMP)和环磷酸鸟苷(cGMP)的酶类，可调节细胞内的多种信号传递和生理活动。PDE 由 11 种不同的家族组成，且各家族包含不同的亚型，各个亚型在细胞内分布、表达、调节方式均不同，参与了炎症、哮喘、抑郁、勃起功能障碍等多种病理过程的发生发展，这些特点使得 PDE 作为新的药物靶点得到了越来越多的关注。

研究表明，PDE 蛋白空腔存在 3 个活性位点，分别为金属结合口袋 M、疏水性口袋 Q 和溶剂填充口袋 S[图 9-25(b)]。罗氟司特是目前唯一一个通过美国 FDA 批准上市的 PDE4 抑制剂，用于治疗慢性阻塞性肺炎、急性呼吸窘迫综合征以及哮喘。如图 9-25(d)所示，罗氟司特的二氟甲氧基基团结合到 Q_1 口袋且其疏水作用强于西洛司特结构中的甲氧基基团，环丙甲氧基基团占据了 Q_2 口袋且其疏水作用弱于西洛司特结构中的环戊氧基基团，3, 5-二氯吡啶基团延伸到金属结合口袋 M 处与水分子形成氢键，2 个氯原子在 M 口袋处也存在一定的疏水作用。罗氟司特的 IC_{50} 值为 0.25 nmol/L，明显高于西洛司特(IC_{50}：95 nmol/L)。

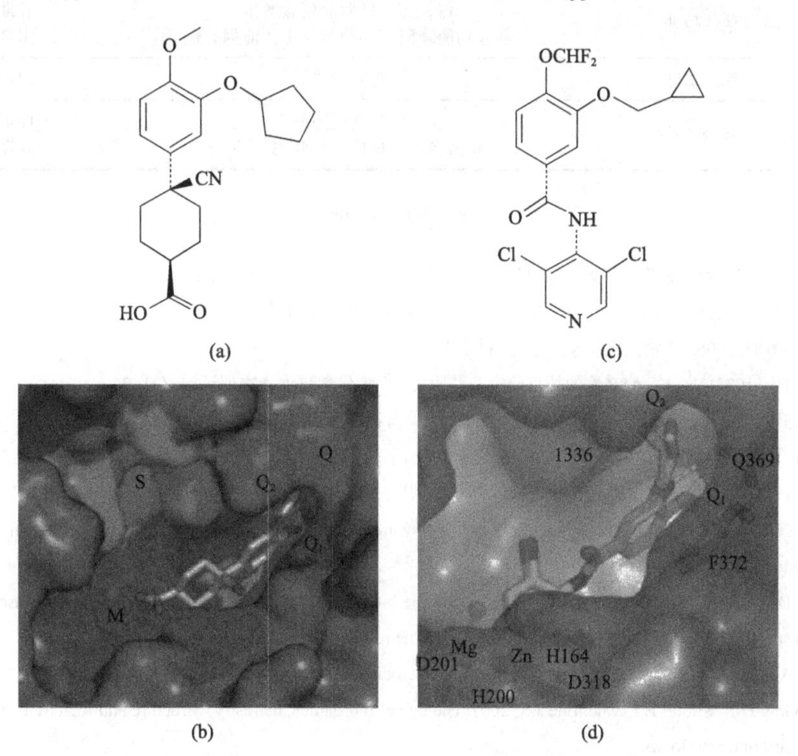

图 9-25　(a)西洛司特的化学结构；(b)西洛司特与 PDE4B 活性位点相互作用的晶体结构模型示意图；(c)罗氟司特的化学结构；(d)罗氟司特与 PDE4B 活性位点相互作用的晶体结构模型示意图(版权经 Elsevier 授权许可)

经过不断的研究和发展，PDE 抑制剂的研究得到了长足的发展，高活性的化合物不断被研究出来，但目前上市的抑制剂并不多，大多还处于基础研究阶段，少数进入临床阶段。表 9-4 对部分已进入临床研究的抗肿瘤 PDE 抑制剂进行了总结。

表 9-4　PDE 抑制剂药物临床研究进展

种类	抑制剂	适应证	研发阶段
PDE3	米力农	瓣膜病肺动脉高压，心脏手术	II期临床
	西洛他唑	脑血管疾病 周围血管疾病，间歇性跛行	III期临床 IV期临床
PDE4	西洛司特	肺气肿，支气管炎	III期临床
	阿普司特	银屑病	III期临床
	替托司特	溃疡性结肠炎	III期临床
PDE5	西地那非	肺动脉高压，糖尿病 缺血性中风 精神分裂症 慢性疲劳综合征	III期临床 I期临床 IV期临床 IV期临床
	他达拉非	胃轻瘫，良性前列腺增生 勃起功能障碍，肺动脉高压，前列腺癌	II期临床 III期临床
	伐地那非	勃起功能障碍	III期临床
	双嘧达莫	勃起功能障碍 缺血再灌注损伤，动脉粥样硬化	IV期临床 II期临床

参 考 文 献

陈石根, 周润琦, 1987. 酶学. 长沙: 湖南科学技术出版社.

冯作化, 药立波, 2015. 生物化学与分子生物学. 北京: 人民卫生出版社.

郭子健, 孙为银, 2006. 生物无机化学. 北京: 科学出版社.

祁鸣, 薛京伦, 1983. Na^+,K^+-ATP 酶的特点研究及其应用. 生物化学与生物物理进展, (3): 22.

沈斐凤, 陈慧兰, 余宝源, 1985. 现代无机化学. 上海: 上海科学技术出版社.

沈同, 王镜岩, 赵邦悌, 1990. 生物化学. 第二版. 北京: 高等教育出版社.

周爱儒, 查锡良, 2000. 生物化学. 北京: 人民卫生出版社.

Agrawal A, Romero-Perez D, Jacobsen J A, et al, 2008. Zinc-binding groups modulate selective inhibition of MMPs. ChemMedChem, 3: 812-820.

Alterio V, Di Fiore A, D'Ambrosio K, et al, 2012. Multiple binding modes of inhibitors to carbonic anhydrases: How to design specific drugs targeting 15 different isoforms? Chem. Rev., 112: 4421-4468.

Anzellotti A I, Farrell N P, 2008. Zinc metalloproteins as medicinal targets. Chem. Soc. Rev., 37: 1629-1651.

Bertini I, Gray H B, Stiefel E I, Valentine J S, 2007. Biological Inorganic Chemistry: Structure and Reactivity. California: Universiry Science Books.

Boswell-Smith V, Spina D, Page C P, 2006. Phosphodiesterase inhibitors. Br. J. Pharmacol., 147: S252-S257.

Card G L, England B P, Suzuki Y, et al, 2004. Structural basis for the activity of drugs that inhibit phosphodiesterases. Structure, 12: 2233-2247.

Chapman W H, Breslow R, 1995. Selective hydrolysis of phosphate esters, nitrophenyl phosphates and UpU, by dimeric zinc complexes depends on the spacer length. J. Am. Chem. Soc., 117: 5462-5469.

Chen J, Wang X, Zhu Y, et al, 2005. An asymmetric dizinc phosphodiesterase model with phenolate and carboxylate bridges. Inorg. Chem., 44: 3422-3430.

Eiichiro O, 2008. Bioinorganic Chemistry: A Survey. London: Elsevier.

Feng G, Natale D, Prabaharan R, et al, 2006. Efficient phosphodiester binding and cleavage by a Zn(Ⅱ)complex combining hydrogen-bonding interactions and double Lewis acid activation. Angew. Chem. Int. Ed, 45, 7056-7059.

Harrison P M, 1985. Metalloproteins, Part 2, Metal Proteins with Non-redox Roles. London: Macmillan.

Hay R W, 1984. Bio-inorganic Chemistry. New York: John Wiley.

Hughes M N, 1981. The Inorganic Chemistry of Biological Processes. 2nd ed. New York: John Wiley.

Iranzo O, Kovalevsky A Y, Morrow J R, Richard J P, 2003. Physical and kinetic analysis of the cooperative role of metal ions in catalysis of phosphodiester cleavage by a dinuclear Zn(Ⅱ)complex. J. Am. Chem. Soc., 125, 7: 1988-1993.

Jabłońska-Trypuć A, Matejczyk M, Rosochacki S, 2016. Matrix metalloproteinases (MMPs), the main extracellular matrix (ECM) enzymes in collagen degradation, as a target for anticancer drugs. J. Enzyme Inhib. Med. Chem, 31: 177-183.

Livieri M, Mancin F, Saielli G, et al, 2007. Mimicking enzymes: Cooperation between organic functional groups and metal ions in the cleavage of phosphate diesters. Chem.—Eur. J., 13: 2246-2256.

Mao Z-W, Liehr G, van Eldik R, 2000. Isolation and characterization of the first stable bicarbonato complexes of bis(1, 10-phenanthroline)copper(Ⅱ)identification of Lipscomb-and Lindskog-like intermediates. J. Am. Chem. Soc, 122: 4839-4840.

Ochiai E I, 1977. Bioinorganic Chemistry: An Introduction. Boston: Allyn and Bacon.

Robertson J G, 2007. Enzymes as a special class of therapeutic target: Clinical drugs and modes of action. Curr. Opin. Struct. Biol., 17: 674-679.

Savai R, Pullamsetti S S, Banat G A, et al, 2010. Targeting cancer with phosphodiesterase inhibitors. Expert Opin. Invest. Drugs, 19, 117-131.

Supuran C T, 2008. Carbonic anhydrases: Novel therapeutic applications for inhibitors and activators. Nat. Rev. Drug Discovery, 7: 168-181.

Supuran C T, Scozzafava A, 2000. Carbonic anhydrase inhibitors and their therapeutic potential. Expert Opin. Ther. Pat., 10: 575-600.

Whittaker M, Floyd C D, Brown P, Gearing A J H, 1999. Design and therapeutic application of matrix metalloproteinase inhibitors. Chem. Rev., 99: 2735-2776.

Zhou Y-H, Fu H, Zhao W-X, et al, 2007. An effective metallohydrolase model with supramolecular environment: structures, properties and activities. Chem.—Eur. J., 13: 2402-2409.

Zhou Y-H, Zhao M, Mao Z-W, Ji L-N, 2008. Ester hydrolysis by a cyclodextrin dimer catalyst with a metallophenanthroline linking group. Chem.—Eur. J., 14: 7193-7201.

第 10 章　生物体中的碱金属和碱土金属及其跨膜运送

10.1　碱金属和碱土金属在生物体内的分布与功能

K、Na、Ca、Mg 是生物体的必需元素，它们在体内起着相当重要的作用。如缺钠会引起脱水，缺钾会引起低血钾症。

钠对人体的主要作用是 Na^+的作用，血液中的 $H_2CO_3/NaHCO_3$ 是稳定酸碱度的缓冲系统，Na^+在人体内起着稳定人体血液酸碱度的作用。钠盐在某些内分泌作用下，能使血管对各种升压物质的敏感性增强，并保持肌肉的正常兴奋性和细胞的通透性。钠主要存在于在细胞外液中，Na^+是细胞外液的主要阳离子；还有约 1/3 的钠分布在骨骼中。

钾主要存在细胞内液中(98%)，K^+还可以作为某些酶的辅基，例如糖分解必需的丙酮酸激酶(pyruvate kinase)就需要高浓度的钾。血浆中 K^+含量为 136～215 mg/L，如果低于正常含量，会导致四肢无力、腹胀、心律失常、神志不清甚至死亡。

人体中 Na^+和 K^+的首要作用是控制细胞、组织液和血液内的电离平衡，这对保持体液的正常流通和控制体内酸碱平衡都是必要的。K^+和 Na^+还对神经信息传递起着重要作用。无论动物、植物细胞或细菌，细胞内、外都存在离子梯度差。细胞内是高 K^+低 Na^+，而外环境中是高 Na^+低 K^+，如红细胞内 K^+含量比 Na^+含量高 20 倍左右，轮藻细胞中的 K^+含量比其生存的水环境高 63 倍左右，而叉藻细胞中甚至高出 1000 倍以上。这种明显的离子梯度显然是由于 Na^+或 K^+逆浓度梯度主动运输的结果，执行这种运输的功能体系称为 Na^+,K^+泵。

人体中大约 70%的镁与磷钙结合成骨盐，其余则分布在软组织和体液中。Mg^{2+}是软组织的主要阳离子之一，是很多细胞内酶的辅因子。Mg^{2+}还与细胞内的核苷酸形成配合物。由于 Mg^{2+}倾向于与磷酸根结合，所以 Mg^{2+}对于 DNA 复制和蛋白质生物合成是必不可少的。葡萄糖在体内氧化和细胞膜的能量转换都需要 Mg^{2+}参加。镁的另一种重要生理功能是作为叶绿素的成分参与光合作用。

钙是动物体内含量最高的无机元素之一。绝大部分钙存于骨骼中，主要作为羟基磷灰石等生物矿物质的成分。骨骼以外的少量钙主要存于体液，其中一部分以离子形式存在。植物、藻类、某些真菌和细菌也含有痕量的钙，这些钙被用于细胞外表的矿质化过程。如果没有钙，细胞膜将会变成多孔结构。钙主要作为细胞外部的结构元素，是骨骼、牙齿、细胞壁的必要结构成分。钙还可以作为细胞外酶的辅因子，它们大部分是消化酶。在复杂的生命活动过程中，钙离子还对神经传导、肌肉收缩、激素释放、血液凝结等起调节控制作用。

钙和镁在细胞的新陈代谢过程中起着多种重要的结构和催化作用。这两种金属离子在脂蛋白中桥联邻近的羧酸根而使细胞膜强化。

10.2　生　物　膜

生物膜(biological membrane)：镶嵌有蛋白质和糖类(统称糖蛋白)的磷脂双分子层，起着划分和分隔细胞和细胞器的作用。生物膜也是与许多能量转化和细胞内通讯有关的重要部位，同时，生物膜上还有大量的酶结合位点。

细胞生物膜系统是指由细胞膜、细胞核膜以及内质网、高尔基体、线粒体等由膜围绕而成的细胞器，在结构和功能上是紧密联系的统一整体，由于细胞膜、核膜以及内质网、高尔基体、线粒体等由膜围绕而成的细胞器都涉及细胞膜或细胞器膜，所以通常称此系统为生物膜系统。膜结合细胞器在细胞内是按功能、分层次分布的(图 10-1)。细胞内的空间为胞质溶胶，里面被一些膜结合的细胞器分隔成许多区室，每个区室至少有一层单位膜包裹，如细胞核、高尔基体、内质网、溶酶体、线粒体等。

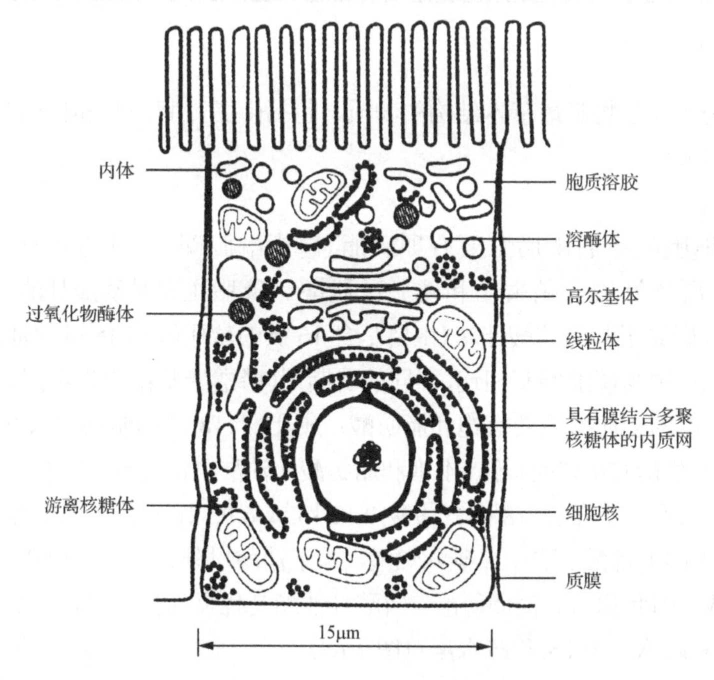

图 10-1　动物细胞中膜结合的细胞器及分布

生物中除某些病毒外，都具有生物膜。真核细胞(eucell)除质膜(plasma membrane)(又称细胞膜)外，还有分隔各种细胞器的内膜系统，包括核膜(nuclear envelope)、线粒体膜(mitochondrion)、内质网膜(endoplasmic reticulum)、溶酶体膜(lysosome)、高尔基体膜(Golgi apparatus)、叶绿体膜、过氧化物酶体膜等。生物膜形态上都呈双分子层的片层结构，厚度约 5～10 nm。其组成成分主要是脂质和蛋白质，另有少量糖类通过共价键结合在脂质或蛋白质上。不同的生物膜有不同的功能。

10.2.1 生物膜的化学组成

细胞内的各种生物膜不仅在结构上相互联系，它们的化学组成也大致相同。生物膜主要由蛋白质、脂质和少量的糖类(细胞膜上的糖类一般与蛋白质结合，以糖蛋白的形式出现在细胞膜上，糖蛋白对细胞的生物识别作用意义非凡)组成。还有水和金属离子等。生物膜各组成成分含量因膜的种类不同有很大的差别(表 10-1)。

表 10-1 生物膜的化学组成(质量分数)

生物膜	人红细胞膜	大鼠肝细胞核膜	内质网膜	线粒体外膜	线粒体内膜
蛋白质	49%	59%	67%	52%	76%
脂类	43%	35%	33%	48%	24%
糖类	8%	2.9%	含量很少	含量很少	含量很少

10.2.1.1 脂质

脂质是构成生物膜最基本结构的物质，包括磷脂、胆固醇和糖脂等，其中以磷脂为主要成分。

1) 磷脂

真核细胞膜中的磷脂主要有卵磷脂(磷脂酰胆碱)、脑磷脂(磷脂酰乙醇胺)、磷脂酰丝氨酸、鞘磷脂和磷脂酰肌醇。磷脂主要是磷酸甘油二酯。甘油中第 1, 2 位碳原子与脂肪酸酯基(主要是含 16 碳的软脂酸和 18 碳的油酸)相连，第 3 位碳原子则与磷酸酯基相连，不同的磷脂，其磷酸酯基组成也不同(图 10-2)。

构成磷脂的脂肪酸主要有饱和脂肪酸：硬脂酸(18 碳脂肪酸)、软脂酸(16 碳脂肪酸)、花生酸(20 碳酸)等。不饱和脂肪酸：油酸(18 碳-烯酸[9])、亚油酸(18 碳二烯酸[9,12])、亚麻酸(18 碳三烯酸[9,12,15 或 6,9,12])、花生四烯酸(二十碳四烯酸)、二十碳五烯酸、二十二碳六烯酸。除了油酸以外，其他不饱和脂肪酸在体内不能合成，因此称为必需脂肪酸。磷酸甘油酯是优良两性分子，有亲水部分(又称极性头)和疏水部分(又称疏水尾)(图 10-3)。

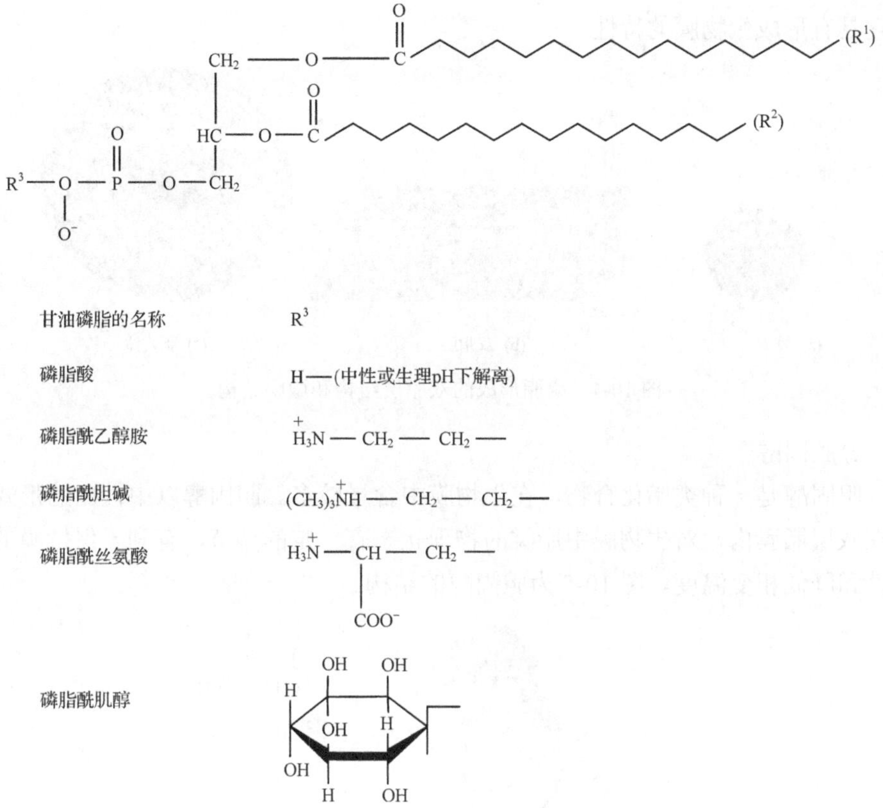

甘油磷脂的名称	R^3
磷脂酸	H—(中性或生理pH下解离)
磷脂酰乙醇胺	$\overset{+}{H_3N}$—CH_2—CH_2—
磷脂酰胆碱	$(CH_3)_3\overset{+}{N}H$—CH_2—CH_2—
磷脂酰丝氨酸	$\overset{+}{H_3N}$—CH(COO^-)—CH_2—
磷脂酰肌醇	

图 10-2　甘油磷脂的结构

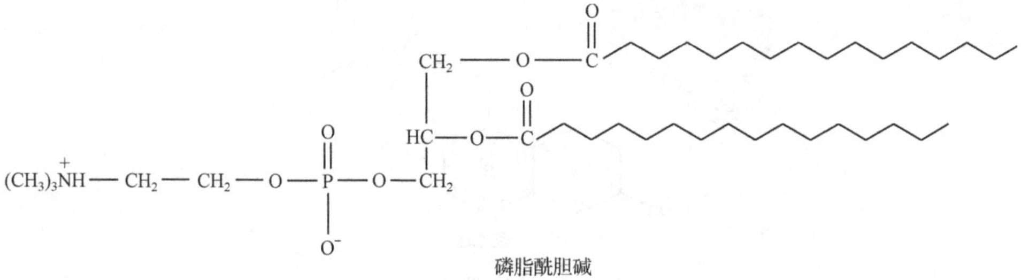

磷脂酰胆碱

图 10-3　磷脂的两亲性结构示意图

磷酸甘油酯的磷酰醇基、鞘磷脂的磷脂酰胆碱基、糖脂的糖基、胆固醇的羟基都是亲水部分，脂肪链是疏水部分。膜脂这种特点使它在生物膜中形成双分子层结构，即亲水的极性头部与水亲合位于膜的里外表层，非极性尾部互相吸引夹在双分子层中间形成疏水区。

磷脂分子在水溶液中，由于水分子的作用，能够形成双层脂膜结构或微团结构，磷酸甘油二酯在水溶液中主要是形成双层脂膜(图 10-4)。磷脂的这种性质，使它具有形成生物膜的特性。

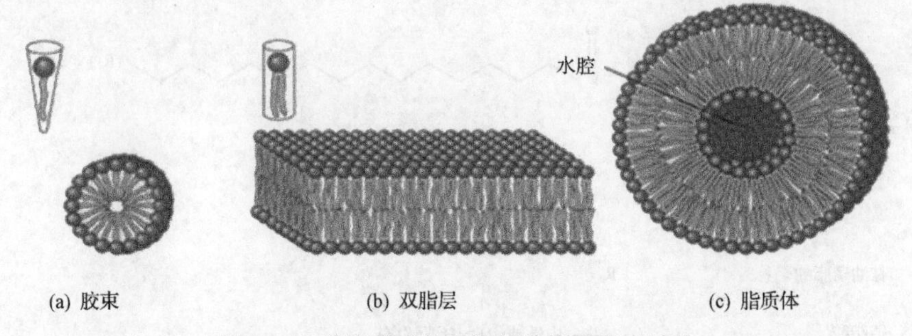

图 10-4 磷脂形成的双脂层结构和微团结构

2)胆固醇

胆固醇是一种类脂化合物，在生物膜中含量较多。胆固醇以中性脂的形式分布在双层脂膜内，对生物膜中脂类的物理状态有一定的调节，有利于保持膜的流动性和降低相变温度。图 10-5 为胆固醇的结构。

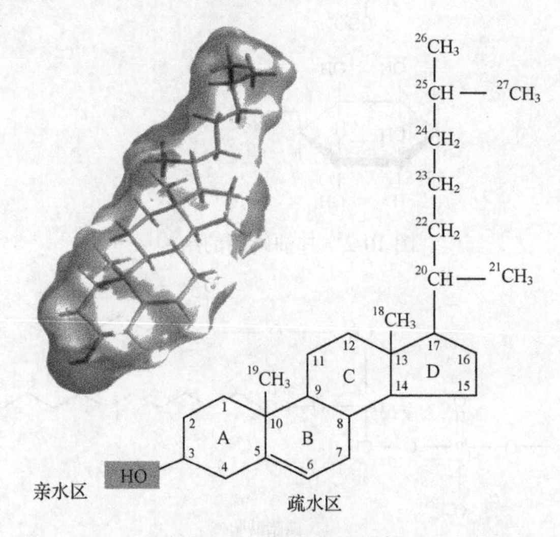

图 10-5 胆固醇的结构

3)糖脂

糖脂是含一个或几个糖基的脂类，也是双亲性分子，存在于所有的动物细胞膜中，约占膜外层脂类分子的 50%。动物细胞膜中的糖脂主要是脑苷脂，只含一个糖基(半乳糖或葡萄糖)，其结构如图 10-6 所示。在所有细胞中，糖脂均位于膜的非胞质面单层，并将糖基暴露在细胞表面，其作用可能是作为某些大分子的受体，与细胞识别及信息传导有关。

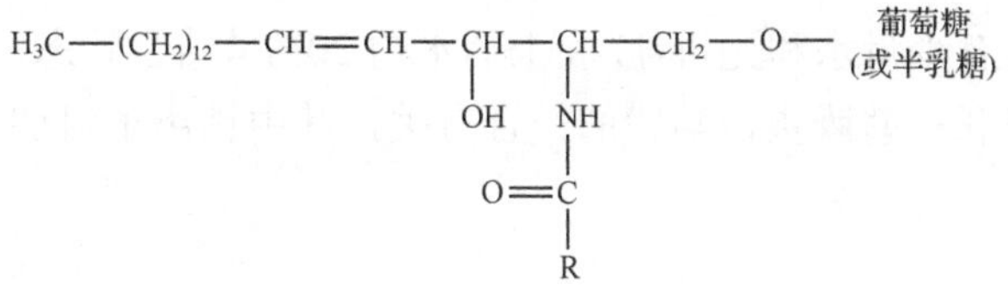

$$H_3C—(CH_2)_{12}—CH=CH—\underset{\displaystyle OH}{\underset{|}{CH}}—\underset{\displaystyle \underset{\displaystyle \underset{\displaystyle R}{\underset{|}{O=C}}}{\underset{|}{NH}}}{\underset{|}{CH}}—CH_2—O—\text{葡萄糖(或半乳糖)}$$

图 10-6　脑苷脂

10.2.1.2　膜蛋白

生物膜中含有多种不同的蛋白质，通常称为膜蛋白。根据它们在膜上的定位情况，可以分为外周蛋白和内在蛋白。膜蛋白具有重要的生物功能，是生物膜实施功能的基本场所。外周蛋白约占膜蛋白的 20%～30%，分布于双层脂膜的外表层，主要通过静电引力或范德瓦耳斯力与膜结合。外周蛋白与膜的结合比较松散，容易从膜上分离出来。外周蛋白能溶解于水。内在蛋白(图 10-7)约占膜蛋白的 70%～80%，蛋白的部分或全部嵌在双层脂膜的疏水层中。这类蛋白的特征是不溶于水，主要靠疏水键与膜脂相结合，而且不容易从膜中分离出来。内在蛋白与双层脂膜疏水区接触部分，由于没有水分子的影响，多肽链内形成氢键趋向大大增加，因此，它们主要以 α 螺旋和 β 折叠形式存在，其中又以 α 螺旋更普遍。

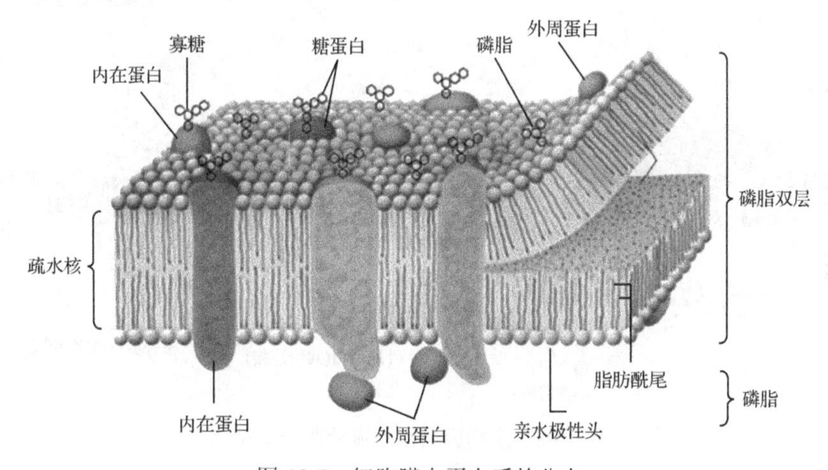

图 10-7　细胞膜上蛋白质的分布

10.2.1.3　膜糖

生物膜中含有一定的寡糖类物质。它们大多与膜蛋白结合，少数与膜脂结合。

糖类在膜上的分布是不对称的，全部都处于细胞膜的外侧。生物膜中组成寡糖的单糖主要有半乳糖、半乳糖胺、甘露糖、葡萄糖和葡萄糖胺等。生物膜中的糖类化合物在信息传递和相互识别方面具有重要作用。

生物膜还含有少量水和无机盐。膜上的水约20%呈结合状态,其余为游离水。膜上的金属离子和一些膜蛋白与膜的结合有关,其中钙离子对调节膜的功能有重要作用。

10.2.2 生物膜的结构

1972 年 S. J. Singer 和 G. Nicholson 提出了生物膜结构的流动镶嵌模型(fluid mosaic model),见图 10-8。这是目前为大多数人所接受的模型。流动镶嵌模型的要点是:①膜磷脂和糖脂一般排列成双分子层构成膜的基质。双分子层的膜脂分子可以自由横向运动,从而使双分子层具有流动性、柔韧性、高电阻、离子与高极性分子通透性。脂质双分子层既是固有蛋白的溶剂又是物质通透的屏障。②膜蛋白一般可以在脂双层中自由侧向扩散,但通常不能从膜一侧翻转到另一侧。少量膜脂与特定的膜蛋白有专一的相互作用。

生物膜是多分子的亚细胞结构,它的一系列重要性质是脂质分子与蛋白质分子相互作用的结果。目前人们对生物膜结构的认识只是一个简单的基本轮廓,还需要更成熟的理论和更丰富的实践才能描绘出完整的生物膜结构。

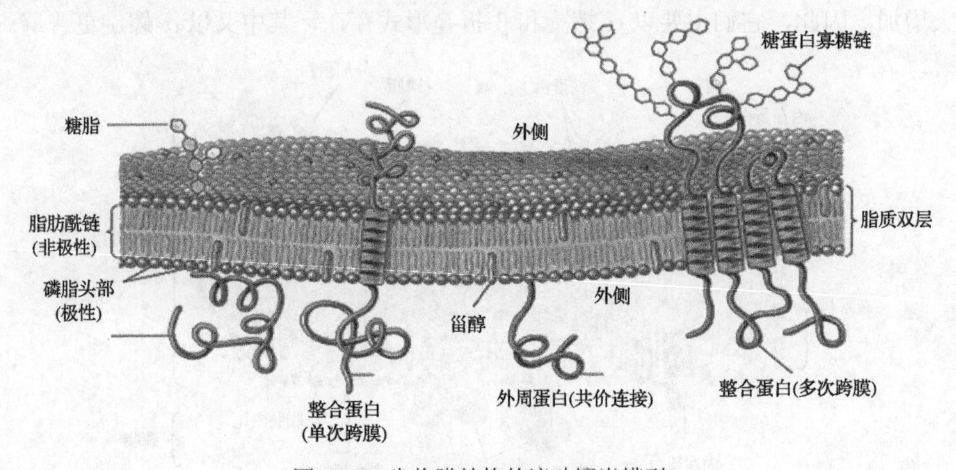

图 10-8 生物膜结构的流动镶嵌模型

10.3 离子跨膜转运

物质在生物体内有两种运送方式。一种是随体液流动的运送,另一种是通过生物膜的运送,后者又称为跨膜运送(transmembrane transport)。

生物膜是细胞和各种细胞器的屏障。它可以选择性地允许一些分子或离子通过,以稳定细胞的体积、pH 值和物质成分,并为酶的活动提供适当的环境。通过生物膜除了可以摄取和浓缩必需的物质以外，还要排出无用或多余的物质。生物膜还能保持某些离子在膜两侧的浓度梯度，以保证生物信息的有效传递。生物膜的运送体系可以识别它运送的物质并控制通过的数量。

10.3.1 离子跨膜转运的方式

生物膜转运离子的方式大致可以分为两类：被动转运(passive transport) 和主动转运(active transport)。

10.3.1.1 被动转运

被动转运是物质从高浓度一侧向低浓度一侧即顺浓度梯度扩散，这个过程不消耗能量。被动转运又分为简单扩散和促进扩散两种类型。

简单扩散也称自由扩散(free diffusing)，是指离子依赖浓度梯度和电位梯度通过生物膜，它遵循转运速度与浓度梯度成正比的扩散定律。即由生物膜分子浓度较高的一侧向浓度较低的一侧扩散，当两侧达到动态平衡时，扩散即终止。外来化合物与膜不发生化学反应，生物膜不具有主动性，只相当于物理过程。简单扩散的特点是：沿浓度梯度扩散；不需要提供能量；没有膜蛋白的协助。

促进扩散(facilitated transport)是指离子在某些物质帮助下通过生物膜，它不服从扩散定律。离子借助的物质有三类。一类是能在膜内活动并与离子可逆结合的小分子离子载体(ionophore)，它们有选择地与离子形成能通过生物膜的脂溶性离子载体配合物，给阳离子提供了“有机外衣”。另一类是结合在膜上的通道载体，它们不能穿过膜移动，只在膜上形成贯穿两侧的离子通道(ionic channel)，允许特定离子或水合离子通过。第三类是某些能与特定离子结合的蛋白质。

10.3.1.2 主动转运

主动转运是将物质从低浓度向高浓度(逆浓度)转运的过程，这个过程要消耗能量。主动转运也需要离子载体或蛋白质的帮助。执行主动转运的机制常被称为离子泵(ionic pump)，它能维持膜内外离子成分和浓度的稳定。例如细胞外液的钠离子浓度高于细胞内液，钾离子则刚好相反；离子泵仍不断把钠离子从细胞内排出，同时又把钾离子运入细胞内，以保持细胞内的低钠高钾环境。主动转运的特点：转运载体；消耗能量；逆浓度梯度。例如：质子泵、钠-钾泵、钙泵等。

10.3.1.3 胞吞(内吞)作用和胞吐(外排)作用

胞吞作用和胞吐作用是对不能通透细胞膜的大分子物质如蛋白质、细菌、病毒及颗粒等运进、运出的一种方式。许多细胞还能通过胞吞作用(pinocytosis)或胞吐作用(exocytosis)跨膜运送物质，见图10-9。

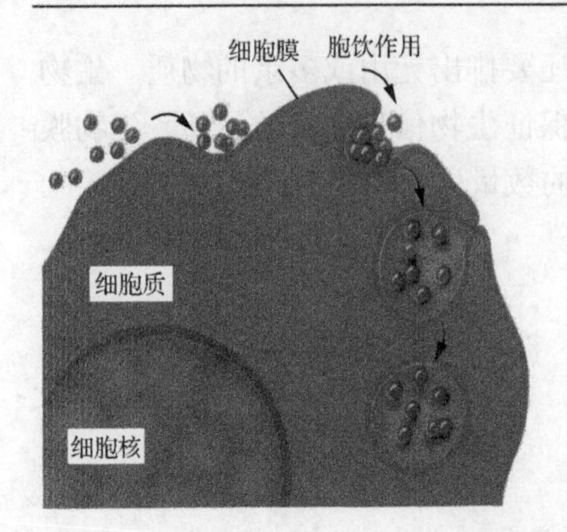

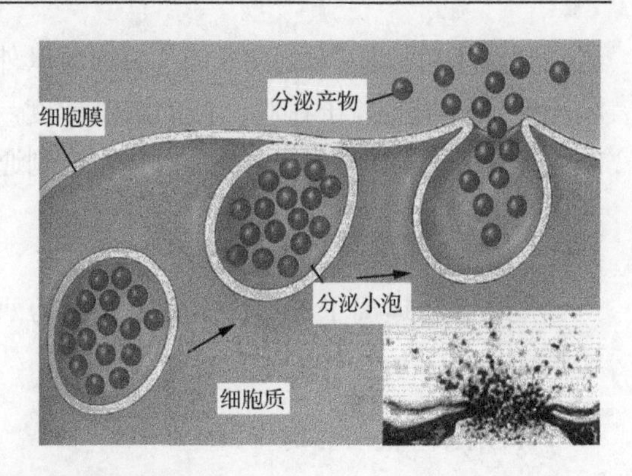

图 10-9　胞吞作用和胞吐作用

胞吞的具体过程为：首先，被运送物质若与质膜的某种蛋白质有特异亲和力而附在膜上，随后，此处细胞膜内陷形成小囊泡，把物质包在里面，最后小囊泡脱离细胞膜进入细胞内部。如果包在囊泡内的物质为固态物，此囊泡称为吞噬体，其过程称为吞噬作用；若包在囊泡内的物质为液态物质，则囊泡称为胞饮体或胞饮泡，其过程称为胞饮作用。还有些物质在细胞内被一层膜包围形成小泡，小泡移到质膜内表面与质膜融合而产生向外张开的通道，泡内物质就排出细胞外，称为胞吐作用。它们也是主动运送的形式，同样要消耗能量，需要供能物质。这可能是质膜内陷等变化要耗能。

10.3.2　钠-钾离子的转运过程

大多数动物细胞内液 K^+浓度比细胞外液高，而 Na^+浓度则相反。这种离子浓度梯度是由质膜上的专一运送系统——钠泵（sodium pump）维持的。钠泵逆浓度梯度向细胞外运送 Na^+，向细胞内运送 K^+。细胞膜两侧的钠离子浓度梯度，既是神经和肌肉膜可兴奋性的基础，又是某些组织中氨基酸和葡萄糖等物质传送的基础。钠泵的速率取决于细胞内的 Na^+浓度，浓度越高，速率越大。钠泵所需能量由 ATP 水解提供。

存在于细胞膜上的 Na^+,K^+-ATP 酶必须在有 Na^+、K^+和 Mg^{2+}存在时才有活性，Na^+,K^+-ATP 酶每水解 1 个分子 ATP 就从细胞内运出 3 个 Na^+和运入 2 个 K^+。为了解释 Na^+、K^+跨膜运送，研究者设计了多种模型。由于目前对 Na^+,K^+-ATP 酶的作用机制仍不清楚，所以各种模型都有较大局限性。但普遍认为 Na^+，K^+的主动运送与 Na^+,K^+-ATP 酶的构象变化有关。此酶有二种互变构象（图 10-10）。这种模型的 Na^+,K^+-ATP 酶含有能分别结合 Na^+和 K^+的空腔；酶有两种不同构象，一种构象对 Na^+有较强亲和力，结合 Na^+的空腔向着细胞膜内侧。另一种构象对 K^+有较强亲和力，结合 K^+的空腔向着细胞膜外侧。通过这两种构象不断转换，实现 Na^+和 K^+的逆向跨膜主动运送。

第一种构象朝向细胞内并有可以结合 Na^+的部位，第二种构象朝向细胞外并有可结合 K^+部位。当 Na^+与酶结合并有 Mg^{2+}存在时(第一种构象)，立即发生磷酸化作用——细胞内的 ATP 分解为 ADP 和磷酸根，磷酸根结合在酶上。酶一旦发生磷酸化即改变为第二种构象，于是 Na^+被抛出细胞外而 K^+结合上去。当 K^+结合上去时，立即发生去磷酸化作用，磷酸根解离，酶恢复第一种构象，于是 K^+被抛入细胞内而 Na^+结合上去，如此重复上述过程。

钠钾泵的一个特性是它对离子转运循环依赖磷酸化过程，ATP 上的一个磷酸基团转移到钠钾泵的一个天冬氨酸残基上，导致构象的变化。与之类似的还有钙泵和质子泵。它们组成了功能与结构相似的一个蛋白质家族。

Na^+/K^+泵的作用是：维持细胞的渗透性，保持细胞的体积；维持低 Na^+高 K^+的细胞内环境，维持细胞的静息电位。

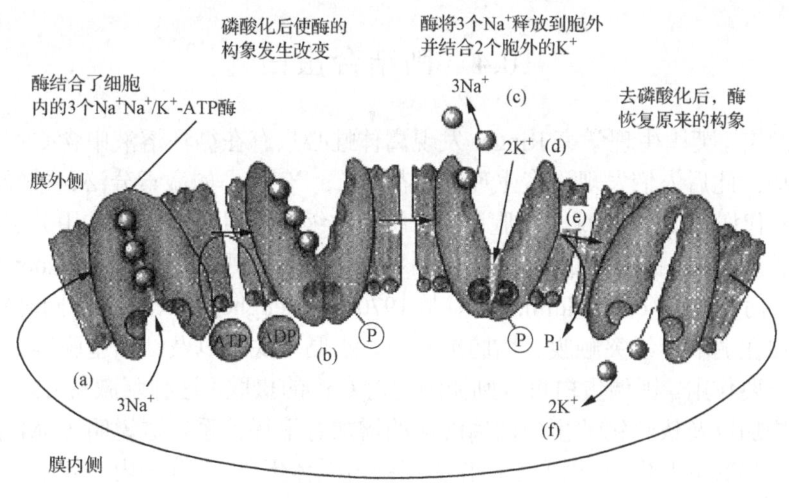

图 10-10　钠-钾离子的转运过程

10.3.3　钙离子泵

Ca^{2+}对调节肌肉收缩有重要作用。肌细胞里含有大量肌原纤维(myofibril)，肌原纤维由肌浆(sarcoplasm)包围着。肌细胞还含有高度分化的内质网，称为肌浆网系，它是膜包围的管泡状结构网，对调节 Ca^{2+}浓度有重要作用。

当运动神经处于休止状态时，肌浆中的 Ca^{2+}吸收能量并通过膜被运进肌浆网系，因此肌浆中的 Ca^{2+}浓度很低。当运动神经冲动导致肌浆网系膜兴奋，通透性增加，使 Ca^{2+}迅速从肌浆网大量放出进入肌浆，引起肌肉收缩。所以 Ca^{2+}是神经兴奋与肌肉收缩之间的媒介。

肌浆网系膜上紧密结合着由 Ca^{2+}激活的 ATP 酶，它约占据了肌浆网系膜表面积的 1/3。Ca^{2+}-ATP 酶的 Ca^{2+}亲和力很强，能有效地把 Ca^{2+}从肌浆中($[Ca^{2+}]$

$<10^{-5}$ mol/L)逆电化学梯度跨膜运入肌浆网系($[Ca^{2+}]$约 10^{-2} mol/L)。运送 Ca^{2+}所需的能量由 ATP 水解提供,每水解一分子 ATP 就可运送两个 Ca^{2+}。因此 Ca^{2+}-ATP 酶是肌浆网系钙泵(calcium pump)的基本组成部分。

红细胞质膜、线粒体膜也有类似的钙泵。

10.3.4 钠钙交换

许多细胞的生理活动要求 Ca^{2+}浓度比较低，钠钙交换(sodium-calcium exchange)体系能利用 Na^{+}在质膜两边浓度梯度运入 Na^{+}并排出 Ca^{2+}。一般在神经、肌肉和肠道中都发生这种作用。用鸡小肠和绒毛尿囊膜进行实验表明，细胞内的钙被分隔在小囊泡里。胞饮作用会形成含 Na^{+}和 Ca^{2+}的囊泡而完成 Na^{+}的向内输送；富 Ca^{2+}的囊泡最后在质膜外侧把钙排出，从而实现钠钙交换。

10.4 钙结合蛋白

1883 年,英国生理学家 Ringer 发现离体蛙心只有在循环溶液中含 Ca^{2+}时才能继续搏动。此后人们发现许多生理过程都与 Ca^{2+}有关，如激素分泌、神经递质释放、糖原代谢、DNA 合成、细胞分裂、肌肉收缩等。但对于 Ca^{2+}作用分子机制的认识则长期空白。直到 20 世纪 70 年代才发现了多种钙结合蛋白(calcium binding protein)。钙调蛋白(calmodulin, CaM)是 1970 年 Cheughe 和 Kakiuchi 同时发现的，钙调蛋白在调节神经突触膜、脂肪细胞膜、小肠基底膜以及红细胞膜等的 Ca^{2+}运输中起重要作用。钙调蛋白可以刺激细胞对 Ca^{2+}的摄取。这种刺激与 Ca^{2+}-ATP 酶活力的增加以及依赖钙调蛋白的磷酸化的增加有平行关系。这说明 CaM 在 Ca^{2+}的运输中起着重要作用。钙调蛋白作为细胞内受体蛋白,其分子内有几个结合 Ca^{2+}的位点，这些结合点中任何一个与 Ca^{2+}结合之后，均可能发生构象变化，从而参与协调细胞各种依赖 Ca^{2+}的生理过程。

钙离子能在生理过程中发挥重要作用显然与它的特性有关。钙离子半径较大,为 98 pm；钙的配位数是 7 或 8；Ca—O 键长变化幅度 54 pm；各配位键的方向变化不一。因此钙配合物可以采取各种不规则的几何构型，蛋白质等生物大分子比较容易为它提供合适的配位环境。镁也是ⅡA 族元素,但是镁离子半径只有 65 pm, Mg—O 键长变化幅度仅 12 pm，各配位键的方向变化受到限制。由于配体间的排斥作用，使蛋白质很难与镁形成六配位配合物。

10.4.1 钙调蛋白的结构

10.4.1.1 钙调蛋白的一级结构

钙调蛋白是真核生物细胞中的胞质溶胶蛋白，由 148 个氨基酸组成单条多肽,分子质量为 16.7 kDa。钙调蛋白的外形似哑铃，有两个球形的末端，中间被一个长而富有弹性的螺旋结构相连，每个末端有两个 Ca^{2+}结构域，每个结构域可以结合一个 Ca^{2+}，这样，一个钙调蛋白可以结合 4 个 Ca^{2+}，钙调蛋白与 Ca^{2+}结合后的构型相当稳定。在非刺激的细胞中钙调蛋白与 Ca^{2+}结合的亲和力很低；然而，如果由于刺激使细胞中 Ca^{2+}浓度升高时，Ca^{2+}同钙调蛋白结合形成钙-钙调蛋白复合物(calcium-calmodulin complex)，就会引起钙调蛋白构型的变化，增强了钙调蛋白与许多效应物结合的亲和力。

牛脑 CaM 的分子量为 16 700，多肽链由 148 个氨基酸残基组成，整个分子含有 4 个 Ca^{2+}，其氨基酸顺序如表 10-2。

表 10-2 牛脑 CaM 的氨基酸顺序

1 10
Ac–Ala–Asp–Gln–Leu–Thr–Glu–Glu–Gln–Ile–Ala–
20
Glu–Phe–Lys–Glu–Ala–Phe–Ser–Leu–Phe–Asp–
30
Lys–Asp–Gly–Asn–Gly–Thr–Ile–Thr–Thr–Lys–
40
Glu–Leu–Gly–Thr–Val–Met–Arg–Ser–Leu–Gly–
50
Gln–Asn–Pro–Thr–Glu–Ala–Glu–Leu–Gln–Asp–
60
Met–Ile–Asn–Glu–Val–Asp–Ala–Asp–Gly–Asn–
70
Gly–Thr–Ile–Asp–Phe–Pro–Glu–Phe–Ieu–Thr–
80
Met–Met–Ala–Arg–Lys–Met–Lys–Asp–Thr–Asp–
90
Ser–Glu–Glu–Glu–Ile–Arg–Glu–Ala–Phe–Arg–
100
Val–Phe–Asp–Lys–Asp–Gly–Asn–Gly–Tyr–Ile–
110
Ser–Ala–Ala–Glu–Leu–Arg–His–Val–Met–Thr–
120
Asn–Leu–Gly–Glu–Tml–Leu–Thr–Asp–Glu–Glu–
130
Val–Asp–Glu–Met–Ile–Arg–Glu–Ala–Asn–Ile–
140
Asp–Gly–Asp–Gly–Glu–Val–Asn–Tyr–Glu–Glu–
Phe–Val–Gln–Met–Met–Thr–Ala–Lys–OH

注：Ac 是乙酰基，Tml-115 是三甲基赖氨酸

CaM 的一级结构在进化上表现出罕见的保守性，因此也就缺乏物种特异性和组织特异性。原生动物(如梨形四叶虫)CaM 与脊椎动物 CaM 相比，只有 11 个氨基酸残基不同，1 个缺失。

钙调蛋白是酸性蛋白，有近 1/4 氨基酸残基是酸性的天冬氨酸(Asp)和谷氨酸(Glu)，等电点为 4.0。分子中不含易氧化的色氨酸(Try)和半胱氨酸(Cys)，因此稳定性强，相当耐热，在 90℃以下均可完全保持活性。分子中不含半胱氨酸(Cys)和羟脯氨酸(hydroxy-proline, Hyp)，使得多肽链具有很大的绕性，为 CaM 具有

多功能提供了结构基础。CaM 的紫外吸收光谱有 5 个峰，其中 253 nm、259 nm、265 nm、269 nm 对应于 8 个苯丙氨酸(Phe)残基，277 nm 和 282 nm(肩峰)对应于 2 个酪氨酸(Tyr)残基。

Vanamen 等认为，CaM 的多肽链可以分四个区，每个区结合 1 个 Ca^{2+}。各区之间，特别是Ⅰ(8～40)与Ⅲ(81～113)区，Ⅱ(44～76)与Ⅳ(117～148)区之间的氨基酸顺序有很高的同源性，如表 10-3 所示。

表 10-3　牛脑 CaM 各区氨基酸顺序的同源性

Ⅰ	8	Q I A E F K E A F S L F D K D G N G T I T T K E L G T V M R S L G	40
Ⅲ	81	S E E E I R E A F R V F D K D G N G Y I S A A E L R H V M T N L G	113
Ⅱ	44	T E A E L Q D M I N E V D A D G N G T I D F P E F L T M M A R L M	76
Ⅳ	117	T D E E V D E M I R E A N I D G D G E V N Y E E F V Q M M T A L	148

注：A-Ala, D-Asp, E-Glu, F-Phe, G-Gly, H-His, I-Ile, K-Lys, L-Leu, M-Met, N-Asn, P-Pro, Q-Gln, R-Arg, S-Ser, T-Thr, V-Val, Y-Tyr

10.4.1.2　钙调蛋白的空间结构

Kretsinger 根据小白蛋白(parvalbumin)的 X 射线结构分析提出钙离子与蛋白质结合的一般规则。他认为钙结合蛋白由多个重复区段组成。每个区的多肽链形成 α 螺旋-环体-α 螺旋结构。每段螺旋有 10 个氨基酸残基，环体是 12 个氨基酸残基形成的非螺旋结构。每个环体结合 1 个钙离子，钙离子与肽键羰基氧及残基侧链羧基氧配位。图 10-11 是这种结构的模型，它形如右手伸开的拇指和食指及握紧的中指，Kretsinger 称为 E-F 手(E-F hand)结构。根据这种结构模型，Kretsinger 提出 CaM 有 4 个区，每个区都是一个 E-F 手结构。

1985 年，Y. S. Babu 等发表了分辨率 0.3 nm 的 CaM 晶体 X 射线结构分析结果。整个分子形状像一个哑铃，长 6.5 nm，柄是一段长 α 螺旋，两铃间无直接接触；每个铃大约是 2.5 nm×2.0 nm×2.0 nm，含两个 Ca^{2+}，两个 Ca^{2+}的间距为 1.13 nm，如图 10-12 所示。Ca^{2+}与主链的羰基氧及酸性氨基酸侧链羧基氧配位。每个铃中两个钙结合环之间有氢键相互作用。

CaM 有 7 段 α 螺旋，即 7～19、29～39、46～55、65～92、102～112、119～128、138～148，共 94 个残基，占残基总数 63%。中心螺旋 65～92(哑铃柄)大部分在未结合钙时似乎被包埋着，结合钙后就暴露在介质中，与分子其他部分很少接触。

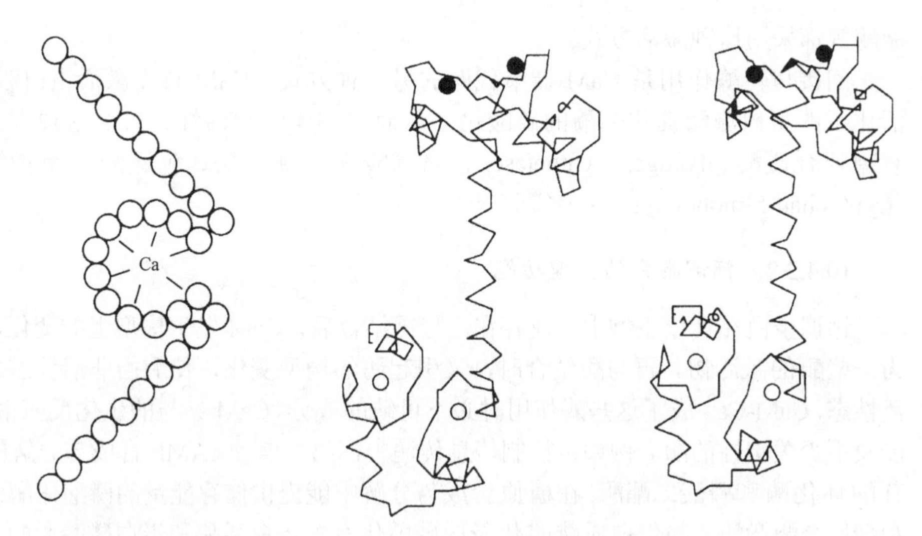

图 10-11　CaM 的 E-F 手结构模型　　　图 10-12　CaM 的空间结构(圆圈和圆点代表 Ca^{2+})

小角 X 射线散射测定 CaM 分子大小与晶体结构分析结果一致，表明无论在水溶液中或晶体状态下分子都呈哑铃状。在无钙时分子较紧缩，长 5.8 nm，回转半径 2.06 nm。结合钙分子时长度增至 6.2 nm，回转半径 2.15 nm，表明分子构象发生变化，两个铃相距更远。

10.4.2　钙调蛋白在细胞代谢中的调控作用

10.4.2.1　钙调蛋白作用的分子机理

脱辅基的钙调蛋白(apoCaM)本身没有生理活性，只有与 Ca^{2+}结合以后才能参与各种生理活动。动力学和 NMR 研究结果都表明，Ⅰ和Ⅱ区是低亲和位，Ⅲ和Ⅳ区是高亲和位。由于各个钙结合位亲和力不同，而钙结合又会引起蛋白质构象变化，这就使 CaM 能按结合钙的不同方式采取多种不同构象，因而具有各种各样生理功能。例如，动力学研究表明激活磷酸二酯酶(phosphodiesterase, PDE)和肌球蛋白轻链激酶(myosin light chain kinase, MLCK)都需要结合 4 个 Ca^{2+}的 CaM，而活化 Ca^{2+}-ATP 酶则要求有 3 个 Ca^{2+}的 CaM。

钙调蛋白调节代谢的一种方式是直接与靶酶作用。这个过程可以分成两步：

$$\text{apoCaM} + i\text{Ca}^{2+} \longrightarrow \text{CaM} \quad (i = 1, 2, 3, 4) \tag{10-1}$$

$$\text{E} + m\cdot\text{CaM} \longrightarrow (\text{CaM})_m\cdot\text{E}^* \tag{10-2}$$

$(\text{CaM})_m\cdot\text{E}^*$表示由 CaM 与靶酶结合形成的有活性的全酶。这种作用方式首先在磷酸二酯酶系统得到证明。脑腺苷酸环化酶、红细胞 Ca^{2+}-ATP 酶、肌球蛋白轻链激酶等都采用这种激活方式。

间接与靶酶作用是 CaM 调节代谢的另一种方式。CaM 首先激活蛋白激酶，活化了的蛋白激酶催化靶酶的磷酸化，从而影响靶酶的活性。采取这种方式的有糖原合成酶(glycogen synthetase)、酪氨酸-3-单加氧酶、色氨酸-5-单加氧酶(tryptophan-5-monooxygenase)等。

10.4.2.2 钙调蛋白的生理功能

钙调蛋白在真核生物中广泛存在。与钙结合后，CaM 发生构型上的变化，成为一些酶的激活物。再与酶结合时，又引起酶的构型变化，使酶由非活性态转为活性态，CaM-Ca^{2+}成了这些酶作用时必不可缺的成分。CaM 参与的生化反应很多，涉及不少关键性的酶。例如：控制信息传递中，第二信使 cAMP 合成与分解的腺苷酸环化酶和磷酸二酯酶；在糖原合成与分解中能提供储存能量的磷酸化酶激酶和糖原合酶激酶，与蛋白质磷酸化及脱磷酸化有关蛋白激酶和蛋白磷酸激酶，能调节细胞内钙离子浓度，起着钙泵作用的 Ca^{2+}-ATPase，还有与平滑肌收缩有关的肌球蛋白轻链激酶等。

CaM 参与调节细胞代谢的多种生理活动，表 10-4 列举了目前已经确认的 CaM 调控生理过程和相应的酶。

表 10-4 CaM 调节的生理过程及有关的酶

生理过程	蛋白质与酶
环苷酸代谢	腺苷酸环化酶、鸟苷酸环化酶、环苷酸磷酸二酯酶
细胞 Ca^{2+} 代谢	质膜 Ca^{2+}-ATP 酶、受磷酸蛋白激酶，其他肌浆网系膜蛋白激酶
细胞收缩、运动、骨架系统	肌球蛋白轻链激酶、管蛋白、τ-蛋白、胞衬蛋白、胞衬蛋白激酶、钙结合蛋白
神经功能	蛋白激酶、酪氨酸单加氧酶激酶、色氨酸单加氧酶激酶、脑蛋白激酶、突触蛋白 I 激酶、神经钙蛋白激酶
糖原代谢	磷酸化酶激酶、糖原合成酶激酶
其他	NAD 激酶、葡萄糖 1,6-二磷酸化酶

CaM 还能够活化质膜上的 Ca^{2+}-ATP 酶，从而调节细胞内的 Ca^{2+}浓度。在细胞内 Ca^{2+} 浓度很低(约 10^{-3}～10^{-7} mol/L)的情况下，apoCaM 不能激活 Ca^{2+}-ATPase。当细胞受激素或神经脉冲刺激后，质膜上的 Ca^{2+}离子通道打开，细胞内的 Ca^{2+}浓度上升(10^{-6}～10^{-5} mol/L)。Ca^{2+}与 apoCaM 结合就能激活 Ca^{2+}-ATPase，大大提高钙泵的效率，使细胞内的 Ca^{2+}浓度迅速回复兴奋前的稳态水平。

糖原(glycogen)代谢过程中，CaM 活化磷酸化酶激酶(phosphorylase kinas)和糖原合成酶激酶(glycogen synthetase kinase)。前者把磷酸化酶 b 磷酸化，使它成为催化糖原解聚的活性形式；后者把糖原合成酶磷酸化，使它钝化以抑制糖原合成。这种双重调节作用使糖原迅速分解为葡萄糖。

精子进入卵细胞后引起的一个反应是卵内 Ca^{2+}浓度瞬间提高。精子头部富含 CaM，占其可溶性蛋白的 12%。受精卵内的 CaM 活化 NAD 激酶，催化 NAD 合成，而 NAD 是一系列生化物质合成反应的辅酶。CaM 的这一功能无疑为触发受精卵分裂和胚胎发育提供了物质基础。

10.4.3　其他钙结合蛋白

10.4.3.1　肌钙蛋白

骨骼肌的肌钙蛋白(troponin)是由肌钙蛋白 C、肌钙蛋白 I 和肌钙蛋白 T 三个亚基组成的复合物，其中肌钙蛋白 C 结合钙离子。

兔骨骼肌的肌钙蛋白 C 是水溶性球蛋白，分子量为 18 000。在其 159 个氨基酸残基中有 43 个酸性氨基酸，13 个碱性氨基酸，是强酸性蛋白。每个肌钙蛋白 C 可结合 4 个 Ca^{2+}。4 个钙结合位中有两个高亲和位、两个低亲和位；高亲和位对 Mg^{2+}也有亲和性。

兔骨骼肌的肌钙蛋白 C 与钙调蛋白的一级结构极为相似，如表 10-5 所示。这提示它们可能从同一种较小的原始前体进化而来。

表 10-5　兔骨骼肌肌钙蛋白 C 与牛脑钙调蛋白一级结构比较

	1　10　20
牛	Ac-A D Q L T E E Q I A E F K E A K S L F D
兔	Ac-D T Q Q A E A R S Y L S E E M I A E F K A A K D M F D
	10　20
牛	L Q D M I N E V D A D G N G T I D F P E F L T M M A R
	50　60　70
兔	L D A I I E E V D E D G S G T I D F E E F L V M M V R
	60　70　80
牛	K M K D T D　S E E E I R E A F R V F D K D G N G
	80　90
兔	Q M K E D A K G K S E E E L A E C F R I F D R N A D G
	90　100
牛	Y I S A A E L R H V M T N L G E T' L T D E E V D E M I
	100　110　120
兔	Y I D A E E L A E I F R A S G E H V T D E E I E S L M
	100　120　130
牛	R E A N I D G D G E V N Y E E F V Q M M T A K-OH
	130　140　148
兔	K D G D K N N D G R I D F D E F L K M M E G V Q-OH
	140　150　159

注：A-Ala，C-Cys，D-Asp，E-Phe，G-Gly，H-His，I-Ile，K-Lys，L-Leu，M-Met，N-Asn. P-Pro，Q-Gln，R-Arg，S-Ser，T-Thr，T'-Tml，V-Val，Y-Tyr；Ac-乙酰基

10.4.3.2　肌球蛋白

无脊椎动物海扇的肌球蛋白(myosin)由两条重链(分子量190 000)和4条轻链(分子量17 000)组成,其中两条轻链与钙调节有关,另两条轻链与ATP分解有关。整个肌球蛋白分子与两个Ca^{2+}结合。

10.4.3.3　小清蛋白

从鲤鱼肌肉分离出的小清蛋白经X射线结构分析证实，在108个氨基酸残基中有52个形成6段α螺旋。整个分子划分为三个区，各有一个E-F手结构。

10.5　天然离子载体

离子载体是一种能够提高膜对某些离子通透性的载体分子，多为小的疏水分子，可溶于膜的脂双层中。大部分离子载体是微生物合成的，有些已被用作抗生素，它们通过提高靶细胞膜的通透性，使靶细胞无法维持细胞内离子的正常浓度梯度而死亡。

天然离子载体(ionophore)按跨膜运送离子的方式可分为活动载体和通道载体两类。从化学结构来看则有环状和链状之分。

10.5.1　环状离子载体

天然环状离子载体包括缬氨霉素(valinomycin)、恩镰孢菌素(enniatin)、大四内酯(macrotetrolides)等抗生素，它们都是不带净电荷的电中性物质。

10.5.1.1　缬氨霉素

缬氨霉素是最典型的环状离子载体。它是一种36环十二缩酯肽,见图10-13。它的分子有三个重复单元。每个单元依次由D-羟基异戊酸、D-缬氨酸、L-乳酸和L-缬氨酸4个残基组成。整个分子是一个酯键和肽键交替出现的环状齐聚体。

缬氨霉素分子的环状结构内腔含有多个氧原子。碱金属离子通过配位键“装配”在这个极性空腔里，形成1∶1配合物，见图10-13(c)。非极性侧链基团(甲基和异丙基)排列在环的外侧形成疏水性外层，使整个配合物具有脂溶性，因此缬氨霉素能运送碱金属离子通过双层脂膜。

G. D. Smith等进行的X射线结构分析显示，缬氨霉素与K^+配位前后结构有较大变化。游离缬氨霉素在溶液中至少有三种构象，这些构象在一定条件下可以

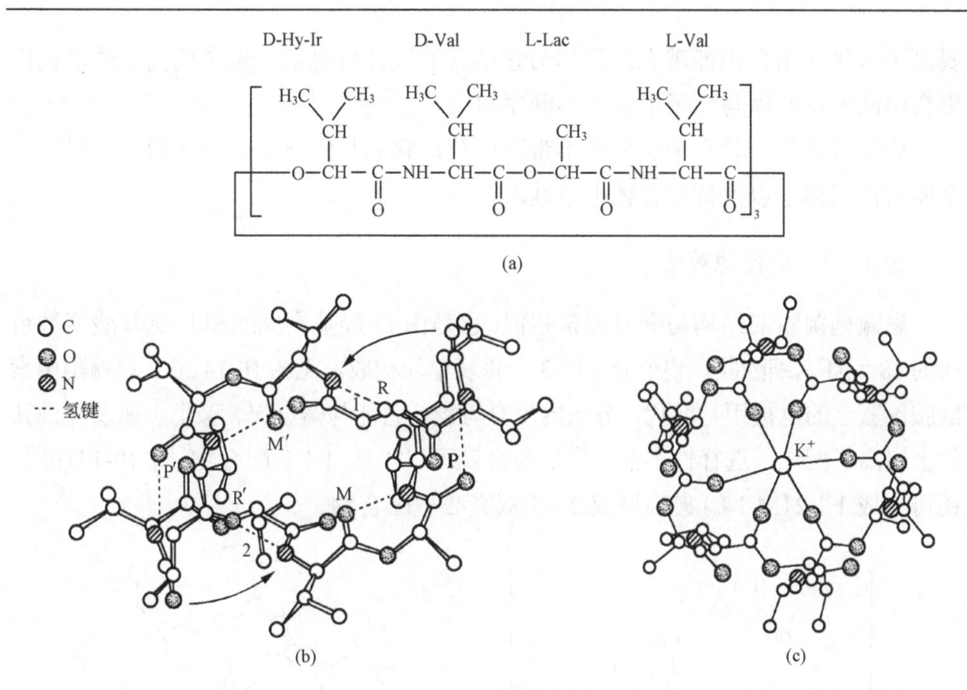

图 10-13　缬氨霉素

(a) 结构式；(b) 空间结构；(c) K^+配合物

互相转变，彼此间建立平衡。在各种构象的缬氨霉素分子里都可观察到酰胺基和羰基氧之间的 6 个氢键，见图 10-13(b)。其中有 4 个氢键较强，O…H 距离平均为 1.9 nm；另外两个氢键(用 1 和 2 标记)较弱，O…H 距离约 2.3 nm。游离缬氨霉素分子的空腔呈椭圆形，当它与 K^+结合时，首先是 4 个没有形成氢键而又处于较暴露位置的羰基氧(用 M、M′、P、P′标记)与 K^+配位，形成较松弛的配合物。配位反应使 1 和 2 两个较弱的氢键断裂，游离的两个羰基氧(用 R、R′标记)再与 K^+配位，最后形成六配位配合物。构象变化使 K^+-缬氨霉素配合物分子表面积比游离缬氨霉素约降低 0.25～0.30 nm^2。这种机制表明缬氨霉素与 K^+的配位反应是可以由环境改变而触发的可逆过程，在一定条件下就会离解释放出 K^+，完成 K^+的跨膜运送。

缬氨霉素与碱金属离子配位能力顺序如下：

$$K^+ > Rb^+ > Cs^+ > Na^+ > Li^+$$

它与 K^+结合的能力约比 Na^+强 1000 倍，因此能选择性地促进 K^+的运送。这种选择性的因素是由生成复合物的自由能和金属离子水化作用自由能决定的。前者反映了载体空腔与金属离子大小匹配程度及配体与金属离子结合的键强度。金属离子水化作用自由能越大，载体与它结合的选择性越低。碱金属离子的水化作用自由能大小顺序与离子半径大小顺序相反。

缬氨霉素等环状离子载体都不带净电荷，它们与阳离子配位之后，要提供一个脂溶性阴离子以保持复合体电中性。

10.5.1.2 恩镰孢菌素

恩镰孢菌素的结构与缬氨霉素相似。它是由D-羟基异戊酸和L-氨基酸交替组成的18元环六缩酯肽，整个分子由3个重复单元构成，见图10-14(a)。恩镰孢菌素酰胺键氮上的氢被甲基取代，分子内没有氢键。它能与碱金属、碱土金属及多种其他金属离子配位，选择性不强。它们与金属可以形成1∶1配合物[图10-14(b)]，还可形成1∶2(M∶L)夹心型或2∶3双夹心型配合物。

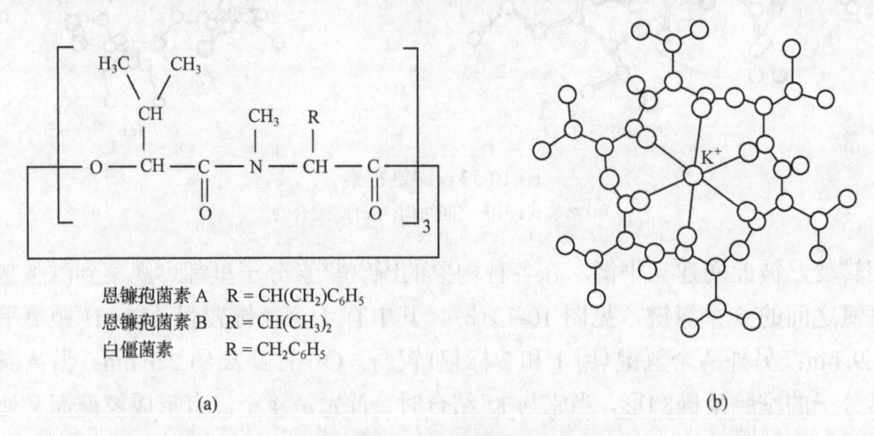

图10-14 恩镰孢菌素

(a)几种恩镰孢菌素的结构式；(b)恩镰孢菌素B与K^+的配合物

10.5.1.3 大四内酯

大四内酯是从放线菌(actinomyces)分离出来的大环抗生素。这一系列抗生素包括无活菌素(nonactin)、单活菌素(monactin)、双活菌素(dinactin)、三活菌素(trinactin)和四活菌素(tetranactin)，其结构如图10-15(a)所示。

这些分子都是含有4个重复结构单元的32元环。每个结构单元是含醇羟基侧链和羧基侧链双功能团的四氢呋喃，它们以酯键构成环状四聚体。

X射线结构分析显示，无活菌素与K^+形成八配位近似立方体构型的配合物，如图10-15(b)、(c)所示。配位原子是4个呋喃氧和4个羰基氧，O—K距离为0.24～0.28 nm。

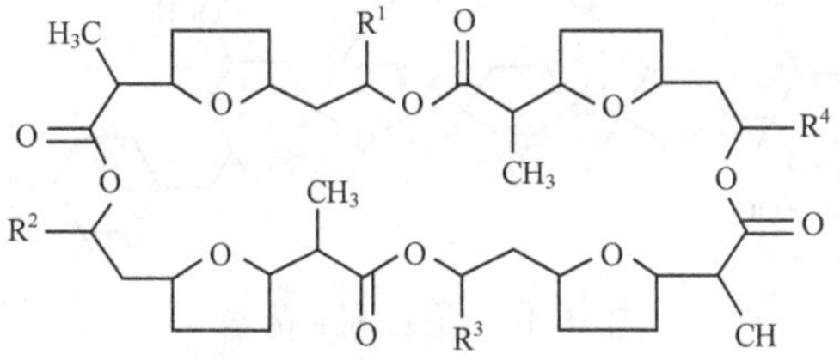

(a)

无活菌素 $R^1=R^2=R^3=R^4=CH_3$; 单活菌素 $R^1=R^2=R^3=CH_3, R^4=C_2H_5$

双活菌素 $R^1=R^3=CH_3$，$R^2=R^4=C_2H_5$；三活菌素 $R^1=CH_3, R^2=R^3=R^4=C_2H_5$

四活菌素 $R^1=R^2=R^3=R^4=C_2H_5$

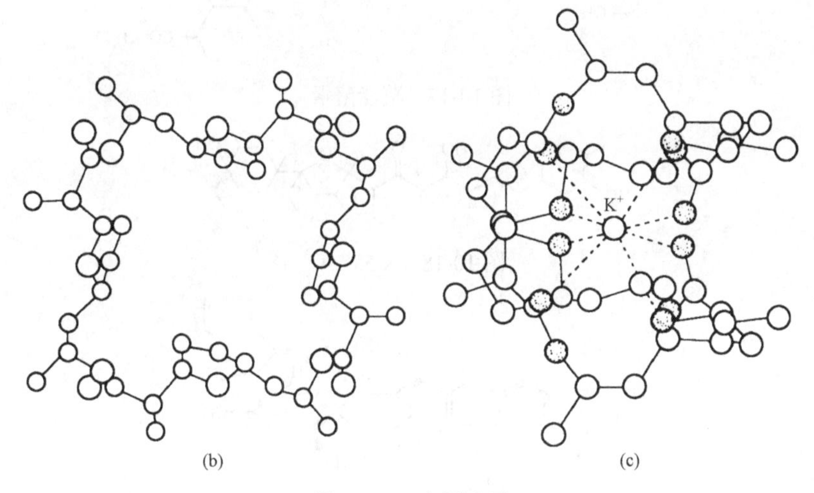

(b)　　(c)

图 10-15　大四内酯

(a) 大四内酯结构式；(b) 无活菌素结构；(c) 无活菌素与 K^+的配合物

无活菌素等大四内酯与碱金属离子形成 1∶1 配合物的选择性顺序与缬氨霉素相同，但它对 K^+的选择性远不及缬氨霉素。

10.5.2　链状离子载体

链状离子载体包括尼日利亚菌素(nigericin，图 10-16)、莫能菌素(monensin，图 10-17)、灰霉菌素(griseorexin)、X 537 A(图 10-18)、A 23187(图 10-19)等多种抗生素。它们的分子由一系列杂环连接而成，分子链上有多个能与金属离子配位的含氧基团，链的一端大都有 1～2 个醇羟基，另一端是羧基，因此又称羧基离子载体。在生理条件下，链端羧基已经解离带负电，所以它们属于阴离子性离子载体。羧基氧与醇羟基以氢键使链状分子联结成环并形成某种构象而把金属离子包围起来。疏水基团留在配合物的外表面，整个分子是脂溶性的。载体与金属离子配位以后，整个分子的净电荷为零，不需要再提供脂溶性阴离子。

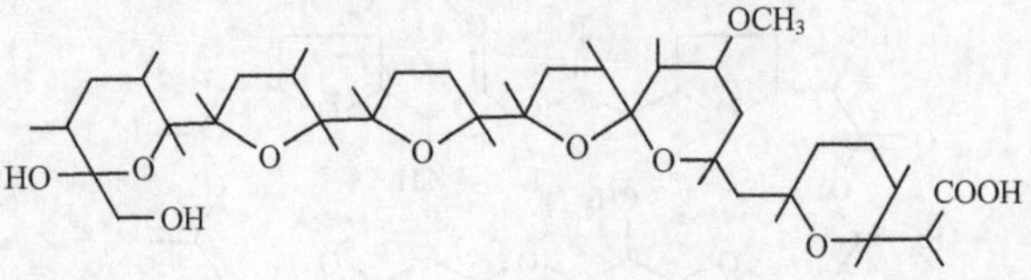

图 10-16 尼日利亚菌素

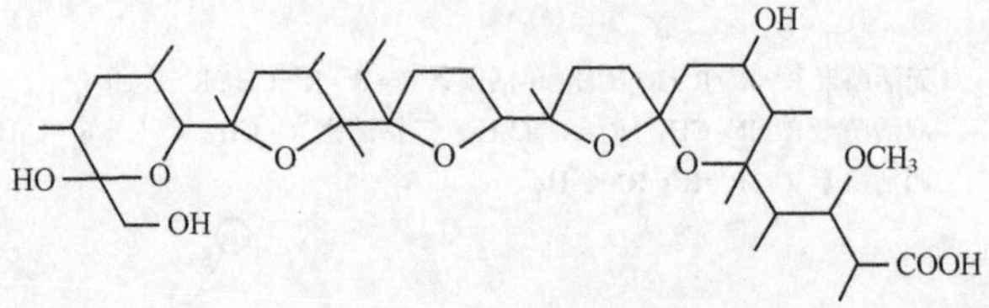

图 10-17 莫能菌素

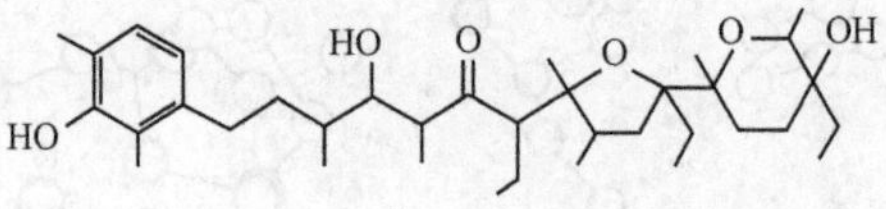

图 10-18 X 537 A

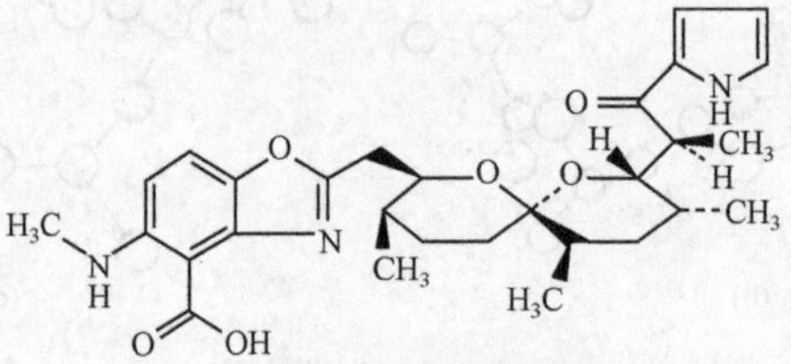

图 10-19 A 23187

尼日利亚菌素对 K^+离子选择性很高。它能运载 K^+从红细胞内流出。由于载体链端羧基去质子化，使红细胞内 K^+浓度下降的同时，H^+浓度上升，实现了 K^+和 H^+的逆向跨膜运送。这是尼日利亚菌素与缬氨霉素的又一区别。莫能菌素对 Na^+的选择性最强。它对碱金属离子选择性顺序是

$$Na^+ \gg K^+ > Rb^+ > Li^+ > Cs^+$$

X 537 A 不仅是所有碱金属阳离子的载体，而且能够载运某些二价阳离子，例如它与 Ba^{2+}形成 1∶2 配合物[$Ba^{2+}(X\ 537\ A^-)_2 \cdot H_2O$]。结构分析显示二价阳离子被两个载体分子和一个水分子包围着，配合物是不对称的九配位构型。两个 X 537 A 分子之间不存在氢键或其他基团的相互作用，只靠配位的阳离子桥连起来。X 537 A 对碱金属和碱土金属的选择性顺序分别是

$$Cs^+ > K^+ > Rb^+ > Na^+ > Li^+$$

$$Ba^{2+} \gg Sr^{2+} > Ca^{2+} > Mg^{2+}$$

另一种能跨膜运送二价阳离子的链状离子载体是 A 23187。它与一价阳离子结合的能力很弱，对二价阳离子有一定的选择性。A 23187 除了能运送碱土金属离子以外，还能运送 Fe^{2+}。在 A 23187 分子中的两个吡喃环以螺旋式相连，可能是这种刚性结构造成构象限制，使它对金属离子有一定选择性。$[Ca^{2+}(A\ 23187^{-})_2]$ 是 1∶2 配合物，两个 A 23187 分子以链端羧基氧和吡咯环 NH 通过氢键首尾相接成环。与钙离子配位的是两个 A 23187 分子中的羧基氧、酮基氧和苯并噁唑氮以及水分子，4 个吡喃环保持在距离钙离子较远的位置。A 23187 还能发出荧光，这种性质给离子跨膜运送研究带来一些便利。A 23187 对碱土金属离子的选择性顺序是

$$Ca^{2+}>Mg^{2+}>Sr^{2+}>Ba^{2+}$$

10.5.3　通道载体

能够在膜上形成离子通道的天然离子载体有两类：大环多羟基多烯内酯类抗生素和多肽类抗生素。

制霉菌素(nystatin，图 10-20)和两性霉素(amphotericin，图 10-21)都是大环多烯内酯类抗生素。这是一类两亲性的化合物。约占整个环一半的多烯结构部分是亲脂性的，其余的多羟基部分是亲水性的。这种结构使它能与膜上磷脂结合并形成胶束因而产生亲水性通道。这种亲水性孔道可以通过正负离子以及尿素和葡萄糖等小分子物质。

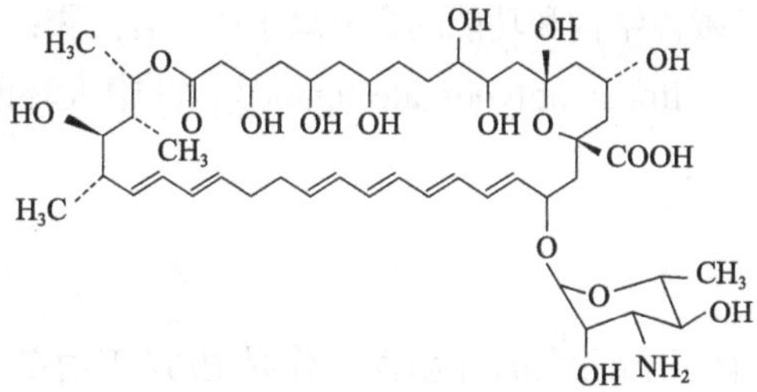

图 10-20　制霉菌素

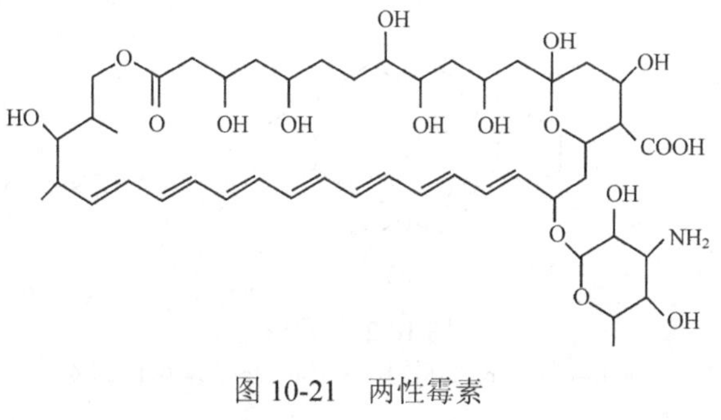

图 10-21　两性霉素

多肽类抗生素——短杆菌肽(gramicidin)A 是由 L-和 D-氨基酸交替排列组成的十五肽，且其 N 端和 C 端都被保护起来。其中丙氨酸和色氨酸都是 L 型，亮氨酸是 D 型，缬氨酸是 L 和 D 型。它的一级结构如下：

```
 O
  \\        L          L      D      L      D      L
   C — NH— Val — Gly — Ala — Leu — Ala — Val — Val —
  /
 H

 D      L      D      L      D      L      D      L
 Val — Try — Leu — Try — Leu — Try — Leu — Try — CO —
```

$NH—CH_2—CH_2—OH$

短杆菌肽 A 形成左手螺旋，其长度相当于一个磷脂分子的长度。组成短杆菌肽 A 的氨基酸残基的侧链都是非极性的，因此螺旋骨架具有亲脂性。有趣的是肽键的羰基氧分布在螺旋内侧。两个短杆菌肽 A 分子通过氢键在末端联结成二聚体，于是就能在膜上形成贯穿膜两侧的通道。这种通道长约 2.5～3.0 nm，孔径约 0.4 nm。它允许一价阳离子通过，但多价阳离子和阴离子不能通过。它对不同的一价阳离子的选择性较差。

10.6 合成离子载体

能够模拟天然离子载体结构和功能的合成离子载体有两类：大环配体(macrocyclic ligand)和链状多齿配体(linear polydentate ligand)。其中大环配体包括冠醚(crown ether)和穴醚(cryptand)等。

10.6.1 冠醚

冠醚及其配合物合成和研究的开创性工作是 1967 年由 C. J. Pederson 完成的。冠醚(图 10-22)是大环多元醚，环状结构部分由多个醚氧原子和链烃基(主要是亚乙基)交替组成。

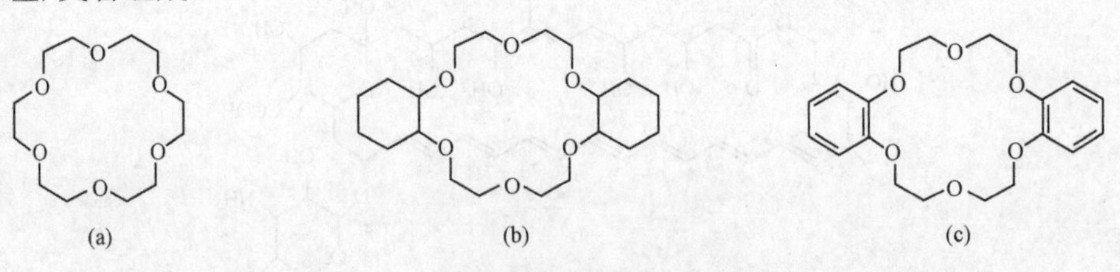

图 10-22 冠醚

(a) 18-冠-6；(b) 二环己基-18-冠-6；(c) 二苯并-18-冠-6

冠醚的名称包括几个部分：①冠醚环上取代基的种类和数目；②冠醚环的总原子数；③类名“冠”字；④冠醚环的氧原子数。例如图 10-22：18-冠-6(18-crown-6)、二环己基-18-冠-6(dicyclohexyl-18-crown-6)、二苯并-18-冠-6(dibenzo-18-crown-6)。

冠醚以朝向环内腔的多个醚氧原子与碱金属及碱土金属等多种阳离子配位，形成外侧具有亲脂性的大环配合物。冠醚与金属离子结合有一定的选择性。这种选择性同冠醚环的腔径与金属离子的匹配程度有关。表 10-6 显示，二环己基-14-冠-4 的腔径较小，它的选择性是 $Na^+ > K^+$。表中其余几种冠醚腔径较大，选择性均为 $K^+ > Na^+$。冠醚配合物的稳定性还受金属离子溶剂化作用的影响。例如 Na^+的水合作用比 K^+强，在水溶液中各种冠醚与 Na^+的配合物都不如 K^+配合物稳定。

表 10-6　Na^+, K^+-冠醚 1∶1 配合物的稳定常数 lg*K*(甲醇溶液)

冠醚	腔径/nm	阳离子(直径/nm)	
		Na^+(0.194)	K^+(0.266)
二环己基-14-冠-4	0.12 ～ 0.15	2.18	1.30
18-冠-6	0.26 ～ 0.32	4.32	6.10
二环己基-18-冠-6	0.26 ～ 0.32	4.08	6.01
二苯并-18-冠-6	0.26 ～ 0.32	4.36	5.00
二苯并-21-冠-7	0.34 ～ 0.43	2.40	4.30
二苯并-30-冠-10		2.0	4.60

当冠醚环中醚氧原子数目较少而且阳离子大小与腔径匹配时，通常形成平面配合物。当金属离子大于冠醚腔径时，金属离子就会悬在配体腔外边，如图 10-23 的 RbSCN 与二苯并-18-冠-6 配合物。不能进入配体腔的金属离子还可以和冠醚形成 1∶2 夹心配合物，例如图 10-24 的 K^+-苯并-15-冠-5 单夹心配合物。而腔径较大的二苯并-24-冠-8 则可以同时与两个 Na^+配位形成双金属配合物并保持平面构型。图 10-25 的二苯并-30-冠-10 与 Rb^+的配合物中，冠醚则通过改变构象去适应金属离子，这与无活菌素与 K^+的配合物相似。

当冠醚环的醚氧原子被电负性较弱的 N 或 S 等原子取代时，它们与金属形成的配合物的稳定性会随杂原子的电负性降低而减弱。例如 18-冠-6 的一个醚氧原子被 NH 或 S 取代之后，它们的 K^+配合物的 lg*K* 值分别降为 3.90 和 3.61。

如果冠醚接上酸性官能团，就能与碱土金属离子形成相当稳定的配合物。例如 12-氮杂冠-4-四乙酸(图 10-26)能与 Mg^{2+}及 Ca^{2+}形成稳定配合物，其 lg*K* 值分别为 11 和 16；四羧化-18-冠-6(图 10-27)与 Ca^{2+}的配合物的 lg*K* 值约为 8。

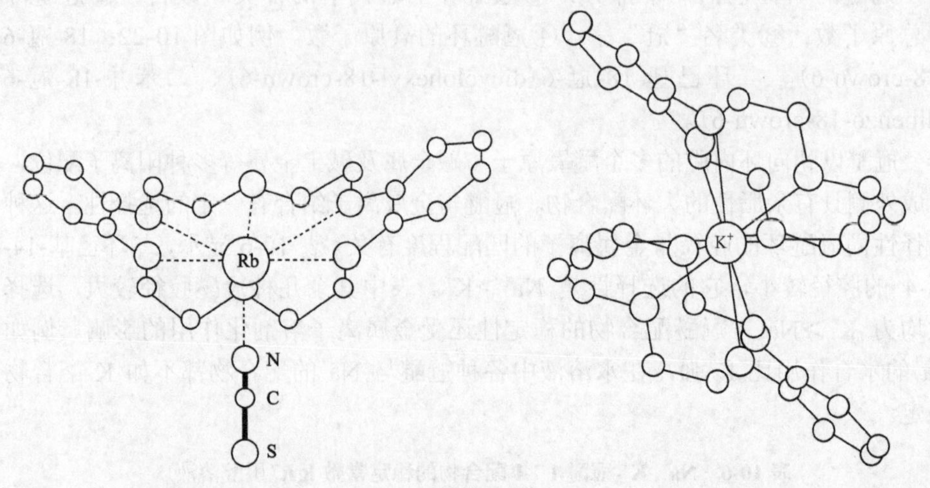

图 10-23　RbSCN 与二苯并-18-冠-6 的配合物　图 10-24　K^+与苯并-15-冠-5 的 1∶2 配合物

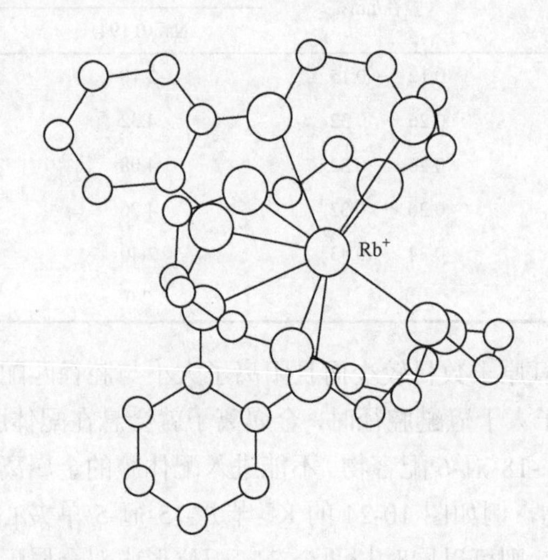

图 10-25　Rb^+ 与二苯并-30-冠-10 的配合物

图 10-26　12-氮杂冠-4-四乙酸　　　　图 10-27　四羧化-18-冠-6

两个冠醚环通过链状或环状结构联结而成的双冠醚，如苹果酸双苯并-15-冠-5(图 10-28)，容易与金属离子形成分子内夹心配合物，表现出比单冠醚更好的络合稳定性和选择性。这种夹心配合物的亲脂性也优于单冠醚的 1∶1 配合物。

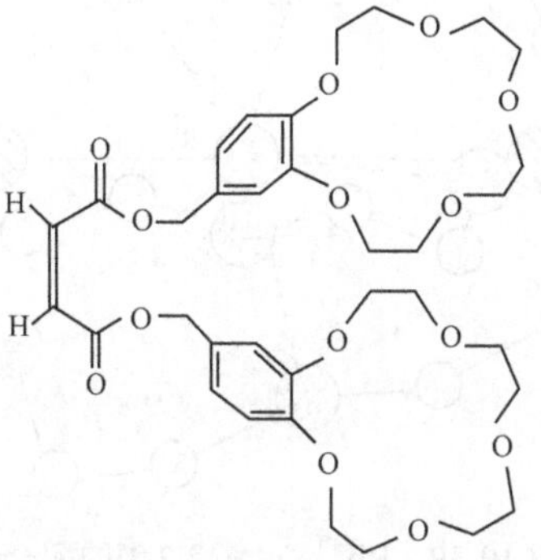

图 10-28　苹果酸双苯并-15-冠-5

10.6.2　穴醚

穴醚通常是指含有两个氮原子作桥头的笼状大双环多元醚(图 10-29)。这类化合物是 1969 年由 J. M. Lehn 等首次合成的。它的命名是在类名“穴醚”后的方括号中从大到小的顺序列出各桥链的醚氧原子数。

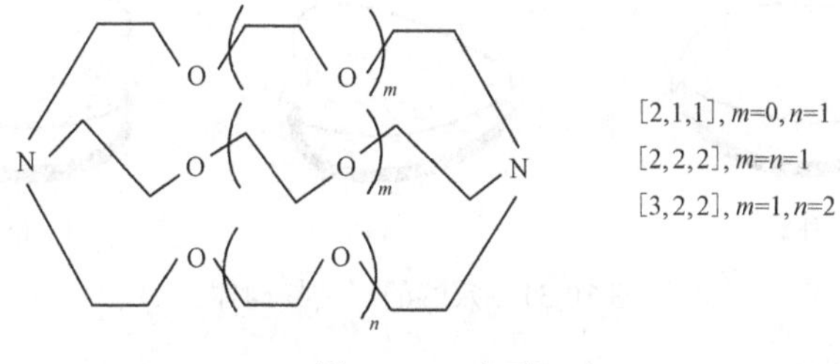

图 10-29　穴醚

碱金属和碱土金属离子能与穴醚形成稳定配合物，见图 10-30。从表 10-7 可见穴醚配合物的稳定性高于类似的单冠醚配合物，这是由于穴醚的笼状双环结构对金属离子的封闭能力较强。

由于穴醚可以通过两个桥头氮原子质子化而改变桥头氮孤对电子的取向，因此穴醚有三种异构体(图 10-31)，它们在溶液中建立平衡。按孤对电子的位置，它们分别称为外-外型(*exo-exo*)和外-内型(*exo-endo*)和内-内型(*endo-endo*)异构体。其中内-内型的内腔最接近球形。例如图 10-30 的内-内型穴醚[2,2,2]与 Rb^+的配合物中，Rb^+的配位数是 8。

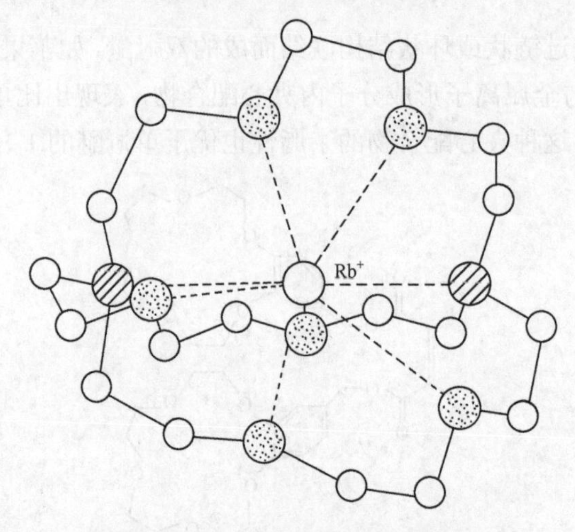

图 10-30　Rb^+与穴醚[2,2,2]的配合物

表 10-7　Na^+, K^+大环配合物的 lg*K* 值(水)

配体	Na^+	K^+
穴醚[2, 2, 2]	3.9	5.4
穴醚[2, 2, 1]	5.4	3.95
18 - 冠 - 6	0.8	2.03

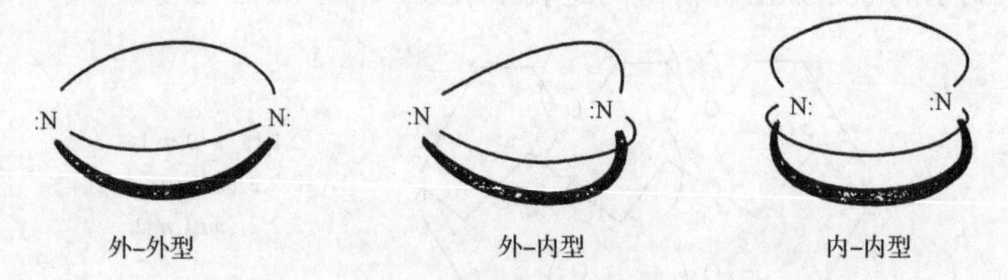

图 10-31　穴醚的三种异构体

穴醚桥链的醚氧原子可以换成 NH、NR 或 S，它们形成的配合物的稳定性也随杂原子电负性降低而减弱。还有一些穴醚以叔碳原子作桥头原子。

还有一些大三环多元醚，又称三环穴醚，见图 10-32。

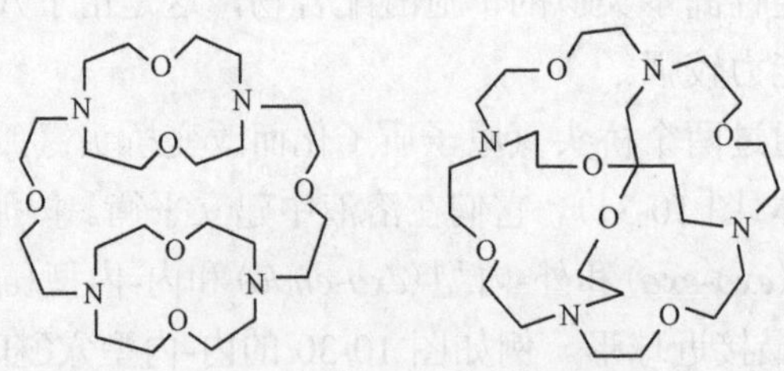

图 10-32　两种大三环多元醚

10.6.3　链状多齿配体

最简单的合成链状离子载体是寡聚甘醇二甲醚(oligoethylene glycol dimethyl ethers, glymes)。它实际是开链的冠醚，如图 10-33(a)、(b)所示。它们的配合物的稳定性低于相应的冠醚配合物(见表 10-6 和表 10-8)。如果在聚甘醇链两端接上可作配体的基团，如图 10-33(c)、(d)所示，通常可提高配合物的稳定性(见表 10-8)。

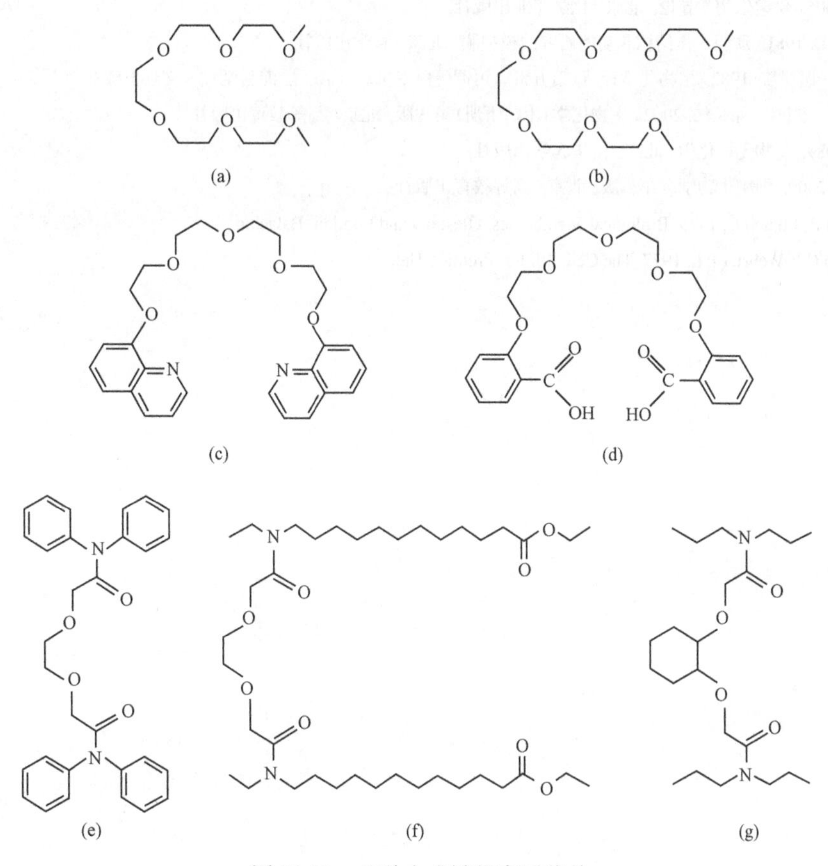

图 10-33　几种合成链状离子载体

表 10-8　合成链状载体的配合物 lg*K* 值(甲醇)

配体	Na^+	K^+
a	1.47	2.20
b	1.60	2.55
c	3.22	3.51
d	3.41	3.24

注：配体按图 10-33 的编号

W. Simon 等合成了大量链状离子载体，图 10-33(e)、(f)、(g)是其中几例。它们能与一价、二价阳离子形成稳定配合物。

参 考 文 献

哈里森 P M, 霍尔 R J, 1986. 生物化学中的金属. 北京: 科学出版社.

哈珀 H A, 罗德韦尔 V W, 1985. 生理化学评论. 北京: 科学出版社.

林其谁, 1982. 生物膜的结构与功能. 北京: 科学出版社.

马林, 2006. 化学生物学导论. 北京: 化学工业出版社.

珀茨 B D, 1981. 质膜: 作结构和功能研究的模型膜. 北京: 科学出版社.

上海第一医学院, 1982. 生物化学译丛(第五辑)(钙调蛋白专辑). 上海: 上海科学技术文献出版社.

王镜岩, 朱胜庚. 徐长法, 2002. 生物化学(上、下册)第 3 版. 北京: 高等教育出版社.

王夔, 1989. 生物无机化学. 北京: 清华大学出版社.

翟中和, 2000. 细胞生物学. 第二版. 北京: 高等教育出版社.

Harrison R, Lunt G C, 1975. Biological Membranes. Glasgow and London: Balackic.

Swanson C P, Webster P L, 1977. The Cell. 4th Ed. Prentice-Hall.

第 11 章　环境生物无机化学

11.1　生物体与环境

11.1.1　生物圈与食物链

地球上的生物被环境包围着，环境中的无机物远远多于有机物。生物在漫长的进化历程中，使自己适应了利用阳光作为原始能源，并利用周围大量无机物作为自身的“建筑”材料，还学会通过生物体之间及环境之间相互作用的复杂系统来保护自己。

图 11-1 显示了生物圈(biosphere)中相互关系的粗略结构。当然更完整的结构还包括地球的岩石圈(lithosphere)、水圈(hydrosphere)和大气(atmosphere)。生物体可分为自养生物(autotroph)和异养生物(heterotroph)两类。自养生物能够完全用无机物，如 CO_2、H_2O、SO_4^{2-}和 PO_4^{3-}等，并直接利用太阳能产生有机物。而异养生物在能量和物质方面都必须依赖自养生物。自养生物主要是绿色植物和藻类。很多大小动物都是食草动物，这些食草动物又被食肉动物吃掉，动植物的尸体被细菌和真菌等微生物分解。食物与捕食者之间的这一系列关系称为食物链(food

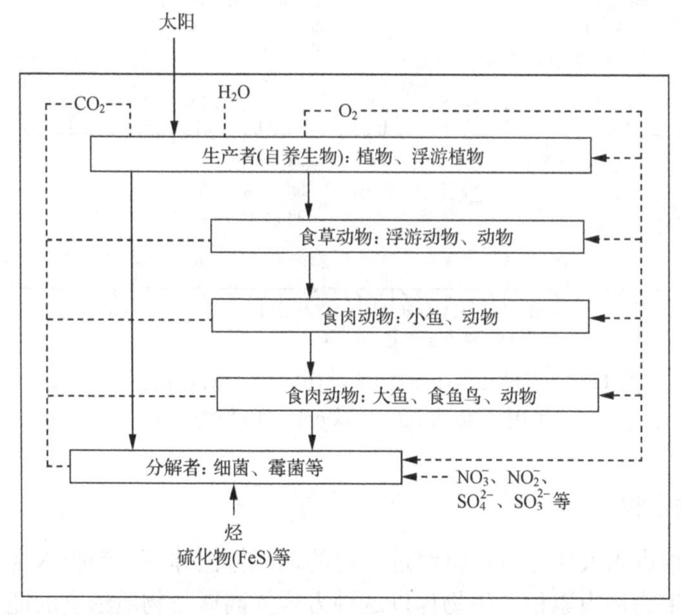

图 11-1　生物圈的粗略结构(粗实线表示有机物流向，虚线表示无机物流向)

chain)。当然，实际情况比图 11-1 复杂得多。人体内微量元素的种类和含量与所处环境中的水、大气、土壤和食物有关。人处于食物链的末端，植物和动物先逐级积累各种必需元素和有害元素，然后通过食物进入人体，这是人摄取微量元素的主要途径。

11.1.2 环境与生物的元素组成

生物体以周围环境中含量丰富的无机物作为自身的结构材料，因此生物体的元素组成与环境有关。图 11-2 显示了海洋、地壳和人体的元素组成，三者之间既有联系又有区别。为了利用环境中丰富的元素，生物在进化过程中形成了与环境相适应的代谢机制(metabolic mechanism)，以保证在正常条件下不缺乏生存和繁衍所必需的物质。在地球表面到处都有水，而生物中，H 和 O 两种元素也占有很大比例。K、Na、Ca 和 Mg 是地壳和海洋中丰富的金属元素，也是生物体中含量较高并具有重要生理功能的金属元素。另一方面，生物体系又有自身的特点。尽管地球表面硅的丰度 146 倍于碳，但由于 CO_2 的稳定性、在水中的溶解度以及形成碳链和碳环的能力，生物还是选择了碳来构造自身的机体。

对于环境中含量不多的元素和化合物，生物体接触它们的机会很少。这些物质对生物体可能是有毒的，因为生物体的防护机制同样需要经历漫长的进化过程才能完成。

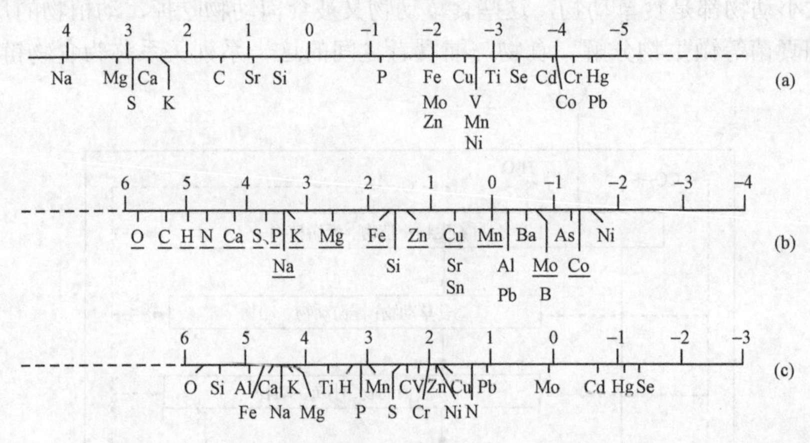

图 11-2 无机元素在(a)海水、(b)人体、(c)地壳中的分布
[图中数值为 lg*C*, *C* 以 ppm (10^{-6}) 为单位]

11.1.3 生物富集

微量元素进入人体之后，将经过一定的途径排出体外。当吸入量超过排出量时，就会在生物体内累积。生物体以这种方式提高微量物质浓度的能力称为生物富集(enrichment)。

有些生物可以富集特种元素，并可能在某些情况下应用它们。例如一些海鞘含钒量很高，大都作为血钒蛋白(hemovanadin)的组分。有人认为血钒蛋白起着氧载体和氧化还原酶的作用。表 11-1 列举了这方面的一些例子。

表 11-1　生物富集微量元素的实例

元素	生物
B	褐藻、海绵
Si	硅藻、海绵
V, Nb	海鞘
Mn	蕨类植物、海洋甲壳动物
Cu	节肢动物
Zn, Cd	牡蛎
As	褐藻、腔肠动物
Se	窄叶黄芪

除了自养生物之外，生物还可以通过食物链富集微量元素。假定微量元素 M 在所有生物中排泄都很缓慢。又假定生物 B 以生物 A 为食物，B 每增加 1 g 体重，要消耗食物 A 10 g。简单计算表明，M 在 B 体内的浓度约是 A 的 10 倍。如果生物 C 以 B 为食物，在同样的条件下，M 在 C 体内的浓度约为 A 的 100 倍。当然实际情况更加复杂，但通过食物链富集微量元素或微量物质的基本原理正是这样。鸟类体内高浓度 DDT 就是通过生物链富集的。

金枪鱼则通过另一个途径富集金属元素。大多数金枪鱼含 Hg 高于 5.0×10^{-7}，20%样品甚至高于 1.0×10^{-6}。已经确证，这不是由环境污染造成的，通过食物链也不可能富集到如此高含量的 Hg。金枪鱼异常活跃因而代谢速度很高，耗氧量大。为了获取足够氧气，鱼鳃过滤的水量约为 2.8 L/(min·kg 体重)。海水中 Hg 浓度约 1.0×10^{-11}，即使 1%被吸收，也达到 4μg/(d·kg 体重)。汞在生物体内主要以甲基汞(CH_3Hg^+)的形式存在，它的排泄速度很慢，在水生生物中的半衰退期为 270～1000 d。如果半衰退期为 100 d，金枪鱼体内汞的平衡含量可达 5.8×10^{-7}；如果半衰退期为 1000 d，则是 5.8×10^{-6}。因此金枪鱼的高汞含量主要是由其高代谢速度造成的。

11.2　生物体内微量元素的代谢

微量元素进入生物体后将会发生什么作用，这除了与吸入量有关之外，还与它在体内的代谢过程密切相关。特别是有毒物质进入生物体之后，不是干扰或破坏机体正常生理功能，使机体中毒或产生潜在性危害，就是机体通过各种防护机制及代谢活动，使毒物降解排出体外。因此适当了解微量元素的代谢过程，对研究微量元素与机体之间相互作用的规律具有重要意义。这里主要讨论金属在人体内的代谢过程。

金属在人体内的代谢包括吸收(absorption)、分布(distribution)、生物化学转化(biochemical transformation)和排泄(excretion)等过程。其中生物化学转化不是孤立的，在吸收、分布和排泄过程中，也同时发生生物化学转化。

11.2.1　吸收

经呼吸道(respiratory tract)吸收，是在工业生产中金属侵入人体的主要途径。肺泡壁的总面积高达 50～100 m^2。肺泡周围布满毛细血管，血液供应丰富。空气中的有毒物质容易经肺泡吸收，仅次于静脉注射。当然呼吸道也有防护功能。支气管上皮可以把沉淀的粉尘带到喉，通过咯出或咽下排出呼吸道，另外还有一部分沉积在肺泡内，形成肺泡灰尘病灶或结节。

消化道(digestive tube)吸收则是日常生活的主要途径。除了食物可以把金属带进消化道之外，从上呼吸道清除出来的部分金属也进入消化道。肠道是主要吸收部位，金属主要以扩散方式通过细胞膜而被吸收。浓度越高吸收量越大，脂溶性物质较易被吸收。

消化道中从口腔到胃、肠各段的 pH 相差很大。如胃内的 pH≈2，而小肠内的 pH≈6。许多金属化合物在不同 pH 的溶液中离解度不同，在消化道各部位的吸收差别很大。

哺乳动物的消化道还有特殊的转运系统来吸收营养物质，而有些金属毒物可以被类似的转运系统吸收。例如铊和铅可以被正常吸收铁和钙的转运系统吸收。

皮肤在正常情况下是保护机体的有效屏障，只有少数金属及其化合物能通过皮肤吸收。如四乙铅(tetraethyl-lead)、有机汞化合物、有机锡化合物等具有脂溶性的物质，可以通过皮肤吸收。

11.2.2　分布

金属化合物主要通过血液分布(在某些情况下也通过淋巴传递)，分布到机体内各组织的数量取决于它通过细胞膜的能力及它与各组织的亲和力，因此金属在体内的分布有很大差异。

肝脏细胞膜通透性高，血液中大部分毒物，甚至与蛋白质结合的毒物，都能进入肝脏。肝脏和肾脏细胞内含有特殊的结合蛋白，它们与毒物的亲和力很强，能把血浆中已经与蛋白质结合的毒物夺起来。例如，已经发现肝脏和肾脏中的一种蛋白质与镉的结合很强。肝脏结合外来毒物极为迅速。例如吸入铅后 30 min，肝脏中铅的浓度就上升为血浆中的 50 倍。肝脏还有很多酶系，因此它又是毒物降解转化的器官。

很多脂溶性(liposoluble)毒物都分布在体脂中。脂溶性越高，毒性越大。对于脂溶性金属配合物来说，这种毒性与它能否通过细胞膜有关。脑和神经组织中脂类较多。一般水溶性强的物质不易通过血脑屏障(blood-brain barrier)。而脂溶性物质，如烷基汞则容易扩散到脑和神经组织中而出现神经症状。

某些组织内的特殊成分与某些金属具有特异的亲和力，使金属在体内有特殊的分布部位。吸入可溶性铍盐时，铍主要分布在骨骼；吸入不溶性铍盐则主要沉积在肺部。无机汞离子具有水溶性，难以进入脑组织。四乙铅具有脂溶性，初期在脑和肝脏含量最高，以后转化为磷酸铅则主要储存在骨骼里。

某一器官存积某种金属较多，一般容易使这一器官受到损伤，但同时又减轻对机体其他器官与组织的毒害。例如铅的毒性作用部位主要是软组织，因此铅存积在骨骼内的危险性相对减少很多。

金属在人体内的分布不是一成不变的。体内环境的变化会改变某些金属的分布。例如酸中毒或缺钙，可以使不溶性磷酸铅转变为可溶性的磷酸氢铅，从骨骼中释放出来进入血液并引起铅中毒。使用螯合剂 EDTA 治疗某些金属中毒时，也可以使铅在体内移动。

11.2.3 生物化学转化

金属和金属化合物与有机物不同，它们进入人体以后不能降解，只能发生化学物种转化。金属或其他化合物摄入人体之后，经过水解、氧化、还原、结合等代谢过程所发生的一系列变化称为生物学转化。大多数金属在体内第一阶段的生物化学转化主要在肝脏进行。胃、肠、皮肤也有不同程度的生物化学转化功能。

具有脂溶性的汞蒸气在血液中溶解以后，很容易越过血脑屏障；但汞蒸气进入人体后，大都迅速氧化为二价汞，使毒性降低。镉和汞在肾脏转化为镉硫蛋白和汞硫蛋白，因而具有解毒作用。

四乙铅在体内经脱羟作用，逐渐转化为三乙铅、二乙铅和无机铅。其中三乙铅正是四乙铅毒性作用的根本原因。所以金属在体内经生物化学转化以后，毒性有时降低，有时反而增加。

11.2.4 排泄

金属及其代谢产物从体内排出的主要途径是肾和肠道。一般从口摄入的主要经肠道排出，从呼吸道摄入的经肾脏排出。有时同一种金属由几个不同途径排出。

多数金属从尿中排出，但排出量差异很大。尿中排出量占摄入量约 50% 的有：Co、Sb、Ti、Hg、Nb、Mo(还有非金属 I、Se、B、Br、F)；15% 以下的有：Cr、Zn、Cu、Pb、Al、Ba 等；而 V、Sn、Mn、Ni 等从尿中排出很多。此外，不同个体、性别、年龄的排出量也有差别。

随汗液也可排出一定量的金属元素。例如，Cr、Cu、Mg、Mo 等元素从汗液的排出量，在某些情况下占摄入量的 40%～60%，Sr 和 Co 均约占 10%。

经粪便排出的主要是 Mn、Fe 等重金属。汞在吸收初期主要由粪便排出。从口摄入而未被吸收的铅也由粪便排出。

在日本和法国等国家曾出现黄金食品，如黄金咖啡、黄金牛排等，德国慕尼黑食品检验局经过化验发现，黄金确实可吃，只不过在人体内吸收甚少，大部分都经消化排出体外。“食用黄金”吃起来没有特别感觉。它随食物进入人体后，可借助黄金的静电效应吸收某些有害物质，再一起排出体外。吃黄金的人并不在乎它是否可口，重要的是“黄金食物”满足了他们的新鲜感和虚荣心。

头发中排出的金属量很少，仅 Zn、Fe 略高。头发的代谢活动缓慢，所含微量元素可以反映人体摄入微量元素的数量及代谢状况。随着分析技术的发展，近年来常以头发中微量元素含量作为人体与环境中某些微量元素接触程度的参数，在营养学上也作为某些必需元素是否缺乏的诊断指标。

11.3　微量元素的体内平衡与金属中毒

11.3.1　微量元素摄入量对人体健康的影响

各种必需元素在人体内都有严格的存量范围，过量或缺乏都会对机体有害。人类在漫长的进化历程中，逐渐形成了一系列平衡机制，以调节控制必需元素在体内迁移和防止它们过量摄入。在最高摄入量与最低摄入量之间常有一定余地，使机体可以在某种范围内与变化的环境相适应。

当摄入量不足时，机体可以动用体内储存的元素，在所谓负平衡状态下暂时维持正常的生理功能，但如果这种状态继续下去，则势必发展为一种疾病。

当摄入量略为偏高时，体内平衡的机制可以把多余的微量元素排出体外。但当摄入量过大，即超出机体的排泄能力时，这些元素就会在体内积累，最终导致某些组织或器官受损害。而这些微量元素一旦在体内累积，往往需要很长时间才能消除。因此从这个角度来看，微量元素过量比之缺乏的后果更严重，因为缺乏还可以及时补充。

某些遗传性疾病会使必需元素的输送系统失灵，以致在摄入量完全正常的情况下，也会引起金属元素累积而导致严重疾病。例如血色病患者体内铁平衡失调，一生都在缓慢地积累铁，使胰脏、肝脏、皮肤受损害，引起糖尿病、肝硬化、皮肤青铜症等。这种疾病的症状到中年才表现出来，到这种状态时已难以治愈。

11.3.2　金属中毒的一般机理

一种元素或化合物对生物体的毒性（toxicity）是一个非常复杂的问题。它除了取决于这种物质的性质和浓度以外，还与摄入方式、机体的健康状况等因素有关，因此很难一概而论。这里仅讨论中毒的一般机理。

金属毒性的重要标志是致死(lethality)、致癌(carcinogenicity)和导致其他疾病。

通常认为，金属主要通过与生物分子结合而发挥毒性作用。其毒性机理可以归结为三个方面：①阻碍生物大分子的必需功能基团发挥作用。例如 Hg^{2+}很容易被半胱氨酸残基的—SH 基束缚，而—SH 基是很多酶的催化活性部位，Hg^{2+}就会抑制这些酶的活性。②取代了生物分子中必需的金属离子，使它失去活性。例如 Be^{2+}可取代 Mg^{2+}，Be^{2+}被酶束缚得更紧，但 Be^{2+}不能使这些酶具有活性。③改变了生物大分子的活性构象。生物大分子必须采取某种特殊构象才具有活性，而束缚了金属离子则可能使蛋白质、核酸等重要生物分子的构象改变。核酸储存着遗传信息，它们受到破坏可能导致癌症或先天性畸形等严重后果。

蛋白质、磷脂、某些糖类、核酸等生物大分子都有很多束缚金属离子的配位基团。例如组氨酸残基的咪唑基、赖氨酸残基的氨基、DNA 和 RNA 的嘌呤碱基和嘧啶碱基、丝氨酸残基和酪氨酸残基的羟基、谷氨酸残基和天冬氨酸残基的羧基、磷脂和核苷酸的 PO_4^{3-}、半胱氨酸残基的巯基、蛋氨酸残基和辅酶 A 的—SR。当金属离子与这些基团配位之后，便可能产生毒性。

上述金属毒性机制都基于金属离子与生物分子的配位能力，因此可以用一般的无机化学原理来说明。

11.3.3　生物体对金属毒害的某些防护机制

在进化过程中，生物体除了形成一系列必需元素的平衡机制之外，对包括有毒金属在内的天然有害环境也形成一些保护机制。这里仅介绍金属硫蛋白的解毒作用(detoxication)和元素间的拮抗作用(antagonism)。

11.3.3.1　金属硫蛋白对重金属的解毒作用

金属硫蛋白(metallothionein，MT)是一种由金属离子诱导合成，富含半胱氨酸残基，能结合多种重金属的低分子量蛋白质。关于它的结构将在 11.4 节介绍。

G. Sanai 等用大鼠试验，第一组腹注 $Pb(NO_3)_2$ 10 mg/kg 体重，48 h 后再注射 50 mg/kg 体重；第二组一次注射 50 mg/kg 体重。结果第一组没有变化，第二组动物体重下降，肝肾质量增加，这说明预先注射低剂量 Pb(Ⅱ)在体内诱导合成了 Pb-MT，解除了铅的毒害。

同样，K. S. Squibb 等使大鼠口服 Cd(Ⅱ)20 mg/kg 体重，24 h 后就能抵抗 Cd(Ⅱ)100 mg/kg 体重的毒害作用。如果先给小剂量 Hg(Ⅱ)、Zn(Ⅱ)或 Cu(Ⅱ)，也能解除 Cd 的毒害。

动物试验显示，Cd 经注射进入血液后 30 min 即消失 95%。在大鼠体内，初时约有 70% Cd 存留在肝脏，只有 1%～4%在肾脏。肝脏 Cd 含量逐渐减少，肾脏 Cd 含量逐渐增加。D. B. Horner 等用实验证实，初时 Cd 与血浆中的蛋白质结合之后主要转移到肝脏。这种 Cd 蛋白质复合物的稳定常数比 Cd-MT 的稳定常数小，随着 Cd-MT 合成，Cd 逐渐从肝脏转移到肾脏。因此 MT 起了转移 Cd 的作用。转移快慢直接与 MT 合成速度有关。Cd-MT 形式的 Cd 在肾脏不能被吸收，只能随尿排出，因而发挥了保护机体的作用。

11.3.3.2 元素间的拮抗作用

某些金属或类金属之间的相互作用会减轻甚至解除金属对生物体的毒害，这种现象称为拮抗作用(antagonism)。

前面已经介绍,金枪鱼含汞量很高。然而金枪鱼未表现出任何汞毒害的症状，因此它必定有某种消除汞毒害的机制。已经发现金枪鱼含硒量异常高，而且随汞含量升高而增加。如果以金枪鱼作食物，将会减轻动物所受的汞毒害。这显然说明硒化合物在细胞和组织里能消除汞的毒性。

硒还对砷、镉等多种无机元素毒害有拮抗作用。近年还发现硒对多环芳烃和偶氮化合物等致癌有机物也有抑制作用。因此硒生物无机化学日益成为一个相当活跃的研究领域。

锌对镉、汞等也有拮抗作用。N. Sugawara 在动物试验中观察到，给 Cd 的大鼠肝脏和肾脏的 Zn 浓度显著增加，而且肝脏内的 Cd 和 Zn 含量有明显相关性。这提示可能是 Zn 诱发 MT 合成，因而抑制了 Cd 的毒性。

11.3.4 体内金属浓度的控制

11.3.4.1 金属离子的缺乏与补充

缺铁性贫血是人们熟知的缺乏金属离子导致的疾病。病因可能是营养不良或大量失血，使血细胞中血红蛋白含量下降。治疗缺铁性贫血使用硫酸亚铁。柠檬酸铁铵也用于治疗缺铁性贫血，目的是使铁缓慢释放，以避免铁浓度过高和吸收太快。

恶性贫血症则是缺乏含钴的维生素 B_{12} 所致。补充维生素 B_{12} 也就可以解决。

在动物成长期间，缺锌会导致食欲减退、骨骼和毛发异常、皮肤损伤、性成熟障碍等。少数情况下，人缺锌甚至会产生心理障碍。但补充锌之后，这些症状就会消除，通常采用的药物是葡萄糖酸锌。

11.3.4.2 过量金属离子的排除及解毒作用的一般原理

人体排除有毒金属的主要途径是通过排泄系统。此外，呼吸、长毛发和指甲也是排除有毒金属的途径。但在有毒金属摄入量较多，依靠人体自身功能不足以迅速而有效排除时，采用解毒剂(antidote)就是十分必要的措施。人们很早就开始寻找迅速有效排除有毒金属的解毒剂。曾经利用活性炭在肠胃中捕集有毒金属；后来又借助普鲁士蓝的 K^+去交换 Tl^+，以排除在肠道中的 Tl^+。20 世纪 40 年代以来，出现了一系列有效的解毒剂。

有毒金属 M 进入人体后，将与蛋白质、核酸等生物分子的配位基团 A 结合，形成配合物 MA。作为解毒剂 L，必需是一种更强的络合剂，才能把有毒金属 M 从生物大分子的成键部位解脱出来。

$$MA + L \longrightarrow A + ML \tag{11-1}$$

同时由于体内必需金属元素 M′存在，L 也可能与 M′配位，因而与 M 发生竞争。

$$M'L + M \longrightarrow M' + ML \tag{11-2}$$

因此，一种有效的解毒剂必须与有毒金属形成稳定的配合物，即具有足够高的稳定常数 K_{ML}。如果 $K_{M'L} > K_{ML}$，络合剂不但无法解毒，反而会把体内必需金属元素排除而造成毒害。

除了热力学方面之外，一种有效的解毒剂还应具备药理学的某些要求：在水中有一定的溶解度，能抗代谢降解，易通过细胞膜，与有毒金属生成的配合物不会在体内固定或转移而能经肾脏排出等。解毒剂以及它与金属形成的配合物对人体没有毒性，当然也是对解毒剂最基本的要求。

11.3.5　几种常用的金属中毒解毒剂

11.3.5.1　BAL (British *anti*-Lewisite)

有机胂化合物路易斯气，$\left(ClCH{=}CH{-}As\begin{smallmatrix}Cl\\Cl\end{smallmatrix}\right)$，在第二次世界大战中被德国用作化学武器。它是一种作用于肺和皮肤的糜烂性毒气。

英国生物化学家 R. Peters 发现，这种毒气的作用是使琥珀酸脱氢酶(succinic dehydrogenase)和丙酮酸脱氢酶(pyruvate dehydrogenase)的活性巯基失活。

$$\text{(SH, SH 有活性的酶)} + Cl_2As{-}R \longrightarrow \text{(S, S)}{>}As{-}R\text{(失活的酶)} + 2HCl \tag{11-3}$$

(有活性的酶)　　　　(失活的酶)

Peters 认为，如果用一种含有相邻巯基的化合物，使它与砷形成稳定的五元环，就有希望把砷从失活的酶上排除。他们合成的 2,3-二巯基-1-丙醇(BAL)就具有这种解毒性能。

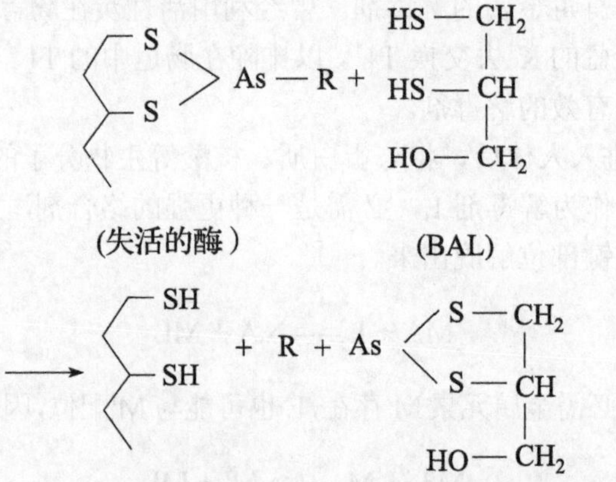

$$\text{(失活的酶)}\ \underset{S}{\overset{S}{>}}As—R + \begin{matrix}HS—CH_2\\ |\\ HS—CH\\ |\\ HO—CH_2\end{matrix}\ \text{(BAL)}$$

$$\longrightarrow \text{(有活性的酶)}\ \begin{matrix}—SH\\ —SH\end{matrix} + R + As\begin{matrix}S—CH_2\\ |\\ S—CH\\ |\\ HO—CH_2\end{matrix}\ \text{(砷化物排出体外)} \qquad (11\text{-}4)$$

BAL 除了解除 As 中毒之外，对 Hg、Sb、Au 中毒都有一定效果，有时还用于治疗急性铅中毒。但是 BAL 可以和 Hg^{2+}形成一种中性的脂溶性配合物，能越过血脑屏障进入脑组织。20 世纪 50 年代合成的 2,3-二巯基-1-丙烷磺酸钠克服了这个缺点。它的螯合性质类似于 BAL，与 Hg 形成的配合物具有水溶性。

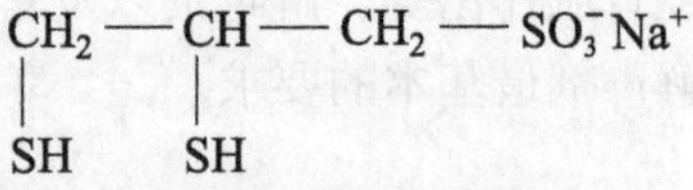

$$\begin{matrix}CH_2 & — & CH & — & CH_2 & — & SO_3^-Na^+\\ | & & | & & & & \\ SH & & SH & & & & \end{matrix}$$

2,3-二巯基-1-丙烷磺酸钠

11.3.5.2　氨羧螯合剂(complexone)

目前，氨羧螯合剂是品种最多的一类解毒剂，包括乙二胺四乙酸(EDTA)、环己烷二胺四乙酸(CDTA)、二乙三胺五乙酸(DTPA)、三乙四胺六乙酸(TTHA)、乙二醇二乙醚二胺四乙酸(EGTA)、双乙氨基硫醚四乙酸(BADS)、双氨乙巯基乙烷四乙酸(BATE)等，均用于治疗重金属中毒。

这类螯合剂可以有选择地与有毒金属牢固结合，形成水溶性配合物排出体外，如 EDTA 与 Pb^{2+}、Cd^{2+}、Hg^{2+} 等形成的配合物的稳定常数很大，解毒效果良好。1952 年首次用 EDTA 治疗铅中毒；目前常与 BAL 合用，以抢救急性铅中毒病人。

氨羧螯合物也有副作用。长期使用会干扰内金属元素的代谢，影响金属酶的活性。例如 EDTA 会排除人体内的锌，使锌酶失活；它还会造成 mRNA 代谢异常，影响 DNA 和蛋白质合成。

11.3.5.3 青霉胺

D-青霉胺(D-penicillamine)和 *N*-乙酰-D-青霉胺分子中，含有 S、N、O 给予体原子，能与 Hg^{2+}、Pb^{2+}、Cu^{2+}、Au^{2+}等多种金属离子牢固地螯合。它们的最大优点是毒性小，可以口服。

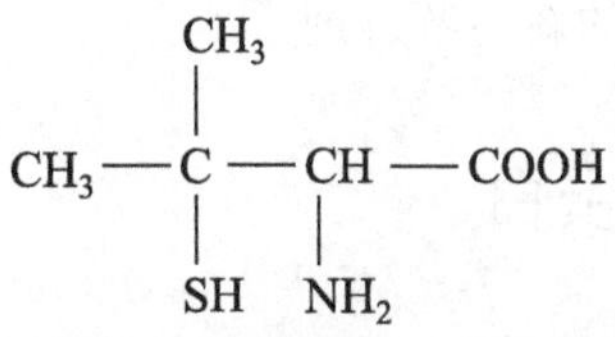

$$CH_3-C(CH_3)(SH)-CH(NH_2)-COOH$$

D-青霉胺

$$CH_3-C(CH_3)(SH)-CH(NH-CO-CH_3)-COOH$$

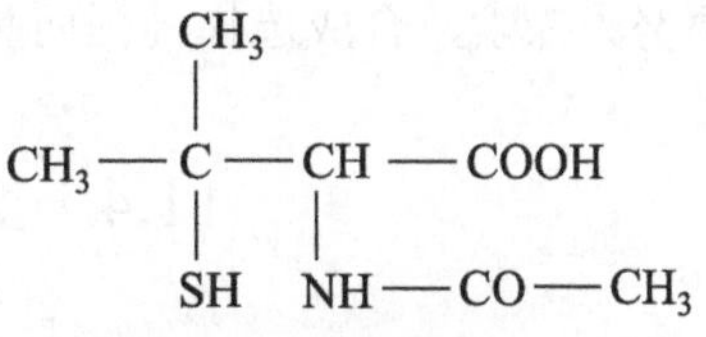

***N*-乙酰-青霉胺**

D-青霉胺用于治疗威尔孙病(Wilson's disease)。正常人体中含铜约 100～150 mg，主要分布在脑、肝脏、心脏和肾脏。但威尔孙病患者体内的铜浓度比正常人高 100 倍。其病因可能与缺乏血浆铜蓝蛋白有关。由于铜不能正常地转移到血浆铜蓝蛋白中，过剩的铜离子就逐渐积累在脑、肝心、肾等器官的组织中。患者常出现肝脏和神经系统功能失调，伴有严重颤抖症状，角膜有棕色或绿色的环。青霉胺与 Cu^{2+}反应使它还原为 Cu^{+}，并形成 Cu^{+}和 Cu^{2+}的混合物。患者每服用青霉胺 1～2 g，初期可排出 8～9 mg 铜，以后排出量逐渐减少。一般经几年治疗就可以好转。

除了上述三种之外，还有不少有效的解毒剂。例如去铁草胺、硫代乙酰胺(TTA)、色酮异羟肟酸钠(CCH)、酞酰四硫代乙酸(PTTA)、*N*-乙酰高半胱氨酸(NAH)、三乙四胺盐酸盐(TETA)、二乙氨基二硫代甲酸钠(DDC)、金精三羧酸(ATA)、水杨酰胺(SAM)等。这些解毒剂列于表 11-2。

表 11-2 金属中毒的解毒剂

金属	解毒剂	金属	解毒剂
Hg^{2+}	TTA，CCH，EDTA	Fe^{3+}	去铁草胺
RHgX	PTTA，BAL	$Ni(CO)_4$	DDC, TETA
	N-乙酰-D-青霉胺	Mn^{2+}	CDTA
Pb^{2+}	BAL，EDTA	Be^{2+}	ATA, SAM
Cd^{2+}	NTA，CDTA，BAL	Co^{2+}	BADS, PATE
Cr^{2+}	D-青霉胺	Tl^{+}	双硫腙
Cu^{2+}	D-青霉胺，NAH，EDTA	Al, V, As	BAL
Sr^{2+}	BADE，穴醚[2,2,2]	Sb, Bi, Au	BAL

也有人认为，使用两种或多种混合络合剂时，由于协同作用和混合配合物的形成，它比使用单一络合剂时更能牢固地结合一个金属离子，从而改进促排效果。对这一观点目前尚有争议。

由于大多数解毒剂与有毒金属配位后，均通过肾脏排出体外，故往往造成肾脏负担过重。有些解毒剂还会与必需金属元素螯合，改变某些金属的正常分布。因此还要努力探索，合成选择性强而高效低毒的新型解毒剂。

11.4　金属硫蛋白

1957 年 M. Margoshes 和 B. L. Vallee 从马的肾脏皮质中首次分离出一种含镉量高的富硫蛋白质。以后又在人和哺乳动物的肝肾等器官、植物、蓝绿藻和微生物中，分离出类似的富含金属和硫的蛋白质。这类蛋白质的分子量低，一般为 6 000～10 000，半胱氨酸含量高达 25%～35%，与 Zn、Cd、Cu、Pb、Hg 或 Ag 等重金属结合，因此称为金属硫蛋白(metallothionein，MT)。它是一类诱导性蛋白质，能由重金属离子诱导合成。在生物体内它主要具有解除重金属毒害作用和调节细胞内必需过渡金属(Zn、Cu)浓度的缓冲作用。

11.4.1　金属硫蛋白的结构

11.4.1.1　氨基酸顺序

金属硫蛋白的结构对于其结构与功能的关系研究有重要意义。1986 年关于鼠肝 Cd_5Zn_2-MT 的单晶结构分析和 1991 年利用 2D-NMR 技术获得的多种哺乳动物金属硫蛋白的全归属的研究成果，都是比较突出的成果，为进一步研究金属硫蛋白的结构提供了有用的信息。

金属硫蛋白只有一条多肽链。哺乳动物的 MT 都含 61 个氨基酸残基，它们的氨基酸顺序具有高度的同源性，如表 11-3 所示。除个别例外，哺乳动物 MT 的氨基末端都是乙酰蛋氨酸，羧基末端都是丙氨酸。整条多肽链有 20 个半胱氨酸(Cys)残基，其相对位置不变。它们在多肽链中形成 5 个 Cys-X-Cys 单位、1 个 Cys-Cys-X-Cys-Cys 单位和 1 个 Cys-X-Cys-Cys 单位，其中，X 表示除半胱氨酸(Cys)以外的其他氨基酸残基，可参见图 11-3。这些半胱氨酸残基既不形成二硫键，也没有游离巯基，全部都与金属离子配位。哺乳动物的 MT 还含有较多赖氨酸残基和丝氨酸残基，但没有芳香氨基酸残基和组氨酸残基。哺乳动物 MT 一般有两种：MT-1 和 M-2。

表 11-3　某些金属硫蛋白的氨基酸

									A	10										20
人 MT-1	Ac-M	D	P	N	C	S	C	A	P	G	G	S	C	T	C	A	G	S	C	K
									T	V		V		A						
人 MT-2	Ac-M	D	P	N	C	S	C	A	A	G	D	S	C	T	C	A	G	S	C	K
马 MT-1A	Ac-M	D	P	N	C	S	C	P	T	G	G	S	C	T	C	A	G	S	C	K
兔 MT-2	X-M	D	P	N	C	S	C	A	A	D	G	S	C	T	C	A	T	S	C	K
小鼠 MT-2	Ac-M	D	P	N	C	S	C	A	S	D	G	S	C	S	C	A	G	A	C	K
大鼠 MT-1	X-M	D	P	N	C	S	C	S	T	G	G	S	C	T	C	S	S	S	C	G

										30										40
人 MT-1	C	K	E	C	K	C	T	S	C	K	K	S	C	C	S	C	C	P	V	G
人 MT-2	C	K	E	C	K	C	T	S	C	K	K	S	C	C	S	C	C	P	V	G
马 MT-1A	C	K	E	C	R	C	T	S	C	K	K	S	C	C	S	C	C	P	G	G
			A																	
兔 MT-2	C	K	E	C	K	C	T	S	C	K	K	S	C	C	S	C	C	P	S	G
小鼠 MT-2	C	K	Q	C	K	C	T	S	C	K	K	S	C	C	S	C	C	P	V	G
大鼠 MT-1	C	K	N	C	K	C	T	S	C	K	K	S	C	C	S	C	C	P	V	G

										50			T		D					60	
人 MT-1	C	A	K	C	A	Q	G	C	I	C	K	G	A	S	E	K	C	S	C	C	A-OH
人 MT-2	C	A	K	C	A	Q	G	C	I	C	K	G	A	S	D	K	C	S	C	C	A-OH
马 MT-1A	C	A	R	C	A	Q	G	C	V	C	K	G	A	S	D	K	C	S	C	C	A-OH
兔 MT-2	C	A	K	C	A	Q	G	C	I	C	K	G	A	S	D	K	C	S	C	C	A-OH
小鼠 MT-2	C	A	K	C	S	Q	G	C	I	C	K	Q	A	S	D	K	C	S	C	C	A-OH
大鼠 MT-1	C	S	K	C	A	Q	G	C	V	C	K	G	A	S	D	K	C	T	C	C	A-OH

注：A-Ala，C-Cys，D-Asp，E-Glu，G-Gly，I-Ile，K-Lys，L-Leu，M-Met，N-Asn，P-Pro，Q-Gln，R-Arg，S-Ser，T-Thr，V-Val，Ac-乙酰基，OH-羧基末端，X-不确定

11.4.1.2　金属组分

虽然金属硫蛋白的氨基酸组成十分相似，但结合的金属有差别。不同生物物种或同一物种的不同组织的 MT，其金属组分可能不同。哺乳动物 MT 的每个分子都结合 7 个金属离子。不同金属离子对 Cys 的巯基硫原子的亲和力又有差别，其顺序是

$$Zn^{2+} < Pb^{2+} < Cd^{2+} < Cu^{2+}, Ag^{+}, Hg^{2+}$$

生物体内存在大量 Zn-MT，当 Hg^{2+}、Cd^{2+}进入体内时会把 Zn^{2+}取代出来。

MT 中的 Zn^{2+}、Pb^{2+} 、Cd^{2+}在低 pH 值容易脱离多肽链，产生脱金属硫蛋白(apometallothionein, apoMT)。把适量金属盐加到 apoMT 中，又可以准确地重组

每个分子含 7 个金属原子的 MT。

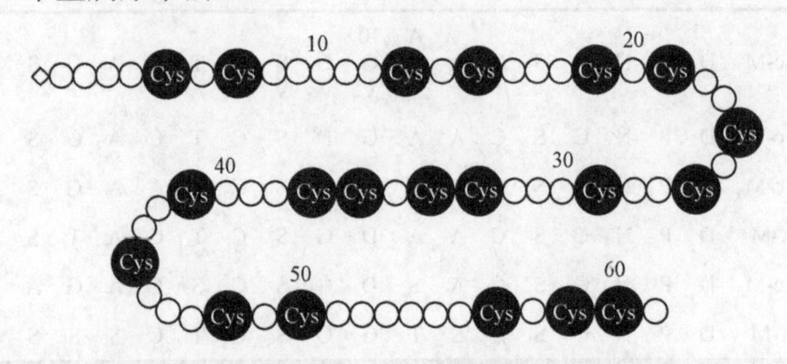

图 11-3　哺乳动物 MT 的半胱氨酸残基分布模型

11.4.1.3　金属的配位环境

尽管目前还没有金属硫蛋白的 X 射线结构分析结果，对它的结构缺乏全面准确的了解，但电子光谱、NMR 等波谱技术仍提供了不少信息。图 11-4 是 apoMT 和重组的 MT 的电子光谱。由于没有芳香氨基酸残基，apoMT 只在 190 nm 有一个吸收峰，它与多肽链的酰胺键和半胱氨酸残基侧链相关。用金属重组的各种 MT 的 190 nm 峰都增强，在峰的低能量一侧多了一个肩峰，其位置与强度因不同金属而异。脱金属后，峰降低，肩峰消失。根据 C. K. Jorgenson 的半经验公式，这一谱线的最低能量谱带频率与金属之间的光学电负性差有关。MT 的光谱与计算值相当吻合，表明这一肩峰属于 M—S 第一 Laporte 允许电子转移跃迁，金属的

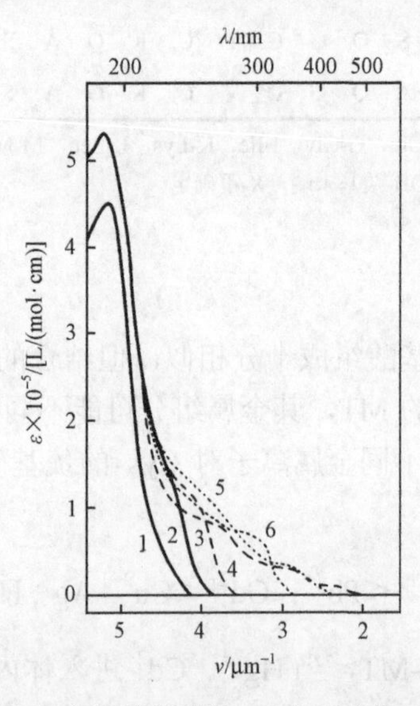

图 11-4　apoMT（pH 2）和重组 MT（pH 8）的 UV 吸收光谱

1：apoMT；2：Zn-MT；3：Cd-MT；4：Bi-MT；5：Pb-Mt；6：Hg-MT

配位结构是四面体。Zn-MT 与 Cd-MT 的电子光谱，与 Zn、Cd 的简单硫醇盐络合物或与含 Cys-X-Cys 单位的寡肽配位后的电子光谱都十分相似，这也为 MT 的金属与 Cys 残基配位提供了证据。

图 11-5 是兔肝 MT-1 的 ^{113}Cd NMR 谱。8 个峰代表分布在两个分离的原子簇中的 7 个 Cd 原子。簇 A 含有 4 个 Cd 原子，对应的 5 个 NMR 信号是 1(1′)、5(5′)、6(6′)、7 和 7′，其中 7 和 7′的强度相当于其余 3 个信号强度的一半。这解释为 Cd_4 簇有数量大体相同的两种形式：簇 A 和 A′。簇 B 则含有 3 个 Cd 原子，对应的 NMR 信号为 2、3 和 4。J. D. Otvos 和 J. M. Armitage 根据 ^{113}Cd NMR 和其他资料提出了 MT 的原子簇立体结构模型。在这个模型中，每个金属原子与 4 个半胱氨酸(Cys)巯基硫原子以四面体构型配位。簇 A(A′)含有 11 个 Cys 残基，簇 B 含有 9 个 Cys 残基。

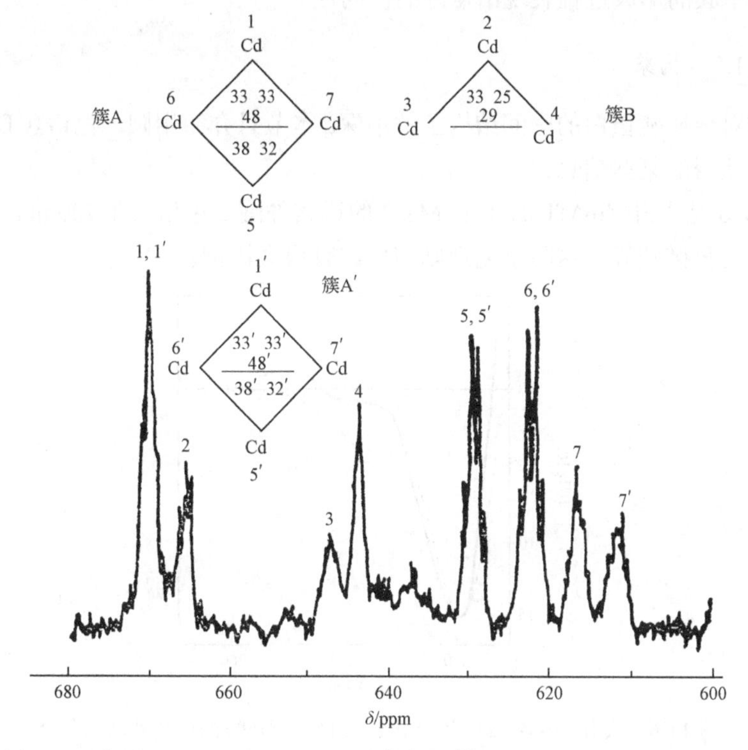

图 11-5　兔肝 Cd-MT-1(≈8 mmol/L)的去耦 ^{113}Cd NMR 谱和金属簇状结构

Cd 旁边的数字表示相应的 ^{113}Cd NMR 信号；Cd 间的连线表示相邻金属间的自旋耦合，连线上的数字表示耦合常数(± 3 Hz)桥连两个 Cd 的 Cys 巯基配体未画出

11.4.1.4　重金属的协同效应

金属与 apoMT 重组后表现出与天然 MT 相同的性质，因此研究 MT 重组有助

于认识 MT 的结构。天然 MT 和重组 MT 都能抗枯草杆菌蛋白酶(subtilisin)水解,而 apoMT 则会被这种酶水解成小肽,显然是金属的结合增强了 MT 的稳定性。如果 Cd(Ⅱ)/apoMT(摩尔比)=1,重组后会得到 25%含 Cd 簇的分子和 75% apoMT。重组产物用枯草杆菌蛋白酶水解,产生含 4 个 Cd 原子和第 30～61 氨基酸残基的 MT 片段,它称为α片段。当 Cd(Ⅱ)/apoMT 从 1 增至 4,重组后水解产生的α片段逐步增加。当 Cd(Ⅱ)/apoMT 超过 4,就会重组出完整的 MT 分子。如 Cd(Ⅱ)/apoMT = 5 重组后就产生 2/3 含 Cd 簇的分子和 1/3 完整的 MT 分子。假如金属与 apoMT 的结合是无规则的话,重组水解的产物应是金属含量不同的各种不规则肽段。而重组 MT 的实验结果表明,金属与 apoMT 的结合是有序的。Cd 首先进入 apoMT 的强结合部位形成簇 A(A′),待簇 A 饱和后再进入弱结合部位形成簇 B。每个簇的形成过程表现出良好的协同性。

11.4.1.5　构象

目前对金属硫蛋白的空间结构了解不深。本节只介绍用圆二色谱(CD)和红外光谱(IR)获得的某些信息。

图 11-6 是人肝 Zn-MT-2 和 apoMT-2 的远紫外圆二色谱,在 200 nm 处都有一个相当强的负椭圆峰,这暗示无规则结构占有很大比例。

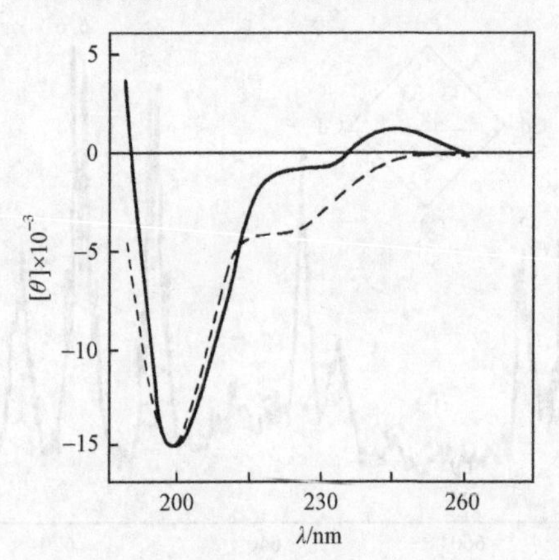

图 11-6　人肝 Zn-MT-2(实线)和 apoMT-2(虚线)的远紫外圆二色谱

在 D_2O 溶液中得到的多肽红外光谱,酰胺Ⅰ谱带位置处于 1650 cm^{-1} 附近,它与多肽的构象有关。图 11-7 是兔肝 apoMT-2 和 CdMT-2 及用作对照的肌红蛋白(Mb)和核糖核酸酶(ribonuclease,RNase)的 IR 谱。含 76% α螺旋的 Mb 在 1650 cm^{-1} 有一个峰;含 36% β折叠的 RNase 在 1634 cm^{-1} 有一个峰,在 1660 cm^{-1} 和 1680 cm^{-1} 各有一个肩,无规则多肽应在 1645 cm^{-1} 有一个峰和 1670 cm^{-1} 有一

个肩。apoMT 在 1647 cm^{-1} 和 1660 cm^{-1} 有一个肩，表明它以无规则结构为主。Cd-MT 的胺酰Ⅰ峰移向 1643 cm^{-1} 且强度增大，1660 cm^{-1} 肩峰加强，显示结合金属之后无序性降低和β型构象增加。

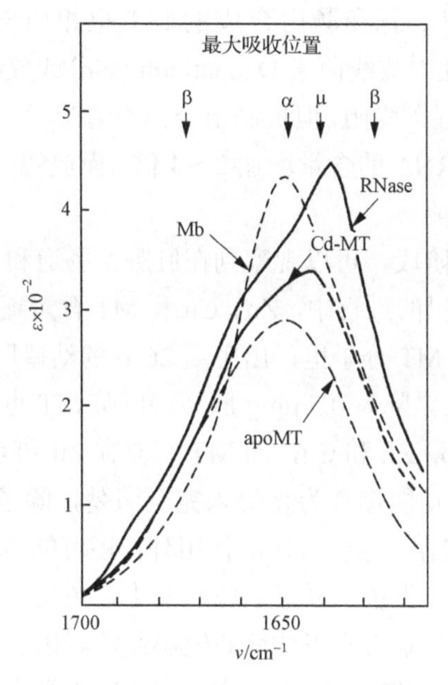

图 11-7　兔肝 apoMT-2、Cd-MT-2、Mb、RNase 的 IR 谱的酰胺Ⅰ振动

图上方的箭头表示具有α螺旋(α)、β折叠(β)和无规则构象(μ)的酰胺Ⅰ的最大吸收位置

11.4.1.6　分子模型

1982 年 Y. Boulanger 等综合了各种研究结果，提出了图 11-8 的 Cd-MT 分子模型。

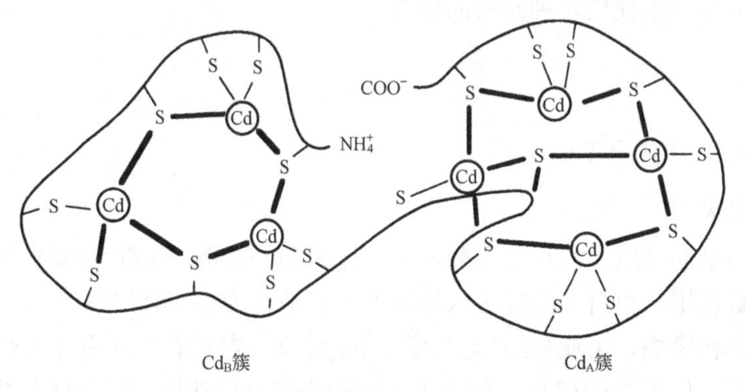

图 11-8　金属硫蛋白的分子结构模型

11.4.2 金属硫蛋白的生物合成与生理功能

金属硫蛋白在生物体内由金属离子诱导合成。如果食物中含 Zn^{2+}、Cu^{2+} 和 Cd^{2+}量增加，动物的肝、肾和肠内合成的 MT 也相应增加。诱导合成一般要 4～10 h。当动物预先注射放线菌素 D(dactinomycin)或放线菌酮(actidione)之后，Zn-MT 和 Cd-MT 合成显著受阻，但机制至今仍不清楚。只是发现注入 Cd^{2+}和 Zn^{2+}之后，动物肝细胞内 mRNA 的含量增加 2～4 倍，而放线菌素 D 可抑制 mRNA 的合成，致使 MT 合成受阻。

在幼鼠生长发育的阶段，可以观察到在肝脏、肠道和睾丸内 Zn、Cu 和 MT 含量相当高。在长成大鼠的过程中，Zn、Cu 和 MT 含量逐步下降。如幼鼠肝脏的 Zn 和 Cu 有一半结合在 MT 分子里，出生后 26 d 的幼鼠肝脏 MT 中的 Zn 含量为 30 μg/g 肝重，长成的大鼠降为 0.5 μg/g 肝重，肝脏 MT 也相应减少。这说明幼鼠生长发育过程中需要大量 Zn 和 Cu，而 MT 有储存 Zn 和 Cu 的功能。

金属硫蛋白的生物功能迄今为止仍未完全清楚，除了重金属解毒作用(参见 11.3 节)、微量元素、储存、运输、代谢作用外，还可能与其抗电离辐射、清除自由基及机体生长、发育、生殖、衰老、肿瘤发生、免疫、应激反应等有关。复旦大学黄仲贤研究小组和北京大学王文清研究小组等我国生物无机化学工作者在金属硫蛋白的分离、性质、结构，特别是它的生物功能等方面进行了深入研究，取得了不少成果。

11.5 工业污染金属元素

环境污染是人们普遍关注的问题，本节将介绍三种用量大的工业污染金属元素。我们应特别重视这几种元素的危害。

11.5.1 汞

11.5.1.1 环境汞污染

1)污染来源

汞的污染的自然来源是地壳解毒气(degassing of the earth’s crust)及汞矿在河流中的溶解作用。由自然途径进入环境的汞量估计为(3～15)×10^4 t/a。通过采矿业、矿物燃料燃烧、工业(尤其是化学工业)排放、含汞农药施用等人类活动，进入环境的汞量估计 2×10^4 t/a。但由于工业污染带有局部性，因而对人类有直接影响。当然，在某些条件下，自然汞量在局部范围也值得注意。

2)环境中汞的生物循环与生物富集

在环境中，主要是水圈里的汞和汞化合物，在一定条件下会甲基化，转变为$(CH_3)_2Hg$或CH_3HgX。一些厌氧菌能促进使汞甲基化，维生素B_{12}的甲基衍生物参与这一反应。在中性和弱碱性条件下生成$(CH_3)_2Hg$，在微酸性条件下生成CH_3HgX。汞甲基化以后，容易挥发，从细菌体内排到水圈中。

CH_3HgX是生物循环中较重要的汞化合物。在水圈里首先累积于浮游植物中，然后通过食物链在水生动物体内累积。CH_3HgX具有脂溶性，生物半衰期较长，因此在富含脂肪的鱼类体内浓度较高。

11.5.1.2　汞的代谢

金属汞蒸气由呼吸道吸收是职业汞中毒的主要途径。汞蒸气和甲基汞都具有脂溶性，可以被肺泡迅速吸收。

在消化道里，金属汞吸收量甚微，无机汞化合物吸收率在 15%以下，烷基汞则很容易吸收。

金属汞和一价汞进入血液后会氧化为Hg^{2+}。各种有机汞化合物在动物体内都会分解为无机汞，但分解速度不同，$PhHg^+$较快，CH_3Hg^+较慢。

无机汞主要累积于人体的肾脏、肝脏、脾脏。汞蒸气在血液中溶解后，如不迅速氧化为Hg^{2+}，就会越过血脑屏障进入脑组织。甲基汞除积蓄于肾脏以外，还可越过血脑屏障在脑组织内累积。

无机汞主要从肾脏排出。甲基汞由尿排出的量很少，大部分经肝脏后再借助胆汁，以甲基汞半胱氨酸的形式从肠道排出；在肠道里有一部分被重新吸收，因此甲基汞排泄很慢。

11.5.1.3　汞的毒性

汞对蛋白质和酶的影响，主要是由于汞与蛋白质的半胱氨酸残基的巯基较牢固地结合而造成的。它会使细胞色素 c 氧化酶、琥珀酸脱氢酶、磷酸甘油脱氢酶、乳酸脱氢酶、碳酸酐酶等失活。它可以直接抑制酶的活性部位，也可以改变活性部位附近的构象来影响酶的活性。

Hg^{2+}和有机汞都能改变细胞膜的通透性，增强K^+的通透能力，阻滞糖进入细胞，破坏细胞的离子平衡。

汞蒸气和甲基汞进入大脑将损害神经系统。

Hg^{2+}还能与核酸的碱基和磷酸基结合，改变核酸的构象。CH_3HgOH会使动物和细菌的 DNA 变性。

目前治疗汞中毒的主要药物是二巯基丙烷磺酸钠、二巯基丁二酸钠、青霉胺。

11.5.2　镉

11.5.2.1　环境镉污染

镉对环境污染的程度比汞轻。由风化和水流侵蚀而进入环境，以及由采矿和冶炼业进入环境的镉量，大约是 1×10^4 t/a。

空气中的镉尘由于自然沉降和降雨，会落在土壤中。土壤对镉的吸附力较强，很容易累积。当土壤 pH 降低时，镉化合物溶解度增加。

11.5.2.2　镉的代谢

镉主要通过消化道与呼吸道进入人体。消化道吸收率在 10%以下，呼吸道吸收率约为 10%～40%。正常人每天从食物摄入镉 100～300 μg，但吸收不超过 2 μg。镉进入人体后主要存积于肾脏和肝脏。镉经肾和肠道排出，但排泄十分慢，其生物半衰期长达 16～33 a。

11.5.2.3　镉的毒性

金属镉的毒性很小，但镉化合物毒性很大。急性镉中毒会引起化学性肺炎或中毒性肺水肿，慢性中毒则导致肺气肿、肾脏损害、骨软化等。

Cd^{2+}能置换锌酶中的 Zn^{2+}，因此会抑制某些锌酶的活性，如碱性磷酸酶、醇脱氢酶、碳酸酐酶等。Cd^{2+}还能与蛋白质的半胱氨酸的巯基牢固地结合，而使某些含巯基的蛋白质和酶受到抑制。例如 Cd^{2+}与组织蛋白质的巯基结合形成硫醇盐，或与羧基结合形成不溶性金属蛋白，都会使肝脏和肾脏功能受到损害。镉中毒引起贫血则是由于它妨碍铁在肠道吸收，并使尿中排铁量明显增加。

Cd^{2+}还能改变多核苷酸构象和 DNA 物理性质。

目前治疗镉中毒主要采用 $CaNa_2EDTA$、BAL、二巯基丙烷磺酸钠。为了避免用解毒剂排镉时将体内的锌一起排出，可以把解毒剂转化为锌盐(或锌配合物)后再使用。

11.5.3　铅

11.5.3.1　环境铅污染

环境铅污染的主要原因是人类活动。大气铅污染主要来自汽车废气，另外有色金属冶炼和煤燃烧也是另一来源。人为地进入环境的铅量约为 3×10^6 t/a。由风化和水流带进环境的铅量约为 4×10^5 t/a。

11.5.3.2 铅的代谢

环境中的铅通过消化道和呼吸道进入人体。有机铅还可以从皮肤侵入机体。一般情况下摄入的铅只有 5%～10%被吸收。

进入血液中的铅会迅速被组织吸收，其中以肝肾浓度最高。几周后会转移到骨骼形成磷酸铅沉积下来。骨铅长期积存在骨骼不致有害。

铅在人体内的半衰期长达 4 a。

11.5.3.3 铅的毒性

铅中毒的特征症状之一，是卟啉代谢功能紊乱引起的贫血症。铅抑制δ-氨基-γ-酮戊酸脱水酶(δ-aminolaevulinate dehydratase)，因而干扰了酮戊酸(ALA)转变为胆色素原(porphobilinogen)，胆色素原是合成原卟啉的前体。铅还抑制亚铁螯合酶(ferrochelatase)。亚铁螯合酶催化 Fe^{2+}与原卟啉Ⅸ结合。可见铅实质上干扰了血红素合成的各个重要环节。在临床上铅中毒早期就表现为尿中 ALA 和粪卟啉含量升高。

铅对含—SH 的酶的抑制作用比 Hg^{2+}和 Cd^{2+}差些。

铅中毒会造成神经系统、肾脏和心脏损害。早期或轻度中毒时，主要是功能性损害。晚期或严重中毒则会导致器质性损害甚至不可逆病变。

用 Na_4EDTA 排铅常会导致血钙水平降低而引起痉挛，但使用 $CaNa_2EDTA$ 就能顺利排铅并保持血钙水平。此外，治疗铅中毒还可以用青霉胺、二巯基丁二酸钠、$CaNa_2DTPA$、BAL 等。

11.6 金属酶(过氧化物酶)在环境治理中的应用

工业技术的迅速发展促进了经济增长，在新产品不断进入市场的同时，新的环境污染物也不断进入环境并导致新的环境问题，如以芳香酚、芳香胺、氯酚及多环芳烃等为代表的有毒化学品毒性大而且难降解。即使在极低浓度下都能对人体或动植物的细胞和器官组织造成损害，直接危及生物的生存、生长和繁殖。它们是环境保护法规中严格控制排放的污染物。它们广泛存在于造纸、印染、制药、农药、炼油、树脂和塑料制造工业等的工业废水，甚至大气中。

近年来，研究发现过氧化物酶在 H_2O_2 作用下能氧化这些芳香族化合物产生酚自由基[式(11-5)]，然后酚自由基再聚合，形成不溶性聚合物，这样便可通过沉淀、过滤除去以达到从含各种酚、芳香胺的工业废水中去除这类物质的目的。

$$H_2O_2 + 2AH_2 \longrightarrow 2 * AH + 2H_2O \qquad (11\text{-}5)$$

自 1980 年 Klibanov 等首先提出用过氧化物酶处理废水中酚、苯胺以来，许多过氧化物酶已应用于环境治理。这些酶的一个共同特征是活性中心都是金属卟啉。含卟啉过氧化物酶可分为两大组：一组是来自于动物的过氧化物酶；另一组是来自于细菌、真菌和植物的过氧化物酶。而来自于细菌、真菌和植物的过氧化物酶又可分成三类：第一类是胞内酶，如酵母细胞色素 c 过氧化物酶、植物抗坏血酸过氧化物酶和细菌过氧化氢酶；第二类是分泌型真菌酶，如木质素过氧化物酶和锰过氧化物酶；第三类是分泌型植物酶，如辣根过氧化物酶(HRP)。在各种过氧化物酶中，木质素过氧化物酶和锰过氧化物酶是降解毒性化合物最有前景的过氧化物酶。表 11-4 是常见过氧化物酶的主要性质。

表 11-4　常见过氧化物酶性质比较

性质	辣根过氧化物酶	大豆过氧化物酶	木质素过氧化物酶	锰过氧化物酶
氨基酸数量	306	306	345	357
酶分类	1.11.1.7	1.11.1.7	1.11.1.14	1.11.1.13
PDB 登录号	1ATJ	1FHF	1QPA	1YYD
分子质量	44100 Da	40660 Da	36711 Da	39211 Da
配体	7580 Da	7400 Da	5 个 D-甘露糖，2 个 *N*-乙酰-D-氨基葡萄糖	1 个 D-甘露糖，2 个 *N*-乙酰-D-氨基葡萄糖，3 个甘油，1 个 SO_4^{2-}
活性中心	血红素	血红素	血红素	血红素
Ca^{2+}	2	2	2	2
Mn^{2+}	无	无	无	1
pI	9.0	4.1		4.1
pH 活性范围	4～8	2～10		3～7
二级结构	13 个α螺旋，3 个β折叠	13 个α螺旋，3 个β折叠	19 个α螺旋(41%)，16 个β折叠(6%)	19 个α螺旋(38%)，16 个β折叠(6%)

11.6.1　过氧化物酶在环境治理中的应用

过氧化物酶已成功用于如下几个方面的环境治理：

11.6.1.1　染料废水脱色

纺织、造纸和印染等行业大量使用各种染料，产生大量有色废水，严重污染环境。HRP、木质素过氧化物酶和锰过氧化物酶已成功用于这些染料废水的脱色。

11.6.1.2　含酚废水的治理

芳香族化合物包括酚类和芳香胺类，是一类重要的污染物，广泛存在于煤化工、石油精炼、树脂和塑料、木材防腐、金属涂层、染料和其他化学品、纺织、采矿和选矿以及纸浆和造纸等工业废水中。过氧化物酶已应用于这些含酚废水的生物修复。

11.6.1.3　内分泌干扰物(环境激素)的去除

内分泌干扰物(endocrine disrupting chemical, EDC)，又称环境激素(environmental hormone)，是一种外源性干扰内分泌系统的化学物质，指环境中存在的能干扰人类或动物内分泌系统诸环节并导致异常效应的物质。例如，烷基酚(AP)、烷基酚聚氧乙醚酚(APE)、双酚 A、邻苯二甲酸酯、多氯联苯、DDT、六氯苯、六六六、艾氏剂和狄氏剂等。已有文献报道，用 10 U/mL 平菇锰过氧化物酶在 1 h 内能去除 0.4 mmol/L 双酚 A。

11.6.1.4　多氯联苯农药的降解

农药的生物降解已成为从环境中去除这些化合物的最重要、最有效的方法。一些真菌过氧化物酶具有降解农药的巨大潜力。例如，富马酸钙杆菌(*Caldariomyces fumago*)过氧化物酶能降解多种有机磷农药。又如，木质素过氧化物酶和锰过氧化物酶能氧化多环芳烃。

11.6.1.5　氯化烷烃和烯烃的降解

广泛用作脱脂溶剂的脂肪族卤代烃三氯乙烯(TCE)和全氯乙烯(PCE)对土壤和水的污染是一个严重的环境污染问题。TCE 在叔醇、H_2O_2 和 EDTA(或草酸盐)存在下，能被黄孢原毛平革菌(*Phanerochaete chrysosporium*)木质素过氧化物酶还原性脱氯生成相应的还原型氯化自由基。

11.6.1.6　苯氧基烷醇三嗪类杀菌剂的降解

2,4-二氯苯氧乙酸(2,4-D)和 2,4,5-三氯苯氧基乙酸(2,4,5-T)是世界上最常用的阔叶除草剂。2,4-D 很容易被细菌降解，一般不会在环境中长期存在；而 2,4,5-T 对微生物降解的抵抗力相对较强，可在环境中持续存在。据报道黄孢原毛平革菌和污叉丝孔菌(*Dichomitus squalens*)木质素过氧化物酶能降解 2,4-D 和 2,4,5-T。莠去津、2-氯-4-二乙胺基-6-异丙氨基-1,3,5-三嗪，是一种常用的三嗪类除草剂。可被白腐真菌产生的漆酶和过氧化物酶降解。

11.6.1.7　氯化二噁英的降解

多氯联苯是一类毒性很强的环境污染物，被证实是人类致癌物，由于其亲脂性，容易在人和动物体内生物累积。一些白腐菌能降解多氯联苯二噁英(PCDD)和多氯联苯呋喃(PCDF)，这可能与白腐菌木质素过氧化物酶和锰过氧化物酶有关。

11.6.1.8　氯化杀虫剂的降解

林丹(六氯环己烷γ异构体)和DDT(双对氯苯基三氯乙烷)是过去常用的氯化杀虫剂，虽已禁止使用，但因过去长期使用，发现在农业土壤中检测到高浓度的林丹和DDT，对粮食安全和人类健康构成国内严重威胁。目前已发现一些能产过氧化物酶的微生物，如白腐菌、黄孢杆菌、毛平革菌、介形平革菌、杂色平革菌和魏氏黄柏等能降解林丹和DDT。

11.6.1.9　造纸废水的治理

造纸工业中将产生大量的对环境有很强毒性的碱性黑液，需要进行适当处理才能排放。目前已有应用产木质素过氧化物酶和锰过氧化物酶的白腐菌治理造纸黑液的文献报道。

尽管过氧化物酶在环境过程中具有广泛的用途和潜在的应用前景，但目前还没有大规模应用。为了在污染物转化中应用过氧化物酶，需要解决各种各样的挑战，如稳定性、氧化还原电位和大量生产。

11.6.2　环境治理用过氧化物酶的改造

由于过氧化物酶具有较广的底物专一性、较宽的 pH 适用和温度范围，已有许多文献报道了它们在芳香族化合物废水处理和脱色中的应用。

由于这类工业废水往往温度高、碱性强，在用天然酶进行处理时酶容易失活，这样为了达到一定的去除率往往就需要大量的酶，从而限制了酶法处理技术的应用。Nakamoto 和 Machida 指出这种酶失活是由于酶分子吸附在反应终产物——多聚物表面，从而限制底物扩散进入酶的活性中心。为了解决酶失活的问题，一些学者提出添加聚乙二醇、明胶和壳聚糖等保护剂能够明显地避免酶的失活。Nakamoto 和 Machida 研究发现，在辣根过氧化物酶催化去除含酚溶液中添加聚乙二醇或明胶，酶用量降低为原来的1/200。加拿大 Nicell 课题组随后在辣根过氧化物酶和大豆过氧化物酶催化去除酚的实验中取得了同样的效果，并发现酚的去除效果与聚乙二醇的分子量呈正比关系。虽然这些保护剂在除酚效果方面取得了明显的效果，但是有些学者发现这些保护剂与有些酚(如 2-甲酚、2-氯酚、4-氯酚、2,4-二氯酚)形成聚合物，可能比酚本身的毒性更大 。

我们从酶分子本身着手，利用小分子化合物对天然酶进行化学修饰，不但提高了酶的热稳定性，而且也提高了酶的催化效率。图 11-9 为邻苯二酸酐、葡萄糖胺修饰辣根过氧化物酶与天然酶的热稳定性。半衰期由天然酶的 0.46 h 提高到邻苯二酸酐、葡萄糖胺修饰酶的分别为 4.72 h 和 4.02 h。化学修饰提高了各种分类化合物的去除率，尤其对难去除的酚类化合物更明显，最高提高了 61.6%。对苯酚的催化效率提高了 17%～55%。

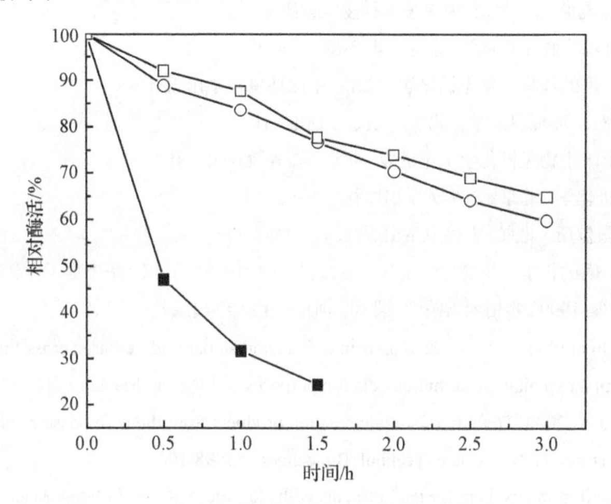

图 11-9　天然与修饰辣根过氧化物酶热稳定性

(■)天然辣根过氧化物酶；(□)邻苯二酸酐修饰辣根过氧化物酶；(○)葡萄糖胺修饰辣根过氧化物酶

我们又利用马来酸酐和柠康酐对辣根过氧化物酶进行了化学修饰，并取得了同样的结果，解链温度 T_m 由天然酶的 62.2℃提高至马来酸酐修饰酶的 69.3℃、柠康酐修饰酶的 70.2℃。柠康酐修饰辣根过氧化物酶已成功应用于溴酚蓝和甲基橙溶液脱色试验中。相比天然酶，柠康酐修饰辣根过氧化物酶对溴酚蓝和甲基橙溶液的脱色率分别提高了 1.8%和 12.4%；在保证相同脱色率的条件下，修饰减少了酶的使用量；修饰提高了溴酚蓝和甲基橙的催化效率，分别提高了 118%和 92%。

交联酶聚集体(CLEA)技术是一种无须载体、无须酶纯化、制备简单、成本低的新型固定化酶技术。仅需经过沉淀和交联两步，即首先通过盐、有机溶剂或非离子聚合物等沉淀剂沉淀酶蛋白，得到酶聚集体，然后用交联剂交联。通过该技术得到 CLEA 能很好地保留酶原有活性，同时提高酶的储存稳定性和操作稳定性。该技术自 2000 年荷兰 Delft 大学的 Sheldon 研究团队提出后，得到了很好的发展，已成功用于多种酶的固定化。Bilal 等通过丙酮沉淀和乙二醇-双(琥珀酸 *N*-羟基琥珀酸酰亚胺)(EG-NHS)交联制备了 HRP-CLEA，所制备的 HRP-CLEA 比戊二醛制备的 CLEA 具有更高的稳定性。所制备的 HRP-CLEA 可成功用于纺织染料废水的脱色：甲基橙脱色率达到 94.2%、碱性红 9 的脱色率为 91.73%、靛蓝脱色率未 84.35%、罗丹明 B 的脱色率为 81.47%和罗丹明 6G 的脱色率为 73.6%。

参 考 文 献

北京医学院第三附属医院职业病科, 1997. 金属中毒. 北京: 人民卫生出版社.

柴之芳, 祝汉民, 1994. 微量元素化学概况. 北京: 原子能出版社.

傅永怀, 1997. 微量元素与临床. 北京: 中国医学科技出版社.

彭安, 王文华, 1991. 环境生物无机化学. 北京: 北京大学出版社.

彭安, 王子健等, 1995. 硒的环境生物无机化学. 北京: 中国环境科学出版社.

上海第一医学院等, 1981. 环境卫生学. 北京: 人民卫生出版社.

王夔, 韩万书, 1997. 中国生物无机化学十年进展. 北京: 高等教育出版社.

王夔等, 1988. 生物无机化学. 北京: 清华大学出版社.

吴沈春等, 1982. 环境与健康. 北京: 人民卫生出版社.

徐辉碧, 黄开勋, 1995. 硒的化学、生物化学及其在生命科学中的应用. 武汉: 华中理工大学出版社.

颜世铭, 洪昭毅, 李增禧, 1999. 实用元素医学. 郑州: 河南医科大学出版社.

Bilal M, Iqbal H M N, Hu H B, et al, 2017. Development of horseradish peroxidase-based cross-linked enzyme aggregates and their environmental exploitation for bioremediation purposes. J. Environ. Manage., 188: 137-143.

Ghioureliotis M, Nicell J A, 2000. Toxicity of soluble reaction products from the peroxidase-catalyzed polymerization of substituted phenolic compounds. J. Chem. Technol. Biotechnol., 75: 98-106.

Harrison P M, 1985. Metalloproteins. Part 2, Metal Proteins with Non-redox Roles. London: Macmillan.

Hughes M N, 1981. The Inorganic Chemistry of Biological Processes. 2nd ed. New York: John Wiley.

Klibanov A M, Alberti B N, Morris E D, et al, 1980. Enzyme removal of toxic phenols and anilines from waste waters. J. Appl. Biochem., 2: 414-421.

Liu J Z, Song H Y, Weng L P, et al, 2002. Increased thermostability and phenol removal efficiency by chemical modified horseradish peroxidase. J. Mol. Catal. B: Enzym., 18 (4-6): 225-232.

Liu J Z, Wang T L, Huang M T, et al, 2006. Increased thermal and organic solvent tolerance of modified horseradish peroxidase. Protein Eng., Des. Sel., 19 (4): 169-173.

Liu J Z, Wang T L, Ji L N, 2006. Enhanced dye decolorization efficiency by citraconic anhydride-modified horseradish peroxidase. J. Mol. Catal. B: Enzym., 41 (3-4): 81-86.

Nakamoto S, Machida N, 1992. Phenol removal from aqueous solution by peroxidase-catalyzed reaction using additives. Water Res., 26 (1): 49-54.

Ochiai E I, 1977. Bioinorganic Chemistry: An Introduction. Boston: Allyn and Bacon.

Williams R J P, 1998. Bioinorganic Chemistry: Trace Element Evolution from Anaerobes to Aerobes. Berlin Heidelberg Germany: Springer Verlag.

第12章　现代分析方法与技术在生物无机化学中的应用

在现代科学技术所出现的新趋势——在高度分化基础上向综合化、整体化发展的趋势影响下，生物无机化学体现了更深层次的交叉。它与其他学科间，不仅在理论上彼此借鉴，而且在研究方法上相互运用。特别是现代分析方法与技术在生物无机化学中的应用越来越广泛，不仅有各种谱学方法和晶体学技术，还包括各种成像技术。

分子的运动是由于其具有不同的能级，从基态吸收特定能量的电磁波后，会跃迁到高能级，因能量的吸收和释放，在借助外部的物理条件时，可以得到对应的波谱，通过对所得到的图谱进行分析、归纳与总结，即可得到分子的结构、组成、价态等有关信息；也可以分子或化合物吸收和释放能量的不同状态，借助不同的数据收集、分解和处理方式，转变成图像格式，进行各种成像方式，以利于我们对各种金属-生物体系进行系统的分析。

由于篇幅所限，本章将注重对生物无机化学研究中一些常用和重要的仪器方法进行简要的介绍，主要包括：X射线单晶衍射法、X射线吸收光谱、紫外-可见光谱、红外光谱、质谱、核磁共振谱、电子顺磁共振光谱、圆二色性谱、穆斯堡尔谱以及光学成像、核磁共振成像、光热成像、光声成像等。

12.1　金属蛋白和金属酶的X射线晶体结构测定

X射线晶体学是研究蛋白质晶体的最有效的技术。金属蛋白和金属酶晶体的X射线衍射分析提供了金属蛋白和金属酶结构及活性部位的有用信息，这对于酶的作用机理研究是十分重要的。

晶体学中最基本的公式是布拉格定律：$2d\sin\theta = n\lambda$，θ为布拉格角或衍射角；d为平面间距，n为自然数或反射级数。此公式确定了任何衍射线在空间的位置。θ角的大小决定了反射线的方向，当n、λ一定时它的大小取决于d的大小。

X射线晶体结构测定的精确度取决于数据的质量和分辨率。低分辨率(0.4～0.6 nm)条件下，通常只能分辨出整个分子的形态。分辨率在0.35 nm时，常常能观察到多肽骨架的方向，虽然有时可能是模糊的趋势。在0.3 nm时，开始能分辨出氨基酸的支链。在 0.25 nm 时，能完全分辨出支链原子的空间位置，可以精确到 ± 0.04 nm。如果要使良好的空间位置精确到 0.02 nm，则需约 0.19 nm 的分辨率和极良好的有序晶体。近年来，用于金属蛋白和金属酶晶体结构测定的 X 射线衍射仪的分辨率甚至已达 0.175 nm。

迄今应用 X 射线衍射技术完整地进行结构测定的金属蛋白和金属酶只有几十种，这是因为进行 X 射线衍射必须制得单晶，而金属蛋白和金属酶的单晶却不易制备。应该指出，X 射线晶体结构分析是金属蛋白和金属酶结构研究中最有力的工具。例如，几十年来一直未能解决的固氮酶的结构，是在 1993 年得到了分辨率为 0.22 nm 的固氮酶钼铁蛋白 X 射线结构数据后才基本确定的。表 12-1 列出了部分已测定的天然金属蛋白和金属酶的部分结构特征(省略活性部位金属离子结合的残基)。

表 12-1　部分已测定结构的金属蛋白和金属酶的结构特征

金属蛋白和金属酶	来源	M_r	亚单位	分子对称性	独特的金属离子结合部位
碱酯磷酸酯酶	大肠杆菌	89 000	2	C_2	2
嗜热菌蛋白酶		34 000	1		4
肌红蛋白	斑海豹	18 000	1		1
	金枪鱼	17 000	1		1
血红蛋白	海兔	16 000	1		1
	人体	65 000	$2\alpha, 2\beta$	C_2	2
	马	65 000	$2\alpha, 2\beta$	C_2	2
	鹿	65 000	$2\alpha, 2\beta$	C_2	2
	海八目鳗	17 000	1		1
蚯蚓血红蛋白	星虫	108 000	8	D_4	2
	富岛管体星虫	42 000	3	C_3	2
过氧化氢酶	牛肝	232 000	4	D_2	1
红氧还蛋白	梭状芽孢杆菌	6 000	1		1
铁氧还蛋白	钝顶螺旋藻	11 000	1		2
高电位铁硫蛋白	酒色着色菌	9 000	1		4
脱铁铁蛋白	马肝	444 000	24	O	2
超氧化物歧化酶	大肠杆菌	40 000	2	C_2	1

生物大分子 X 射线晶体结构的测定工作大体上可以分成以下几个主要步骤：①培养大的、质量好的晶体，以及进行初步的 X 射线衍射分析；②衍射数据的收集和处理；③相位的计算；④电子密度图的计算和解释以及分子模型的修正。常用的生物大分子结晶技术包括：①微量蒸汽扩散法，包括悬滴法和坐滴法。该方法的关键是使某种蛋白质结晶所需盐的浓度与略低于这种盐浓度的蛋白质溶液在一个封闭体内蒸发扩散，最后达到平衡而使蛋白质溶液内盐浓度增加，蛋白质溶

解性降低，达到过饱和而结晶。②平衡透析法。利用半透膜允许小分子透过而不允许大分子透过的性质，来调节蛋白质溶液的离子强度或 pH 值，使蛋白质溶液慢慢地接近过饱和度。③一批结晶法。这种方法的优点是控制所加入沉淀剂的量而使蛋白质溶液逐步地达到低过饱和度。

12.2　外延 X 射线吸收精细结构谱测定金属蛋白的结构

如前所述，X 射线衍射在金属蛋白和金属酶晶体结构研究中已取得了举世公认的辉煌成就。但是，对于无法结晶或结晶后生物活性与非晶体不同的生物分子，X 射线衍射技术就显得无能为力，只能提供极其有限的结构信息。新近发展起来的测定技术——外延 X 射线吸收精细结构(extended X-ray absorption fine structure, EXAFS)分析成为测定特定的吸收原子——金属蛋白和金属酶中金属原子近邻环境结构的有效而发展迅速的实验技术。它可用于研究非晶态及溶液中的大分子。

X 射线被物质吸收时，符合以下方程式：

$$I = I_0 e^{-\mu \chi}$$

式中，I_0 为入射线强度，I 为透射线强度，χ为吸收物质厚度，μ为吸收物质的吸收系数。对一定的物质，μ是入射 X 射线波长(λ)的函数。当入射 X 射线光量子能量与激发原子中某壳层的电子所需能量相等时，吸收就明显增加，在μ-λ图中可以看到μ几乎是垂直上升的。μ随λ变化产生的突变通常称为吸收边。对应于被激发电子原来所处的壳层，吸收边可分为 K 吸收边、L 吸收边、M 吸收边……。吸收边低能侧(长波一侧)称吸收边前部，高能侧(短波一侧)称吸收边外延部。EXAFS 谱带范围宽，是因为其 X 射线源为电子高速转动产生的同步辐射，因此具有比一般转靶 X 射线强度大几个数量级。

研究表明，无论是吸收边前部还是吸收边外延部都发现精细结构，即μ不是单调地上升或下降，而是存在着起伏。外延部的精细结构与吸收原子内层电子的光电子发射及它们被吸收原子周围配位原子的散射有关。当吸收原子的内层电子吸收 X 射线变成光电子向外发射时，这种发射可看到是从吸收原子发射的球面波，当它们碰到吸收原子周围配位的其他原子时，就会被这些原子散射。这样，反向散射的光电子波与发射的光电子波就会在吸收原子处产生干涉现象，可能增强也可能减弱，即吸收系数的变化产生起伏，这就是 EXAFS 图形。显然，向外发射的光电子波与反向散射回来的光电子波之间的相位差，决定于吸收原子与配位原子间的距离及入射 X 射线的波长；反向散射的光电子波的振幅取决于配位原子的种类和数量。因此，EXAFS 谱可以提供吸收原子邻近配位原子的种类、数量及与吸收原子间距离等结构信息。

由配位原子散射引起并叠加在原吸收上所造成的吸收起伏(即 EXAFS 图形)，经傅里叶变换(Fourier transition) 可得配位原子对 EXAFS 贡献的峰。峰在横坐标上的位置 R 为配位原子与吸收原子间距离，峰的高度对应于配位原子的散射能力。图 12-1 为单配位壳层和多配位壳层的 EXAFS 傅里叶变换图形。由图可见，$MoO(S_2CNEt_2)_2$ 与 $Mo\left(\begin{smallmatrix}HN\\S\end{smallmatrix}\!\!-\!C_6H_4\right)_3$一样，在距吸收原子 Mo 0.243 nm 处有一强峰，但前者在距离吸收原子 0.116 nm 处还有另一稍强峰。显然，0.116 nm 处的峰是 $MoO(S_2CNEt_2)_2$ 中 Mo 的第一配位壳层 O 的 Mo—O 距离，而 0.243 nm 是它的第二配位壳层 S 的 Mo—S 距离。0.243 nm 处的峰较强，除了因为硫比氧有更大的散射外，还与配位原子数目增多及吸收原子和配位原子距离增大有关。

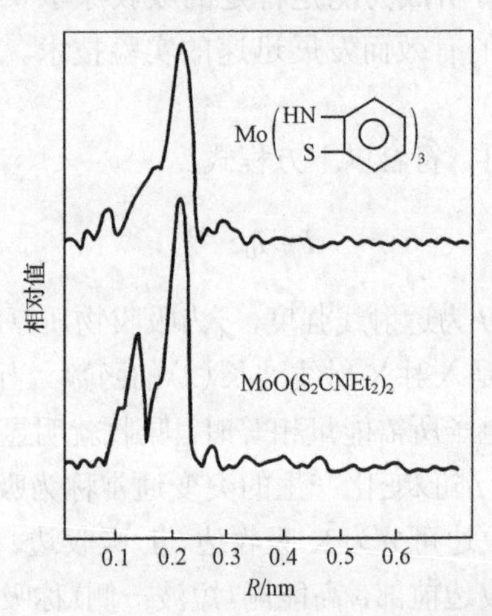

图 12-1　单壳层与多壳层的 EXAFS 傅里叶变换图形

从表 12-2 可看出，以 EXAFS 和后来用 X 射线结晶学测定的结构数据表现出了良好的一致性，说明 EXAFS 谱应用于探测金属蛋白和金属酶所得有关结构信息的可靠性。

表 12-2　$MoO_2[(CH_3)_2SCH_2CH_2N(CH_2CH_2S)_2]$的两组结构分析数据比较

键	EXAFS 测定值/ nm	X 射线结晶学测定值/ nm
Mo—O	0.1693 (2.1)	0.1694 (2)
Mo—S	0.2401 (2.7)	0.2405 (2)
Mo—S	0.2803 (0.5)	0.2809 (1)

注：EXAFS 数据先于 X 射线结晶数据报道；括号中数值为在给定距离上测得的原子数

EXAFS 具有分辨吸收原子配位范围内结构的微小变化的能力。例如，比较生

物模拟化合物 $MoO_2[(CH_3)_2NCH_2CH_2N(CH_2CH_2S)_2]$、$MoO_2[(CH_3)_2SCH_2CH_2N(CH_2CH_2S)_2]$与亚硫酸盐氧化酶[Mo(Ⅵ)型]、黄嘌呤氧化酶[Mo(Ⅵ)型]的 EXAFS 未经傅里叶变换的图形即 EXAFS 信号 $x(\kappa)$与光电子波矢($\boldsymbol{\kappa}$)关系图(图 12-1)，就会发现模拟化合物中一个给予体原子的差别(前者是 N 后者是 S)就导致 EXAFS 图形的明显差别。

亚硫酸盐氧化酶与黄嘌呤氧化酶金属活性部位是不相同的(见表 12-3)。此外，还可发现，第二种模拟化合物作为亚硫酸盐氧化酶的模型化合物是合适的。

表 12-3　某些钼酶的 EXAFS 研究结果

钼酶	Mo＝O		Mo—S		Mo—X		
	数量	R/nm	数量	R/nm	类型	数量	R/nm
固氮酶			3～4	0.235	Mo—Fe	2～3	0.273
					Mo—S[1]	1～2	0.246
亚硫酸盐氧化酶(氧化态)	2	0.168	2～3	0.241			
黄嘌呤氧化酶(牛奶、氧化态、活性)	1～2	0.175	2	0.249	Mo—S	1	0.225
					Mo—S[1]	1	0.289
黄嘌呤脱氢酶(氧化态、活性)	1	0.170	2	0.247	Mo—S	1	0.215
黄嘌呤脱氢酶(还原态、活性)	1	0.168	3	0.238			

12.3　电子吸收光谱法

金属蛋白和金属酶中金属离子的基态及最低激发态往往与它们所处的环境有直接的联系。因此，金属蛋白和金属酶的电子吸收光谱研究是表征金属离子所处环境的主要手段之一。

12.3.1　电子跃迁的类型

如第 4 章所述，金属蛋白和金属酶的电子吸收光谱主要包括以下两类电子跃迁。一类是主要定域于金属离子本身的分裂的 d 轨道能级间的跃迁(d-d 跃迁)。另一类是从配体到金属离子的电子跃迁(配体-金属荷移跃迁，LMCT)。此外，金属蛋白中某些氨基酸残基，尤其是芳香氨基酸残基，在电子吸收光谱中会出现某些谱带，如苯丙氨基酸、酪氨酸通常在 280 nm 左右出现两条π-π^*谱带。

表 12-4 为某些常见的金属蛋白和金属酶的生色基。从表 12-4 中可以看出，除血红素只有定域于卟啉的π-π^*跃迁外，其他生色基都产生 d-d 跃迁和 LMCT 跃迁。

表 12-4　某些重要的金属蛋白的生色基

生色基	基本谱带	跃迁类型
血红素（$Fe^{II/III}$）	400～500 nm (Soret)	π-π*
	500～600 nm (α,β)	π-π*
$Fe^{II}—O_xN_y$	依赖于几何构型	d-d
		$O\text{-}Fe^{II}$
铁-硫（$Fe^{II/III}$—S）	350～600 nm	$S\text{-}Fe^{II}$
	近红外	d-d
探针（$Co^{II}—Ni^{II}$）	依赖于几何构型	d-d
		$S\text{-}M^{II}$
蓝铜（$Cu^{II}—N_2S_2$）	600 nm	$S\text{-}Cu^{II}$
	近红外	d-d

12.3.2　电子吸收光谱的分析和应用

利用电子吸收光谱，可以确定金属蛋白和金属酶中金属离子配位环境的几何构型。

尿酶是一种 Ni(Ⅱ)金属酶，在其电子吸收光谱上可以观察到 407 nm、745 nm 和 1060 nm 三条谱带。这是尿酶中 Ni(Ⅱ)的 d-d 跃迁谱带。这些谱带与 Ni(Ⅱ)在八面体场中 d-d 跃迁谱带相适应，上述三个吸收峰可分别归属于以下跃迁：

$$\nu_1:\ {}^3A_{2g}(F) \longrightarrow {}^3T_{2g}(F);\quad \nu_2:\ {}^3A_{2g}(F) \longrightarrow {}^3T_{1g}(F);$$
$$\nu_3:\ {}^3A_{2g}(F) \longrightarrow {}^3T_{1g}(P)$$

可以确定，Ni(Ⅱ)在尿酶中所处的配位环境为八面体构型。

在第 9 章已经介绍过，由于锌酶中 Zn(Ⅱ)为 d^{10} 电子构型，观察不到其电子吸收光谱，因此往往以 Co(Ⅱ)、Ni(Ⅱ)等取代锌酶中 Zn(Ⅱ)作为金属离子探针。在众多的金属离子探针中，Co(Ⅱ)对于锌酶来说是出色的探针，这是因为 Co(Ⅱ)取代酶中锌离子大都能在不同程度上保持锌酶的催化活性。表 12-5 为部分 Co(Ⅱ)取代酶的电子吸收光谱数据，谱带强度数据表明，Co(Ⅱ)处于畸变四面体环境中，也就是说，无论是羧肽酶、碳酸酐酸，还是碱性磷酸酯酶中，锌离子都是处于畸变四面体环境中。在四面体场中，Co(Ⅱ)有 A_2(F)、T_2(F)、T_1(F)和 T_1(P)等光谱项。谱项 A_2(F)、T_2(F)相互间的位置较近，因此 $A_2(F) \longrightarrow T_2(F)$跃迁落在红外区内。$A_2(F) \longrightarrow T_1(P)$跃迁在可见光区能观察到并且强度较高，这是由于四面体的生物配合物中 d 轨道和 p 轨道有很大重叠。Co(Ⅱ)酶在可见光区出现多重谱带，可能与四面体畸变引起对称性下降有关。在表 12-5 中还可以看到，碱性磷酸酯酶的某些位置被磷酸氢盐或砷酸氢盐置换后，吸收光谱变化不大，说明酶中金属离子所处的配位环境的对称性没有明显的变化。

表 12-5　某些 Co(Ⅱ)取代酶的电子吸收光谱

Co(Ⅱ) - 金属酶	谱带位置/nm{强度/[dm^3/(mol · cm)]}				
Co(Ⅱ) - 羧肽酶	550	555[160]	572[160]		940[25]
Co(Ⅱ) - 碳酸酐酶	520[205]	555[340]	615[230]	640[240]	900[25]
Co(Ⅱ) - 碳酸酐酶+CN^-	520[350]		570[650]		
Co(Ⅱ) - 碱性磷酸酯酶	510[335]	555[378]	605[220]	640[260]	
Co(Ⅱ) - 碱性磷酸酯酶+HPO_4^{2-}	480[260]	535[350]		640[120]	
Co(Ⅱ) - 碱性磷酸酯酶+$HAsO_4^{2-}$	500[240]	550[260]			

电子吸收光谱对于金属酶的催化机理研究是十分有用的。

抗坏血酸氧化酶(ascorbic acid oxidase)是一种从南瓜中提取的呈蓝绿色的金属酶，分子量为 15×10^4，每个分子含有 6 个铜原子。它对抗坏血酸氧化为脱氢抗坏血酸有催化作用。在 pH = 5.6 的含有抗坏血酸氧化酶的蓝色溶液中，加入少量 L-抗坏血酸时，溶液的颜色很快褪至淡黄色，电子吸收光谱中原 606 nm 的吸收峰消失(图 12-2)，这是由于抗坏血酸氧化酶的金属离子 Cu(Ⅱ)被还原为 Cu(Ⅰ)。当氧气进入该体系时，酶中 Cu(Ⅰ)重新被氧化为 Cu(Ⅱ)，电子吸收光谱又重新出现 606 nm 的吸收峰，溶液又慢慢呈蓝色。由此可见，铜离子在催化过程中起着关键的作用。

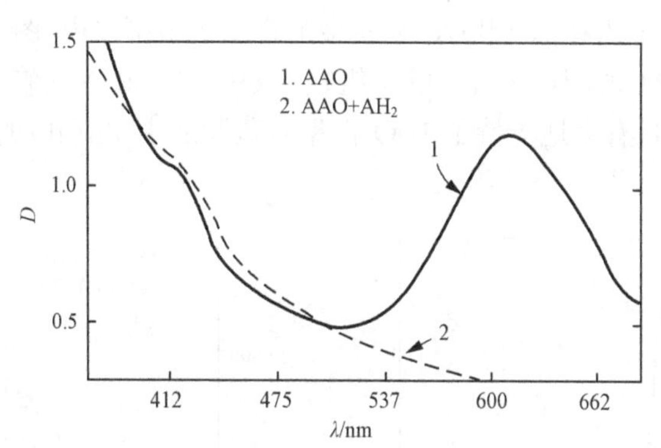

图 12-2　抗坏血酸氧化酶及其在底物存在时的可见吸收光谱

根据 Co(Ⅱ)-碳酸酐酶电子吸收光谱在 604 nm 处吸收峰随 pH 的变化与 pK_a = 7.1 的弱酸滴定曲线相似这个事实，认为碳酸酐酶的活性部位存在着 pK_a = 7.1 的基团，并提出“锌-羟基”催化机理的假说(参见第 9 章)，这是电子吸收光谱应用于金属酶催化机理研究的又一生动实例。

细胞色素中血红素上的卟啉环以四个配位键与一个铁原子相连，形成四配位的络合物。由于在血红素这样一个环状体系中，铁原子处于活泼的化学状态，可以在还原态(Fe^{2+})和氧化态(Fe^{3+})之间可逆变化，在细胞体内进行可逆的电子传递反应，铁状态的转化过程也可用紫外-可见光谱跟踪。标准还原型细胞色素 c 在 415 nm、520 nm 和 550 nm 有吸收，标准的氧化型细胞色素 c 在 408 nm 和 530 nm 有吸收。由以上细胞色素 c 吸收特征，可通过吸收光谱来确定两者相互转化的程度。

由电子吸收光谱也可以计算金属配合物的配位场参数。金属蛋白和金属酶中金属离子的配位环境对配位场参数有直接的影响。例如，在畸变四面体环境中，羧肽酶中 Zn(Ⅱ)分别与两个组氨酸(69，196)咪唑氮原子及一个谷氨酸(72)羧基氧原子配位，但第四配位位置的配体仍不是十分清楚，一般认为可能是一个水分子。以 Ni(Ⅱ)取代羧肽酶(CPA)的 Zn(Ⅱ)后，观察到低强度的三条谱带，说明配位环境发生了变化，Ni(Ⅱ)-CPA 已转变为八面体场(图 12-3)。根据配位场理论，在八面体场中，这些谱带可指派为以下 d-d 跃迁：$^3A_{2g}(F) \longrightarrow {}^3T_{2g}(F)$，9431 cm^{-1}；$^3A_{2g}(F) \longrightarrow {}^3T_{1g}(F)$，14 600 cm^{-1}；$^3A_{2g}(F) \longrightarrow {}^3T_{1g}(P)$，24 250 cm^{-1}。由此计算的配位场参数为：$D_q = 923\ cm^{-1}$，$B = 755\ cm^{-1}$。已经确证，Ni(Ⅱ)取代磷酸葡萄糖变位酶(phosphoglucomulate, PGM)中的 Zn(Ⅱ)后，Ni(Ⅱ)也处于八面体场的环境中，6 个配位原子都是氧原子。根据其电子吸收光谱计算的配位场参数为：$D_q = 779\ cm^{-1}$，$B = 940\ cm^{-1}$。把这两种八面体场的镍酶的电子吸收光谱和配位场参数分别与八面体场的 Ni(Ⅱ)O_6 和 Ni(Ⅱ)N_2O_4 模型配合物进行比较，Ni(Ⅱ)PGM 的吸收光谱和配位场参数恰恰落在 Ni(Ⅱ)O_6 模型配合物的范围以内，与事实相符；而 Ni(Ⅱ)CPA 的却落在 Ni(Ⅱ)N_2O_4 模型配合物的范围以内(图 12-4)。显然，八面体的 Ni(Ⅱ)CPA 的配位环境，除了组氨酸 69、196 和谷氨酸 72 外，还有 3 个 H_2O 分子，这就是有力地支持了 H_2O 占据着羧肽酶中 Zn(Ⅱ)的第四配位位置的观点。

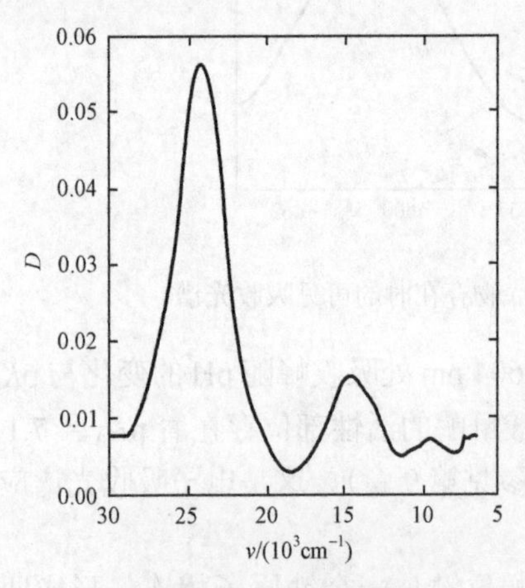

图 12-3　Ni(Ⅱ)CPA 的近红外-可见吸收光谱

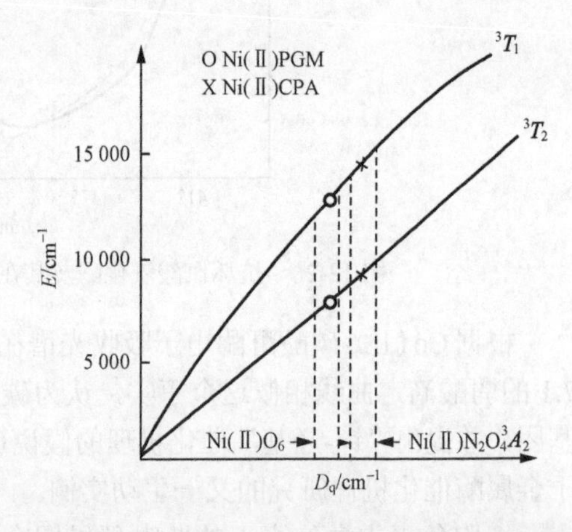

图 12-4　八面场中 Ni(Ⅱ)配合物和 Ni(Ⅱ)酶的 $^3A_2(F) \longrightarrow {}^3T_2(F)$，$^3A_2(F) \longrightarrow {}^3T_1(F)$跃迁能量

12.4　红外光谱法

红外光谱在无机及配位化合物研究中已得到了越来越广泛的应用，而 1966 年红外光谱首次用于血红蛋白的研究，取得了其他实验技术所得不到的大量有意义的信息，显示了红光外谱在研究金属蛋白和金属酶结构中的独特功能。这更引起了人们极大的兴趣。

12.4.1　金属蛋白和金属酶红外光谱研究的特点

金属蛋白和金属酶的结构及所处环境是十分复杂的，这就决定了其红外光谱研究与通常的无机及配位化合物有很大的区别。要得到理想的红外光谱，并从中得到尽可能多的有用信息，需要使用特殊的介质和实验方法，还必须选择合适的配体作为探针。

H_2O 在很宽的红外区域内具有强吸收，因此生物样品中水的存在大大地限制了人们对其红外光谱的观察范围。以重水 D_2O 取代 H_2O 作溶剂，是红外光谱法测定金属蛋白和金属酶结构的特点之一。因为 D_2O 取代 H_2O，不但不会改变其活性和构象，而且 D_2O 的“窗口”(具有较低红外吸收的区域)正是 H_2O 具有强吸收的区域，因此在 H_2O 和 D_2O 介质中分别测定生物样品的红外光谱就能基本上观察到金属蛋白和金属酶的所有红外谱带。图 12-5 为一氧化碳合血红蛋白 A(HbA-CO)在 H_2O 和 D_2O 介质中的红外光谱。由于键合到血红蛋白 A 中 Fe(Ⅱ)的羰基 C═O 伸缩振动正位于 H_2O 和 D_2O 的“窗口”上，在这两种介质中都可以观察到 1951 cm^{-1} 的尖锐谱带(图中箭头所指)。但在 D_2O 的“窗口”上，我们还可观察到归属于蛋白的其他一些谱带，如 3000 cm^{-1} 附近的 C—H 谱带等，在 H_2O 中这些谱带被 H_2O 的强吸收掩盖了。

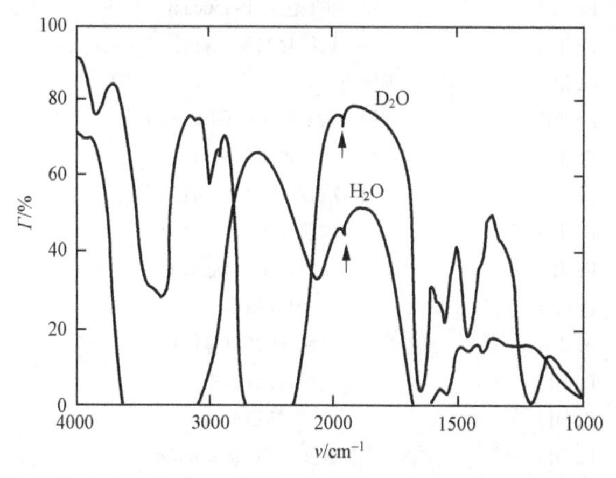

图 12-5　一氧化碳合血红蛋白 A(HbA-CO)的红外光谱

虽然应用差示红外光谱可以扣除参比物质的红外谱带，使介质对金属蛋白和金属酶红外光谱的干扰大为减少，但是，由于归属于金属蛋白和金属酶的红外信号通常较弱，因此，噪声对信号的干扰仍很大。在大多数情况下，选用 D_2O 为介质可比以 H_2O 为介质获得更大的信噪比。

探针配体在红外光谱研究中的运用是金属蛋白和金属酶红外光谱研究的另一特点。配体的红外谱带对成键位置的环境变化十分敏感，因此，配体与金属蛋白和金属酶键合后，随金属蛋白和金属酶的结构不同，配体的红外谱带有很大的区别。表 12-6 是与某些金属蛋白和金属酶键合的常见配体的红外谱带频率。从表中可见，对不同的金属蛋白和金属酶，或者同种金属蛋白和金属酶中金属离子不同的氧化态和自旋态，同一配体表现出不同的谱带频率；不同的配体与同一金属蛋白和金属酶键合时，谱带频率相差更大。所以，以配体为探针就能获得金属蛋白和金属酶许多有用的结构的信息。在众多配体中，CO 是一种出色的探针配体，这是因为 CO 伸缩振动谱带窄而尖锐，并且落在 H_2O 和 D_2O 的“窗口”上。CN^- 是另一种很有特色的探针配体，被应用于探测氧化态血红素蛋白的结构，这是因为它能以较强的亲和力与 Fe(Ⅲ) 成键。

表 12-6　某些键合到蛋白或酶的金属上配体的红外谱带频率

配体	金属	金属蛋白或金属酶	ν/cm^{-1}
CO	Cu(Ⅰ)	血蓝蛋白	2063
CO	Fe(Ⅱ)	细胞色素 o (*Vitreoscilla*)	1964
CO	Fe(Ⅱ)	细胞色素 c 氧化酶	1963.5
CO	Fe(Ⅱ)	血红蛋白 A (pH = 7)	1951
CO	Fe(Ⅱ)	血红蛋白 A (pH = 3)	1966
CO	Fe(Ⅱ)	肌红蛋白	1944
CO	Fe(Ⅲ)	细胞色素 P-450cam	1940
CO	Fe(Ⅲ)	过氧化物酶(辣根)	1905;1933
CN^-	Fe(Ⅲ)	细胞色素 c 氧化酶(牛，还原态)	2060
CN^-	Fe(Ⅲ)	细胞色素 c 氧化酶(牛，氧化态)	2152
CN^-	Fe(Ⅲ)	高铁肌红蛋白	2127
N_3^-	Fe(Ⅲ)	高铁血红蛋白 A(高自旋)	2045
N_3^-	Fe(Ⅲ)	高铁肌红蛋白(高自旋)	2045
N_3^-	Fe(Ⅲ)	高铁肌红蛋白(低自旋)	2023
NO	Fe(Ⅱ)	血红蛋白 A	1615
NO	Fe(Ⅲ)	过氧化物酶(辣根)	1865
O_2	Fe(Ⅱ)	肌红蛋白(牛)	1150;1102
O_2	Fe(Ⅱ)	血红蛋白 A	1155;1107
O_2	Fe(Ⅱ)	细胞色素 o(*Vitreoscilla*)	1134

12.4.2　红外光谱在金属蛋白和金属酶结构研究中的应用

以配体为探针研究金属蛋白和金属酶的红外光谱，可以获得有关结构的大量信息。

红外光谱可用于探测金属蛋白和金属酶中金属离子与配体的成键作用。1973 年，W. S. Caughey 研究氧合血红蛋白的红外光谱时，发现 ν=1107 cm^{-1} 的谱带是 O—O 键的伸缩振动谱带，直接证明了氧合血红蛋白中氧的存在形式。氧合血红蛋白的红外光谱的进一步研究还表明，O_2 与血红蛋白中 Fe(Ⅱ)是以弯曲型端式成键的。

红外光谱还被成功地应用于探测金属蛋白和金属酶中金属离子的种类以及氧化态、自旋态等性质。例如，以 CO 为探针配体研究还原态牛细胞色素 c 氧化酶的红外光谱，在 1963.5 cm^{-1} 处发现 CO 伸缩振动的单一尖锐谱带，与血蓝蛋白、血红蛋白 A 各自键合的 CO 红外谱带(表 12-6)相比较，可以肯定，还原态牛细胞色素 c 氧化酶中，与配体 CO 成键的金属离子是 Fe(Ⅱ)而不是 Cu(Ⅱ)。在以 CN^- 为探针对高铁肌红蛋白进行红外光谱研究时所获得的光谱数据，$\nu(CN^-)$ = 2127 cm^{-1}，与牛细胞色素 c 氧化酶的还原态结果[$\nu(CN^-)$ = 2060 cm^{-1}]不同而与其氧化态结果[$\nu(CN^-)$ = 2152 cm^{-1}]相一致，说明配体谱带对金属离子氧化态的敏感性。另外，与叠氮化合物键合的马心高铁肌红蛋白的红外光谱可以清楚地观察到金属离子自旋态对配体红外谱带的影响。从红外光谱中发现两条谱带：ν_1 = 2045 cm^{-1}、ν_2 = 2023 cm^{-1}，后者强度为前者的 4 倍。273 K 时，已知高铁肌红蛋白的高自旋与低自旋 Fe(Ⅲ)的比例为 1∶4。显然，位于 2045 cm^{-1} 的谱带为 N_3^- 键合到高自旋 Fe(Ⅲ)的谱带，而位于 2023 cm^{-1} 的谱带为键合到低自旋 Fe(Ⅲ)的 N_3^- 谱带。

金属蛋白和金属酶中，配体成键位置环境的大量信息往往反映在红外光谱上，故红外光谱可用于探测配体成键位置的信息。对血红素蛋白羰基化合物的红外光谱研究较为详尽，发现这类信息一般在谱带半波宽 $\Delta\nu_{1/2}$ 上有所反映。表 12-7 为某

表 12-7　某些血红素蛋白羰基合物 CO 谱带半波宽

配体	蛋白或酶	$\Delta\nu_{1/2}/cm^{-1}$
CO	细胞色素 c 氧化酶(牛)	5
CO	细胞色素 o (*Vitreoscilla*)	9
CO	细胞色素 P450cam	13
CO	细胞色素 P420cam	23
CO	细胞色素 P450 LM	25～30
CO	血红蛋白 A, pH 3.0	≈20
CO	血红蛋白 A, pH 4.0	9.1
CO	血红蛋白 A, pH 7.0	8.0
CO	血红蛋白 A, pH 11.8	9.1
CO	血红蛋白 A, pH 12.5	21

些血红素蛋白的羰基化合物 CO 谱带的半波宽。一般来说，窄的谱带表示所有的振子处于更为相同的环境中。还原态牛心细胞色素 c 氧化酶 CO 谱带$\Delta \nu_{1/2} < 5\ cm^{-1}$，细胞色素 P450LM 的 CO 谱带$\Delta \nu_{1/2} > 25\ cm^{-1}$，说明前者 CO 的键合部位环境较为相似，而后者的 CO 键合部位环境很复杂，差别很大。从表中还可看到，血红蛋白 A 所处体系 pH 的变化引起其结构天然属性的变化也反映在 CO 谱带半波宽上，金属蛋白的天然属性降低，配体的红外谱带变宽。

利用某些金属蛋白和金属酶羰基化合物的 CO 谱带强度与浓度间良好的线性关系，已成功地进行了某些方面的定量研究。

近年来，随着灵敏度、分辨率更高的红外光谱新仪器和新技术的应用，金属蛋白和金属酶红外光谱研究取得了很大的进展。傅里叶变换红外光谱(FT-IR)已被应用于蛋白包括血红素蛋白、脂质蛋白和糖酶的研究，并取得一些有意义的结果。同位素差示红外光谱的应用使人们获得了有关金属蛋白和金属酶结构的更详细信息。在红外光谱中应用去卷积技术，把重叠谱带分解，已发现许多金属蛋白和金属酶的配体成键位置附近存在着多种不同的构象体。例如，HbA-CO 的红外光谱已揭示 HbA 的β亚单位仅存在一种构象体，而α亚单位却存在两种构象体，反映了血红蛋白 A 中配体成键位置的复杂性。

近年来，二维红外光谱技术发展起来，它可以提供皮秒到毫秒时间尺度的构象动力学和构象变化，从而解决了由外界环境变化或者外界微扰所引起的蛋白质的微弱的结构及构象变化的光谱学研究的技术难题。例如，可以利用二维相关光谱对不同 pH 值下免疫球蛋白的氢氘置换过程进行研究，也可以在 ps、fs 甚至 ns 级上对蛋白质进行结构上及其动力学研究。

12.5 旋光色散与圆二色性法

早在 19 世纪人们就认识了溶液的旋光性与分子结构的非对称性之间的关系。虽然旋光色散(optical rotatory dispersion, ORD)和圆二色性(circular dichroism, CD)的应用和发展远不如其他结构分析方法那么活跃，但是，由于它们对某些天然产物及配合物的立体化学分析有其独特优点，使得旋光色散尤其是圆二色性应用于探索金属离子与蛋白质的配位作用日益增多。

12.5.1 旋光色散和圆二色性研究金属配合物

平面偏振光入射到介质时，可以看成是左、右圆偏振光的传播。光学活性物质的存在，引起左、右圆偏振光速度的差别就是旋光现象；而两者被吸收的程度不同就导致圆二色现象。因此，物质的旋光性(色散)和圆二色性(吸收)都是光与物质作用的结果。

比旋光[α]或摩尔旋光[ϕ]随平面偏振光波长的变化称为旋光色散曲线。左、右圆偏振光摩尔消光系数之差($\varepsilon_l-\varepsilon_d$)对圆偏振光波长的变化就是圆二色谱。由于左、右圆偏振光被吸收程度的差别引起椭圆偏振，因此，也可以用反映椭圆形状的量——椭圆率[θ]来表示($\varepsilon_l-\varepsilon_d$)。

物质吸收谱带与旋光色散和圆二色性的结合，称为科顿效应(Cotton effect)。简单的科顿效应曲线只具有一个峰尖和峰谷，按在长波方向出现的是峰尖或峰谷，分别称为正科顿效应或负科顿效应(图 12-6)。科顿效应总是发生在光学活性物质的吸收峰附近。

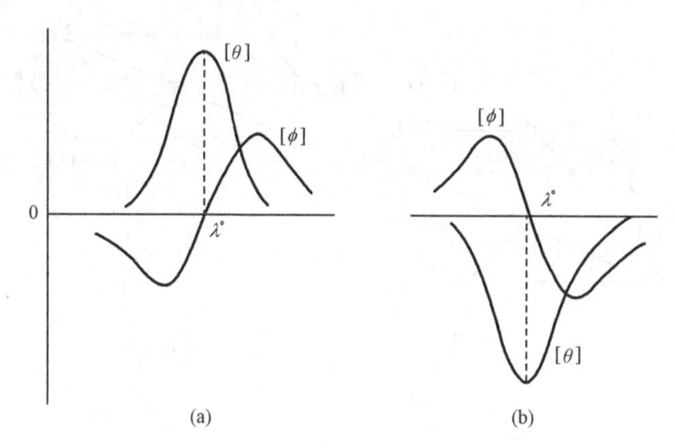

图 12-6　右旋生色基(a)和左旋生色基(b)的旋光色散曲线和圆二色曲线

通常具有旋光性或圆二色性的所谓光学活性物质，很多是由于分子本身的不对称引起的。这些光学活性物质或者本身存在着不对称生色基，或者其对称生色基与一个不对称分子环境相互作用而变成不对称生色基。物质生色基的对称性受邻近基团微扰时，它们的旋光光谱或圆二色性都会有变化。

过渡金属配合物固有的光学活性可归结于配合物的构型、构象和金属离子邻近不对称基团等因素。

如[Co(Ⅱ)(en)$_3$]配合物，构型的影响是由金属离子周围配体基团的不对称分布引起的，它可拆分为两种光学异构体。这些异构体各自具有由 Co(Ⅱ)d-d 跃迁引起的光学活性。

构象效应通常表现为由多齿配体形成的螯合环系有不同角度扭曲和折叠。例如，在 1,2-二氨基丙烷配合物中形成的五元环，甲基可以位于轴向或者位于赤道位置，这就造成了配合物不同的光学活性。

邻近不对称基团对光学活性的贡献来自含不对称中心(通常为 C 原子)的配体对 d-d 跃迁的微扰。1,2-二氨基丙烷、丙二胺乙酸、氨基酸和肽等配体的过渡金属配合物，由于配体不对称中心的存在，都能诱导圆二色性。事实上，配体中远离配位原子的不对称中心也能影响金属配合物 d-d 跃迁的圆二色性。图 12-7 为四肽与五肽配合物的分子式。在这两种肽的 Co(Ⅱ)或 Ni(Ⅱ)配合物中，光学活性的不对称中心会从金属离子的平面正方形的螯合位置沿肽链移动到螯合环外一个或两个氨基酸残基的不对称碳原子上，在可见光谱中可以观察到这些不对称碳原子对圆二色性的贡献(图 12-8)。从图中可以清楚地看到 R_4 或 R_5 不对称中心对 CD 信号的影响：五肽配合物 Ni(Ⅱ)$(H_3\text{-}Gly_4Ala)^{2-}$主要表现为负的 CD；四肽配合物 Ni(Ⅱ)$(H_3\text{-}Gly_3Ala)^{2-}$同时表现出正的和负的 CD。

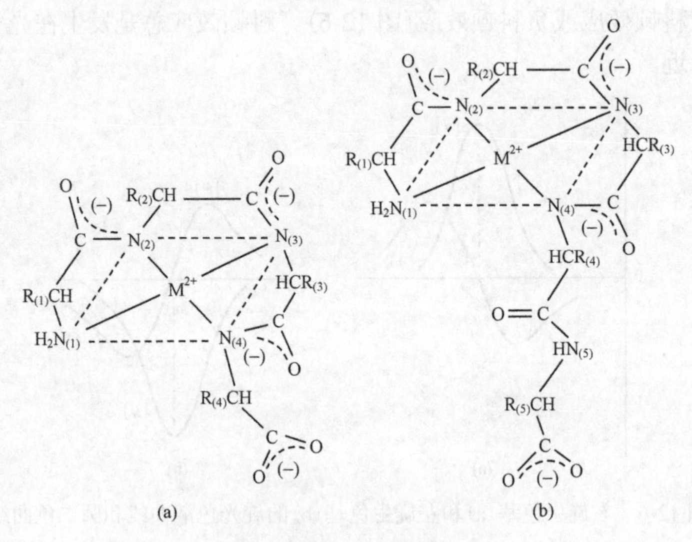

图 12-7　四肽和五肽配合物分子

(a) M$(H_3\text{-TETRAPEPTIDE})^{2-}$；(b) M$(H_3\text{-PENTAPEPTIDE})^{2-}$

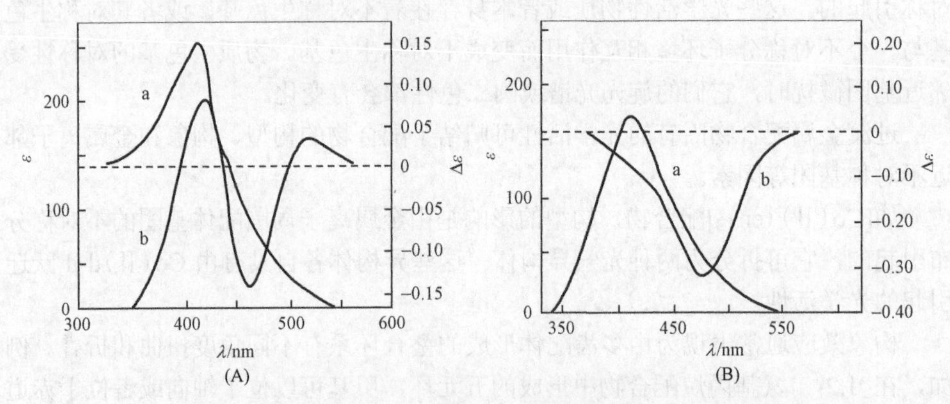

图 12-8　Ni(Ⅱ)的四肽及五肽配合物的吸收光谱(a)和 CD 谱(b)

(A) 四肽配合物 Ni(Ⅱ) $(H_3\text{-}Gly_3Ala)^{2-}$；(B) 五肽配合物 Ni(Ⅱ) $(H_3\text{-}Gly_4Ala)^{2-}$

12.5.2　金属蛋白和金属酶的旋光色散与圆二色性及其应用

金属蛋白和金属酶的结构比金属配合物复杂得多，其旋光色散和圆二色性亦更为复杂。

金属蛋白和金属酶的科顿效应包括固有的科顿效应、支链的科顿效应和非固有的科顿效应。固有的科顿效应可在 190～240 nm 范围内观察到，它来源于多肽主要成分的生色基的旋光非对称性，对多肽或蛋白的二级和三级结构十分敏感。支链的科顿效应在 250～300 nm 范围，是由蛋白质的苯丙氨酸、色氨酸、酪氨酸或半胱氨酸残基的α碳的有限旋光作用引起的。

非固有的科顿效应通常附加在固有的科顿效应上，主要由辅基、金属、氨基酸支链有机修饰而成的生色基的非对称，或者由于辅酶、底物或抑制剂与蛋白或多肽相互作用而产生的非对称性引起的。

生物大分子的固有的科顿效应广泛用于测定其特定构象。例如，利用血红蛋白固有的科顿效应，根据圆二色谱已定量地测定了其α亚单位和β亚单位的螺旋度。研究表明，血红蛋白的α亚单位的螺旋度与β亚单位的螺旋度接近，约为 65%；去血红素血红蛋白的螺旋度比正常血红蛋白的低得多，而且两种亚单位相差很大，α亚单位的螺旋度为 18%，β亚单位为 51%。这说明血红素能巩固血红蛋白的螺旋构象。

在金属蛋白和金属酶研究中，其非固有的科顿效应更是引起了生物无机化学工作者的重视，因为从中可以推知其活性部位的极微少变化。

如前所述，可用 Co(Ⅱ)、Ni(Ⅱ)等具有特征电子吸收光谱的金属离子取代锌酶中的 Zn(Ⅱ)以研究其电子吸收光谱，因此 Co(Ⅱ)等常常用作研究锌酶圆二色性的探针。表 12-8 为某些 Co(Ⅱ)配离子与某些 Co(Ⅱ)取代锌酶的光谱数据。从表中可见，具有高对称性的简单 Co(Ⅱ)离子并不表现圆二色性；Co(Ⅱ)酶对称性较低，尤其是其活性部位对称性的差别，不同的 Co(Ⅱ)酶表现出不同的圆二色性。在第 9 章已经介绍过，X 射线分析证明嗜热菌蛋白酶和羧肽酶 A 中，Zn(Ⅱ)与两个组氨酸残基、一个甘氨酸残基和一个水配位成畸变四面体。*B. cereus* 天然蛋白酶与嗜热蛋白酶为同系物，应该具有相似的结构，然而，它们相应的 Co(Ⅱ)酶的圆二色谱却明显不同(表 12-8、图 12-9)，说明它们活性部位的环境有较大的差别。

已经证明，来源于不同物种的碳酶酐酶的异构酶，虽然它们的紫外吸收光谱是近似的。但因为其活性部位的对称性差别很大，其圆二色谱的强度常会出现数量级的变化。

应用圆二色谱还可以研究外来配体(底物、抑制剂)与金属蛋白和金属酶结合引起的金属蛋白和金属酶活性部位的某些变化。例如当一系列肽试剂与 Co(Ⅱ)取代的羧肽酶相互作用或一系列抑制剂对 Co(Ⅱ)取代的碳酸酐酶作用时，都可以观察到其圆二色谱发生相当大的变化。

表 12-8 某些 Co(Ⅱ)配离子及 Co(Ⅱ)取代金属酶的光谱参数

化合物	吸收λ / nm[ε / dm³/(mol · cm)]		椭圆率 λ / nm([θ]₂₅×10⁻³)	备注
	紫外-可见	红外		
Co(Ⅱ)离子				
$[Co(H_2O)_6]^{2+}$	510[≈5]	1200[≈2]		八面体
$[CoCl_4]^{2+}$	685[≈700]	1700[100]		四面体
$[Co(OH)_4]^{2-}$	600[≈150]	1400[≈50]		四面体
$[Co(Et_4dien)]Cl_2$	520[60]；660[70]	950		畸变三角双锥
$[Co(Me_6tren)]Br_2$	550[120]；625[80]	800[≈30]		畸变三角双锥
		1750[≈30]		
Co(Ⅱ)酶				
Co(Ⅱ)碳酸酐酶	510[280]；615[300]	900[30]	460[≈3]；610(3)	
	550[380]；640[280]	1250[90]	550(3)	低对称性
Co(Ⅱ)碱性磷酸酯酶	510[280]；610[210]		470(2)；575(0.8)；520(2)	
	555[350]；640[250]		500(1)；550(0.9)	低对称性
Co(Ⅱ)嗜热菌蛋白酶	500[肩峰]；550[90]		550(肩峰)；538(≈0.5)	
Co(Ⅱ)羧肽酶 A	550[肩峰]；572[≈150]	950[25]	500(肩峰)；550(≈0.8)	畸变四面体
Co(Ⅱ)天然蛋白酶	475[肩峰]；555[50～100]；			畸变四面体
(*B. cereus*)	525[肩峰]			低对称性

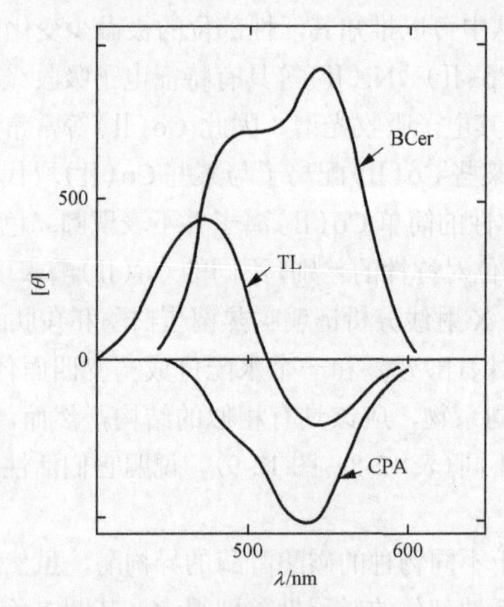

图 12-9 Co(Ⅱ)处于四面体环境的三种 Co(Ⅱ)取代金属酶的 CD 谱

CPA—羧肽酶 A；TL—嗜热菌蛋白酶；BCer—芽孢杆菌天然蛋白酶

天然碳酸酐酶与其脱锌酶蛋白具有相同的旋光色散性质，说明它们具有相同的三级结构，证明 Zn(Ⅱ)在碳酸酐酶中是活性中心成分而不是仅起稳定空间结构的作用。这是旋光色散应用的一个生动例子。

近年来，在理论和实验仪器发展基础上，磁圆二(magnetic circular dichroism, MCD)色谱逐渐发展起来，并在化学和生物领域中得到广泛的应用。磁圆二色谱是指材料在强磁场作用下，电子跃迁到不同的激发态。这些激发态对左旋和右旋圆极化光吸收是不同的，使材料出现磁性圆二色的性质。利用磁圆二色谱可以观察到普通光吸收谱很难观察到的电子跃迁，也能研究顺磁性和系统中电子对称性等，在金属蛋白和金属酶研究中的应用也相当活跃。例如利用低温磁圆二色谱可以直接原位探测邻苯二甲酸双加氧酶中的亚铁中心，即使存在 Rieske 活性部位的干扰。另外，磁圆二色谱在分析金属卟啉及其与蛋白质的相互作用方面表现出独特的优势。

12.6　高分辨率核磁共振谱法

核磁共振(nuclear magnetic resonance, NMR)波谱学是一门近年来发展极为迅速的学科。用 NMR 可以测定样品分子中相应核的环境。但是，当分子太大或过于复杂时，由于谱带过多、过宽，常常导致谱带的彼此叠加，因而限制了它的应用范围。高磁场 NMR 的发展，大大提高了 NMR 的灵敏度，扩大了 NMR 的应用范围。当今，这种高分辨率 NMR 已应用于金属蛋白和金属酶的研究，并已取得很大的进展。就 X 衍射和核磁共振这两种主要的酶的三维结构测试方法来比较，前者要求生物大分子的结晶，后者是在溶液状态下进行。溶液状态更接近这些大分子所处的自然环境，但增加了更多的变数，使问题更加棘手，而同位素的标记技术的发展，二维 NMR 以及多维 NMR 新技术的应用，使得生物大分子溶液体系的研究不仅成为可能而且向前大大迈进了一步。 2002 年的诺贝尔化学奖之一半就授予了 Kurt Wüthtich 博士，以表彰他在应用核磁共振技术获得生物大分子三维结构方面所做出的卓越贡献。这是第一次一个真正的化学家因核磁共振获得了诺贝尔化学奖。

通常应用于金属蛋白和金属酶研究的高分辨率 NMR 谱包括 ^{1}H、^{13}C 和 ^{31}P 谱等。最近的研究表明，^{113}Cd NMR 谱提供的 ^{113}Cd 谱带的化学位移对于某些 Cd 取代的锌酶的研究十分有效。

应用高分辨率 NMR 技术详细研究过的金属蛋白和金属酶，包括溶菌酶、细胞色素 c、碳酸酐酶、过氧化物酶以及一些铜蛋白和钙蛋白等等。

应用高分辨率 ^{1}H NMR 可以分辨出某些金属蛋白和金属酶中各种氨基酸残基的质子信号。

由于 NMR 能提供分子的指纹结构，因此，应用 NMR 去比较蛋白或酶结构特征的差异是非常迅速的。例如，^{1}H NMR 谱表明，人体的白血病溶菌酶(human leukemia lysozyme)与鸡蛋清溶菌酶(hen egg-white lysozyme)的活性部位是密切相关的。

在金属蛋白和金属酶的 ^{1}H NMR 谱中各质子信号都已明确指派的基础上，结合无机弛豫探针[如 Mo(III)、Ca(III)]和位移试剂[如 Pr(III)、Co(III)-卟啉]的应用，还可能研究蛋白质的三级结构。已经证明，在溶液中溶菌酶主链的折叠与固态时是类似的。

以高分辨率 ^{113}Cd NMR 直接观察金属蛋白和金属酶中金属核的共振位移，可应用于探测金属离子所处的环境。

我们已经知道，碳酸酐酶是一种催化 CO_2 水解的锌酶，在第 9 章中，曾经介绍过碳酸酐酶的活性部位存在 pK_a 值约为 7.1 的基团，当镉取代碳酸酐酶的锌后，pK_a= 9.1。pH＞pK_a时，具有活性的镉酶的 ^{113}Cd NMR 谱只出现化学位移为 145.5 ppm 的尖锐信号；pH＜pK_a时，却观察不到任何信号。人们认为，后者与镉酶在较低 pH 下失活引起的谱带变宽有关。显然，在这两种情况下，金属离子所处的环境是很不相同的。

如前所述，碱性磷酸酯酶是一种催化磷酸酯水解的锌酶，是含有两个相同亚单位的二聚蛋白。在碱性磷酸酯酶的脱辅基蛋白中加入 2 mol 的 ^{113}Cd(II)，在 ^{113}Cd NMR 谱中可以观察到化学位移位 117.2 ppm 的共振信号，说明未与底物作用时，两个亚基的金属离子具有相同的环境；当加入 1 mol 的磷酸酯后，发现 ^{113}Cd 的共振信号分裂为 142 ppm 和 55 ppm 两个信号，说明可能由于构象的传播效应，其中一条链中引入可在丝氨酸 99 位置上结合的磷酸酯，同时改变了两条链上的金属结合部位的环境。更有意思的是，再加入 1 mol 的磷酸酯也不再引起 ^{113}Cd NMR 谱的任何变化。这是碱性磷酸酯酶的两个亚单位间存在着负的底物调节作用的反映。以上实验结果说明 ^{113}Cd NMR 对于锌酶金属离子环境的敏感性。实际上，^{113}Cd 是探测锌酶-底物相互作用的优良探针。

^{113}Cd NMR 谱的化学位移对于化学环境的敏感性在金属硫蛋白(metallothionein)中得到进一步的体现。第 11 章已介绍金属硫蛋白是一种含硫的低分子量金属蛋白，与肝和肾中重金属的排毒作用有关。初步的研究表明，蛋白中存在着约 7 个金属成键位置。镉取代的金属硫蛋白的 ^{113}Cd NMR 谱由 7 个共振信号组成，其化学位移分别为 670 ppm、649 ppm、640 ppm、628 ppm、603 ppm 和 581 ppm。不相等的化学位移说明蛋白中金属离子的 7 个成键位置的化学环境是不相同的。

顺磁性的金属会对核磁共振信号产生显著的影响，但同时也可作为顺磁探针使用，例如对于含血红素的蛋白，可以利用顺磁金属导致的偶极移动，通过磁轴计算，获得轴向上配位基团的空间取向。另外利用顺磁离子的弛豫作用可以获得金属离子与各个信号之间的距离信息，是近年来用于蛋白质结构计算的一个重要辅助手段。

近二十多年来，高分辨 NMR 在金属蛋白和金属酶研究中已得到越来越广泛的应用。我国生物无机化学工作者在 NMR 应用于生物无机化学研究方面也取得了可喜的成果。例如，南京大学唐雯霞研究小组应用 ^{113}C NMR 于顺铂、反铂与

DNA 组成的结合方式研究和应用 1D NMR、2D NMR 于外源配体与细胞色素 c 中铁的配位对蛋白质的折叠、结构及功能影响的研究，利用 NMR 研究金属药物与金属蛋白相互作用，也可为掌握药物在细胞内的作用方式和理解药物作用机理提供重要的理论基础。复旦大学黄仲贤研究小组应用高分辨 NMR 于定点突变的细胞色素 b5 的结构研究，都是很有特色的工作。

12.7　金属蛋白的顺磁性金属中心及其环境的研究

物质含有未成对电子时，会有净的电子自旋和相应的磁矩。如同核磁矩在外磁场中可以导致核磁共振一样，电子磁矩在外磁场中也可以产生电子磁共振现象，通常称为“电子顺磁共振”(electron paramagnetic resonance, EPR)或“电子自旋共振”(electron spin resonance, ESR)。

光谱分裂因子 g 和精细耦合常数 A 是 EPR 谱的重要参数。

自由电子的光谱因子 g 为 2.0023。当电子参与原子或分子成键时，其 g 值就显然与自由电子有一定的差别；反之，g 值可以看成是未成对电子所处的那个分子的特征量，即测定一个 EPR 信号的 g 值，有助于鉴别信号的来源。g 值的大小还与分子相对于磁场的取向有关，通常以下标表示这种取向。

当一个未成对电子与磁性核相邻时，其相互作用会引起能级的进一步分裂，产生 EPR 谱的“超精细结构”。在分子中还存在着其他未成对电子时，即使外磁场为零，能级也能发生初始分裂(称为零场分裂)，产生较超精细分裂大得多的 EPR 谱的“精细结构”。相邻两个 EPR 谱带的距离就是超精细或精细耦合常数 A。

EPR 谱广泛用于探测金属蛋白中顺磁性金属中心及其所处的环境特征。从表 12-9 可见，不同的金属、相同金属的不同自旋态，处于不同化学环境的相同自旋态金属，其 EPR 性质都有很大的差别。

表 12-9　某些金属蛋白和金属酶中金属离子的 EPR 性质

金属离子	电子构型	自旋态	金属蛋白和金属酶	g 值	T(观察温度)/K
Fe(III)	$3d^5$	1/2	细胞色素	3.8～0.5	<100
Fe(III)	$3d^5$	5/2	血红蛋白	8～1.8	<100
Fe(III)	$3d^5$	5/2	非血红素铁	10～0.5	<100
Fe(III), Fe(II)	$3d^5$, $3d^6$	1/2	菠菜铁氧还蛋白	1.7～2.1	<50
3Fe(III), Fe(II)	$(3d^5)_3$,$3d^6$	1/2	高电位铁硫蛋白	2～2.2	<50
Fe(III), 3 Fe(II)	$3d^5$, $(3d^6)_3$	1/2	细菌型铁氧还蛋白	1.7～2.1	<50
Mn(II)	$3d^5$	5/2	伴刀豆球蛋白	2～6	<300
Co(II)	$3d^7$	1/2	钴胺素(B_{12r})	2.0～2.3	<120
Co(II)	$3d^7$	3/2	钴取代蛋白	1.8～6	<40
Cu(II)	$3d^9$	1/2	质体蓝素	2～2.4	<100
Mo(V)	$4d^1$	1/2	黄嘌呤氧化酶	1.95～2.0	<100

高自旋、低自旋以及多铁蛋白的 Fe(III) 的 EPR 性质变化很大。铁是蛋白中最普遍存在的过渡金属，故 EPR 谱对于含铁蛋白的研究是十分有用的。例如，应用 EPR 技术，已经证明铁传递蛋白中 Fe(III) 处于高自旋态（参见第 6 章）；氧化态红氧还蛋白中铁的存在状态为高自旋 Fe(III)，还原态红氧还蛋白为高自旋 Fe(III)（参见第 6 章）。

在第 6 章中已经介绍，漆酶、血浆铜蓝蛋白和抗坏血酸氧化酶等蓝氧化酶 (blue oxidase) 是一类含多个不同类型铜离子的蛋白。EPR 对蓝氧化酶的研究表明了 EPR 信号对于金属离子周围环境的敏感性。EPR 研究结果显示，处于畸变四面体环境的 I 型 Cu(II) 的 EPR 信号表现出较小的精细耦合常数（表 12-10）；处于正常键合和配位状态的 II 型 Cu(II) 的精细耦合常数较 I 型 Cu(II) 大，且与一般低分子量的 Cu(II) 配合物相近（表 12-11）。蓝氧化酶中一般含有 2～4 个 III 型 Cu(II)。在大多数实验条件下，EPR 不能检测 III 型 Cu(II)。然而最近在分离出 II 型 Cu(II) 后的真菌漆酶和树漆酶的还原过程中却观察到一个有别于 I 型 Cu(II) 和 II 型 Cu(II) 的新形状的 EPR 信号（图 12-10）。由于 I 型 Cu(II) 已被还原而又不存在 II 型 Cu(II)，因此这个新的 EPR 信号可认为来自一对 III 型 Cu(II)。

表 12-10　I 型铜的 EPR 参数

蛋白	g_x	$g_\perp$	g_y	g_z	$A_z/(10^{-3}\text{cm}^{-1})$
漆酶					
多孔真菌属	2.033		2.050	2.190	9.0
日本漆树	2.030		2.055	2.298	4.3
足孢子菌属	2.034		2.050	2.209	8.0
野漆树		2.045		2.204	7.6
血浆铜蓝蛋白		2.05		2.206	7.4
		2.06		2.215	9.5
抗坏血酸氧化酶	2.036		2.058		5.8

表 12-11　II 型铜的 EPR 参数

蛋白	$g_\perp$	$g_\parallel$	$A_\parallel/(10^{-3}\text{cm}^{-1})$
漆酶			
多孔真菌属	2.036	2.243	19.4
日本漆树	2.053	2.237	20.6
足孢子菌属	2.046	2.246	17.6
野漆树		2.217	18.4
血浆铜蓝蛋白	2.060	2.247	18.9
抗坏血酸氧化酶	2.053	2.242	19.9

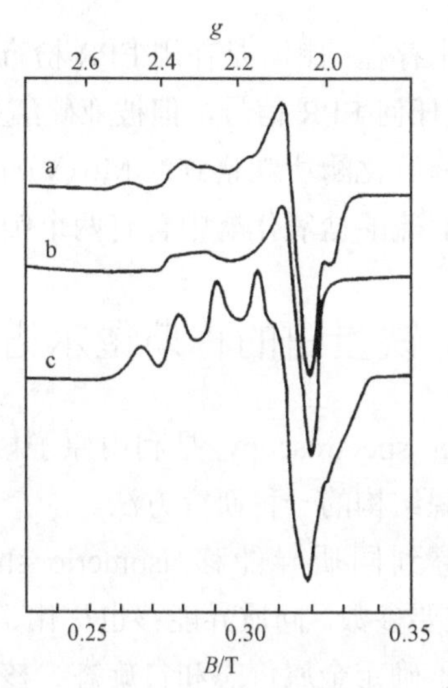

图 12-10　Rhus 漆酶的 EPR 谱(9 GHz)

a：天然漆酶；b：分离去Ⅱ型 Cu(Ⅱ)漆酶；c：Ⅲ型 Cu(Ⅱ)漆酶

EPR 对于酶的催化过程也能提供某些信息。因为 Cu(Ⅱ)(d^9)有未成对电子，而 Cu(Ⅰ)(d^{10})没有未成对电子，所以只有 Cu(Ⅱ)能产生 EPR 信号。在真菌漆酶中加入底物邻苯二酚时，EPR 信号发生了变化(图 12-11)，说明 Cu(Ⅱ)被还原为 Cu(Ⅰ)。显然，漆酶在催化过程中，本身是作为一种电子受体而存在的。

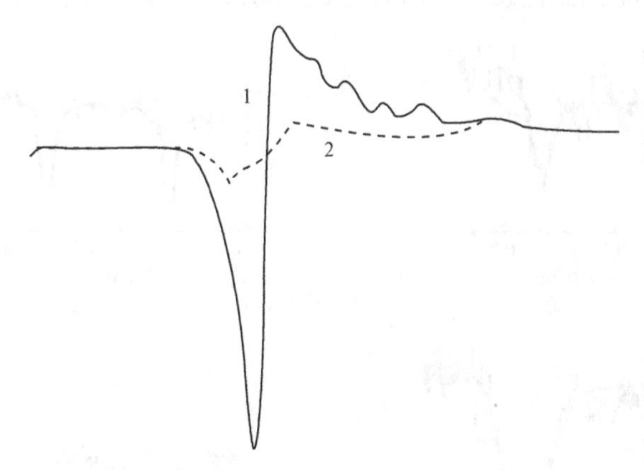

图 12-11　真菌漆酶催化过程的 EPR 谱

1：—— 未加底物；2：-----加入 10 mmol/L 邻苯二酚

根据配位氮原子引起的 Cu(Ⅱ)的超精细谱线数目与氮原子数目间的函数关系，可以研究 Cu(Ⅱ)的成键作用，三甘氨酸铜(Ⅱ)配合物就是一个典型的例子。Cu(Ⅱ)一伴清蛋白、Cu(Ⅱ)-羧肽酶和 Cu(Ⅱ)-胰岛素等的 EPR 谱也可观察到类似的情况。

牛肝亚硫酸盐氧化酶中存在的钼，是在用 EPR 检查部分纯化的酶时偶尔发现的。这种酶在 93 K 时没有任何 EPR 信号，但被亚硫酸盐还原后，在 g=1.91 处出现一个与黄嘌呤氧化酶和醛氧化酶所观察到的 Mo(V)十分相似的强信号。之后由比色分析确证，每个牛肝亚硫酸盐氧化酶中含有两个钼原子。

12.8　铁蛋白的穆斯堡尔谱研究

穆斯堡尔谱(Mössbauer spectroscopy)是利用原子核无反冲的γ射线吸收或共振散射现象研究物质的微观结构的一种研究方法。

由穆斯堡尔谱可以得到同质异能移(isomeric shift)δ和核四极矩(nuclear quadrupole moment)Q 等重要参数。同质异能移也称化学位移，能直接反映金属核外电子的配置情况，常用于确定金属价态和自旋态。核四极矩对周围电场梯度的变化非常敏感，可以对原子核周围的电荷分布对称性方面提供有用的信息。

图 12-12 为某些铁配合物的穆斯堡尔谱。对于高自旋配合物，$FeCl_3$ 的 Fe(III)(d^5)每个轨道有一个电子，产生球状电荷分布，因而无四极矩分裂[图 12-12(a)]；$FeSO_4 \cdot 7H_2O$的Fe(II)(d^6)的电荷分布不是球对称的，故产生四极矩分裂[图12-12(b)]。对于低自旋配合物，$K_4[Fe(CN)_6] \cdot 3H_2O$ 具有 t^6_{2g} 构型，这种球对称的全充满壳层不具四极矩分裂[图 12-12(c)]；而 $K_3[Fe(CN)_6]$具有 t^5_{2g} 构型，产生四极矩分裂。

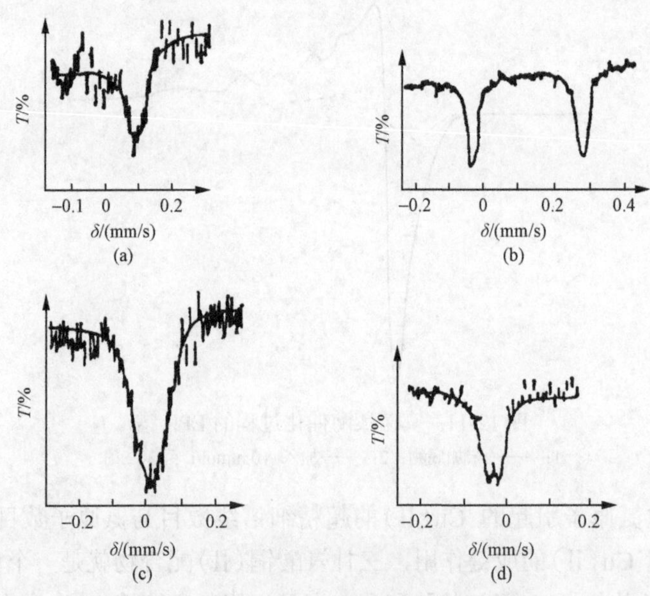

图 12-12　某些铁配合物的穆斯堡尔谱

(a)高自旋 $FeCl_3$；(b)高自旋 $FeSO_4 \cdot 7H_2O$；(c)低自旋 $K_4[Fe(CN)_6]$；(d)低自旋 $K_3[Fe(CN)_6]$

由图 12-12(a)和(d)比较，可以看到，Fe(III)离子的低自旋配合物比高自旋配合物有更负的化学位移，说明铁氰离子在核外的电荷密度较大。

穆斯堡尔谱已广泛应用于铁蛋白如血红蛋白和铁硫蛋白的研究。

血红蛋白是一种以血红素为辅基的结合蛋白。磁性和 EPR 研究表明，血红蛋白呈顺磁性(S=2)，而氧合血红蛋白却是反磁性的。穆斯堡尔谱数据(见表 5-4)与此结论相符。由表 5-4 中可见，血红蛋白具有核四极矩分裂，说明铁以高自旋的 Fe(II)状态存在；氧合血红蛋白具有较高的核四极矩分裂，与低自旋的 Fe(III)配合物相似，可能是血红蛋白氧合时，一个电子从 Fe(II)转移到 O_2 上去。现在，人们普遍认为，氧合血红蛋白所以呈反磁性，是由于 O_2^-的单电子占有的π^*分子轨道与 Fe(III)未成对电子占有的 d_{xz} 原子轨道叠合成π键。两个未成对电子的电子耦合使整个体系呈反磁性。

铁硫蛋白是一类铁与含硫配体键合的蛋白，也称非血红素铁蛋白。因为其铁可以变价，故铁硫蛋白在参与生物体内各种氧化还原反应时起传递电子的功能。穆斯堡尔谱是测定铁硫蛋白中铁自旋态的有力工具。对于 2Fe-2S 型的植物型铁氧还蛋白 Fd，单从磁性和 EPR 不能确定其铁的氧化态和自旋态。用 ^{57}Fe 增丰的穆斯堡尔谱研究表明，无论在氧化态或还原态 Fd 中，铁都处于高自旋状态，而且两个铁的电子间存在着反铁磁性耦合。由此可以说明 Fe 的磁性变化：氧化态时，虽然有两个高自旋的 Fe(III)(S=5/2)，但因为呈反铁磁性耦合而表现为反磁性；在还原态时，高自旋的 Fe(III)(S=5/2)与高自旋的 Fe(II)(S=2)间的反铁磁性耦合结果，使其仅表现出一个未成对电子(S=1/2)，而呈顺磁性。

氧合血红蛋白和脱氧血红蛋白的 EXAFS 研究证明，两者键的类型及键长均有一定的差别，前者 Fe—N_p 键长为 0.1986 nm，Fe—N_{His} 键长为 0.207 nm，Fe—O 键长为 0.175 nm ；后者 Fe—N_p 键长为 0.2055 nm，Fe—N_{His} 键长 0.212 nm。这些结果为对血红蛋白结构与功能的研究提供了有用的数据。

钼酶和钼蛋白是一类重要的金属蛋白和金属酶，但是，许多实验方法仍未能提供其结构的有关信息。钼酶和钼蛋白的 EXAFS 研究已取得了很有价值的数据。图 12-13 为某些钼酶的 EXAFS 研究结果。虽然 EXAFS 只能提供部分结构参数，不能指出完整的分子结构，但是它对金属蛋白和金属酶的进一步研究无疑是很有帮助的。例如，根据固氮酶的 EXAFS 数据，Mo 似乎有三个配位层，第一层是无机硫，第二层为 Fe，第三层为含硫残基的 S。完全否定了过去认为存在着 Mo═O 键的推测。这一研究成果与后来在 1993 年从固氮酶的 X 射线晶体结构分析所得结果基本上是吻合的。

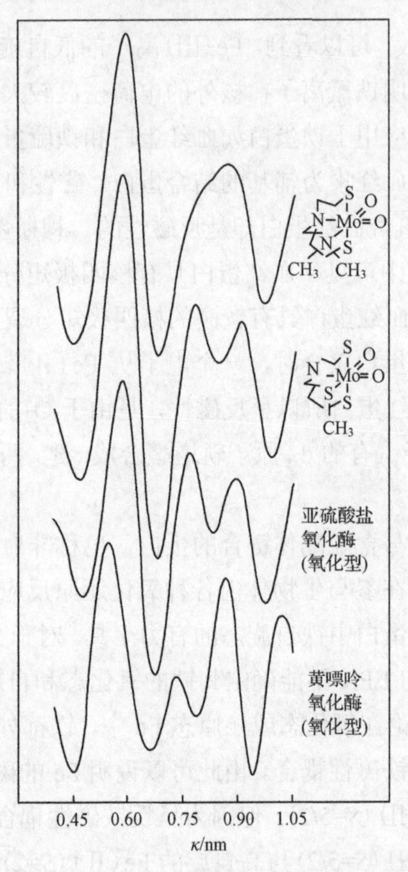

图 12-13　$MoO_2[(CH_3)_2NCH_2CH_2N(CH_2CH_2S)_2]$、$MoO_2[(CH_3)_2SCH_2CH_2N(CH_2CH_2S)_2]$、亚硫酸盐氧化酶和黄嘌呤氧化酶未经傅里叶变换的 EXAFS 图形的比较

12.9　核磁共振成像在生物无机中的应用

12.9.1　核磁共振成像简介

磁共振成像(MRI)由于其独特的优势，已经成为目前应用最广泛的检测手段之一，尤其是在临床医学应用方面。例如，相对于非辐射影像技术，如荧光成像以及超声成像等，MRI 的组织穿透能力具有明显的优势；而相对于其他具有较深组织穿透能力的成像技术，如电子计算机断层扫描(CT)、正电子发射断层扫描(PET)以及单光子发射计算机断层扫描(SPECT)，MRI 具有无辐射的技术优点。MRI 获得的信号强度取决于水分子中质子的弛豫率，可以通过水密度、质子弛豫时间或水分子扩散率的变化来检测组织间的差异，因此核磁共振影像被广泛应用于活体内金属离子、神经递质以及肿瘤的早期诊断等。

12.9.2　核磁共振成像原理

MRI 主要检测内源性水的 ^{1}H 核磁共振(NMR)信号。在人体 MRI 的过程中，促成因素是水分子的质子，其在强场中自旋排列整齐(在磁场方向上取向的质子大部分是低能量质子，其他质子是高能质子)。当外在施加一个射频(RF)脉冲，一些低能量的质子吸收由脉冲传递的能量且旋转自旋。当 RF 脉冲停止，质子逐渐恢复正常旋转，同时以无线电波的形式释放能量并由接收器测量最终制成 MR 图像(图 12-14)。不同组织中不同的含水量(质子密度)以及金属离子对水分子的影像等物理性质被用于产生图像对比，以便用于医疗诊断和检测。

MRI 有几个重要参数需要介绍，包括 T_1、T_2、r_1 和 r_2。停止 RF 脉冲时，质子的磁矩恢复到平衡状态，所花费的时间称为弛豫时间。弛豫在纵向和横向两个方向上测量，并分别由时间常数 T_1 和 T_2 表征。T_1 表示磁化方向上的磁化矢量要恢复到其原始幅度的 63%所需的时间，T_2 表示垂直于磁场平面中的磁化矢量减少到 37%的净信号所需的时间[图 12-14(c)]。对比度增强通过弛豫速率 $R_i = 1/T_i\,(s^{-1})$ 来测量，其中 i = 1 或 2。造影剂的有效性则通过参数 r_i[$r_i = R_i/c$，L/(mmol·s)]定义，我们称为弛豫率，其中 c 代表负责对比度的离子浓度。r_1 和 r_2 之间的比值(r_2/r_1)用于确定对比度效率。较低的比率表示 T_1 造影剂的效率更高，反之亦然。

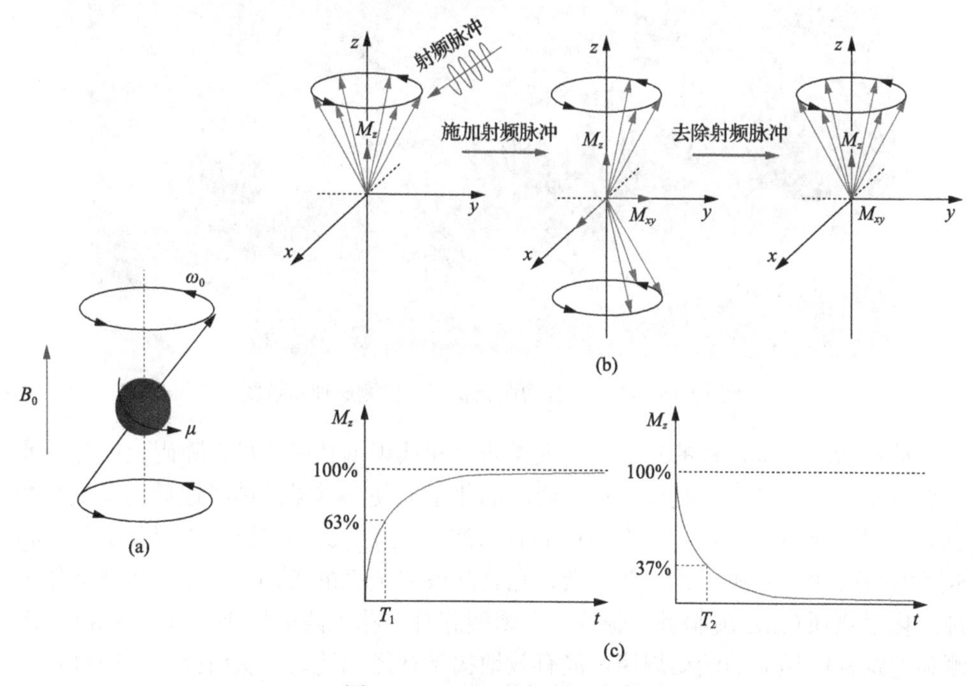

图 12-14　MRI 的机制示意图

(a)质子在外部磁场 B_0 下进动；(b)在引入 RF 脉冲之后，质子被激发，在去除 RF 脉冲之后发生弛豫；(c)T_1 弛豫的恢复曲线和 T_2 弛豫的衰减曲线

12.9.3　核磁共振成像的应用示例

金属离子是生命系统中组织生长和发展的关键元素，它的含量与内环境的平衡息息相关。若体内金属离子浓度失衡，则极易产生疾病。因此，评估和理解体内金属离子的浓度变化对疾病的诊断具有重要意义。MRI 在体内离子的检测上得到了广泛应用。虽然 MRI 具有非常高的空间分辨率，但是其灵敏度相对比较弱，因此要通过设计合理的造影剂来提高 MRI 的对比度，进而提高体内离子检测的精确度。目前 Gd^{3+}螯合物被广泛应用于钙、铜、铁、锌等体内金属离子的非侵入检测。影响 Gd^{3+}螯合物的 MRI 信号的主要因素就是其结合水。根据结合水距离内核的距离可分为内层水、外层水以及最外层的自由水。因此，可以在 Gd^{3+}螯合物上嫁接一些其他离子的识别单元，当有其他离子遇到该识别单元修饰后的 Gd^{3+}螯合物时，该离子就会和识别单元配位，进而会影响 Gd^{3+}螯合物的水配位环境，导致 MRI 信号发生变化，被识别离子的配位量不同，MRI 信号变化也不同，根据这一原理就可以定性和定量体内金属离子(图 12-15)。

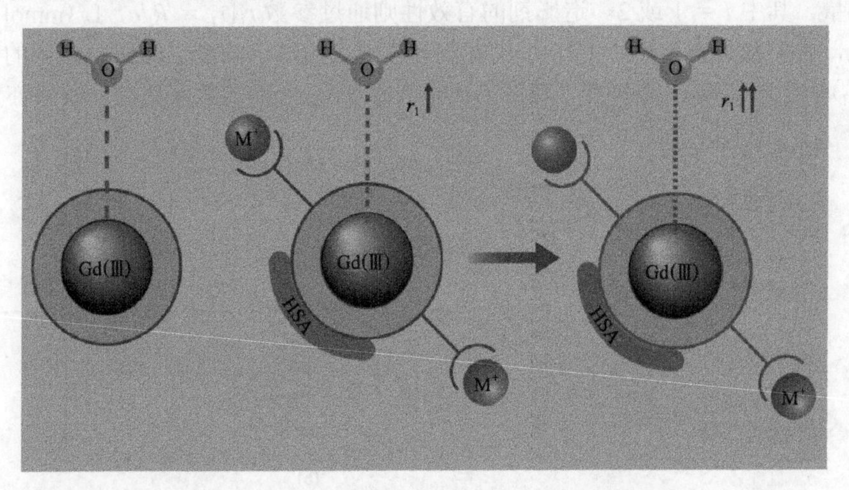

图 12-15　Gd^{3+}螯合物在金属离子检测原理示意图

神经活动生理过程的复杂性是人类研究和认识脑功能的最大障碍。由神经元释放出来的神经递质，是参与神经活动的化学信使。常见的神经递质包括氨基酸(如谷氨酸、γ-氨基丁酸、天冬氨酸和甘氨酸)、单胺(如多巴胺、去甲肾上腺素和 5-羟色胺)、肽(如加压素、催产素、亮氨酸或甲硫氨酸-脑啡肽)以及几种小分子神经化学物质(如乙酰胆碱、腺苷、三磷酸腺苷、花生四烯酸或一氧化氮等)。检测和追踪神经递质的活动规律，能有效地揭示神经元活动，从而提高人们对脑功能的认知。MRI 由于具有高的时空分辨率和极好的组织穿透深度，因此能够实现对神经递质的无创、有效检测和追踪，从而对神经活动进行描绘，为人类认知人的大脑提供更加丰富的信息。由于这类神经递质含有羧基和氨基基团，且这两类基团会分别和 Gd^{3+} 以及氮杂冠醚具有非常强的配位作用，因此常利用这一原理来设计神经递质的 MRI 造影剂。例如，在 Gd^{3+} 螯合物上修饰冠醚，当没有神经递质出现时，Gd^{3+} 仅和螯合物端相互作用，裸露出的空位点可以和水自由结合；当神经递质遇到传感器时，和传感器就会产生强的相互作用，这个时候和传感器配位的水分子就会被排挤出去，引起造影剂的纵向弛豫率 r_1 降低。根据纵向弛豫率 r_1 降低的程度，我们可以简单地对神经递质进行定量检测。

另外，对与 T_2 加权成像造影剂，如四氧化三铁等，它们具有团聚增强效应，即当单分散的四氧化三铁纳米颗粒在特定的条件下发生团聚，团聚后的四氧化三铁具有明显增强 T_2 加权造影效果，这一原理广泛应用于蛋白质、细菌、肿瘤以及金属离子检测等方面。例如，在四氧化三铁表面修饰具有一些待检测的菌株的抗体，当将修饰后的磁珠放入被检测物质，如果被检测物质具有拟检测的细菌，这些磁珠就会在细菌表面富集，进而导致磁珠团聚，其造影效果会发生显著变化。

12.10　光声成像在生物无机中的应用

12.10.1　光声成像简介

源于 20 世纪 70 年代的光声影像技术是一种非入侵式和非电离式的新型生物医学成像方法，近年来得到了快速发展。光声成像结合了光学影像技术的高分辨率和超声影像技术高空间分辨率优点，可得到高分辨率和高对比度的组织图像，从原理上避开了光散射的影响，实现深层活体内组织成像。因此，光声成像技术作为研究生物组织结构和功能信息的新手段，受到越来越多的重视，为研究生物组织的形态结构、功能代谢、生理及病理特征提供了重要手段，更为肿瘤病变的早期检测和治疗监测提供了新方法。而金属蛋白等由于其独特的共轭结构，使其成为一种天然的光声影像造影剂。其配位环境以及结构变化都会带来光声信号的变化，因此可以利用光声影像技术对金属蛋白进行示踪，研究其结构变化，并通过这些变化研究其相关的生理学行为。

12.10.2　光声成像原理

光声影像技术是利用光信号产生超声信号，进而通过模拟转换成影像的一种技术。其主要包括三个重要的过程：信号的产生、信号的收集以及信号的处理(图 12-16)。首先信号的产生是光声影像最基础的部分。主要是利用脉冲激光照射被目标物质，要求目标物质对入射的脉冲激光具有一定的吸收，待目标物质吸收入射的脉冲激光后，目标物质分子内的电子从低能级跃迁到高能级而处于激发态，处于激发态的电子很难稳定存在，又会重新跌落到低能级的稳定态。跌落的过程中，会以热量、光或者其他的能量形式释放出来。其中，光声影像技术利用的是热量的释放形式，而热量会带来温度的变化。另外，由于选用的激光是脉冲激光，激光在一定时间间隔不停地反复照射目标产物，使得目标产物一直处于升温-降温的循环中，而在这个循环过程中，释放出来的热量会导致目标物质局部温度升高，而温度的升高会导致热膨胀，而没有热量释放的时候，温度又会出现降低，导致目标物质冷缩，在如此反复的膨胀-冷缩过程中，会产生压力波，这种产生的压力波就是由光产生的超声波信号，也称光声信号。其次是信号的收集、处理以及图像重构。由这种周期性热流使周围的介质热胀冷缩产生的超声波，同样可以利用超声探测器进行接收，然后通过对接收的信号进行适当的处理，并采用对应的图像算法，对所搜集的信号进行重构，就可以得到相应的图像。

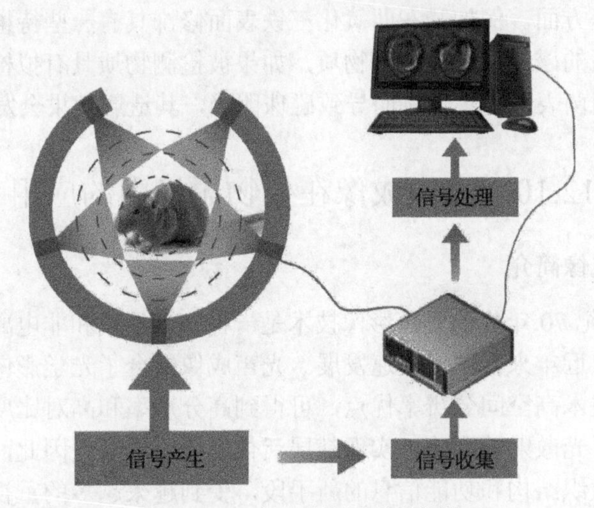

图 12-16　光声成像原理示意图

12.10.3　光声成像技术在金属蛋白结构检测中的应用

对于光声成像技术，最主要的是目标物质要对入射的脉冲激光有响应，并且吸收以后能产生热能释放，因此只有有特定激光响应的部分，通过图像重建才会有图像产生，这在生物分子影像领域具有重要的应用。目前应用比较多脉冲激光都位于近红外区域，主要是因为近红外激光有较好的生物组织穿透性。因此一些对近红外激光响应的内源性的生物分子(吸收为于 200～1400 nm)，如血红蛋白、黑色素以及脂质等均可用于光声成像。由于这些分子的特殊吸收，可以利用光声检测技术对体内的一些生化参数进行定性和定量分析，从而为疾病的诊断等提供重要的信息。

另外，由于血红素输送氧气时，会和氧气发生配位作用，从而使得血红素的电子结构和状态发生改变，进而对其吸收产生巨大的影响，如图 12-17 所示，当没有氧气配位的时候，血红素中心离子主要是二价铁离子，而当有氧气配位时，血红色中心离子为三价铁离子。无氧血红蛋白的吸收在 757 nm 有吸收峰，而在 800～1000 nm 吸收较弱，而含氧血红蛋白的吸收在 757 nm 没有吸收峰，且其吸收强度从 757 nm 到 1000 nm 逐渐增强。因此，可以利用吸收的变化，通过光声影像技术，采用不同波长的脉冲激光进行激发光声成像，实现对含氧血红蛋白和无氧血红蛋白的识别。而含氧血红蛋白和无氧血红蛋白的分布，以及血氧饱和度在肿瘤的诊断上具有重要的意义。

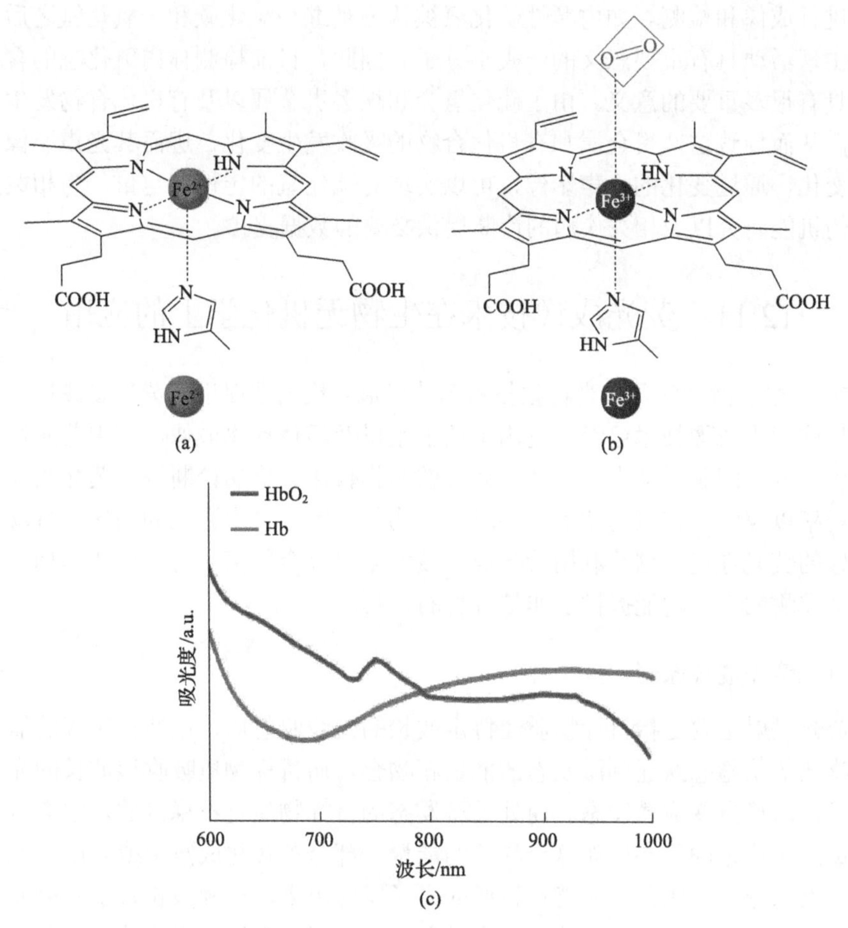

图 12-17　血红色(a)和含氧血红素(b)及其吸收曲线(c)

另外，血管系统是人类赖以生存的基础，为机体源源不断地提供营养物质、氧气并将机体产生的垃圾排出体外。因此血管系统的稳定性能够直接反映人体的健康状态，是人类疾病诊断的重要参数。其中，血红蛋白是血管系统的重要组成部分，因此对血红蛋白的实时监测以及定性定量分析在生理和医学上具有重要的意义。血红蛋白的主要构成单元是血红素，而血红素，又称亚铁原卟啉，由4个吡咯基组成一个环，中心为一铁原子，是输氧送的重要组成部分。血红素的大的共轭环使其在近红外的吸光度可以高于周围组织的5～6倍，因此是一个非常好的光声影像造影剂。由于血红蛋白是血管系统的重要组成部分，因此可以通过对血红素成像，实现对组织内血管分布进行成像，并通过血管密度以及是否异常分布等特征实现对疾病的诊断。

另外，基于一些体内的化学反应，也可以利用光声成像技术对体内的一些小分子进行成像和检测。如内源性硫化氢被认为是继一氧化碳和一氧化氮之后，对人类生理活动具有重要意义的一类小分子。因此，目前检测体内硫化氢的含量和分布具有很多重要的意义。由于硫化氢会和很多贵金属以及有机化合物发生化学反应，从而导致这些贵金属和有机化合物的吸收发生变化，进而其光声影像也会发生变化，通过变化的光声影像，可以实现对硫化氢的定性和定量，为相关生物组织的机能研究以及相关疾病的诊断提供必要的数据支撑。

12.11 荧光成像技术在生物无机化学上的应用

20世纪显微光学及荧光标记技术迅速发展，极大地促进了荧光成像技术的发展。目前荧光成像技术已经广泛用于活细胞以及活体动物成像，利用荧光标记技术可以研究活细胞中动力学过程或体内的药物代谢、疾病诊断等。荧光成像具有高分辨率以及实时监测的特点，同时对生物体内的很多内源性的物质本身就具有非常好的荧光性能，这给利用荧光成像技术来研究金属离子与蛋白质的相互作用以及金属酶的一些功能提供了非常有利的工具。

12.11.1 荧光成像原理

荧光发射主要是指目标物质经特定波长的光线照射后，该波长对应的能量和目标物质的从稳态跃迁到激发态的能量相吻合，而目标物质吸收该波长的光子后被激活，从稳态变成激发态。而处于激发态的目标物质是不稳定的，它会重新释放能量回到稳定的稳态。而这个释放的能量一部分被转化成热量或者用于光化学反应，但部分会以比入射光能量较低的光子发射出来，这种波长长于入射光的可见光称作荧光。生物体内有些物质受激发光照射后可直接发出的荧光，称为自发荧光(如叶绿体中的叶绿素分子受激发所发出的火红色的荧光)。常用生物体荧光就是绿色荧光蛋白，这类荧光蛋白由于其广泛的用途而获得2008年诺贝尔化学奖。基于荧光发射的原理，荧光成像设备主要包括三个部分：多波段入射光源、荧光采集单元(主要是CCD)以及图像处理单元(图12-18)。目前比较成熟的荧光成像设备主要有用于活体细胞研究的荧光显微镜，如共聚焦荧光显微镜；以及用于小动物成像的小动物活体成像系统。

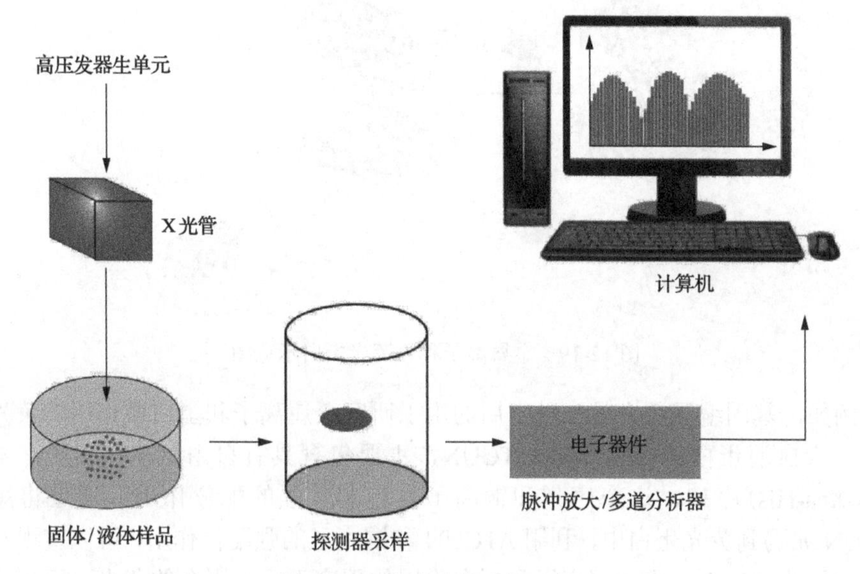

图 12-18　荧光成像系统示意图

12.11.2　荧光成像技术在金属离子和蛋白质作用中的应用

金属离子在许多生命过程中发挥关键作用，而血清白蛋白是哺乳动物血浆中含量最丰富的蛋白质，它能够储存和转运众多的内源性和外源性物质。因此，研究金属离子与蛋白质的结合作用是生命科学的重要内容，是化学和生命科学研究的前沿领域。荧光光谱法是研究金属离子和蛋白质相互作用的一种有效方法，具有灵敏度高、选择性强、用样量少、方法简便等优点。血清白蛋白中含有色氨酸、酪氨酸和苯丙氨酸残基，因此能发出荧光。在通常条件下，色氨酸、酪氨酸和苯丙氨酸的荧光强度比为 100∶9∶0.5，因此蛋白质的天然荧光主要来自色氨酸。当金属离子与血清白蛋白结合后，可引起蛋白质或少数金属离子荧光的改变，由此可进行定性定量研究(图 12-19)。其中，荧光猝灭法可用于测定金属离子与蛋白质的结合数和结合常数。这主要是因为金属离子和荧光蛋白质之间发生相互作用，致使荧光效率降低或激发态寿命缩短，而不同量的猝灭程度是不一样的，因此可以定量用于猝灭的金属离子；共振能量转移法可以用于测定金属离子与蛋白质分子中色氨酸残基之间的距离：当中心金属离子的吸收光谱和血清蛋白的发射光谱重叠时，金属离子和血清蛋白可以通过偶极-偶极共振耦合作用，将血清蛋白发射的能量转移到金属离子，因此按照福斯特(Förster)共振能量转移理论，可以求出金属离子与蛋白质中色氨酸残基的距离 r，并由 r 的变化分析其他物质对血清白蛋白构象的影响。

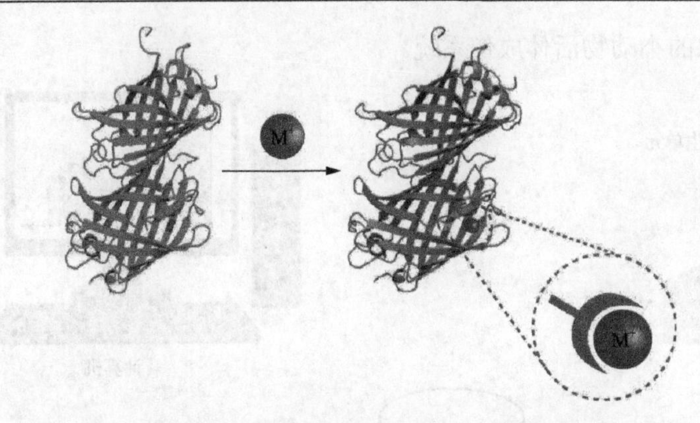

图 12-19　金属离子猝灭荧光蛋白示意图

例如，基因编码蛋白是一种常用的用于研究金属离子和蛋白质作用的荧光指示剂。人血清蛋白的衍生短肽 ATCUN，主要包含具有自由氨基基团的氨基酸(Xaa-Xaa-His)序列，这个序列和铜离子具有非常强的配位作用。通过将短肽 ATCUN 编码到荧光蛋白中，利用 ATCUN 和铜离子的强配位作用，可以实现对荧光蛋白的荧光猝灭。由于铜离子和蛋白作用的程度不同，蛋白的荧光猝灭程度不同，从而可以实现对铜离子在细胞内的分布和含量进行示踪。

荧光成像技术还可以对体内的 DNA 等进行定性和定量分析。如利用共振能量转移机理，可以实现对 DNA 的定性和定量检测。首先将和待检测 DNA 的一端具有配对效应的 DNA 片段链接到某种具有荧光发射功能的纳米材料，如稀土上转换发光材料，然后将待检测 DNA 的另一端具有配对效应的 DNA 片段连接到某种荧光物质。当两种荧光发射物质遇到待检测 DNA 时，就会被 DNA 链接在一起，这样两种具有荧光发射功能的物质就会发生能量转移，根据链接在一起的物质多少，会体现出不同的荧光影像强度，进而实现对待测 DNA 的定性和定量分析。

参考文献

陈慧兰, 2005. 高等无机化学. 北京: 高等教育出版社.

郭子健, 孙为银, 2006. 生物无机化学. 北京: 科学出版社.

洪茂椿, 陈荣, 梁文平, 2005. 21 世纪的无机化学. 北京: 科学出版社.

黄锦汪, 计亮年, 1991. 红外光谱在金属蛋白和金属酶结构研究中应用. 化学通报, (1): 15.

鲁子贤, 崔淘, 施庆洛, 1987. 圆二色性和旋光色散在分子生物学中的应用. 北京: 科学出版社.

麦松威, 周公度, 李伟基, 2006. 高等无机结构化学. 第二版. 北京: 北京大学出版社.

沈斐风, 陈慧兰, 余宝源, 1985. 现代无机化学. 上海: 科学技术出版社.

王夔, 韩万书, 1997. 中国生物无机化学十年进展. 北京: 高等教育出版社.

薛永鹏, 马礼敦, 1982. 外延 X 射吸收精细结构(EXAFS)谱. 化学通报, (7): 15.

杨铭, 2003. 结构生物学与药学研究. 北京: 科学出版社.

游效曾, 1980. 结构分析导论. 北京: 科学出版社.

章慧, 2009. 配位化学原理与应用. 北京: 化学工业出版社.

Bertini I, Drogo R S, Lushinat C, 1982. The Coordination Chemistry of Metalloenzymes. Proceeding of NATO Advanced Study Institute Held at Italy. Boston: D Reidel Publishing Company.

Cao Y, Xu L, Kuang Y, et al, 2017. Gadolinium-based nanoscale MRI contrast agents for tumor imaging, J. Mater. Chem. B, 5: 3431-3461.

Choi Y A, Keem J K, Kim C Y, et al, 2015. A novel copper-chelating strategy for fluorescent proteins to image dynamic copper fluctuations on live cell surfaces. Chem. Sci., 6: 1301-1307.

Darnall D W, Wikins R G. Methods for Determining Metal Ion Environments in Proteins. New York: Elsevier North Holland, Inc, 1980.

Finney L, Chishti Y, Khare T, et al, 2010. Imaging metals in proteins by combining electrophoresis with rapid X-ray fluorescence mapping. ACS Chem. Biol., 5: 577-587.

Hay R W, 1988. 生物无机化学. 钟淑琳, 闵蔚宗译. 成都: 四川科学技术出版社.

Pradhan T, Jung H S, Jang J H, et al, 2014. Chemical sensing of neurotransmitters. Chem. Soc. Rev., 43: 4684-4713.

Rivas C, Stasiuk G J, Sae-Heng M, et al, 2015. Towards understanding the design of dual-modal MR/fluorescent probes to sense zinc ions. Dalton Trans., 44: 4976-4985.

Tzoumas S, Nunes A, Olefir I, et al, 2016. Eigenspectra optoacoustic tomography achieves quantitative blood oxygenation imaging deep in tissues. Nat. Commun., 7: 12121.

Wang L V, Hu S. 2012. Photoacoustic tomography: *In vivo* imaging from organelles to organs. Science, 335: 1458-1462.

Weber J, Beard P C, Bohndiek S E, 2016. Contrast agents for molecular photoacoustic imaging. Nat. Methods, 13: 639.

Yu X, Strub M P, Barnard T J, et al, 2014. An engineered palette of metal ion quenchable fluorescent proteins. PLoS ONE, 9: e95808.

第13章 金属药物

应用生物无机化学是生物无机化学的重要组成部分。随着生物无机化学从萌芽发展到成熟，许多生物无机化学的理论问题逐步得到解决，人们对生物功能分子的认识也逐步深入，与人类健康息息相关的许多问题，如无机元素(包括微量元素和常量元素)、无机药物和环境对人类健康的影响，金属蛋白和金属酶及其模拟化合物在工农业生产中的应用等等，都引起了生物无机化学工作者的极大兴趣。对这些问题的研究，就构成了应用生物无机化学的重要研究内容。简言之，可直接应用或具有明确应用前景的生物无机化学研究，都属于应用生物无机化学的研究范畴。

应用生物无机化学已引起世界生物无机化学工作者的重视。由我国王夔院士和澳大利亚 John Webb 教授发起的国际应用生物无机化学学术讨论会(International Symposium on Applied Biological Inorganic Chemistry)，从1990年起，每两年召开一次，吸引了众多学者参与。会议议题涵盖金属酶模型化合物、金属酶的抑制、金属-生物大分子的相互作用、螯合治疗、金属药物、抗癌和抗病毒金属配合物、金属配合物在临床诊断中的应用、与金属相关的疾病、金属离子和神经性退化疾病、生物有机金属化学、金属毒理学、环境生物无机化学和基于金属的新型探针等各个方面。由于无机药物化学(medicinal inorganic chemistry)在对疾病诊断和治疗方面具有独特的优点和疗效，已经成为药物化学发展前沿热点之一，金属药物将成为开发创新药物的一支新军。金属离子多氧化态及可变配位环境的特性致使金属配合物具有结构多样性。改变配合物金属中心种类或配体结构可使金属药物表现出不同的抗癌或抗菌活性。

本章将结合我国金属药物研究的现状，介绍若干无机药物化学研究较活跃领域的概况。

13.1 无机药物化学的研究范围

现已知至少20种元素为生命体系所必需。金属的特征是它们容易失去电子成为带正电荷的离子而以各种形式存在于生物体液中。这就表明金属是以阳离子的形式在生物学上起作用的。金属离子带正电荷，是典型的 Lewis 酸。而绝大多数生物大分子，例如蛋白质和核酸为 Lewis 碱，这使得金属离子和生物分子可以产生各种类型的键合作用，并由此使金属离子在生物体系中承担各种各样的功能。例如，金属离子锌(Zn^{2+})，它可以诱导锌指(zinc fingers)蛋白构成特别的分子结构以便结合 DNA，在细胞核内起着调节基因的功能。Zn^{2+}又是天然胰岛素的组分，而后者是调节糖代谢的关键性物质。使用金属离子及其配合物作为无机药物非常普遍。早在公元前 2500 年，我们的祖先就有以金作为各种药物和营养品的记载。无机药物化学作为一门独立学科至少也有 30 年的历史。人们开始理解到许多蛋白和酶的活性与金属离子及其配合物密切相关。当今无机药物化学的研究，一方面要研究如何把偶然进入生物体的有毒金属离子通过螯合作用从生物体内排出；另一方面为了治疗和诊断疾病，又要有目的地去研究如何把金属离子及其配合物合理引入生物体内。正如英国科学家 Peter Sadler 教授指出，元素周期表中大部分金属元素都具有作为无机药物的潜在价值。通过配体的适当修饰可以有目的地去设计和调控金属配合物的性质。因此，金属配合物作为无机药物在疾病治疗和诊断方面在今后若干年仍将是化学生物学领域的研究热点。

无机药物在历史上曾有过辉煌的时期。第一个现代药物——洒尔佛散(salvarsan or arsphenamine)本身就是一个砷的化合物。生物无机化学的发展为无机药物的复兴创造了条件。无机药物的合成和应用将越来越为人们所重视。许多无机药物已广泛应用于临床。表 13-1 和图 13-1 列出了某些重要的无机药物及它们的结构式。

表 13-1 部分临床上使用的无机药物

化合物	商品名	用途
锆(Ⅳ)甘氨酸盐		抗盗汗剂
维生素 B_{12}	钴胺素	食品添加剂
磺胺嘧啶银(Ⅰ)*	Flamazine	严重烧伤抗菌剂
硫酸锌($ZnSO_4 \cdot H_2O$)	Z-Span	食品添加剂
锌氧化物或碳酸盐(含痕量 Fe_2O_3)	炉甘石洗剂(Calamine Lotion)	皮肤用油膏中，抗微生物和抗真菌
$[Tc(CNR)_6]^+$ $[R{=}CH_2C(CH_3)_2OMe]$	Cardiolite	心脏造影剂
Tc(HMPAO)	Ceretec	大脑造影剂
$[Gd(DTPA)]^{2-}$	Magnevist	磁共振成像造影剂
cis-$[Pt(NH_3)_2Cl_2]$	顺铂(Cisplatin)	细胞毒性药物，治疗睾丸癌和卵巢癌为最有效
$Pt(NH_3)_2$(CBDCA-*O,O′*)	碳铂或卡铂(Carboplatin)	第二代低毒的细胞毒性铂药物
Pt(oxalate)(DACH)	奥沙利铂(Oxaliplatin)	第三代低毒高效抗癌药物
cis-$(CH_3COCHCOC_6H_5)Ti(OEt)_2$	Budotitane	正在试验治疗结肠癌，钛释放有效配体
$Au[CH_2(CO_2^-)CH(CO_2^-)S]$	Myocrisin	类风湿关节炎
(1-硫代-*β*-D-吡喃葡萄糖 2,3,4,6-四乙酰-*S*)$[P(CH_2CH_3)_3]$Au(Ⅰ)	Auranofin, Ridaura	风湿性关节炎口服剂
三氧化二砷(As_2O_3)	Trisenox, Arsenol	用于治疗急性早幼粒细胞白血病
枸橼酸铋钾(CBS)；雷尼替丁枸橼酸铋	得乐；Pylorid	胃溃疡，幽门螺杆菌感染

* 磺胺嘧啶：H_2N—C₆H₄—SO_2—NH—(嘧啶基)

Tc(HMPAO)：

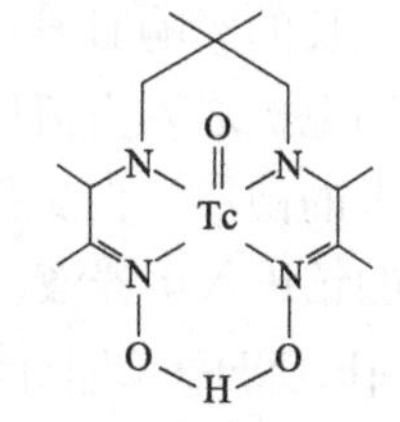

注：DTPA：$^-O_2CCH_2N[(((CH_2)_2N(CH_2CO_2)_2)_2)_2]$

CBDCA-*O,O′*：cyclobutane-1,1-dicarboxylato-*O,O′*

DACH：*R,R*-1,2-二氨基环己烷

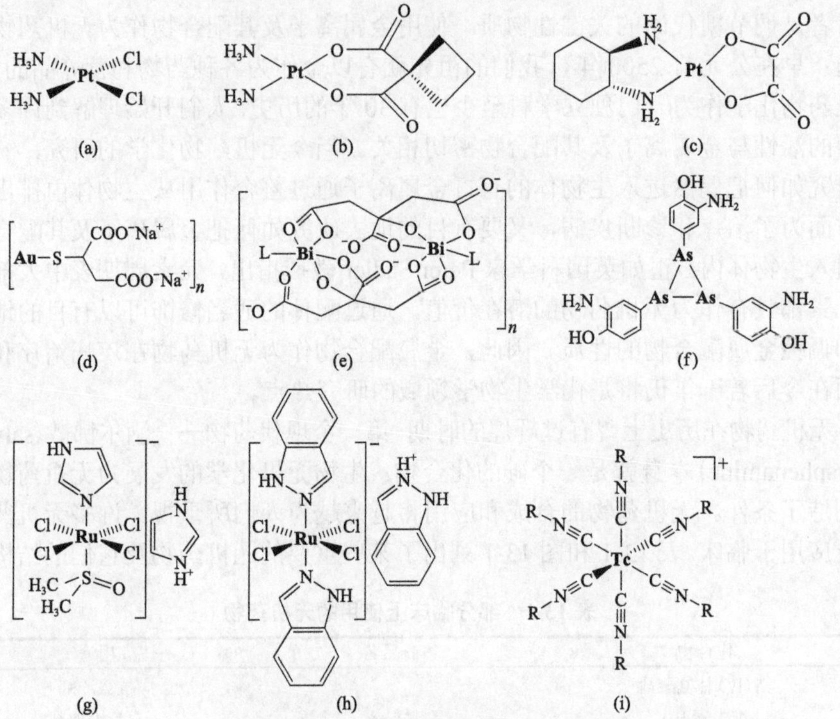

图 13-1　部分无机药物的结构式

(a) 顺铂；(b) 碳铂或卡铂；(c) 奥沙利铂；(d) 治疗类风湿关节炎金(Ⅰ)配合物 Myocrisin；
(e) 枸橼酸铋钾(CBS)；(f) Trisenox；(g) 钌配合物 NAMI-A；(h) 钌配合物 KP1019；
(i) 锝(^{99m}Tc)心脏造影剂(Cardiolite)

无机药物的合成、筛选和作用机理研究是无机药物化学的又一重要内容，而各种生物技术和化学的发展将有助于加速发现新的无机药物。以下我们着重介绍各种金属药物与体内生物大分子作用治疗相应的各种疾病的机制及其药理作用。有关专门的书籍和杂志，可参阅 Marcel Gielen 主编的 *Metal Based Drugs* 及 James C. Dabrowiak 主编的 *Metals in Medicine*。

13.2　铂类抗癌药

1965 年，美国密歇根州立大学生物物理学家 B. Rosenberg 等在研究电场对细菌生长的影响时发现，在含氯化铵(NH_4Cl)的大肠杆菌(*Escherichia coli*)培养液中用铂电极通入直流电，大肠杆菌细胞分裂就会受到抑制，长成相当于正常细胞 300 倍大的菌丝。但更换其他电极就观察不到这种现象。进一步研究表明，电流使微量的铂进入培养液，生成顺二氯二氨合铂(*cis*-dichlorodiammineplatinum, *cis*-DDP)，*cis*-$[Pt(NH_3)_2Cl_2]$(简称顺铂)，这种配合物对细胞分裂有强烈抑制作用。1969 年

Rosenberg等又首次报道了顺铂具有很强的抗癌活性。这些发现开创了金属配合物抗癌药物研究的新领域，也大大加速了生物无机化学的发展。20世纪70年代初，美国开始顺铂的临床应用研究；70年代末，英美两国先后批准顺铂作为商品药物进入市场。顺铂对头颈部癌和泌尿生殖系统癌有良好疗效，尽管有肾毒性和引起呕吐等副作用，但以顺铂为代表的铂类抗癌药物已成为最畅销、使用最广泛的抗癌药物之一。继顺铂之后，新的铂类抗癌药物卡铂(或碳铂，Carboplatin)、奥沙利铂(Oxaliplatin)和乃达铂(Nedaplatin)已用于临床。十几种铂类化合物正在进行不同阶段的临床试验。近30年来已合成和筛选了大量铂和铂族金属配合物，总结了一些经验规律。铂配合物抗癌药已经成为生物无机化学的一个重要研究课题。

13.2.1 类配合物抗癌活性与结构的关系

铂配合物的抗癌活性与空间构型有关。对于配合物$[PtA_2X_2]$，当A为NH_3和CH_3NH_2等胺类分子，当X为Cl^-或Br^-等酸根时，顺式构型具有抗癌活性。例如对S-180肉瘤、L-1210白血病(leukaemia)，ADJ/PC6A血浆细胞癌等都具有抑制能力。而反式异构体则没有活性。这种差别可能与配体的取代动力学性质有关。在$[PtA_2X_2]$中，胺类分子A是与Pt结合牢固的保留基团，而X被认为是离去基团，反式异构体的Cl^-离子取代速率就比顺式快5～10倍。于是反式铂配合物在体内运送的过程中，X会迅速被多种亲核基团取代而不能达到靶分子(target molecule)的位置。相反，顺式的取代速率稍慢，就能顺利到达靶分子位置而发挥抗癌作用。

在顺式$[Pt(NH_3)_2X_2]$中，X的性质会影响配合物的抗癌活性。由表13-2的T∶C值可见，当X为Cl、Br、草酸根、丙二酸根时，配合物的抗癌活性较高。对于反应

$$[PtX(H_2NCH_2CH_2NHCH_2CH_2NH_2)]^{+}+C_6H_5N \longrightarrow [Pt(C_6H_5N)(H_2NCH_2CH_2NHCH_2CH_2NH_2)]^{2+}+X^{-} \quad (13\text{-}1)$$

表13-2 顺式$[Pt(NH_3)_2X_2]$抗S-180肉瘤的活性

X	溶剂	剂量/(mg/kg)	T∶C/%	中毒剂量/(mg/kg)
NO_3^-	W	6	54	7
Cl^-	S	8	1	9
Br^-	S	5	13	5～6
I^-	WS	10～25	110	>25
SCN^-	S	20～35	70	≈50
NO_2^-	SS	5～100	99	≈100
$C_2O_4^{2-}$	DMSO	15	9	16～20
$CH_2(COO)_4^{2-}$	W	7	12	8

注：T∶C=给药组平均瘤重/对照平均瘤重，T∶C值越小，活性越高；W：水；S：生理盐水；WS：水悬浊液；SS：生理盐水悬浊液；DMSO：二甲亚砜

X 被吡啶取代的反应速率常有如下关系:

$$NO_3^- > H_2O > Cl^- > Br^- > I^- > SCN^- > NO_2^-$$

由于 Cl^-和 Br^-取代速率适中，配合物能顺利到达靶分子部位而发挥药效。速率过快使 X 过早被取代而表现出低活性和高毒性，速率过慢则活性不高。至于草酸根和丙二酸根两种二元酸根，可使配合物具有抗癌活性，这可能与它们在体内的代谢作用有关。

顺式$[PtA_2X_2]$的抗癌活性还随胺类分子 A 的性质而变。作为保留基团的胺类分子，N 上取代基越多，配合物的抗癌活性通常越小。这可能与由此引起的空间位阻增大及配合物与靶部位生成氢键的可能性减少有关。表 13-3 中，治疗指数(其值越高，抗癌活性越大)显示 5～6 元脂环伯胺是较好的保留基团，芳香胺、杂环胺、氨基酸则不够理想。

表 13-3　A 为脂环胺的顺$[PtA_2X_2]$抗 ADJ/PC6A 血浆细胞癌活性

A	LD_{50}/(mg/kg)	治疗指数
氨	13.0	8.1
环丙胺	56.5	24.6
环丁胺	90	31.0
环戊胺	565.6	235.7
环己胺	>3000	>267
环庚胺	>625	>35

注：LD_{50}为试验动物半数死亡的剂量

除了 Pt(Ⅱ)配合物之外，Pt(Ⅳ)配合物也有抗癌活性。Pt(Ⅳ)化合物较 Pt(Ⅱ)化合物具有更强的惰性，且不易与生物大分子产生非特异性结合。Pt(Ⅳ)化合物在细胞还原环境下会被还原成 Pt(Ⅱ)活性物质。利用 X 射线吸收近边结构(XANES)技术分析 Pt(Ⅳ)与 Pt(Ⅱ)在 A2780 卵巢癌细胞中的比例发现，在 24 小时内，所有 Pt(Ⅳ)都被还原成 Pt(Ⅱ)。然而这种体内快速过早的还原也降低了 Pt(Ⅳ)类药物前体对癌细胞的选择性。

13.2.2　顺铂抗癌作用的机理

为了认识铂配合物抗癌作用的机制、设计和合成高效低毒的抗癌配合物新药，科学家用多种现代化学和生物分析方法对铂类配合物进行了较深入的研究。大量直接和间接的证据表明，铂配合物使癌细胞 DNA 复制发生障碍是它抑制癌细胞分裂的关键。

13.2.2.1　DNA 是铂配合物作用的主要靶分子

为了确定顺铂在体内进攻的目标，早期研究了在顺铂引起线状生长的大肠杆菌中铂的分布。原子吸收光谱测定结果表明，铂与大肠杆菌细胞代谢中间产物结合，其中与核酸结合量占总铂的34%。用同样方法测定顺铂与HeLa细胞蛋白质、RNA及DNA的结合量，DNA所占比例最高。

用同位素标记技术(isotopic tracer technique)研究顺铂对Ehrlich腹水癌细胞合成蛋白质、DNA、RNA的影响。当用顺铂处理后4～6小时，癌细胞对^{14}C标记的亮氨酸(合成蛋白质的前体)、氚(^{3}H)标记的尿嘧啶(合成RNA的前体)、氚(^{3}H)标记的胸腺嘧啶(合成DNA的前体)的结合量下降。12～14小时后蛋白质和RNA的合成功能逐渐恢复，74小时后重新达到正常水平。而DNA合成一直受抑制，96小时后仍未恢复。

这些试验结果和以后的大量研究都证明，顺铂经水解、体内运输后与DNA形成稳定的配合物，从而阻止其复制和转录，诱导细胞凋亡或坏死，这是其具有抗癌活性的主要原因。

13.2.2.2 顺铂与DNA相互作用的几种可能机制

1) 链间交联机理

顺铂的分子结构与双烷化剂氮芥$RN(CH_2CH_2Cl)_2$相似，都有两个可被亲核基因取代的氯原子。氮芥的两个氯原子相距0.8 nm，能与癌细胞DNA双链两个相邻面上的鸟嘌呤N7原子产生链间交联(interstrand cross-link)，阻碍DNA复制从而抑制癌细胞分裂。顺铂的两个氯原子相距0.33 nm，实验证明它也能使DNA产生链间交联。但进一步的定量研究显示，顺铂与DNA作用产生链间交联的概率只有1/400，而在同样条件下氮芥为1/8。这说明顺铂通过链间交联阻碍DNA复制的可能性非常小。另外，反铂(顺铂的反式异构体)也能使DN产生链间交联，这种机制无法解释反铂完全没有抗癌活性的原因。

2) 螯合机理

顺铂与DNA同一条链上同一个鸟嘌呤的N7及C6羰基氧螯合，使鸟嘌呤的C6羰基氧与另一条链的胞嘧啶N3间的氢键断裂，以致DNA复制发生障碍，鸟嘌呤的N7与C6羰基氧相距0.32 nm，和顺铂的两个氯原子距离接近，有条件形成螯合物；而反铂却无法与同一个鸟嘌呤形成螯合物(图13-2)。

表13-4是X射线光电子能谱测定结果。所列几种DNA铂配合物的$Pt_{4f,7/2}$的结合能都在72～74 eV之间，表明Pt为+2价。它们的N_{1s}电子结合能都比未与铂结合的DNA小，说明铂均与DNA的碱基N原子配位。由于DNA的脱氧核糖和磷酸根的氧原子都不与Pt配位，而只有顺铂与DNA配合物Q_{1s}，结合能变化较大，因此，说明顺铂与鸟嘌呤C6羰基氧原子配位。这些试验结果支持了螯合机理的观点，但后来的模型及其他实验未能为螯合机理提供进一步的证据。

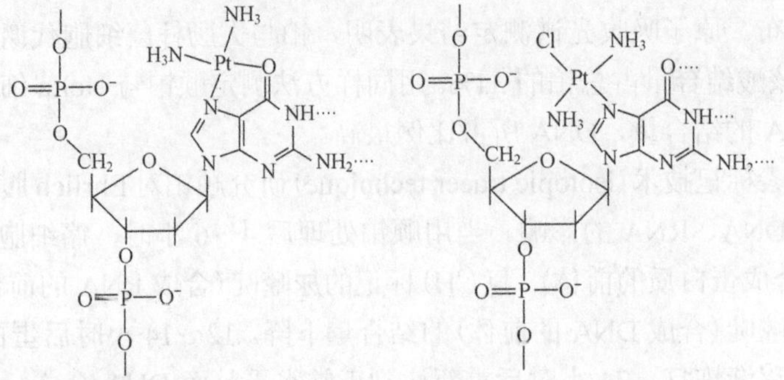

图 13-2　顺铂、反铂与 DNA 的一个鸟嘌呤形成的配合物

表 13-4　DNA 和 DNA 铂配合物的 X 射线光电子能谱(eV)

化合物	N_{1s}	O_{1s}	$P_{2p,3/2}$	$Pt_{4f,7/2}$
DNA	400.5	532.7	133.5	
DNA+0.82 顺铂	399.8	531.7		72.8
DNA+1.64[Pt(en)Cl_2]	400.1			73.2
DNA+0.82 反铂	399.9	532.3	133.6	73.3
DNA+0.82$K_2[PtCl_2]$	399.9	532.3		73.1

3) 链内交联机理

顺铂与 DNA 同一条链上相邻鸟嘌呤的 N7 原子配位而导致 DNA 功能受到阻碍，该解释称为链内交联(intrastrand cross-link)机理。

核磁共振和 X 射线衍射都清楚地证明当顺铂与 DNA 结合后，两个氯原子确实被相邻的两个鸟嘌呤上第 7 位的氮原子(N7)取代，而两个氨(NH_3)仍然和铂结合。此时的铂仍然是平面正方的配位构型。最早期的顺铂-二核苷酸结构显示，两个碱基几乎是垂直的(图 13-3)。

顺铂同更长的双螺旋 DNA 片段结合同样证明顺铂水合物迅速进攻 DNA 上的鸟嘌呤氮原子(N7)，形成 1,2-交联复合物。更重要的是顺铂(卡铂甚至是奥沙利铂)的结合导致双螺旋 DNA 向其大沟方向显著弯曲，其反方向的小沟变宽，表面易于结合部分重要的细胞内蛋白质如修饰蛋白和高移动蛋白。而铂化的 DNA 碱基间的氢键基本上仍然保留。这种结构的变化至关重要。其后的铂化的 DNA 同高移动蛋白复合物(Pt-DNA · HMG)结构证实这种弯曲的铂化 DNA 的重要性。形成复合物后，高移动蛋白(HMG)的部分螺旋结构和铂化的 DNA 大沟作用，疏水残基(苯丙氨酸)甚至镶入 DNA 的碱基进一步地扭曲了双螺旋 DNA 结构(图 13-4)。实验已表明高移动蛋白能够修复错配的 DNA，癌细胞抑制蛋白 P53 也能大大增强 HMG 同铂化 DNA 的结合，进而引起癌细胞凋亡。其实铂药物在人体内的作用机理要复杂得多。

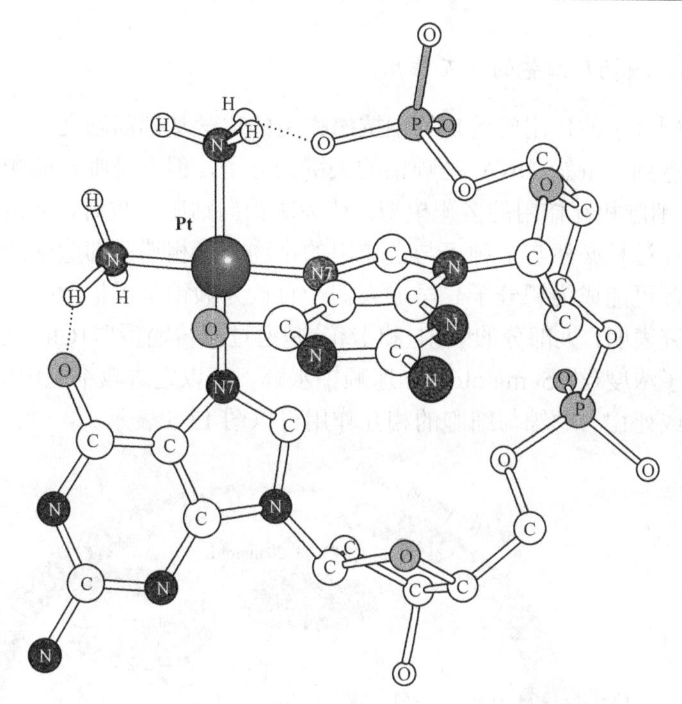

图 13-3　顺铂同 dGpG 的 X 射线衍射结构。铂与两个鸟嘌呤上第 7 位的氮原子(N7)和两个氨(NH_3)结合

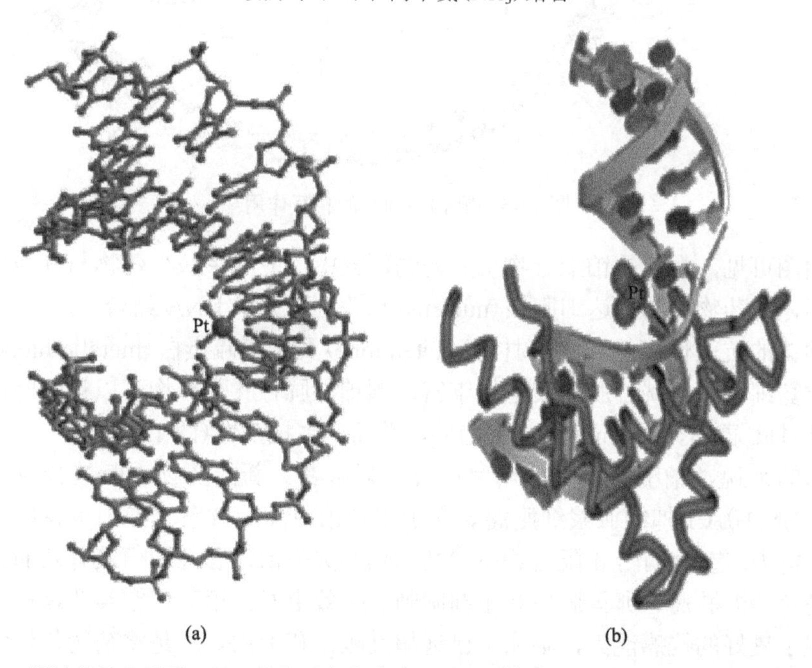

图 13-4　顺铂的结合导致 DNA 大沟反向弯曲(a，蛋白质数据库号码：1aio)以及被例如高移动蛋白(HMG)识别(b，蛋白质数据库号码：1ckt)

13.2.2.3　顺铂与细胞的相互作用

顺铂和靶分子的作用问题是顺铂抗癌作用的化学基础问题之一。近年来，人们已开始注意到，虽然 DNA 是顺铂的关键靶分子，但不是唯一的靶分子。王夔曾提出金属-细胞相互作用的多靶模型，认为顺铂向细胞进攻时，从接近细胞表面到深入染色体过程必然与多种可与之作用的生物分子相遇，细胞中的蛋白质、膜蛋白和磷脂都可能成为靶分子。早期人们一直认为顺铂是以扩散方式进入细胞，而近来的研究表明，大部分的顺铂(和卡铂)是通过铜传输蛋白(Ctr1)进入细胞内。由于低的离子浓度(约 5 mmol/L)加速顺铂水解，而以之进攻细胞中的 DNA，迫使细胞凋亡或死亡。顺铂与细胞的相互作用可以图 13-5 表示。

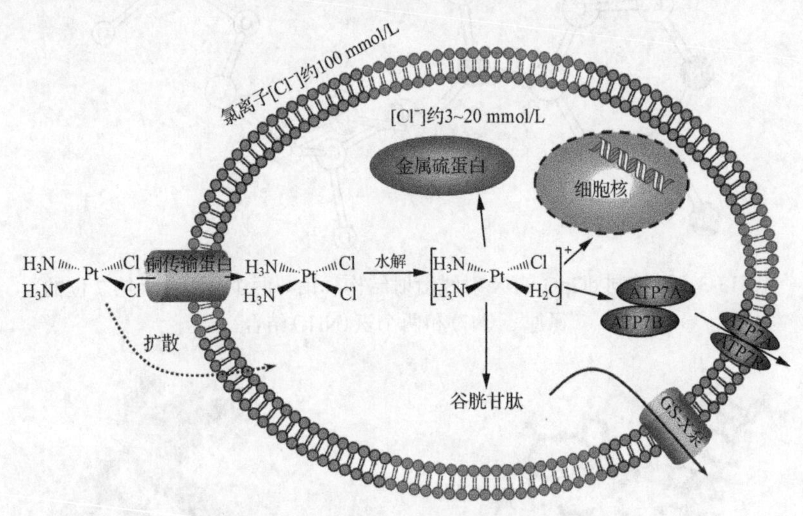

图 13-5　顺铂与细胞的相互作用

由图可见，在新的铂配合物抗癌药物研究中，应尽量减少药物与其他靶分子的作用，使药物顺利抵达细胞核(nucleus)与关键靶分子 DNA 结合。

顺铂的抗药性可能和谷胱甘肽(glutathione)及金属硫蛋白(metallothionein)有关。抗药细胞中谷胱甘肽的表达量丰富，顺铂谷胱甘肽配合物可以被细胞内的一种谷胱甘肽泵(Gs-X pump)排出细胞外，继而产生抗药性(图 13-5)。

总的来说，铂配合物抗癌药物研究方兴未艾。新的药物不断被合成，顺式 $[Pt(C_5H_9NH_2)_2Cl]$ 抑制血浆细胞癌表现了比顺铂更高的效率。卡铂也表现了良好的抗癌能力。迄今为止，铂配合物抗癌药物仍不失为治疗恶性肿瘤最有效的药物，尤其是对睾丸肿瘤、卵巢肿瘤和小细胞肺癌疗效更好。第三代铂类药物奥沙利铂也表现了良好的抗癌能力，临床上已远超过顺铂和卡铂。水是将药物传送到体内癌细胞处的介质，铂配合物抗癌药物普遍具有水溶性差的缺点，这就大大削弱了其抗癌能力。Stoddart等把碳铂置于水溶性β-环糊精，犹如一个螺栓置于螺母，随着血流输送到肿瘤部位，发挥其抗癌作用。这项有意义的发明已在29个国家取得了专利权。在20世纪90年代初顺铂的年销售额就达5亿美元左右，但它的肾毒性、神经毒性、催吐性以及易产生抗药性，使其应用受到限制。

13.3 钌药物

大多数报告认为钌和钌的配合物属于低毒性。但对钌盐的代谢和生物化学还未进行详细研究。钌的配合物容易吸收且在体内很快排泄，因此，钌盐只能短暂停留在体内并分布于肾、肌肉、肝、骨、肺等部位。

国际上已普遍认为，钌配合物将成为最有前途的抗癌药物之一，是铂类药物的最佳替代物，其优势在于对正常细胞的毒性较小，易于被肿瘤组织吸收，并且对转移瘤具有较高的选择性。欧盟自1997年已成立了钌抗癌药物的研究和发展工作组(COST-D8和D39)，进一步加强了钌抗癌药物的研究，其中某些钌金属配合物已进入了Ⅰ期临床试验。这些钌金属配合物包括以胺、亚胺、聚氨基聚羧酸盐、二甲亚砜等为配体的配合物，以及它们的二核和三核配合物。近来英国科学家发现有机钌具有非常好的抗癌活性。应该特别指出的是，目前顺铂等抗癌药对转移癌的治疗显得特别困难，而钌的二甲亚砜配合物，特别是反式[Cl_2(Meso)(Im)Ru](NAMI-A)[图13-1(g)]对这类肿瘤处理具有独特的疗效。尽管近期报道NAMI-A临床试验失败，但最新研究表明其对白血病细胞表现出较好的抑制活性。以该化合物为基础设计合成含有不同种类配体的钌化合物作为抗肿瘤试剂也受到了广泛关注，如多吡啶、芳烃和络合氨等配体。钌化合物通过转铁蛋白通路被运送到细胞内，而肿瘤细胞内的转铁蛋白受体表达量通常较高。Ru(Ⅲ)在胞内还原环境中被还原为Ru(Ⅱ)，与肿瘤细胞DNA发生作用进而诱导细胞凋亡。

中山大学生物无机化学研究组研究了钌多吡啶配合物和钌卟啉配合物作为抗癌药对艾氏腹水癌细胞肿瘤、内瘤188以及P 338淋巴细胞白血病等的体外试验，证明它们对以上肿瘤细胞具有很好的抑制作用，还总结了配合物的结构和对肿瘤细胞的抑制规律。这些药物与顺铂等相比，有良好的水溶性和较低的毒性，对耐顺铂的瘤株有很好的效果，尤其是对一些癌症如肺癌等的转移患者有很明显的抑制作用。有研究表明，当钌配合物与铁传递蛋白结合后，仍表现出抗癌活性，而顺铂则不行。这些都预示着基于钌的抗肿瘤药物在抗癌机理上可能与铂类药物是不同的，表明研究钌配合物作为抗肿瘤药物有很大的潜力可挖。此外，随着肿瘤生物学及相关学科的发展，人们逐渐认识到细胞癌变的本质是细胞信号转导通路的失调导致的细胞无限增殖，研究的焦点正在从传统的细胞毒药物转移到针对肿瘤细胞内异常信号系统靶点的特异性新一代抗肿瘤药物。端粒酶(telomerase)、

DNA 拓扑异构酶(topoisomerase)及蛋白激酶(protein kinase)等药物作用靶点的引入为钌配合物的抗肿瘤研究提供了新的途径。如近期研究发现，环金属化钌(II)配合物可作为拓扑异构酶 I/II 双重催化抑制剂，诱导耐药肿瘤细胞坏死性凋亡，有效克服肿瘤耐药。这方面研究工作的开展对新型无机金属药物的设计、筛选，以及合成高效、广谱、低毒、持续时间长的新一代金属抗癌药物无疑有着非常重要意义。

13.4 金 药 物

由于自然界中金含量极低，且其化学性质较稳定，因此，没有提出金的环境污染对人体健康的影响问题。通常认为，金是无毒的。以金治疗风湿性关节炎的患者全身组织中都分布有金，但主要分布在人体的骨髓、肝、皮肤和骨中。金药物的临床使用已有 70 年历史。1960 年起已用金末治疗风湿性关节炎，它也能用于治疗牛皮癣和支气管哮喘。近年来对于金化合物抗癌活性的研究亦得到广泛关注。金药物与细胞中的生物大分子如 DNA、蛋白/酶等产生相互作用，是其发挥生物活性的基础。金在生物体中是以 Au(0)、Au(Ⅰ)和 Au(III)形式存在。目前很大部分金的药物是含硫的配合物，最近也有报道含膦的金配合物作为药物。巯基金药物通常是作为注射剂，而含膦金药物用于口服方式。Au(III)卟啉化合物是开发金类抗肿瘤试剂的一类非常好的先导性化合物，在体外试验中对一系列肿瘤细胞系包括多药耐药和顺铂抗性肿瘤细胞表现出很好的细胞毒性。与 Au(Ⅰ)化合物类似，Au(III)化合物在细胞内可抑制含巯基酶如硫氧还原酶的活性，通过配体交换反应形成Au—S键。在生理条件下较稳定且研究较多的金化合物包括[Au(TPP)]Cl(H_2TPP=5,10,15,20-四苯基卟啉)和[Au(dppe)$_2$]Cl[dppe=1,2-双(双苯基膦基)乙烷]，两类化合物在体内和体外试验中均表现出显著的抗肿瘤活性。当前，一方面继续研究金在体内转运和代谢机制，另一方面以癌、艾滋病、疟疾为目标开发新药。专家们预言，从金药物着手去发掘新药将是未来十年最激动人心的无机药物课题。

13.5 硒 药 物

1957 年 Schwartz 发现硒有抗氧化作用，并首先提出硒是人体必需元素。在生理条件下，硒主要是结合蛋白质。例如，据报道，肌肉中 92%的硒是与蛋白质结合的。在组织中，硒的形态包括：硒代半胱氨酸、硒代甲硫氨酸、硒代三硫化物、硒-重金属配合物等。硒蛋白(selenoprotein)中的硒以硒代半胱氨酸的形式存在，也称之为硒依赖型蛋白。已发现的哺乳动物中的硒酶，如谷胱甘肽过氧化物酶系(GSH-PX)，均属硒蛋白。硒代半胱氨酸(Se-Cys)是蛋白质中天然存在的第 21 个氨基酸的观点，已为大家所接受。到目前为止，所有发现的哺乳动物硒蛋白所包含的硒都以硒代半胱氨酸的形式存在，并特定地受硒调控。在研究中，人们发现某些硒化合物有保护细胞的作用，而肿瘤、心血管病等疾病都与细胞损伤有关。

克山病、大骨节病等多种地方性疾病都与硒缺乏有关，人体内外环境缺硒是造成这些地方性疾病的原因之一。多年来，我国采用补硒的方法预防克山病取得了明显的效果。1965年以来，不同的硒药物被应用于从东北到西南地区，使克山病发病率得到了有效的控制，这些硒药物主要是亚硒碳酸钠药片。口服亚硒酸钠药片和富硒酵母，肌注硒代三乙酸，对于防治大骨节病都有明显效果。病理学研究表明，硒具有增强细胞稳定性的功能。这可能是硒防治大骨节病有一定效果的形态学基础。作为预防克山病和大骨节病的方法，在缺硒地区，还普遍采用了食用含硒盐、饮用高硒水、在农作物喷洒有机硒肥料和以有机硒肥改良土壤等措施，用以增加人们的硒摄入量。实践证明，这些措施都是有效的。

20世纪70年代，人们就已关注硒是否可预防癌症及其防癌机制。流行病学调查表明，区域性硒的生物利用度与当地居民癌症死亡率呈明显的负相关。动物实验表明，一定剂量的硒对动物(小鼠)由病毒诱发的遗传性自发乳腺肿瘤有降低发病率的作用，对多种化学致癌物诱发肿瘤的发生率也有一定控制。硒还能抑制动物移植肿瘤的生长。在我国，硒在癌症的控制方面的重要作用与克山病、大骨节病的控制相同，如在江苏启东原发性肝癌高发区应用硒制剂预防肝癌，在河南林县预防食管癌复合制剂中加入硒，都取得明显的效果。

对硒的防癌机理已提出了多种观点。有人认为，硒的抗癌作用可能是改变了致癌物的代谢途径，使之失活；清除致癌物的代谢活性物质如自由基，使之不能到达靶部位；改变细胞膜的通透性和运输功能；竞争性抑制作用。也有人认为硒可防止过氧化物和自由基辐射对细胞的损伤，刺激免疫反应，提高免疫系统的保护能力，维持细胞呼吸以及对环境致癌物的解毒作用。华中理工大学徐辉碧研究组发现多种硒缺失诱导的生物效应，如细胞凋亡等，还分离提纯了多个含硒生物大分子，并发现硒元素可能会导致线粒体膜的缺失肿胀，以及细胞色素c在孤立的线粒体中释放。在硒与艾滋病关系的研究中发现，与正常人比较，带有人类免疫缺乏病毒的患者，都表现出硒缺乏。看来，硒的防癌机理与人体的免疫系统有关。

13.6　铋药物

铋在中世纪已经为人所知，其化合物作为药物已经有200多年的历史，并被认为是一种对人体几乎无毒的重金属。铋的化合物用于治疗梅毒以及其他细菌传染疾病已有30年历史。铋的化合物如胶体枸橼酸铋和雷尼替丁枸橼酸铋广泛用于治疗肠胃紊乱和幽门螺杆菌引起的胃溃疡。近期研究发现将胶体枸橼酸铋或者雷尼替丁枸橼酸铋和抗生素组成三联复合疗法可以大幅度地提高幽门螺杆菌感染引起的胃溃疡患者的治愈率。果胶铋是一种近年来在中国研制并广泛使用的治疗胃溃疡的药剂，它具有和胶体枸橼酸铋相似的疗效。

含铋类药物以三价铋[Bi(Ⅲ)]为主，由于铋极易水解，这些化合物的组成和结构一般都不清楚。胶体枸橼酸铋的结构是研究得最为彻底的含铋类药物，它是一种超分子化合物，最基本的结构单元是一个稳定的双核枸橼酸铋，进一步形成链状、层状和网状结构，从而在溃疡表面形成保护膜，阻止胃酸和幽门螺杆菌的侵蚀，有利于溃疡黏膜的再生与修复。

铋的生物化学研究近来取得很大进展，已经发现其可以和生物体内的多种分子结合，例如发现谷胱甘肽(GSH)可以防止胶体枸橼酸铋沉淀。由于谷胱甘肽在生物体内大量存在，近期研究发现其在铋的生物传输过程中起着重要的作用。铋剂通过被动运输进入人体细胞与谷胱甘肽结合，细胞进而通过谷胱甘肽和多药耐药转运蛋白调解的自推进式正反馈循环将铋剂排出；而大多数病原菌如幽门螺杆菌不具备此类对铋剂的解毒机制。这在很大程度上解释了铋剂选择性抑制病原菌，但对人体毒性极低的原因。铋也可以通过和铁传输蛋白(transferrin)结合来达到生物传输的目的。因为在细胞外 pH=7.4 的环境下，只有约 30%的三价铁传输蛋白结合三价铁(Fe^{3+})，这就给铁传输蛋白同其他金属离子的结合创造了条件。三价铋[Bi(Ⅲ)]可以同富含半胱氨酸的金属硫蛋白(metallothionein)结合形成，每个金属硫蛋白可以稳定地结合七个三价铋离子。铋也会和富含组氨酸的蛋白质结合。例如幽门螺杆菌中的 Hpn 蛋白可以结合近四个铋离子。基因突变实验表明，除掉 *hpn* 基因的幽门螺杆菌更加容易受到铋剂的抑制，说明了 Hpn 蛋白有可能在铋剂治疗幽门螺杆菌感染过程中起着重要作用。铋离子还可以抑制尿酶的活性。研究发现，铋剂通过靶向幽门螺杆菌脲酶成熟通路中的金属伴侣蛋白 UreG，破坏蛋白功能，进而抑制脲酶活性。利用整合金属蛋白质组学方法首次实现了对铋剂在幽门螺杆菌内的靶点蛋白及靶向通路的全面鉴定分析。生化实验分析结果证实，铋剂通过多靶点的作用模式，破坏细菌内多项基本生物功能，从而发挥对幽门螺杆菌的抑制作用。而这种多靶点的作用模式也有助于延缓细菌对药物产生耐药性。

铋的这些化学和生物特点使得我们可以针对性地设计制造更加有效和专一的药剂，例如铋不仅仅具有抗菌能力，一些铋剂还具有抗癌活性。^{213}Bi 和 ^{212}Bi 可以作为一种治疗小型肿瘤的化疗药剂。铋剂可以抑制沙士冠状病毒的生长，其过程可能是由于铋离子抑制了病毒中的解旋酶(helicase)。

13.7　铑、锡、钛、镓和砷等无机抗癌药物

如上所述，铂配合物抗癌药物是目前癌症治疗中较有效的药物，但是，其副

作用的问题仍未解决，特别是对铂类药物有耐药性的肿瘤患者，有待开发非铂类金属配合物抗癌药物。铂类配合物抗癌药物的合成和临床应用，为非铂类金属配合物抗癌药物的研究和开发提供了有益的经验。近年来，非铂类金属抗癌药物除钌、金药物外，其他类型金属药物的研究也十分活跃，并已取得许多成果。

13.7.1 铑药物

铑的生理性质类似于铂，无论对人还是动物的生理过程，铑均不属必需元素。铑配合物之所以引起了人们关注，主要是它们在抗癌药研制方面的应用。铑的单核配合物[(COD)(PMI)Rh]Cl(COD为环辛二烯，PMI为2-吡啶甲基亚胺)对乳房癌转移到肺癌的患者具有很高的抗肿瘤活性。以醋酸为桥连的二聚物$[\mu\text{-}(CH_3CO_2)_4Rh_2(H_2O_2)_2]$对艾氏腹水癌细胞、内瘤188和P338淋巴细胞白血病也具有非常好的抗癌活性。可惜它的毒性太大，限制了它的推广使用。进一步研究它们的作用机理，将有助于推进低毒性的铑抗癌药物的合成。

13.7.2 锡药物

直到1973年锡才被公认为动物必需的微量元素。锡能促进蛋白质及核酸的合成，与黄素酶的活性有关，对维持某些化合物的三维空间结构也很重要。适量的锡有明显促进生长的效应。动物实验证明，缺锡可造成动物生长障碍，补锡后可加速其生长。锡过多可缩短动物寿命，促使肝脏脂肪变性及肾血管变化。一般情况下，金属锡的毒性极小，而有机锡化合物则是剧烈的神经毒物。目前对锡药物兴趣主要为抗癌药。具有抗肿瘤活性的锡化合物大致可分为四类：R_2SnX_2及$R_2SnX_2L_2$型卟啉类衍生物、甾族衍生物和其他锡化合物。最近报道，许多有机锡二肽络合物$R_2Sn(AA)_2$(R为甲基、乙基、环乙烯和苯基，AA是二肽或巯基氨基酸)对淋巴细胞白血病显示很好的活性。它们的结构表征表明，二肽配合物用Gly-Gly通过二组胺基和羧酸末端基以及酰胺氮与锡形成五配位接近平面型的配合物。由于二肽配合物会慢慢进行水解，沉淀出有机锡氧化物，这使得目前它的推广应用受到一定限制。

13.7.3 钛药物

钛不是一种人体必需元素。它主要储存在肺。氯化钛茂Cl_2Cp_2Ti(Cp为环戊二烯)与顺铂作用机理不同。钛类药物可能是通过铁传递蛋白(transferrin)进入癌细胞，进而抑制其生长。因此，用于治疗抗铂的一些肿瘤如卵巢癌具有独特的疗效。钛的毒性主要来自肾毒，它使肌酸酐和胆红素含量增高。虽然它具有积累性，但又具有可逆性，因此通过肾和肝可以把金属钛很快从血液中除去。

13.7.4 镓药物

镓[Ga(III)]在生理 pH 时容易水解。镓具有与三价铁非常相近的化学性质，如 Ga(III)与 Fe(III)有相类似的原子半径、电子排布、电离电势和配位环境等，因而镓作为铁模拟物在生物体系中可取代铁与一系列含铁蛋白/酶辅基相结合。与 Fc(III)不同的是，Ga(III)在生理环境中不能被还原，蛋白/酶与 Ga(III)结合后会丧失其氧化还原活性，致使一系列涉及氧化还原反应的基本细胞通路受到抑制。镓化合物易于渗入骨中，因此目前被用于治疗骨癌和高血钙症。它能抑制 DNA 的合成，因此对软组织肿瘤具有良好的疗效。硝酸镓已经用于治疗淋巴瘤和膀胱瘤。用适当的螯合剂如 8-羟基喹啉可以稳定镓并增加其过膜能力。镓的化合物与长春碱结合使用时对膀胱上皮转移性癌和抗顺铂的卵巢癌具有独特疗效，但有时患者可能会发生心脏心律不齐的副反应。

13.7.5 砷药物

砷的化合物洒尔佛散(salvarsan)是第一个现代砷药物。我国东汉时期的中医就已经开始使用雄黄(As_4S_4)成分的药物治疗外科的疱疡和臁肿。早在 1878 年，砷的化合物已被用于白血病的诊治。中国科学家长期使用三氧化二砷(As_2O_3，Trisenox 和 Arsenol)进行白血病治疗，目前口服和注射用的三氧化二砷均已在临床上应用，成为幼粒子白血病的有效药物。新的砷化合物如米拉索普(melarsoprol)、二甲次胂酸(dimethylarsinic acid)，GASO 和 Z10-101 也表现出很好的抗癌活性，已经处于一、二期临床试验阶段，用于治疗血液系统恶性肿瘤。砷的抗癌机理研究近年来也取得长足进展，砷离子(As^{3+})能够取代急性早幼粒细胞白血病(acute promyelocytic leukemia，APL)细胞中早幼粒细胞白血病(promyelocytic leukemia，PML)蛋白锌指域的锌离子。

13.8 重要的钒、锂、铜、锌、铬、锰、铁、钴、镍、稀土和锝等金属药物

13.8.1 钒药物

钒大多集中在骨骼和牙齿中，少量存在于脂肪和血液中。细胞外的钒主要是正五价的，在 pH 4～8 的体液中，主要以 VO_3形式存在，红细胞内的钒为正四价的 VO^{2+}。在 1899 年，法国 Lyonnet 就发现糖尿病患者服用钒可以减少尿糖，改善心脏功能。20 世纪初，钒曾用于补充营养，预防牙病，治疗糖尿病感染以及贫血、风湿病、动脉粥样硬化、结核病等多种疾病。80 年代初，发现钒与感情紊乱

有关。1985年，Heyliger首次观察到钒酸盐对STZ糖尿病大鼠具有降血糖作用。迄今为止，所发现的钒的最有吸引力的药理作用是作为胰岛素的模拟试剂，钒对糖和脂肪代谢产生类似胰岛素的效应。最近，用钒酸钠Na_3VO_4、硫酸氧钒$(VO)_2(SO_4)_3$和$VOSO_4 \cdot 3H_2O$代替胰岛素治疗Ⅰ型和Ⅱ型糖尿病的临床试验已在有限范围的自愿患者中进行，并取得了明显疗效。特别是对Ⅱ型糖尿病患者，服用钒药物两星期后，全部患者糖的代谢均达到正常值。值得指出的是，即使是对使用胰岛素已失效的糖尿病患者，服用钒酸盐尚能有效地起到抗糖尿病作用。这将为抗胰岛素的糖尿病患者的治疗开拓出新的途径。此外，钒治疗后血糖水平正常状态的患者在治疗停止后尚可维持三个月左右。长期使用钒治疗所引起的钒在体内积累(特别是骨)已引起关注，但迄今为止还没有证据证明钒在骨中积累是有害的，因此，钒药物很可能成为治疗糖尿病的有效非胰岛素类药物之一。通过研究钒配合物作为胰岛素模拟试剂的作用机理将是今后开发包括基因治疗在内的糖尿病新药的主要途径。

13.8.2　锂药物

锂是周期表中最小最轻的金属元素。为什么锂作为药物使用50年之后，仍然有如此大的吸引力?部分原因是因为它非常简单，另一方面是由于它的特殊物理化学性质。锂有多种生物活性，已被发现的有30余种，但至今尚未确定锂是人体必需元素。

美国的调查发现，饮水中高锂地区的居民性格稳定，情绪安宁，精神病患者也少。锂盐对于改善和稳定情绪及防止精神分裂症复发是有效的，对幻觉和妄想等分裂症的阳性症状也有改善作用。

锂对中枢神经系统作用的生理及药理机制有多种说法。较受重视的学说认为锂能影响细胞内外电解质的浓度及兴奋性。Glen等指出锂能激活细胞内ATP酶，引起能量变化，使钠泵运转而将钠从细胞内运出，致使细胞内钠浓度下降。锂治疗精神及感情紊乱的作用机制正是锂改变了细胞膜内外电解质的含量及电兴奋性，从而影响整个细胞的兴奋性进而调节神经组织的兴奋及抑制功能而完成的。

1924年在胰岛素尚未问世之前，Wess首先报道了锂盐治疗糖尿病可改善患者的糖耐量，降低尿糖和酮体，体重增加。锂盐曾作为糖尿病患者食盐的代用品，但由于锂对肾、消化道的毒副反应而被停止使用。直到20世纪70年代，锂与糖尿病的关系才再次引起关注，但多局限于双向性格患者合并糖耐量异常患者的治疗。20世纪80年代以来，发现锂盐可作为胰岛素模拟试剂，故有可能成为糖尿病治疗的常用辅助药物之一。锂不仅可以在脑细胞中活动，消除不良情绪，而且可以在病毒复制、胞质分裂、细胞信号、细胞调节和免疫应答中起重要作用。目前锂药物除用于治疗精神病外，还用于治疗病毒性疾病、皮肤病原体、梅毒、癌和艾滋病等。

目前作为药物的锂化合物大致有如下几种：①躁狂药，如碳锂、柠檬酸锂、硫酸锂；②镇静安眠药，如溴化锂；③抗抑郁病，如氯化锂；④消毒药，如次氯酸锂；⑤胆管造影药，如胆影酸锂(iodipamide)；⑥非甾体脂溢性皮炎治疗药，如琥珀酸锂等。锂化合物的作用机理及其功能研究将是今后无机药物的研究热点。

13.8.3　铜药物

铜在人体内以肝、脑、心及肾脏中浓度最高，其次为肺、肠和脾，在内分泌腺、肌肉和骨骼中最低。铜在人体内主要以铜-蛋白质复合物形式存在。铜蓝蛋白除具有运铜作用外，还具有铁氧化酶的作用，催化二价铁转化为三价铁，促进铁的吸收、储存和释放。铜还为人体内 30 余种含铜金属酶的必需成分，或为维持某些酶的活性所必需，具有重要的生理功能。例如：酪氨酸羟化酶、赖氨酸氧化酶、抗坏血酸氧化酶、细胞色素 c 氧化酶、单胺氧化酶、多巴胺 β-羟化酶、尿酸酶和过氧化物歧化酶等均为重要的含铜酶。铜可影响铁的代谢及造血功能，影响中枢神经系统，并对骨骼及结缔组织代谢、能量代谢、心血管系统、毛发、皮肤和内分泌产生影响。

微量铜在人体内是维持生命所必需的，而过量的铜存在是极其有毒的。铜的缺乏可引起低色素小细胞性贫血，严重影响儿童大脑发育。缺铜可导致骨质疏松、脆性增加及类似坏血病的骨力线改变，还可造成细胞缺氧、能量代谢障碍，引起心脏畸形和心肌病变。铜中毒会产生恶心呕吐、急性溶血、黄疸、中枢神经系统功能障碍、肾功能衰竭及休克等。铜药物使用中最使人信服的是用于治疗 1962 年由美国儿科医生 Menkes 发现的门凯氏病(Menkes disease)。因为患者的头发呈卷曲状，故又称卷发综合征。虽然过去也曾研究过细胞内铜转运和代谢过程，但一直未能搞清楚门凯氏病的病因。直到对人体担负铜代谢的基因克隆后，才清楚这是一种在细胞内铜转运中基因缺陷的致死性 X 连锁遗传性疾病。其特征是铜代谢障碍(表现为铜的缺乏)，使得肠道对铜的吸收受到损害。由于体内长期缺乏铜，导致重要的铜酶整体水平下降。门凯氏病的表现症状为神经功能退化，智力迟钝。过去患此病的儿童存活通常不超过三年，目前使用铜-组氨酸配合物[$Cu(His)_2$]可以控制门凯氏病的发展，存活期也大大延长。这是因为在体内形成了白蛋白-铜-组氨酸三元配合物，后者在控制和调节铜通过细胞膜时起着重要作用。

13.8.4　锌药物

人体中的锌元素在眼、头发、肝脏、骨骼、肾脏、生殖器和皮肤中的含量最高。锌参与细胞的所有代谢过程。锌与 300 多种酶的活性有关。与人体有关的含锌酶大约有 100 种。锌有助于促进生长发育，可影响维生素 A 的转移并保持其在血浆中的正常水平。锌还参与肝脏及视网膜组织细胞内视黄醇还原酶的组成，直接影响视黄醇的代谢及视黄醛作用。锌还起着维持味觉及嗅觉，维持中枢神经系统功能，提高免疫功能，促进伤口和溃疡愈合和对血红细胞产生作用。因此有“加薪不如加锌”之说。

锌缺乏会导致各种含锌酶的活性降低，引起胱氨酸、蛋氨酸、亮氨酸和赖氨酸的代谢紊乱，谷胱甘肽 DNA 和 RNA 合成减少，以及结缔组织蛋白的合成和肠黏液蛋白的合成受到干扰，结果导致生长发育停滞，引起侏儒症、性机能障碍及不育症、小儿厌食症和异食癖、脑血管疾病、偏头痛、遗尿症、类风湿关节炎、感冒、胃及十二指肠溃疡等症状。过量锌可引起不适、头晕、呕吐、腹泻等症状。最近报道，反复呼吸道感染的儿童头发中 Zn 值明显低于对照组，用葡萄糖酸锌对预防和治疗上呼吸道感染有明显的疗效。目前已知锌能协助葡萄糖在细胞膜上的转运，而且每一分子胰岛素中有 2 个锌原子，估计锌与胰岛素的合成、分泌、储存、降解、生物活性和抗原性有关。缺锌时胰岛素原转变为胰岛素的量减少。由此可见，缺锌是发生糖尿病的原因之一。大多数糖尿病患者都会出现锌缺乏，通过补锌，如硫酸锌、甘草锌、葡萄糖酸锌，可使糖尿病病情得到改善。

从 1983 年起，锌被应用于治疗威尔孙氏病(Wilson diseases，也称血铜蓝蛋白缺乏症)，这显示了锌独特的药理作用。威尔孙氏病是一种在铜的转运中染色体产生隐性错乱的慢性内源性铜中毒遗传性疾病，它使得铜积累于人体的肝和脑中。肝细胞和细胞液积累过量的铜，将导致肝细胞坏死并释放出大量铜进入血液，结果破坏了红血细胞并引致溶血性贫血，铜最后积累到脑、肾、角膜等器官。铜是经胆汁排泄的，胆汁排铜失调是威尔孙氏病铜积累的重要起因。威尔孙氏病的初期症状通常表现在肝和神经系统，患者可出现动作失调、震颤、肌张力增加、进行性精神障碍、肝肾损害(如肝坏死、肝硬化)、溶血、眼部出现 K-F 色素环、骨骼改变及大脑皮质萎缩等病症。锌药物的药理作用是，Zn-MT(MT，金属硫蛋白)进入肠细胞后，由于 apoMT 与铜的高亲和力形成 Cu-MT，致使肠细胞对铜的吸收受到抑制。Cu 以 Cu-MT 形式从粪便排泄。锌还能抑制人体从食物途径吸收铜，甚至还能阻塞从唾液和胃液内源分泌出的铜再次被体内吸收。

锌被普遍认为是一种防癌元素。锌对癌症及其他疾病所表现出的是一种综合性功能。曾有报道，过量地摄入锌与食管癌和胃癌的发生有关，动物试验也有注射锌引起癌变的结果。但是，更多的试验结果是，适量的锌对致癌过程有抑制作用。看来，锌与肿瘤的发生、发展具有密切关系，其确切机理目前尚不清楚。就锌的防癌机理来说，锌是机体必需的元素，多种酶的活性依赖于锌的存在，锌参与生物体内多种代谢过程。缺锌可能使核酸合成中的关键酶——胸腺嘧啶脱氧核苷激酶、脱氧核糖核酸酶等锌依赖酶的活性不足，导致细胞复制发生障碍。缺锌还会使淋巴细胞对有丝分裂原的增殖反应降低，影响淋巴细胞功能，从而对机体免疫系统发生影响。锌的防癌作用是它在分子、亚细胞、细胞、组织和机体水平上多种功能的综合：维持多种酶的活性；保持膜的完整性；进行 DNA 和 RNA 的正常合成；稳定核酸、核糖体、染色体、溶酶体；调节细胞增殖和细胞运动；从而使整个机体的免疫增强，提高机体的抗肿瘤能力。

13.8.5 铬药物

铬在肺组织中含量比较高，且只有三价铬才有生物活性。胰岛素是糖代谢的核心物质，而胰岛素发挥作用又必须有铬参加，因此铬在机体内参与糖和脂类的代谢，具有维持糖耐量于正常水平、促进生长发育的功能。三价铬与两个分子烟酸、三分子氨基酸结合形成葡萄糖耐量因子(glucose tolerance factor，GTF)。GTF 是胰岛素的辅助因子，它可增加葡萄糖对胰岛素的敏感作用。机体缺铬，会引起糖、脂肪代谢异常，引发糖尿病和动脉粥样硬化。近期研究结果显示，三价铬在机体内会被部分氧化为高价态的五价铬和六价铬，这也引起了人们对铬化合物安全性的担忧。铬对人体的危害通常认为是由六价铬化合物所致，铬中毒常表现为肢体发麻、中枢神经系统及肾脏损害。

1966 年，Glnsmann 等报道了铬治疗糖尿病的病例。此后的大量研究表明，铬化合物对控制Ⅱ型糖尿病患者的血糖水平具有良好的效果，在糖尿病治疗中表现出重要的应用价值。铬纠正糖、脂肪代谢异常的机制，一般认为是胰岛素的协同因子与胰岛素、胰岛素受体中巯基配位形成三价铬配合物，进而促进胰岛素和受体间的反应。也有人认为，铬是琥珀-细胞色素脱氢酶、葡萄糖磷酸变位酶等酶系统的必需微量元素，参与机体糖和脂肪代谢，促进糖硫链及醋酸根渗入脂肪，并加速脂肪氧化，“有助于动脉壁脂质的运输和清除”。还有报道认为，近视眼的发生也与缺铬有关，因为人体内铬的含量是随着年龄而变化的，出生时体内铬浓度高，但 10 岁至 30 岁时，铬含量突然降低，如在这一时期不注意铬的补充和视力保健，最容易发生近视。缺铬可促使白内障发生，在临床使用的口服补铬制剂有三氯化铬、富铬酵母等。

13.8.6 锰药物

锰存在于具有线粒体的肝、胰、肾、心、脑等器官，其中以肝脏、骨骼和垂体中的含量最高。锰以二价形式存在于各种金属蛋白或金属酶中，如精氨酸酶、脯氨酸肽酶、丙酮酸羟化酶、RNA 多聚酶、超氧化物歧化酶和伴刀豆球蛋白等。此外，还有上百种酶可由 Mn(Ⅱ)激活，其中有水解酶、脱羧酶、激酶、转移酶和肽酶等。含锰激酶对人体生化代谢具有非常重要的作用，对消除自由基、抗衰老、黏多糖的合成、钙磷代谢、生殖与生长发育等都有密切关系。人体缺锰时，表现为生长发育迟缓、体重减轻和低胆固醇血症，并由于黏多糖和硫酸软骨素合成障碍，常伴有骨骼畸形。长期大量摄取锰可引起中毒。其中吸入二氧化锰最易发生中毒。慢性锰中毒表现为无力、动作迟缓、表情呆滞、食欲减退、易激动、平衡失调、运动障碍、语言模糊、肢体发硬并有震颤和痉挛。

1962 年 Rubentein 等首次提出锰与糖代谢有关，缺锰对胰岛素合成的影响可能是通过破坏胰腺的 B 细胞而发生的。一般认为，锰影响糖代谢的机制可能是：①通过影响胰岛素的代谢而对糖产生影响；②锰与胰岛素的活性有关，有的糖尿病患者对胰岛素治疗无效时，注射氯化锰后，血糖下降，而且只需要 20 μg 锰就呈现疗效，可见锰似乎可激活或增强胰岛素的生物学作用。锰的多种配合物，如锰的大环配合物 SC-52608 和 M40403 多胺类作为超氧化物歧化酶的模拟体在大鼠身上具有抗炎症，防止缺血引起的器官损伤。

13.8.7 铁药物

人体中以血红蛋白形式存在的铁约占总铁的 60%～70%，肌红蛋白和细胞色素等酶类含铁约占 5%，其余为储存形式的铁。铁是血红蛋白和肌红蛋白的组成部分，直接参与氧的运输和储存。铁与某些酶的合成与活性密切相关。例如，铁参与细胞色素(a、b、c 等)、细胞色素 c 氧化酶、过氧化物酶、过氧化氢酶等的合成，担负电子传递和氧化还原过程，解除组织代谢产生的毒物。铁还直接参与能量释放过程，对免疫系统和其他微量元素均产生影响。铁的吸收是一种耗氧需能的主动过程。铁盐主要以二价铁的形式被吸收，三价铁很难吸收。但二价铁进入肠黏膜细胞后可氧化成三价铁，其中一部分结合成铁蛋白沉积于肠黏膜细胞中，另一部分则经细胞浆膜面进入血循环。食物铁蛋白中结合的铁在胃酸作用下而被吸收，血红素分子可直接进入肠黏膜细胞内，由小肠黏膜内部亚铁血红素撕裂酶利用 H_2O_2 的氧化作用，使卟啉环打开，释放出游离铁。缺铁和缺铁性贫血会使劳动耐受量降低，难以持久胜任标准工作负荷；缺铁还会导致免疫功能低下。铁过量或铁平衡紊乱可使过多的铁沉积在实质细胞，导致细胞损伤及器官功能不全，引起血色病，表现为皮肤色素沉着、糖尿病、肝功能异常、关节病变和心脏异常等。缺铁性贫血的治疗原则是补充足够的铁直到恢复正常铁储存量，以及去除引起缺铁的病因。目前口服铁剂种类很多，如硫酸亚铁、乳酸亚铁、富马酸亚铁、葡萄糖酸亚铁、琥珀酸亚铁、枸橼酸亚铁、延胡索酸亚铁、谷氨酸亚铁及甘油磷酸铁等。目前尚无确切证据说明哪种制剂最好，多数主张以葡萄糖酸亚铁为首选。常有的注射铁剂有右旋糖苷铁、含糖氧化铁、山梨醇铁等。

13.8.8 钴药物

通常肝、肾和骨骼中钴的含量较高。在所有微量元素中，唯有钴是以一种特殊形式——维生素 B_{12} 表现出生物活性。人的机体本身并不能将钴转化成维生素

B_{12}，而必须从肉类食物及细菌得到维生素 B_{12} 的供给。维生素 B_{12} 是微量元素钴在体内发挥生物效应的唯一已知的存在形式。体内缺乏维生素 B_{12} 可导致高血压等心血管疾病以及 DNA 合成障碍而引起恶性贫血，而恶性贫血有较为特异的神经系统症状，从而影响神经系统功能。服用大量的钴可引起钴中毒，其主要临床表现为甲状腺肿大和心脏损害，因为钴能抑制许多重要细胞的呼吸酶，因而干扰氧的代谢，并直接抑制亚铁血红蛋白的合成，引起高血钴症和变异性血红蛋白症。

有人认为钴盐可损伤胰的细胞，产生血糖代谢紊乱、糖原减少、蛋白质合成降低、脂质合成加速增多，导致甘油三酯升高、胆固醇也增加。但少数学者报道，钴有驱脂作用，可防止脂肪在肝内沉积。研究指出，一种三价钴配合物 Co(BCA)[硝基-双(2,4-戊二酸)[双(α-氯乙基)胺]钴(Ⅲ)]对小鼠的白血病有较广的治疗量范围，它具有抗肿瘤作用，有潜在的临床应用价值。也有文献指出好几种羰基炔烃钴配合物能抑制人类黑色素瘤细胞株和肺癌细胞株的生长。钴(Ⅱ)-席夫碱配合物对大鼠 Walked56 肉瘤具有抗肿瘤活性。研究还发现钴螯合物作为催化剂能产生活性氧自由基，它们的靶分子是 DNA 和 RNA。因此，钴化合物有可能成为抗肿瘤和抗炎药物。

13.8.9 镍药物

镍在人体中以肺中含量最高，其次是脑及各种组织中。肺部感染损伤时，肺组织中释放大量 Ni，导致血清中 Ni 增高，使支气管广泛痉挛，易患哮喘病。镍的生理生化功能目前知道甚少，已知镍可促进红细胞的再生。镍可能是胰岛素分子中的一个组成成分，相当于胰岛素的辅酶。给动物补充小剂量的镍，可增强胰岛素的降糖作用。镍影响某些糖代谢相关的酶，使胰岛素的分泌增加，血糖下降。口服镍盐一般毒性不大，但注入或吸入镍或镍化合物，特别是改变了镍的自然形态时(如与一氧化碳结合形成羰基镍)则对人体十分有害。

13.8.10 稀土药物

消化道、呼吸道和皮肤是稀土进入机体的自然途径。稀土主要经尿、胆汁和胃肠壁排出。轻稀土主要从胆汁和胃肠壁排出，经尿排出的量很少；重稀土则主要从尿排出。这可能是由于轻稀土主要蓄积于肝脏，经胆汁排至肠道；而重稀土则主要蓄积于骨骼，释放入血液后主要从尿排出。

稀土可影响多种酶的活性，进而影响生命代谢过程。稀土离子对酶活性激活或抑制作用的机制之一是置换出许多酶中二价的 Ca^{2+}、Mg^{2+}或 Mn^{2+}、Zn^{2+} 等离子与酶生成更加稳定的配合物，从而参与各种酶的反应。稀土离子对核酸酶活性有抑制作用，轻重稀土按不同方式影响核酸交换。一分子 DNA 约可结合 700 个稀土原子，即 1 mg 稀土可和 8.03 mg 结合产生含 11.07%稀土的水溶性配合物，与稀土连接的是邻近 DNA 链上的磷酸基团。低浓度 La^{3+}、Gd^{3+}可轻微激活人红细胞膜上 Na^{+},K^{+}-ATP 酶的活性，浓度升高则表现为抑制作用。稀土对药物的代谢的影响，主要是它可抑制肝微粒体混合功能氧化酶，其抑制药理代谢的机理有一种解释认为：钙和镁离子可通过肝微粒体增强药物代谢，而稀土是钙的拮抗剂，所以可以抑制药物的氧化代谢，稀土元素对药物代谢的抑制作用随原子序数的增加而减小。

稀土化合物的药理作用很早就引起了人们的关注。一些稀土化合物在某些临床应用上曾经取得过较好的疗效。在国际上，稀土已被公认具有潜在医药应用价值。在国外，稀土在医药中应用研究已持续了 100 多年；我国在这方面的研究虽然起步较晚，但已进行了相对数量的临床试验和机理研究，取得了令人瞩目的成果。对稀土化合物在体内的作用机理、积累、代谢动力学及其远期毒性等进行深入研究，可推动稀土化合物在临床中应用，这是应用生物无机化学的重要课题。药物的应用包括以下几个方面。

1)抗凝血作用

早在 20 世纪 30 年代就已知稀土有抗凝血作用，从 1943 年开始用于防治脑血栓病。

稀土化合物在抗凝血方面具有重要的医用价值。它们在体内外都能减慢血液的凝固，尤其是静脉注射时，抗凝血作用立即产生，并能持续一天左右。抗凝血作用的迅速性和效应长期性，是稀土抗凝剂的特点。临床上成功使用过的稀土抗凝剂是低毒和抗凝性大的 3-磺基异烟酸钕(临床上称为 Trombodym)，它曾被用作治疗血栓疾病和外科手术中。3-磺基异烟酸钕与香兰素类化合物并用有某种协同作用，可获满意效果。稀土左旋糖酸化合物是稀土抗凝剂应用的另一个例子。以左旋糖酸镨、铵混合物对 48 名患者进行临床试验，患者虽有血栓形成但无栓塞现象。

稀土抗凝血作用机理目前尚未定论，一般认为是稀土与钙离子的拮抗作用所致。稀土离子与钙离子的离子半径、路易斯酸碱性、亲氧性、配位性质等都十分相似，三价的稀土离子对含氧配体的结合能力更强，所以稀土离子能有效地取代钙。凝血作用是个复杂的过程，钙离子起着重要的作用。稀土的抗凝血作用可能表现在与钙离子在凝血过程中的竞争性抑制作用。稀土的高电荷在凝血过程对钙的取代，形成更稳定的化合物，这种稳定的化合物可能对凝血过程所必要的完整的蛋白质结构产生相当的影响，因而破坏了正常的凝血过程，达到了抗凝血作用。对一系列稀土化合物如左旋糖酸稀土、钛铁试剂稀土、氯化稀土和 2-萘磺酸稀土的抗凝血性质研究表明，所有的稀土化合物都有一定的抗凝血作用。

轻稀土化合物比重稀土化合物有较大的抗凝血作用，它们的顺序大致是：

$$\text{Ce} > \text{Pr} > \text{La} > \text{Sm} > \text{重稀土}$$

这是由于轻稀土离子比重稀土离子更接近钙离子半径，临床应用上由于稀土离子的毒性和累积问题而受到一定限制，尽管稀土离子属于低毒范围，仍需进一步研究。

2)作为烧伤药物

人们早就知道，低浓度稀土化合物具有抑菌作用。按制品2.2%的硝酸铈水合物和1%的磺胺嘧啶银的配方对烧伤有很好的疗效，它可制成水包油型基质的半固体软膏，也可制成乳膜剂型。$Ce(NO_3)_3 \cdot 6H_2O$ 的0.25%溶液对绿脓杆菌、金黄色葡萄球菌、肺炎杆菌、奇异变形杆菌、类链球菌、大肠杆菌、产碱假单胞菌及表皮葡萄球菌都有强杀灭作用，0.5%溶液对枸橼酸杆菌具有强杀灭作用。四价铈的 $Ce(SO_4)_2 \cdot 2H_2O$ 也表现出了对多种细菌的强杀灭作用。有关稀土烧伤药物霜剂的临床验证证明，总有效率达99%，并具有一系列优点：①杀菌能力较强，一般早期烧伤面敷用后不发生感染，晚期烧伤面有感染者敷用3～5次后烧伤面即转阴性；②有促进烧伤面愈合的作用，与磺胺嘧啶银、洗必泰、洁而灭等相比，愈合期缩短3～5天；③一般不加深烧伤面，易于清洗，不污染皮肤。

稀土离子对烧伤的治疗性能可能在下列几个方面起作用：稀土离子通过与细胞磷脂和肽链上羧基的强亲和力稳定在细胞膜及溶酶体膜上，抑制溶酶体释放炎症物质；利用其对 Ca^{2+} 的拮抗作用，对垂体或肾上腺素等起调节作用，抑制血液中细胞成分的增殖及液体从血管中的过度渗出，从而促进肉芽组织的生长及上皮组织的代谢；其抑菌能力与磺嘧啶银的互补和协同作用能清除细菌这一致炎因素。

1985年Peterson报道的局部使用硝酸铈可防止烧伤后的免疫抑制的结果，是稀土烧伤药物疗效的又一新发现。我国一些单位的研究也得到相同的结果。硝酸铈防止烧伤后免疫降低的作用机理正在研究中。

3)作为抗炎和杀菌药物

20世纪60年代，人们就发现钛铁试剂和磺基水杨酸稀土是潜在的抗炎、杀菌药物，随后，不断地合成了各种稀土杀菌药物。这些稀土杀菌药物都是含有机配体的稀土化合物，有机配体上都是在环上含羧基、羟基或磺酸基的芳香化合物，不含碱性基团。钕化合物的抗炎作用比其他稀土大。钛铁试剂钕、钐化合物对治疗湿疹皮肤炎、过敏性皮肤炎、牙龈炎、鼻炎和静脉炎都有令人满意的效果。国外已在临床上使用的被称为“Phlog”的软膏剂型药物作为具有杀菌、抗炎、除臭功能的漱口剂，还有预防流感和减少咽扁桃体并发症的功能。铈和钕化合物的软膏性药物对脓疱疮、虫咬皮炎、多发性疖疮和细胞感染引起的浅表性皮肤病都有一定的杀菌消炎作用。稀土抗炎杀菌药物都有副作用小、无明显不良反应、施药时间短等优点。

抗炎药物或有机化合物在与稀土生成配合物后，能显著增强抗炎效果。对某些炎症，甘草酸钕比甘草酸或甘酸单酸单铵盐有较强的抗炎作用就是一个例子。

稀土的抗炎作用可能是由于：①三价稀土离子与细胞磷脂有较强亲和力，能稳定细胞膜和溶酶体膜，抑制溶酶体分泌，从而达到抗炎目的；②稀土离子拮抗钙离子的作用，从而破坏组胺的生成和释放反应而产生抗炎作用；③稀土参加或抑制与炎症有关因素——前列腺生成过程中的某些反应，从而产生抗炎作用；④稀土可能对免疫反应的许多环节有抑制作用。

4）作为抗癌药物

稀土能否作为治疗癌症的药物是人们感兴趣的问题。我国科研工作者的一些探索性研究表明，Yb^{3+}的不同配合物能对癌细胞的不同分裂期具有抑制作用，低剂量的氯化稀土对癌细胞具有抑制作用，且对人正常细胞不呈现损伤。

稀土离子对肿瘤生长的抑制作用是由于细胞结构（如膜和线粒体表面）中的Ca^{2+}和Mg^{2+}被稀土离子取代导致肿瘤细胞不可逆损害。癌细胞中DNA的磷酰基通常是稀土离子亲和力较强的化学基团，磷酰基对稀土离子具有螯合作用，至少是稀土离子在肿瘤中富集的原因之一。

5）降血糖作用

稀土元素的一个明显的生理作用是降血糖，因而人们可以用稀土元素治疗糖尿病。Malaisse等认为稀土元素的降血糖作用是由于：①刺激B细胞分泌胰岛素而降糖；②肝糖异生关键酶，如丙酮酸羧化酶和磷化烯醇式丙酮酸羟化酶活性受到抑制，故如将降血糖药氯磺丙脲和稀土元素制成化合物效果更为显著，两者的配合不但增强了降糖功能，而且降低了它的毒性。

关于稀土药物的应用还有许多实例，如稀土化合物的抗动脉硬化作用。开发稀土新药物，并使其得到广泛的应用，仍然需要在治疗机理、积累、排泄、远期毒性等多方面开展大量研究工作。总之，稀土的生物学作用是复杂的，尚有许多问题需要探索、解决。从细胞、分子水平加强对稀土与人体相互关系的研究，从本质上搞清稀土的代谢毒理学，筛选新型、高效低毒的稀土化合物，对于促进稀土在医学领域内的安全、合理的推广使用是十分必要的。

13.8.11 锝（^{99m}Tc）放射诊断药物

放射性元素可用于疾病的诊断和/或者治疗。通常作为治疗用的有β射线放射源，如^{186}Re和^{153}Sm；而作为诊断用的则用γ射线放射源，如^{99m}Tc、^{67}Ga和^{111}In等。亚稳态的锝（^{99m}Tc）以其最佳的射线辐射（γ射线，191 eV）、适宜的半衰期（6 h）及宜于检测等优点，广泛用于放射医疗。锝的氧化态众多，可从+1到+7，因而可以和含氮、氧、硫的各种配体结合。通过选择不同的配体，锝可进入人体不同的器官和组织，因而可用于不同器官潜在病变的诊断，大约80%的癌症临床诊断都是用^{99m}Tc来完成的。例如，锝的心脏造影剂$\{^{99m}Tc[CNC(CH_3)_2OCH_3]\}^+$（Cardiolite，参见图13-1）能通过钾离子通道进入人体，常用来诊断糖尿病患者潜在的突发性心脏病。由于^{99m}Tc药物相对易于制备，国内多数大型医院均有锝放射诊断设备。

参 考 文 献

曹治权, 1993. 微量元素与中医药. 北京: 中国中医药出版社.

柴之芳, 祝汉民, 1994. 微量元素化学概论. 北京: 原子能出版社.

陈禹, 杜可杰, 巢晖, 计亮年, 2009. 钌配合物抗肿瘤研究新进展. 化学进展, 21(5): 836.

郭子建, 孙为银, 2006. 生物无机化学. 北京: 科学出版社.

洪茂椿, 陈荣, 梁文平, 2005. 21 世纪的无机化学. 北京: 科学出版社.

倪嘉缵, 2002. 稀土生物无机化学. 第二版. 北京: 科学出版社.

彭安, 王子健, Whanger P D, et al, 1995. 硒的环境生物无机化学. 北京: 中国环境科学出版社.

王夔, 1989. 生物无机化学. 北京: 清华大学出版社.

王夔, 1992. 生命科学中的微量元素. 北京: 中国计量出版社.

王夔, 2009. 金属药物专集. 化学进展, 21(5): 801.

王夔, 韩万书, 1997. 中国生物无机十年进展. 北京: 高等教育出版社.

徐辉碧, 黄开勋, 2009. 硒的化学、生物化学及其在生命科学中的应用. 第二版. 武汉: 华中理工大学出版社.

Dabrowiak J C, 2009. Metals in Medicine. Chichester: John Wiley & Sons.

Gielen M, Tiekink E R T, 2005. Metallotherapeutic Drugs and Metal-based Diagnostic Agents. Chichester: John Wiley & Sons.

Li H, Sun H, 2012. Recent Advances in Bioinorganic Chemistry of Bismuth. Curr. Opin. Chem. Biol., 16: 74.

Mjos K D, Orvig C, 2014. Metallodrugs in medicinal inorganic chemistry. Chem. Rev., 114: 4540.

Orvig C, Abrams M J, 1999. 无机药物化学专集. Chem. Rev., 99(9): 2201.

Seiler H G, Sigel H, Sigel A, 1988. Handbook on Toxicity of Inorganic Compounds. New York: Marcel Dekker INC.

Wang X, Guo Z, 2008. Towards the rational design of platinum(Ⅱ) and gold(Ⅲ) complexes as agents. Dalton Trans., 1512.

Wang Y, Wang H, Li H, Sun H, 2017. Application of Metallomics and Metalloproteomics for Understanding the Molecular Mechanisms of Action of Metal-Based Drugs. Chapter 9 in Essential and Non-essential Metals: Carcinogenesis, Prevention and Chemotherapy. Human Press.

Zeng L, Gupta P, Chen Y, et al, 2017. The development of anticancer ruthenium(Ⅱ) complexes: From single molecule compounds to nanomaterials. Chem. Soc. Rev., 46: 5771.

Zou T, Lum C T, Lok C N, et al, 2015. Chemical Biology of Anticancer Gold(Ⅲ) and Gold(Ⅰ) Complexes. Chem. Soc. Rev., 44: 8786.

第 14 章　金属基生物探针

在过去的几十年中，光活性过渡金属配合物(transition metal complexe，TMC)因其丰富的物理化学性质和氧化还原性质而备受关注。特别是第二和第三过渡系金属元素，它们具有 d^6、d^8 和 d^{10} 的电子构型，如 Ir(Ⅲ)、Ru(Ⅱ)、Os(Ⅱ)、Re(Ⅰ)、Pt(Ⅱ)、Pd(Ⅱ)、Ag(Ⅰ)和 Au(Ⅰ)，以及第一过渡系的 Cu(Ⅰ)和 Zn(Ⅱ)。与一般的荧光有机分子相比，由于重金属原子的引入，过渡金属配合物具有更复杂且独特的光化学和光物理属性。通过对金属离子和配体进行合理选择，可以获得具有高的光/电化学稳定性、高的光致发光量子产率、可调谐的电磁光谱发射色(从紫外到近红外区)，以及长寿命激发态的配合物。事实上，由于重原子所导致的强自旋-轨道耦合(spin-orbit coupling，SOC)和系间窜越(intersystem crossing，ISC)效应，很多这类配合物基于三重态发光，但是在某些情况下，其发光态量子产率可以接近 100%。

目前，研究者对具有丰富光化学/光物理性质的过渡金属配合物的兴趣越来越大，主要包括光电子、光催化、电化学发光、金属凝胶、分子器件、非线性光学材料、自旋交叉(spin-cross over，SCO)、能量转移系统、生物传感和生物成像的电子元件等研究领域。近年来，它们也被应用于光子器件中，如节能有机发光二极管(organic light-emitting diode，OLED)和发光电化学电池(light-emitting electrochemical cell，LEEC)。它们也被应用于光伏技术中作为太阳能捕光材料，如染料敏化太阳能电池(dye-sensitized solar cell，DSSC)。值得注意的是，近来开始出现越来越多的关于金属铂、铱、铼和钌配合物在生物探针/成像方面应用的报道。当然，虽然金属配合物在生物探针/成像方面已经取得了一些重要的进展，但是目前绝大部分研究都还是探索性的，它们还没有在临床或者市场上获得真正的应用，因此这类研究尚处于起步阶段。在本章中，我们将着重描述以具有 d^6 电子构型的 Ir(Ⅲ)、Ru(Ⅱ)和 Re(Ⅰ)，以及以具有 d^8 电子构型的 Pt(Ⅱ)为金属中心的配合物在生物探针及成像方面的应用。

14.1　荧光生物探针和成像

细胞中特定生物分子的变化是其生理功能发生重要变化的标志物，随着生命科学的飞速发展，对细胞中痕量的生物分子的检测变得越来越重要，如金属离子、信号小分子、核酸和蛋白质等。对细胞中相关生物分子的痕量检测，不仅可以增强人们对生命活动的认知和理解能力，尤其是在病理条件下这些物种的含量变化。同时，还可能提供控制生命体系变化和调控生命体系功能的线索。建立新型的生物探针检测技术，通过各种成像的方法实现对细胞内生物分子的高灵敏特异性检测，是目前非常热门的研究领域。近年来，研究者开发了各种新型材料用于此类研究，其中包括小分子染料、共轭聚合物和各种复合纳米材料等。关于这些材料的性能以及生物应用的研究为制备新型的荧光生物探针提供了坚实的基础。

目前，荧光探针方法被广泛应用于环境监测、食品分析、医学诊断、过程控制等领域。与先进的成像技术，如共聚焦显微成像、超高分辨成像和时间分辨成像等相结合，荧光探针方法是目前检测和探明生命体系中物种信息最为重要的方法之一。与其他的检测技术相比，荧光探针法的优点包括灵敏度高、选择性高和操作简捷，尤为重要的是，荧光探测法可以提供无损耗的时空分布信息。由于荧光探针法具有灵敏度高的特点，该技术可以对生物体内低含量的物种进行检测。此外，通过对荧光探针分子进行合理优化和化合物修饰，可以获得对某一物种特异性的响应，从而排除其他因素的干扰。在具体的操作过程中，荧光探针法方便快捷，尤为重要的是它可以在不损伤生物样品的条件下，提供被分析物种在不同时空上的分布信息，这对于理解生物体系中物种的生理功能非常重要。

14.1.1　荧光

荧光是一种光致发光的冷发光现象。当物质经特定波长的入射光(通常是紫外线或 X 射线)照射时，吸收光能后进入激发态，物质就发出各种颜色和不同强度的光。很多荧光物质一旦停止照射，其发光现象也随之消失。早在 16 世纪，西班牙的内科医生和植物学家 N. Monardes 第一次记载了荧光现象。他发现含有一种称为“Lignum Nephriticum”的木头切片的水溶液呈现出天蓝色。人们随后又发现了一些其他可以发出荧光的物质，但是，产生荧光现象的原理一直没有得到合理的解释。1852 年，斯托克斯(Stokes)在使用分光计研究奎宁和叶绿素溶液时，观察到它们发射光的波长比入射光的波长要稍长。Stokes 研究发现，产生这种现象的原因是由于物质吸收光后，能够重新发射出另外一种不同波长的光，他将这种光称为荧光(fluorescence)。他还进一步研究了荧光强度与物质浓度之间的关系，并提出了可以将荧光作为一种分析手段的假设。近年来，由于其灵敏、高效、适于实时、简便、原位检测等优势，荧光分析方法已经成为一种重要的光谱学分析方法，在工业生产、日常生活以及科学研究的许多领域都得到了迅速的发展。

14.1.2　荧光产生的基本原理

荧光产生的基本过程是物质吸收了一个波长的电磁辐射，然后以更长的波长重新发射出来。波长较短的紫外或者蓝色经过此过程会被转换成更长波长的光，比如绿色、黄色、橙色、红色。这个过程通常可以用雅布隆斯基图(Jablonski diagram)来进行解释。在图14-1中，电子能量状态由粗的水平线来表示。而其上方细的水平线则代表了不同振动/旋转能量亚层。电子通常处于最低能量状态，由 S_0 表示。当光子(如左边蓝色线所示)以适当的能量与分子相互作用时，光子可能被吸收，导致电子跃迁到激发态(图中的 S_1 或 S_2)。所谓“适当能量”，是指与基态和激发态之间的能量差相对应的能量。因此，并非所有入射光子都有可能被吸收。这个过程非常快，约为 10^{-15} s。然后，处于激发态的不同能级电子迅速(10^{-15}～10^{-11} s)通过各种非辐射形式[振动弛豫(VT)和内转换(IC)]下降到第一(S_1)激发态的最低水平。S_1 的电子可能落入基态(S_0)状态的一个亚层发射光子，其能量相当于跃迁的能量差。该过程发生在初始光子被吸收后的 ns(10^{-9}～10^{-7} s)级的时间尺度上。由于分子中的电子在吸收能量后一部分的能量会通过振动弛豫和内转换等形式消耗，所以以荧光形式发出的能量要小于被激发时吸收的能量，因此，光谱中显示为荧光发射波长要长于吸收波长，而人们将两者间的差值称为斯托克斯位移。

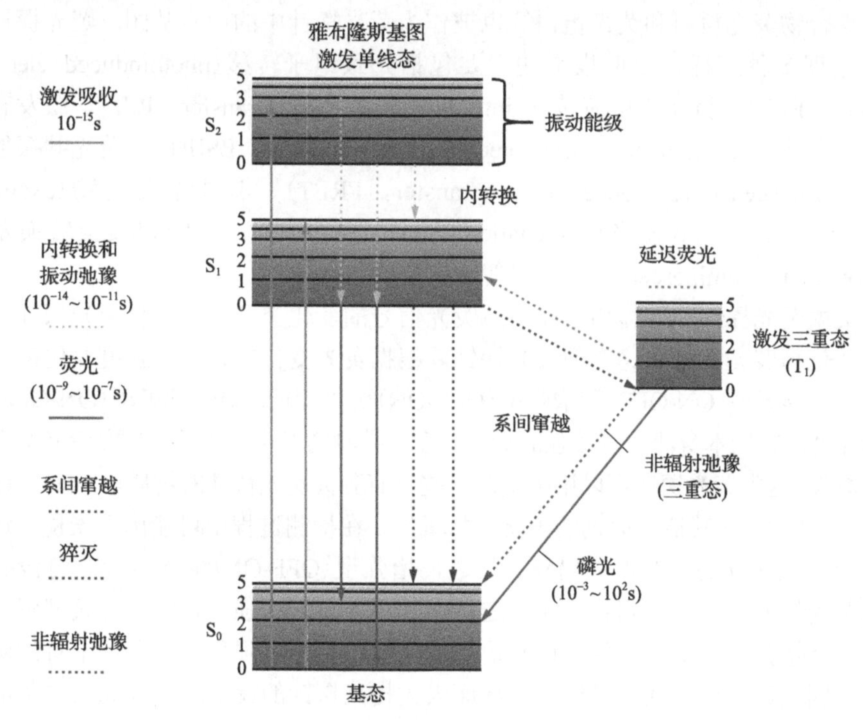

图14-1　荧光分子光的吸收和发射的雅布隆斯基图

分子轨道中所有电子都是自旋配对，当自旋的方向相反时，分子为单线态(S)；当自旋的方向相同时，分子此时处于激发三重态(T)。在某些情况下，激发单线态的电子会先通过系间窜越(ISC)回落到第一激发三重态(T_1)之后，再以辐射的形式返回至基态最低的振动能级，此时所发出的光称为磷光。由于荧光是由于电子由激发态最低的能级跃迁至基态，荧光的光谱形状不受激发波长的影响。通常情况下荧光物质也只有一个发射峰，只有当物质在吸收能量过程中，基态电子可以同时跃迁至不同电子激发态时，物质才会同时呈现出多个发射峰。

14.1.3 荧光探针的基本原理

通常情况下，荧光探针都含有两个主要的功能部分：荧光团或者荧光团的前体作为探针中的信号基团；识别基团与待测物结合后会改变探针的荧光信号。目前，绝大部分的荧光探针都以小分子染料作为荧光团，如香豆素(coumarin)、荧光素(fluorescein)、蒽(anthracene)、氟硼二吡咯(BODIPY)、萘酰亚胺(naphthalimide)、罗丹明(Rhodamine)、苯并噁二唑(NBD)、菁类染料(cyanine)等。这些小分子荧光染料及其衍生物的发射波长范围几乎涵盖了整个可见光区域(400～800 nm)。除了有机小分子，磷光金属配合物、发光量子点、上转换纳米材料、聚合物荧光材料和荧光蛋白等也被作为荧光探针中的信号基团。荧光探针的作用原理多种多样，目前报道的主要包括光致电子转移(photoinduced electron transfer，PET)、分子内电荷转移(intramolecular charge transfer，ICT)、激发态分子内质子转移(excited-state intramolecular proton transfer，ESIPT)、荧光共振能量转移(fluorescence resonance energy transfer，FRET)、激基缔/复合物(excimer/exciplex)、聚集诱导发光(aggregation induced emission，AIE)以及上转换发光(upconversion luminescence，UCL)等。

根据荧光探针与客体相互作用后荧光信号的变化类型，可以将荧光探针分为强度变化型荧光探针和比率型荧光探针。根据荧光变化的趋势，强度变化型的探针又分为猝灭型(ON-OFF)和增强型(OFF-ON)荧光探针。对于猝灭型(ON-OFF)的荧光探针，它们本身即具有较强的荧光。在与被测物发生作用后，导致荧光减弱或者是消失。这类荧光探针可以用于检测一些具有猝灭荧光特性的物质(如 Cu^{2+}、Hg^{2+}等)。但是，由于其他猝灭剂的干扰，如氧气，在检测过程中可能出现误检，这是猝灭型荧光探针的一个很大局限。反之，增强型(OFF-ON)荧光探针本身没有荧光或荧光很弱，在与被测物质作用之后，其荧光显著增强。相比于猝灭型荧光探针而言，增强型可更为有效地检测信号的变化。由于增强型荧光探针本身的荧光较弱，因此还可以降低背景信号，从而大大提高探针的灵敏度，因此大多数的荧光探针都是这种类型。由于这种强度变化型荧光探针用荧光强度的变化来实现对被测物质的检测，而荧光强度会受到探针本身的浓度、激发光源的效率、探针所处的微环境等因素影响，因此在进行定量检测方面有明显的局限性。与强度变化型荧光探针不同的是，与被测物质作用的前后，比率型荧光探针的发射波长会发生红移或者蓝移。根据两个波长下荧光强度比值变化来对被测物质进行定量检测，可以消除大部分的环境因素干扰。比率型荧光探针设计的难点在于如何使响应前后两个荧光发射峰之间的距离足够大，减少荧光发射光谱之间的重叠，同时还需有效实现波长移动。

根据荧光探针对被测物质的响应类型，可以将它们分为配位型(螯合型)荧光探针和反应型荧光探针(chemodosimeter)。与待测样品通过配位作用相结合后，配位型荧光探针的荧光性质会呈现出明显的变化。由于通常条件下，配位作用通常是可逆过程，因此这种类型的探针的突出优点在于可以实现可逆探测，对生物体内各种金属离子的检测尤为适用。而这类探针的设计难点在于实现对被测金属离子的特异性识别。反应型的荧光探针则通过与被测样品发生不可逆的化学反应，从而使得探针的荧光性质发生改变，它们的优势在于，选择具有高度特异性的化学反应可以获得具有较好的选择性的荧光探针。

14.1.4　荧光寿命成像

在基于荧光强度的荧光分析法中，杂散光会对检测方法的灵敏度产生重要的影响。一般的有机荧光染料的荧光寿命很短，荧光会随着激发光的消失而迅速衰减。时间分辨荧光分析法将长寿命的荧光与短寿命的背景荧光区分开，从而达到消除背景荧光的目的。在这种测定模式中，通常采用脉冲激发光源，经过一定的延迟时间(delay time)之后，对长寿命的荧光信号进行计数。这样测得的荧光强度只是长寿命的荧光，短寿命的背景荧光可以得到有效的去除。其测定原理如图 14-2 所示。荧光寿命成像(fluorescence lifetime imaging microscopy，FLIM)是一种重要的荧光显微镜技术，它可以用于测定荧光探针所处的微环境以及荧光探针与其他被测物种的相互作用。由于 FLIM 是基于寿命的成像技术，而不是基于荧光强度

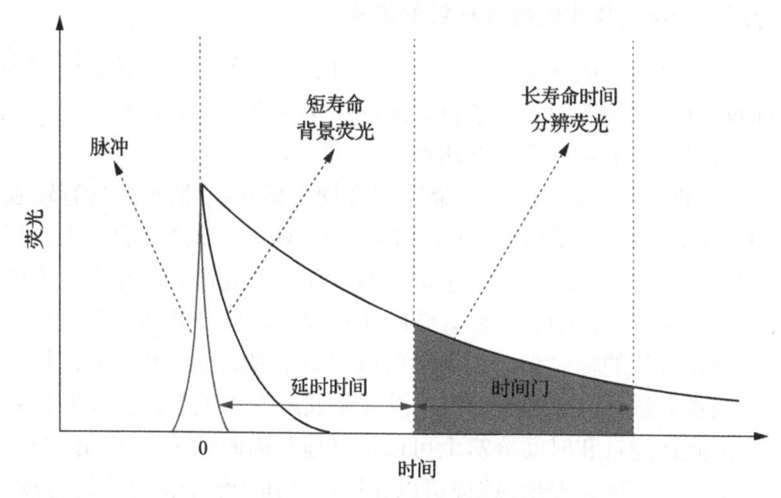

图 14-2　时间分辨荧光测定的原理

成像检测，所以 FLIM 在很大程度与局部荧光团的浓度和激发强度均无关。在很多生物学的研究中，FLIM 技术常与荧光共振能量转移(fluorescence resonance energy transfer，FRET)技术联合使用，以研究蛋白质相互作用和构象变化。此外，FLIM 已被广泛用于细胞水平的黏度、温度、pH、折射率、离子和氧浓度成像。有趣的是，由于金属配合物具有高效的三线态磷光发射，其寿命可以达到几百纳秒甚至毫秒级别，因此它们可以用于磷光寿命成像(phosphorescence lifetime imaging microscopy，PLIM)。

14.1.5 共聚焦显微镜

共聚焦荧光显微术是生物研究和诊断领域中最有力的技术之一，因为它允许极高的空间分辨率并消除反射/衍射光的干扰。共焦技术通过景深滤波，允许样品的光学切片(*Z* 扫描)的图像被单独记录，然后重新组合以建立样品的 3D 图像。使用具有特征亚细胞器定位的荧光团，可以对细胞内特定的细胞器进行 3D 成像。在响应剂存在的情况下，还可以通过调节生色团的发光性质来确定细胞的局部微环境。该技术通常局限于小样本中的成像分析，例如细胞或薄组织切片，因为它依赖于激发和检测波长对样品的穿透性。共聚焦显微技术可用于研究生色团的摄取/定位的机制，比如温度变化的影响，或 CCCP(一种代谢抑制剂)处理，区分被动和主动运输。利用具有不同发射波长的两种荧光发射团，对同一个细胞进行染色，可以通过已知染料的亚细胞器定位来确定未知染料的亚细胞器定位等。

14.2 金属基生物探针

14.2.1 金属配合物用作生物成像探针的要求

尽管几乎所有的商业细胞染料均基于有机荧光生色团，发光金属配合物在生物成像方面具有巨大的潜力。为了有效地应用于荧光显微镜，配合物必须具有某些属性，概括起来，主要包括以下几点。

(1) 光物理性质：大部分的发光金属配合物在紫外-可见光区具有较强的吸收[$\varepsilon \geqslant 10^3$ L/(mol·cm)]，主要基于 ^{1}LC、^{1}ILCT 和 ^{1}MLCT 跃迁吸收，但是仍低于有机染料。发光金属配合物的优点在于由于激发和发射光谱之间存在巨大的能量差导致大的斯托克斯位移，因此可以有效防止自猝灭，以及其他发光生物分子的干扰。金属配合物较长的辐射失活动力学可以应用于时间分辨和时间门控技术，如基于寿命的成像方法(即 PLIM)。由于发光金属配合物大的斯托克斯位移和长的发光寿命，因此在能量和时间分辨上可以很好地与内源性荧光团相区分。同时，较高的发射量子产率更为理想，这样可以允许探针在较低的浓度下进行成像分析。但是，由于发光金属配合物对氧气敏感，在充气水相介质中，其量子产率和激发寿命均大幅度降低，这些问题限制了发光金属配合物在生物成像方面的应用。

用于成像分析的发光金属配合物的激发和发射的波长必须具有良好的组织穿透性。在设计用于生物成像应用的分子时，紫外光可能损坏生物样本，并且具有低的透射率。这样不利于厚标本，如组织、器官甚至全身(体内)成像。生物组织在 600～1300 nm 的波长范围内相对透明，称为光学治疗窗。因此，具有相对高的双光子吸收(two-photon absorption，TPA)截面或近红外吸收的金属配合物是很理想的候选者。此外，红色和近红外是理想的检测区域，因为与生物分子荧光具有最低程度的重叠且红光的穿透性更强。

(2)稳定性和溶解度：用于生物探针或成像的金属配合物必须具有高的化学稳定性并溶于水性缓冲液和生长介质中，且还需有良好的光稳定性。配合物不仅需要在磷酸盐缓冲溶液(PBS)或细胞培养基等水性介质中是可溶且稳定的，它们还需要具有高的细胞通透性。有时，在非细胞毒性浓度水平(<1% *V*/*V*)下加入细胞渗透剂，如 DMSO 和低分子量的醇类物质，也可用于促进其内化。

(3)毒性：用于成像的化合物必须在实验过程中对生物体无毒，在其被细胞摄取之后，化合物应该具有高的光化学稳定性、低的细胞毒性，至少在成像实验的时间尺度上，在照射时不会产生致死水平的有毒物质，如单线态氧($^1O_2$)。光活性金属配合物最大的缺点在于，在光照条件能产生单线态氧，具有相对高的量子产率。

(4)摄取：通常要求生物染料具有高的亲脂性，使之很容易进入细胞。为了防止对正在研究的自然生理过程产生干扰，应避免使用帮助透膜的化学试剂。而且仅有水溶性是不够的，金属配合物还必须具有良好的疏水性，以跨越磷脂细胞膜被细胞摄取。因此，两亲性配合物最为理想。这种化合物的两亲性可以成功地用于制备自组装的金属配合物，用于调节其在聚集状态的光学特性和反应性。

(5)定位：配合物能优先定位于细胞中的某些亚细胞器，或者很容易发生生物偶联反应。生物成像剂在细胞内的定位非常重要。细胞具有各种亚细胞器、生物膜和结构，它们在空间、功能和时间上均具有高度的组织性。在不同的细胞器内，特定的化学反应以高度组织化的方式发生，这对细胞执行正常的功能非常重要。寻找具有特异亚细胞器定位的金属配合物有可能实时地揭示这些生物化学反应的状态，在生命科学中起着举足轻重的作用。然而，生物染料在亚细胞器的定位是难以预测的，且很难进行合理设计，但靶向特定位点依然是值得追求的目标。为此目的，将生物探针与不同的靶向基团进行偶联，以实现对特定细胞器的染色。

14.2.2　金属配合物用作生物成像探针的优点

和常见的有机发色团相比，发光金属配合物具有更丰富的光物理和光化学。对于过渡金属配合物，它们存在具有强金属 d 轨道特征的填充分子轨道以及位于配体上的低位、空的反键π*轨道，因此导致了更为丰富的光物理性质。这主要是由于不同电子态轨道之间的能量接近、它们的性质不同，以及由重原子导致的大的自旋-轨道耦合(spin-orbit coupling，SOC)效应。如图14-3所示，利用紫外区电磁辐射光激发这些金属配合物至激发态，根据它们的电子跃迁构型，可以分为金属中心(metal-centred，MC)、配体中心(ligand-centred，LC)、配体内部或配体-配体电荷转移(interligand or ligand-to-ligand charge transfer，ILCT或LLCT)、配体到金属电荷转移(ligand-to-metal charge transfer，LMCT)和金属-配体电荷转移(metal-to-ligand charge transfer，MLCT)。更确切地说，在光刺激条件下，这样的过程可以被描述为在具有一定性质的填充和虚拟轨道之间的电子密度的再分配。这些都是d^6和d^8金属配合物的典型发光特征。

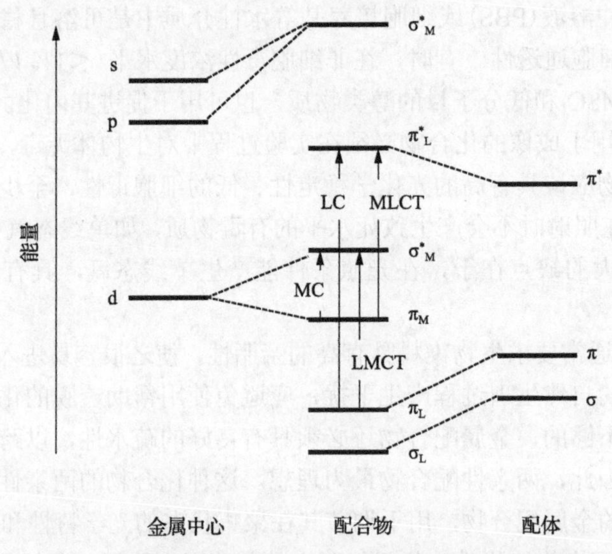

图14-3 过渡金属配合物简化的分子轨道图光谱激发态跃迁

与普通的荧光有机分子不同，重离子在过渡金属配合物中的存在使得其发光机制是单重和三重态效应的混合。由于自旋-轨道耦合效应，其大小与原子的核电荷数的四次方成正比($SOC \propto Z^4$)，从而导致快速的系间窜越(ISC)使激发态从单重态S_1窜越到最低三重态T_1。出于这个原因，金属配合物发光机制为从T_1(能量最低的三重态激发态)退激到基态单线态(S_0)，即磷光。在T_1电子状态下的基本弛豫状态的热弛豫使过渡金属配合物具有典型的大斯托克斯位移。荧光染料金属配合物大的斯托克斯位移的重要性主要体现在以下两个方面：第一可以防止自猝灭，即相邻荧光团对发射光的再吸收；第二可以区分荧光团自发荧光的发射(即从内源性荧光团如DNA的发射)。通常，生物样本的自发荧光斯托克斯位移较小(几十纳米)，具有大的斯托克斯位移的荧光团可以在不损失信号强度的前提下，对自发荧光进行滤除。

由于配合物具有相对较慢的激发态失活动力学，因此它们的发光寿命通常落在几百纳秒到几十微秒的时间尺度上。如前所述，荧光寿命也可用于区分荧光染料的信号与自发荧光，因为大多数自发荧光寿命较短(10 ns)，而某些荧光染料的寿命可以达到 100 ns 或者 ms 级别。利用此时间门控(time-gated)或基于相位的技术可以去除自发荧光。同时，利用荧光染料在不同环境下的寿命差异，可以对样本进行精确的生化分析。

14.3　d^6 金属配合物生物成像剂

发光 d^6 过渡金属配合物由于其优越的光物理性质，近年来被广泛应用于细胞荧光探针与成像。这种 d^6 过渡金属配合物的衍生物被认为是细胞中荧光显微成像的理想发光团。在过去的几年中，已经有越来越多的关于金属铱、铼和钌在生物成像方面的设计和应用的报道。具有突出发光性能的 d^6 过渡金属配合物，包括 $[Ru(bipy)_3]^{2+}$ 是较早被应用于生物成像领域的金属配合物之一。$[Ru(bipy)_3]^{2+}$ 及其衍生物在传感器的相关研究中尤其受到关注，是目前研究最为广泛的发光物种之一。

典型的可用于成像的 d^6 金属配合物，如 Ir(III)、Re(Ⅰ)和 Ru(Ⅱ)的配合物作为荧光团在荧光成像中具有广泛的应用，它们具有一些共同的特性。这些配合物通常含有多吡啶配体、相对高的配体场，或者多吡啶配体与有机金属配体的组合。适用于荧光成像的 d^6 金属配合物的共同特点主要包括：

(1) 动力学惰性。作为低自旋八面体 d^6 配合物，它们通常具有非常低的配体交换率，这在调节重金属离子的毒性方面至关重要。

(2) 优越的光物理性质。这些配合物与有机荧光团相比，具有更大的斯托克斯位移(几百纳米)、更长的发光寿命(100 ns 至 ms 级别)和较高的光稳定性(较低的光漂白)。与镧系元素配合物相比，由于其允许的激发态跃迁(基于配体的 π-π^* 或基于金属配体电荷转移跃迁)，它们易于被激发(具有高的摩尔吸光系数 ε)，且具有较高的量子产率(在室温溶液状态下高达 80%)，可以在较低浓度下成像。它们的最大激发波长通常处于可见光区域，且激发带较宽。同时，这些配合物的发光寿命受三重态猝灭剂(例如 $^3O_2$)的影响，因此利用寿命成像技术可以对 $^3O_2$ 进行探测。

(3) 配体的多样性。由于配合物的荧光发射(至少部分的)是以配体为中心的，并且对配体的电子水平很敏感，因此将反应单元掺入配体中，原则上可设计对局部环境响应的生物成像剂。同时，还可以将与生物分子结合的功能基团掺入杂环配体中，从而调控成像剂在亚细胞器水平的定位。

为了使 d^6 金属配合物适合于成像应用，它们需要符合荧光成像剂的一些基本要求。如前所述，摄取(亲脂性)、毒性和定位在金属配合物作为成像剂的应用中是至关重要的。对于 d^6 金属配合物，常常需要将它们与功能基团偶联，以提升它们作为探针及成像剂的潜力。目前，研究者对 d^6 金属配合物的衍生化和生物偶联进行了各种各样的探索。主要包括以下几类：

(1) 生物素化。生物素(维生素 H)对四聚体糖蛋白抗生物素蛋白具有极高的亲和力($K_d \approx 10^{-15}$ mol/L)，并且通常生物素化分子可保持其固有的光物理性质。这些特征是生物素-抗生物素蛋白系统被用作许多检测的基础。除了在检测和探针中的应用之外，将生物素部分附加到外源物种以增强其细胞摄取也是一种常见的策略。

(2) 与雌二醇偶联。因为能与雌激素受体结合，雌二醇对雌性生理学具有重要的作用，在许多乳腺癌中，雌激素受体的浓度是一种有用的诊断工具，因此雌二醇被应用于各种乳腺癌靶向的分子设计。同时，将雌二醇与金属配合物偶联，可以增强金属配合物的脂溶性和膜渗透性相结合，因此，这是细胞成像剂设计的一种有吸引力的策略。

(3) 与寡核苷酸、肽和蛋白质偶联。将金属配合物与小生物分子或载体偶联是一种常见的策略，可以增强细胞的摄取。由于这些物质之间的相互作用对配合物发光性质会产生影响，因此可以实现对生物分子测。“细胞穿透蛋白”(cell-penetrating peptide，CPP)，如聚精氨酸和 Tat(HIV 衍生的 CPP)可与多种物质结合，以帮助它们跨细胞膜，从而促进细胞对这些物质的摄取。为了将物种与肽偶联，经常在化合物中连接胺反应基团，例如异硫氰酸盐。含有氨基基团的寡核苷酸已经商业化生产，它们可以很方便与含胺反应功能基团的化合物偶联。许多寡核苷酸也含有硫醇基团，可以和特定的硫醇反应性基团偶联，如马来酰亚胺或碘乙酰胺。荧光团中的硫醇反应性基团还可以与蛋白质或多肽的在半胱氨酸残基上的巯基反应，应用于蛋白质标记和细胞成像研究。

14.3.1 铱配合物

14.3.1.1 典型铱配合物及其光物理性质

最常见的发光铱金属配合物具有$[(C\^N)_2Ir(L\^L)]^+$的结构通式，如图 14-4 所示。其中 C^N 代表环金属配体，L^L 代表中性的螯合配体。这类化合物非常适合于被开发为细胞成像剂，主要是因为它们具有典型的 d^6 金属配合物的光物理特性，具有可调谐的激发和发射波长。由于磷光环金属铱配合物的荧光发射来源于基于配体的三重态发射(^{3}LC)或基于金属-配体电荷转移跃迁和配体三重态发射 ^{3}IL 的混合态跃迁，因此它们具有较长的荧光寿命。由于这类双环金属化仅带有一个正电荷，因此避免了高电荷态物种具有低膜渗透性的问题，同时仍然受益于细胞对阳离子的吸收，因此这类配合物较易于被细胞摄取。

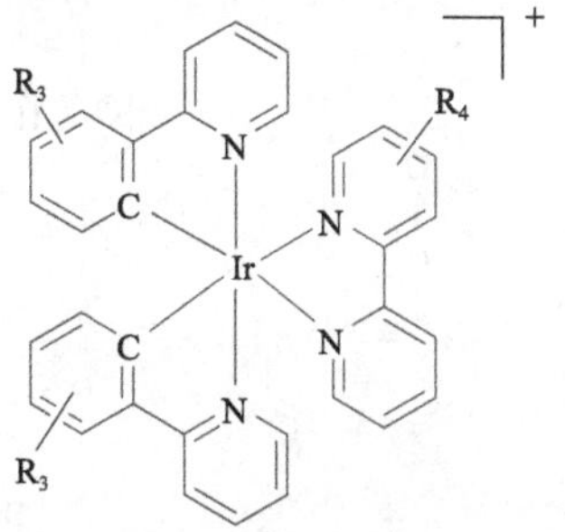

图 14-4　典型用于生物探针或成像的铱配合物的结构

14.3.1.2　铱配合物作为生物探针和生物成像剂

细胞成像剂的生物素化可以增强其细胞摄取，几种不同的策略已被用于铱配合物的生物素化。通过在配合物上连接不同长度和类型的酰胺和胺基团，可进一步与生物素偶联，比较配合物与抗生物素蛋白结合以及在抗生物素蛋白的结合前后配合物的光物理变化。生物素化的通常位点在中性 L^L 配体上，也有少量报道将环金属配体的取代基进行生物素的修饰，如图 14-5 所示。一般来说，这些生物素化的配合物的光物理性质(寿命和斯托克斯位移)与母体配合物基本相同。大量的实验数据表明，铱配合物的生物素化是一种很有前途的策略，可以将其有效递送到细胞内，或用于抗生物素蛋白荧光探针的设计。

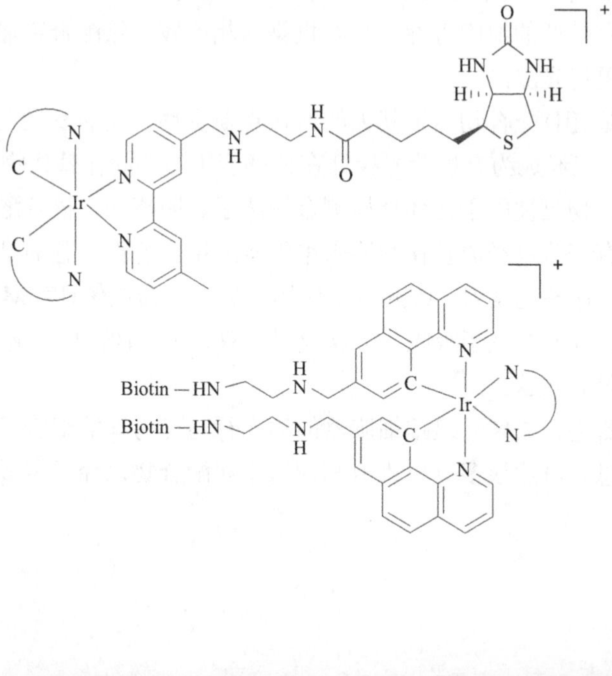

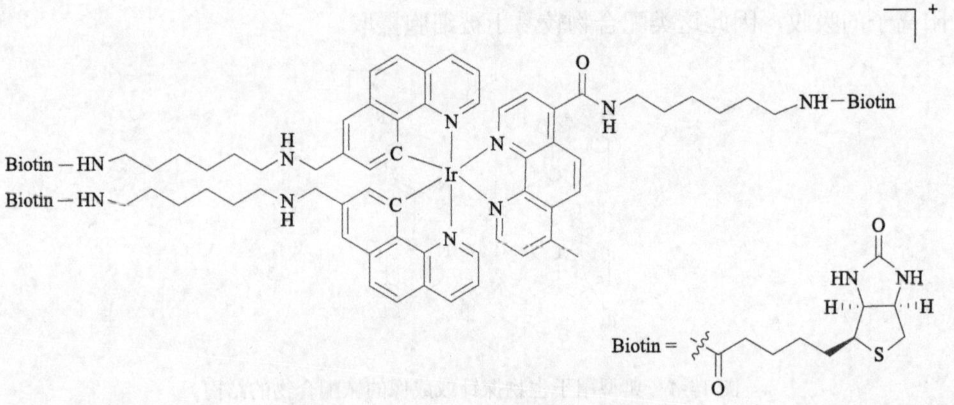

图 14-5　生物素化的铱配合物的结构

将雌二醇基团结合到生物探针中，可以提高物质的亲脂性，同时赋予该物质有趣的生物学特性，包括与受体的结合，如图 14-6 所示。将雌二醇与铱配合物偶联时，雌二醇被结合到中性螯合配体中，该偶联对配合物的光物理性质基本上没有影响。然而，当与雌二醇受体结合时，虽然配合物的发射波长不变，但其强度和寿命有所增加，推测是由于结合部位刚性和疏水环境的增强。

2008 年，李富友等报道了第一例将铱配合物应用于细胞成像，他们所使用的是一对相对简单的环金属化配合物，其中含氟取代的配合物由于其亲脂性高，因此摄取也较强(图 14-7)。它们的细胞内化被认为与配合物的亲脂性(由于环金属化配体的氟取代基)和它们本身为阳离子所带的正电荷有关。细胞增殖实验表明，这些配合物均具有较低的细胞毒性，与有机染料相比较，铱配合物显示出更高的光稳定性，从而更耐光漂白。

环金属化铱(III)配合物由于其大的斯托克斯位移、长的发光发射寿命和可调谐的发射波长，已经成为有机荧光探针在传感应用中的潜在替代物。如图 14-8 所示，铱(III)配合物已被用于在体外检测金属离子、阴离子、核苷酸、酶和蛋白质分子等，其中有一些已经成功在细胞水平得到应用。值得注意的是，很多铱(III)配合物具有长寿命磷光发射，因此可以应用于磷光寿命成像(PLIM)。同时，环金属铱配合物具有强的双光子吸收，可以应用于双光子成像，从而解决了紫外-可见光穿透深度有限的问题。

能对细胞器进行成像并追踪细胞器的动态行为可为理解细胞基本的生理过程提供有用的信息。虽然很多有机染料和镧系金属配合物已经发展成为选择性细胞

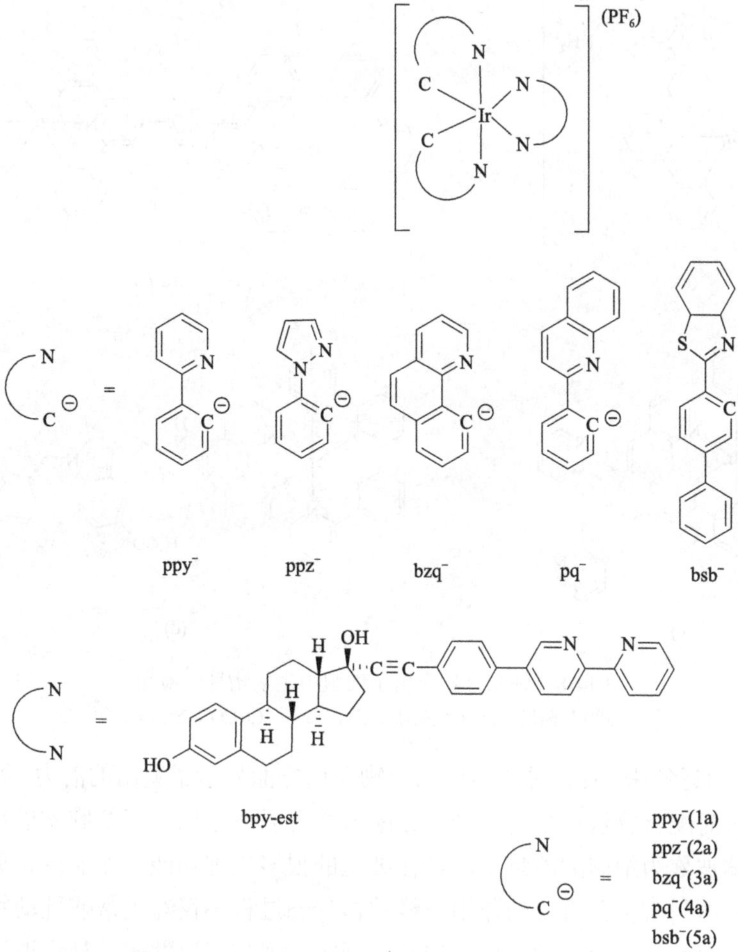

(PF_6)

N C Ir N N C N N

N C ⊖ = N C ⊖ N N C ⊖ N C ⊖ N C ⊖ S N C ⊖

ppy^-　ppz^-　bzq^-　pq^-　bsb^-

N N = H OH C≡C N N H H H HO

bpy-est

N C ⊖ =

ppy^-(1a)
ppz^-(2a)
bzq^-(3a)
pq^-(4a)
bsb^-(5a)

图 14-6　与雌二醇结合的铱配合物的结构

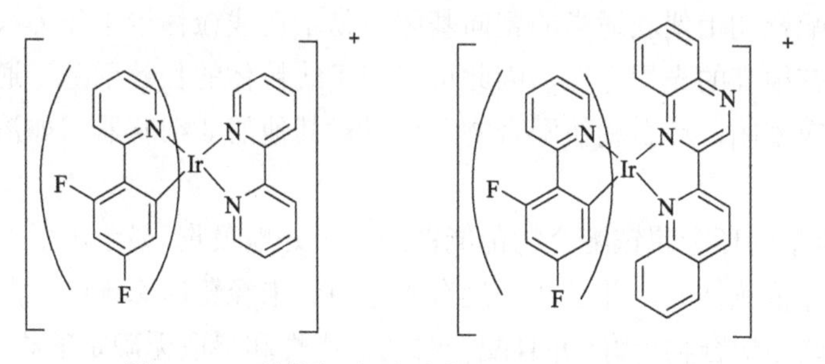

图 14-7　两例用于细胞成像的铱配合物的结构

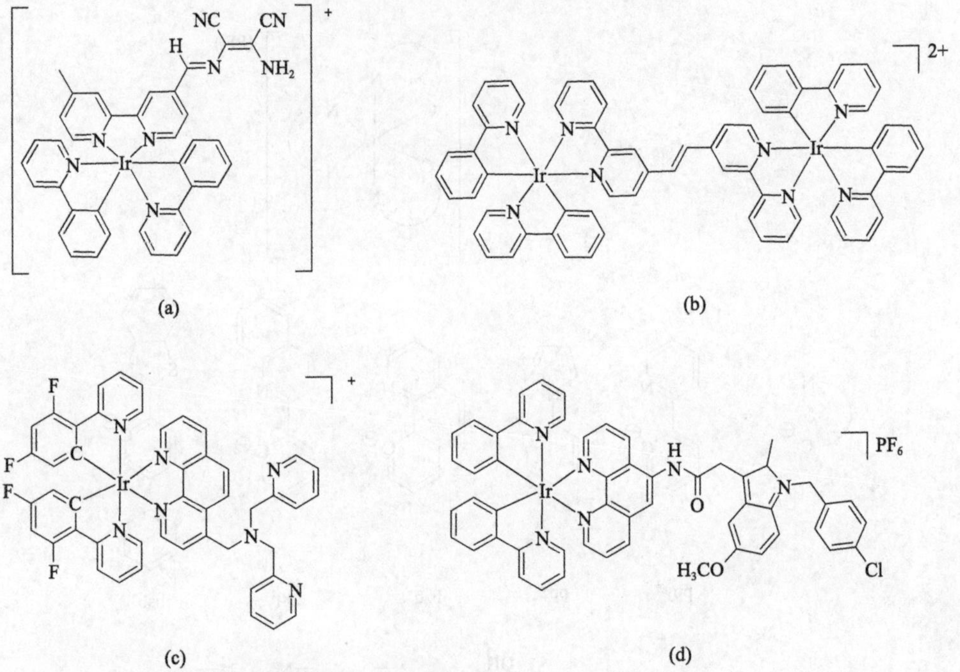

图 14-8　铱配合物应用于细胞中生物物种的检测
(a)次氯酸根；(b)亚硫酸盐；(c)锌离子；(d)COX-2 蛋白

器染色剂，但近年来，发光过渡金属配合物在这方面显示了突出的潜力。如图 14-9 所示，通过对配合物进行结构修饰，铱配合物可以对不同的亚细胞器进行染色成像。线粒体被称为细胞的能量工厂。在细胞的很多生理功能，如能量、免疫和细胞死亡等方面起着至关重要的作用。线粒体动态过程不仅对正常哺乳动物的发育至关重要，而且还涉及各种疾病，如帕金森病、阿尔茨海默病、神经退行性变、多发性硬化和癌症。近年研究表明，环金属化铱(III)配合物由于其亲脂性和正电荷，通过在配合物上偶联适当的靶向基团，易于在线粒体聚集作为线粒体探针。由于它们具有很高的光稳定性，因此可以用于线粒体的长效示踪。通过偶联不同的微环境响应基团，环金属铱配合物还可以对其他的亚细胞器，如溶酶体等进行示踪。

总之，典型的环金属铱配合物都能被细胞很好地吸收，显示出低的细胞毒性，虽然这是配体依赖性的，并且几乎没有光漂白。未经靶向修饰的铱配合物有时比生物基团偶联的配合物更好，并且配合物的亲脂性和摄取无确定的相关性。目前，铱配合物在细胞中，定位于线粒体、溶酶体、内质网、高尔基体以及细胞核中均有报道。

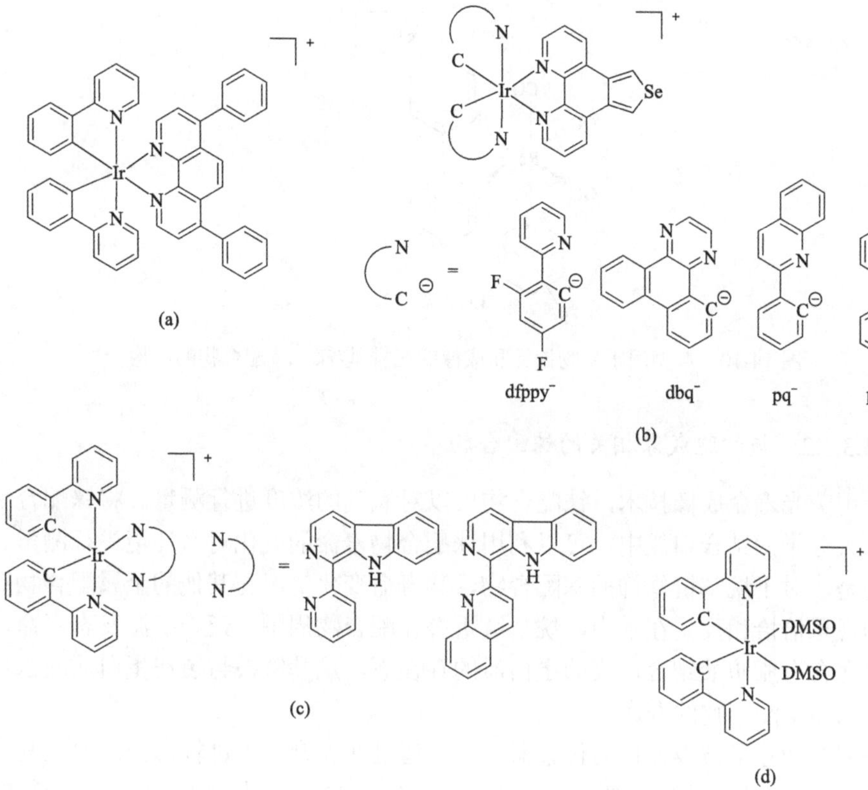

图 14-9　铱配合物应用于不同亚细胞器的成像示踪

(a)内质网；(b)线粒体；(c)溶酶体；(d)细胞核

14.3.2　铼配合物

14.3.2.1　典型铼配合物及其光物理性质

如图 14-10 所示，典型的用于生物探针的铼配合物都含有三羰基 Re(Ⅰ)结构，辅以联吡啶或邻菲啰啉配体，具有基于双亚胺配体的激发态的 ^{3}CT(电荷转移)发射。中性配合物[ReX(bipy)(CO)$_3$](bipy：联吡啶；X=Cl/Br)通常在 350 nm 和 370 nm 处具有吸收和发射的最大值，其寿命为几百 ns，量子产率在 0.1%的量级。阳离子衍生物[Re(bipy)(CO)$_3$(L)]$^+$具有更吸引人的光物理性质，在某些情况下，寿命可达微秒，其荧光量子产率最高可达 80%(尽管 1%～10%更典型)。这些阳离子在成像领域引起了人们的极大关注，特别是配体 L 为吡啶类衍生物时。除了荧光成像，铼在放射成像和治疗中也有潜在的应用。在开展这些方面的应用时，可以采用其放射性同位素(^{188}Re)和作为锝的类似物应用于单光子发射计算机断层成像(single-photon emission computed tomography，SPECT)。因此，铼配合物作为生物探针的优势，是可以将放射成像和荧光成像相结合的。

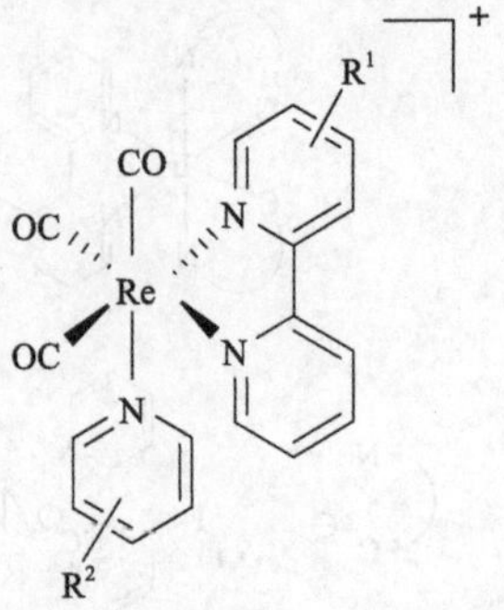

图 14-10　典型用于生物探针和成像的三羰基-铼(Ⅰ)配合物的结构

14.3.2.2　与细胞成像相关的铼配合物

应用荧光寿命成像技术，铼配合物可以对氧气的浓度进行测量。将铼配合物包合在大分子的结合口袋中，可以利用铼配合物寿命的变化对微环境进行测量。有趣的是，对于烷基链修饰的铼配合物，其寿命变化情况与其他的金属配合物观测到的现象恰恰相反。在水中，烷基链折叠在配合物周围，延长了激发态寿命，然而，在含有脂肪酸结合口袋的蛋白质的存在下，烷基链被封装在蛋白质疏水口袋中，缩短了配合物的寿命。

铼配合物除了被设计作为传感器，还可通过在配合物上进行修饰，改造其反应特性，使其易于与生物重要基团发生反应(图 14-11)。如生物素化的铼配合物即表现出与母体类似的光物理性质，并能与抗生物素蛋白结合。发光的铼双亚胺配合物也与吲哚、雌二醇和寡肽偶联。具有硫醇反应性的铼配合物也已经有多例报道，并且已被证明可与生物硫醇，如与人血清白蛋白(HSA)反应。

2004 年，第一例关于铼配合物在细胞荧光成像中的应用报道使用的不是双亚胺系统，而是双喹啉的配合物(图 14-12)。配合物与甲酰肽受体(FPR)的靶向多肽偶联，当配合物与人白细胞一起孵育，荧光显微镜显示配合物定位于白细胞的外周。配体也可与 ^{99m}Tc 形成稳定的配合物，从而在荧光和放射成像中具有双重应用。随后的研究主要集中于含有双亚胺配体如联吡啶或邻菲啰啉的铼配合物的生物成像应用。其轴向为氯、吡啶、3-羟甲基吡啶和 3-羟甲基吡啶的脂肪族酯等配位。研究结果表明，配体的选择对于毒性的控制至关重要。初步的研究已经证明，铼双亚胺配合物是有用的生物成像剂，后续的研究重点集中在开发具有生物靶向性的铼配合物上。因为可用于标记蛋白质或寡核苷酸，成像剂和探针最有用的特性之一是巯基反应性，此外，阳离子巯基活性物质可以聚集在细胞的线粒体中，这是由于线粒体中的质子梯度和高浓度的还原硫醇物质，因此可实现探针在线粒体的固化。同时，铼配合物也被用于与生物素偶联，以期提高它们的细胞摄取水平。

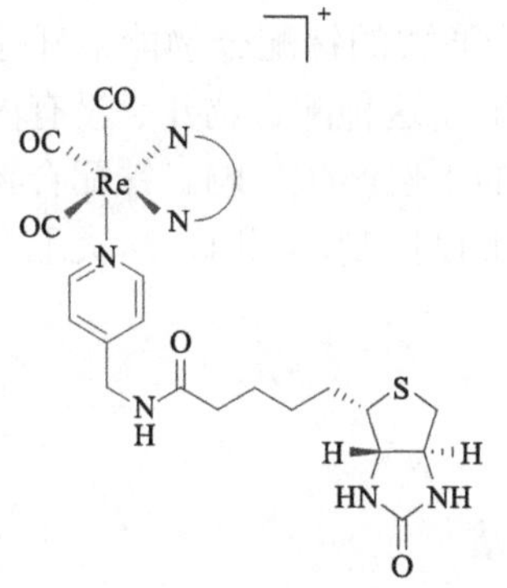

(a) 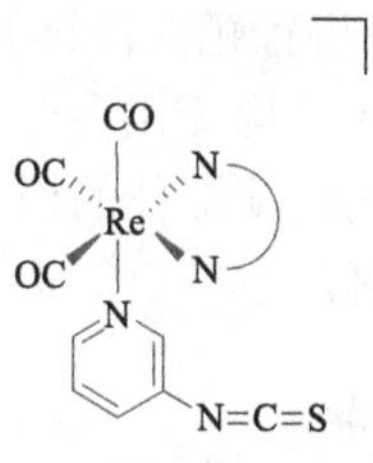　(b)

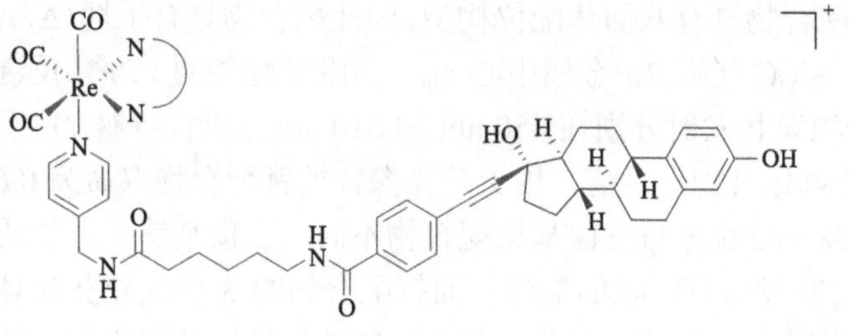

(c) 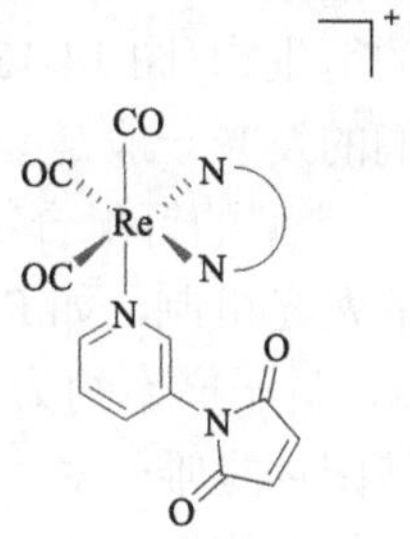　(d)

图 14-11　典型的发光铼配合物生物探针

(a) 偶联生物素的三羰基铼(Ⅰ)配合物；(b) 偶联雌二醇的三羰基铼(Ⅰ)配合物；
(c) 和 (d) 能与生物硫醇反应的三羰基铼(Ⅰ)配合物

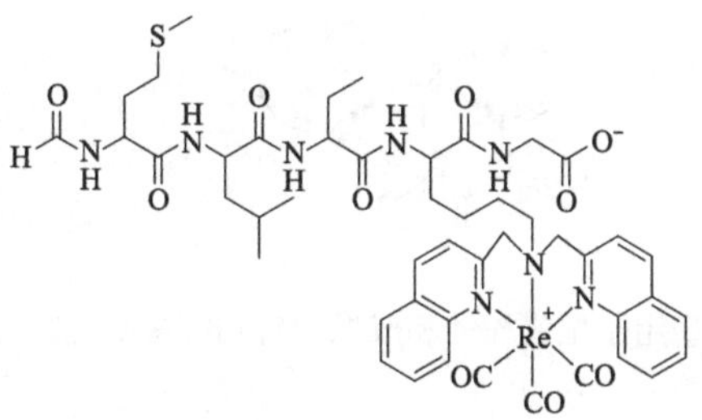

(a)

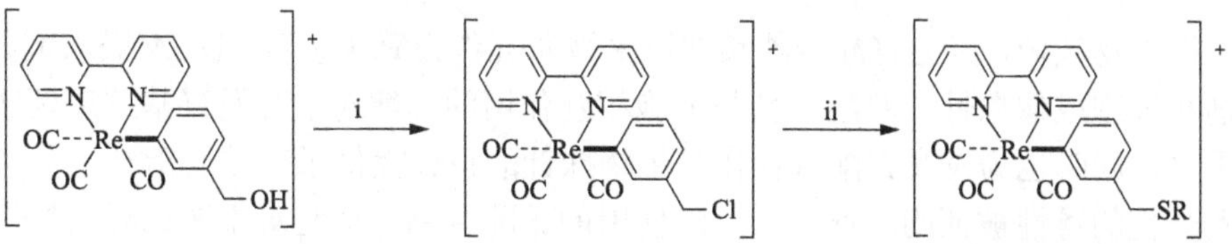

R= a) 半胱氨酸甲酯；
R= b) 谷胱甘肽

(b)

图 14-12　典型的发光铼配合物生物成像剂

(a) 第一例应用于细胞成像的铼配合物；(b) 能与细胞内硫醇物质反应的三羰基铼(Ⅰ)配合物

总之，具有$[Re(CO)_3(bipy)(Py)]^+$结构通式的铼配合物能很好地被多种细胞摄取，即使在不进行靶向修饰的条件下。同时，这种配合物几乎没有内在的毒性，但是复杂的配体结构变化会对这类配合物的毒性产生影响。铼配合物在细胞中的定位，可以利用吡啶配体的极性和反应性加以控制，同时，这类配合物的光漂白现象一般不显著。

14.3.3 钌配合物

14.3.3.1 典型钌配合物及其光物理性质

最常见的发光钌配合物包含三个二亚胺配体，如联吡啶、邻菲啰啉和邻菲啰啉的衍生物(图 14-13)，配合物具有八面体配位构型，因此配合物具有手性(Δ, Λ)。它们的发光一般是基于 ^{3}MLCT(从 Ru 金属中心 t_{2g}→多吡啶配体的 $t^52\pi^{*1}$ 反键轨道)。典型的钌配合物的激发和发射分别在 450 nm 和 610 nm 附近，当然，也有其他的发光机制，如 Ru 卟啉化合物。目前，用于荧光探针的钌配合物寿命为 0.6～6 μs，量子产率约为 0.1%～0.6%。与三羰基铼配合物不同，三羰基铼配合物的二亚胺配体是唯一对 ^{3}MLCT 发射有贡献的配体，而钌配合物的 3 个二亚胺配体的轨道组合均对 ^{3}MLCT 发射产生贡献。因此，螯合配体的修饰以及它们的官能化可以调谐钌配合物的发光性质。

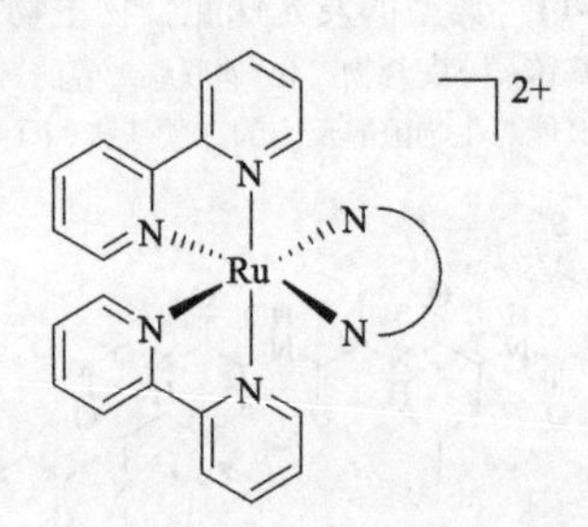

图 14-13 典型用于生物探针和成像的钌(Ⅱ)多吡啶配合物的结构

14.3.3.2 钌配合物作为生物探针和生物成像剂

在生物领域，发光钌配合物长期以来被研究作为氧传感器、DNA 嵌入剂、抗癌剂和细胞成像探针。对配合物与细胞相互作用的理解对于开发钌基抗癌药物至关重要，同时也为发光钌配合物作为生物探针的设计提供了有益的指导。一些 d^6 钌配合物的毒性被证明远低于被广泛使用的铂配合物，但是对于顺铂耐药株有明显的效果，如钌-芳基配合物。而一些典型的发光钌多吡啶配合物显示出抗细胞增殖活性，它们具有$[Ru(bipy)_2(N\text{-}N)]^{2+}$的结构通式(图 14-14)。和铂类抗癌化合物不同，这种类型的钌配合物中并没有不稳定配位的配体，不能与生物分子形成共价键，因而其作用机制可能与铂类化合物完全不同。鉴于发光钌配合物的特点，它们有可能发展成为兼具抗癌和成像功能的多功能抗癌剂。

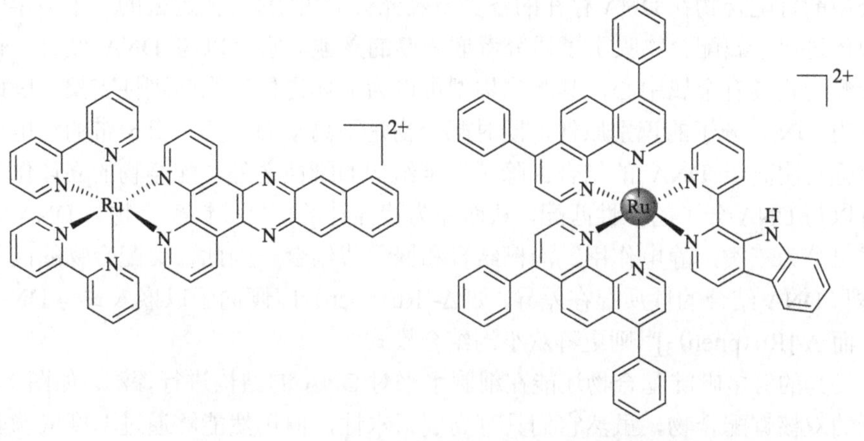

图 14-14　典型兼具抗癌和成像功能的多功能抗癌剂

测定生命系统中的氧浓度可用于阐明许多生理和病理过程。在氧存在的条件下，钌多吡啶配合物的发光寿命可以通过 Stern-Volmer 方程来进行量化，因此它们作为氧气传感具有很大的吸引力。因此，钌配合物被嵌入在薄膜、光纤探针或器件中，运用荧光寿命成像(FLIM)技术对 O_2 的浓度进行测量(图 14-15)。早在 1997 年，$[Ru(bipy)_3]^{2+}$即被用于单个细胞(J74 巨噬细胞)中氧的定量成像。结果表明，该化合物的发光性质在氧存在下属于动态猝灭过程，而其寿命对 pH 和离子浓度等因素均不敏感。在巨噬细胞中，$[Ru(bipy)_3]^{2+}$呈异质分布，在同一细胞的不同区域具有不均匀的荧光强度，但是在整个细胞中可以观察到均匀的寿命，这表明氧浓度是恒定的(与强度无关是寿命成像的优势)。在邻菲啰啉配体上进行芘基取代的化合物，则被应用作为细胞内氧水平的指示器，其对氧气的敏感性比在$[Ru(phen)_3]^{2+}$中能保持更长的时间，这可能归因于它的空间位阻或与疏水性细胞组分的相互作用，可以抑制配合物的降解。对$[Ru(bipy)_3]^{2+}$和$[Ru(phen)_3]^{2+}$进一步的细胞实验表明，在低浓度下，它们不会引起光损伤，但是在高浓度照射条件下，这两种配合物均能引起广泛的损伤(归因于 $^1O_2$ 的产生)。

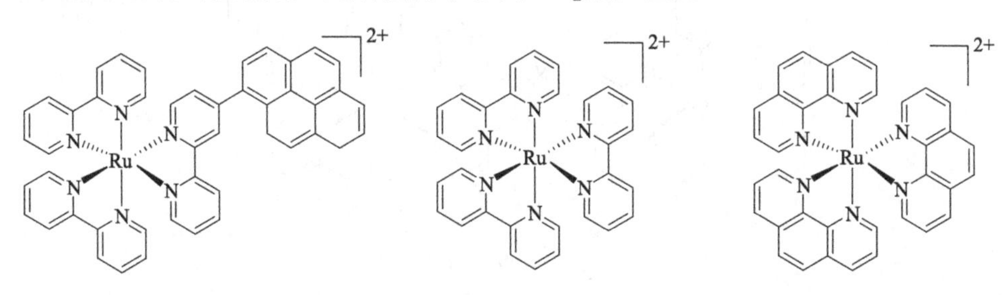

图 14-15　用于氧气传感的钌配合物

Ru 多吡啶配合物最广泛的生物学应用可能是作为 DNA 结合试剂。通常，这种类型的钌配合物在 DNA 存在的条件下荧光会显著增强。在过去的三十多年中，八面体过渡金属配合物吸引了研究者们浓厚的兴趣，它可以与 DNA 结合。钌多吡啶配合物具有金属中心，其配位构型可以为配体提供三维的刚性支架，因此可以作为 DNA 分子的识别原件，同时配合物是阳离子的，其本身携带的正电荷可以增强与阴离子 DNA 的结合。除了三维结构的刚性之外，配合物的立体化学结构可以与 DNA 分子的手性匹配，从而作为特异性的探针。钌配合物与 DNA 结合模式可分为三类：静电作用、沟槽结合和嵌入式结合。因此，钌配合物的同分异构体与 DNA 结合的性质存在差异，如 Δ-$[Ru(phen)_3]^{2+}$倾向于以嵌入式与 DNA 结合，而 Λ-$[Ru(phen)_3]^{2+}$则更喜欢小沟结合模式。

发光的钌多吡啶配合物还能在细胞水平对 DNA 的结构进行探测。如图 14-16 所示的双核钌配合物，虽然它们具有高度亲水性，但仍然能够通过温度依赖非内

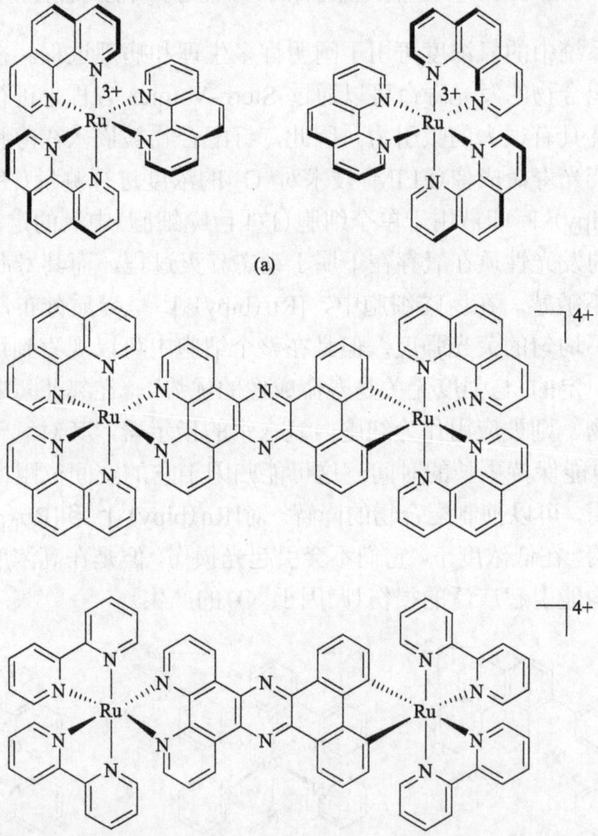

(a)

(b)

图 14-16　能与 DNA 结合的双核钌配合物

(a) Δ-$[Ru(phen)_3]^{2+}$和 Λ-$[Ru(phen)_3]^{2+}$；(b) 用于细胞成像的双核钌配合物

吞的方式被活细胞摄取。有趣的是，这类配合物在不同的 DNA 二级结构(双链 DNA 和 G-四链体 DNA)结合时，呈现不同的发射峰。同时，利用双光子磷光寿命成像检测配合物在细胞内的寿命分布，发现其在细胞核和细胞质的平均寿命有很大区别，说明可以通过寿命成像的方法区分配合物所处的微环境。

响应型的荧光探针在结合靶分子前后荧光性质有明显变化，在实际应用中特别有利。简单的$[Ru(bipy)_3]^{2+}$在与 DNA 结合前后并没有显著的荧光增强。如图 14-17 所示，当主配体的方向性逐渐增强时，配合物在水溶液中无光，与 DNA 结合后显示出光开关效应(发光增强约 10^4 倍)。配体堆叠面积的增加解释了这种不同的行为，通过对配体进行改造还可以开发独特的光谱探针用于 *B*-DNA 和 *Z*-DNA 的识别。流式细胞术和共聚焦显微镜也被用于研究细胞对这些配合物的摄取。通过提高辅助配体的亲脂性，共聚焦显微镜可以很清楚显示配合物在细胞中的定位，主要定位于细胞质，也可能定位于线粒体和内质网中。

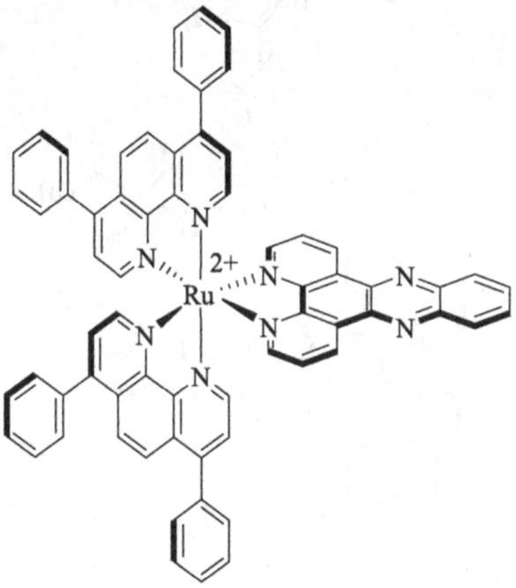

图 14-17　具有分子光开关效应的钌配合物应用于细胞成像

钌配合物 DNA 的嵌入剂与聚精氨酸、荧光素和聚精氨酸-荧光素复合物偶联，可以大大增强配合物的摄取(图 14-18)。结果表明，聚精氨酸修饰钌配合物主要通过内吞的机制被内化，而未经精氨酸修饰的母体配合物摄取的程度明显更低，并且通过被动扩散实现。Barton 等比较了含有和不含荧光素的 Ru-精氨酸偶联物的细胞摄取和定位。在不添加荧光团的情况下，钌配合物由于其固有的发光在细胞中即可以观察到其定位。Ru-精氨酸-荧光素的偶联物能对胞浆、细胞核和核仁进行染色。在较低浓度下，没有添加荧光团的 Ru-荧光素偶联物仅能对胞浆进行染色，只有在较高浓度下，没有偶联荧光素的 Ru-精氨酸才能表现出细胞质、细胞核和核仁染色。荧光素的引入降低了 Ru-精氨酸复合物可以对细胞质标记以及进入细胞核所需的阈值浓度。因此，荧光团的引入不仅影响了钌配合物的发光性质，更是对配合物在细胞内的分子转运机制和亚细胞器定位产生了影响。

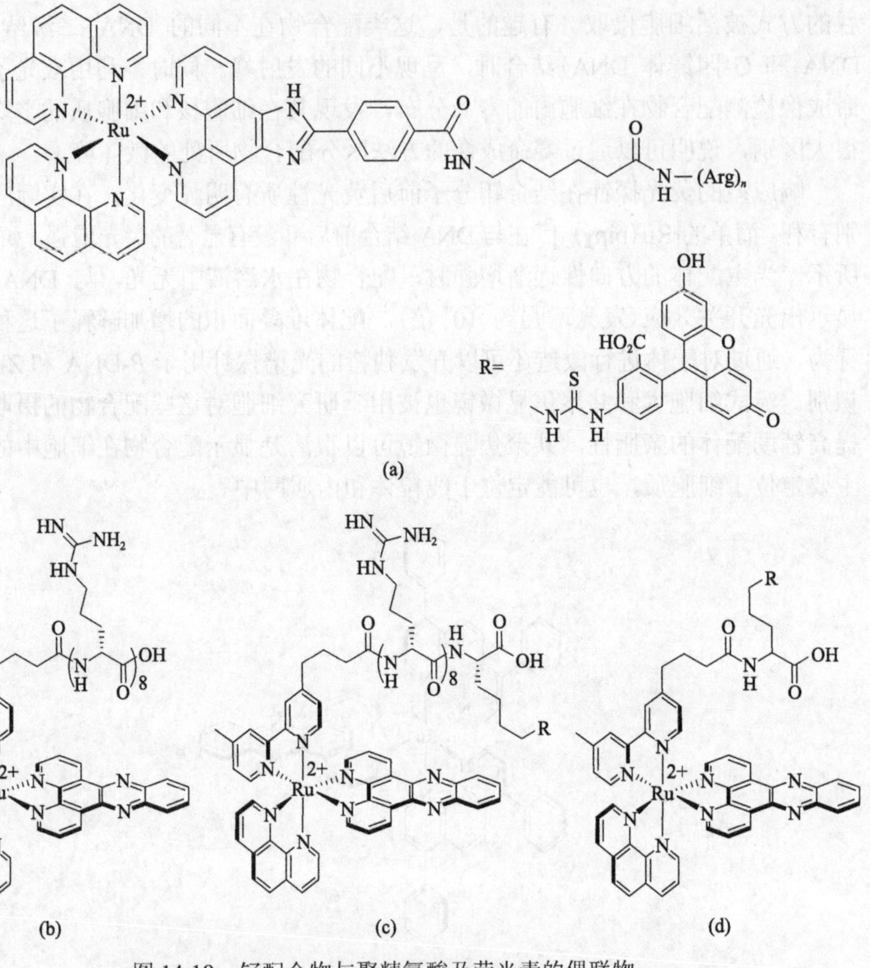

图 14-18 钌配合物与聚精氨酸及荧光素的偶联物

(a)和(b)与聚精氨酸偶联；(c)与聚精氨酸和荧光素偶联；(d)与荧光素偶联

总之，用于细胞成像的钌配合物，细胞的毒性远远低于顺铂，它们可以应用于活细胞成像。由于该类配合物高的亲脂性，它们很容易被活细胞摄取，目前所报道的钌配合物主要存在于细胞质的线粒体、内质网和高尔基体中，细胞核的摄取率较低。利用荧光寿命成像技术，钌配合物可以作为氧气的探针，对氧气的浓度进行定量地测量。

14.3.4 小结

d^6 金属配合物在荧光细胞成像中的应用无疑是处于起步阶段，迄今为止，实际应用较少。然而，由于其突出的光物理性质，它们显示出巨大的潜力。某些领域，如钌配合物利用 FLIM 技术对氧气浓度进行测量，和铼配合物显示出定向定位的巨大潜力，但是d^6配合物的真正优势在一些特殊的应用中，如充分利用配合物寿命的调制，应用于FRET-FLIM(荧光共振能量转移-荧光寿命成像)和扩散增强FRET成像。然而，为了获得这些应用的全部潜力，首先需要实现对细胞摄取和细胞内定位的调节。然而，这无疑是在未来会取得巨大进展的领域。

14.4 d^8金属配合物生物成像剂

发光d^8金属铂配合物具有优越的化学和光物理性质，如高稳定性、可见光发射、高量子产率和长激发态寿命。然而，铂配合物的吸收在紫外区，使之无法在可见/红外区吸收，而且水和生物流体中的氧气会引起发光三重态的猝灭，因而降低了它们在成像方面可能的应用。因此，针对这些缺点一个可能的解决方案是利用铂配合物平面四方形构型易于自组装形成超分子结构。这种新的超分子结构可以被认为是一种具有增强和可调谐的光学性质新的化学物质。此外，超分子结构的组装及其可逆过程可以作为一种工具，对生物过程进行动态的监测。利用配合物聚集过程中颜色的变化和光开关性质可以反映配合物的反应性以及微环境的变化。

14.4.1 典型铂配合物及其光物理性质

在体外、细胞水平或体内实验中，发光金属配合物作为生物成像剂最近获得了广泛的关注。尽管和其他金属如Ir(III)、Ru(Ⅱ)、Re(Ⅰ)和镧系元素配合物相比，具有d^8电子构型的Pt(Ⅱ)配合物作为生物成像探针的研究较少。事实上，由于它们的平面四边形的几何构型，Pt(Ⅱ)配合物倾向于堆积，形成自组装结构。与单个分子相比，该组装体具有增强的光化学、光物理特性，例如更高的发射量子产率、更长的激发态寿命和降低的反应性。因此，由于在细胞环境中形成纳米结构，这种组装的性质对于制备新型的杂化材料作为生物成像剂非常有吸引力。特别是，这种由配合物结构构型导致的金属-金属相互作用，非常有利于生物成像，在诊断和治疗方面具有很大的潜力。事实上，Pt(Ⅱ)配合物在临床上已被广泛研究用于癌症治疗，但极少数的例子展示了它们在诊疗剂方面的应用。

此外，d^8过渡金属铂(Ⅱ)配合物的正方形平面几何结构，由于基态分子芳香环的π电子云间的非共价弱金属-金属和/或配体-配体相互作用，使之具备堆叠的倾向。在图14-19中描绘了单体和两个轴向具有相互作用的铂配合物的分子轨道。具有强场环金属配体和良好的π受体配体的典型发光铂配合物具有最高占据分子轨道(HOMO)和最低未占分子轨道(LUMO)，分别具有dπ和π*性质。基于配位场(ligand field，LF)理论，具有平面正方形的金属中心，简并的d轨道弛豫导致填充的d_{z^2}轨道垂直于分子平面，它不仅与配体配位场相互作用，其能量还低于

HOMO。因此，d_{z^2}占据轨道容易与周围物种相互作用，如溶剂分子(如 DMSO)或相邻铂配合物。在第二种情况下，通过自由轴向位置形成这种基态金属相互作用，使填充的d_{z^2}轨道失稳，导致 HOMO 能级从 dπ 到 σ*(如 $d_{z^2}\cdots d_{z^2}$)的切换。由于 Pt⋯Pt 相互作用，形成了新的激发态，如金属-金属到配体的电荷转移，即 MMLCT(metal-metal-to-ligand charge transfer，dσ*→π*)、配体到金属-金属电荷转移(ligand-to-metal-metal charge transfer，LMMCT)。有趣的是，这些电荷转移、特征吸收和发光波长相对于单体具有显著的红移。重要的是，这样的跃迁能量依赖于金属-金属距离(通常要求小于 3.5 Å)。

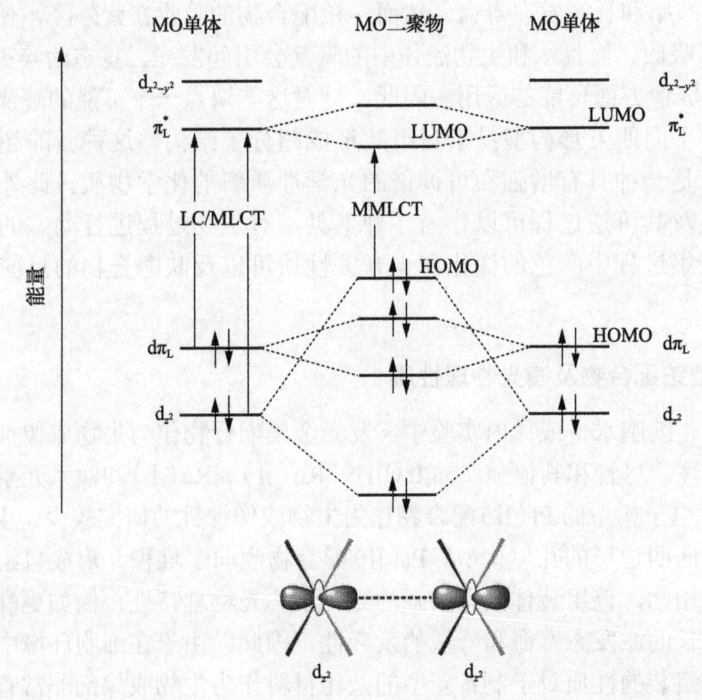

图 14-19 当两个平面正方形的 Pt(Ⅱ)配合物相互作用时简化的分子轨道能级图

该图展示了d_{z^2}轨道在基态的重叠及其对分子轨道能级的影响

用超分子方法制备基于过渡金属配合物的自组装纳米结构极富有吸引力，这是由于有可能通过自下而上的方法制造具有新兴性质的功能材料，并且可以赋予金属配合物丰富的物理化学性质。具有平面正方形结构，且具有填充的d_{z^2}轨道的铂配合物倾向于形成堆叠结构。迄今为止，已经报道在有机或水相介质中，发光 Pt(Ⅱ)配合物能够形成各种各样同质或异质的超分子金属结构和超结构，如纳米线、纳米片、纳米轮、纳米管、液晶和金属凝胶。这些纳米结构具有优越的光学、传感和半导体性能。此外，已经被证明，在这发光的平面正方形铂配合物中存在金属-金属相互作用，且生物分子可以对它们的光物理性质进行调制。具有聚集诱导发射(aggregation-induced emission，AIE)性质的光学活性化合物，基于金属-金属相互作用发光，可以在实现红移的同时，保持高的光致发光量子产率(photoluminescence quantum yield，PLQY)，同时还可以免受氧气或环境的猝灭，从而维持配合物长寿命的激发态。

14.4.2 发光金属铂配合物应用于生物探针和成像

环金属化铂(Ⅱ)配合物在生物学中的潜在应用和实际应用，包括生物标记、细胞毒性、光毒性以及它们结合核酸和蛋白质的能力，迄今为止仍然是过渡金属配合物研究中快速增长的领域。用于生物应用研究的金属配合物几乎都是单体，很少以聚集形式存在。聚集状态可以保护金属配合物与环境的相互作用，并使物种防止被化学降解。然而，聚集可能会对光物理性质产生不良影响，例如荧光猝灭，通过三重态-三重湮灭(triplet-triplet annihilation，TTA)的途径，光谱展宽，在某些情况下，还可能形成沉淀。到目前为止，已经有一些策略被用于防止配合物的荧光被 O_2 和水分子猝灭，例如笼状络合物，在聚合物基质中包封，将配体进行聚乙二醇(PEG)修饰，通过长烷基链或生物偶联增加配合物的亲脂性。特别地，对于铂(Ⅱ)配合物，无论是在有机溶剂还是在固态中，由于平面构型和金属-金属键形成驱动的自组装过程都可以改善它们作为生物探针的性质。

14.4.2.1 非自组装系统

对于通过非自组装机制作为生物探针的铂(Ⅱ)配合物，其配体的选择对于配合物在细胞中摄取的命运有巨大的影响。这些以单体形式发挥功能的铂(Ⅱ)配合物可以分为三类：第一类是双齿配体；第二类是三齿配体；第三类是配合物聚合物体系。

1)双齿配体

N^C 配体：在含有双齿配体的铂发光配合物中，环金属铂配合物由于其较高的稳定性和发光性能最为引人注目。尽管用这些配体制备了数百种铂配合物，但是由于其有限的溶解度，被用作生物成像标签使用的配合物仍然较少。作为这一类化合物的例子，Lai 等报道了 Pt(Ⅱ)配合物用于细胞标记，同时该化合物也显示出光诱导的细胞毒性(图 14-20)。由于存在 ^{1}MLCT Pt(5d)→π*(thpy)跃迁，该配合物在可见光区都显示出良好的吸收，在室温下发橙色荧光。该配合物能较好地被 HeLa 细胞摄取，且主要定位在细胞核和线粒体。有趣的是，在可见光照射下，该化合物可以导致有毒的单线态氧的产生。

N^N 配体：除了 N^C 配体之外，由铂离子与 N^N 配体形成的配合物也是一类潜在的荧光标记物。如图 14-20 中的$[\{Pt(en)L\}_2]_4 \cdot PF_6$，其中 LH_2=*N*,*N'*-双(水杨酸)-对苯胺；en=1,2-二氨基乙烷。该配合物能被 HeLa 摄取，且表现出比顺铂更强的细胞毒性。配合物在体外能与 DNA 相互作用，且能在细胞核中聚集，DNA 是其可能的作用靶点。

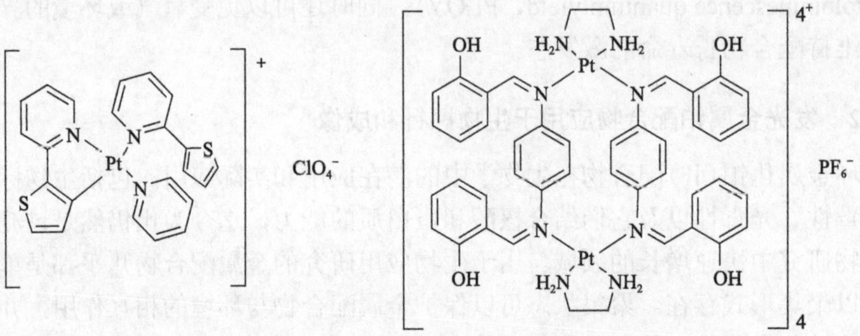

图 14-20 典型含有双齿配体的发光铂配合物荧光生物成像剂

2) 三齿配体

化学稳定性是生物成像的要求之一，采用三齿配体比二齿配体具有更高的化学稳定性，同时，在共轭配位配体中使用 C 和 N 的配位原子组合也可以保持配合物的发光特性，特别是不对称配体的引入是这类配合物的另外一个优点。

N^C^N 配体：如图 14-21 所示的配合物[PtLCl](HL=1,3-二(2-吡啶基)苯)，在中心环上可以引入不同的取代基以获得衍生物。它们发绿色荧光，在有机溶剂中量子产率高达 70%，发光寿命达到了微秒级别。在 5 min 孵育后，该类配合物能很好地被细胞摄取，且表现出较低的细胞毒性。同时，它们还能被近红外双光子激发，并应用于时间门成像，从而有效避免了背景荧光的干扰。

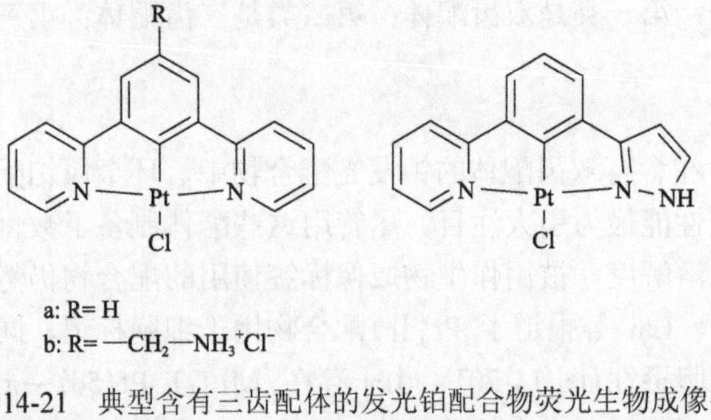

图 14-21 典型含有三齿配体的发光铂配合物荧光生物成像剂

C^N^N 配体：随着含有三齿 C^N^N 配体中的 C 原子位置的变化，所得到的配合物所具有的光谱性质和 N^C^N 配体的配合物不同。总的趋势是发光量子产率的降低和激发态寿命的变短。然而，这种光谱特性的改变并不妨碍使用这种配合物作为细胞成像探针。如图 14-21 右中所示的配合物，该有机金属铂(Ⅱ)配合物含有一种新的三齿环配体 2-苯基-6-(1*H*-吡唑-3-基)吡啶，其包含 C_{phenyl}^$N_{pyridyl}$^

$N_{pyrazolyl}$ 发色基团。它可以使用双光子激发，从而克服它在可见光区的吸收非常有限的缺点。该配合物具有强烈的绿色荧光发射光谱，在 500～520 nm 处。在很短时间孵育(5 min)后，该配合物即可进入细胞且定位细胞质，并显示出很低的毒性。

14.4.2.2　组装系统

在某些情况下，铂(Ⅱ)配合物可通过形成金属-金属相互作用和 π-π 堆积聚集成双核、三核或甚至多核的组装体。就发光过渡金属配合物而言，长时间以来，聚集一直被认为是一个缺点，主要是由于聚集会导致发光量子产率的减少，这种现象通常被称为聚集引起的猝灭(aggregation caused quenching，ACQ)。此外，聚集还会导致溶解度和颜色纯度的严重降低。另一方面，最近越来越多的研究致力于设计和制备具有相反效应的发光体，即被称为聚集诱导发射(AIE)和聚集诱导发射增强(aggregation induced emission enhancement，AIEE)的现象。

基于此机制发光的化合物，目前已经报道的包括一些共轭有机物和基于 Ir(Ⅲ)、Pt(Ⅱ)和 Re(Ⅰ)的过渡金属配合物。此外，过渡金属配合物形成聚集体，特别是基于铂的配合物，其优点是多方面的，并且可能导致：①将生色团从环境中屏蔽，特别是从氧气屏蔽，以避免淬火，并可抑制形成有毒物质；②由于分子在刚性结构中的堆积，导致非辐射过程的减少；③由于对金属中心的屏蔽作用，可以大大降低配合物的反应性和毒性；④导致激发波长和发射波长的红移。所有这些特征都是使用八面体的金属配合物[如 Re(Ⅰ)、Ru(Ⅱ)和 Ir(Ⅲ)衍生物]难以实现的，在生物成像的应用方面具有巨大的优势。

利用聚集体的组装和解聚的过程可以对细胞内微环境的变化进行动态的监测。如图 14-22 所示的水溶性炔基铂(Ⅱ)-三联吡啶配合物，它的聚集和解聚过程受 pH 的调控，可以导致配合物在近红外区发射强度剧烈的变化，这一推测通过动态光散射也得到了证明。

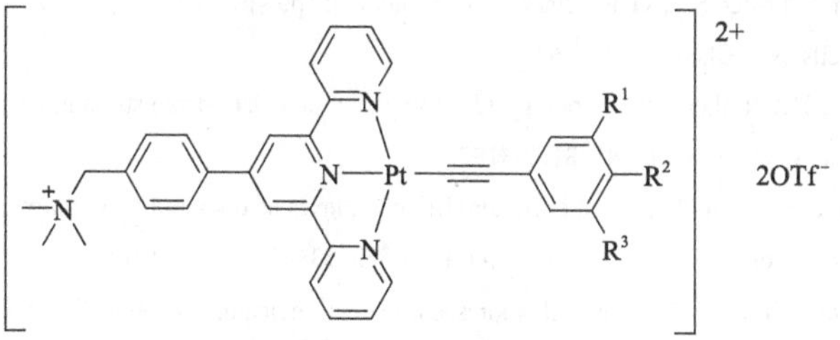

2+
N
R^1
N—Pt
R^2
$2OTf^-$
N
R^3

a: R^1= OH, R^2= H
b: R^1= OMe, R^2= H

图 14-22　通过组装发光铂配合物荧光生物成像剂

总之，将发光金属 Pt(Ⅱ)配合物应用于生物成像是一个相对年轻的研究领域。

由于配合物的内在性质，如在可见光区有限的吸收(部分可以通过双光子技术克服)，由氧气和生物分子导致的荧光猝灭，在水中较低溶解度，阻止它们作为生物成像剂的充分开发。除此之外，它们的化学结构、细胞摄取、定位和毒性之间的关系仍然有待阐明。Pt(Ⅱ)配合物的平面四边形结构有利于聚集体的形成，从而增加其稳定性并带来有趣的光物理性质。这样聚集-解聚行为可以作为生物体系中动态变化的探针，因为这一过程会调谐配合物的发光颜色、激发态寿命和量子产率，可以用于细胞内微环境的变化探测或监测某些生化反应。通过对Pt(Ⅱ)配合物的结构进行巧妙的设计，可以实现对环境的pH、极性、氧气含量、氧化还原物种等进行检测，同时，这种检测还有可能在亚细胞水平得以实现。

参考文献

Amoroso A J, Arthur R J, Coogan M P, et al, 2008. 3-Chloromethylpyridyl bipyridine fac-tricarbonyl rhenium: A thiol-reactive luminophore for fluorescence microscopy accumulates in mitochondria. New J. Chem., 32(7): 1097-1102.

Baggaley E, Botchway S W, Haycock J W, et al, 2014. Long-lived metal complexes open up microsecond lifetime imaging microscopy under multiphoton excitation: From FLIM to PLIM and beyond. Chem. Sci., 5(3): 879-886.

Baggaley E, Gill M R, Green N H, et al, 2014. Dinuclear ruthenium(Ⅱ) complexes as two-photon, time-resolved emission microscopy probes for cellular DNA. Angew. Chem., Int. Ed. Engl., 53(13): 3367-3371.

Cao R, Jia J, Ma X, et al, 2013. Membrane localized iridium(Ⅲ) complex induces endoplasmic reticulum stress and mitochondria-mediated apoptosis in human cancer cells. J. Med. Chem., 56(9): 3636-3644.

Chung C Y S, Li S P Y, Louie M W, et al, 2013. Induced self-assembly and disassembly of water-soluble alkynylplatinum(Ⅱ) terpyridyl complexes with "switchable" near-infrared (NIR) emission modulated by metal-metal interactions over physiological pH: Demonstration of pH-responsive NIR luminescent probes in cell-imaging studies. Chem. Sci., 4(6): 2453-2462.

Fernandez-Moreira V, Thorp-Greenwood F L, Coogan M P, 2010. Application of d^6 transition metal complexes in fluorescence cell imaging. Chem. Commun., 46(2): 186-202.

Gill M R, Garcia-Lara J, Foster S J, et al, 2009. A ruthenium(Ⅱ) polypyridyl complex for direct imaging of DNA structure in living cells. Nat. Chem., 1(8): 662.

Gill M R, Thomas J A, 2012. Ruthenium(Ⅱ) polypyridyl complexes and DNA-from structural probes to cellular imaging and therapeutics. Chem. Soc. Rev., 41(8): 3179-3192.

He L, Tan C P, Ye R R, et al, 2014. Theranostic iridium(Ⅲ) complexes as one- and two-photon phosphorescent trackers to monitor autophagic lysosomes. Angew. Chem., Int. Ed. Engl., 53(45): 12137-12141.

Ji J J, Rosenzweig N, Jones I, et al, 2002. Novel fluorescent oxygen indicator for intracellular oxygen measurements. J. Biomed. Opt., 7(3): 404-410.

Koo C K, Wong K L, Man C W Y, et al, 2009. A bioaccumulative cyclometalated platinum(Ⅱ) complex with two-photon-induced emission for live cell imaging. Inorg. Chem., 48(3): 872-878.

Kumari N, Maurya B K, Koiri R K, et al, 2011. Cytotoxic activity, cell imaging and photocleavage of DNA induced by a Pt(Ⅱ) cyclophane bearing 1, 2-diamino ethane as a terminal ligand. MedChemComm, 2(12): 1208-1216.

Lai S W, Liu Y, Zhang D, et al, 2010. Efficient singlet oxygen generation by luminescent 2-(2′-thienyl)pyridyl cyclometalated platinum(Ⅱ) complexes and their calixarene derivatives. Photochem. Photobiol., 86(6): 1414-1420.

Li C, Yu M, Sun Y, et al, 2011. A nonemissive iridium(III) complex that specifically lights-up the nuclei of living cells. J. Am. Chem. Soc., 133(29): 11231-11239.

Li G, Chen Y, Wang J, et al, 2013. A dinuclear iridium(III) complex as a visual specific phosphorescent probe for endogenous sulphite and bisulphite in living cells. Chem. Sci., 4(12): 4426-4433.

Li G, Lin Q, Sun L, et al, 2015. A mitochondrial targeted two-photon iridium(III) phosphorescent probe for selective detection of hypochlorite in live cells and *in vivo*. Biomaterials, 53: 285-295.

Li Y, Tan C P, Zhang W, et al, 2015. Phosphorescent iridium(Ⅲ)-bis-*N*-heterocyclic carbene complexes as mitochondria-targeted theranostic and photodynamic anticancer agents. Biomaterials, 39: 95-104.

Liu C, Yang C, Lu L, et al, 2017. Luminescent iridium(III) complexes as COX-2-specific imaging agents in cancer cells. Chem. Commun., 53(19): 2822-2825.

Lo K K W, 2015. Luminescent rhenium(Ⅰ) and iridium(III) polypyridine complexes as biological probes, imaging reagents, and photocytotoxic agents. Acc. Chem. Res., 48(12): 2985-2995.

Lo K K W, Hui W K, Ng D C M, 2002. Novel rhenium(Ⅰ) polypyridine biotin complexes that show luminescence enhancement and lifetime elongation upon binding to avidin. J. Am. Chem. Soc., 124(32): 9344-9345.

Lo K K W, Hui W K, Ng D C M, et al, 202. Synthesis, characterization, photophysical properties, and biological labeling studies of a series of luminescent rhenium (Ⅰ) polypyridine maleimide complexes. Inorg. Chem., 41(1): 40-46.

Lo K K W, Tsang K H K, Zhu N, 2006. Luminescent tricarbonylrhenium(Ⅰ) polypyridine estradiol conjugates: Synthesis, crystal structure, and photophysical, electrochemical, and protein-binding properties. Organometallics, 25(13): 3220-3227.

Lo K K W, Tso K K S, 2015. Functionalization of cyclometalated iridium(III) polypyridine complexes for the design of intracellular sensors, organelle-targeting imaging reagents, and metallodrugs. Inorg. Chem., 2(6): 510-524.

Lo K K W, Zhang K Y, Chung C K, et al, 2007. Synthesis, photophysical and electrochemical properties, and protein-binding studies of luminescent cyclometalated iridium(III) bipyridine estradiol conjugates. Chem. - Eur. J., 13(25): 7110-7120.

Mauro M, Aliprandi A, Septiadi D, et al, 2014. When self-assembly meets biology: Luminescent platinum complexes for imaging applications. Chem. Soc. Rev., 43(12): 4144-4166.

Neugebauer U, Pellegrin Y, Devocelle M, et al, 2008. Ruthenium polypyridyl peptide conjugates: Membrane permeable probes for cellular imaging. Chem. Commun., (42): 5307-5309.

Puckett C A, Barton J K, 2007. Methods to explore cellular uptake of ruthenium complexes. J. Am. Chem. Soc., 129(1): 46-47.

Puckett C A, Barton J K, 2009. Fluorescein redirects a ruthenium-octaarginine conjugate to the nucleus. J. Am. Chem. Soc., 131(25): 8738-8739.

Schatzschneider U, Niesel J, Ott I, et al, 2008. Cellular uptake, cytotoxicity, and metabolic profiling of human cancer cells treated with ruthenium(Ⅱ) polypyridyl complexes $[Ru(bpy)_2(N\text{-}N)]Cl_2$ with N-N= bpy, phen, dpq, dppz, and dppn. ChemMedChem, 3(7): 1104-1109.

Stephenson K A, Banerjee S R, Besanger T, et al, 2004. Bridging the gap between *in vitro* and *in vivo* imaging: Isostructural Re and ^{99m}Tc complexes for correlating fluorescence and radioimaging studies. J. Am. Chem. Soc., 126(28): 8598-8599.

Tan C, Lai S, Wu S, et al, 2010. Nuclear permeable ruthenium(Ⅱ)β-carboline complexes induce autophagy to antagonize mitochondrial-mediated apoptosis. J. Med. Chem., 53(21): 7613-7624.

You Y, Lee S, Kim T, et al, 2011. Phosphorescent sensor for biological mobile zinc. J. Am. Chem. Soc., 133(45): 18328-18342.

Zeglis B M, Pierre V C, Barton J K, 2007. Metallo-intercalators and metallo-insertors. Chem. Commun., (44): 4565-4579.

Zeng L, Gupta P, Chen Y, et al, 2017. The development of anticancer ruthenium(Ⅱ) complexes: From single molecule compounds to nanomaterials. Chem. Soc. Rev., 46(19): 5771-5804.

第 15 章　生物矿化与仿生合成

15.1　生物矿物及矿化

经过长期的发展进化，自然界几乎所有的生命体都可以在其体内构筑出各种各样具有复杂精细结构和优异生物功能的有机-无机杂化材料，即生物矿物(biominerals)，如骨骼、牙齿、耳石、磁小体、珍珠、贝壳、蛋壳、硅藻等。这种在生命体内形成生物矿物的过程即为生物矿化(biomineralization)，它是指生命体通过生物大分子调控形成无机矿物的过程。生物矿化是生命体进化出的一种古老生命过程，最早可以追溯到 5 亿年前的前寒武纪后期。生命体通过生物矿化作用形成的生物矿物从微观尺度到宏观尺度均具有高度有序的多级结构，而且具有人工合成材料难以比拟的硬度、韧性等机械性能和优异的生物功能。生物矿物复杂的精细结构和优异的性能，引起了材料学、化学、物理学、地质学和生物医学等诸多领域研究人员的广泛兴趣。

15.1.1　生物矿物

尽管不同生物体内形成的生物矿物中的无机物成分有所不同，但总体来说，已经发现的 60 多种生物矿物中的无机物成分主要以碳酸钙、钙磷酸盐、硫酸钙、草酸钙、铁氧化物、二氧化硅或硅酸盐为主，其类型和功能列于表 15-1。

表 15-1　生物体内主要的生物矿物的类型和功能

矿物质	晶型	分子式	生物体	所在生物体位置	功能
碳酸钙	方解石	$CaCO_3$	有孔虫	壳	外骨骼
			颗石藻	细胞壁	外骨骼
			三叶虫	眼晶状体	光学成像
			软体动物	贝壳	外骨骼
			甲壳类动物	角质层	机械强度
			鸟类	蛋壳	保护
			哺乳动物	内耳	重力感受器
	文石	$CaCO_3$	软体动物	贝壳	外骨骼
			造礁石珊瑚	细胞壁	外骨骼
			头足类动物	贝壳	浮力装置
			鱼类	头部	重力感受器

续表

矿物质	晶型	分子式	生物体	所在生物体位置	功能
碳酸钙	球霰石	$CaCO_3$	腹足类动物	贝壳	外骨骼
			海鞘类动物	骨针	保护
	无定形	$CaCO_3 \cdot nH_2O$	甲壳类动物	角质层	机械强度
			海胆纲动物	幼虫骨针	前驱相
			海绵	骨针	机械\保护
	镁-方解石	$(Mg, Ca)CO_3$	八放珊瑚	骨针	机械强度
			棘皮动物	贝壳\脊骨	强度\保护
磷酸钙	羟基磷灰石	$Ca_{10}(PO_4)_6(OH)_2$	脊椎动物	骨	内骨骼
			哺乳动物	牙齿	切断\磨碎
			鱼类	鳞骨片	保护
	磷酸八钙	$Ca_8H_2(PO_4)_6$	脊椎动物	骨\牙齿	前驱相
	无定形	不定	石鳖	牙齿	前驱相
			腹足类动物	砂囊盘	破碎
			哺乳动物	线粒体	离子库
二氧化硅	硅石	$SiO_2 \cdot nH_2O$	硅藻	细胞壁	外骨骼
			放射亚纲类	细胞	微骨骼
			笠贝	牙齿	磨碎
			植物	叶子	保护
含铁矿物	磁铁矿	Fe_3O_4	鲑鱼	头部	磁导航
			细菌	细胞内	趋磁性
			石鳖	牙齿	磨碎
	针铁矿	α-FeOOH	笠贝	牙齿	磨碎
	纤铁矿	γ-FeOOH	石鳖	牙齿	磨碎
	水铁矿	$5Fe_2O_3 \cdot nH_2O$+磷酸盐	动物\植物	铁蛋白	储备蛋白质
			石鳖	牙齿	前驱相
			海狸\老鼠\鱼	牙齿表面	机械强度
			细菌	铁蛋白	储备蛋白质
			海参	真皮	机械强度
ⅡA 族金属矿物	石膏	$CaSO_4 \cdot 2H_2O$	水母	内耳砂	重力感受器
	天青石	$SrSO_4$	棘骨虫亚纲	细胞	微骨骼
	重晶石	$BaSO_4$	loxodes	细胞内	重力感受器
			轮藻属	耳石	重力感受器
	一水草酸钙	$CaC_2O_4 \cdot H_2O$	植物\真菌	叶子\根	钙库
	二水草酸钙	$CaC_2O_4 \cdot 2H_2O$	植物\真菌	叶子\根	钙库

生物矿物的研究历史与科研仪器的不断发展密切相关，最早可追溯至 20 世纪 20 年代，德国等国家的学者用偏光显微镜观察生物矿物。20 世纪 50 年代人们开始用透射电子显微镜和扫描电子显微镜深入研究生物矿物，建立了有机基质的概念。20 世纪 70 年代开始，由于光谱分析技术的快速发展，研究者利用多种专门仪器对生物矿物进行了深入的研究，例如采用红外光谱仪、核磁共振波谱仪和拉曼光谱仪等。20 世纪 80 年代，我国生物无机化学家开始了生物矿物及形成机理的研究，借助场发射透射电子显微镜(TEM)和场发射扫描电子显微镜(SEM)以及其他显微测试技术，取得了在国际上有影响的重要研究成果。

15.1.1.1　碳酸钙生物矿物

在迄今已知的生物矿物中，碳酸钙矿物占有较大的比例，这些碳酸钙生物矿物既有晶体碳酸钙(方解石型，文石型，球霰石型)，也有无定形碳酸钙，它们在生物体中发挥着重要的生物功能。方解石型碳酸钙是三种碳酸钙晶体结构中最为稳定的一种结构。在颗石藻(coccolithophore)的细胞壁(图 15-1)、有孔虫(foraminifera)的外壳、海蛇尾(brittlestars)的眼部晶状体、软体动物(molluscs)和甲壳动物(crustaceans)的外壳、鸟蛋的蛋壳和某些哺乳动物的内耳中存在含方解石型碳酸钙的生物矿物，这些生物矿物在生物体内起到外骨骼、光感受、增加机械强度、保护和感受重力等一系列重要的生物功能。

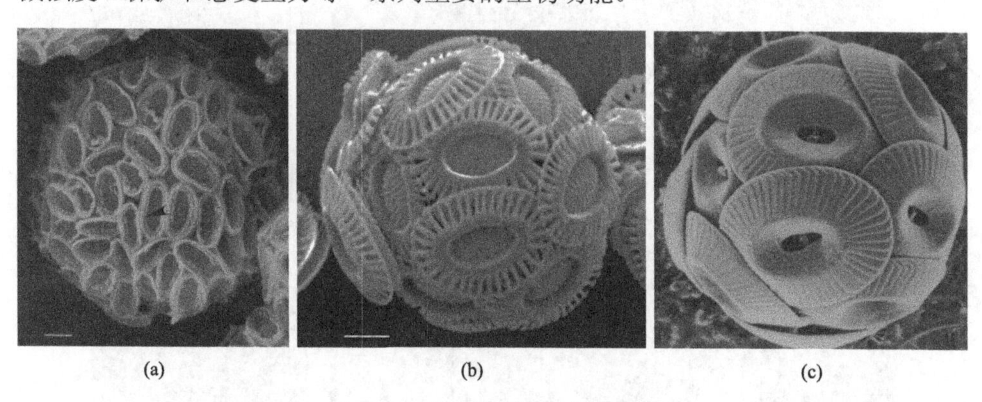

图 15-1　颗石藻的扫描电镜照片

(a) *Pleurochrysis carterae*，箭头所指为矿化球石边缘；(b) *Emiliania huxleyi*；(c) *Coccolithus pelagicus*。比例尺：10 μm

颗石藻中碳酸钙的形成包括控制离子积累、方解石成核、晶体生长和生长停止等步骤，其形成过程的 TEM 图见图 15-2。①离子积累步骤：反高尔基体小泡内侧先形成基板和酸性多糖等球石前体，随后这些前体被转移到反高尔基体网络的囊泡内以形成钙化边缘[图 15-2(a)]。在矿物开始沉积前，酸性多糖与钙离子结合形成 20 nm 的颗粒并结合到基板边缘[图 15-2(b)]。这些多糖颗粒(coccolithosome)具有极高的钙离子结合容量，对球石囊泡内的钙离子浓度具有较强的缓冲作用。

②方解石成核步骤：在矿化作用发生前，球粒体(coccolithosome)簇和较窄的有机带状物(球石带状物)出现在基板的远端边缘[图 15-2(b)、(c)]。随后，在球粒体簇内，球石带状物作为成核位点调控微晶的形成[图 15-2(c)中插图]，这些微晶与球石带状物相互接触，从而沿基板边缘发展为由微晶形成的完整封闭环(原球石环)，这些微晶具有交替的径向和垂直方向两种取向。③晶体生长：通过原晶体的同步生长，基板生长得到双盘状钙化边缘，而单个晶体生长成为砧状。这一生长过程需要硫酸化半乳糖醛酸甘露聚糖的参与，该聚阴离子多糖位于生长中的晶体与矿化囊泡膜的界面处，被夹在囊泡膜和晶面之间形成三明治结构，它们参与了球石囊泡膜的变形。随着球石囊泡膜发生变形，方解石则沿着变形的方向进行生长。球石囊泡的变形作用是由细胞机制造成的，这种变形作用对成熟球石晶体的形貌至关重要。④生长停止：伴随着球石囊泡的明显膨胀，矿化作用停止。巨大的流体流入通过快速降低碳酸钙的离子积，使得矿物停止沉积。囊泡膜自矿物相脱离，将硫酸化半乳糖醛酸甘露聚糖留在晶体表面，成为晶体覆盖层的一部分[图 15-2(a)、(e)]。同时，多糖颗粒瓦解以释放酸性多糖，这些酸性多糖也结合在晶体表面。这些形成的球石被挤压成颗石球后，其表面的聚阴离子覆盖层仍然得以保留。

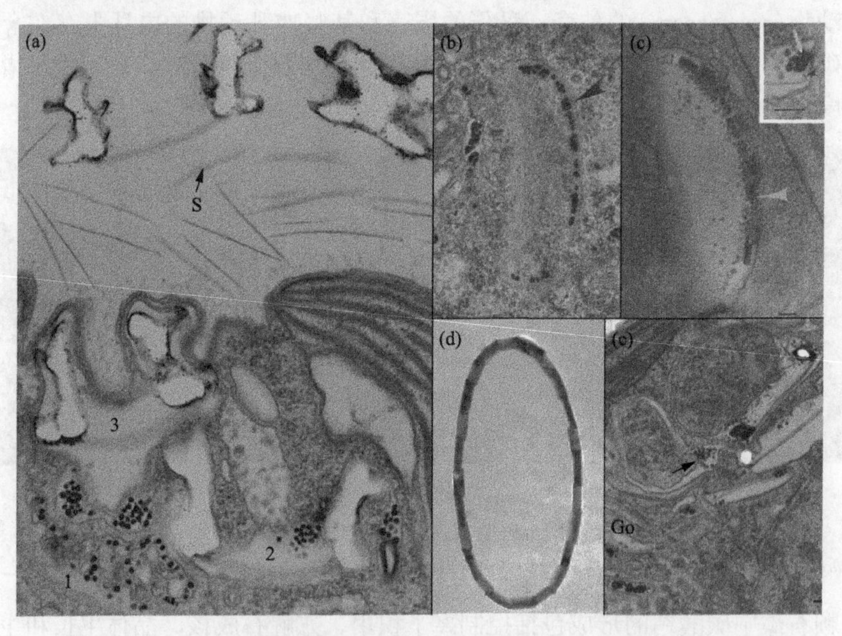

图 15-2　颗石藻 *Pleurochrysis* 形成过程的 TEM 图

文石型碳酸钙作为一种相对不太稳定的碳酸钙晶体结构，存在于多种珊瑚的细胞壁、头足动物(cephalopods)的外壳和鱼类的头部，在这些生物体内发挥着外骨骼、生殖、浮力和感应重力的作用。

全世界热带和亚热带的各类珊瑚平均每年在每平方米礁石上可以形成高达 1.5 kg 的文石型碳酸钙，这些文石型碳酸钙是通过生物矿化作用形成的。而对于珊瑚中文石型碳酸钙的形成过程，主要存在两种观点。地质化学家认为珊瑚中文石型碳酸钙的形成是一个基于钙化流体化学的复杂代谢控制的物理化学过程，其中钙化位点处与海水相比，更高的 pH、钙离子浓度和溶解的无机碳物种为矿物相的成核提供了有利的介稳态条件；生物学家认为这是一个生物控制过程，文石型碳酸钙的形成是一个模板诱导的矿物相成核作用，这种成核作用是由生物体分泌的骨架有机基质(skeletal organic matrix，SOM)尤其是酸性蛋白介导的，这些 SOM 在文石型碳酸钙的形成过程中发挥着最为重要的作用。

来自美国罗格斯大学的 Falkowski 教授团队最近的研究结果揭示了萼柱珊瑚(*Stylophora pistillata*)中文石型碳酸钙的形成过程(图 15-3)。研究发现其第一步是形成以无定形碳酸钙(amorphous calcium carbonate，ACC)纳米颗粒形式存在的临时性无序前体，由于这些 ACC 纳米颗粒中富含镁离子，所以其存在时间较长。在富含生物体分泌的 SOM 的微环境即钙化中心内，沉积出这些 ACC 纳米颗粒，其中以纤维形式存在的一种有机基底是它们的成核位点。珊瑚体内的骨架蛋白与高度无序的碳酸钙通过强结合作用覆盖在文石晶体上，随着形成的 ACC 纳米颗粒越来越多，这些 ACC 纳米颗粒从钙化中心中迁移出来并失去镁离子，通过 ACC 纳米颗粒的连接形成针状文石晶体。

鱼类和脊椎动物内耳中的耳石是由文石型碳酸钙和有机分子如蛋白聚糖和糖蛋白等杂化组成的生物矿物，这些耳石可以增强这些动物的感觉上皮对于重力加速力和线性加速力的敏感程度。除了感知平衡外，耳石也参与了这些动物对于声音的接收。通过对斑马鱼耳石进行研究，人们发现斑马鱼中的基因 *Starmaker* 对于耳石的形成至关重要。斑马鱼中耳石的形成过程可以分为两个阶段。在斑马鱼受精后的 18～24 h 之间，种晶颗粒结合到栓系细胞(tether cell)的动纤毛上，这些种晶颗粒形成了耳石核。24 h 后，耳石的形成变慢，进入日生长模式(图 15-4)。

球霰石型碳酸钙作为另外一种相对不太稳定的碳酸钙晶体结构，可以在腹足动物(gastropods)的外壳和海鞘(ascidians)的骨针中发现，它们起着外骨骼和保护的作用。

15.1.1.2　钙磷酸盐生物矿物

钙磷酸盐类生物矿物属于磷灰石，它们一般是在低温下形成的，其通式为 $Ca_5(PO_4, CO_3)_3(OH, F, Cl, CO_3)$，其中 CO_3 可以作为取代基团取代 PO_4 和 OH。钙磷酸盐类矿物占生物矿物的 25%，生物磷灰石是脊椎动物骨骼和牙齿的主要成分，此外在细菌、无脊椎动物和植物体内均存在生物磷灰石。

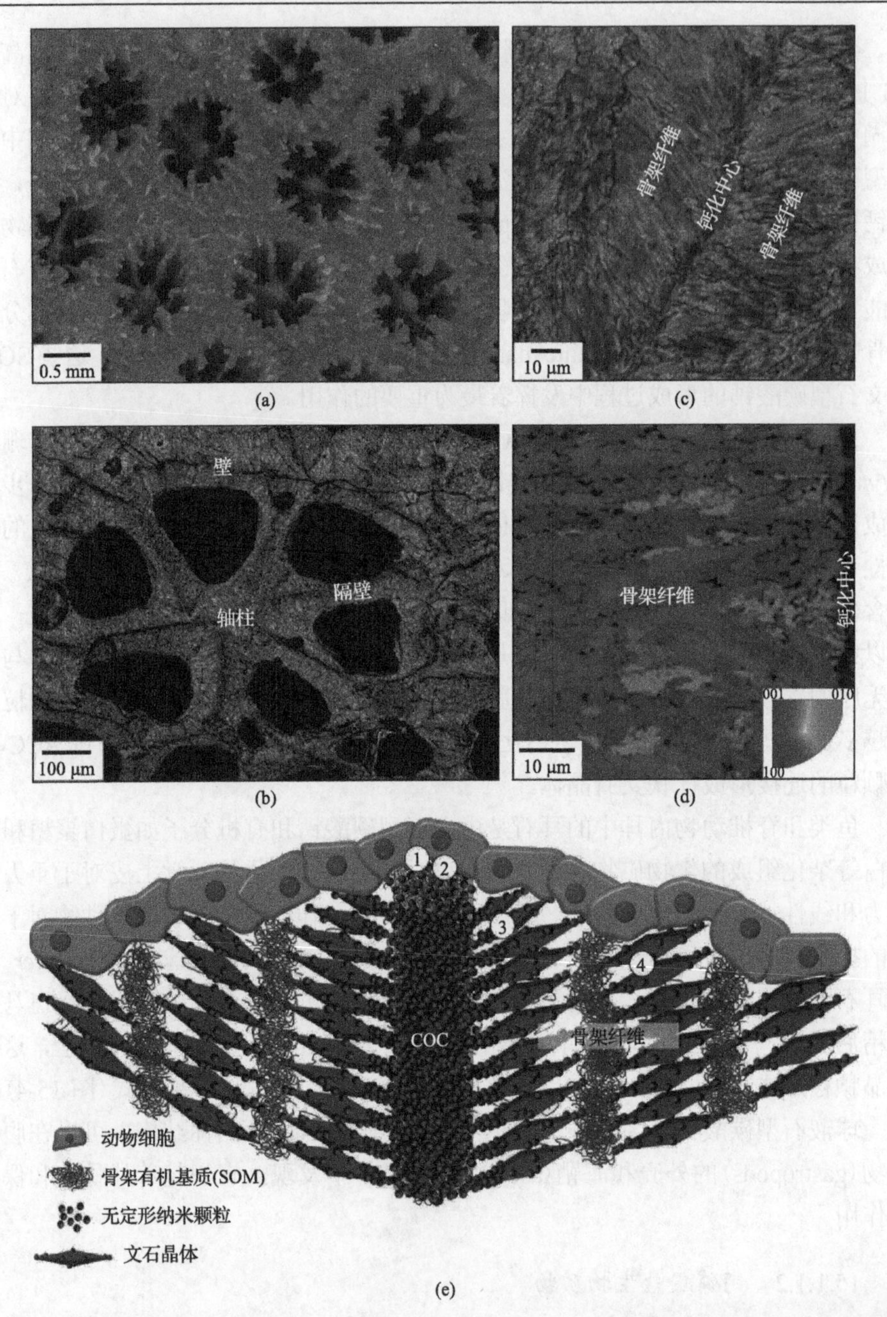

图 15-3 (a)萼柱珊瑚的 SEM 图，图中显示了其骨架分支的完整表面；(b)单个珊瑚石的偏振光显微照片；(c)单个骨梁的偏振光显微照片；(d)单个骨梁的电子背散射衍射照片；(e)珊瑚生物矿化模型。第一步：动物细胞分泌 SOM；第二步：SOM 介导沉积富含镁离子的 ACC 纳米颗粒，第一步和第二步有可能同时进行；第三步：无定形前体纳米颗粒通过连接形成针状文石晶体；第四步：通过骨架生长的层状模型形成骨架纤维

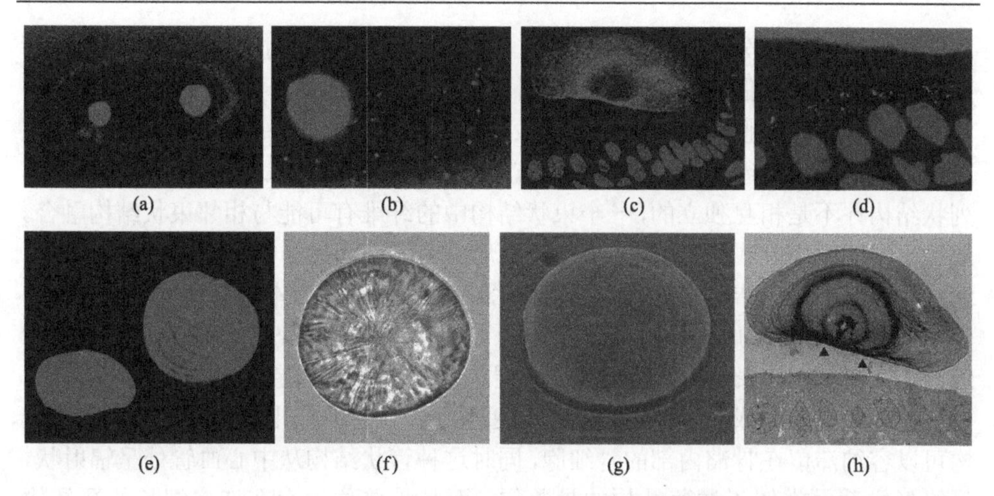

图15-4 利用Starmaker抗体对斑马鱼中耳石进行的免疫定位分析结果

(a)受精后24 h胚胎耳的侧视图，在24 h大的幼虫中，前部和后部耳石及耳板上皮细胞的顶面可以检测到标记信号。(b)耳腔中漂浮的种晶颗粒的放大图，在这一早期阶段，可以检测到大量小颗粒漂浮在耳腔内，这些颗粒可能是耳石种晶颗粒。(c)5 d后耳石的表面和内部标记，注意沿面向上皮细胞的平整表面具有更强的标记信号。(d)5 d后神经上皮的顶面也可以检测到标记信号。(e)5 d后仍然可以检测到耳石前部和后部的标记信号。(f)和(g)斑马鱼中耳石的亮场图片和SEM图；(h)5 d大的斑马鱼中耳石切片的TEM图，图中染色较暗的球为耳石核，包围耳石核的连续环为纤维基质蛋白，耳石的典型形貌为椭圆形，且具有面向神经上皮的平整表面(箭头)

骨骼是人体和动物体内具有优异机械性能的矿化组织，在纳米尺度上，骨骼是一类由有机基质(主要是胶原蛋白)和嵌入其中的矿物晶体组成的复合材料，其中矿物相和有机基质各自的特点以及二者之间的相互作用对于骨骼的机械性能至关重要。

骨骼中的有机基质是由胶原蛋白和一系列非胶原蛋白及脂类组成，其中85%～90%为胶原纤维。成骨细胞分泌的胶原蛋白三螺旋在分子层面以周期性交错排列的形式进行组装形成纤维，这些纤维进一步组装成不同的超纤维结构，形成从纳观到宏观尺度上的致密分级结构。作为骨骼材料的基本结构单元，矿化胶原纤维是由纤维状胶原蛋白、矿物相和水三种成分组成的，其中的矿物相是碳酸磷灰石[$Ca_5(PO_4, CO_3)_3(OH)$]。通过纤维间和纤维内两种矿化作用，三种成分相互结合形成有序结构，即矿化胶原纤维。除了胶原蛋白之外，大量的研究表明，非胶原蛋白参与了骨骼生物矿化过程中的无定形磷酸钙前体的形成、磷灰石成核和晶体生长等多个步骤，它们在骨骼的生物矿化过程中发挥着重要作用。人们发现，在不含钙结合聚合物和非胶原蛋白类分子的情况下，胶原蛋白可以启动和定向碳酸磷灰石的矿化作用，它们不但可以在原子层面影响磷灰石的结构特性，而且可以在更大尺度上影响磷灰石的尺寸和三维分布。

作为一类复合材料，骨骼具有复杂的分级结构。如上所述，其主要成分为胶原纤维、碳酸磷灰石和水，此外还含有10%左右的非胶原蛋白[图15-5(a)]。在矿化胶原纤维中，水分子存在于纤维内、三螺旋分子之间的间隙内和纤维之间，而碳酸磷灰石片状晶体则以层状形式横贯纤维，其中晶体的 c 轴与纤维长轴相互平行，这一结构特点使得晶体易于适应胶原纤维[图 15-5(b)～(d)]。通过这种形式形成的矿化胶原纤维沿着它们的长度方向形成束状或阵列状结构，这些束状或阵列状结构并不是相互独立的，一个束状结构中的纤维有可能与相邻束状结构融合。通过不同的组装方式，纤维阵列进而可以形成明显不同的结构，如平行阵列结构、编织结构、类夹板结构和辐射阵列结构[图 15-5(e)]。骨骼本身会发生内部重构作用，通过破骨细胞形成大量的隧道状结构，成骨细胞重新填充在这些隧道状结构内，进而在业已存在的表面上沉积骨水泥薄层，形成骨片直至隧道状结构被完全充满，同时在中心位置形成狭窄的通道，这些通道起着血管的作用。形成的这种管状结构可以容纳滞留在骨骼内部的骨细胞，同时这种管状结构从中心血管处呈辐射状，最终形成截面类似于洋葱结构的骨单位，而且骨单位内存在许多细长的孔结构[图 15-5(f)]。这些骨单位通过进一步组装最终形成完整的骨骼[图 15-5(g)]。

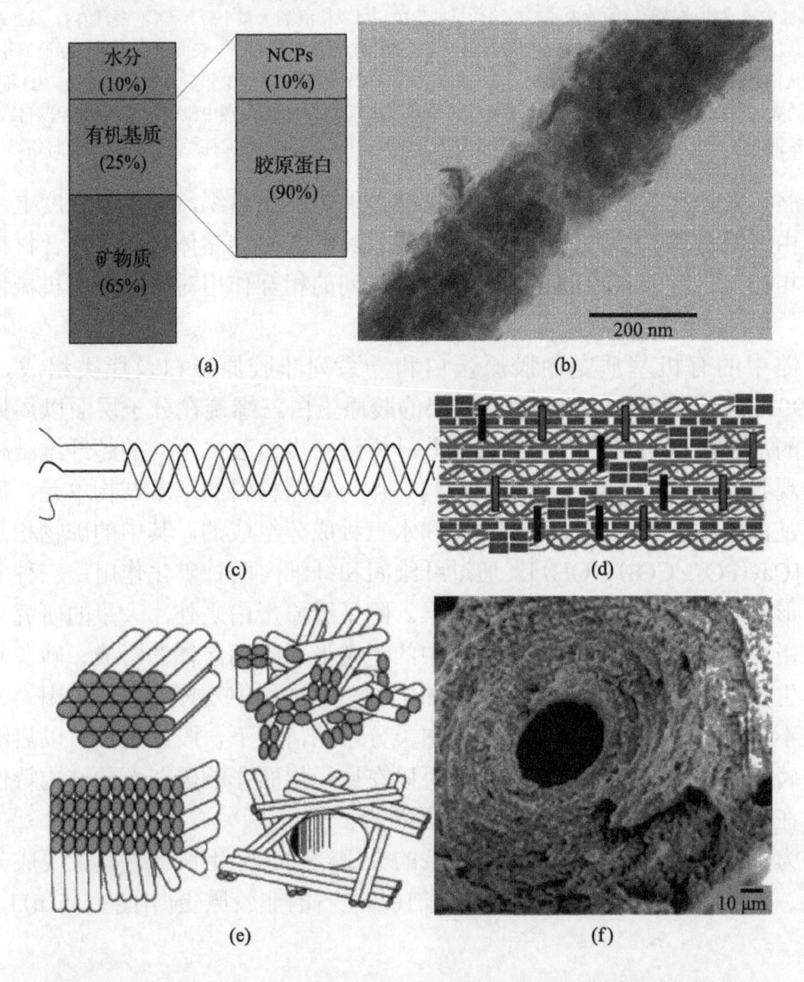

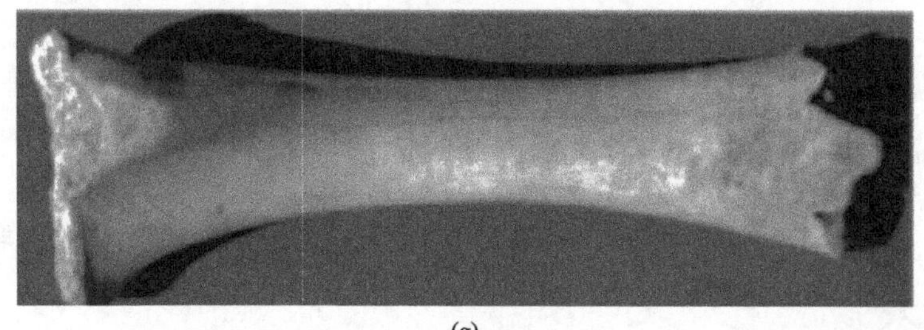

(g)

图 15-5　(a)骨髓的主要化学组成；(b)矿化胶原纤维的 TEM 图；(c)胶原蛋白三螺旋分子结构示意图；(d)矿化胶原纤维结构示意图，绿色螺旋—胶原蛋白分子，黑色条带—酶促交联，红色条带—非酶促键合，灰色单元—矿物相，蓝色实线—水分子；(e)胶原纤维阵列的组装方式；(f)单个骨单位的 SEM 图；(g)完整骨骼

15.1.1.3　草酸钙生物矿物

草酸钙是自然界最为常见的生物矿物之一，最多可以占一些植物干重的 80%左右。高等植物体中，在一些特定细胞中形成的草酸钙具有多种不同的形貌、尺寸，它们在植物体内主要起着结构支持、防御捕食者、钙的储存作用。

而在脊椎动物体内，草酸钙的生物矿化作用是一种病理现象，例如在人体内，草酸钙与乳腺组织的良性钙化有关，同时常见于肾结石中。在健康个体中，尽管尿液中的 $CaC_2O_4 \cdot H_2O$ 处于过饱和状态，但通过生物机制可以防止结石病变的发生。尿蛋白和小分子如富含羧酸根的柠檬酸盐作为 $CaC_2O_4 \cdot H_2O$ 成核和生长的抑制剂，可以防止草酸盐结石的形成。最近人们发现，在 Ca^{2+}和 $C_2O_4^{2-}$结合形成多核稳定配合物并聚集形成更大的组装体之后，无定形草酸钙(ACO)前体发生成核并形成草酸钙。其中柠檬酸盐与全部的早期 CaC_2O_4 物种(多核稳定配合物和无定形前体)发生相互作用，通过多核稳定配合物和无定形前体的胶体稳定化作用抑制草酸钙的成核(图 15-6)。

15.1.1.4　硫酸钙生物矿物

与碳酸钙、磷酸钙类生物矿物相比，生物体内存在的硫酸钙及其水合物类生物矿物较少，主要是在钵水母纲和立方水母纲体内存在 $CaSO_4 \cdot 0.5H_2O$ 组成的平衡石。从形貌上来说，平衡石都可以描述成具有短的三角针状结构。从不同水母的触手囊中提取得到的平衡石尺寸不同，但其处于相同的尺寸量级。平衡石在冠水母和旗口水母中最常见的形貌特点是，长度是宽度的 2 倍[图 15-7(a)、(b)]。而在根口水母中，最常见的则是多面体形貌[图 15-7(c)]。

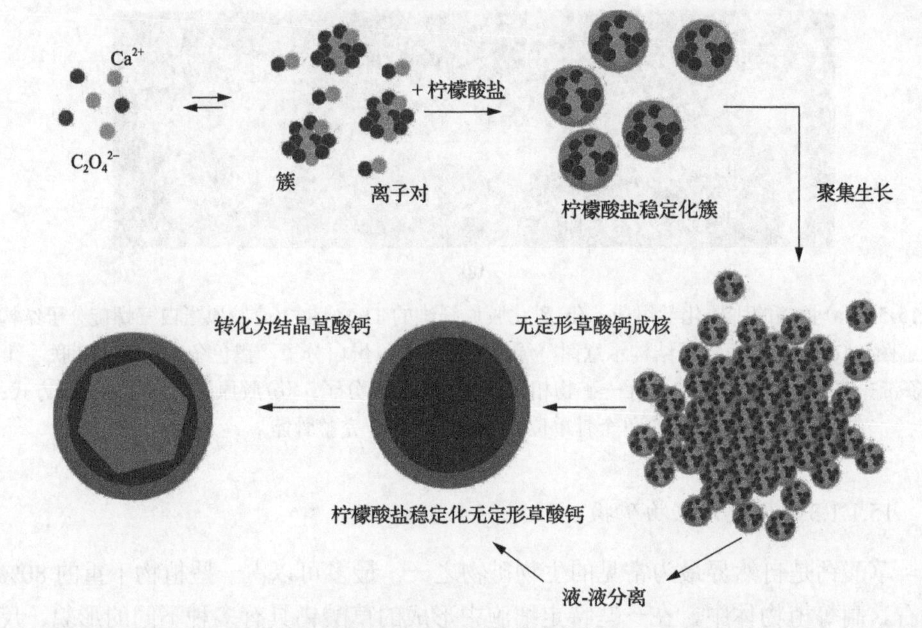

图 15-6 柠檬酸盐存在条件下草酸钙的形成过程示意图

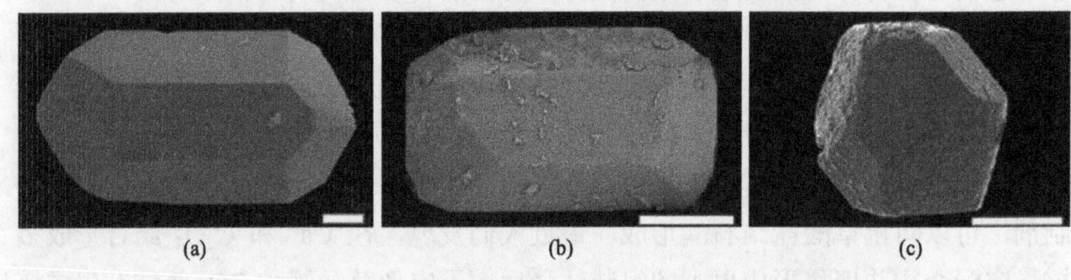

图 15-7 不同水母中存在的平衡石的 SEM 图

(a) 冠水母；(b) 旗口水母；(c) 根口水母

15.1.1.5 含硅生物矿物

在所有生物矿物中，含无定形二氧化硅的生物矿物的含量排名第二，它们广泛存在于硅藻纲(Diatoms)、海绵体(sponges)和放射虫纲(Radiolaria)等海洋生物体内。

地球上存在的无定形二氧化硅生物矿物主要由硅藻形成。作为单细胞光合藻类，硅藻可以利用海水中极低浓度的硅酸形成无定形二氧化硅细胞壁。这些二氧化硅细胞壁为多孔结构，其中含有极少量的有机大分子，主要是与二氧化硅之间具有高度亲和性的硅藻蛋白(silaffin)和长链多胺类分子(LCPA)。硅藻蛋白是一类带有大量负电荷的聚阴离子，它们对于硅藻体内二氧化硅的沉积以及微观结构的形成至关重要。在酸性二氧化硅沉积囊泡(SDV)中，硅藻蛋白首先和长链多胺类分子结合形成复合物，以该复合物为模板，硅藻可以在环境友好的条件下在二氧化硅沉积囊泡中加速形成二氧化硅，然后通过胞吐作用将含有二氧化硅的囊泡转移到硅藻细胞表面，并最终形成从纳米级到微米级的多层次周期性三维模式化结构，这种细胞壁可以为硅藻提供保护和支撑作用(图 15-8)。分子生物学研究显示，不同硅藻体内的硅藻蛋白具有不同的分子结构，所以不同的硅藻所形成的二氧化硅细胞壁具有不同的形貌和三维模式化结构(图 15-9)。

海绵是生长在淡水或海洋环境中的最简单的一类多细胞生物，它们的骨针相当于其骨架，而这些海绵的骨针主要是由含水的无定形二氧化硅组成的。海绵中二氧化硅骨针的形成速度非常快，例如，在最佳条件下，淡水河轮海绵 40 h 内即可以在其体内形成 100～300 μm 长的骨针。海绵骨针最初的分泌发生在特定的细

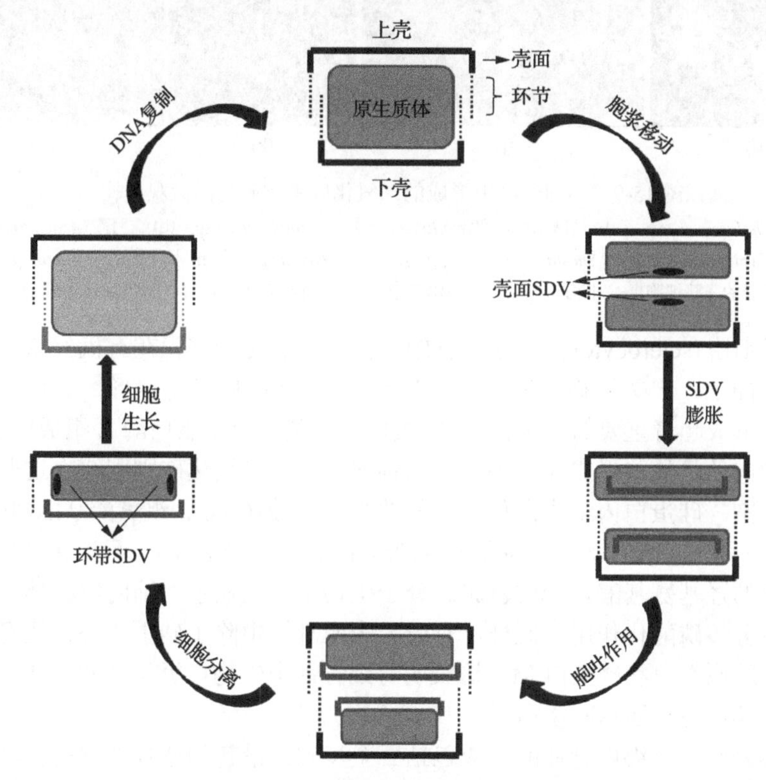

图 15-8　硅藻的细胞周期示意图

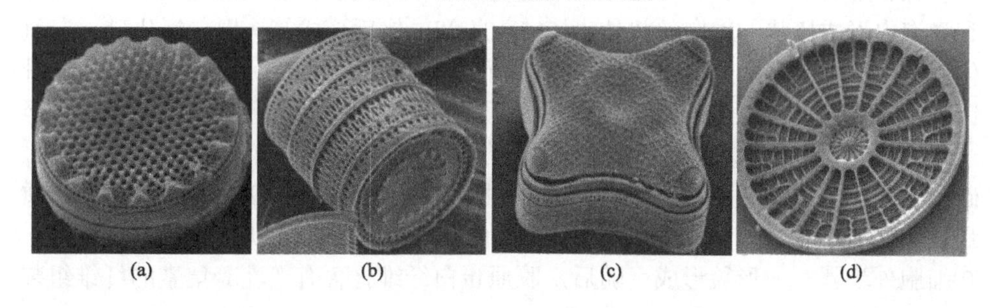

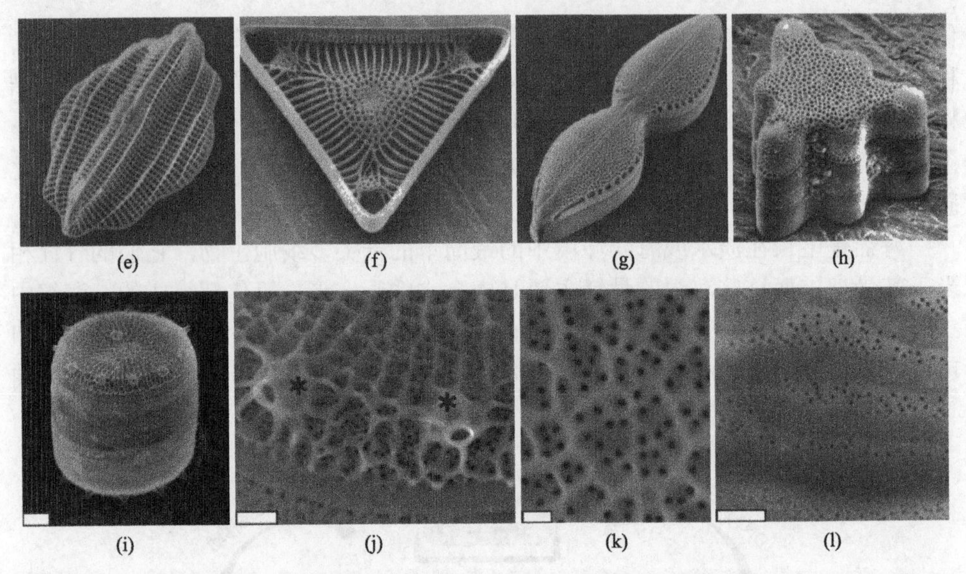

图 15-9 不同硅藻中形成的二氧化硅生物矿物的微观结构

(a)海链藻(*Thalassiosira* sp.);(b)具槽帕拉藻(*Paralia sulcata*);(c)*Amphitetras* sp.;(d)蛛网藻(*Arachnoidiscus* sp.);(e)波状藻(*Cymatoneis* sp.);(f)*Sheshukovia* sp.;(g)网形藻(*Dictyoneis* sp.);(h)水涟藻(*Hydrosera* sp.);(i)单个海链藻细胞的完整细胞壁;(j)海链藻的壳面边沿细节;(k)海链藻壳面中心细节;(l)海链藻环带区域细节

胞即造骨细胞(sclerocyte)内。在造骨细胞内，二氧化硅沉积在有机丝状体周围。在分子层面上，一类被称为硅蛋白(silicatein)的蛋白质对无定形二氧化硅的沉积和骨针的形成起着重要的介导作用。硅蛋白是一类由组织蛋白酶L组成的蛋白质，它们以轴向丝状体的形式存在于骨针的轴向管内，二氧化硅则围绕在这些轴向丝状体的周围。硅蛋白内组成催化三联体的半胱氨酸(Cys)、组氨酸(His)和天冬酰胺(Asn)三种氨基酸残基分别位于Cys125、His164和Asn184，而且其序列中含有一个特征的羟基氨基酸(丝氨酸)簇。分子生物学研究显示，轴向丝状体内的硅蛋白会发生分步磷酸化作用。此外，有研究表明骨针中除了硅蛋白外，还存在半乳凝集素、胶原蛋白和硒蛋白M，这表明海绵骨针中生物二氧化硅的形成除了需要硅蛋白，还需要上述这些蛋白质。

总体来说，海绵内骨针的形成包括三个步骤：最初的造骨细胞内步骤、细胞外步骤和形貌形成步骤。①在造骨细胞内步骤中，硅蛋白发生磷酸化作用并转移到囊泡内形成棒状的轴向丝状体[图 15-10(a)]，然后形成第一层二氧化硅。二氧化硅的沉积发生在两个方向，一个是从轴向管向表面生长，另一个是从中质向骨针表面生长。最后，形成的骨针被释放至细胞外空间，并在此处通过外加生长至一定的长度和直径。②细胞外步骤——外加生长：在细胞外空间，在Ca^{2+}存在时，硅蛋白与半乳凝集素结合并介导骨针的外加生长[图 15-10(b)]。由于新生的硅质骨针表面仍然覆盖有硅蛋白，骨钙的外加生长/加厚同样可以在两个方向进行。③细胞外步骤——形貌形成：随后，胶原蛋白纤维将含有半乳凝集素的纤维组装形成网状结构，其中胶原蛋白为骨针的形貌形成提供了组装平台[图 15-10(b)、(c)]。在轴向丝状体形成和延长时，半乳凝集素/硅蛋白复合物在骨针的尖端被包裹进沉积的生物二氧化硅，这造成了骨针的纵向生长[图 15-10(c)]。这些形成的骨针具有非凡的结构机械硬度，它们不但可以强化海绵活体，还可以发挥光导作用，甚至可以过滤和捕获共生的小型虾类。

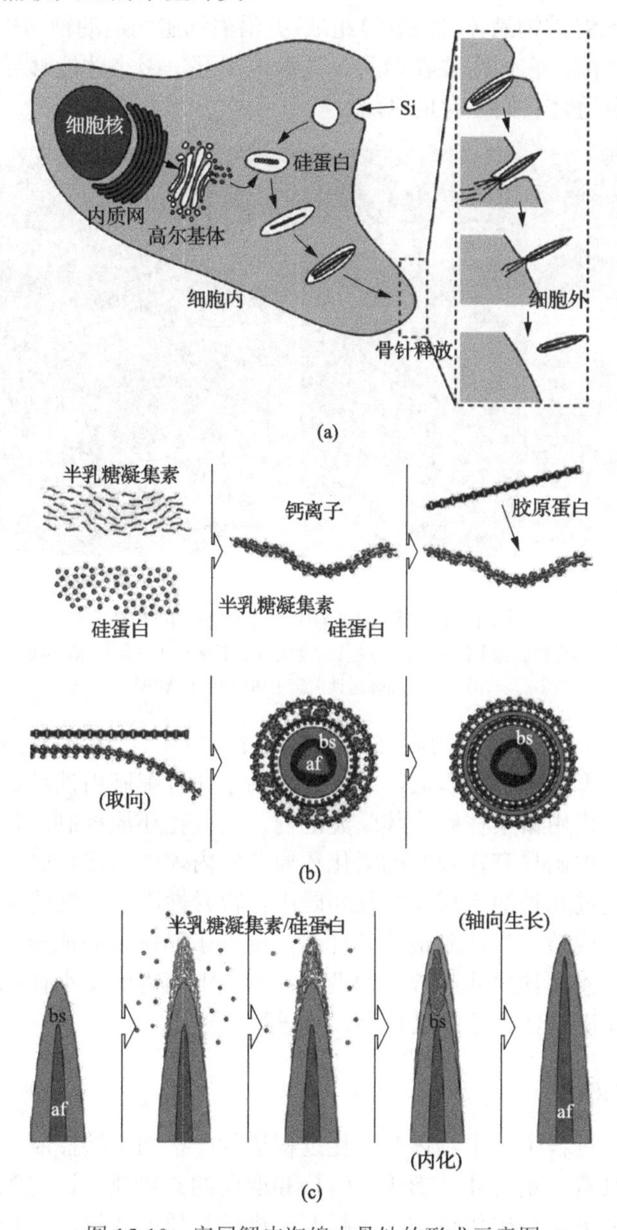

图 15-10　寄居蟹皮海绵中骨针的形成示意图

15.1.1.6　氧化铁生物矿物

趋磁细菌(magnetotactic bacteria)是一类革兰氏阴性原核生物，它们广泛存在于水体沉积物中。由于它们的体内都存在磁小体(magnetosome)，所以可以沿着磁场方向定向运动。磁小体是趋磁细菌内一种特殊的细胞器，该细胞器由磷脂双层包裹的 Fe_3O_4 和 Fe_3S_4 矿物晶体(磁铁矿)组成，并沿着细胞的运动轴向排列(图 15-11)。趋磁细菌为厌氧菌，它们需要在微氧或无氧区生存，磁小体能够导向使它们沿着地磁方向移动至适合它们生存的区域。

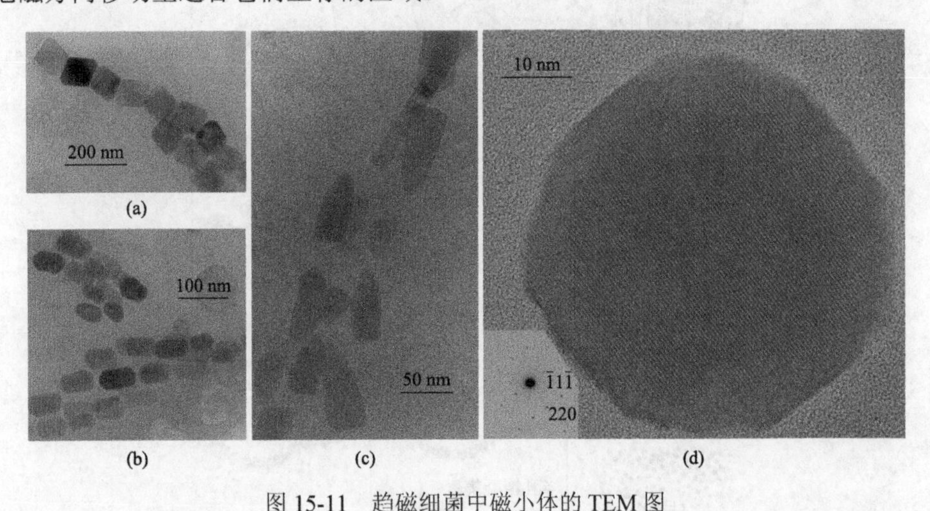

图 15-11　趋磁细菌中磁小体的 TEM 图

(a)接近完美的八面体磁铁矿磁小体；(b)高度拉长的假棱形磁铁矿磁小体；(c)箭头状磁铁矿磁小体链；(d)立方八面体磁铁矿磁小体的 HRTEM 图

趋磁细菌中磁铁矿的生物矿化作用主要分为以下几个步骤进行(图 15-12)。①离子的摄入：形成磁小体膜后，大量的铁离子通过细胞内铁转运系统或细胞内有机底物的连接作用富集在磁小体膜囊泡内。②氧化还原控制：作为混合氧化态的铁氧化物，磁铁矿只有在较窄的氧化还原范围内才能形成(Fe^{3+}：Fe^{2+}=2：1)，所以趋磁细菌通过几种细胞代谢路径和磁小体特异性因子对铁的氧化态进行调控。③磁铁矿晶体的成核：当达到最佳条件时，磁铁矿晶体开始成核，Fe^{2+}和 Fe^{3+}开始形成晶体相。④晶体尺寸和数量的调控：趋磁细菌内的磁小体相关基因所编码的蛋白质对磁铁矿晶体的结晶过程和尺寸进行调控。

15.1.2　生物矿化

在生物矿化过程中，生物体对矿化过程进行严格的直接控制，利用特定的策略在体内形成具有一定尺寸、形貌、结构和取向的矿物质，这些策略主要依靠有机分子作为基质来调控矿化过程，包括对无机矿物质的成核、生长、晶型、取向和形貌进行有效调控。

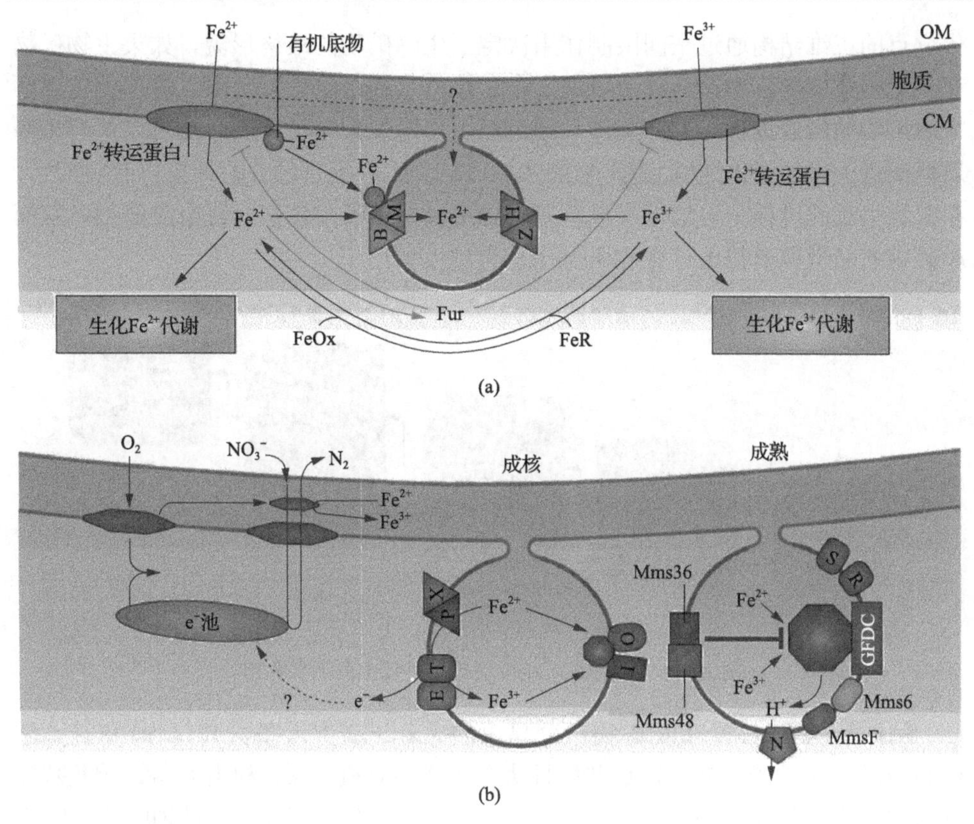

图 15-12　磁铁矿晶体的生物矿化

(a)趋磁细菌中铁的摄入模型；(b)磁小体膜囊泡内铁的沉淀

生物矿化可以分为 4 个阶段，①有机大分子预组织：在矿物沉积前构造一个有组织的反应环境，该环境决定了无机物成核的位置。但在实际生物体内矿化中有机基质是处于动态的。②界面分子识别：在已形成的有机大分子组装体的控制下，无机物从溶液中在有机/无机界面处成核。分子识别表现为有机大分子在界面处通过晶格几何特征、静电势相互作用、极性、立体化学因素、空间对称性和基质形貌等方面影响和控制无机物成核的部位、结晶物质的选择、晶型、取向及形貌。③生长调制：无机相通过晶体生长进行组装得到亚单元，同时形态、大小、取向和结构受到有机分子组装体的控制。④细胞加工；在细胞参与下亚单元组装成高级结构。该阶段是造成天然生物矿化材料与人工材料差别的主要原因。

生命体中参与调控生物矿化的有机基质包括难溶性分子和可溶性大分子。在所有的生物矿化过程中，矿化作用总是发生在有机基质通过自组装形成的预先设计好的有限空间内，即有机基质框架内。通过形成有机基质框架，生命体可以控制沉淀溶液的组成和浓度，并限定了生物矿物的沉积位点。该有机基质框架内矿化位点的三维结构通过空间限制作用决定了生物矿物的最终形貌。如果生物矿物存在无定形前体，生命体就可以通过在矿化位点的特定位置上引入这些无定形颗粒对矿物的形貌进行控制。此外，通过吸附可溶性大分子，生命体可以对有机基质框架进一步功能化，从而为矿物晶体的成核和生长提供额外的调控机制。而且，在矿物生长的过程中可溶性有机基质可以选择性地吸附在某些特定晶面上，从而对矿物的晶型和形貌进行有效调控(图 15-13)。

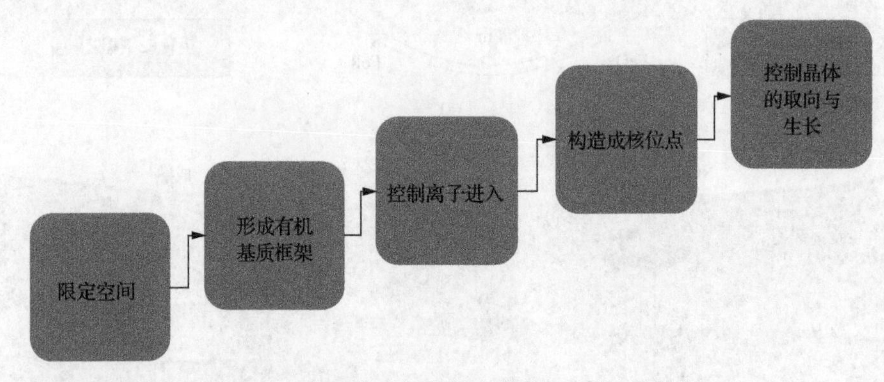

图 15-13 有机基质在生物矿化过程中的调控作用

例如，从 $CaCO_3$ 生物矿物中分离出的大分子富含天冬氨酸(Asp)和谷氨酸(Glu)残基，并含有多糖。以这些酸性大分子作为有机基质，利用天冬氨酸残基提供的重复性负电荷与 Ca^{2+}之间的结合作用，这些大分子可以选择性地吸附在特定晶面上，从而控制晶体的生长、晶型和最终的形貌。

许多生物矿物具有一系列紧密相关的不同晶型，在长期的进化过程中，生命体发展出了选择矿物特定晶型的有效策略。对于不存在前体相的生物矿化，通过介稳态相在成核位点处的优先成核、与可溶性有机基质在成核位点处的相互作用、限定矿物沉淀溶液中的组成和酸碱度，生命体可以在成核阶段实现对晶型的选择。此外，生命体通过一种或多种前体相形成生物矿物也是比较常见的一种现象。研究发现，贝类牙齿和趋磁细菌中的磁铁矿、海胆骨针中的方解石和软体动物的文石外壳等这些结晶性生物矿物中都是通过无序的无定形前体相形成的。由于无定形相没有优先的形式，因而可以在矿化过程中对其进行塑造，然后形成特定晶型的结晶产物，其中大分子有机基质在晶型选择方面发挥着关键作用。

晶体的取向生长是许多生物矿物的重要特征，对其机制进行解析是一个长期的挑战性目标。矿物的成核通常发生在有机基质上，这种成核作用可以形成两种不同的晶体取向阵列：一维取向阵列和三维取向阵列。利用晶体成核面与有机基质组装体之间的外延取向关系，是对个别成核晶体的取向实现完全控制的一种有效方法。

对于生物矿物中的大分子在控制矿物形貌中的作用的研究表明，这些可溶性分子与生长中的矿物晶体之间的相互作用会引起形貌发生特定变化，如出现某一新的明确的晶面。在生物矿化的过程中，大分子有机基质优先吸附在特定晶面上，这些晶面上的原子排布与大分子上的官能团之间存在结构匹配，从而导致有机基质与这些晶面发生作用而使其稳定。

15.2 仿生合成

在材料的各种合成策略中，材料的仿生合成(biomimetic synthesis)是发展最快、最有前途的一种策略。所谓的仿生合成，是指在研究生物体内生物矿化作用的基础上，利用生物矿化过程中的基本原理如模板和受限反应环境的应用、矿物沉积的空间控制、使用可溶性添加剂作为结晶修饰剂、微小结晶单元的矢量排列等，实现材料的设计合成。利用仿生合成可以通过绿色路线合成具有可控形貌和特定性质的材料，其中有机基质可以通过经典或非经典结晶机理调控晶体的生长，而模板则可以限定材料的宏观形貌。

15.2.1 小分子有机基质

根据浓度的不同，小分子有机基质可以作为成核剂或成核抑制剂从沉淀反应的最初阶段影响结晶反应，从而影响形成的结晶产物的形貌，这为调控晶体的形貌提供了一种有效方法。

由于小分子羧酸中的羧基官能团与碳酸根离子的结构相似性，小分子羧酸是碳酸钙生物矿物的天然选择。所以羧酸及其盐类可以选择性地吸附在碳酸钙晶面上，从而影响其形貌。例如，由于方解石晶体的$(1\bar{1}0)$晶面上碳酸根离子垂直于表面进行排列，当使用α,ω-二羧酸作为添加剂时，二羧酸分子中的羧基离子化以后，可以通过与钙离子的螯合作用吸附在$(1\bar{1}0)$晶面上，从而抑制该晶面的生长，最终形成拉长的方解石晶体(图 15-14)。

有机基质在晶体表面的吸附具有高度的选择性，因而使用手性有机基质可以仿生合成具有手性的表面结构。例如，利用手性不同的天冬氨酸、谷氨酸作为有机基质可以得到具有不同手性结构的螺旋环形球霰石超结构。其中以 L-天冬氨酸作为有机基质可以得到逆时针(右手)螺旋环形球霰石超结构[图 15-15(a)、(b)]，而以 D-天冬氨酸作为有机基质得到的则是相反的手性结构，即顺时针(左手)螺旋环形球霰石超结构[图 15-15(c)、(d)]。同样，分别以 L-谷氨酸和 D-谷氨酸作为有机基质，得到的样品分别是逆时针(右手)和顺时针(左手)螺旋环形球霰石超结构[图 15-15(e)、(f)]。可以清楚地看到，当氨基酸从 L 型转变为 D 型时，环形球霰石超结构的螺旋方向可以从逆时针方向转变到顺时针方向。理论模拟研究显示，

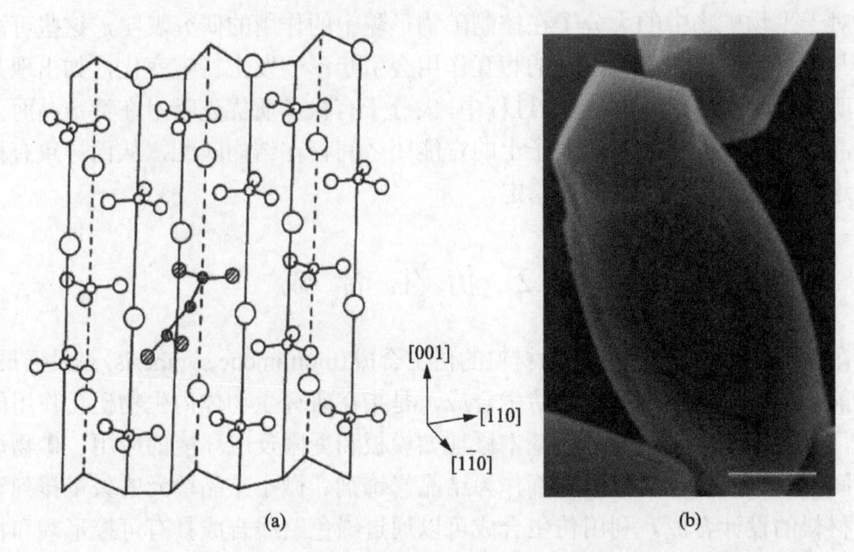

图 15-14　(a)方解石晶体的(1$\bar{1}$0)晶面透视图显示了丙二酸阴离子可能的结合位点；(b)以丙二酸为有机基质形成的纺锤形方解石晶体，其中与 c 轴平行的晶面的生长受到有机基质的显著抑制，比例尺：5 μm

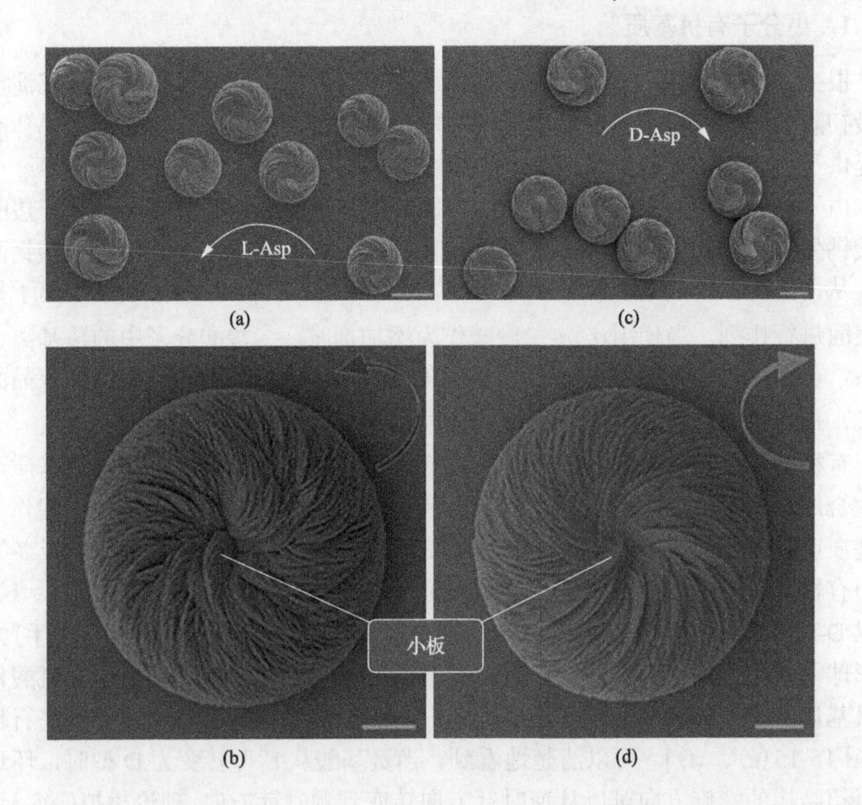

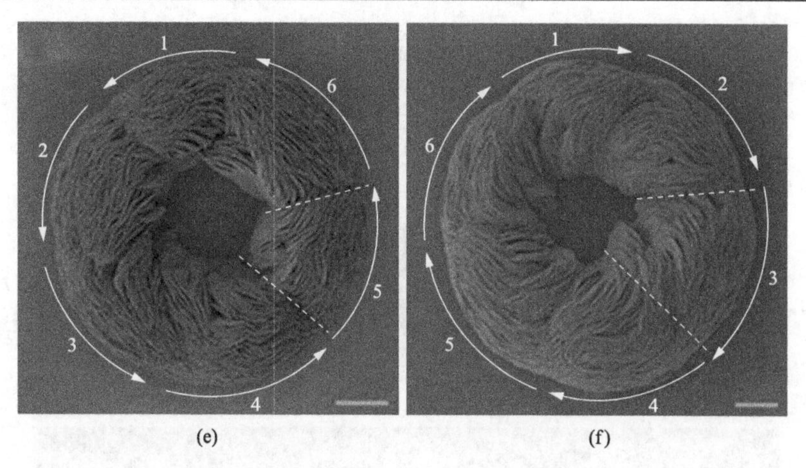

图 15-15　以 20 mmol/L 手性氨基酸分子为有机基质合成的螺旋环形球霰石超结构的 SEM 图
(a)、(b) L-天冬氨酸；(c)、(d) D-天冬氨酸；(e) L-谷氨酸；(f) D-谷氨酸

手性氨基酸的对映异构体可以通过非共线三点结合模型识别和分辨出球霰石(100)晶面的左侧和右侧。以天冬氨酸为例，分子中的两个羧基分别占据球霰石(100)晶面对称位点上两个相邻钙离子之间的空隙。两个羧基之间的化学键和四个钙离子固定了天冬氨酸分子在球霰石晶体表面上的取向，从而限定了它们之间的结合几何学。对于 L-天冬氨酸来说，由于结构匹配性，带正电的氨基非常容易与(100)晶面对称位点左侧的碳酸根之间形成第三个键(氢键)，而氨基与对称位点右侧的碳酸根之间则不存在这种结构匹配。L-天冬氨酸与球霰石(100)晶面对称位点左侧的碳酸根结合的最小化构型可以获得 0.64 kcal/mol 的结合能，其远大于与对称位点右侧碳酸根结合获得的结合能，证实了对映异构体与左侧或右侧碳酸根结合的能量倾向性。相反，D-天冬氨酸可以与球霰石(100)晶面对称位点右侧的碳酸根之间形成氢键，从而产生了相反取向(图 15-16)。

需要特别指出的是，只有在浓度较低的条件下，小分子有机基质才会发生晶面选择性吸附，如果浓度较高，有机基质的吸附作用就会失去晶面选择性，也失去了对材料形貌的控制。

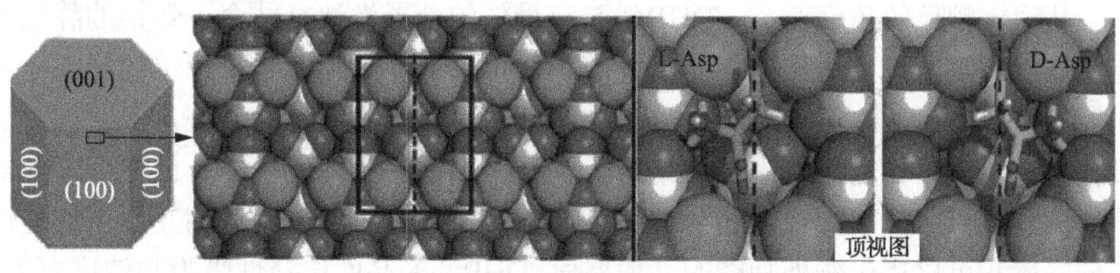

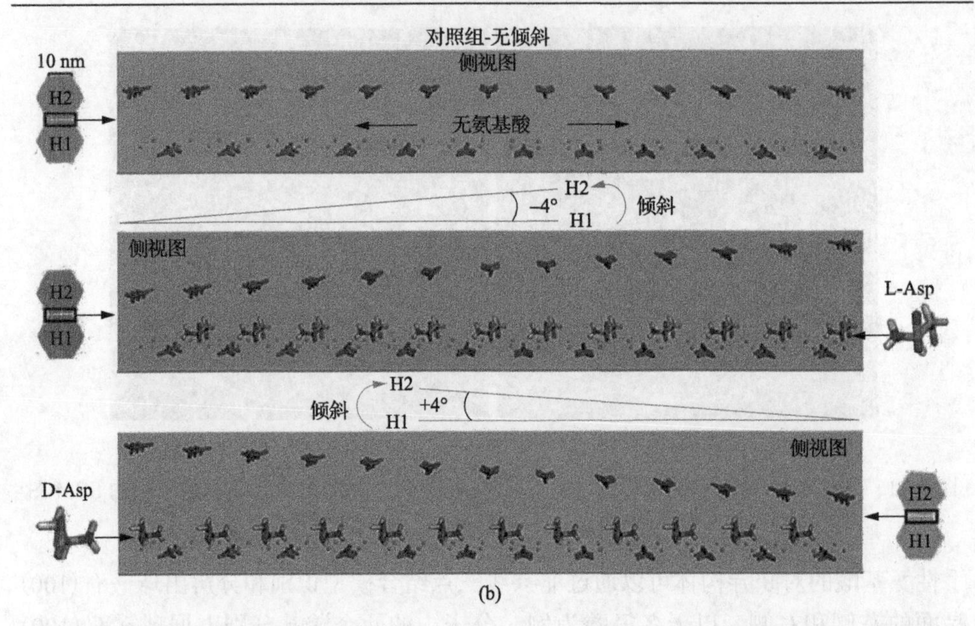

图 15-16　(a)在球霰石对称表面模型中，球霰石纳米六方棱柱显示了在对称(110)晶面上暴露的对称结合位点(实线矩形中黑色虚线附近)，同时也显示了L-天冬氨酸(绿色)和D-天冬氨酸分子(黄色)中的两个羧基和一个氨基的结合构型。(b)球霰石六方生长构型显示了有无氨基酸对称异构体添加剂时子代纳米六方棱柱(H2)与母代纳米六方棱柱(H1)之间的关系。球霰石晶体模型中的原子：Ca—绿色，C—灰色，O—红色

15.2.2　大分子有机基质

除了小分子有机基质外，结构更为复杂的大分子同样可以作为有机基质。利用化学方法可以对大分子有机基质进行设计以选择性地结合在特定的晶面上，从而对材料形貌进行更为巧妙的控制。近期的研究结果显示，在双亲水嵌段共聚物(DHBC)中，由于分子中相互作用和结合嵌段是相互分离的，所以DHBC对无机晶体材料的特定晶面具有高效的稳定作用。所以利用DHBC作为改良的表面活性剂可以在水相环境中对亲水物质起到暂时性稳定作用。

从稳定颗粒的角度而言，DHBC具有最佳的分子设计，结合了颗粒的静电稳定化作用和空间稳定化作用。而且，DHBC可以选择性地吸附在特定的晶面上从而控制颗粒的形貌。尽管有机小分子添加剂也可以控制颗粒的形貌，但它们对于颗粒却没有立体稳定化作用。从结构上看，DHBC与生物矿化中蛋白质分子如富酪蛋白和富天冬氨酸蛋白质相类似，这些蛋白质具有可以与晶体相互作用的酸性部分嵌段和可以提供额外功能的其他嵌段。DHBC的晶面选择性吸附与浓度有关，当浓度较低时，DHBC可以选择性地吸附在特定的晶面上。而当浓度超过某一特定水平时，发生的则是非特异性吸附，此时纳米颗粒会被暂时的稳定下来并作为

结构单元以进一步组装成超结构。

例如，以 PEO-*b*-1,4,7,10,13,16-六氮杂环十八烷（六环素）乙烯亚胺大环为有机基质，可以控制金纳米结构的形貌。该聚合物中相邻 NH_2 之间的距离与金(111)晶面上相邻金原子之间的距离具有较好的匹配性，使得其可以选择性地优先吸附在金纳米颗粒的(111)晶面上，有效地降低了晶面的表面能，对金纳米颗粒的(111)晶面产生了有效的稳定化作用，使得产物优先暴露(111)晶面，从而形成截角三角形纳米薄片状结构(图 15-17)。

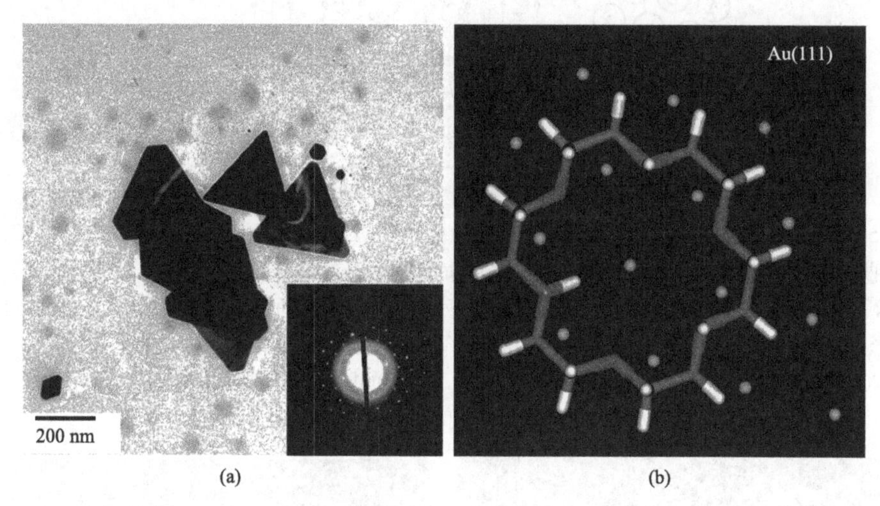

图 15-17　(a)以 PEO-*b*-1,4,7,10,13,16-六氮杂环十八烷(六环素)乙烯亚胺大环为添加剂合成的金纳米颗粒的 TEM 图和选区电子衍射图；(b)金(111)晶面与六环素分子在真空中的分子模拟，Au—黄色，N—蓝色，C—灰色，H—白色

除了合成大分子外，极性多肽和蛋白质等生物大分子具有单分散的尺寸和化学功能，可以形成确定的二级结构，并与某些晶面的表面结构相互匹配，所以可以用作有机基质对晶体形貌进行有效调控。例如，Laursen 等设计合成了具有天冬氨酸残基序列的α螺旋肽 CBP1，它可以选择性地结合在方解石的$(1\bar{1}0)$晶面上(图 15-18)。当 3℃时 CBP1 有 89%为螺旋结构，此时以 CBP1 为有机基质将其加入到从 $Ca(HCO_3)_2$ 饱和溶液中形成的斜方六面体晶种时，晶种可以继续生长形成具有斜方六面体(104)帽的沿(001)方向，即 *c* 轴方向拉长的方解石晶体[图 15-19(b)]。用水润洗晶体并用新鲜的 $Ca(HCO_3)_2$ 饱和溶液取代母液，通过随后生长过程中发生在棱形表面的修正过程，可以形成规则的斜方六面体晶体[图 15-19(c)]。而当 25℃时 CBP1 只有 40%为螺旋结构，此时会通过垂直于六个斜方六面体表面的外延生长得到镶嵌晶体[图 15-19(d)、(e)]。当再次用水润洗晶体并用新鲜的 $Ca(HCO_3)_2$ 饱和溶液取代母液，非斜方六面体表面会再次得到修正，最终得到在原来晶种上过度生长的六个规则斜方六面体晶体[图 15-19(f)]。

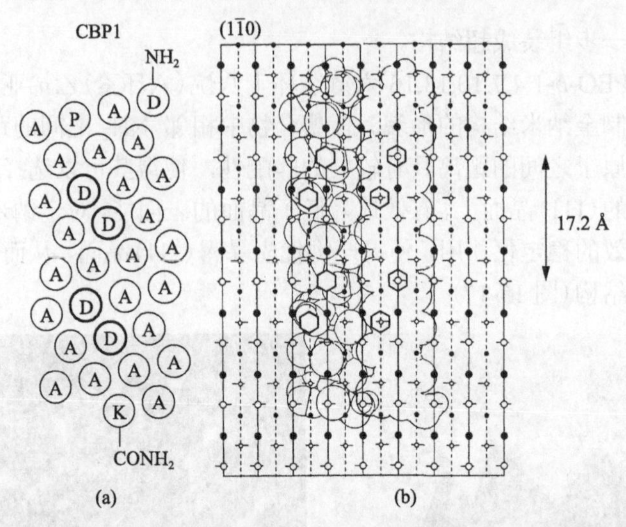

图 15-18　(a) CBP1 的螺旋结构示意图，图中显示了螺旋结构中的方解石结合结构域(DD)。(b)两个 CBP1 分子结合在方解石(1$\bar{1}$0)晶面上的示意图。图中左手螺旋肽是透明显示的，还显示了方解石晶面和带有方解石结合天冬氨酸残基侧链的下表面。其中实心圆形为 Ca^{2+}，空心圆形为 CO_3^{2-}，大的圆形为表面上晶面内的离子，小的圆形在该晶面下方 1.28 Å 处。肽的羧酸根(六边形)占据了 CO_3^{2-} 位点，在这种排列方式下相邻的肽可以形成较好的范德瓦耳斯作用，通过分子之间的协同相互作用，可以增强肽与晶面之间的结合作用

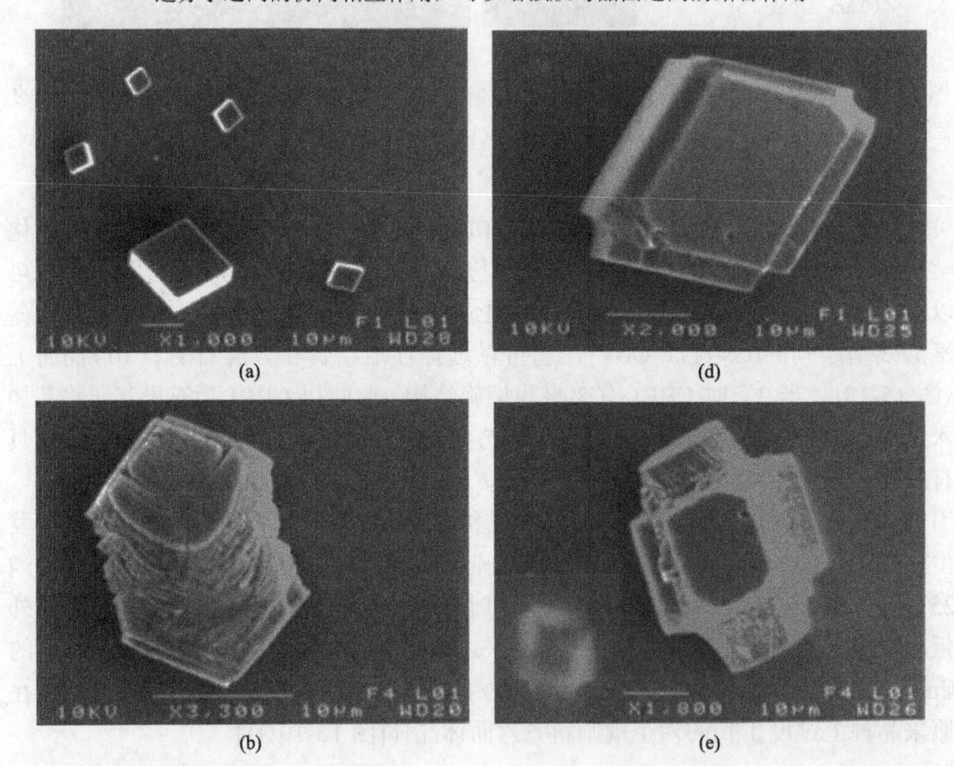

(c)

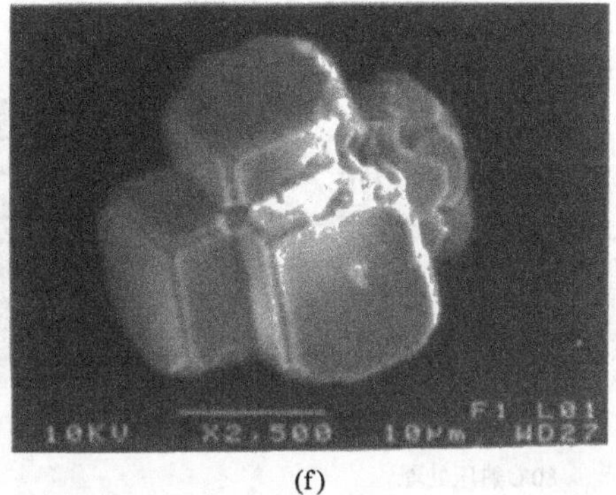

(f)

图 15-19 样品的 SEM 图

(a)方解石晶种显示了典型的斜方六面体形貌。(b)3℃时以 CBP1 为有机基质，斜方六面体晶种沿 *c* 轴生长形成拉长的方解石晶体，显示了新的表面和斜方六面体(104)晶帽。(c)在(b)图晶体基础上通过去除 CBP1 溶液，重新显示出斜方六面体表面。(d)、(e)25℃时以 CBP1 为有机基质，斜方六面体晶种发生外延生长在早期和后期得到的晶体。插图显示了外延生长得到的镶嵌晶体的荧光显微照片，中心黑点对应于(104)晶面，表明肽结合在新生表面上而非(104)晶面上。(f)在(e)图晶体基础上通过去除 CBP1 溶液进一步进行修正，得到重新显示斜方六面体表面的晶体

最近，人们模拟天然珍珠母生长过程，将壳聚糖冷冻处理形成层状结构框架，并通过乙酰化作用将其转化为与贝壳分泌的成分完全一致的几丁质框架。以该几丁质框架为仿生合成的有机基质，使用蠕动泵向框架中循环泵入含有一定量聚丙烯酸和镁离子的碳酸氢钙溶液，使得碳酸钙在框架中原位矿化生长。在此过程中，文石相碳酸钙以类似天然珍珠母生长的方式，在有机框架上随机成核并沿侧向外延生长，最终在每一层框架上均形成与天然珍珠母类似的泰森多边形结构。矿化后的材料经过泵入丝蛋白溶液并进行热压处理，最终得到具有与天然珍珠母高度类似的化学组分、无机含量、多级结构形式以及超常的断裂强度和断裂韧性的人工仿珍珠母材料(图 15-20、图 15-21)。

单晶是指由分子、原子或离子通过三维有序排列形成的结晶性固体，单晶中具有刚性点阵，其中分子、原子或离子排布在点阵特定的位置上形成晶胞，作为单晶的最小重复结构单元。由于其内在结构的规律性，单晶具有特定的形貌，其表面与点阵内的原子平面相互平行。所以其外部晶面之间的夹角符合晶面角守恒定律，意味着某一给定物质所形成的单晶中相应晶面之间的夹角是固定不变的。

与单晶相对应，近十几年来陆续在一些生物矿物如珍珠层、海胆骨针、珊瑚和蛋壳中发现了另外一类晶体的存在，这些晶体具有复杂的多级结构和特殊的生物功能。研究发现，它们是由具有共同结晶取向的纳米晶体组装形成的，所以具有与单晶类似的 X 射线和电子衍射模式。这些晶体由介观(亚微米)结晶结构单元组成，至少在两个不同的长度尺度上展现出了独特的结构特性：一是组成晶体的纳米颗粒必须是结晶性的；二是这些亚微米结构单元的堆积排布必须遵循共同结晶取向。为了与单晶相区分，我们将这类晶体称为介晶(mesocrystals)。图 15-22

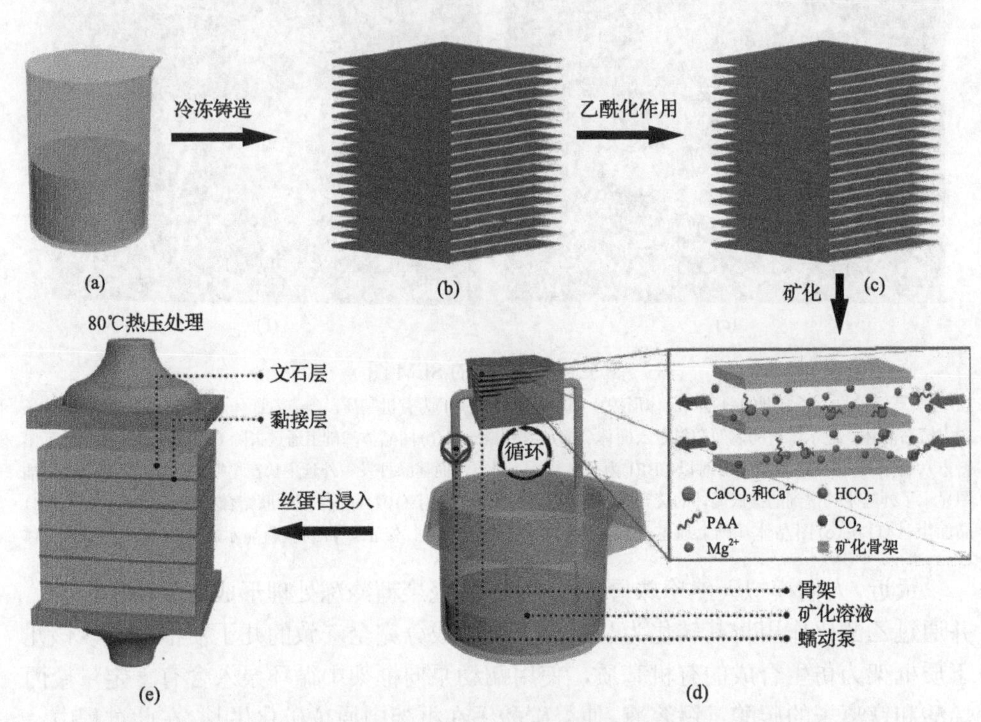

图 15-20　人工珍珠母的仿生合成步骤

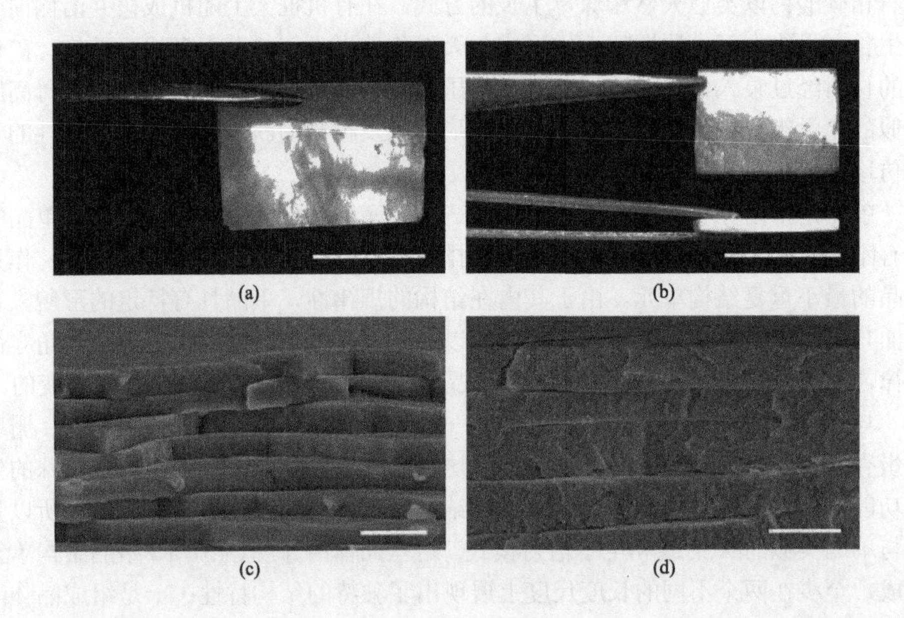

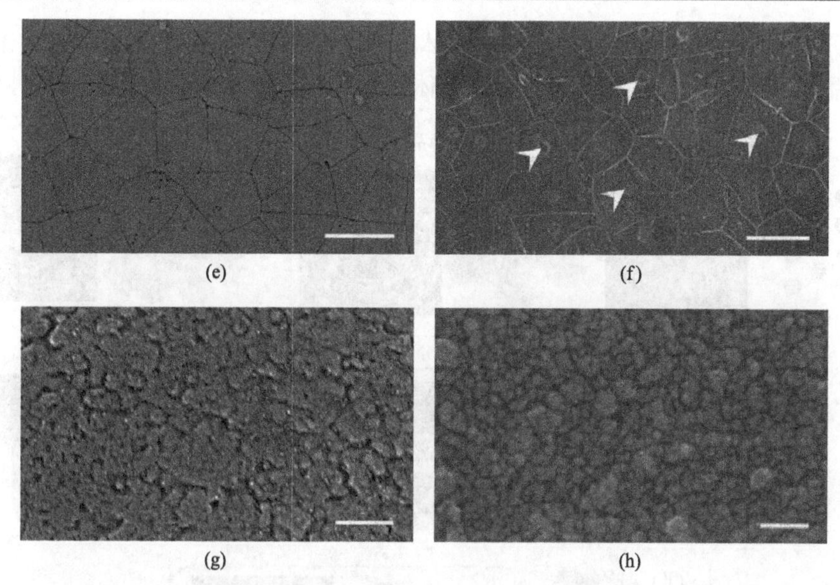

图 15-21　天然与人工珍珠母不同尺度的结构相似性。天然贝壳珍珠层的(a)外观、(b)层状结构、(c)泰森多边形结构及(d)文石片颗粒状结构；人工珍珠层的(e)外观、(f)层状结构、(g)泰森多边形结构及(h)文石片颗粒状结构

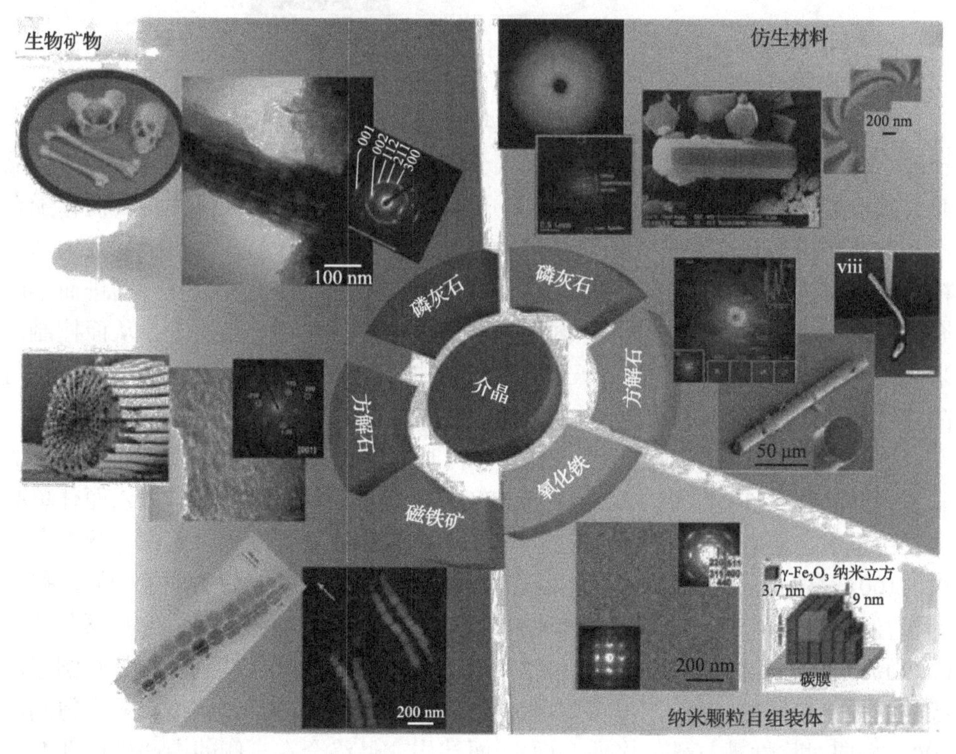

图 15-22　在生物材料、仿生复合材料和胶体阵列中的介晶结构特征示意图

是部分在生物材料、仿生复合材料和胶体阵列中的介晶结构特征示意图。图 15-23 是单晶、胶体晶、介晶等不同类型的晶体材料的示意图和相应的衍射模型。

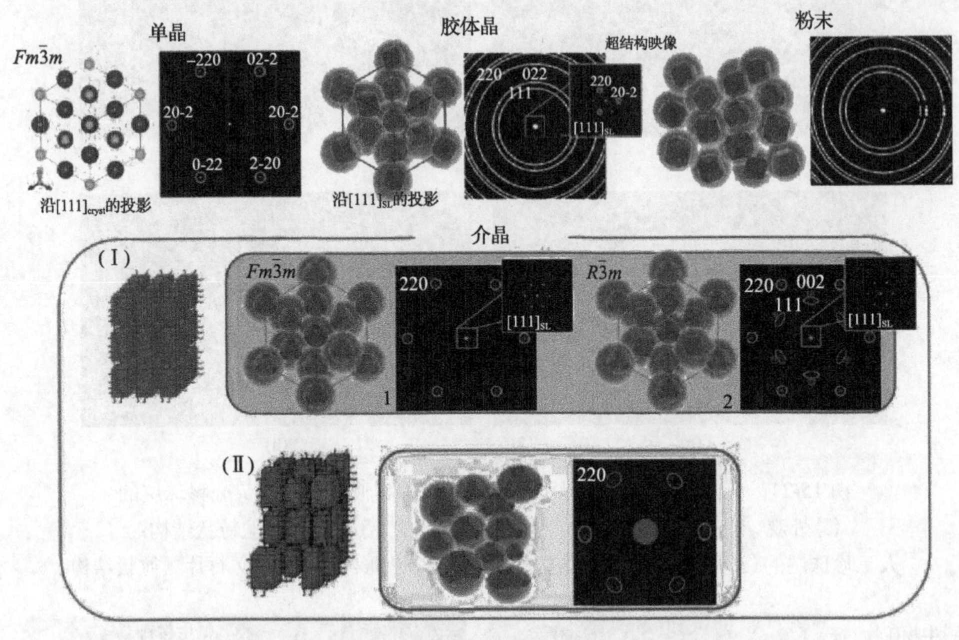

图 15-23　不同类型的晶体材料的示意图和相应的衍射模型

除了存在于生物矿物中的介晶，近年来通过仿生合成的方法得到的介晶越来越多，其中以碳酸钙介晶为主。由于大分子具有以下诸多优点，使其在合成介晶并对其形貌进行调控方面更为有效。①可以控制纳米颗粒的成核并将其储存于介稳态前体相中，从而将其作为储备用于纳米颗粒形成的介晶。②对于初级纳米颗粒具有暂时性的稳定作用，可以在这些纳米颗粒依据晶体习性相互排列进而形成介晶前抑制其发生非受控聚集。③可以选择性地吸附在特定晶面上，从而控制纳米颗粒的相互排列。④与小分子有机基质相比，大分子存在更多的吸附位点，与晶体之间具有更强的结合作用。

例如，以聚苯乙烯磺酸盐(PSS)为有机基质，可以通过非经典结晶机理形成碳酸钙介晶(图 15-24、图 15-25)。当 PSS 浓度较低时，方解石的斜方六面体单晶会发生重组。随着 PSS 和 Ca^{2+}的浓度增大，PSS 可以选择性地吸附在方解石高极性的(001)晶面上，从而形成在相反(001)晶面上具有不同电荷的纳米颗粒，得到偶极性纳米晶体。这些偶极性纳米颗粒结构单元通过可控堆积最终形成介晶。$CaCO_3$/PSS 二者之间比例的变化可以引起介晶形貌的变化，得到各种具有圆形边缘的晶体。较高的 PSS 浓度可以增加高极性(001)晶面的暴露程度，从而得到沿(001)方向对称性被打破的多曲凸面-凹面结构。最终会在一侧的中心形成孔洞结构。图 15-24(g) 中晶体形貌的形成不符合经典结晶机理。根据经典结晶机理，样品中的孔洞结构由于 Ostwald 熟化作用会立即消失，对称性会得到恢复。这种在相反方向形成的孔洞结构直接支持了偶极化长程相互作用控制晶体的生长和介观组装。

图 15-24　不同浓度条件下所得方解石介晶的 SEM 图

(a) $[Ca^{2+}]$=1.25 mmol/L，[PSS]=0.1 g/L；(b) $[Ca^{2+}]$=1.25 mmol/L，[PSS]=0.5 g/L；(c) $[Ca^{2+}]$=1.25 mmol/L，[PSS]=1.0 g/L；(d) $[Ca^{2+}]$=2.5 mmol/L，[PSS]=0.1 g/L；(e) $[Ca^{2+}]$=2.5 mmol/L，[PSS]=0.5 g/L；(f) $[Ca^{2+}]$=2.5 mmol/L，[PSS]=1.0 g/L；(g) $[Ca^{2+}]$=5 mmol/L，[PSS]=0.1 g/L；(h) $[Ca^{2+}]$=5 mmol/L，[PSS]=0.5 g/L；(i) $[Ca^{2+}]$=5 mmol/L，[PSS]=1.0 g/L

15.2.3　细胞作为基质

作为构成生物体基本的结构和功能单位，细胞是生物体进行新陈代谢的场所，生物矿化研究发现，细胞通过加工作用对生物矿物的形成发挥着至关重要的作用。所以在材料的仿生合成研究中，所使用的有机基质已经从最初的有机小分子、合成大分子和生物大分子扩展到了细胞，研究体系更接近生物体的实际矿化环境。以各种细胞为基质，目前已经通过仿生合成的方法得到了 $CaCO_3$、羟基磷灰石、CdS、PbS、CdSe、Au、Ag 等多种无机纳米材料。

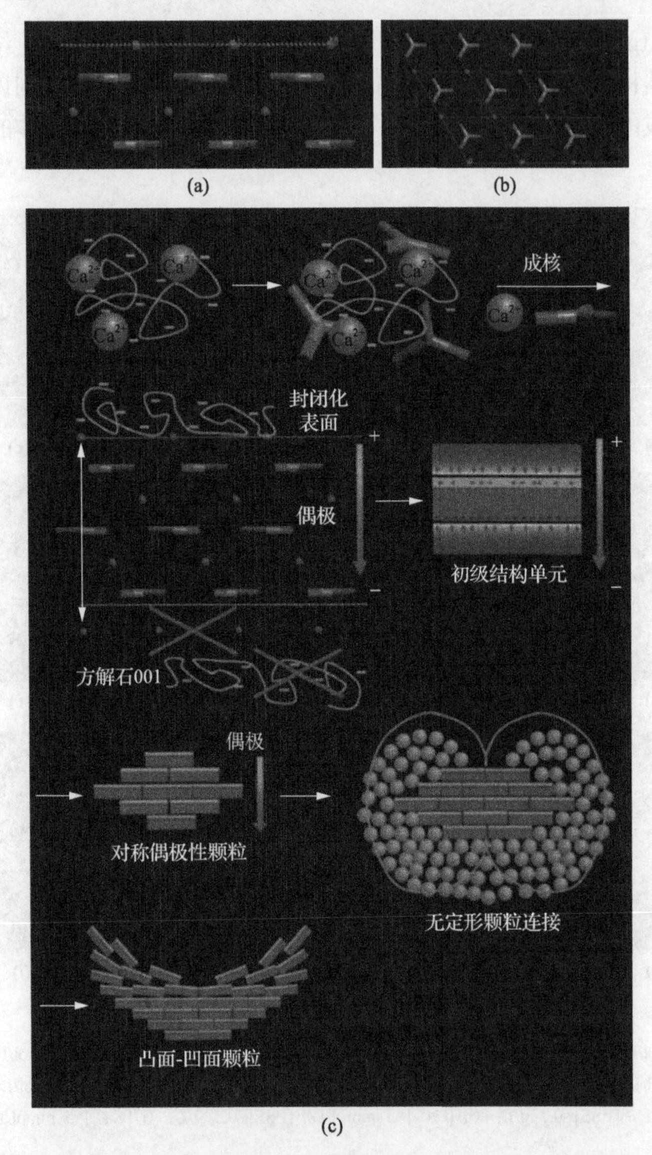

图 15-25　(a)方解石(001)表面的侧视图，黄色虚线显示了方解石(001)晶面的 Cerius 结构，Ca^{2+}—蓝色，C—灰色，O—红色。(b)方解石 3×3×2 个晶胞排列的俯视图，从图中可以清楚看到(001)晶面的六方对称性。(c)PSS 选择性吸附在方解石(001)晶面并沿 *c* 轴方向在晶体内形成内部偶极矩，最终引起晶体形貌改变的机理示意图。由于大分子仅吸附在晶体一侧，所以初级晶体是非对称的。这些初级结构单元通过组装形成平的类对称介晶结构。但当尺寸超过一定大小，除了初级片晶外，无定形中间体也被吸附。通过这些特种的重结晶作用，最终形成弯曲的晶体结构

例如，人们利用真菌 *Verticillium* sp.作为基质，在其细胞壁和细胞质膜上仿生合成出了 20 nm 左右的 Au 纳米颗粒[图 15-26(a)～(c)]。当将 $AuCl_4^-$离子与真菌

细胞共培养时，一方面，部分 $AuCl_4^-$离子会通过与菌丝细胞壁上酶的正电荷官能团之间的静电相互作用吸附在细胞表面，然后细胞壁内的酶将 $AuCl_4^-$离子还原为 Au 原子并在细胞壁上聚集形成 Au 纳米颗粒。另一方面，部分 $AuCl_4^-$离子会通过扩散作用通过细胞壁并定位在质膜上，然后被质膜上的酶还原为 Au 原子并聚集形成 Au 纳米颗粒[图 15-26(d)～(f)]。

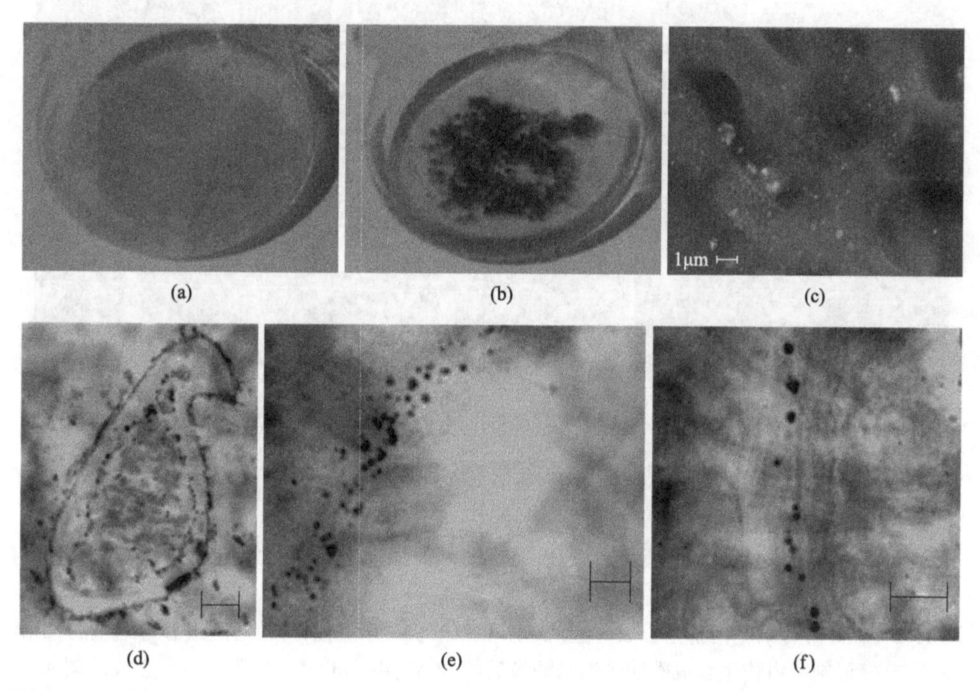

图 15-26　(a) 对照组 *Verticillium* sp.细胞的电子照片；(b) 与 $HAuCl_4$ 反应 72 h 后 *Verticillium* sp.细胞的电子照片；(c) 与 $HAuCl_4$ 反应 72 h 后 *Verticillium* sp.细胞的 SEM 图；(d)～(f) 与 $HAuCl_4$ 反应 72 h 后 *Verticillium* sp.细胞不同放大倍数的 TEM 图

人们还以酿酒酵母细胞为有机基质，在细胞内成功仿生合成了碳酸钙纳米颗粒(图 15-27)。酵母细胞在麦芽糖溶液中生长并通过细胞自身的呼吸作用在细胞内产生 CO_2 分子，在向酵母细胞培养体系中加入 $Ca(OH)_2$ 饱和水溶液后，体系中的 Ca^{2+}和 OH^-离子会通过扩散作用进入酵母细胞内，其中 Ca^{2+}通过与细胞内生物分子之间的静电相互作用聚集在生物分子周围，同时细胞内的 CO_2 分子在碱性条件下转变为 CO_3^{2-}离子并与生物分子周围的 Ca^{2+}反应生成 $CaCO_3$ 纳米颗粒。

利用相同的原理，人们还以酿酒酵母细胞为有机基质，在细胞内成功仿生合成了羟基磷灰石纳米颗粒(图 15-28)。

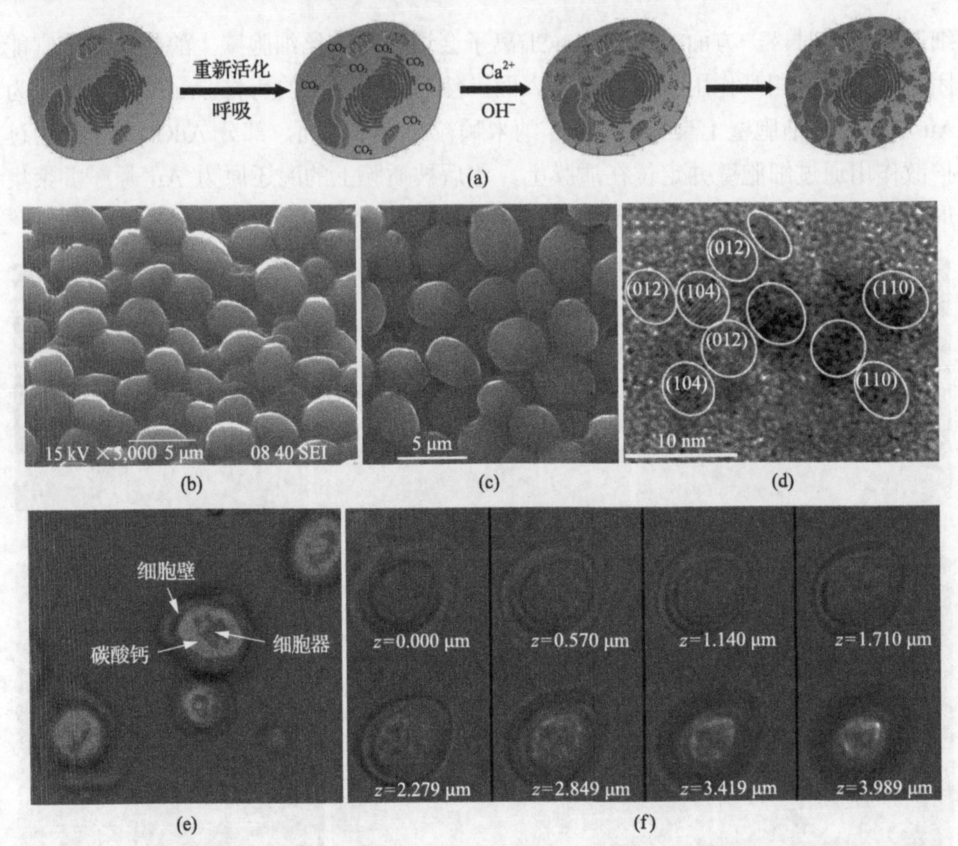

图 15-27　(a)酵母细胞内仿生合成碳酸钙纳米颗粒的机理示意图；(b)对照组酵母细胞的 SEM 图；(c)酵母细胞内仿生合成碳酸钙纳米颗粒后的 SEM 图；(d)酵母细胞内仿生合成的碳酸钙纳米颗粒的 TEM 图；(e)仿生合成碳酸钙纳米颗粒后的酵母细胞的激光共聚焦荧光显微照片；(f)仿生合成碳酸钙纳米颗粒后的酵母细胞不同 z 轴焦平面的激光共聚焦荧光显微照片

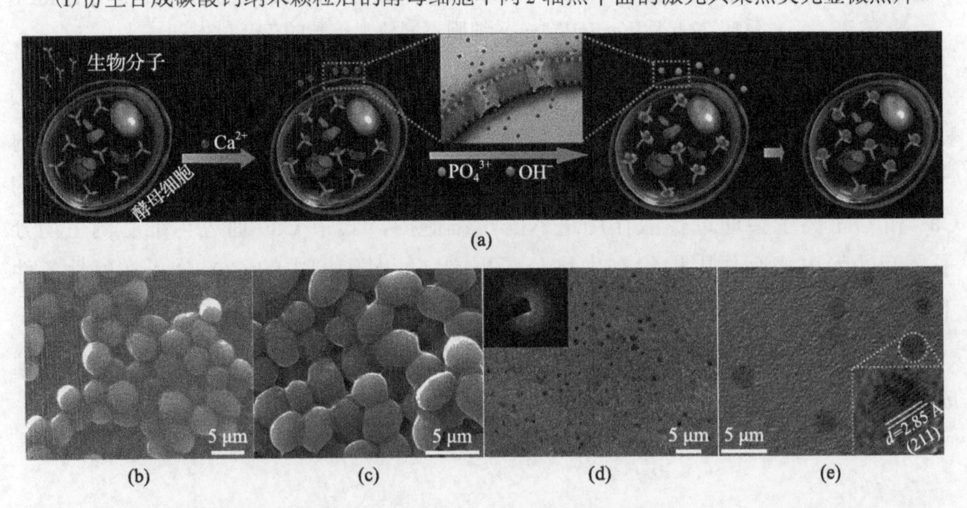

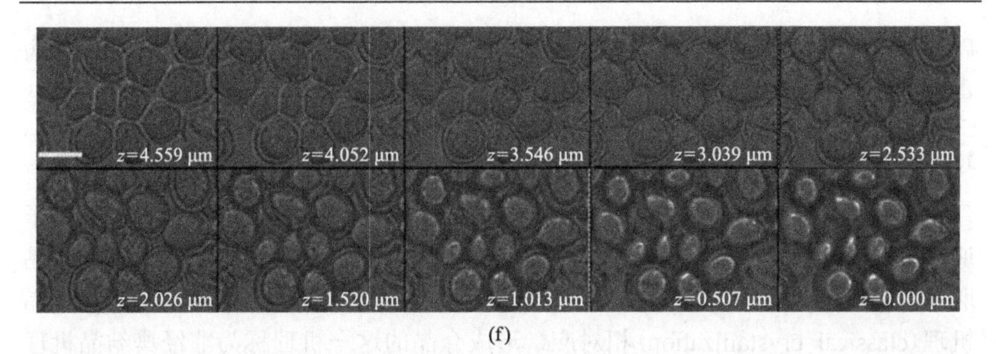

(f)

图 15-28　(a)酵母细胞内仿生合成羟基磷灰石纳米颗粒的机理示意图；(b)对照组酵母细胞的 SEM 图；(c)酵母细胞内仿生合成羟基磷灰石纳米颗粒后的 SEM 图；(d)、(e)酵母细胞内仿生合成的羟基磷灰石纳米颗粒的 TEM 图；(f)仿生合成羟基磷灰石纳米颗粒后的酵母细胞不同 z 轴焦平面的激光共聚焦荧光显微照片

15.3　仿生合成机理

15.3.1　模板化作用

有机基质在生物矿化过程中起着重要的模板作用(templating)，因此可以将模板化这一概念应用于材料科学领域以实现纳米材料的仿生合成。通常，模板化作用的目的是从分子层面利用类似物对生物矿化过程中的特定步骤进行模拟。在材料的仿生合成中，利用具有明确组成和结构的模板剂，可以实现对纳米材料尺寸和形貌的精确调控。同时也有助于在分子层面理解有机基质与形成中的无机晶体之间的相互作用，研究在生物矿化中观察到的结晶相的晶体取向问题。

目前在仿生合成中应用最为广泛的模板是 Langmuir 单层。当以 Langmuir 单层作为模板时，单层的电荷密度决定了材料的晶型和晶体取向。除了 Langmuir 单层外，自组装单层(SAM)也是应用较为广泛的模板，SAM 通过化学作用固定在基底上，可以利用多种手段对其进行模式化。利用 SAM 特定的界面结构可以对晶体生长和晶体取向进行精确调控，而且模式化 SAM 上的定向结晶作用也可以是高度模式化。

15.3.2　受限的反应环境

利用受限的反应环境(confined reaction environment)进行材料的仿生合成有两种策略，一种策略注重利用模板化方法以复制生物矿化中的有机受限框架，如径迹刻蚀膜上圆柱形孔内经由 ACC 前体相的方解石矿化作用，利用这一策略可以在受限反应环境中合成形貌特殊的晶体材料。另一种策略则注重使用受限反应环境作为纳米反应器，如发生在脱铁铁蛋白空心球内的矿化作用，利用这一策略可以将蛋白质的空心结构作为受限的纳米反应器合成各种纳米材料。除此之外，病毒也可以作为重要的受限反应环境用于纳米材料的仿生合成。

15.3.3　非经典结晶机理

通过对大量的介晶结构仿生合成过程的深入研究，发现与分子、原子或离子通过三维有序排列形成单晶结构的经典结晶机理不同，介晶则是由具有共同结晶取向的初级纳米颗粒按照结晶习性通过三维组装形成的，与形成单晶的经典结晶机理(classical crystallization)相对应，形成介晶的这一机理称为非经典结晶机理(non-classical crystallization)。在图 15-29(a)所示的经典结晶机理中，成核簇形成后进一步生长直至达到可以生长成为初级纳米颗粒的临界晶核尺寸，形成的初级纳米颗粒通过分子、原子或离子的层层吸附作用放大形成单晶。而在图 15-29(b)所示的非经典结晶机理中，成核簇形成后进一步生长直至达到可以生长成为初级纳米颗粒的临界晶核尺寸后，此时反应体系中的添加剂分子吸附在初级纳米颗粒的特定晶面上使其暂时稳定下来不再生长，然后这些初级纳米颗粒以共同晶体取向的排布形式通过介观组装作用形成介晶。除了碳酸钙外，目前利用仿生合成的方法，已经得到了大量无机介晶结构样品，如氟磷灰石、氧化铁、硫化铅量子点、铂纳米立方等介晶。

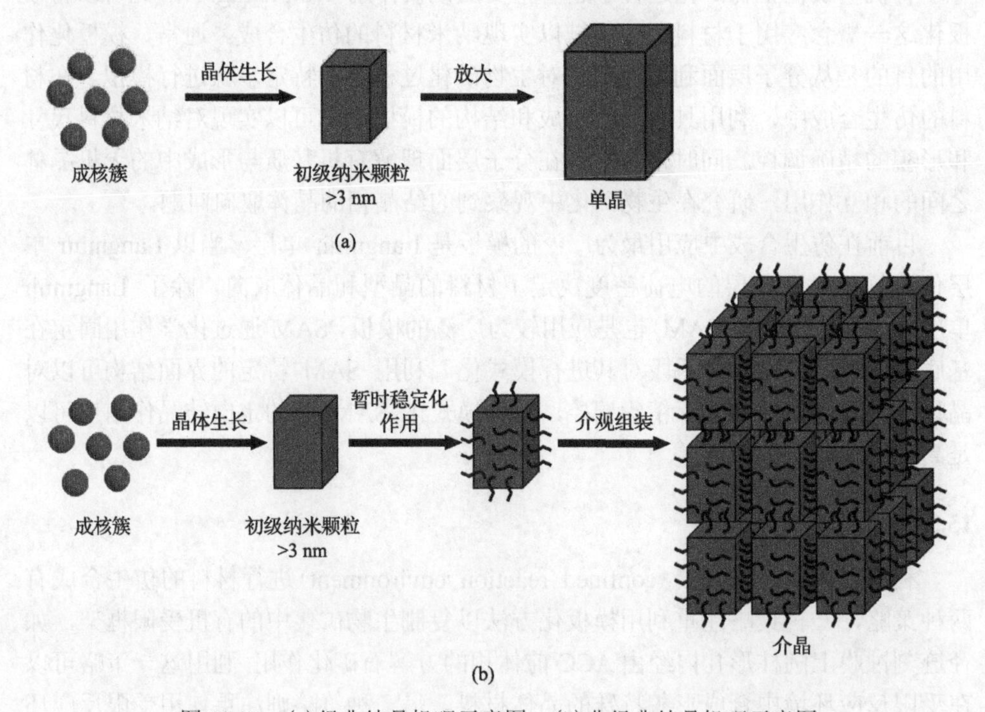

图 15-29　(a)经典结晶机理示意图；(b)非经典结晶机理示意图

15.3.3.1　定向连接

在材料的仿生合成过程中，初级纳米颗粒可以自发地发生自组装形成具有常见结晶学取向的超结构，即定向连接(oriented attachment)机理。该机理描述了具有共同结晶学取向的相邻颗粒通过在高能表面处发生结晶学融合以消除这些高能表面，从而自发性地进行自组装，最终形成形貌特殊的材料。在相邻颗粒获得完美的晶格匹配后，颗粒的定向连接过程中伴随着颗粒的突然跳跃并发生接触，这一过程由作用于1 nm范围内的强短程作用力所驱动，该作用力源于库仑相互作用。从热力学角度上看，由于纳米颗粒具有相对较高的比表面积，两个纳米颗粒可以通过范德瓦耳斯力相互吸引碰撞以获得共同的结晶学取向，然后通过消除一对高能表面使得体系的表面自由能显著降低，这正是纳米颗粒自发进行定向连接的驱动力。

通常认为一维各向异性纳米材料主要是通过定向连接机理形成的，如 ZnS 纳米棒、ZnS 纳米线、CdSe 纳米线和 PbSe 纳米线等，通过定向连接机理合成无缺陷的一维单晶材料具有明显的优势。此外，通过纳米颗粒的定向连接也可以仿生合成多种二维和三维材料(图 15-30)。

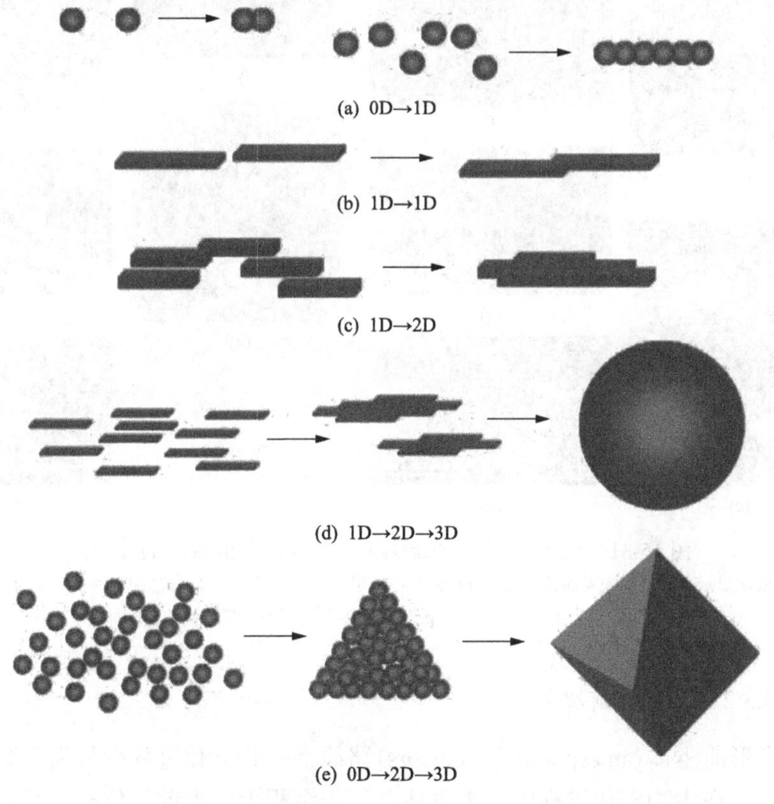

图 15-30　通过纳米颗粒的定向连接形成的各种结构材料示意图

人们利用高分辨透射电镜对羟基氧化铁纳米颗粒定向连接过程进行了实时动态监测，发现在定向连接过程中，纳米颗粒会不断地进行扩散接近，然后在多个位置和方向重复进行短暂接触并发生转动，直至它们的晶格平面接近完美匹配。然后这些结晶学取向相同或具有孪生相关性的纳米颗粒发生连接，在连接发生后，原子会填充在界面区域以消除界面，最终形成较大的无缺陷晶体(图 15-31)。

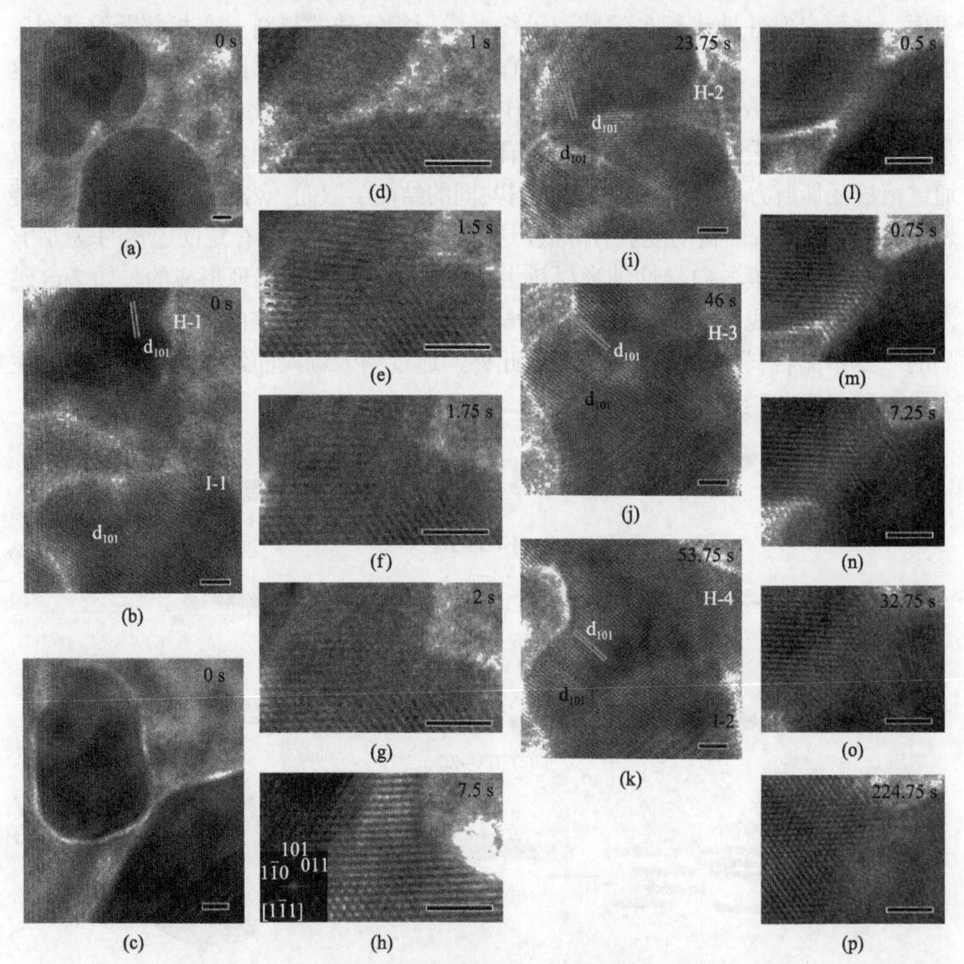

图 15-31　羟基氧化铁纳米颗粒定向连接过程的原位 TEM 图

(a，d～h)依次显示了晶格匹配界面处的连接过程；(b，i～k)依次显示了定向连接过程中纳米颗粒的相对转动和产生的晶格匹配界面；(c，l～p)依次显示了连接发生后界面的横向扩展

15.3.3.2　无定形前驱体

无定形前驱体(amorphous precursors)路线是生物矿化过程中最为重要的结晶路线之一，在生物矿化过程中，生命体会首先沉积无定形前驱体相，然后再转变

为结晶相。仿生合成研究发现无定形前驱体相对于结晶过程是至关重要的。利用冷冻透射电镜技术对方解石和磷灰石仿生合成过程中无定形前驱体相的成核和生长进行直接观察，发现基于相转变的结晶过程中发生了无定形相的失水。Navrotsky 等研究了经由无定形前驱体相的碳酸钙结晶路线，发现碳酸钙的结晶过程是按照如下顺序发生转变、脱水和结晶的热力学驱动过程：水化程度较高的介稳态 ACC、水化程度较低的介稳态 ACC、无水 ACC、球霰石、文石、方解石。该过程中发生的每一个步骤中体系的热函和自由能会逐渐降低，其中无水 ACC 的结晶化步骤热函降低幅度最大(图 15-32)。

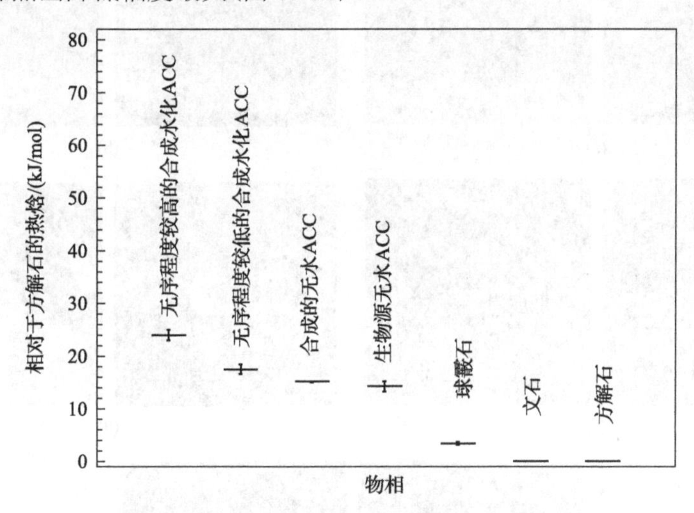

图 15-32　碳酸钙不同相相对于方解石的热力学稳定性

15.3.3.3　液体前驱体颗粒

对于生物矿化过程中无定形前驱体相的类液体性质的讨论由来已久，而 Gower 等于 2000 年首次报道了仿生合成中的聚合物诱导液体前驱体相(liquid precursor phase)，发现与生物矿物过程类似，必须利用有机高分子对仿生合成中的液体前驱体相加以稳定化处理。模拟计算发现在水相 $CaCO_3$ 溶液中存在一个液-液共存区域，通过液-液分离作用，在 $CaCO_3$ 的过饱和溶液中可以形成较为密集的液体前驱体相，然后通过液体前驱体相的固化作用得到结晶材料。液体前驱体相的行为可以利用经典的胶体化学理论加以描述：静电和空缺稳定化、空缺去稳定化引起去乳化。随后，纳米液滴通过聚结形成无定形前驱体相。

15.3.3.4　预成核簇

通过研究成核的早期过程，人们在 $CaCO_3$ 和 CaP 的溶液结晶体系中观察到了稳定的溶质物种即预成核簇(pre-nucleation cluster)的存在。这些体系在成核时，可以首先形成预成核簇，然后逐渐形成含水程度较高和较低的无定形前驱体。预成核簇具有独特的初晶态(proto-crystalline)结构，由于与溶液之间没有明显的相界限，预成核簇无须驱动力即可自发进行聚集。在 CaP 体系中也发现了微簇作为构筑单元在无定形相中的作用，由于具有高度的热力学不稳定性，这些微簇可以聚集成核(图 15-33)。

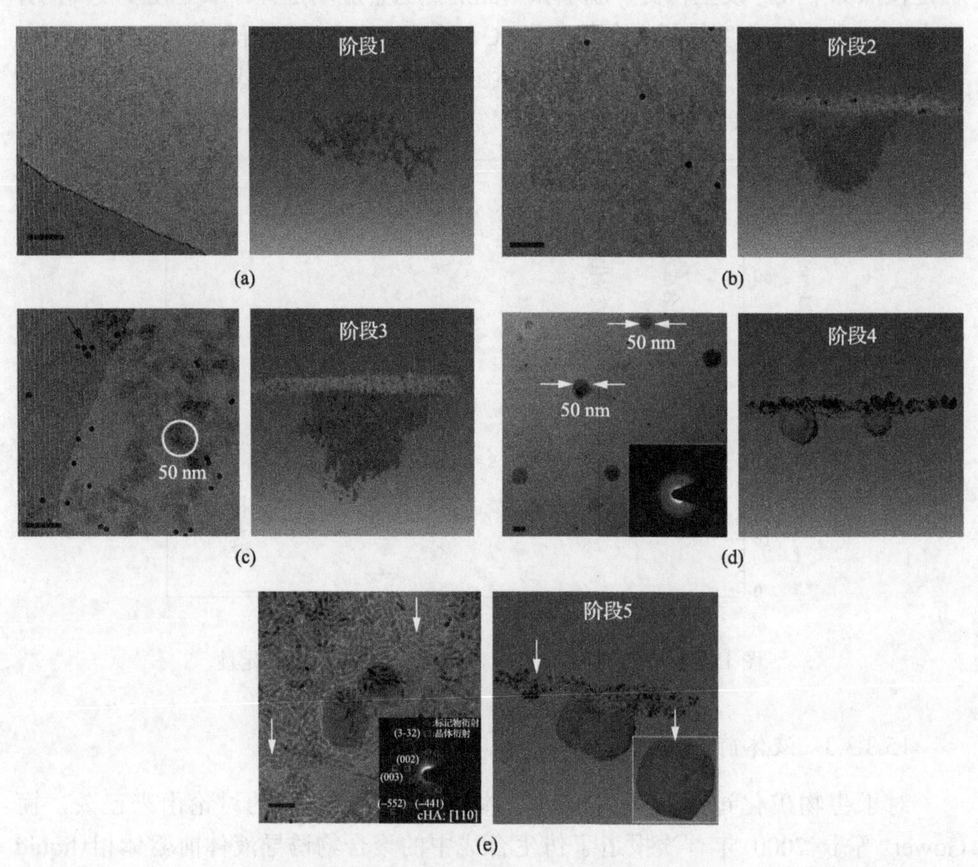

图 15-33　37℃时在模拟体液中发生的单层指导下 CaP 矿化过程不同阶段的冷冻 TEM 图(左)和计算机辅助三维可视化断层照片(右)

(a)阶段 1，无单层时的对照实验；(b)阶段 2；(c)阶段 3；(d)阶段 4，SAED 图显示附着于单层上的球形颗粒为无定形相；(e)阶段 5，SAED 图可以归属于[110]晶族轴。黄色箭头指出优先成核晶面是(110)。比例尺：50 nm

15.4 潜在应用

15.4.1 骨修复

骨骼是由胶原蛋白和矿物质组成的具有分级结构的复合材料。成骨细胞可以浓缩 Ca^{2+} 和 PO_4^{3-} 以形成无定形磷酸钙(ACP)，然后 ACP 渗透进入胶原纤维并发生晶化形成羟基磷灰石(HAP)。骨缺损是人类常见的一种疾病，理想的骨修复材料必须具有良好的骨传导性、生物相容性、可再吸收性和足够的机械强度。目前常用的骨修复材料包括金属材料、陶瓷植入物、聚合物框架材料和复合水凝胶，但这些材料均存在一些不足。例如金属材料的生物相容性较差、脆性较大，陶瓷植入物的断裂韧度和抗张强度较差，聚合物框架材料的骨传导性较差，而水凝胶在软支撑器官上的滑动摩擦性能较差。

近来，人们利用仿生合成的方法将 HAP 复合在双重网络结构水凝胶的表面层上得到了复合水凝胶。该复合水凝胶结合了水凝胶的半渗透特性、HAP 的高骨传导性和骨组织的动态特性，具有优异的机械性能。将该复合水凝胶植入兔子股骨后，复合水凝胶中的 HAP 通过自身的溶解作用刺激了成骨细胞进行新骨的生成。同时，动物体内形成的胶原蛋白和矿物质通过扩散作用进入凝胶基质中在界面上自发形成凝胶/骨骼杂化层，显示出了优异的骨融合能力和诱导软骨组织再生的生物活性(图 15-34)。

此外，人们以细胞纤维素为有机基质仿生合成了纤维素/磷酸钙复合材料，通过负载纤维素酶可以使绝大部分的纤维素发生生物降解，负载纤维素酶的复合材料具有良好的生物相容性，并且可以促进成骨细胞的黏附和生长，显示出了其在骨缺损修复领域的潜在应用。

15.4.2　牙齿修复

龋齿是人类的一种常见疾病，它是由于去矿化与再矿化之间的不平衡造成的一种动态疾病过程，而通过仿生合成的方法可以模拟天然的生物矿化过程在生理条件下形成修复层，从而实现牙齿的修复。

近年来利用再矿化作用发展出了多种仿生合成方法用以重构龋齿的表层釉质。人们利用对HAP的成核、生长和特性具有控制作用的蛋白质或多肽作为有机基质，将其加入到牙釉质矿化体系中以获得人工类釉质结构。例如，利用牙釉蛋白作为有机基质对ACP进行稳定化处理以改变其聚集作用从而形成定向棒状HAP晶体，最终可以获得类釉质结构。

与牙釉蛋白类似，以阿仑唑奈修饰的聚酰胺-胺型树枝状分子为有机基质，利用阿仑唑奈与 HAP 之间的特异性结合作用，有机基质吸附在牙釉质表面，可以启动聚集生长在酸侵蚀牙釉质表面原位再矿化生成HAP晶体。在新生HAP晶体中，尺寸和形貌均一的纳米棒状 HAP 平行排列成束，其排列方向几乎垂直于原始牙釉质。再矿化得到的 HAP 晶体的结构与天然牙釉质极为相似，其微观硬度可以达到天然牙釉质的 95%，而且与原始牙釉质之间具有极强的黏附力。动物实验证实该方法可以在小鼠口腔内有效诱导 HAP 的再矿化，展现了其在牙釉质修复方面良好的应用潜力(图 15-35)。除了蛋白质、多肽和树枝状聚合物，氨基酸如谷氨酸也可以作为有机基质诱导 HAP 的聚集以得到类牙釉质分级结构从而用于牙釉质修复。

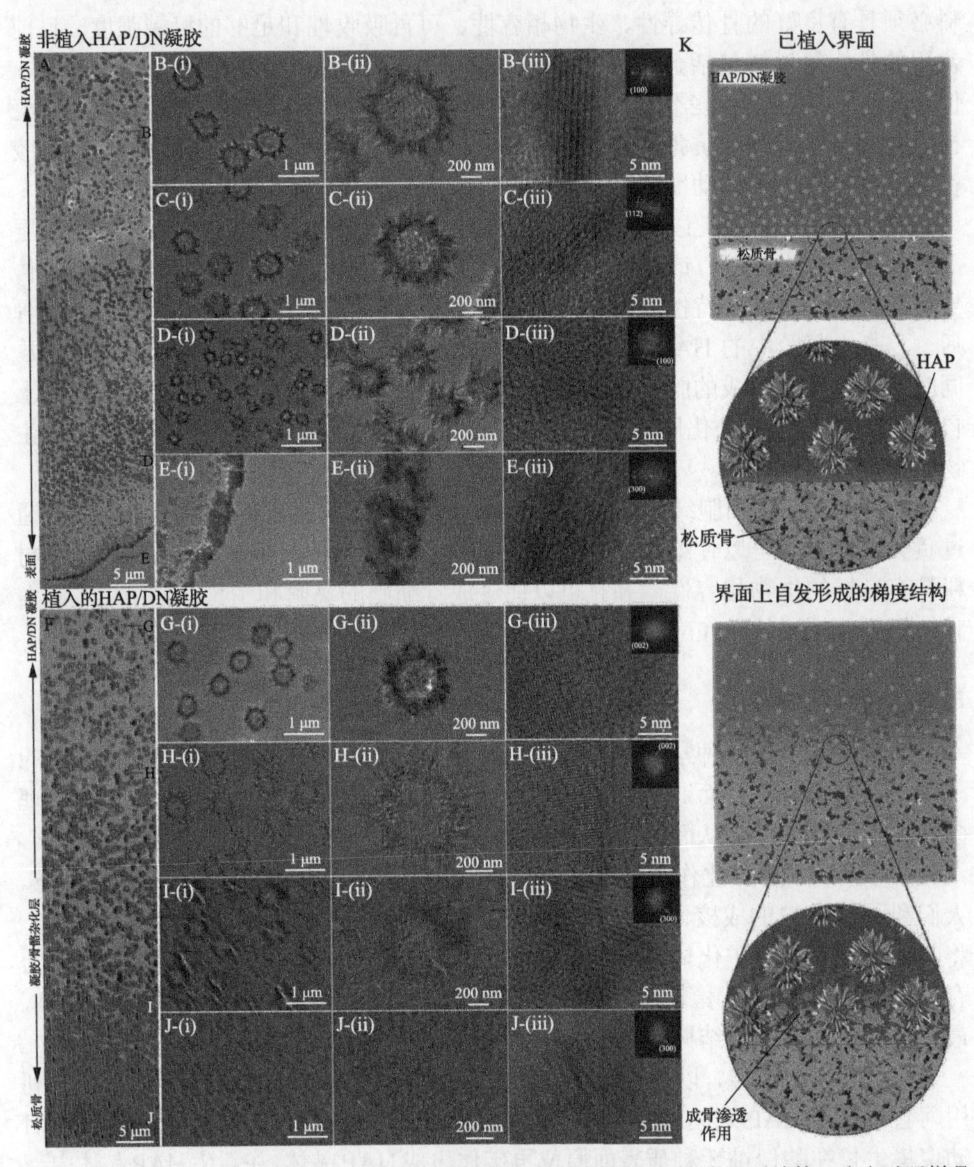

图 15-34　将复合水凝胶植入兔子腿节沟缺损软骨中形成的凝胶/骨骼界面结构。(A)对照样品的 FE-TEM 图；(B～E)A 图中红色箭头所指位置的高分辨图像；(F)植入动物体内 4 周后从骨骼(下)到凝胶(上)的 FE-TEM 图；(G～J)F 图中红色箭头所指位置的高分辨图像，(iii)为(ii)中黄色箭头所指位置的高分辨图像。(iii)SAED 插图中的衍射点证实了 HAP 球形纳米颗粒的结晶结构。(K)复合水凝胶通过骨生成渗透作用与骨骼强烈结合的示意图

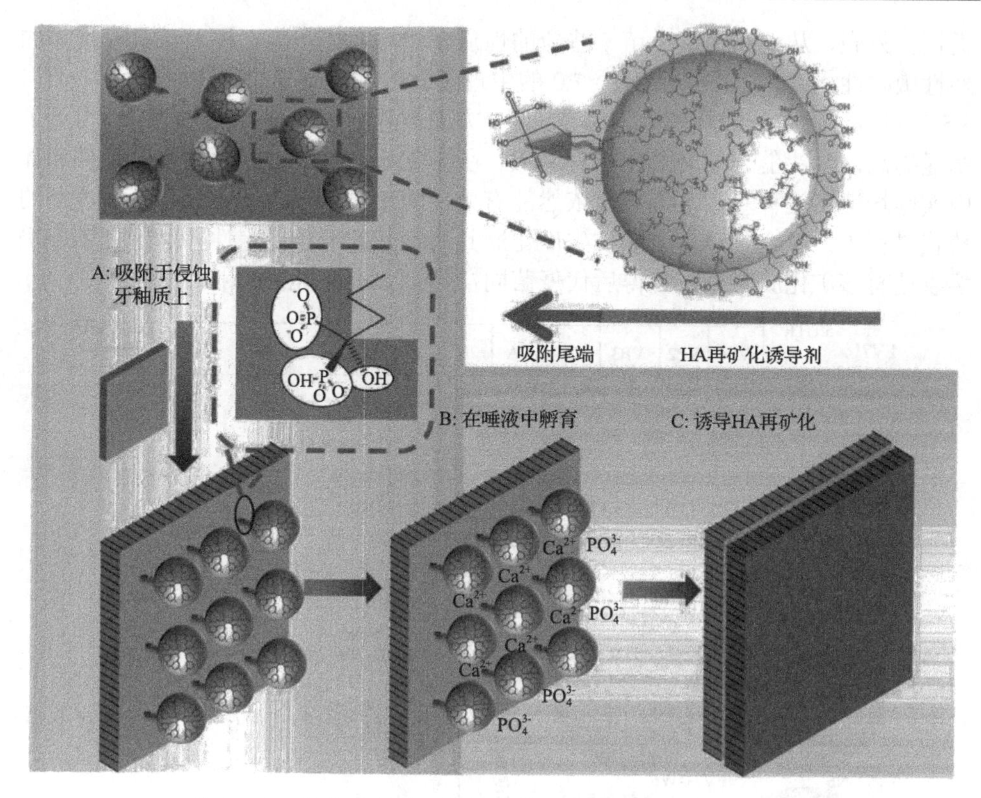

图 15-35　聚酰胺-胺型树枝状分子特异性吸附在牙釉质表面并诱导 HAP 的原位再矿化作用的示意图

15.4.3　疫苗改进

生命体是在特定蛋白质的控制下发生自矿化作用的，在生物矿化过程中，富含羧基的肽会影响矿物的成核。所以，表达有富含羧基官能团重复结构的阴离子多肽或蛋白质对于指导矿物的聚集具有至关重要的作用。由于蛋白质和肽由遗传密码所决定，所以可以将基因工程作为潜在的策略对生命体加以修饰以赋予其可永久遗传的生物矿化功能。

自然界的许多生命体本身缺乏生物矿化相关蛋白，通过对生命体进行富含羧基蛋白质的基因工程学操作可以使其获得自矿化能力以提升它们的生物矿化活性。

疫苗是人类发展出的对抗传染性疾病的重要手段。然而绝大多数疫苗对热十分敏感，不能在高温下保存，必须依赖冷链系统在低温条件下保持活性，而改善疫苗的热稳定性被视为提升全球健康状况的关键。人们以人肠道病毒 EV71 疫苗为模型，通过联合使用基因工程和生物矿化技术将仿生矿化肽 W6p 整合到疫苗的衣壳上，该仿生矿化肽可以通过结合 Ca^{2+}启动 CaP 的形成。由于仿生矿化肽的作用，该疫苗在生理条件下可以在疫苗表面发生矿化作用形成厚度 5～10 nm 的 CaP

类蛋壳外壳，从而赋予了疫苗一些新的性质。一方面该基因工程疫苗具有理想的酸性敏感性，其矿化外壳在 pH>7.0 的生理条件下具有较好的稳定性，但在 pH<6.5 时可以快速溶解以释放内部疫苗。另一方面该基因工程疫苗的热稳定性得到了明显提高，可以在 26℃环境中保存 9 天，在 37℃环境中保存一周左右。体外和体内实验均证实这种基因工程疫苗依然能有效预防疾病。更为重要的是，在疫苗的传代过程中，整合到疫苗中的仿生矿化肽具有良好的遗传稳定性，后代疫苗中仍然表达有该矿化肽序列，使得后代疫苗同样具有 CaP 矿化壳(图 15-36)。

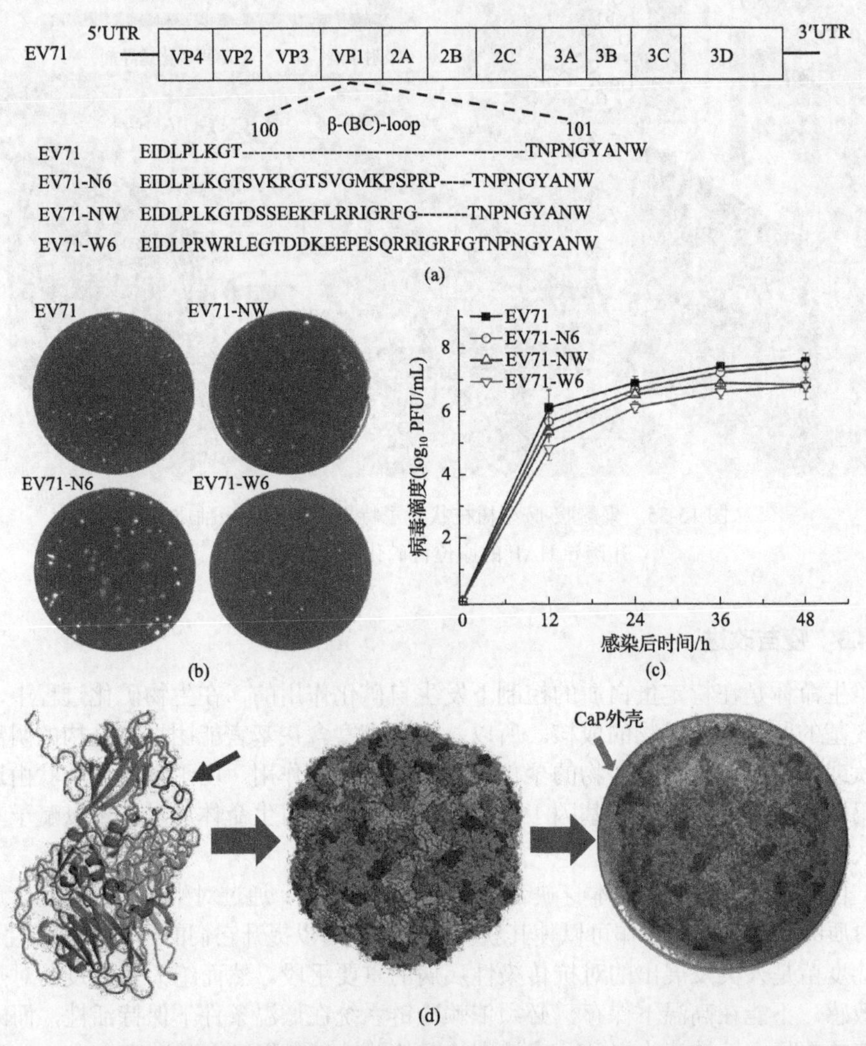

图 15-36 携带有成核肽的工程化 EV71 疫苗的设计和表征

(a) EV71 疫苗的基因组和成核肽的插入位点；(b) 横纹肌肉瘤细胞中父代 EV71 和工程化病毒的菌斑形貌；(c) 横纹肌肉瘤细胞中父代 EV71 和工程化病毒的生长曲线；(d) 突变体病毒蛋白质的同族关系模型，其中蓝色为插入的成核肽，60 个拷贝的成核肽均匀分布在工程化 EV71 病毒粒表面，灰色为成核肽诱导下发生原位生物矿化在疫苗表面形成的 CaP 矿化外壳

15.4.4　肿瘤治疗

肿瘤是人类主要的致命性疾病，尽管近年来在肿瘤的预防、诊断和治疗方面投入的资源不断攀升，但恶性肿瘤的发病率和死亡率仍居高不下。目前临床上治疗肿瘤的手段主要有外科手术、放疗和化疗，但这些治疗手段均存在明显不足，严重影响了治疗效果。

自然界发生的矿物积累是一种重要的生命过程，而 Ca^{2+}也可以反常地沉积在一些软组织中造成一些病理性疾病，如肾结石、皮肤坏死和血管钙化。这些异常矿化过程通常在正常的 Ca/P 代谢条件下发生在受损和缺陷组织表面，形成的病理性钙化矿物会造成溃烂性钙化病变并加速细胞死亡。人们将病理性仿生矿化的概念引入到肿瘤细胞/组织中使肿瘤细胞发生靶向性钙化作用，将其作为肿瘤治疗的一种替代治疗策略(图 15-37)。例如以叶酸分子同时作为靶向试剂和有机基质，通过与叶酸受体之间的特异性相互作用，叶酸分子可以特异性地结合在肿瘤细胞表面。然后叶酸利用其分子中的羧酸根与体液中的 Ca^{2+}之间的选择性结合，可以诱导含钙矿物的成核促使肿瘤细胞发生钙化，在肿瘤细胞表面形成由大量无定形 CaP 微小颗粒组成的固体层。该固体矿物层与细胞膜之间结合牢固，在肿瘤细胞表面形成了类壳状结构。形成的固体矿物层会破坏细胞膜的完整性从而引起细胞死亡。利用该方法可以使实体瘤发生钙化，在其内部形成大量的 CaP 矿物，从而引起肿瘤细胞的死亡，表现出与阿霉素类似的体内抗肿瘤活性。但与阿霉素相比，该方法没有明显的毒副作用。而且，经该方法处理后，小鼠体内肿瘤的转移也受到明显的抑制。这表明基于生物矿化的基本原理，可以借助于仿生合成的理念发展出生物友好型方法作为肿瘤临床治疗的替代性策略。

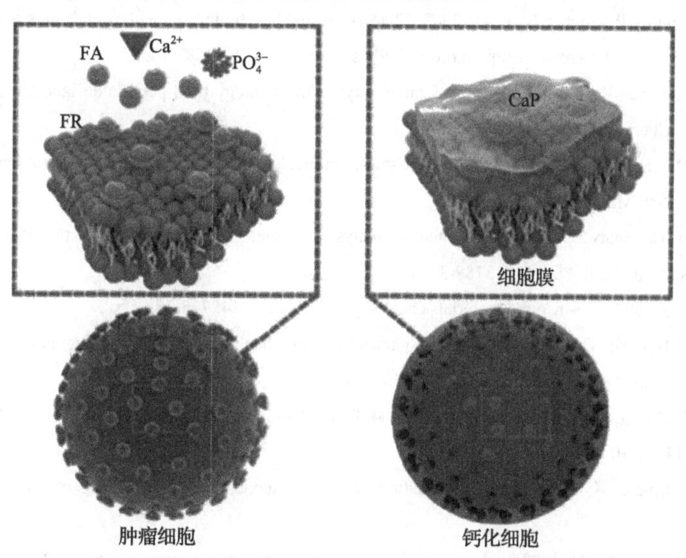

图 15-37　利用靶向性钙化作用进行肿瘤无药治疗的示意图

参 考 文 献

Ahniyaz A, Sakamoto Y, Bergström L, 2007. Magnetic field-induced assembly of oriented superlattices from maghemite nanocubes. Proc. Natl. Acad. Sci., 104: 17570-17574.

Aizenberg J, Tkachenko A, Weiner S, et al, 2001. Calcitic microlenses as part of the photoreceptor system in brittlestars. Nature, 412: 819.

Albeck S, Aizenberg J, Addadi L, et al, 1993. Interactions of various skeletal intracrystalline components with calcite crystals. J. Am. Chem. Soc., 115: 11691-11697.

Alivisatos A P, 2000. Naturally aligned nanocrystals. Science, 289: 736-737.

Allison N, Cohen I, Finch A A, et al, 2014. Corals concentrate dissolved inorganic carbon to facilitate calcification. Nat. Commun., 5: 5741.

Anshup A, Venkataraman J S, Subramaniam C, et al, 2005. Growth of gold nanoparticles in human cells. Langmuir, 21: 11562-11567.

Barnes D J, 1970. Coral skeletons: An explanation of their growth and structure. Science, 170: 1305-1308.

Belcher A M, Wu X H, Christensen R J, et al, 1996. Control of crystal phase switching and orientation by soluble mollusc-shell proteins. Nature, 381: 56.

Bergström L, Sturm E V, Salazar-Alvarez G, et al, 2015. Mesocrystals in biominerals and colloidal arrays. Acc. Chem. Res., 48: 1391-1402.

Burr D B, Akkus O, 2014. Chapter 1: Bone Morphology and Organization//Basic and Applied Bone Biology. San Diego: Academic Press: 3-25.

Cui R, Liu H H, Xie H Y, et al, 2009. Living yeast cells as a controllable biosynthesizer for fluorescent quantum dots. Adv. Funct. Mater., 19: 2359-2364.

Cuif J P, Dauphin Y, 2005. The environment recording unit in coral skeletons: A synthesis of structural and chemical evidences for a biochemically driven, stepping-growth process in fibres. Biogeosciences, 2: 61-73.

Demortière A, Launois P, Goubet N, et al, 2008. Shape-controlled platinum nanocubes and their assembly into two-dimensional and three-dimensional superlattices. J. Phys. Chem. B, 112: 14583-14592.

DeOliveira D B, Laursen R A, 1997. Control of calcite crystal morphology by a peptide designed to bind to a specific surface. J. Am. Chem. Soc., 119: 10627-10631.

Dey A, Bomans P H H, Müller F A, et al, 2010. The role of prenucleation clusters in surface-induced calcium phosphate crystallization. Nat. Mater., 9: 1010.

Drake J L, Mass T, Haramaty L, et al, 2013. Proteomic analysis of skeletal organic matrix from the stony coral *Stylophora pistillata*. Proc. Natl. Acad. Sci., 110: 3788-3793.

Dujardin E, Mann S, 2002. Bio-inspired materials chemistry. Adv. Mater., 14: 775-788.

El-Said W A, Cho H Y, Yea C H, Choi J W, 2014. Synthesis of metal nanoparticles inside living human cells based on the intracellular formation process. Adv. Mater., 26: 910-918.

Fernandez M S, Passalacqua K, Arias J I, Arias J L, 2004. Partial biomimetic reconstitution of avian eggshell formation. J. Struct. Biol., 148: 1-10.

Fu G, Qiu S R, Orme C A, et al, 2005. Acceleration of calcite kinetics by abalone nacre proteins. Adv. Mater., 17: 2678-2683.

Gebauer D, Völkel A, Cölfen H, 2008. Stable prenucleation calcium carbonate clusters. Science, 322: 1819-1822.

George A, Veis A, 2008. Phosphorylated proteins and control over apatite nucleation, crystal growth, and inhibition. Chem. Rev., 108: 4670-4693.

Gower L B, Odom D J, 2000. Deposition of calcium carbonate films by a polymer-induced liquid-precursor (PILP) process. J. Cryst. Growth, 210: 719-734.

Gui Y H, Chun Z H, 2004. Self-construction of hollow SnO_2 octahedra based on two-dimensional aggregation of nanocrystallites. Angew. Chem., Int. Ed., 43: 5930-5933.

Heuer A, Fink D, Laraia V, et al, 1992. Innovative materials processing strategies: A biomimetic approach. Science, 255: 1098-1105.

Hu Y, Zhu Y, Zhou X, et al, 2016. Bioabsorbable cellulose composites prepared by an improved mineral-binding process for bone defect repair. J. Mater. Chem. B, 4: 1235-1246.

Jiang W, Pacella M S, Athanasiadou D, et al, 2017. Chiral acidic amino acids induce chiral hierarchical structure in calcium carbonate. Nat. Commun., 8: 15066.

Kim J H, Kim H J, Kim B S, et al, 2016. Differential expression of amelogenin, enamelin and ameloblastin in rat tooth germ development. International Journal of Oral Biology, 41: 89-96.

Kowshik M, Vogel W, Urban J, et al, 2002. Microbial synthesis of semiconductor PbS nanocrystallites. Adv. Mater., 14: 815-818.

Landis W J, Hodgens K J, Song M J, et al, 1996. Mineralization of collagen may occur on fibril surfaces: Evidence from conventional and high-voltage electron microscopy and three-dimensional imaging. J. Struct. Biol., 117: 24-35.

Li D, Nielsen M H, Lee J R I, et al, 2012. Direction-specific interactions control crystal growth by oriented attachment. Science, 336: 1014-1018.

Ma X, Chen H, Yang L, et al, 2011. Construction and potential applications of a functionalized cell with an intracellular mineral scaffold. Angew. Chem., Int. Ed., 50: 7414-7417.

Ma X, Cui W, Yang L, et al, 2015. Efficient biosorption of lead(Ⅱ) and cadmium(Ⅱ) ions from aqueous solutions by functionalized cell with intracellular $CaCO_3$ mineral scaffolds. Bioresour. Technol., 185: 70-78.

Ma X, Liu P, Tian Y, et al, 2018. A mineralized cell-based functional platform: Construction of yeast cells with biogenetic intracellular hydroxyapatite nanoscaffolds. Nanoscale, 10: 3489-3496.

Man S, 2001. Chapter 2: Biomineral types and functions//Biomineralization: Principles and Concepts in Bioinorganic Materials Chemistry. Oxford University Press: 6-23.

Mann S, 1995. Biomineralization and biomimetic materials chemistry. J. Mater. Chem., 5: 935-946.

Mann S, Didymus J M, Sanderson N P, et al, 1990. Morphological influence of functionalized and non-functionalized α,ω-dicarboxylates on calcite crystallization. J. Chem. Soc., Faraday Trans., 86: 1873-1880.

Mao L-B, Gao H-L, Yao H-B, et al, 2016. Synthetic nacre by predesigned matrix-directed mineralization. Science, 354: 107-110.

Meldrum F C, 2003. Calcium carbonate in biomineralisation and biomimetic chemistry. Int. Mater. Rev., 48: 187-224.

Mukherjee P, Ahmad A, Mandal D, et al, 2001. Bioreduction of $AuCl_4^-$ ions by the fungus, *Verticillium* sp. and surface trapping of the gold nanoparticles formed. Angew. Chem., Int. Ed., 40: 3585-3588.

Mukherjee P, Ahmad A, Mandal D, et al, 2001. Fungus-mediated synthesis of silver nanoparticles and their immobilization in the mycelial matrix: A novel biological approach to nanoparticle synthesis. Nano Lett., 1: 515-519.

Müller W E G, Schröder H C, Wrede P, et al, 2006. Speciation of sponges in Baikal-Tuva region: An outline. J. Zool. Syst. Evol. Res., 44: 105-117.

Oaki Y, Kotachi A, Miura T, Imai H, 2006. Bridged nanocrystals in biominerals and their biomimetics: Classical yet modern crystal growth on the nanoscale. Adv. Funct. Mater., 16: 1633-1639.

Palmer L C, Newcomb C J, Kaltz S R, et al, 2008. Biomimetic systems for hydroxyapatite mineralization inspired by bone and enamel. Chem. Rev., 108: 4754-4783.

Radha A V, Forbes T Z, Killian C E, et al, 2010. Transformation and crystallization energetics of synthetic and biogenic amorphous calcium carbonate. Proc. Natl. Acad. Sci., 107: 16438-16443.

Ruiz-Agudo E, Burgos-Cara A, Ruiz-Agudo C, et al, 2017. A non-classical view on calcium oxalate precipitation and the role of citrate. Nat. Commun., 8: 768.

Schiebel R, 2002. Planktic foraminiferal sedimentation and the marine calcite budget. Global Biogeochem. Cycles, 16: 3-1-3-21.

Simon P, Carrillo-Cabrera W, Formanek P, et al, 2004. On the real-structure of biomimetically grown hexagonal prismatic seeds of fluorapatite-gelatine-composites: Tem investigations along [001]. J. Mater. Chem., 14: 2218-2224.

Simon P, Rosseeva E, Baburin I A, 2012. PbS-organic mesocrystals: The relationship between nanocrystal orientation and superlattice array. Angew. Chem. Int. Ed., 51: 10776-10781.

Söllner C, Burghammer M, Busch-Nentwich E, et al, 2003. Control of crystal size and lattice formation by starmaker in otolith biomineralization. Science, 302: 282-286.

Stephen W, Wolfie T, 1986. Organization of hydroxyapatite crystals within collagen fibrils. FEBS Lett., 206: 262-266.

Sturm E V, Colfen H, 2016. Mesocrystals: Structural and morphogenetic aspects. Chem. Soc. Rev., 45: 5821-5833.

Sumper M, Brunner E, 2006. Learning from diatoms: Nature's tools for the production of nanostructured silica. Adv. Funct. Mater., 16: 17-26.

Takayuki N, Susumu W, Ryuji K, et al, 2016. Double-network hydrogels strongly bondable to bones by spontaneous osteogenesis penetration. Adv. Mater., 28: 6740-6745.

Tongxin W, Markus A, Helmut C, 2006. Calcite mesocrystals: "Morphing" crystals by a polyelectrolyte. Chem. - Eur. J., 12: 5722-5730.

Uebe R, Schüler D, 2016. Magnetosome biogenesis in magnetotactic bacteria. Nature Reviews Microbiology, 14: 621.

Veis A, 2005. A window on biomineralization. Science, 307: 1419-1420.

Von Euw S, Zhang Q, Manichev V, et al, 2017. Biological control of aragonite formation in stony corals. Science, 356: 933-938.

Wallace A F, Hedges L O, Fernandez-Martinez A, et al, 2013. Microscopic evidence for liquid-liquid separation in supersaturated $CaCO_3$ solutions. Science, 341: 885-889.

Wang G, Cao R-Y, Chen R, et al, 2013. Rational design of thermostable vaccines by engineered peptide-induced virus self-biomineralization under physiological conditions. Proc. Natl. Acad. Sci., 110: 7619-7624.

Wang T, Cölfen H, Antonietti M, 2005. Nonclassical crystallization: Mesocrystals and morphology change of $CaCO_3$ crystals in the presence of a polyelectrolyte additive. J. Am. Chem. Soc., 127: 3246-3247.

Wang Y, Azaïs T, Robin M, et al, 2012. The predominant role of collagen in the nucleation, growth, structure and orientation of bone apatite. Nat. Mater., 11: 724.

Weiner S, Addadi L, 1997. Design strategies in mineralized biological materials. J. Mater. Chem., 7: 689-702.

Weiner S, Wagner H D, 1998. The material bone: Structure-mechanical function relations. Annu. Rev. Mater. Sci., 28: 271-298.

Wolf S E, Leiterer J, Pipich V, et al, 2011. Strong stabilization of amorphous calcium carbonate emulsion by ovalbumin: Gaining insight into the mechanism of 'polymer-induced liquid precursor' processes. J. Am. Chem. Soc., 133: 12642-12649.

Wood R A, Grotzinger J P, Dickson J A D, 2002. Proterozoic modular biomineralized metazoan from the Nama Group, Namibia. Science, 296: 2383-2386.

Wu D, Yang J, Li J, et al, 2013. Hydroxyapatite-anchored dendrimer for *in situ* remineralization of human tooth enamel. Biomaterials, 34: 5036-5047.

Young J R, 2003. Biomineralization within vesicles: The calcite of coccoliths. Rev. Mineral. Geochem., 54: 189-215.

Yu S-H, Cölfen H, Mastai Y, 2004. Formation and optical properties of gold nanoparticles synthesized in the presence of double-hydrophilic block copolymers. J. Nanosci. Nanotechnol., 4: 291-298.

Zhao R, Wang B, Yang X, et al, 2016. A drug-free tumor therapy strategy: Cancer-cell-targeting calcification. Angew. Chem. Int. Ed., 55: 5225-5229.

索 引

F

G

H

J

W

X

Y

Z

其他